中国环境百科全书

选编本

# 环境物理

《环境物理》编写委员会　编著

主　编　刘伯宁　田　静　蒋忠湧

副主编　张保洲　程晓斌　杨　军

焦风雷　戴根华　翟国庆

中国环境出版集团 · 北京

**图书在版编目（CIP）数据**

环境物理 /《环境物理》编写委员会编著. --北京：中国环境出版集团，2025. 1. --（《中国环境百科全书》选编本）. -- ISBN 978-7-5111-6168-0

Ⅰ. X12

中国国家版本馆 CIP 数据核字第 2025VX4436 号

---

**出版发行** 中国环境出版集团
（100062　北京市东城区广渠门内大街 16 号）
网　　址：http://www. cesp. com. cn
电子邮箱：bjgl@ cesp. com. cn
联系电话：010-67112765（编辑管理部）
发行热线：010-67125803，010-67113405（传真）

**印　　刷** 北京盛通印刷股份有限公司
**经　　销** 各地新华书店
**版　　次** 2025 年 1 月第 1 版
**印　　次** 2025 年 1 月第 1 次印刷
**开　　本** 787×1092　1/16
**印　　张** 28. 75
**字　　数** 722 千字
**定　　价** 298. 00 元

---



**中国环境出版集团郑重承诺：**
**中国环境出版集团合作的印刷单位、材料单位均具有中国环境标志产品认证。**

# 编写委员会

环境光学

主　　编　刘伯宁

副 主 编　张保洲

顾　　问　刘文清　郝允祥

编　　委　（按姓氏汉语拼音排序）

　　　　　桂华侨　刘建国　刘志荣　刘智深　谢品华

参编人员　（按姓氏汉语拼音排序）

　　　　　刘　建　卢利根　曾珊珊

**环境声学**

**主　　编**　田　静

**副 主 编**　程晓斌　杨　军　焦风雷　戴根华

**编　　委**　（按姓氏汉语拼音排序）

安锋岩　曹容宁　曹　寅　常道庆　陈　翔
程久梅　韩　丽　黄木泽　姬培锋　姜燕坡
金中坤　寇毅伟　李　楠　刘　斌　刘丹晓
刘　进　刘耀光　卢　铃　吕　君　吕亚东
欧阳山　桑晋秋　孙红灵　孙陆阳　孙运东
吴　冕　吴　鸣　肖龙帅　杨玉真　袁昱忞
张宏达　周　爽　周绪东

**电磁环境**

**主　　编**　蒋忠湧

**副 主 编**　翟国庆

**编　　委**　（按姓氏汉语拼音排序）

范方辉　郭　剑　鞠　勇　卢铁兵　陆家榆
邵海江　王　冠　闻映红　吴桂芳　薛辰东
杨新村

# 出版说明

《中国环境百科全书》（以下简称《全书》）是一部大型的专业百科全书，选收条目8 000余条，总字数达1 000 多万字，对环境保护的理论知识及相关技术进行了全面、系统的介绍和阐述，可供环境科学研究、教育、管理人员参考和使用，也可供具有高中以上文化程度的广大读者查阅和学习。

《全书》是在生态环境部的领导下，组织近1 000 名环境科学、环境工程及相关领域的专家学者共同编写的。在《全书》按条目的汉语拼音字母顺序混编分卷出版以前，我们先按分支和知识门类整理成选编本，不分顺序，先编完的先出，以求早日提供给广大读者使用。

《全书》是一项重大环境文化和科学技术基础平台建设工程。其内容横跨自然科学、技术与工程科学、社会科学等众多领域，编纂工作难度是可想而知的，加上我们编辑水平有限，一定会有许多不足之处。此外，各选编本是陆续编辑出版的，有关条目的调整、内容和体例的统一、参见和检索系统的建立，以及《全书》的编写组织和审校等，还有大量工作须在混编成卷时进行，我们诚恳地期望广大读者提出批评和改进意见。

中国环境出版集团

2018 年10 月

# 前言一

环境光学是揭示与环境相关的光和光辐射性质和规律的科学，其研究核心是光辐射与环境的相互作用，几何光学、波动光学、量子光学、光谱学、光度学及色度学是其主要的学科基础。随着人类对于社会可持续发展和保护自然环境愈发重视，环境光学已经站在自然科学发展规律和社会需求的交汇点上，成为环境科学的重要组成部分。

《中国环境百科全书》是我国第一部大型的环境专业百科全书，“环境光学”分支是其重要组成部分之一。本分支以词条体系，对环境光学的理论知识及相关技术进行了全面、系统的介绍和阐述，为读者正确理解环境光学提供了工具性支持。

本分支涵盖了与环境光学相关的基本概念，包括光辐射及传输、辐射与视觉、采光与照明、光源与照明标准、辐射的危害与防护、天然光环境、太阳辐射与大气传输、光污染与眩光、辐射与颜色测量等。还介绍了照度计、亮度计、测色仪器等与环境光学相关的测试设备。

本分支编写工作始于2012年4月，在仔细研讨词条设置原则和词条内容的基础上撰写了词条初稿。后考虑书稿的侧重、词条的内涵和各词条的相互关系，最终确定为113个词条。

刘伯宁先生是本分支的主要策划和组织者，他不仅提出了本分支最初的结构，还组织建立了编委会，对撰写成形的每一个词条都进行认真的审读把关，充分体现了一个资深知识分子认真严谨的科学精神。非常遗憾的是，刘伯宁先生在本分支成稿之际不幸突然病故，令人唏嘘。相信本分支的出版是对刘伯宁先生最好的纪念。本分支的顾问刘文清院士和郝允祥教授是环境光学监测和光辐射测量领域具有重要学术影响的学者，他们亲自撰写了本分支中的核心词条，为本分支的体系建设打下了坚实基础，他们对词条关键问题的把关与决策更是本分支科学性的重要保障。

本分支的出版得到了中国环境出版集团的大力支持。几位编辑先后负责与书稿撰写人沟通，她们对词条进行了认真、细致和严谨的审读、校对并提出了宝贵的意见，为本分支的出版付出了辛勤而富有成效的劳动，在此谨表谢意。

本分支不仅涉及几何光学、波动光学、量子光学、光谱学、生理光学、建筑光学、光度学及色度学等基础理论，还涉及光电技术、激光技术、显示技术、照明技术和环境监测等应用知识，限于编著者的知识与水平，难免存在不足与疏漏之处，敬请读者指正，以便对其进一步完善。

张保洲

2024 年 8 月

# 前 言 二

环境声学是主要研究声环境及其同人类活动的相互作用的学科，也是环境科学专业重要的组成部分。《环境物理》“环境声学”分支收集了环境声学常用的词条、术语和基本措施，可作为环境噪声与振动污染防治工作的参考书，供相关教师、学生和技术人员在实际工作中参考使用，内容力求简明扼要，易于检索。

本分支包含环境声学、环境振动学、噪声污染控制、振动污染控制等相关的基本理论、基本内容和基本知识，并对其进行了全面、综合、系统、概括的介绍和阐述。共收录词条 193 条，词条内容丰富，重点增补了环境声学的最新发展和最新成果，我国颁布的环境法律法规、政策、标准，以及受人民群众关注并与生产、生活息息相关的知识等。

本分支编写工作始于 2012 年 4 月，历经《中华人民共和国环境噪声污染防治法》的修正，到 2022 年 6 月《中华人民共和国噪声污染防治法》的施行。习近平总书记在党的十九大报告中提出要加快生态文明体制改革，“还自然以宁静、和谐、美丽”。2022 年的香山科学会议第 66 次特别会议，提出了“宁静中国”科技行动计划。新时代对噪声和振动控制技术的发展提出了新的要求、任务，并提供了难得的发展机遇。期望本分支可有力支撑《中华人民共和国噪声污染防治法》和“宁静中国”科技行动计划的实施。

本分支的出版得到了中国环境出版集团的大力支持，编辑部的几位编辑多年来细致、严谨地提出了很多宝贵的意见。本分支编写组成员均为长期从事环境声学研究的学者和专业技术人员，为全面反映环境声学领域多年来的研究与实践成果付出了辛勤的劳动，在此致以最诚挚的感谢。

环境声学分支编写组

2024 年 10 月

# 前 言 三

环境是人类赖以生存和发展的条件。进入 21 世纪以来，随着社会经济技术发展，电磁辐射设施设备的应用越来越广泛，5G、特高压、轨道交通等基础设施也发展迅速。如何在保护环境、保障公众健康的同时助力行业绿色高质量发展已成为我们必须面对的巨大挑战。

环境保护是我国的基本国策。针对环境问题，科学开展电磁环境影响评价、加强电磁环境监管是全面、客观、有效治理电磁辐射污染的根本保障，也是向社会公众普及电磁环境、电磁辐射科学认知的重要手段。

《中国环境百科全书》是我国第一部大型的环境专业百科全书，“电磁环境”分支是其重要组成部分之一。本分支通过词条内容和词条体系，对电磁学、电磁环境的理论知识及相关技术进行了全面、系统的介绍和阐述，既可供电磁环境领域研究人员、监管相关管理人员、环境影响评价工作人员、知识培训人员及相关行业决策者、技术人员等参考使用，也可供相关专业院校师生和关心电磁环境的各界人士阅读参考。

本分支涵盖了电磁学的通用术语，以及电磁源、物理量与单位、实验设施及监测仪器、电磁环境监测、环境评价、电磁环境标准等内容，涉及相关术语定义、基本原理、监测技术、影响评价、环境管理等。在具体内容上，包括电磁场、电磁环境、电磁防护、电磁干扰等基本概念，输变电工程 、广播电视发射系统、移动通信系统、电牵引车辆、工科医射频设备等电磁源，电场强度、磁场强度、功率密度、比吸收率等物理量，以及电磁辐射监测及仪器设备、环境影响评价及标准等。本分支内容丰富，全面反映了电磁环境监管领域多年来的研究与实践成果。

本分支由长期从事电磁环境科学研究的学者和专业技术人员共同编写完成，旨在以科普常识读物形式，客观详尽地介绍和解答电磁环境领域的热点问题，帮助消除公众对周围电磁环境影响的过度担忧。编写工作自 2011 年 9 月启动，由编写组各成员分工编写，历经十数年，经过对词条结构、内容、描述的细致研究和反复推敲，综合电磁技术发展和电磁环境管理新要求，完善已有词条、添加部分新词条，最终形成本分支内容。本分支在内容设计上力求深入浅出，在语言叙述上力图通俗易懂，在呈现形式上结合图表直观表达。

本分支的出版得到了中国环境出版集团的大力支持。本分支的编辑对词条进行了认真、细致和严谨的审读并提出了宝贵的意见，付出了辛勤的劳动；本分支的主要撰稿人蒋忠湧教授多年来为编写、统稿工作作出了很大贡献；本分支的编写团队全程参与了词条设计、审改、校正和定稿等工作，在此一并致以诚挚的谢意。

鉴于编者水平和经验有限，书中难免存在不足之处，敬请读者批评指正。

电磁环境分支编写组

2024 年 7 月

# 凡　例

1. 本选编本共收录条目 360 条。

2. 本选编本条目按环境光学、环境声学和电磁环境分类排序，每一个大类又按照学科特点进行了分类，以便读者了解本学科的全貌和按知识结构查阅有关条目。

3. 有的条目有多种属性，可能在不同部分中出现。例如，“电磁噪声”条同时出现在环境声学和电磁环境中。

4. 条目标题上方加注汉语拼音，所有条目标题均附有外文名。

5. 条目释文开始一般不重复条目标题，释文力求规范、简明。

6. 较长条目的释文，设置层次标题，并用不同的字体表示不同的层次标题。

7. 一个条目的内容涉及其他条目并需由其他条目的释文补充的，采用“参见”的方式。所参见的条目标题用楷体字排印。一个条目（层次标题）的内容在其他条目中已进行详细阐述，本条（层次标题）不必重述的，采用“见”的方式。例如，“声功率级”条中，表示为“见声功率”。

8. 在重要的条目释文后附有推荐书目，供读者选读。

9. 本选编本附有全部条目的音序索引、汉字笔画索引、外文索引。

10. 本选编本中的科学技术名词，以全国科学技术名词审定委员会公布的为准，未经审定和尚未统一的，从习惯。

# 目 录

# 条目分类目录

## 环境光学

### 光学基本词汇



### 光度学词汇



### 色度学词汇

光环境



大气光学



# 环境声学

环境物理学



环境声学

### 环境振动学



### 噪声污染控制

### 振动污染控制



## 电磁环境

### 通用术语



### 电磁源

### 物理量与单位



### 实验设施及监测仪器



### 电磁环境监测



### 环境评价



### 我国电磁环境标准

# 环境光学

# 光学基本词汇

guangxue

**光学** （optics） 研究光的本性，光的发射、传播和接收规律，以及光与其他物质相互作用的科学，与其他新兴应用技术密切相关。光学不仅是物理学的一个重要分支和组成部分，也是一门涵盖面极广的基础学科。

**起源** 人类对光的研究，常常以古希腊欧几里得（Euclid，约公元前 330—前 275 年）对“人为什么能看见周围物体”这一问题的回答作为光学知识的最早记录。在欧几里得的描述中可以看出当时人们已经认识到光的直线传播性。事实上，在比欧几里得早百余年的我国先秦时代的墨子（约公元前 476 年或前 480 年—公元前 390 年或前 420 年）及其弟子所作的《墨经》中，已经给出光影的定义与成因，说明了光与影的关系；用针孔成像的实验说明了光传播的直线性；叙述了光有反射的性能，说明了在平面镜、凹球面镜和凸球面镜中物和像的关系。所以无论是以时间的先后，还是从内容的完整和科学性而言，都应把《墨经》中对几何光学基础知识的表述作为世界光学知识的最早记录。

**学科的形成过程** 11 世纪阿拉伯人阿尔－海增（Al-hazen）发明了透镜，1590 年，琼森（Jonsen）和李普塞（Lippershey）发明了望远镜，17 世纪初冯特纳（Fontana）发明了显微镜。但光学真正形成一门科学，始于 17 世纪上半叶斯涅耳（Snell）和迪卡尔（Descarte）建立反射定律和折射定律，这两个定律奠定了几何光学的基础。几乎在同一时期，费马（Fermat）得到了确定光在介质中传播行极短光程的原理，从费马原理也可以导出反射定律和折射定律。

17 世纪下半叶，人们开始了对光性质的研究。

1665 年，牛顿（Isaac Newton）进行了太阳光实验：让太阳光通过窗板上的小圆孔照射在玻璃三棱镜上，光束通过棱镜折射后投射在光屏上，形成一个颜色按一定顺序排列的“光谱”像。太阳光实验表明，白光是不同颜色单色光的混合，它们在三棱镜的玻璃中受到不同程度的折射而在空间上分离开来，单色光在空间上可分离是由其自身的特性决定的，这使人们第一次接触到光客观的和定量的特征。牛顿还发现把曲率半径很大的凸透镜放在平玻璃板上，当用白光照射它时，在透镜与玻璃板接触点处会出现一组彩色的同心环；当用单色光照射时，在接触点处出现一组明暗相间的同心环，且单色光和第一暗环呈现的位置与透镜和玻璃板之间空气的厚度相关，不同的单色光所对应的这种空气厚度不同。这些同心环称为牛顿环。

牛顿在发现这些重要现象的同时，根据光的直线传播特性，提出光是一种从光源飞出来的微粒流，在均匀介质内做匀速直线运动，这种微粒流学说可以很自然地解释和说明光的直线传播性以及光的折射和反射定律，然而在解释牛顿环现象时，却遇到了挑战。

1690 年，惠更斯（Christian Huggens）创立波动说，他认为：“光同声一样，是以球形波面传播的。”尤其是被后人称为惠更斯原理的理论给出了振动的传播方向：光振动达到的每一点都可视为次波的振动中心，次波的包络面为传播着的波的波阵面。

1760 年，朗伯（Lambert）通过一套完整的有关光的数量关系的理论，建立起科学的光度学体系，标志着对光的强弱做定量测量和研究的开始。

17 世纪，光的微粒说（又称光线模型）占据明显优势，同时光的波动说（又称光波模型）也被初步提了出来，两种截然不同的学说各自发展和互有争鸣地交织在一起。到 18 世纪，光的微粒说在光学中仍占优势，但光的波动说也从未停止对微粒说的争鸣。

19 世纪初，光的波动理论体系初步形成：杨氏（Young）圆满地解释了“薄膜的颜色”现象和光的双狭缝干涉现象；菲涅耳（Fresnel）于 1835 年以杨氏干涉原理补充了惠更斯原理，由此产生了惠更斯－菲涅耳原理。这个原理既能圆满地解释光的直线传播，又能说明干涉和衍射现象，成为波动光学中的重要原理。

1846 年，法拉第（Faraday）发现了光的振动面在磁场中发生旋转，这意味着光学现象与磁学现象间存在内在联系；1856 年，韦伯（Weber）发现光在真空中的速度等于电荷的电磁单位与静电单位的比值，这又表明光学现象与电学现象相关。人们从这些发现中获得启示：不能孤立地研究光的本性，必须把光学现象和其他物理现象联系起来进行研究。

1860 年前后，麦克斯韦（C. Maxwell）提出，电场和磁场的改变，不能局限在空间的某一部分，而是以等于电荷的电磁单位与静电单位的比值的速度传播着；光的传播就是这样的一种电磁现象。1887 年赫兹（Hertz）的实验证实了这一结论。

1896 年，洛伦兹（H. A. Lorentz）创立了电子论，他认为原子和分子内含有带负电的电子，在无外力时电子处于平衡位置；在外力作用下，电子将做阻尼振动而产生光辐射。如果光通过介质时，介质中电子的自然频率与之相同，则束缚电子便成为吸收体。这样，利用洛伦兹电子论不仅可以解释发光和物质吸收光现象，也能解释光在物质中传播的各种特点。对折射率随光频率变化的色散现象也可以给出较合理的解释。

不过，洛伦兹理论还不能解释炽热黑体的辐射能量按波长的分布。并且，洛伦兹关于以太的概念也被迈克尔逊（Michelson）于 1887 年用干涉仪所做的测试否定。这表明洛伦兹电子论对光的本质的认识仍是不全面的，但是，已更接近客观真实。

1900 年，普朗克（Max Planck）从物质的分子结构理论中借用不连续性的概念，提出辐射的量子论。他认为包括光在内的各种频率的电磁波，只能以各自确定分量的能量自振子射出，这种能量微粒称为量子，光的量子即为光子。量子论不但能解释炽热黑体辐射能量按波长的分布，还能以全新的方式提出光与物质相互作用的问题。量子论不仅为光学，而且也为物理学提出了新的概念，所以通常把量子论的诞生视为近代物理学的起点。1905 年，爱因斯坦用量子论成功地解释了光电效应，他给出了光子的明确表示，尤其是他指出：在光作用于物质时，光是以光子为最小单位进行的。

1905 年 9 月，在德国《物理学年鉴》发表的论文《关于运动媒质的电动力学》中，爱因斯坦第一次提出狭义相对论的基本原理。他指出，从伽利略和牛顿时代以来占统治地位的古典物理学，其应用范围只限于速度远比光速低的情况，而他的新理论可以描述与很高运动速度相关过程的特征，彻底抛弃了以太的概念，圆满地解释了运动物体的光学现象。由此可见，光学的研究对量子理论和相对论的提出发挥了巨大作用，所以说光学是经典物理学向现代物理学发展和过渡的纽带和桥梁。

到 20 世纪初，一方面，光的干涉、衍射、偏振以及运动物体的光学现象都确证了光是电磁波；另一方面，热辐射、光电效应、光压现象及光化学作用等又确凿证明了光的微粒（量子）性。而且，光的波动理论和光的量子理论各自占据着自己的领域，光的波动理论不能解释光的量子性，而光的量子理论也不能说明光的波动性。不过，就对光本性的认识而言，二者都较之前的认识更接近客观真实。

20 世纪 30 年代，德布罗意（de Broglie）大胆地创立了物质波动学说。他设想每一物质粒子的运动都和一定的波动相联系。这一假设被后来许多实验结果证明。例如，电子束在通过金属薄膜时产生衍射现象，令人信服地证明了电子的波动性。事实上，不仅电子具有波动性，质子、原子、分子和其他物质颗粒也都具有与静止质量和速度相关的波动性特征。这实际上表示不仅光有波动性和微粒性，一切习惯概念上的实物也同样有这两种性质，它们是客观物质所具有的共性。德布罗意和薛定谔（Schrödinger）创立的量子力学原理中，波动性和微粒性的对立得到了较完满的统一。按量子力学概念，光或电子通过圆孔的衍射图样可由屏上一定点或一定时间发现光子或电子的概率来确定。至此，对光的本性人们获得这样的认识：光和实物一样，也是物质的一种，它同时具有波（动）的性质和微粒（量子）的性质（又称光量子模型），它既不是波，也不是微粒，更不是它们的混合物。

人类对光本性的认识还没有得到完全满意的结果，光学本身的发展没有停止，对光本性的认识深化也不会停止。特别是自 20 世纪 50 年代以来，光学开始了一个新的发展时期，已成为现代物理学和现代科学技术前沿的重要组成部分。成像光学、薄膜光学、纤维光学、光谱学、红外光学技术及激光技术都被广泛地应用于环境信息识别与检测，极大地促进了对与环境相关的光学现象的认识与研究。换句话说，没有光学技术近几十年来的发展就没有对与环境相关的光学现象的认识与研究，也就没有环境光学。

从光学学科形成的过程，可以看到光学是一门典型的实验科学。其研究过程一般包括建立研究对象模型、用数学理论阐述其内在联系、理论与实验结果的对比等关键环节。

现代光学技术应用 从 20 世纪 50 年代开始，人们把数学手段、电子技术和通信理论与光学结合，引入频谱和空间滤波的概念，形成相对经典成像光学而言全新的“傅里叶光学”，为现代光学信息处理、现代像质评价、相干光学计算机以及综合孔径雷达技术等奠定了基础。

20 世纪 60 年代出现的数字计算机为复杂光学系统的设计和提高光学设计水平创造了条件，随之产生了一系列高质量、性能卓越的光学系统，如应用于电视、电影摄像的变焦物镜及应用于半导体工业中的精密衍射显微缩镜头。基于“薄膜光学”理论的多层介质膜，不仅在光学工艺中显著地提高了光学系统的效能，而且为解决各种分光和光谱滤波问题奠定了基础。

20 世纪中叶发展起来的“红外光学技术”一直受到世界各国军工领域的普遍重视，已经成功地应用于各种目标探测系统、导弹制导系统、资源检测考察以及遥感遥控技术当中。红外材料以及各种有机化合物的红外光谱的研究都取得了巨大进展。

20 世纪 50 年代以来最重要的成就是实现了爱因斯坦 1916 年预言的原子和分子受激辐射以及产生受激辐射的相关技术。爱因斯坦研究辐射时指出，在一定条件下，如果能使受激辐射继续去激发其他粒子，使处于较高能级的粒子数多于较低能级的粒子数，在受激辐射的作用下，就可获得与激发光相位、频率和方向一致且强度被放大的辐射。1960 年，梅曼（T. Maiman）用红宝石制成第一台可获得这种辐射的可见光激光器；同年氦氖激光器也被制作出来；1962 年和 1963 年又相继出现了半导体激光器和可调谐染料激光器。由于激光具有优异的单色性、方向性和高亮度特征，故其自问世以来便得到了迅速的发展，并且在材料加工、精密测量、远距离测距、全息检测、通信、医疗及农作物育种等方面获得了广泛的应用，在同位素分离、催化、信息处理等方面也有广阔的发展前景。以激光引发核聚变更是探索实现受控热核反应和有关技术的重要途径之一。

激光科学技术的发展不但引起科学技术的重大变化，有力地促进了物理学、化学和生物学的发展，其自身也成为现代科学技术最活跃的领域。由强激光产生的非线性光学效应正被越来越多的人关注。激光光谱学，包括激光拉曼光谱学、高分辨率光谱和微微秒超短脉冲以及可调谐激光技术等，其已使传统的光谱学发生了革命性的变化，成为深入研究物质微观结构、运动规律和转换机制的重要手段。它将对凝聚态物理学、分子生物学和化学的动态过程的研究提供前所未有的方法。可以说，它的出现标志着人们了解和利用光进入一个崭新阶段。

从20世纪60年代开始发展起来的“纤维光学”近年来不仅为一般内窥光学系统提供了纤维传像和传光束，更为重要的是，在通信系统中成功地用光纤代替传统电缆作为传输媒介，极大地推动了现代光纤通信技术的发展。

相干光学计算机与电子数字计算机的联合，为计算机科学开拓了一个新的技术领域。全息照相技术的应用可能为人们提供立体电影或电视，其中全息存储的研究还有可能为研究人脑的记忆机理提供有益的线索。由于现代光学技术在空间上既能延伸到上亿光年的空际，又能深入联系到微观的原子世界，并且在波段上它包含极短波长的γ射线、X射线、紫外线、可见光、红外线、远红外线直到微波，所以光信息的研究——信息光学方兴未艾，有巨大的发展前景。

**主要分支学科** 光学学科分支很多，所涵盖的内容十分广泛。为适应不同的研究对象和实际需要，有不同的光学分支分类的办法和称谓，如光度学、色度学、发光学、光谱学、大气光学、海洋光学、环境光学、晶体光学、金属光学、分子光学、原子光学、电子光学、离子光学、中子光学、光子学、微波光学等。还有一些研究虽范围狭窄但方法独特或效果显著，也被赋予分支专名，如信息光学、全息光学、瞬态（超快）光学、激光学、纤维光学、薄膜光学、非线性光学、自适应光学等。甚至还有突出应用领域的分支称谓，如遥感光学、兵器光学、眼科光学、医用光学、应用光学等。但从光和光学性质而论，一般将光学分为几何光学、物理光学和量子光学。

**几何光学** 主要描述光通过介质或光学系统的传播规律。在几何光学中，光被称作“光线”。光线会在两种不同介质的界面改变传播方向，并有可能在折射率随位置变化的不均匀介质中发生弯曲。几何光学中的“光线”是对光的抽象，它的前进方向垂直于光波的波前，以此可以预测其实际波前的位置。反射定律、折射定律和费马原理是几何光学的基础，成像公式等是几何光学的重要内容。由于几何光学简化了光学理论，因此它无法解释包括干涉、衍射和偏振在内的很多重要光学效应。

通过近轴近似或“小角近似”可以对几何光学做进一步简化，可以用数学的线性来描述，光学元件和系统的参量均可以通过简单的矩阵来表示。基于这种简化，发展了高斯光学以及近轴光线跟踪，用于确定光学系统的一阶特性，包括近似成像、物方位置以及放大倍率等参量。

**物理光学** 又称波动光学，基于惠更斯－菲涅耳原理，从光的波动性出发来研究光在传播过程中所发生的各种光学现象或规律。它借助建立复波前（包括振幅与相位）并通过介质或光学系统的模型，利用计算机数值仿真模拟或计算衍射、干涉、偏振、像差等各种复杂光学现象。麦克斯韦方程组是波动光学的基础。波动光学可以解释光在散射媒质和各向异性媒质中传播时的现象，以及光在媒质界面附近的表现；也能解释色散现象和各种媒质中压力、温度、声场、电场和磁场对光的各种现象的影响。

由于物理光学对光学理论而言仍为近似，因此仍不能像电磁波理论模型那样可以全面描述光传播。对于大多数实际问题来说，完整电磁波理论模型计算量过大，现代计算机硬件条件下还不能彻底解决这一问题，不过小尺度问题已经可以使用完整波动模型来计算。

**量子光学** 基于辐射的量子论，研究光的产生、传输以及光与物质的相互作用。1900

年，普朗克研究黑体辐射时，大胆提出了与经典概念迥然不同的量子论，从理论上推导出与实际相符甚好的黑体辐射经验公式。1905 年，爱因斯坦用量子论成功解释光电效应，进而提出光子的概念。20 世纪 30 年代，德布罗意在量子论的基础上大胆创立了物质波动学说，该学说与薛定谔创立的量子力学原理成为量子光学的重要基础。

波长是描述光的度量标准，光与不同尺度的物体作用时，表现出截然不同的特征。几何光学描述光与宏观物体的相互作用，主要处理光的成像问题；波动光学描述光与小尺度物体的作用，当作用物体尺度与其波长可以比拟（如与细缝或小孔作用）时，光即呈现出典型的波动性；光在原子尺度上的表现，只能用量子光学加以描述。几何光学、波动光学和量子光学构成现代光学的基本内容，相互独立又相互关联，各有不同的应用领域和适用范围。

（刘伯宁　张保洲）

**推荐书目**

母国光，战元龄．光学．北京：人民教育出版社，1978.

huanjing guangxue

**环境光学**（environmental optics）　揭示与环境相关的光和光辐射的性质及规律的科学，是环境科学中的重要分支之一，其研究核心是光辐射与环境的相互作用。环境光学已经形成较完整的体系，几何光学、波动光学、量子光学、光谱学、光度学及色度学是其主要的学科基础，此外还包含专业性应用学科，如光学天文、大气光学、海洋光学、光学遥感以及环境监测技术等。

**发展历程**　环境光学的产生源于人类的生产活动和生活实践，是人类社会生产力水平和科学技术水平发展到一定程度的产物，是在人类认识和解决环境问题的过程中产生和发展起来的。环境光学是一门综合性的新兴学科。从最初利用自然光创造美好舒适的生活和保障对工业交通安全、效率的需求，到人们开始关注光环境品质感受，当人造光源取得重大进步以后，逐渐从自然光环境的控制方法、光学材料和光学系统研究发展到人造光源和照明灯具，从设计发展到控制系统的运用。在自然光环境和人工光环境中，人的注意力仍然在光和视觉的关系。在光度学、色度学、生理光学、物理光学、建筑光学、心理学的基础上，围绕建筑采光、视觉舒适、经济效益建立了“环境光学”，并制定了一系列的标准。

随着人类对光本质认识的提高和深化，光学技术取得了巨大进步，尤其是激光器的发明和激光技术的应用，使得人们对光与物质相互作用的认识有了根本性的提高。环境光学的概念和内涵随之也发生了重大变化。而且，随着人类对社会可持续发展的忧虑和对保护自然环境的重视，环境光学由于处在自然科学发展规律和社会需求的交会点上，成为环境科学的重要组成部分。

**用途**　环境光学可以从原子和分子层级分析光与环境物质的相互作用，探索环境发展变化的自然规律，提供多年的、系统的、充足的环境监控的工程化基础资料。环境光学监测技术是大范围、多组分、连续实时监测的理想工具，有利于建立系统性、区域性和复合性的污染监测和污染信息研究体系。

（郝允祥　张保洲）

guang

**光**（light）　又称光波或光线，是位于可见波段的电磁波。在光度学和色度学中，光有两种含义：①被知觉的光，它是视觉系统特有的所有知觉和感觉的普遍和基本的属性；②光刺激，进入眼睛并引起光感觉的可见辐射。

**光与视觉**　虽然光是人眼能够看见的电磁波，但是人眼对各种波长的光具有不同的色感。观察表明，当单色可见辐射进入人眼时，随着波长增加，人眼的主观感觉依次表现为紫色、蓝色、青色、绿色、黄色和红色。

人眼对各种波长的光还具有不同的敏感度。实验表明，正常人眼对波长 555 nm 的黄绿色光最敏感，也就是说，该波长的辐射能引起人眼最大的视觉感受，而波长偏离 555 nm 越远，光的可见敏感度就越低。光谱光效率函数 $V(\lambda)$ 就是人眼对波长 $\lambda$ 的光与对波长为 555 nm 的光的相对敏感度。例如，$V(510\ \text{nm}) = V(610\ \text{nm}) = 0.503$，说明人眼对波长 510 nm 的绿光和波长 610 nm 的橙光的灵敏度仅约为其对波长 555 nm 的黄绿色光敏感度的一半。由于人眼对光的敏感度随波长偏离 555 nm 逐渐变低，所以光谱区范围并没有一个明确的界限，这取决于到达视网膜的辐射功率水平。在一般情况下，可见光的波段下限取 380 ~ 400 nm，上限取 760 ~ 780 nm 为宜。

**光源** 指能发射光的物体。从属性讲可分为自然光源和人工光源两类。太阳光、星光、极光、水母和萤火虫发出的光等均属自然光；而蜡烛、油灯、白炽灯、荧光灯、霓虹灯、LED 和激光等都是人工光源。

按发光原理划分，光源可分为炽热发光源、电致发光源、光致发光源、化学发光源、生物发光源等。炽热发光是指利用热效应产生光，白炽灯是典型的炽热发光源，炽热发光源的颜色会随着发光体温度的改变而变化；电致发光是指处于强电场中被激发的电子撞击发光材料而产生光，EL 发光片是典型的电致发光源；光致发光是指物质吸收光子后发出新光子而发光，荧光粉是典型的光致发光源，在光致发光中，物质发出的光子的波长通常比其吸收的光子波长更长；化学发光是指在化学反应中以传热发光形式释放反应能量时产生光，典型如荧光棒；生物发光是指生物由于体内生命过程中的变化而产生光，萤火虫是典型的生物发光源。

按发光的机制分类，光源可分为热效应发光源、原子发光源和同步加速器发光源。热效应发光大致可以由普朗克定律描述，太阳、白炽灯就是典型的热效应发光源，热效应发光源的颜色取决于光源的温度；原子发光是指发光物质的原子被激发到激发态后，跃迁至基态或低能态而发光，荧光灯灯管、激光器就是典型的原子发光源，原子发光源的颜色取决于发光材料；同步加速器发光是指速度接近光速的电粒子在磁场中沿弧形轨道运动时发光，原子炉就是同步加速器发光源，在日常生活中几乎接触不到。

**光的传播** 光可以在真空、空气、水等透明介质中传播。光在真空中传播的速度常用 $c$ 表示，1973 年美国标准局的科学家采用激光方法测定的光速 $c = 299\ 792\ 458$ m/s。1975 年第 15 届国际计量大会确认，将该光速实测值作为国际推荐值使用。光在其他介质中传播的速度 $v$ 则取决于介质的折射率 $n$（$v = c/n$）。

在均匀介质中光是沿直线传播的。当光遇到另一均匀介质时方向会发生改变，改变后依然沿直线传播。在非均匀介质中，光通常是沿曲线传播的。光的传播路径都可以依照费马原理来确定。光线从一种介质斜射入另一种透明介质时，传播方向将发生偏折，这种现象叫作光的折射。入射光线的方向与折射光线的偏折可以依照折射定律来确定，在折射现象中，光路是可逆的。在光传播路径上，由于介质中存在微粒结构，在介质的分（原）子的作用下，光将发生散射，即光向四面八方散开。

光线从一种介质射到另一种介质的界面时又返回原介质，这种现象叫作光的反射。入射光线与反射光线的方向可以依照反射定律来确定，在反射现象中，光路也是可逆的。当两介质的分界面十分光滑时，入射光将发生镜面反射；当两介质的分界面凹凸不平时，入射光将反射向四面八方，即发生漫反射。

**光的本质** 光是由基本粒子光子组成的，同时具有波动性与微粒性，这是对光本质研究的结果，称为光的波粒二象性。（张保洲）

guang fushe

**光辐射** (optical radiation) 又称光学辐射，是波长位于 X 射线过渡区（≈10 nm）和无线电波过渡区（≈1 mm）之间的电磁辐射。

当光辐射投射到物体上时，会发生反射、折射、散射等现象，它作为以光子或电磁波形式传播的能量，还可以通过光学元件使其成像或色散。也正因为在物体上发生的这些现象使我们能看见和正确识别被投射的物体。光辐射是信息的理想载体或传播媒质，是人类认识外部世界最重要的工具。人类感官收到外部世界的总信息中，绝大部分是通过眼睛接收光辐射“搭载”的信息所获得。同样在我们认识环境和监测环境的过程中，光辐射也是最理想信息的载体或媒质，目前我们最常见的环境质量检测设备均是基于对光辐射的获取和分析。

通常根据人眼的视觉效应按波长将光辐射分成三部分：紫外辐射（10 ~ 400 nm）、可见辐射（400 ~ 760 nm）和红外辐射（760 nm ~ 1 mm）。（张保洲）

hongwai fushe

**红外辐射**（infrared radiation） 又称红外线，是波长比可见辐射长的光学辐射，在光谱上位于红光的外侧。其波长为 760 nm ~ 1 mm。

**红外辐射的发现** 1800 年，英国天文学家赫歇耳用温度计测量太阳光谱的热效应时，发现热效应最显著的部位不在彩色光谱内，而在红光的外侧。据此，他推断在红光的外侧存在一种不可见辐射。后来的实验证明，他断言的这种不可见辐射就是波长比可见辐射更长的红外辐射。

**波段划分** 按照测量红外辐射的探测器和技术特点，可将红外辐射按波长分为 A、B 和 C 三个波段，称为近红外、中红外和远红外，相应的波长范围一般约定为：①IR-A：0.76 ~ 1.4 μm；②IR-B：1.4 ~ 3 μm；③IR-C：3 ~ 1 000 μm。其中，0.76 ~ 1.4 μm 是硅、锗等典型可见、红外光电探测器的应用范围；1.4 ~ 3 μm 是硫化铅探测器的典型应用范围；大于 3 μm 则只能使用制冷的本征探测器或掺杂的探测器了。

红外辐射波段波长域的划分，不仅会因其依据的产生方法、传播方式、测量技术或应用范围不同而异，而且也因学科或技术领域不同有别。所以，波段划分区域并不唯一。例如，由于大气只能让红外辐射从 1 ~ 3 μm、3 ~ 5 μm 和 8 ~ 13 μm 三个“窗口”通过，在军事应用中常称这三个波段为近红外、中红外和远红外波段。又如，由于用玻璃作为透射窗材料的硫化铅探测器可检测的波段上限为 3 μm，而以棱镜作为色散元件的波段上限为 40 μm，所以，在光谱学中一般分别以 0.75 ~ 3 μm、3 ~ 40 μm 和 40 ~ 1 000 μm 作为近红外、中红外和远红外波段。

**应用** 红外辐射在大气中许多波长域易被水汽和二氧化碳吸收，在许多“窗口”处不仅具有远强于可见辐射的穿透能力，还具有很强的热效应。基于这些特点，红外辐射在工业、通信、探测、医疗，尤其是军事等领域具有极为广泛的应用。

辐射是从辐射源中发射出来的。任何物体元都包含大量的原子或分子，而每个原子或分子都有许多能级，原子或分子从高能级跃迁到低能级时就会发射出辐射。辐射虽是从辐射源发射出来的，但其发射辐射的前提是从外界获得能量，即原子或分子激励到高能级上。在各种外界激励的方式中，与红外辐射关系最为密切的是加热，由加热而产生的辐射称为热辐射。热辐射的能量按波长的分布遵循普朗克定律，其完全取决于辐射源的温度。

根据普朗克定律，温度在绝对零度以上的物体，都会因自身的分子运动而辐射出红外辐射。用红外探测器测量物体的红外辐射光谱分布或某些特征量（如辐射峰值波长、双波段辐射比等），就能获得被测物体的温度；利用红外探测器、光学成像系统和光机扫描系统（使用红外面阵探测器不需要扫描系统）测量被测目标的红外辐射能量分布，就能获得被测物体表面热分布相应的热像图。这就是红外测温技术和红外成像技术的基本原理。基于这种原理制造的红外辐射计、红外测温仪、红外无损检测仪以及红外雷达等均常见于工业、军事、环境监测和科学研究中；而基于红外热效应制造的红外热成像仪、红外理疗仪及红外烤箱等在军事、森林防火、医疗和食品工业中的应用也很广泛。

**危害** 由于红外辐射具有很强的热效应，

较强的红外辐射会使人的皮肤形成红斑和灼伤，重者造成烧伤。较强的红外辐射还会对人眼造成伤害：波长为0.75～13 μm的红外辐射会透过眼角膜，直接造成眼底视网膜烧伤，波长19 μm以上的红外辐射几乎全部被角膜吸收，造成角膜烧伤，引起白内障。（张保洲）

kejian fushe

**可见辐射** （visible radiation） 又称可见光，是能直接引起人视觉的光学辐射。换句话说，光是人眼能够看见的电磁波。

**可见辐射与视觉** 见词条光中“光与视觉”。

**可见辐射与照明** 太阳一直是人类赖以生存的最大的自然可见辐射源，为人类白昼的户内外生活提供了优良的照明条件。在利用太阳作为可见辐射源的同时，为实现夜间照明人类发明和使用了许多人工可见辐射源：蜡烛、油灯、白炽灯、荧光灯、霓虹灯、发光二极管（LED）和激光等。

从照明的角度讲，一个好的可见辐射源应该具备两个最重要的条件：①具有较高的光效，即消耗相同的功率能发出较多的光通量；②具有好的显色性，即照明下的物体呈现出“真实”（如同阳光下）的色感。人工可见辐射光源的发展史，就是追求更高光效和显色指数（显色性表征量）的历史。下列几种人工可见辐射光源对人类历史影响巨大。

**白炽灯** 是典型的热光源。1879年爱迪生发明了实用的碳丝白炽灯，由此开辟了人造电光源的新时代。虽然爱迪生发明的碳丝白炽灯光效只有2.5 lm/W，但较火焰、蜡烛及一般油灯已提高10倍以上。随后又用钨丝代替碳丝制成钨丝白炽灯，加之利用卤钨循环制成卤灯，使光效达20 lm/W以上。由于具有比其他光源更似黑体的能谱分布、发光稳定且光强连续可调、使用方便等突出优点，白炽灯在很长时间里成为应用最广泛的电光源，至今在可见和红外辐射研究中仍将其用作标准光源。

**荧光灯** 是典型的气体放电灯。原理是在抽成真空的灯管内部注入少量的汞。给阴极加热时，电子获得足够的能量从阴极逸出并在电场作用下加速。当加速的电子与灯内的汞气原子发生碰撞时，就会将汞气原子激发，受激发原子返回基态时，便会以辐射形式释放254 nm紫外辐射。由于在灯管内壁涂敷有荧光物质，紫外辐射就会激励荧光物质产生可见辐射，这样做成的荧光灯光效可达50～80 lm/W，且具有较高的色温和较好的显色性，广泛应用于各领域的照明。据估计，在LED照明广泛应用前全世界电光源所发出的光通量的一半以上都是由荧光灯发出的。与热光源相比，气体放电光源不受灯丝熔点的限制，可以获得很高色温的辐射；其辐射光谱可以选择，只需选择适当的发光材料即可；发光效率比热光源高得多。荧光灯中的氙灯则除有一些谱线辐射外，还有很强的连续辐射；由于它的能谱分布与太阳光相近，尤其是在可见波段，常用它作为模拟太阳辐射的光源。

**发光二极管（LED）** 是一种PN结二极管，与普通二极管不同之处在于有外电压时能够发光。当PN结外加正偏压时，*P*区接电源正极，*N*区会分别注入它们的少数载流子。当少数载流子浓度超过平衡状态时，过剩的少数载流子将与区内的多数载流子发生复合，这一过程中自由电子从高能态跃迁到低能态，释放出多余的能量，形成电致发光。能做成LED的材料要求其透光性好且折射率较低，形成电致发光才易于射出管外。作为照明用的是可以发出白色光的发光二极管，作用原理是：由半导体发出的蓝光，在反射极上附着能发出橙光的荧光物质，蓝光混合上它所激发的橙光，就会呈现出白光。LED目前被视为绿色照明的代表加以推广，主要是基于其光效高、寿命长和工作电压低等特点。

**危害** 只要可见辐射量超过人眼具有的光适应能力，就会形成光污染。光污染是指广泛存在的损害人们观察物体的能力，引起人体不舒适感和损害人体健康的可见辐射危害现象，如强日光照射下白墙形成的反射、夜间彩色广告形成的过度刺激和可导致行人与司机眩晕感的镜面建筑反光等。高强度光源形成的可见辐射还会对人体造成损伤，如人眼直视激光会引起黄斑灼伤，造成不可恢复的生理性视力减退。

（张保洲）

ziwai fushe

**紫外辐射** （UV radiation） 又称紫外线，是波长比可见辐射短的光学辐射，其波长位于10～400 nm。

**波段划分** 按照紫外辐射的生物学效应常分为A、B和C三个波段，分别为：①UVA：315～400 nm；②UVB：280～315 nm；③UVC：100～280 nm。由于波长短于200 nm的紫外辐射会被空气吸收，只能在真空中传播，所以把这部分紫外辐射称为真空紫外辐射。通常讨论UVC波段紫外辐射效应及其应用时，只涉及能在空气中传播的波长200～280 nm的紫外辐射。

**紫外辐射效应** 因为在光辐射中紫外辐射的波长最短、单光子能量最高，因此紫外辐射对物质的作用和对生物的危害都最为明显，可以利用的有利效应和应当防止的有害效应都很多。

**A波段紫外辐射效应** 最重要的有三种效应：色素沉着效应、光化学效应和荧光效应。

*色素沉着效应* 又称黑斑效应。它是指紫外辐射射入皮肤深部，氧化那里存在的准黑色素形成黑色素，使皮肤变黑。如果皮肤继续接收紫外辐射照射，持续生成的黑色素将形成色素沉着。目前，有科学家正在研究利用色素沉着效应来治疗皮肤白斑。

*光化学效应* 是指某些物质在紫外线照射下会产生分解、聚合和蜕变的现象。在光学精密黏接和高速印刷中利用光化学效应（紫外胶和紫外油墨）可以极大地提高黏接和印刷的速度。其原理是紫外胶和紫外油墨中含有在紫外辐射下能迅速固化的材料，光学元件黏接或印刷品印刷后不用烤干或长时间放置，只需经过紫外线照射，而且由于紫外辐射不含热量，还避免了热对光学元件和印刷品的影响。材料老化也是典型的紫外光化学效应，很多材料受紫外辐射辐照后，其强度和颜色都会发生衰退，俗称材料老化。由于日光中所含紫外辐射主要集中在A波段，所以如何防护材料免受日光中A波段紫外辐射，一直是材料特性研究所关注的课题。

*荧光效应* 在防伪领域应用很广泛，人们常在钞票或其他重要票据上用无色荧光油墨加印上防伪的图案或标记，这些图案或标记在正常照明条件下看不到，只有在一定的紫外辐射照射下，荧光油墨被激发而显现，由此达到防伪的目的。荧光效应还应用在无损探伤领域，将被检件放入含荧光材料的油液中浸泡后，如果被检件表面有裂纹，裂纹处会附着荧光材料微粒，在紫外光照射下就会呈现出来。

**B波段紫外辐射效应** B波段紫外辐射是对人体影响最大的紫外辐射。一方面，由于B波段紫外辐射的波长较A波段短，单光子能量更高，紫外辐射对生物的危害更大；另一方面，B波段紫外辐射的波长较C波段长，但由于太阳辐射中波长短于290 nm的辐射均被大气吸收，日常人体接收到的紫外辐射就只有A和B波段长于290 nm的部分了。B波段紫外辐射有三种重要的效应：红斑效应、有害效应和健康效应。

*红斑效应* 是指人体表皮受到较强紫外辐射辐照后，表皮会生成各种化学介质并扩散到真皮，引起局部血管扩张，呈现出红斑。与灼伤形成的红斑不同，紫外辐射所致的红斑消失得很慢。

*有害效应* 紫外辐射会损伤眼组织，损害角膜和晶状体，导致结膜炎和白内障。强烈的紫外辐射辐照皮肤，可导致光照性皮炎，皮肤上会出现红斑水疱和水肿；长期的辐照刺激还会诱导皮肤癌。

*健康效应* 接收适度的B波段紫外辐射对人体不仅无害还有利，适度的B波段紫外辐射被人体的有机醇吸收，会合成维生素D。它对促进骨骼发育，防治佝偻病和骨质疏松十分有效。

**C波段紫外辐射效应** 最重要的一个效应是杀菌效应。C波段紫外辐射对微生物有很大的破坏作用，它可以杀灭大肠杆菌、志贺氏菌、伤寒菌、葡萄球菌、结核菌、枯草菌、谷物霉菌等很多有害细菌。紫外杀菌已广泛应用在对水、食品、医用品和病房中空气的灭菌中。另一个重要的效应是荧光效应。荧光灯就是利用灯管内汞原子，被运动电子激发释放254 nm的紫外辐射，激励管内壁涂敷的荧光物质产生可见辐射的原理制作的。

**人工紫外辐射源** 提供 C 波段紫外辐射的人工辐射源是低压汞灯，俗称杀菌灯。虽然低压汞灯能发射波长为 254 nm、297 nm、303 nm、313 nm、365 nm、405 nm、436 nm 和 546 nm 的众多谱线，但 90% 以上的能量都集中在 254 nm 的紫外线上。所以，它常被当作杀菌灯使用。与普通荧光灯不同的是，低压汞灯的管壳是用石英玻璃制作的，而荧光灯是在玻璃管内壁涂敷荧光材料。提供 B 波段和 A 波段紫外辐射的典型人工辐射源有两种：低中压荧光灯和高压汞灯。与普通荧光灯不同的是，低中压荧光灯的管壳内壁涂敷荧光材料产生的辐射峰值是在 UVB 或 UVA 对应的波段，而不是在可见辐射波段。高压汞灯则是利用气压增加造成谱线致宽，甚至产生一定的连续谱的物理机理而制成的。虽然它发出的谱线波长与低压汞灯无异，但波长为 313 nm、365 nm、405 nm、436 nm 和 546 nm 等的谱线成为强谱线。

**紫外辐射防护** 由于接收过量紫外辐射对人体具有严重的危害，世界卫生组织（WHO）、世界劳工组织（ILO）等都对工作环境中的紫外辐射含量限度作出了明确的规定，我国也制定了相应的标准和规范。日常生活中人们主要接收到太阳的紫外辐射，防护也应从防止日光过度照射做起。太阳紫外辐射的强度主要取决于太阳的高度和所处位置的海拔。太阳的高度越高，紫外辐射在大气层路径越短，到地面的紫外辐射就越强；海拔越高，阻碍紫外辐射的大气层相对越薄，到地面的紫外辐射也就越强。在北半球，夏天中午太阳的高度角最大，是紫外辐射最强的时候。到青藏高原的人们很容易被晒黑，说明高海拔地区具有较强的紫外辐射。还有一个接收日光紫外辐射的因素是地面反射，草地、土壤和水对紫外辐射的反射率只有大约 10%；新降落的雪对紫外辐射的反射率可达 80%。因此，虽然冬季的太阳高度较夏季低，但晴日在雪地上活动仍不应忽视紫外辐射的影响。

大气对紫外辐射的吸收主要源于平流层的臭氧层。研究表明，大气中臭氧浓度减少 1%，到达地表的太阳紫外线辐射就会增加 2%。如果大气的臭氧层遭到破坏，到达地表的太阳紫外辐射就会大量增加。为了让人们预知日间紫外辐射强度，以便采取防护措施，气象部门通过发布预测的紫外强度指数来预报紫外辐射强度。紫外强度指数的预报是基于太阳紫外辐射观测资料与太阳高度、海拔、臭氧层状态等影响因子建立起的统计关系以及对未来天气晴朗程度的预测。关注未来的紫外强度指数，就能在紫外辐射较强时采取适当的措施，如撑伞、使用防晒霜，或缩短在太阳下活动的时间，这样就能有效地防止或减小过多紫外辐射对人体的危害。（张保洲）

X shexian fushe

**X 射线辐射** （X-ray radiation） 俗称 X 光，是波长比紫外辐射更短（波长比光辐射更短）的电磁辐射，其波长为 0. 006 ~ 10 nm。波长短于0. 1 nm 的 X 射线，能量较大，称为硬 X 射线；波长大于0. 1 nm 的 X 射线，能量较低，称为软 X 射线。尽管从严格意义上讲，X 射线并不属于光辐射，但由于其在医学和科学研究中的广泛应用，加之其单光子能量很高，习惯上还应该关注 X 射线对环境的影响。

**发现** X 射线是 1895 年德国物理学家 W. K. 伦琴，在用阴极管做放电实验时偶然发现的。他发现阴极管放电时，放电管旁边原本严密封闭的底片发生曝光。他推断，一定是放电管放出了一种穿透力极强的新射线，它穿透了装底片的袋子。由于当时不知道它究竟是什么射线，于是为其取名“X 射线”，并开始了对它的研究。他先把一个涂有荧光物质的屏幕放在放电管附近，屏幕上便发出了亮光。当他尝试将书本、橡皮和木板等不透光的物体分别置于放电管和屏幕之间时，屏幕上亮光几乎没有任何变化，甚至置入 15 mm 厚的铝板，还仍能看到屏幕上亮光，说明这些不透光的物质不能挡住 X 射线。实验还发现，只有铅板和铂板才能阻挡 X 射线。伦琴发现 X 射线后，很快在医学中得到广泛应用，成为帮助人类战胜疾病的有效工具，X 射线的发现也从许多方面推动了物理学的发展。正因如此，1901 年伦琴成为世界上第一个诺贝尔物理学奖得主。人们为了纪念伦琴，还将 X 射线称为伦琴射线。

**产生机制** X 射线的特征是波长非常短，频率很高。因此，X 射线必定是原子在能量相差悬殊的两个能级之间的跃迁而产生的。所以 X 射线是由高速电子撞击物质的原子，将原子中最靠内层的电子迁移至激发态后，发生跃迁时发出来的辐射，光辐射则是外层电子跃迁时发射出来的。X 射线是不带电的粒子流，与可见辐射一样，能产生干涉、衍射现象，在电场磁场中不发生偏转。

同步辐射源目前已成为重要的 X 射线源，其产生的 X 射线谱由连续谱和谱线组成，谱线重叠在较强的连续谱背景上。其中连续谱是由于高速电子受靶极阻挡而产生的轫致辐射，谱线则是靶元素内层电子的跃迁而产生的，由于不同元素原子壳层结构不同，因此每一种元素具有特定的一系列谱线。

**X 射线效应** 由于 X 射线的波长非常短，单粒子能量很高，它能产生很多效应，最重要的包括下面五种。

**穿透作用** X 射线具有很强的穿透能力，能穿透很多物质，并且其波长越短，穿透力越强。X 射线的穿透力还与物质密度有关，利用这种性质可以用它把密度不同的物质区分开。通常大原子吸收 X 射线粒子的概率更大，组成人体骨骼的原子较组成软组织的原子大，所以骨骼较软组织能吸收较多的 X 射线。故此，X 射线透视可以呈现被检者的人体结构。

**电离作用** X 射线可使物质核外电子脱离原子轨道产生电离，电离的气体能够导电。利用被照物质电离电荷的密度可测定 X 射线的照射量，最常用的 X 射线测量仪器就是根据这个原理制成的。

**荧光作用** X 射线可使许多物质产生荧光，并且荧光的强弱与施照的 X 射线强度成正比。这种作用是 X 射线应用于透视的基础，利用这种荧光作用制成的荧光屏可用来观察 X 射线透视人体组织的影像。

**感光作用** X 射线同可见光一样能使胶片感光，并且胶片感光的程度与施照的 X 射线强度成正比。当 X 射线通过人体时，因人体各组织的密度不同，对 X 射线的吸收量不同，胶片上所获得的感光度不同，从而获得 X 射线的影像。

感光作用可使生物机体的细胞受到抑制、破坏甚至坏死，从而导致机体发生不同程度的生理、病理和生化等方面的改变。在利用 X 射线的同时，人体接收过量 X 射线会出现脱发、皮肤烧伤、视力障碍、白血病等疾患，因此在应用 X 射线的同时，应注意采取适当的防护措施。

**衍射作用** 晶体的点阵结构对 X 射线可产生显著的衍射作用，且这种衍射遵从布拉格定律。X 射线衍射法与布拉格定律已成为研究晶体结构、形貌及其缺陷的重要手段。（张保洲）

γ shexian fushe

**γ 射线辐射** （γ-ray radiation） 又称 γ 粒子流，是波长比 X 射线更短的电磁辐射，其波长短于 0.01 nm。由于其波长比 X 射线更短，单光子能量更高。

**发现** γ 射线是 1967 年美国军用卫星在监测核爆炸时首次观测到的。当时卫星没有监测到来自地面的核爆炸，而是发现了来自太空的强烈射线爆发。后来的观测证明这些强烈射线爆发大体均匀地来自空间的各个方向，这意味着它们可能来自银河系之外。如果这种推断成立，它们将释放巨大的能量。

**产生机制** 研究表明，γ 射线是原子核衰变过程中发射的一种电磁波。当原子核发生α、β衰变后，往往会衰变到一个激发态，而处于激发态的原子核仍是不稳定的，会通过释放一定能量使其跃迁到稳定的状态，这些能量的释放就是通过辐射出γ射线来实现的。

**作用** γ射线的波长比X射线要短，其单粒子能量比X射线更高，因此γ射线具有比X射线还要更强的穿透能力，它可以透过几厘米厚的铅板。当γ射线通过物质并与原子发生相互作用时会产生光电效应、康普顿效应和正负电子对效应。光电效应是指原子核释放出的γ粒子与核外电子碰撞时，会把全部能量传递给电子，使电子电离成为光电子；γ粒子的能量较高时，还可能与核外电子发生弹性碰撞，γ粒子的能量和运动方向均发生变化，这就是康普顿效应；当γ粒子的能量大于电子静质量的两倍时，在原子核的库仑场作用下会转变成正负电子对，这种正负电子对效应随γ粒子能量的增高而增强。

**应用** 因为γ射线与物质原子发生相互作用时产生的效应，常与原子核的结构有关，通过对γ射线谱的研究就能了解核的能级结构。由于γ射线具有极强的穿透本领，人体受到γ射线照射时，γ射线可以进入人体内部，并与体内细胞发生电离作用，电离产生的离子能侵蚀或破坏细胞组织内复杂的有机分子，如蛋白质、核酸和酶，最终导致细胞死亡。医疗上常利用γ射线对细胞的这种杀伤力，开展对肿瘤的治疗。军事上利用γ射线具有极高的能量和极强的穿透本领，可以制成威力巨大的γ射线弹。γ射线弹不但杀伤力极大，而且没有爆炸效应，即使已在目标上空爆炸也不易被觉察或测量到，是一种极具威慑力的战略武器。

**研究进展** 太空中常会出现某一处γ射线突然增强的现象，在天文学领域把这种现象称作“γ射线暴”。γ射线暴持续时间通常都很短，只有零点几秒到几十秒，但其却释放出巨大的能量，相当于太阳一生所释放出总能量的数百倍。天文学家一直致力于研究γ射线暴能量来源。1997年2月28日天文学家首先成功地发现了被称为γ射线暴“光学余辉”的γ射线暴光学对应体，对光学对应体所在星系的观测表明，γ射线暴是发生在宇宙学距离上的现象。目前大多数天体物理学家认为，强劲的γ射线暴可能来自恒星内核坍塌导致的超新星爆炸而形成的黑洞。

2011年9月，英国斯特拉斯克莱德大学、格拉斯哥大学以及葡萄牙里斯本高等技术研究院的科学家组成的一个科研小组制造出一束地球上最明亮的γ射线，其强度约是太阳的1万亿倍。它是超短激光脉冲和电离气体发生反应，产生的极其强大的激光，它甚至可以穿透20 cm厚的铅板，要用1.5 m厚的混凝土墙才能彻底屏蔽它。而此次研究中实现的超强γ发射源，比一般常见的γ射线发射设备更小也更便宜，因此，它为医学研究利用γ射线的领域，包括医学成像、放射性疗法以及正电子放射断层造影术（PET）等展现了新的前景。此外，由于这种射线脉冲极短，持续时间仅1 000万亿分之一秒，快到足以捕获原子核对激发的反应，也非常适用于对原子核的研究。（张保洲）

heiti fushe

**黑体辐射** （black-body radiation） 黑体发出的辐射。任何物体都具有反射、吸收、发射辐射的本领，如果一个物体对任何波长的外来辐射完全吸收而无任何反射，即吸收比为1，则称该物体为黑体。

**黑体理论** 根据基尔霍夫（Kirchhoff）辐射定律，在热平衡状态下的物体所辐射的能量与吸收率之比与物体本身性质无关，只与波长和温度有关。由于黑体的吸收比最高为1，所以在一定温度下，黑体就是辐射本领最大的物体，因此也把黑体叫作完全辐射体。关于黑体辐射最重要的定律是普朗克定律、维恩位移定律和斯特藩-玻尔兹曼定律。

**实际中的黑体** 绝对理想的黑体并不存在，但许多实际辐射体发出的辐射很接近黑体辐射。例如，一个开小孔的中空腔体小孔处的向外辐射就近似黑体辐射。又如，太阳是一颗气体星球，从外部射向太阳的辐射基本不会被反射回来，因此也可视其为一个黑体，所以对这些实际辐射体完全可以应用描述黑体辐射的理论和定律。此外，还有一些发射体，它们的发射率（辐射能量与相同温度下的黑体的辐射能量之比）与波长无关，这样的发射体叫作灰体。对于灰体在考虑了发射率修正后，也可以应用黑体辐射的理论和定律。

黑体可以吸收所有的入射辐射，但这并不意味着黑体一定是黑色的，这是因为只要黑体温度足够高，其自身在可见光谱区辐射出的能量就能被人眼察觉，如异常明亮的太阳。在黑体辐射中，随着黑体温度不同，黑体辐射呈现的颜色也不相同，由红到橙、黄、白直至蓝白变化。黑体的温度越高，其在可见光谱区辐射能量中蓝的成分越多，红的成分则越少。

（张保洲）

Pulangke dinglü

**普朗克定律** （Planck Law） 又称普朗克辐射定律，是德国物理学家普朗克（Max Planck）于1900年所创立的。他从辐射的量子论出发，获得了在一定温度下，黑体光谱辐射出射度按波长的分布规律：

$$M(\lambda, T) = c_1/[\lambda^5 e^{(c_2/\lambda T)} - 1]$$

式中，$c_1 = 2\pi hc^2$，称为第一辐射常数；$c_2 = hc/k$，称为第二辐射常数；$\lambda$ 为辐射波长，μm；$T$ 为黑体热力学温度，K；$c$ 为光速，$2.998 \times 10^8$ m/s；$h$ 为普朗克常数，$6.626 \times 10^{-34}$ J·s；$k$ 为玻尔兹曼（Bolfzmann）常数，$1.380\ 650\ 5 \times 10^{-23}$ J/K。

普朗克定律是公认的描述黑体光谱辐射规律的法则。在实际工作中，常用其来描述人工黑体的辐射。

**维恩位移定律** 如果黑体的温度为 $T$，则黑体在波长域中光谱辐射的峰值波长 $\lambda_m$ 满足：

$$\lambda_m T = 2\ 898\ \mu\text{m} \cdot \text{K}$$

实际上，通过对普朗克定律表示的光谱功率按波长的分布求极值，就可以得到维恩位移定律。根据维恩位移定律，只要知道了黑体的温度，就可以得到黑体光谱辐射的峰值波长；同样，如果测出黑体光谱辐射的峰值波长，就可以得到黑体的温度。例如，太阳的温度约为6 000 K，根据维恩位移定律，可以推断太阳辐射的峰值波长约为0.48 μm。又如，地球表面温度约为300 K，地球辐射的峰值波长大致为9.6 μm。

**斯特藩-玻尔兹曼定律** 由普朗克定律对波长积分可以得到斯特藩-玻尔兹曼定律：黑体的辐射出射度 $M(T)$（单位：W/m$^2$）与黑体温度（$T$）的4次方成正比，即

$$M(T) = \sigma T^4$$

式中，$\sigma$ 为比例常数，值为 $5.67 \times 10^{-8}$ W/(m$^2$·K$^4$)。

根据斯特藩-玻尔兹曼定律，只要知道了黑体的温度，就可以得到黑体的辐射出射度；同样，如果测出了黑体的辐射出射度，就可以得到黑体的温度。

普朗克定律及由其导出的斯特藩-玻尔兹曼定律，是物体间热力传导的基本法则，它表明单位面积、单位时间的辐射功率和温度的四次方成正比，比值是 $5.67 \times 10^{-8}$ W/(m$^2$·K$^4$)。虽然有物理学家怀疑此定律在两个物体极度接近时的适用性，但始终无法证明和提出实证。直至2009年，美国麻省理工学院（MIT）华裔教授陈刚与其团队的研究，首次给出了辐射不遵循黑体辐射定律的实证，证实物体在极度近距离时的热力传导形成的辐射强度，可以高出定律公式所预测的1 000倍之多。 （张保洲）

yingguang

**荧光** （fluorescence） 俗称萤光，是荧光物质所发出的光。当某种物质受到光辐射照射时，会发出可见光，则可将施照光辐射称为激发光辐射，受照物质称为荧光物质。

**产生机制** 荧光是典型的光致发光：当激发光辐射（既可以是可见光，也可以是紫外辐射或X射线）照射荧光物质的原子时，光的能量使原子核周围的一些电子从基态跃迁到

激发态。位于激发态的电子是不稳定的，会自动回到基态并以发射荧光的形式释放能量。

由于荧光是荧光物质吸收激发光辐射能量后发出的光，一般情况下，荧光的波长不会比激发光辐射波长更短，当荧光波长与激发光辐射波长相等时，可称其为共振荧光。但是当激发光辐射密度很高时，可能发生双光子吸收现象，即两个激发光辐射粒子被荧光物质的同一个原子吸收，此时就会出现荧光的波长比激发光辐射波长更短的情况。

**荧光检测** 荧光物质发出荧光的强度，不但与该种物质的性质有关，还与激发光辐射的性质相关。在表征荧光物质时常会涉及下面四个参量。

**激发光谱** 单色激发光辐射引起荧光物质发射特定波长荧光的效率随单色辐射波长而变化，激发光谱峰值波长处的单色辐射激发该特定波长荧光的效率最高，即激发光谱可以反映物质受到激发以后的情况，该物质对于外来激发光的响应，以及自身辐射波长随激发波长变化的关系。

**荧光光谱** 指荧光物质发出的荧光随波长的分布，荧光光谱的峰值波长表征荧光物质发出荧光的特征波长。

**量子产率** 荧光物质发出的荧光光子数与接收施照光辐射的粒子数之比，用于表征荧光物质将接收的光辐射能转化为荧光的能力。

**斯托克斯（Stokes）位移** 指荧光光谱峰值波长与激发光辐射谱峰值波长之差，用于表征荧光相对激发光辐射的波长位移。

检测荧光物质发射荧光特性最常用的光学仪器就是荧光分光光度计。它主要由激发光源与激发单色元件、样品室、发射单色元件与探测器三部分组成，它可以直接测量不同波长单色辐射激发荧光物质所对应的荧光光谱，并获得特定光谱功率分布激发源对应的荧光光谱。

能发射荧光的物质很普遍，但是大多数物质在正常光辐射环境中所发射的荧光太弱，不易被察觉。例如，钻石受到强紫外辐射的照射，会发出蓝色或黄色荧光；许多矿物和纤维在紫外线或X射线的照射下，也会发出荧光。

**应用** 荧光物质应用也非常广泛。例如，常见的荧光灯，就是在低压汞灯的管内壁涂敷一层荧光材料，利用其吸收低压汞灯结构产生的紫外辐射发出所需的可见光辐射。白色发光二极管（LED）也基于类似的原理，其半导体芯片能发出蓝光，发出的蓝光还会激发附着在芯片上的荧光物质，使它们产生橙色的荧光，蓝光与橙光混合起来就呈现出白光。

荧光技术在生化和医疗领域也有广泛的应用。最典型的应用是采用荧光标记和示踪，即利用化学反应把荧光物质“粘”到被研究的目标物上，然后通过观察和探测激发辐射下目标物的运动、图像或光谱来研究目标物的性质。这种荧光技术已被广泛应用到DNA测序、DNA及蛋白质的分子结构分析，尤其是对比较复杂的生物大分子的研究。石油及其大部分产品，基本上都是荧光材料，在紫外辐射下会发出荧光。而且石油的发光现象非常灵敏，只要溶剂中含有十万分之一的石油或者沥青物质，其发出的荧光就能被检测到。因此，在油气勘探工作中，常用荧光分析来判别和确定岩样中是否含油及其含油量。

荧光效应还被广泛应用在防伪领域，人们常在钞票或其他重要票据上用无色荧光油墨加印上防伪的图案或标记，这些图案或标记在正常照明条件下是看不到的，但在一定的紫外辐射照射下，荧光油墨被激发而显现，从而达到防伪的目的。荧光效应还应用在对金属件的无损探伤中，将被检件放入含荧光材料的油液中浸泡后，如果被检件表面有裂纹，裂纹处会附着荧光材料微粒，在紫外辐射照射下就会呈现出来。

（张保洲）

linguang

**磷光**（phosphorescence） 磷光物质所发出的光。当某种物质受到光辐射照射或受到摩擦、振动等作用时，会发出可持续一定时间的可见光，则这种物质称为磷光物质。与荧光随着激发作用停止便立刻停止发光不同，磷光在激发作用停止后其发光会持续一段时间，所以在一定程度上可以把磷光看作长余辉荧光，所谓余辉就是指激发停止至磷光物质发光消失间隔内磷光物质仍持续发光的现象。

**产生机制** 当分子吸收激发作用的能量后，其电子从基态跃迁至激发态，再从激发态返回基态的过程中，部分电子会通过释放一定能量跃迁至能量稍低并具有相同自旋多重度的激发态（亚稳态），由于基态通常为自旋单重态，所以此时激发态与基态具有不同的自旋多重度。虽然激发态比基态能级高，从热力学的角度看，从激发态到基态的跃迁过程也是易于发生的，可是这种跃迁却被跃迁选择规则所禁戒，所以这个过程的完成需要较长（从数秒到数分钟乃至数小时）的时间。当停止入射光后，物质中还有相当数量的电子继续保持在亚稳态上，其发光会持续到所有的电子回到基态。由于磷光是一种缓慢的冷发光现象，所以通常磷光都比较暗弱，只有在黑暗中才能察觉。

**磷光物质** 能发射磷光的物质虽然很多，但是由于磷光都比较暗弱，在正常光辐射环境中并不能看见。例如，在干燥晴朗的冬夜，在坟地间偶然会飘浮出被视为“鬼火”的亮点就是典型的磷光。有的宝石经阳光辐照后移到暗处会继续发光，如金刚石、方解石、萤石、石英、重晶石以及钙、钡、锶等的硫化物。

**应用** 磷光物质应用非常广泛。早期最典型的应用就是将磷光物质涂敷在高级手表的指针和表盘的标识上，这些磷光物质经过昼间日光的辐照，晚间就会持续发出磷光，这样人们在无照明的条件下也能看清表所指示的时间。目前，长余辉荧光粉（余辉时间很长的发光物质）的应用非常广泛。例如，可将其涂敷在飞机的通道两侧作为应急通行标线；也可将其涂敷在汽车尾部的外沿作为汽车外轮廓标线，有利于后面的司机及时发现车辆；还可将其作为门牌的印刷材料，这样门牌上的文字经过昼间日光的辐照，晚间就会持续发出磷光，使人们在无照明时也可辨认。 （张保洲）

guangzi

**光子** （photon） 又称光量子，是基本粒子中的一种，也是传递电磁相互作用的规范粒子，它构成光的最小单位，不带电荷，自旋为 1，是玻色子。光子的静止质量为零，其能量为普朗克常量与辐射频率的乘积，即 $E=h\nu$。

**光子概念的提出** 1900 年，普朗克（Max Planck）从物质的分子结构理论中借用不连续性的概念，提出辐射的量子论。他认为包括光在内的各种频率的电磁波，只能以各自确定分量的能量自振子射出，这种能量微粒称为量子，光的量子即为光子。用量子论不但解释了炽热黑体辐射能量按波长的分布，还以全新的方式提出了光与物质相互作用的问题。1905 年，爱因斯坦用量子论成功地解释了光电效应，他给出了光子的明确表示，尤其是他指出：在光作用于物质时，光是以光子为最小单位进行的。1926 年，康普顿的实验证实了爱因斯坦的推断：如果基于光子是电磁波量子概念建立的普朗克定律成立，则光子应具有动量 $p=E/c=h\lambda$。

**光子产生过程** 光子可以产生于许多过程中，最典型的是分子、原子或原子核从高能级向低能级跃迁时以辐射光子的形式释放出相应的能量，粒子和反粒子湮灭时也会产生光子。量子电动力学认为，光子是传递电磁相互作用的媒介粒子。带电粒子通过发射或吸收光子而相互作用，正反带电粒子对可湮没转化为光子，光子也可以在电磁场中产生。当一个光子被原子吸收时，就有一个电子获得足够的能量从基态跃迁至激发态。

**光子的性质** 光子是不可能处于静止状态的，光子在真空中传播的速度也就是光在真空中传播的速度，常用 $c$ 表示。在真空中光总是以宇宙中最快的速度 $c$ 运动，与观察者的运动状态无关，光速不变的这种特性是建立狭义相对论的两个基本原理之一。1973 年美国标准局的科学家采用激光方法测定的光速 $c = 299\ 792\ 458$ m/s。1975 年第 15 届国际计量大会确认，将该光速实测值作为国际推荐值使用。光在其他介质中传播的速度 $v$ 则取决于介质的折射率$n$（$v = c/n$）。

由能量公式 $E = hv$ 可知，光子的能量随着波长而变化，波长越短，能量越大。在光辐射中紫外辐射的波长最短，单光子能量最高，紫外辐射对物质的作用和对生物的危害都最明显。参见紫外辐射。

在光辐射中，虽然红外辐射的波长最长，但它具有很强的热效应，在许多情况下，还具有远强于可见辐射的穿透能力。参见红外辐射。

**光子探测方法** 最常见的是以光电倍增管作为探测器，即利用光电倍增管形成的大倍率光电流放大，使用光子计数的方法进行测量；也有用盖革计数器，即利用光子能够电离气体分子的性质，将其在导体中形成的电流检测出来。 （张保洲）

bo-li erxiangxing

**波粒二象性** （wave-particle duality） 光子作为基本粒子，它同时具有波动性与微粒性。

揭示光的微粒性的理论称为光的微粒说，它是牛顿在 17 世纪下半叶最先提出的。该学说很直观地解释了光的直线传播、光反射和光折射等现象，曾被普遍接受。不过在解释牛顿环现象时，微粒说却碰到了障碍，尤其到 19 世纪初发现了光的干涉现象后，微粒说更是遭遇了波动说巨大的挑战。1900 年，普朗克提出辐射的量子论，并据此解释了炽热黑体辐射能量按波长的分布。1905 年爱因斯坦用量子论成功地解释了光电效应，明确光是以光子为最小单位作用于物质的，进一步证明了光具有粒子性。这时光的粒子性已不排斥光具有波动性质。

揭示光的波动性理论称为光的波动说，它是 1690 年惠更斯（Christian Huggens）创立的，与光的微粒说相对立。他认为："光同声一样，是以球形波面传播的。"而且光振动到达的每一点都可视为次波的振动中心，次波的包络面为传播着的波的波阵面。这种学说直到 19 世纪初发现了光的干涉和衍射现象，菲涅耳（Fresnel）以杨氏（Young）干涉原理补充了惠更斯原理形成惠更斯 - 菲涅耳原理，使波动说得到进一步完善后，才得到广泛承认。19 世纪后期，麦克斯韦（C. Maxwell）的电磁理论和赫兹（Hertz）的实验证明了光实际上是一种电磁波，从而奠定了光的电磁理论。这一理论能够很好地说明光的传播、干涉、衍射、散射、偏振等现象。

一方面光的干涉、衍射、偏振以及运动物体的光学现象都确证了光是电磁波；另一方面热辐射、光电效应、光压现象以及光化学作用等确凿表明了光的粒子（量子）性。这种关于光具有波粒二象性的认识，也是量子理论的基础。所以，光也是物质的一种，它同时具有波（动）的性质和微粒（量子）的性质，它既不是纯粹的波，也不是纯粹的微粒，更不是它们的混合物。事实上，人类对光本性的认识还没有得到完全满意的结果，对光的研究不会停止，对光本性的认识深化也不会停止。 （张保洲）

guang xishou

**光吸收** （absorption of light） 光辐射在物质中传播，因电磁波能量转变成其他形式而被减弱的现象。基本过程是受光（电磁波）激发的原子与其他原子发生碰撞，随着能量由一个原子传递到其他原子而产生无辐射跃迁。主要有两种形式：一种是真吸收，即能量转变为另一种形式（主要是热，也可以是化学能，如光电效应）；另一种是表观吸收，就是光辐射依旧存在，只是一般在波长和方向上发生改变（主要是散射和光致发光，其中的磷光则在时间上也有延迟）。如果吸收对各个波长没有选择性，称为中性吸收或者一般吸收，否则称为选择吸收。

**大气分子的吸收** 大气中许多物质对电磁辐射具有吸收性，选择性吸收电磁辐射的某些波段。HITRAN 大气分子吸收光谱数据库中收录的吸收气体多达35种，再加上它们的同位素，种类繁多。在大气中含量最高的氮气对吸收几乎没有影响，对吸收发挥主要作用的是水汽、臭氧、氧气、二氧化碳、氧化亚氮、甲烷、一氧化碳，所以在大气光学研究中一般只需要考虑这7种气体；此外，尘埃、水滴等也对电磁辐射有所吸收。

**水汽**（$H_2O$） 是非对称陀螺分子，能级分布不规则，一些能级重叠，使水汽转动谱线的位置和强度看起来是无序排列的。其三个振动模态的基频分别是 $v_1 = 3\ 657.05\ \text{cm}^{-2}$，$v_2 = 1\ 594.75\ \text{cm}^{-2}$以及 $v_3 = 3\ 755.93\ \text{cm}^{-2}$。因为 $v_1$ 与 $v_3$接近并约等于 $v_2$的2倍，这使得振动存在复杂的相互作用。所以在紫外、可见光，特别是红外区域都有水汽吸收线的存在，其吸收带主要集中在中红外波段，它是大气中最重要的吸收气体。实验表明液态和固态水比气态水的吸收能力更强。水汽吸收带包括3种：①2个宽的强吸收带：波长分别为2.27～3.57 μm和4.9～7.8 μm。②2个窄的强吸收带：其中心波长分别为1.38 μm、1.86 μm。③1个弱的窄吸收带：波长为0.7～1.23 μm。

**臭氧**（$O_3$） 是一个非对称陀螺分子。3个振动模态的基频分别是 $v_1 = 1\ 103.14\ \text{cm}^{-2}$，$v_2 = 700.93\ \text{cm}^{-2}$以及 $v_3 = 1\ 042.06\ \text{cm}^{-2}$。$v_2$比 $v_1$和 $v_3$弱很多，并且 $v_1$和 $v_2$因靠得很近而产生强共振，这使谱线的位置和强度难以确定。臭氧吸收集中在紫外波段，对波长0.3 μm以下的波段全部吸收，在9.6 μm附近有一很窄的弱吸收带。

**氧气**（$O_2$） 氧气对电磁辐射的吸收发生在波长小于0.2 μm、0.69 μm、0.76 μm的地方，但都很弱。

**二氧化碳**（$CO_2$） 是线型对称分子，3个基频振动模态分别是对称伸缩模态（$v_1 = 1\ 388.23\ \text{cm}^{-2}$）、弯曲振动模态（$v_2 = 667.40\ \text{cm}^{-2}$）以及非对称伸缩模态（$v_3 = 3\ 755.93\ \text{cm}^{-2}$）。对称伸缩模态无辐射作用，弯曲振动模态可产生 $Q$ 支辐射跃迁，但非对称伸缩模态不产生 $Q$ 支辐射跃迁。$CO_2$对电磁辐射的吸收主要发生在大于2 μm的红外波段。$CO_2$吸收带包括两种：①1个宽的吸收带：波长大于13 μm的超远红外线几乎全被吸收。②2个窄的强吸收带：其中心波长为2.6～2.8 μm和4.1～4.45 μm。

**氧化亚氮**（$N_2O$） $N_2O$的分子是线型的，但非对称。三个振动模态的基频分别是 $v_1 = 1\ 284.91\ \text{cm}^{-2}$，$v_2 = 558.77\ \text{cm}^{-2}$以及 $v_3 = 2\ 223.76\ \text{cm}^{-2}$。$v_1$约为 $v_2$的2倍，能级间存在强共振。

**甲烷**（$CH_4$） 是一个球陀螺分子，具有9个基频振动模态，但只有前4个模态 $v_1$、$v_2$、$v_3$和 $v_4$是独立的，而其中 $v_3$和 $v_4$关联红外辐射，这两个模态均为三重简并，但能级之间的相互作用清除了所有的简并，使得谱线结构十分复杂。

**一氧化碳**（CO） 平衡态的转动常数是1.931 3 $\text{cm}^{-2}$，具有很弱的转动带。

吸收气体分子能级的各种情况使得因能级间辐射跃迁导致的吸收光谱呈现复杂的特征，有的谱线之间相距较远，使得每根谱线的特征清楚地表现出来；有的谱线紧密排列，形成谱带；还有的光谱完全不能分辨细节，形成一条连续吸收谱（见下图）。

**大气分子吸收的计算** 大气分子对光波的吸收是一个重要的物理过程，出现在所有的光学波段内，特别是在长波的红外区域影响更为明显。在不同的大气光学问题中对分子吸收的处理方式是不同的。在激光工程以及相关的高光谱分辨率应用技术中，光源的光谱宽度很窄，可能只占分子吸收光谱的一小部分或者是一条单一的谱线或数条有限的谱线。在红外光学工程中，光源或者接收的被动辐射源往往具有很宽的光谱区间（如一个或者几个大气窗口）。在气候学中的大气辐射传输问题中，不同的分析精度要求对大气分子吸收计算中的光谱分辨率存在差异，总体上是精度要求越高，光谱分辨率也就要求越高。所以对大气分子吸收的计

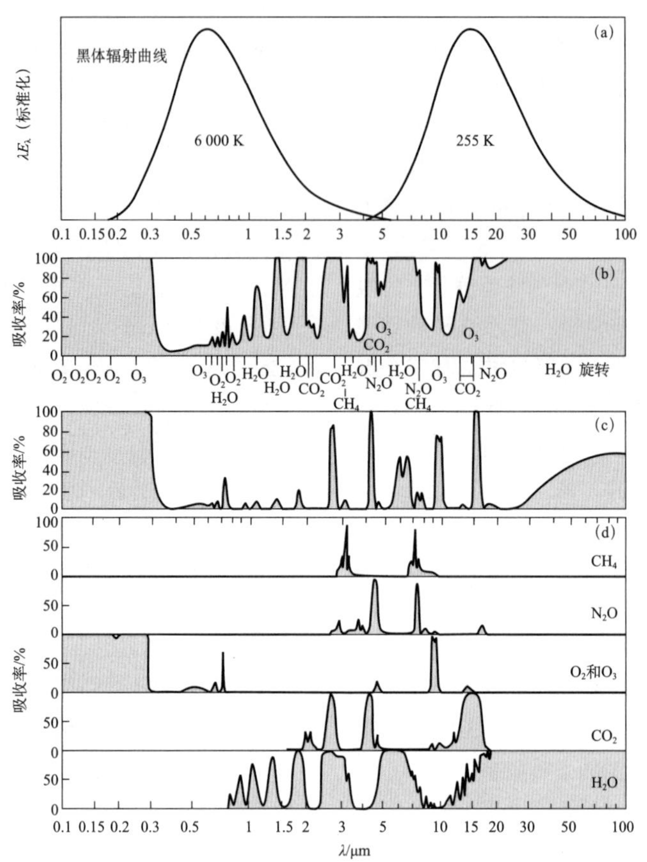


**整层大气和各主要吸收气体的吸收光谱（略图）**

算分析首先需要确定光谱分辨率。按照光谱分辨率由高到低的顺序，分别有单谱线吸收计算、多谱线的逐线积分法和谱带模型计算法，其中多谱线的逐线积分法理论上精度最高，但对长距离非均匀传播路径和宽光谱的情况则需要很长的计算时间。

在大多数实际应用中平均吸收与 $\Delta Lp^n$ 相关，其中 $\Delta L$ 为吸收物质的数量，$p$ 为压强，$n$ 为折射率。如果把大气模型规定等效海平面数据作为某一特定吸收物质在给定大气路程内 $\Delta L$ 与 $p$ 的标准值，则吸收为 $\Delta L_0(p/p_0)^n$，式中，下角标 0 表示相关量的标准值。已知水蒸气的折射率 $n$ 等于 0.9，所以水蒸气的吸收为 $\Delta L_0(p/p_0)^n = Rw(z)(p/p_0)^{0.9}$。式中，$w(z)$ 为水蒸气在高度 $z$ 时的质量浓度，g/(cm$^2$ · km)；$R$ 为距离，km。（张保洲）

guang sanshe

**光散射** （scattering of light） 光束通过不均匀媒质时，部分光束将偏离原来方向而分散传播，从侧向也可以看到光的现象。

**散射的过程** 假设电磁波传播路径上的任何一个微粒（传播路径上任何位置上的一个微粒）连续地从入射波中吸收能量，并且把吸收的电磁波能量再放射到以粒子为中心的全部立体角中，那么这个粒子就是散射能量的一个点源。要产生散射，粒子的折射率必须与周围的介质有所不同，因此对于入射波而言，该粒子是光学不连续或者非均一性的。从微观意义上讲，没有物质是真正均一性的，所以电磁波只要是在以物质为基础的介质中传播，那么一定会有散射发生。在大气中能产生散射的粒子，其尺度范围从气体分子到雨滴（见下表）。

**大气中的散射质点**

| 类型 | 半径/μm | 浓度/$cm^{-3}$ |
|---|---|---|
| 大气分子 | $10^{-4}$ | $10^{19}$ |
| Aitken 核* | $10^{-3}\sim10^{-2}$ | $10^4\sim10^2$ |
| 霾粒子 | $10^{-2}\sim1$ | $10^3\sim10$ |
| 雾滴 | 1～10 | 100～10 |
| 云滴 | 1～10 | 300～10 |
| 雨滴 | $10^2\sim10^4$ | $10^{-2}\sim10^{-5}$ |

* 半径为0.005～0.1 μm的气溶胶粒子。

**散射的理论解释** 散射是电磁波与物质相互作用的结果。入射电磁波或者原始电磁波的电场使粒子中的电荷产生振荡，振荡的电荷形成一个或者更多的电偶极子，它们辐射出次级的球面波，因为电荷的振荡是与原始波同步的，所以次级波有同样的频率（波长）并且与原始波有固定的相位关系。从时间层面来说，散射过程是一个连续的过程，并且在整个周期内取平均时，不产生粒子内能状态的净变化。从光谱来看，散射过程也是连续的，尽管对给定尺度的粒子来讲，散射与波长的关系很大。散射会使光在原来传播方向上的光强减弱，它遵从以下的指数规律：

$$I=I_0\exp[-(\alpha+\gamma)l]=I_0\exp(-\sigma l)$$

式中，$I_0$为散射前的光强；$l$为散射光的路径；$\alpha$为吸收系数；$\gamma$为散射系数。两者之和$\sigma$为消光系数，它表征光通过介质时因为介质的吸收和散射的共同作用而使光强减弱的程度。

**散射强度的分布** 每个粒子在其周围散射辐射能的强度（散射强度）在空间上有三维特征分布类型。利用图1所示装置可以得到浑浊介质中光的散射的直观分布。如果某粒子是各向同性的，则其散射强度分布围绕电磁波的入射方向对称，并且分布形状主要取决于粒子半径与入射波长的比值。不同比值的粒子具有不一样的散射强度角分布形状。粒子半径$r$小于$\lambda/10$时，粒子向前和向后半球的散射基本一致［见图2（a）］；当粒子半径$r$增大到约$\lambda/4$时，其散射作用加强，并且主要集中于入射光波的方向［见图2（b）］；当粒子半径$r$增大到超过入射光波长$\lambda$时，表现为整体的散射更强，绝大部分散射集中于入射光波方向的同时，在其他方向不同角度上出现次级的极大或极小［见图2（c）］。

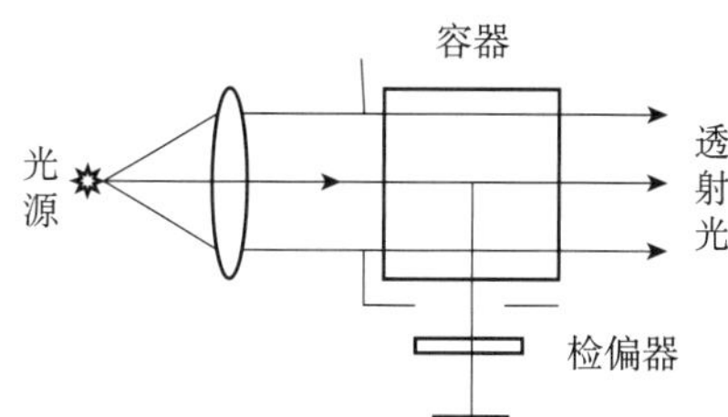


**图1 观察浑浊介质中光的散射装置简图**

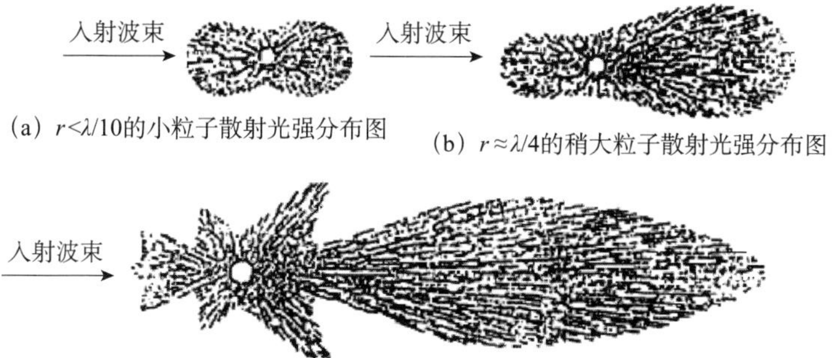


（a）$r<\lambda/10$的小粒子散射光强分布图

（b）$r\approx\lambda/4$的稍大粒子散射光强分布图

（c）$r>\lambda$的大粒子散射光强分布图

**图2 三种尺度粒子的散射强度角分布形状**

**散射与吸收的区别** 散射和吸收都是从给定的光束中削减光辐射通量。但是散射是由光的波动理论解释，它没有分子内能状态的净变化。相反，吸收是需要用量子理论来解释的，并且随着能态的变化而变化。在分子空间和分子活动的小范围内，每种形式的内能都量子化为不连续的能级，分子吸收一个量子的能量，分子内能就要经历从低能态向高能态跃迁的过程。所以从时间上讲，吸收是一个不连续的过程，因为它是量子化的；同时从光谱上它也具有选择性，只有能量等于能级差的量子才能被吸收，同样具有不连续性。并且，吸收只是整个环节中的前一部分，另一部分可以称作“发射”。由于较高能级相对不稳定，大部分跃迁到高能级的分子要放射辐射能量“恢复”到低能级，这种向低能级的跃迁可以是自发的（大气中通常如此），也可以是激发的（激光）。同样这样的“发射”也具有时间和光谱上的不连续性。

（张保洲）

# 光度学词汇

guangduxue

**光度学**（photometry） 又称光度测量，是关于光的定量测量和计算的科学。事实上光的定量测量要基于人的视觉感受，所以光度学也可以理解为基于人的光谱光视效率函数 $V(\lambda)$ 和 $V'(\lambda)$ 评价辐射量的有关知识和技术。

**起源** 18 世纪以前，光学的研究仅局限于几何光学，即光线在透镜、棱镜等光学元件中的走向。最早注意到对光强弱的定量测量，是天文学家比较星星、月亮、太阳等天体的明暗程度，但他们既没有建立起系统的概念和定义，也没有对所涉及问题提出数学处理的方法。1760 年，朗伯发表了名为《光度学、底色与灰阶，颜色与阴影》的专著，使光的测量成为一门专门学科——光度学。因此，可以说朗伯建立了光度学的科学体系，即朗伯光度学体系。

在朗伯光度学体系中，朗伯定义了光通量、发光强度、照度、亮度等主要光度量，并用数学式阐明了它们之间的关系；提出了光度学最重要的几个定律：照度叠加性定律、距离平方反比定律、余弦定律等，这些定律被实践证明是正确的，并沿用至今。

**应用** 由于技术的进步，各种人工光源特别是电光源迅速发展，光度学除了需要已有的光度量定义、单位以及相关的光度学定律外，测光的技术、方法与仪器显得越来越重要。而这些与光学、机械制造、电子技术以及计算机技术都密不可分。因此，光度学不但涵盖的内容越来越丰富，而且涉及的学科范围也越来越广。与此同时，光度学应用面也从仅关注照明光源，扩展到照明工业、光学工业、建筑设计、遥感遥测等领域。

**视觉函数** 光度学对光辐射给出的定量测量结果，应当与人的主观视觉感受相符，必须基于人的光谱光视效率函数来评价光辐射的强弱。但不同人的视觉特性是有差异的，要使光度学对光辐射的强弱有统一的评价，就要有一个“标准”的光谱光视效率函数（“标准”人眼）。1924 年，国际照明委员会（CIE）根据几组科学家用不同方法对 200 多名观察者测定的结果，推荐了一个用数据表格形式给出的光谱光视效率函数 $V(\lambda)$（简称视觉函数）。若将其画成曲线则是一条有一中心波长，两边大致对称的光滑钟型曲线。光谱光视效率函数所代表的光度视察者称为 CIE 标准观察者。从 CIE 用数表的形式把视觉函数值标准化开始，世界各国才有了统一的光度测量基础。视觉函数的统一，在光度学史上是一个重要的里程碑。现在世界各国制造的所有光度测量仪器的相对光谱响应都必须与这个标准函数相一致。参见明视觉函数和暗视觉函数。

**光度学量** 在朗伯光度学体系中，引进了许多光度量，最主要的见下表。

光度量、单位及关系

| 光度学量 | 符号（单位） | 定义 | 定义式 | 常用定律或计算式 |
|---|---|---|---|---|
| 光通［量］ | $\Phi$（lm） | 能被人的视觉系统感受的光辐射功率大小的量度 | | 基于光谱辐通量 $\Phi = Km\int\Phi(\lambda)V(\lambda)\mathrm{d}\lambda$ 基于照度 $\Phi = \int E\mathrm{d}S$ |
| ［发］光强［度］ | $I$（cd） | 给定方向上，单位立体角内所包含的光通量 | $I = \frac{\mathrm{d}\Phi}{\mathrm{d}\Omega}$ | 平方反比定律 $E = \frac{I}{l^2}$ |
| ［光］照度 | $E$（lx） | 投射到单位面积上的光通量 | $E = \frac{\mathrm{d}\Phi}{\mathrm{d}S}$ | 朗伯体远处产生的照度 $EP = L\Omega$ |
| ［光］亮度 | $L$（$\mathrm{cd/m^2}$） | 单位面积上的发光强度 | $L = \frac{\mathrm{d}I}{\mathrm{d}S}$ | 朗伯体反射形成的亮度 $L = \frac{\rho E}{\pi}$ |
| ［光］出射度 | $M$（$\mathrm{lm/m^2}$） | 单位面积发出的光通量 | $M = \frac{\mathrm{d}\Phi}{\mathrm{d}S}$ | |
| 光量 | $Q$（lm·s） | 光通量对时间的积分 | $Q = \int\Phi\mathrm{d}t$ | 对于稳恒光源 $Q = \Phi t$ |
| 曝光量 | $H$（lx·s） | 投射到单位面积上的光量 | $H = \frac{\mathrm{d}Q}{\mathrm{d}S}$ | |
| 透射比 | $\tau$（量纲一） | 透射光通量与入射光通量的比值 | $\tau = \frac{\Phi_\tau}{\Phi_0}$ | |
| ［光］密度 | $D$（量纲一） | 入射光通量与透射光通量比值的对数 | $D = \lg\left(\frac{\Phi_0}{\Phi_\tau}\right)$ | 密度与投射比的关系 $D = -\lg\tau$ |

（张保洲）

shijue

**视觉** （vision） 光线进入眼睛后产生的知觉。视觉是一个生理学术用语，是指人和动物对外界物体的明暗、形状、颜色、运动以及远近等的感知。光线进入人眼，经折光系统（角膜、前房、水晶体和玻璃体）到达视网膜，刺激视网膜上的感光细胞，将光感觉信息通过视神经纤维传送到大脑，经加工后形成一定的生理信号，才形成了完整的视觉。因此只靠眼睛是不能形成视觉的。对于人类来说，能够被眼睛感受到并且产生视觉的光学辐射被称作可见辐射或可见光，可见光谱的波长范围为 380 ~ 780 nm。不可见的辐射刺激眼睛时不会产生视觉，但是会产生一些其他的感觉。例如，紫外辐射会使人眼产生疼痛感，红外辐射会使人眼产生灼热感。

（张保洲）

shijue shengli jichu

**视觉生理基础** （physiological basis of vision） 有关人眼结构的生理知识。人眼是一个特殊的成像系统，它对物体形成像的信息。眼睛呈球形，其水平断面见下图。眼球壁由三部分组成：外层的前六分之一称作角膜，后六分之五称为巩膜；中层由前向后分别是虹膜、睫状体和脉络膜；内层为视网膜。眼球的内部主要包括房水、水晶体和玻璃体。可以将整个眼球分为屈光系统和感光系统两个部分。

**屈光系统** 作用是将物体清晰地成像在视网

膜上，主要包括角膜、房水、水晶体和玻璃体。

**角膜** 最先接收光信息的部分，是一种弹性透明的组织。角膜具有屈光功能，平均折射率为1.374。

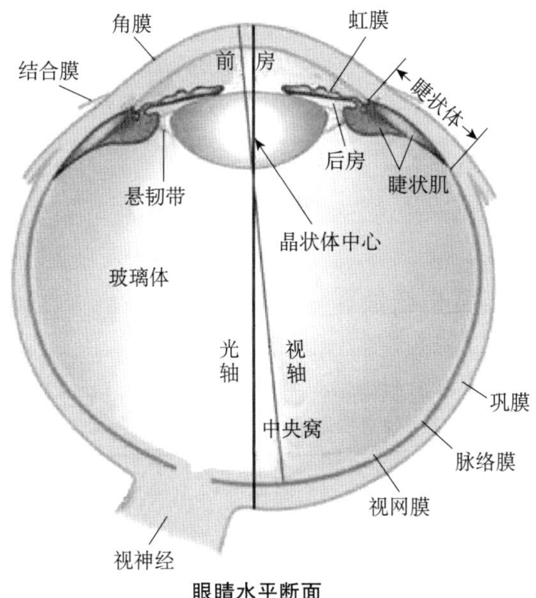

眼睛水平断面

**房水** 是充满于角膜和晶体之间的前房以及虹膜和晶体之间的后房中的水样透明液体。主要作用是为角膜和晶状体提供营养。房水的折射率为1.336。

**水晶体** 是具有一定弹性的物质。在屈光系统中类似一个具有调节能力的成像物镜。位于玻璃体与虹膜之间，睫状肌的收缩可以改变晶体的屈光能力，从而使得外界不同距离的物体能在视网膜上形成清晰的影像。晶体的调节能力会随着年龄的增加而有所衰退。

**玻璃体** 是一种具有弹性和流动性的物质，位于晶体和视网膜之间，折射率为1.338。

**感光系统** 人眼的感光系统就是视网膜。视网膜大致可以分作三层：最外层分布着两种感光细胞——锥体细胞和杆体细胞；第二层为双极细胞层；第三层含有神经节细胞，与视神经相联系。

锥体细胞集中在黄斑区，在中心窝附近密度最大，距离黄斑越远，密度越小。杆体细胞的密度则随着离开黄斑的距离逐渐增大。锥体细胞末端具有感光作用的化学物质叫作视紫素，杆体细胞末端的感光物质为视紫红素。视紫素和视紫红素可以吸收入射光，使本身的性质发生改变，并同时产生视觉信号。锥体细胞和杆体细胞执行的视觉功能不同。一般情况下，每个锥体细胞都与一个双极细胞相联结，因此能够精细地分辨外界对象的细节，具有精细分辨的能力。锥体细胞可以很好地辨别颜色，但是感光的灵敏度较低。而杆体细胞不同，几个杆体细胞只联结一个双极细胞，因此分辨细节的能力低，但感光灵敏度较高；不能够分辨颜色。

**其他部分** 水晶体前面的虹膜可以看作一个可变的光阑，开孔称为瞳孔。虹膜内的扩大肌和括约肌可以用来控制瞳孔的扩大或缩小，从而控制进入人眼的光能量。睫状体位于虹膜后，内部有睫状肌，起调节晶状体曲率的作用。脉络膜内部有丰富的色素细胞，可以吸收外来的杂散光，也可为视网膜提供营养。巩膜则对眼球起到保护作用。此外，人眼的视轴与对称轴之间有一个6°左右的夹角，视轴与视网膜的相交处有一个椭圆形的黄斑。黄斑的中心区有一凹坑，称为中心窝。在与黄斑大约对称的位置上有一个椭圆形的凸起，是视网膜上视神经的会合处，被称为盲点，这里没有感光细胞，对应视角约为4°。（张保洲）

shijue guocheng

**视觉过程** （vision process） 人感知物体存在的过程。视觉系统是一个完整的信息处理系统。对整个视觉过程的研究内容大致分为四个方面：眼球光学系统的成像功能；视网膜的光学信息处理功能；视神经中的光学信息传递；大脑的信息处理。

视觉过程可以分为四个阶段：①光线进入人眼，经过角膜、前房、晶体和玻璃体，成像在视网膜上。②感光细胞受到刺激后而兴奋，由神经节细胞综合从多数视细胞传来的信息，由其轴突输出。这些轴突在视神经乳头处集结成束，形成视神经，将光感觉信息传至大脑。

③视神经进入颅内在交叉处交叉。交叉处到外侧膝状体的部分被称作视束，视束与外侧膝状体的中继细胞形成突触，可将信息传向大脑。另外，外侧膝状体内的中间神经元还可以将通过的视信息进行处理。④中继细胞轴突形成视放射，将信息传到大脑皮层的视区，形成视觉。（张保洲）

shijue yanjiu fangfa

**视觉研究方法** （research method of vision） 对于视觉问题的研究方法。视觉研究渗透了多种学科，其基本研究方法可以分为以下 3 种：①生理物理学方法。研究刺激条件和由刺激而产生的感觉之间的关系，发现两者之间的规律性。②实验生理学方法。对人或者与人的器官相似的动物进行解剖。③利用前两种方法的规律和数据建立视觉模型，进一步做详细的分析和讨论。（张保洲）

**推荐书目**

李景镇，苏世学，赵俊民. 光学手册. 西安：陕西科学技术出版社，1986.

mingshijue

**明视觉** （photopic vision） 亮适应的视觉，通常是指眼睛在适应高于约 3 $cd/m^2$ 亮度的环境时，光刺激作用于视觉器官产生的视觉现象。1912 年，克里斯（J. von Kries）提出了视觉的二重功能学说，认为视觉有两重功能：视网膜中央部位的“锥体细胞视觉”，即明视觉；视网膜边界的“杆体细胞视觉”，即暗视觉。视觉的二重功能学说得到了病理学材料的证实。例如，日盲症患者是由于锥体细胞的退化或者机能的衰退；夜盲症患者则是由于杆体细胞内缺少视紫红素。此外，在一些昼视动物的视网膜中只有锥体细胞，而无杆体细胞，如大多数鸟类，夜视动物视网膜中则只有杆体细胞。昼视动物一般都是可以分辨颜色的，夜视动物则一般都是色盲。

明视觉时，起视觉作用的是锥体细胞。锥体细胞末端的感光物质为视紫素，在较强光线的作用下，锥体细胞的反应才灵敏，因此可以感受强光刺激。锥体细胞具有分辨颜色和物体细节的能力，因此在光亮条件下人们可以看清物体的颜色。视网膜不同部位的视锐度（视觉的敏锐程度）随着锥体细胞的分布而发生改变，由锥体细胞的数量来决定：当光线作用于视网膜的中心窝时，视锐度最高；在离中心窝 5°时，视锐度几乎降低一半；在偏离中心窝 40° ~ 50°的地方，视锐度则只有中心窝的 1/20。（张保洲）

mingshijue hanshu

**明视觉函数** （photopic function） 明视觉时的视觉函数，通常用 $V(\lambda)$ 表示。

人眼对不同波长的光的响应度是不同的，可以用光谱光视效能 $K(\lambda)$ 来描述在某一波长上每 1W 光功率可以产生的光通量（单位：lm）。其与光谱辐射通量 $\phi_e(\lambda)$ 和光谱光通量 $\phi_v(\lambda)$ 之间的关系为 $K(\lambda)=\phi_e(\lambda)/\phi_v(\lambda)$。将 $K(\lambda)$ 值在峰值波长处规划为 1，可以得到表示相对值的函数，称为视觉函数。当锥体细胞和杆体细胞进行转换时，对不同波长的光的视觉感受也会发生改变，视觉函数相应有明视觉函数和暗视觉函数 $V'(\lambda)$。

明视觉函数的测定方法有很多种：①逐级比较法。用相邻两窄带光谱之间颜色相差不多的两束光分别照明视场的左右两个部分，设两束光的波长分别为 $\lambda_1$ 和 $\lambda_2$，两束光的辐射通量分别为 $\phi_1$ 和 $\phi_2$，当两边亮度相等时，有 $V(\lambda_1)\phi_1=V(\lambda_2)\phi_2$，则 $V(\lambda_2)/V(\lambda_1)=\phi_1/\phi_2$，因此通过测量辐射通量的比值可以得到相邻两波长处明视觉函数的比值，一次从一个波长转到相邻的另一个波长即可得到一条完整的 $V(\lambda)$ 曲线。②闪烁法。是利用闪烁光度计对 $V(\lambda)$ 函数进行测定。③直接视亮度匹配法。直接用各种波长的单色光与一个固定的参考光进行匹配。所需各单色光光功率的倒数即为人眼对各种光的敏感程度。逐级比较法与闪烁法的结果较为一致，而直接视亮度匹配法的测定结果与标准明视觉函数有所不同，用 $V_b(\lambda)$ 表示，由于没有回避颜色通道，故不能直接用于计算复杂光谱的光源。

1924 年，CIE 根据吉普逊（K. S. Gibson）、廷德尔（E. P. T. Tyndall）等几组科学家对 200 名观察者测定的结果，推荐了一个标准的明视觉函数，这些光度观察者称为“CIE 标准观察者”，如下图所示。标准$V(\lambda)$函数值见下表。明视觉的光谱光视效率峰值在 555 nm 处，对应的最大光谱光视效能为 683 lm/W。

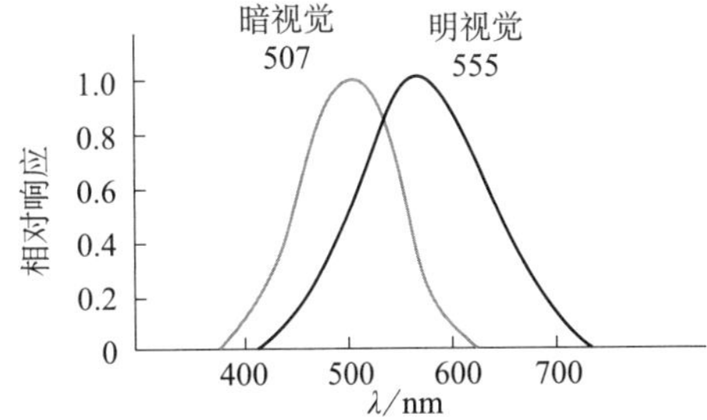


光谱光视效率曲线

**$V(\lambda)$ 和 $V'(\lambda)$ 函数值**

| 波长/nm | $V(\lambda)$ | $V'(\lambda)$ |
|---|---|---|
| 380 | 0.000 04 | 0.000 59 |
| 385 | 0.000 06 | 0.001 08 |
| 390 | 0.000 12 | 0.002 21 |
| 395 | 0.000 22 | 0.004 53 |
| 400 | 0.000 40 | 0.009 29 |
| 405 | 0.000 64 | 0.018 52 |
| 410 | 0.001 21 | 0.034 84 |
| 415 | 0.002 18 | 0.060 4 |
| 420 | 0.004 00 | 0.096 6 |
| 425 | 0.007 30 | 0.143 6 |
| 430 | 0.011 60 | 0.199 8 |
| 435 | 0.016 84 | 0.262 5 |
| 440 | 0.023 00 | 0.328 1 |
| 445 | 0.029 80 | 0.393 1 |
| 450 | 0.038 00 | 0.455 0 |
| 455 | 0.048 00 | 0.513 0 |
| 460 | 0.060 00 | 0.567 0 |
| 465 | 0.073 90 | 0.620 0 |
| 470 | 0.090 98 | 0.676 0 |
| 475 | 0.112 60 | 0.734 0 |
| 480 | 0.139 02 | 0.793 0 |
| 485 | 0.169 30 | 0.851 0 |
| 490 | 0.208 02 | 0.904 0 |
| 495 | 0.258 60 | 0.949 0 |
| 500 | 0.323 00 | 0.982 0 |
| 505 | 0.407 30 | 0.998 0 |
| 510 | 0.503 00 | 0.997 0 |
| 515 | 0.608 20 | 0.975 0 |
| 520 | 0.710 00 | 0.935 0 |
| 525 | 0.793 20 | 0.880 0 |
| 530 | 0.862 00 | 0.811 0 |
| 535 | 0.914 85 | 0.733 0 |
| 540 | 0.954 00 | 0.650 0 |
| 545 | 0.980 30 | 0.564 0 |
| 550 | 0.994 95 | 0.481 0 |
| 555 | 1.000 00 | 0.402 0 |
| 560 | 0.995 00 | 0.328 8 |
| 565 | 0.978 60 | 0.207 6 |
| 570 | 0.952 00 | 0.160 2 |
| 575 | 0.915 40 | 0.121 2 |
| 580 | 0.870 00 | 0.089 9 |
| 585 | 0.816 30 | 0.065 5 |
| 590 | 0.757 00 | 0.046 9 |
| 595 | 0.694 90 | 0.033 5 |
| 600 | 0.631 00 | 0.023 1 |
| 605 | 0.566 80 | 0.015 93 |
| 610 | 0.503 00 | 0.010 88 |
| 615 | 0.441 20 | 0.007 37 |
| 620 | 0.381 00 | 0.004 97 |
| 625 | 0.321 00 | 0.003 35 |
| 630 | 0.265 00 | 0.002 24 |
| 635 | 0.217 00 | 0.001 50 |
| 640 | 0.175 00 | 0.001 01 |
| 645 | 0.138 20 | 0.000 68 |
| 650 | 0.107 00 | 0.000 46 |
| 655 | 0.081 60 | 0.000 31 |
| 660 | 0.061 00 | 0.000 21 |
| 665 | 0.044 58 | 0.000 15 |
| 670 | 0.032 00 | 0.000 10 |
| 675 | 0.023 20 | 0.000 07 |
| 680 | 0.017 00 | 0.000 05 |
| 685 | 0.011 92 | 0.000 04 |
| 690 | 0.008 21 | 0.000 03 |
| 695 | 0.005 72 | 0.000 02 |
| 700 | 0.004 10 | 0.000 01 |
| 705 | 0.002 93 | 0.000 01 |
| 710 | 0.002 09 | 0.000 00 |
| 715 | 0.001 48 | 0.000 00 |
| 720 | 0.001 05 | |
| 725 | 0.000 74 | |
| 730 | 0.000 52 | |
| 735 | 0.000 36 | |
| 740 | 0.000 25 | |
| 745 | 0.000 17 | |
| 750 | 0.000 12 | |
| 755 | 0.000 08 | |

续表

| 波长/nm | $V(\lambda)$ | $V'(\lambda)$ |
|---|---|---|
| 760 | 0.000 06 | |
| 765 | 0.000 04 | |
| 770 | 0.000 03 | |
| 775 | 0.000 02 | |
| 780 | 0.000 01 | |

（张保洲）

**推荐书目**

郝允祥，陈遐举，张保洲．光度学．北京：中国计量出版社，2010.

anshijue

**暗视觉** （scotopic vision） 暗适应的视觉，一般指眼睛在适应 $10^{-2}$ cd/m$^2$ 以下很低的亮度水平时，光刺激作用于视觉器官产生的视觉现象。暗视觉现象最开始是于1912年，克里斯在视觉二重功能学说中提出的（参见明视觉）。暗视觉时，杆体细胞起作用，杆体细胞末端的感光物质为视紫红素，吸收入射光后会改变自身的性质并同时产生视觉信号。一般情况下，几个杆体细胞同一个双极细胞相连，因此杆体细胞感光能力较强，可以感受微光的刺激。但是杆体细胞只能感光，却不能分辨颜色和细节，所以在黑夜或弱光环境中，看到的景物只有明暗感，没有彩色感。夜盲症患者就是由于杆体细胞内缺少感光化学物质（视紫红素）。另外还有一些夜视动物的视网膜中则只有杆体细胞，如一些爬虫类动物。夜视动物一般情况下都不能分辨颜色。（张保洲）

anshijue hanshu

**暗视觉函数** （scotopic function） 在黑暗条件下，暗视觉的光谱光效率函数，通常用 $V'(\lambda)$ 表示。暗视觉函数代表了暗视觉条件下，光谱不同波长的能量对人眼产生光感觉的效率。暗视觉时杆体细胞对光的感受性与明视觉时的锥体细胞是有差异的。视网膜中央的黄斑范围内主要是锥体细胞，几乎没有杆体细胞。黄色素会吸收短波辐射，因此视网膜中央黄斑区的黄色素对人眼的光谱感受特性有很大程度的影响。视网膜中央黄斑区的黄色素会随年龄的增长而增加，所以说人眼明视觉与暗视觉光谱感受性的差异也会随年龄因素而有所不同。由根据CIE公布的暗视觉函数的标准值得到的视觉函数值表，可以看出暗视觉函数的峰值在507 nm处，相对于明视觉函数曲线向短波方向移动，且长波段的能见范围缩小，暗视觉的最大光谱光视效能为1 700 lm/W（参见明视觉函数）。（张保洲）

faguang erjiguan

**发光二极管** （light-emitting diode） 一种PN结二极管，即人们常说的LED。它与普通二极管的不同在于有外电压时能够发光。

**结构** 发光二极管的结构通常有塑料封装和金属封装两种形式，中间的半导体芯片通常只有1 mm$^2$或者更小。芯片的下侧一般是焊在一块大面积的导体上，芯片顶部焊上一根很细的导线。芯片里面是一个PN结，PN结在两个电极之间，并且与两个电极平面相平行。具体结构见图1。

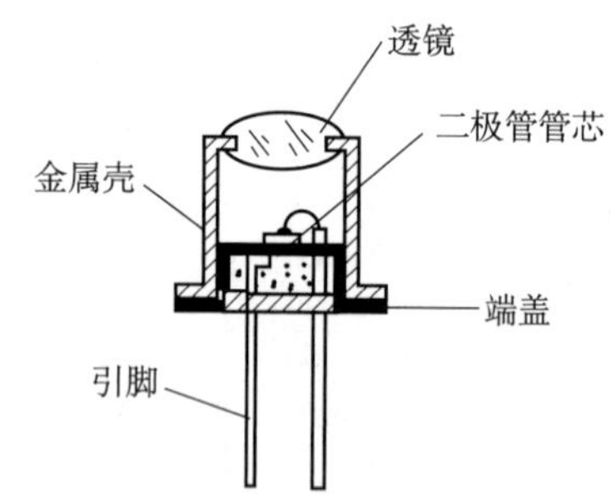


**图1 金属封装LED结构示意图**

**原理** 当PN结外加正偏压（P区接电源正极，N区接负极）时，在外加电场作用下空穴将从P区越过PN结注入N区，N区的电子也将越过结区注入P区，两区在分别注入了它们的少数载流子后，少数载流子浓度超过平衡状态的浓度。于是过剩的少数载流子将与区内的多数载流子发生复合。在复合过程中自由电子从高能态跃迁到低能态，将释放出多余的能量，或者以热能形式释放，使玻璃材料温度略微升高；或者以光辐射形式释放，形成电致发光。

**类型** 虽然自然界有许多元素和材料，其禁带宽度适合于发出从紫外到红外波段的辐射，但实际能制成发光管的材料并不多。一方面，有的半导体 PN 结能发光，但材料透光性能差，光不能有效地射出管外；另一方面，有的材料折射率太高，因而在管体和密封材料的界面上会发生光的内反射，使射出的光重新返回晶体，并被晶体吸收，因而发光效率不高。目前在实际应用中比较广泛的几种发光二极管见下表。

**常用的发光二极管**

| 材料 | 峰值波长/nm | 波段 |
| --- | --- | --- |
| 砷化镓（GaAs） | 940 | 红外 |
| | 910 | |
| | 880 | |
| 磷砷化镓（GaAsP） | 650 | 红 |
| | 610 | 橙 |
| | 590 | 黄 |
| | 560 | 绿 |

此外，近年来紫外 LED 特别是白光 LED 发展很快，使得 LED 不只在显示领域，在照明等领域也得到越来越广泛的应用。

**伏安特性** 是发光二极管的重要特性，其表征了二极管的正向电流 IF 与正向电压 VF 的变化关系。几种发光二极管的伏安特性曲线见图 2，它与普通二极管的正向特性曲线相似：当外加正向电压较低时，其作用是克服势垒等，并无电流产生，只有当电压增加到其阈值电压时，发光二极管才有正向电流，这时它才开始发光。随后发光量与注入电流呈线性关系。当给管子加反向电压时，由于没有少数载流子流入管内，所以不能发光。如果反向电压太大超过一定值，会引起管子被击穿而损坏。

**能量分布** 除激光器外，发光二极管比其他所有光源的发射频谱都要窄得多。图 3 是 GaAsP 红光 LED 的相对光谱能量分布。大多数发光二极管的辐射光谱宽度只有 20 ~ 30 nm，因此也常把发光二极管发出的光称为准单色光。

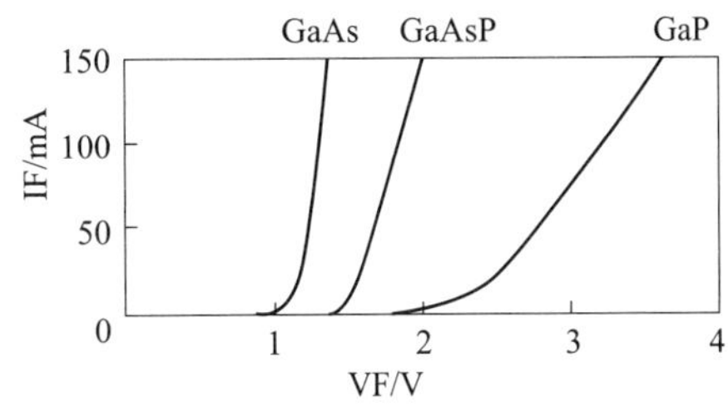


**图 2 发光二极管的伏安特性曲线**

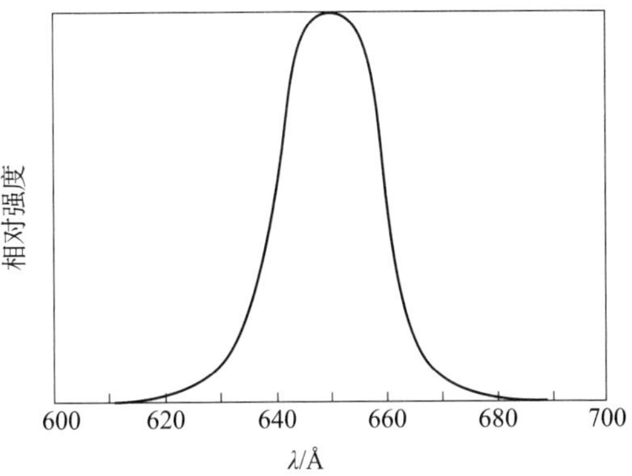


**图 3 GaAsP 红光 LED 的相对光谱能量分布**

**辐射空间分布** 由于适合制造发光二极管的材料都有相当高的折射率，较大角度的辐射在晶体与空气界面上会发生全反射而重新回到晶体内，所以普通的发光二极管发射角都比较小，大约为 20°。图 4 和图 5 是两种封装条件下典型的辐射空间分布图。

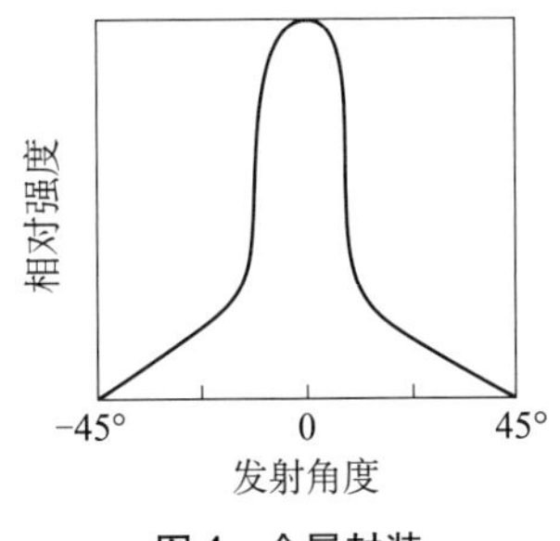


**图 4 金属封装**

**主要特点** 包括以下六方面。①发光效率高、耗电低（约 100 lm/W）；②准单色光

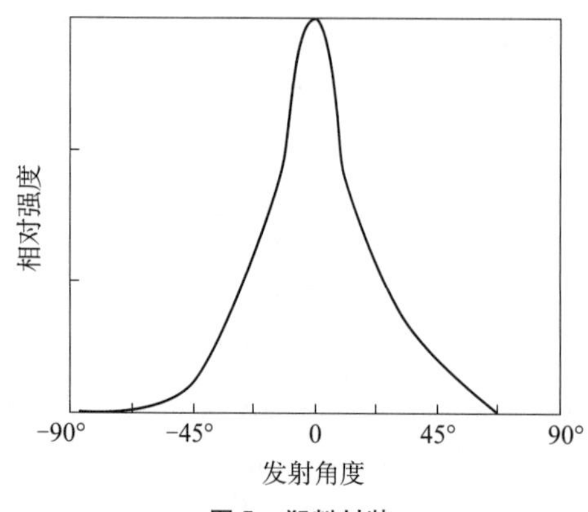


**图5　塑料封装**

（20～30 nm）；③寿命长：约50 000 h；④价格低；⑤使用方便；⑥高反应速度（调制频率 > 1 MHz，响应时间 <1 μs）。

**主要用途**　包括以下三方面。①可见波段发光管常用作显示器件。②红外波段发光管常用作光通信系统的调制源，如与S探测器匹配获取高调制率和光电开关（报警、防窃）。③白色发光管用作照明光源，白色发光二极管可由短波LED上涂敷荧光粉或三基色LED混合实现。（张保洲）

pingban xianshiqi

**平板显示器**　（flat panel display）　显示屏对角线的长度与整机厚度之比大于4:1的超薄平面图像显示设备。液晶显示器、等离子体显示器、电致发光显示器和LED显示器是典型的平板显示器，广义上也包括室外LED显示屏和激光扫描显示器。

**特点与应用**　与传统的CRT显示器相比，平板显示器优点突出：形薄体轻，占用空间小，既易于做成便携式显示器，也利于做成大屏幕；工作电压低，显示器无X射线辐射、不产生静电，图像不会闪烁抖动，有益健康；整机功耗低，可采用电池供电，寿命较长。其已逐步成为当今主流的显示设备，广泛应用在军事和民用领域，成为影响视觉光环境的重要因素。

**表征量**　主要包括以下七方面。

**可视面积**　是显示器可以显示图形的范围，用显示器长与高的乘积来表示，在一定程度上表征了显示器的大小；通常也用显示器的对角线长度来表示显示器的大小，以英寸为单位（1英寸=2.54 cm）。需要注意的是，平板显示器所标示的尺寸与屏幕可见部分尺寸大体是一致的，但传统CRT显示器的屏幕可见部分尺寸明显小于显像管尺寸。比如，15英寸的LCD显示器与17英寸CRT显示器的可视范围大致相同。

**点距**　是显示器的水平（或垂直）方向上两个像素间的距离，通常可通过可视宽度/水平像素数（或者可视高度/垂直像素数）获得，小的点距是一台显示器获得高分辨率的基础。例如，一台14英寸LCD的可视面积为285.7 mm × 214.3 mm，它的像素数为1 024 ×768，其水平（垂直）点距为285.7 mm/1 024 = 0.279 mm（214.3 mm/768 =0.279 mm）。

**色彩度**　是显示器的色彩表现度，取决于红、绿、蓝三基色的可控级数。每个像素色彩都是由红、绿、蓝三基色组成的，若每个基色可控级数均是6位，即64种表现度，那么每个像素就可呈现出64 ×64 ×64 =262 144种色彩。

**对比度**　是显示器亮度极大值（全白）与亮度极小值（全黑）之比。高对比度是一台显示器获得高清晰度图像的重要因素。普通CRT显示器的对比度均超过500:1，早期的平板显示器的对比度大致只有300:1，目前，高品质平板显示器的对比度普遍都达到800:1，部分高端产品的对比度甚至超过了1 000:1。

**最大亮度**　是显示器可呈现的亮度极大值。高亮度是一台显示器获得高呈现能力的重要因素，高品质的显示器应该可以达到较高的最大亮度，不过这并不意味着正常条件下显示器应该工作在最高亮度的条件下，因为长时间观看太高亮度的显示器有可能损伤观看者的眼睛。

**响应时间**　是显示器响应输入信号所需的时间，具体来讲是显示器由全暗变为最大亮度或由最大亮度转为全暗的反应时间，通常以毫秒（ms）为单位。响应时间表征显示器的响应速度，响应时间越短意味着响应速度越快，显示器能够“真实地”呈现变化更快的动态图像。如果响应时间过长，显示器在显示动态图像时，就会使人产生尾影拖曳的感觉。从理论上讲，只要显示器的响应时间小于 40 ms，其上的动态图像人眼感觉就会是平顺连续的。对平板显示器而言，要是想让图像画面完全达到不闪的程度，响应时间最好小于 16 ms。

**可视角度** 是显示器图像在基本保持原貌时的视角范围，通常该范围对显示器中央法线而言左右对称而上下不一定对称。可视角度表征显示器呈现图像的方向特性，可视角度大，意味着观察者可以在更偏斜的方向上看到显示器呈现的亮度和颜色均不失真的图像。传统的 CRT 显示器的可视角度较大，不同平板显示器的可视角度差异很大。例如，笔记本电脑常用的 TN-LCD 可视角度很小，而多用于液晶电视的 IPSLCD 的可视角度可达 170°以上。

（张保洲）

shajundeng

**杀菌灯** （ultraviolet germicidal lamp） 又名低压汞灯，是最早出现的气体放电灯。低压汞 95% 以上的辐射都集中在波长为 253.7 nm 的紫外谱线中，所以是比较典型的短波紫外辐射源。

由于短波紫外辐射有杀灭细菌的作用，所以低压汞灯有很好的杀菌作用，被广泛应用于食品、医疗、水处理等领域。参见荧光灯。

（张保洲）

yejing xianshiping

**液晶显示屏** （liquid crystal display，LCD） 液晶为图像呈现材料的显示器，是目前应用最广泛的平面超薄显示设备。

**原理** 液晶是介于固态和液态间的有机化合物。在电场作用下，液晶分子在排列上会发生变化，从而影响其透光率，这种透光率的变化通过偏光片的作用可以表现为明暗的变化。液晶的这种特性被称为液晶的电光效应。LCD 就是利用液晶的电光效应，以电流刺激液晶分子产生点、线、面结构组成画面，并被放置于其后的光源或者光源反射板呈现出来。

**沿革** 早在 19 世纪末，科学家就发现了液晶（液态的晶体）及其具有的电光效应。利用液晶的电光效应，在 20 世纪 70 年代初就制造了第一台可操作的 LCD。1973 年以后 LCD 被陆续用于制作电子计算器和电子表的数字显示器，1985 年后，LCD 的商业价值日益凸显，成为笔记本电脑和掌上计算机的主要显示设备。1998 年，LCD 开始进入台式机、电视和投影机领域。3D 技术 LCD 是 LCD 目前正在发展中的技术。普通的 LCD 只能显示平面感觉的画面，3D 技术 LCD 能实现无须佩戴专用眼镜即可看到具有现场感的 3D 图像。目前新出现的 LED 显示器从实际效果上讲是一种优化的 LCD，就是用 LED 代替了传统 LCD 的背光模组。LED 相较于背光模组不但发光更稳定而且色彩表现力更强。因为 LED 是固态发光器件，LED 显示器不像 LCD 那么脆弱，对环境的适应能力强得多，不但更耐冲击且适用温度范围更广。而且由于 LED 不含汞，所以 LED 显示器比传统 LCD 更加环保。

**优点** 与传统的 CRT 相比，其优势明显：体积小、厚度薄，占用的空间不到 CRT 的 1/3；耗能少（不到 10 mW/cm$^2$）、不产生高温、工作电压低（不到 6 V）且无辐射；图像无闪烁并能直接与 CMOS 集成电路匹配。

**存在的问题** 可视角度较小，容易产生影像拖尾现象以及寿命较短。可视角度较小主要受制于 LCD 显示工作模式，目前市场上应用最广泛的 LCD 采用 TN 模式，可视角度不理想是其短板，但多用于液晶电视的宽视角模式 LCD，可视角度已超过 170°；影像拖尾现象的产生是由于普通 LCD 的响应时间多为 16 ms（60 Hz），长于 CRT（85 Hz），随着 LCD 响应时间进一步缩短和新技术的引入，影像拖尾现象已经逐步解决。

**维护和保养** 因为 LCD 的核心结构是两块玻璃基板中间充满液晶，所以要注意正确的使用和维护。①要避免任何液体进入显示器内部，清洁时不仅不能将清洁剂或水直接喷到屏幕上，而且最好选择专用擦屏布和清洁剂。②LCD显示器必须注意防潮，如工作环境相对湿度高于80%，其内部容易产生结露，造成部分器件产生漏电。长时间不用的LCD，应定期通电工作一段时间，以驱除机内的潮气。③避免LCD长时间处于开机状态（一般来说，连续工作时间不应超过72 h），因为LCD的寿命会因长时间工作而受到影响。应及时关闭或让其处于屏保状态。④避免自行拆卸LCD，因为LCD显示器同其他电子产品一样，在液晶显示器的内部会产生高电压。私自拆卸显示器不仅会影响厂商对显示器的质保服务，而且还有一定的危险性。（张保洲）

zhongjian shijue

**中间视觉** （mesopic vision） 也称作介视觉，是亮度介于明视觉和暗视觉适应亮度之间，锥体细胞和杆体细胞同时起作用时的视觉。中间视觉是介于明视觉和暗视觉之间的情况，此时视网膜上的两种感光细胞——锥体细胞和杆体细胞同时作用，两种细胞的活跃程度随着亮度的改变而发生变化。

中间视觉在实际生活中常常遇到，如在道路照明、夜间行驶车辆的驾驶室等情形下就处在中间视觉对应的亮度水平，与安全性有很密切的联系。目前，对于中间视觉条件下的各种设计、测量和计算一般还是用明视觉函数来代替，尽管这样会带来很大的误差。当适应亮度逐渐由明到暗发生变化时，视觉函数也逐渐由$V(\lambda)$变为$V'(\lambda)$，光谱光视效率曲线逐渐向短波方向发生偏移，所以中间视觉的视觉函数在不同的亮度水平下有所不同，很难使其标准化。在大量实验的数据基础上，视觉科学家在理论上提出了一个计算模型，用$V_m(\lambda)$表示中间视觉函数，用$V_p(\lambda)$和$V_s(\lambda)$分别表示明视觉函数和暗视觉函数：

$$\lg V_m(\lambda)=a\lg V_s(\lambda)+(1-a)\lg V_p(\lambda)$$

式中，比例系数$a$基本上只依赖于视网膜的照度水平，越接近明视觉，$a$值越接近于0；越接近暗视觉，$a$值越接近于1。由于模型中$a$随着视网膜的照度水平连续变化，故很难在一般的实际应用中被采用。（张保洲）

shijue shiying

**视觉适应** （visual adaptation） 视觉器官的感觉随着外界光刺激的亮度变化而发生变化的过程。当照明条件发生变化时，眼睛可以通过一定的生理过程对环境进行适应，以获得清晰的感觉。人类所处的自然环境变化巨大，太阳的照度和人眼可以直接看到的六等星的照度相差了十几个量级，视觉适应可以使人在变动的环境中进行精细的视觉信息分析。视觉适应的机制主要包括瞳孔的变化以及杆体细胞和锥体细胞的生理转换，其中感光细胞的转换起主要作用，瞳孔的调节只能使进入眼球的光通量改变约20倍。视觉器官的适应能力是动物在长期的生存斗争中形成并固定下来的，具有重要的生物学意义。在人类的劳动生产活动中，很多场合都需要考虑视觉适应的问题。例如，车间里的照明布置；夜间驾驶室照明与外间路面的照明度的差异考虑以及医院里X光透视室的暗室中医生的视觉适应过程。

**暗适应** 指暗环境中视觉感受性的变化过程。当人由亮环境进入暗环境时，一开始看不清楚东西，人眼也不能适应，需要经过一段时间后才可以恢复其辨别能力。包括两种生理过程：①瞳孔扩大以增加入射光能；②起作用的感光细胞逐渐由锥体细胞变为杆体细胞。杆体细胞内的感光物质视紫红素在光比较强时，会被破坏褪色，进入暗环境后则又会重新合成。视紫红素的恢复需要一定的时间，因此暗适应所需要的时间较长，一般需要30 min才能达到完全适应。下图为暗适应曲线。视紫红素的合成需要维生素A的参与，因此缺乏维生素A的人通常会有夜盲视觉障碍。但是视紫红素不被红光破坏，因此工作在X光透视室的医生在走出暗室时经常佩戴一副红色眼镜，这样当他们再次进入暗室时就可以较快地恢复视觉感受性。车辆的尾灯采用红光也是同样道理。

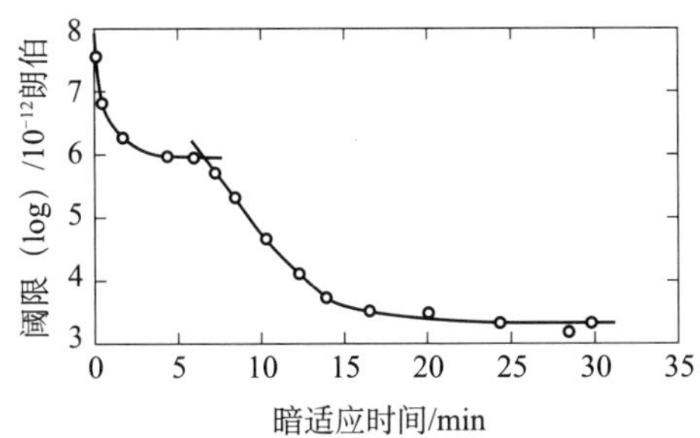


视觉的暗适应过程

**明适应** 指在明亮环境中视觉感受性的变化过程。当人由暗环境进入亮环境时，开始会感觉睁不开眼睛，看不清物体，需要经过一段时间后才可以恢复。明适应包括两种生理过程：①瞳孔缩小以减少入射光能。②起作用的感光细胞逐渐由杆体细胞变为锥体细胞。明适应的过程较快，一般只需要 2～3 min 就可以达到稳定状态。（张保洲）

**推荐书目**

荆其诚，焦书兰，等．色度学．北京：科学出版社，1979.

liangdu duibi

## 亮度对比 （contrast of luminance）

观察对象与背景的亮度差值与背景亮度之比。可以用来表示被观察对象在视场中的清晰程度，一般用符号 $C$ 来表示。亮度对比的常用表达式为

$$C=\frac{L_T-L_B}{L_B}$$

式中，$L_T$ 和 $L_B$ 分别为目标和背景的亮度。当目标亮度大于背景亮度时为正对比，当目标亮度小于背景亮度时为负对比。人眼视觉的灵敏度与亮度对比也有关系，把在一定亮度 $L$ 下人眼能分辨的最小亮度差 $\Delta L$ 称作人眼亮度差阈值，通常用人眼亮度差阈值与背景亮度的比值表示眼睛对亮度微小差别的判别能力（该比值越小表示眼睛对亮度差别的判别能力越强）。当背景亮度低于2 cd/m$^2$时，亮度越低 $\Delta L/L_B$ 越大；当背景亮度高于 2 cd/m$^2$时，$\Delta L/L_B$ 基本维持在 0.02；当背景亮度大于 $10^2$ cd/m$^2$时，亮度分辨能力逐渐下降。人对亮度的区分度极限一般为 2%（见下图）。

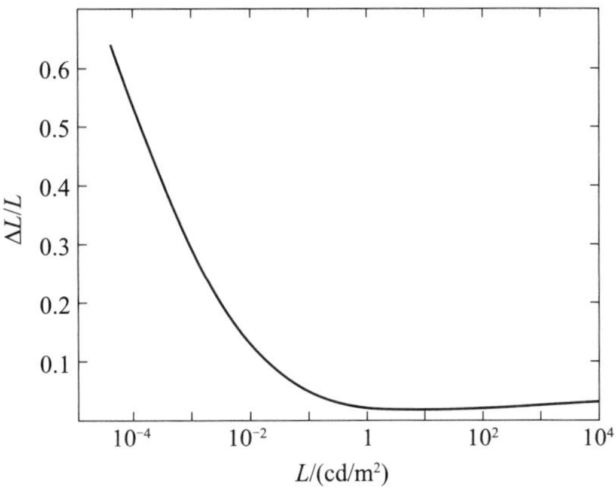


亮度对比随亮度的变化

（张保洲）

shijue minruidu

## 视觉敏锐度 （visual acuity）

简称视锐度，是人的视觉器官分辨物体的敏锐程度。视锐度表明了人眼分辨物体细节的能力，在临床医学上，视锐度也被称作视力。人眼所能分辨的最小距离对人眼有一个张角 $\alpha$，当该角度用分作单位时，该角度的倒数即为视锐度（$V$）：

$$V=\frac{1}{\alpha}$$

**影响因素** 主要是锥体细胞的数量，其他因素包括亮度、目标物对比度。

**锥体细胞** 视网膜不同部位的视锐度不同，这与锥体细胞的分布有关，锥体细胞的数量对视锐度起决定作用。图 1 为视锐度在视网膜的变化情况，可以看出视锐度随着远离中心窝而降低，在远离中心窝 5°时，降低了一半。

**亮度** 当亮度水平在 1 000 cd/m$^2$时，视觉敏锐度随着亮度的增加而增大，但在 1 000 cd/m$^2$以上时不会发生明显的变化。而且当亮度过大时，会感觉耀眼分辨不出任何东西。图 2 给出了视力与亮度之间的关系曲线。

**目标物对比度** 当目标与背景之间亮度差

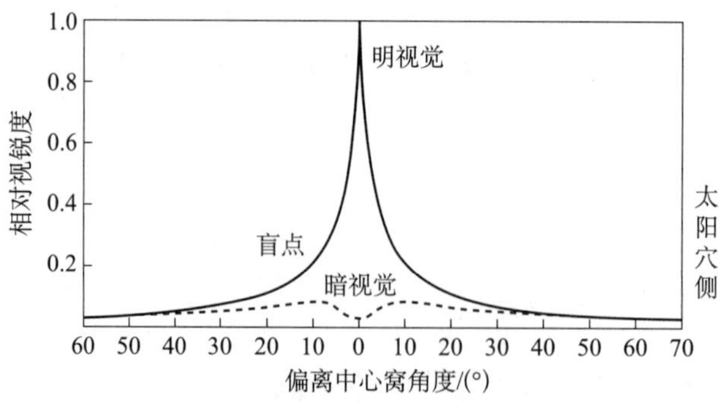


**图 1　视网膜各处的视锐度**

别较大，黑白分明时看得较为清楚，若目标与背景差不多，则不容易被辨别出来。图3给出了视力与亮度对比、背景亮度之间的关系曲线，称为视功能曲线。可以看出，当背景亮度确定时，视力随着亮度对比的增大而增大；当亮度对比确定时，视力随着背景亮度的增大而增大。

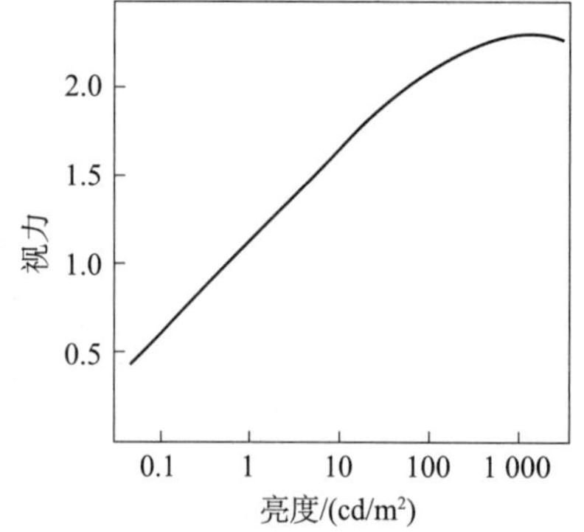


**图 2　视力与亮度的关系**

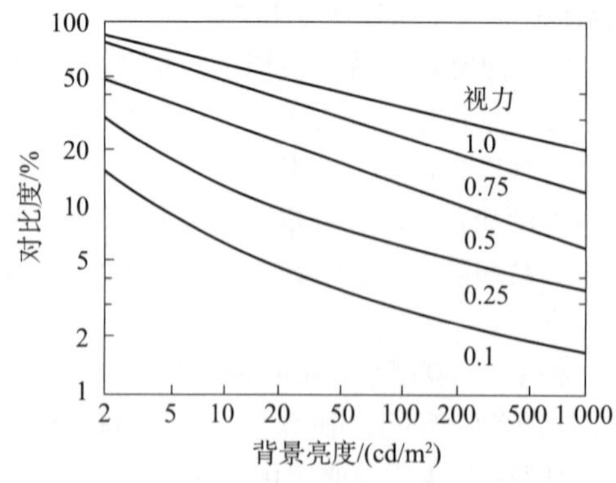


**图 3　视力与亮度对比、背景亮度的关系**

**视觉敏锐度测定**　人眼的极限分辨角为1′，该角度相当于在视网膜上的像为4.9 μm，这大约为一个锥体细胞的直径。对于离眼睛5 m远的目标物，1′的角度对应1.46 mm，在临床医学上，1.46 mm即为视标的细节单位，称为1′视角，也是正常眼的最小视角。当人的视觉能够分辨1′视角的细节单位时，即认为具有正常视力。

临床上用视标对人眼的视觉敏锐度进行测定。国际上通用的视标有“E”形和“C”形，“C”形视标也称作蓝道环。我国以在5 m远的标准距离处观看视力表上的“E”形的情况来确定视力。此外，为了研究的目的，还有圆盘、平行棒、栅形的视标（见图4）。

**图 4　各种形状的视标**

“E”形视标和“C”形视标横向和纵向均为5个细节单位，线条的宽度和开口均为1个细节单位。在正常视力条件下，当被测者与视标的距离为5 m时，视标总大小与眼睛成5′视角，每一个细节单位与眼睛成1′视角，这样当被测者能够正确说出开口方向时，就表示人眼能够分辨一个细节单位，为正常视觉（见图5）。临床医学上视力的计算公式为

$$V=\frac{D'}{D}$$

式中，$D'$为标准观察距离；$D$为视觉分辨一个细节单位所需要的距离。

如果一个人在5 m的距离处能够分辨清1′

视角细节单位的开口方向，视力即为1.0。我国现在通用的视力表有12行，能看清第一行的视力为0.1，能看清第二行的视力为0.2，依此类推，能看清第十行的视力为1.0，为正常视力。能看清第十一行的视力为1.2，能看清第12行的视力为1.5。

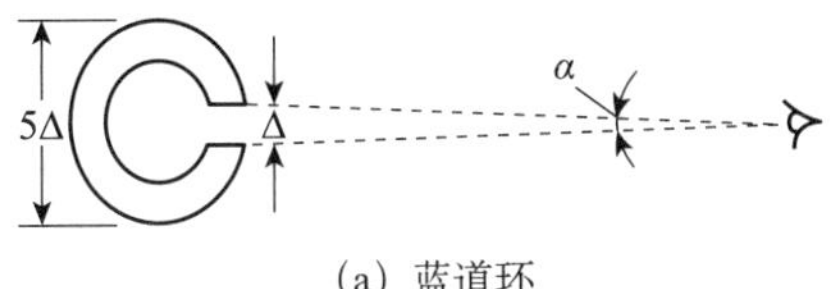


(a) 蓝道环

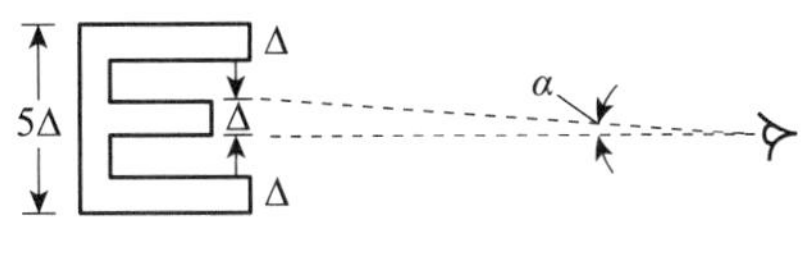


(b) “E”形视标

**图5　视标与被测者**

（张保洲）

faguang qiangdu

**发光强度**　(luminous intensity)　简称光强，是给定方向上、单位立体角内所包含的光通量。光源在发光时，向各个方向发出的光通量有可能不同，有些方向上大，有些方向上小。例如，电灯泡灯头的部分是基本上没有光发出的，因此灯泡的发光是不均匀的。发光强度将光源发光的方向性考虑进去，描述了光源在某一方向上发光的强弱程度。可以用某一方向上的一个很小的立体角元内的光通量值（参见光通量）与该立体角元的商来定义光源在此方向上的发光强度 $I$，表达式为

$$I=\frac{\mathrm{d}\Phi}{\mathrm{d}\Omega}$$

式中，$\mathrm{d}\Omega$ 为立体角元；$\mathrm{d}\Phi$ 为该立体角元内的光通量。

发光强度的单位为cd（坎德拉）。在光源工业和照明工程上，有时会用到“平均球面发光强度”和“半球面发光强度”的术语。平均球面发光强度在数值上等于这个光源的总光通量除以4π；半球面发光强度又分为“上方的半球面发光强度”和“下方的半球面发光强度”，在数值上等于这个光源向上方半球内发出的光通量与2π的比值或者光源向下方半球内发出的光通量与2π的比值。

**光强的测量**　可以用目视光度法和客观光度法两种测量方法来进行测量。目视光度法就是用人眼作为接收器进行测量的方法；客观光度法则是以物理探测器件作为接收器进行测量的方法。

**在光轨上测量光强**　测量装置如图1所示，光轨的中部有光度计 $B$，标准光源和待测光源 $C$ 放在两侧，中间设有一些挡屏 $D$ 用来屏蔽杂散光，还有一些调整光度计和光源的附属设备。通常情况下，把光度计和光源安装在带有指针的滑车上，这样可以方便地指出光度计比较面和光源发光面的位置。在测量时，先将光源和光度计的测量面调整到同一高度、同一直线（测量轴线）上。光度计的两个面分别对着标准光源和待测光源。设标准光源光强为 $I_0$，到光度计的距离为 $l_0$；待测光源光强为 $I_x$，当两边照度相等时其到光度计的距离为 $l_x$，利用平方反比定律，有 $I_x=\left(\frac{l_x}{l_0}\right)^2 I_0$。

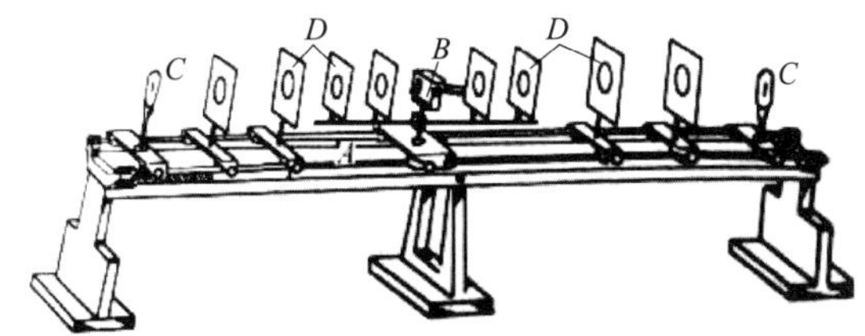


**图1　光轨示意图**

**客观法测量光强**　用客观法测量光强时，利用光电探测器作为接收器。当探测器的线性工作范围足够大时，可以在固定距离上直接比较待测光源和标准光源的光电输出即可得到待测光强。当超出线性范围后，则可以将该光电探测器看作一个光电光度计，将其固定在光轨的一侧，另一侧先后将待测光源和标准光源放在可以动的滑车上，使两种光源产生相同的输出，分别记下这两种光源到光度计的距离，然后利用平方反比定律就可以算出。

**偏光光度计测量光强**　利用偏光光度计可

以避免在光轨上移动测量部件。马丁斯（Martens）偏光光度计的工作原理见图2。$a$ 和 $b$ 分别为两个比较光源，$a$ 光源发出的光经平凸透镜和渥拉斯顿棱镜分为两束偏振方向正交的光。双棱镜将每一束光分成向不同方向折转的两束。这样利用望远系统进行观察时即可看到四个分开的点，用光阑挡去三个，只留下 $a_1'$ 部分。来自 $b$ 光源的光束则只留下 $b_2$ 部分，设计双棱镜的角度可使 $b_2$ 和 $a_1'$ 在观察时严格重合，此时这两个光束的偏振方向刚好正交。

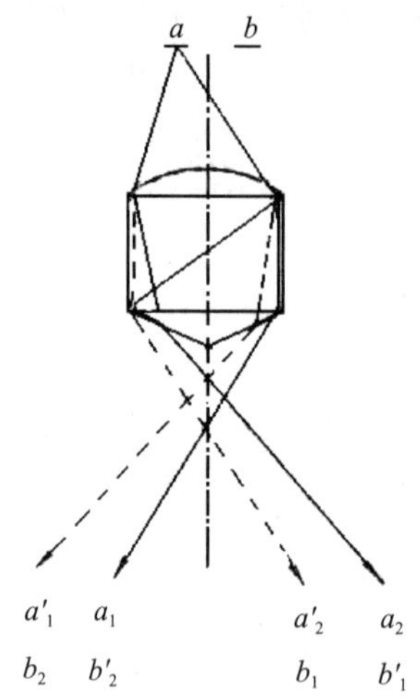


**图2　偏光光度计工作原理**

图3为马丁斯偏光光度计的结构，待测光源C垂直照亮漫射屏P，经两块棱镜折转后照亮漫射屏 $W_1$，参考光源V则直接照亮 $W_2$，这样可以将 $W_1$ 和 $W_2$ 分别看作图2中的 $a$ 和 $b$ 两个光源。尼克尔棱镜具有检偏作用，设其检偏角为 $\theta$，则通过它后，$W_1$ 亮度减为 $L_{W_1}\cos^2\theta$，$W_2$ 亮度减为 $L_{W_2}\sin^2\theta$。为了保证待测光源C垂直照亮漫射屏P，仪器被设计为可以绕 $ZZ'$、$LL'$ 转动。在使用前，利用标准光源进行标定，得到仪器的标定常数，这样在测量待测光源发光强度时，只需测出待测光源到漫射屏P的距离就可得到。

**光强测量注意事项**　为了保证测量精度需要注意以下事项：①杂散光的屏蔽；②导轨上距离读数的精度；③光源工作的稳定；④人的主观误差。

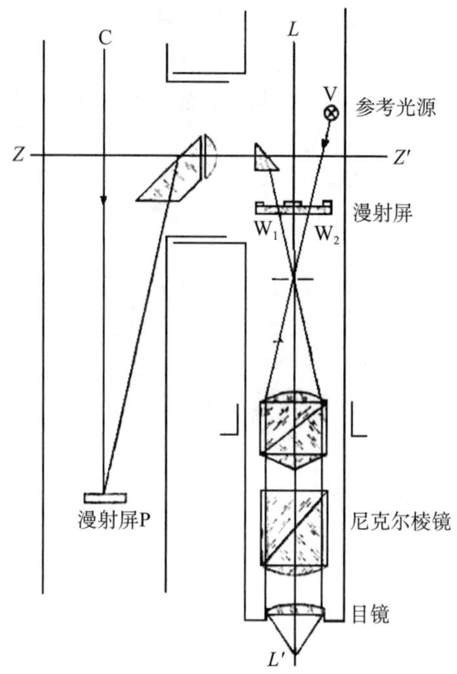


**图3　马丁斯偏光光度计结构图**

（张保洲）

**推荐书目**

金伟其，胡威捷．辐射度、光度与色度及其测量．北京：北京理工大学出版社，2006.

kandela

**坎德拉**　（candela）　发光强度的单位。坎德拉是国际单位制的7个基本单位之一，符号为cd。在光度学史上曾经使用蜡烛和各种火焰灯来定义光强的单位量值。1948—1979年，1 cd被定义为纯铂凝固点温度下的黑体60万分之一平方米面积所发出的光强度。1979年以后，1 cd被定义为一个发出频率为 $540\times10^{12}$ Hz并且在给定方向上的辐射强度为1/683 W/sr的光源在该方向上的发光强度。目前坎德拉的定义保持了坎德拉作为基本单位的实现手段。因为大多数国家测定的最大光谱光视效能为683 lm/W，则在波长为555 nm处、1/683 W的光功率则正好对应1 lm的光通量。由光通量和发光强度之间的关系就不难发现坎德拉的定义的意义。

坎德拉（cd）量值的传递是用光强标准灯来实现的。下图为我国的光强标准灯系列。我国指定的光强标准灯的主要参数见下表。

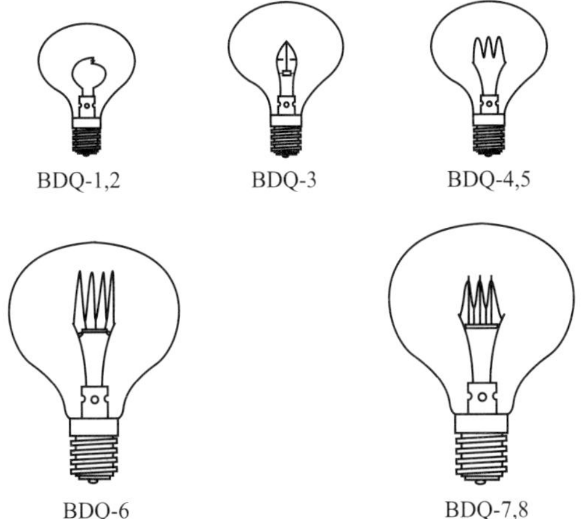


我国的光强标准灯

我国光强标准灯参数

| 型号 | 色温/K | 电压参考值/V | 电流参考值/A | 光强/cd | 灯泡性质 |
|---|---|---|---|---|---|
| BDQ-1 | 2 650 | 4 | 0.5 | 1.3 | 充气 |
| BDQ-2 | 2 650 | 7 | 1.8 | 15 | 充气 |
| BDQ-3 | 2 856 | 36 | 1.6 | 90 | 充气 |
| BDQ-4 | 2 353 | 11 | 3.6 | 30 | 真空 |
| BDQ-5 | 2 042 | 11 | 5.5 | 18 | 真空 |
| BDQ-6 | 2 353 | 27 | 5.2 | 100 | 真空 |
| BDQ-7 | 2 856 | 93 | 3.0 | 450 | 充气 |
| BDQ-8 | 2 856 | 100 | 6.6 | 1 200 | 充气 |

（张保洲）

guangtongliang

**光通量**（luminous flux） 能够被人的视觉系统感受到的光辐射功率大小的量度。光通量反映了某一个光源发出的光辐射能引起人眼光亮感觉的能力。人眼对不同波长光的敏感度不同，因此不同波长光的辐射功率相等时，其光通量并不相等。计算公式为

$$\Phi = K_m \int_\lambda \Phi_{e,\lambda} V(\lambda)\,d\lambda$$

式中，$K_m$ 为最大光谱光视效能，规定 $K_m = 683$ lm/W；$\phi_{e,\lambda}$ 为单位波长间隔内光的实际功率，W；$V(\lambda)$ 为明视觉函数。

光通量的大小用一个特殊的单位 lm（流明）来度量。1 lm 即为发光强度为 1 cd 的均匀点光源在 1 sr 内发出的光通量。

**光通量的测量** 最常采用的是角分布光度计和积分球。

**角分布光度计** 结构形式大致可以分为两种：①光源不动，照度计在一定距离外围绕光源移动，测量光源向空间各个方向发出的光照度，从而得到光源的空间发光强度。典型的设计见图 1。为了节省空间还可以让照度计在垂直平面内围绕光源转动，即让照度计每次沿垂直轴自转一个小角度后，照度计转一周。这样当光源完成自转 360°后，就得到了光源的光强空间分布［见图 2（a）］。测量大的灯具时，还可以增加一些平面反射镜来增大测量距离［见图 2（b）］。

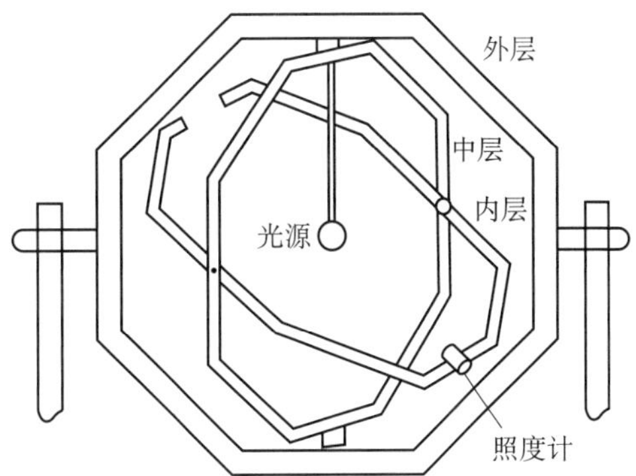


**图 1 三层环形结构的角分布光度计**

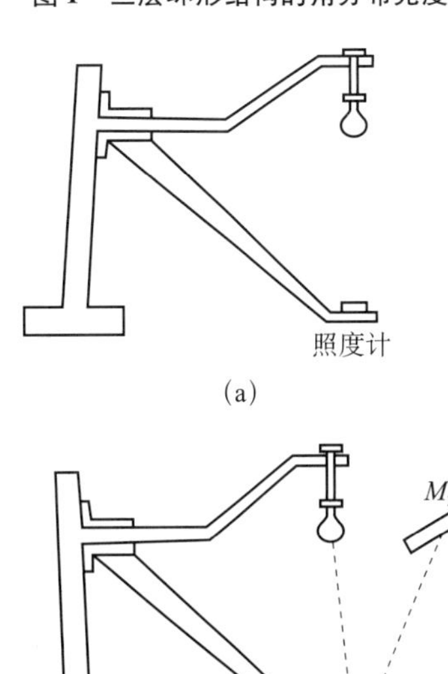


**图 2 单臂式的角分布光度计**

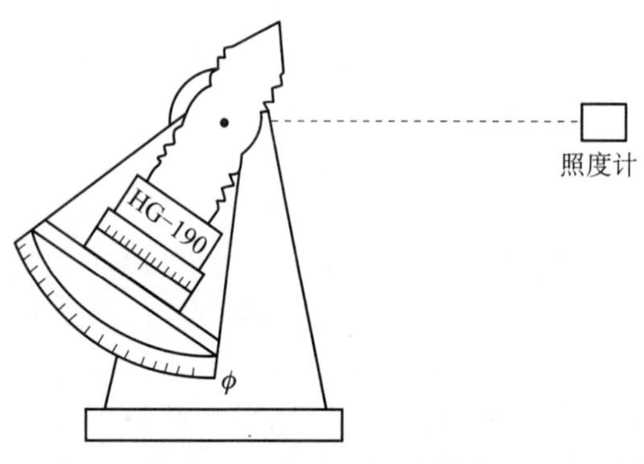


图3　测量投光灯角分布的转台

我国的光通量标准灯光电参数

| 型号 | 色温/K | 电压/V | 电流/A | 光通量/lm | 灯泡性质 |
|---|---|---|---|---|---|
| BDT-1 | 2 353 | 100 | 0.76 | 400 | 真空 |
| BDT-2 | 2 788 | 100 | 1.2 | 1 500 | 充气 |
| BDT-3 | 2 856 | 100 | 2.7 | 4 000 | 充气 |

② 照度计保持不变，光源自身沿水平方位角和垂直俯仰角转动。主要用来对信号灯、汽车前灯、航标灯和航空障碍灯等进行测量。一般情况下，要求这些光源投射出的光线要集中在某些有限的角度范围之内，且要求测量距离比较大。被测灯具安装在转台上（见图3）。

**积分球**　是测量光通量更常用的方法。将光通量标准灯与待测灯相比较得到待测灯的光通量。但是在利用积分球时为了保证测量结果的精确性，需要满足很多要求：球的体积要远大于球内附属物的体积、积分球的涂料光谱反射中性要好、球内挡板的大小以及位置要合适、积分球窗口的安装要与球表面平齐以及测光系统有经良好的 $V(\lambda)$ 匹配的线性响应度等。

**光通量标准灯**　是体现一个光源向空间发出的总光通量值的标准光源。我国现在使用的光通量标准灯有很多种，其中以钨丝为发光体的白炽标准灯可以分为两类：BDT 型和 BDP 型。结构形式见图 4。其中 BDT 型根据灯丝结构和光电参数的不同又可以分为三种，是加工精细的高级标准灯，主要用于计量部门。其光电参数见下表。BDP 型即为普通的白炽标准灯，广泛用于灯泡的生产部门。

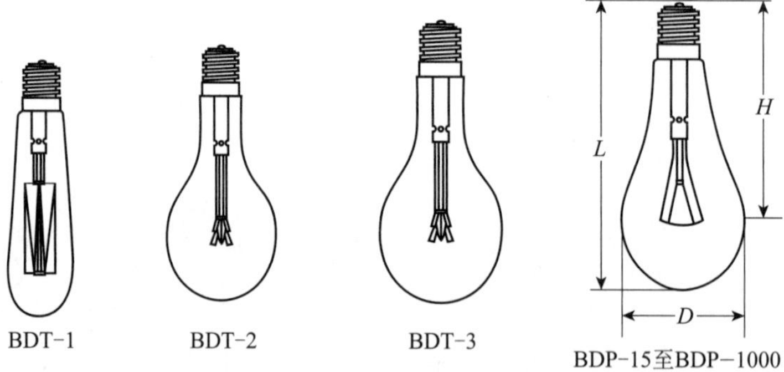


图4　我国的光通量标准灯

（张保洲）

guangmidu

**光密度**　(optical density)　入射光通量与透射光通量比值的对数，即光透射比倒数的对数。如果用 $\Phi_0$ 和 $\Phi_\tau$ 分别表示入射到材料表面的光通量和透过材料的光通量，则光密度为

$$D = \lg(\Phi_0/\Phi_\tau)$$

式中，光密度是一个对数值，量纲一。

光密度体现了光辐射通过某一固态或液态物质被其吸收的程度。虽然影响它的因素很多，包括入射光辐射的波长、材料的性质、溶剂的浓度和温度等，但只要入射光辐射的波长被固定下来，对同一种物质，光密度就不会改变。所以光密度是表征材料的遮（吸）光能力的物理量，其数值越大表明材料的遮（吸）光能力越强。

光密度在影像学和分析化学中应用很广

泛，主要用来描述和评判底片的透光性质和材料的吸收性质。

测量一种材料的光密度，可以用分光光度计来测量获得其光谱透射比，然后归算出相应的光密度。应用中更多的是采用专用的光密度计来完成。由于材料光密度的测量准确度受测试光源和测试探测器性质以及测试条件的影响，所以光密度计通常备有光密度标准片（板），通过较差测量（测量比较待测样品与标准片的透射光通量）来提高测量的准确度。

（张保洲）

guangzhaodu

**光照度** （illuminance） 简称照度，是投射到单位面积上的光通量，即落到某一面元上的光通量（$d\Phi$）与这个面元面积（$dA$）的商。光照度用来描述当有一定的光通量到达一个接收面时，该接收面被照明的程度（见图1）。用公式表示为$E=\frac{d\Phi}{dA}$。

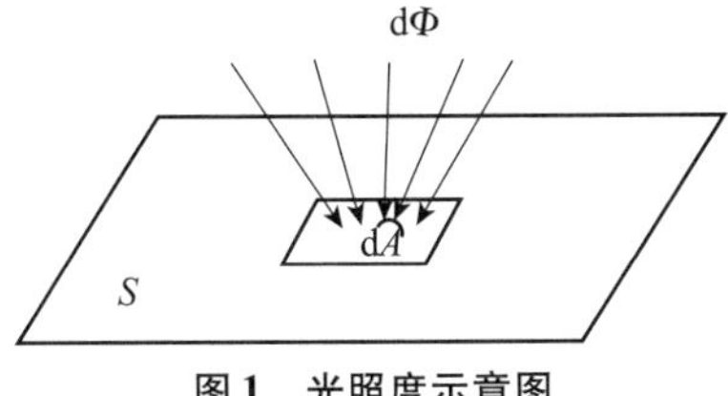


**图1 光照度示意图**

地面的照度在不同的条件下会有很大的不同。例如，夏季的中午在太阳的直接照射下，照度可以达到$10^5$ lx 的量级，而夜间，月亮提供的照度却不到0.3 lx。通常情况下，人类的活动场所中的照度一般为300～500 lx。下表给出了在不同条件下，白昼和夜间自然景物照度等级的参考值。

**自然景物的照度**

| 天空情况 | 照度/lx |
|---|---|
| 阳光直射 | $1\times10^5\sim1.3\times10^5$ |
| 日间晴天（无阳光直射） | $1\times10^4\sim2\times10^4$ |
| 阴天 | $10^3$ |
| 全阴天 | $10^2$ |
| 晨昏朦影 | 10 |
| 暗的晨昏朦影 | 1 |
| 满月 | $10^{-1}$ |
| 上弦月 | $10^{-2}$ |
| 无月晴空 | $10^{-3}$ |
| 无月阴空 | $10^{-4}$ |

目前对照度的测量通常利用照度计来完成。图2为照度计的结构示意图。在图2中C为余弦校正器，F为$V(\lambda)$滤光片，D为光辐射探测器。D接收通过C和F的光辐射，产生的光电信号经$I/V$变换，后经运算放大器A放大，在显示器上显示出照度。余弦校正器可使照度计对光辐射的测量结果尽量满足余弦定律。

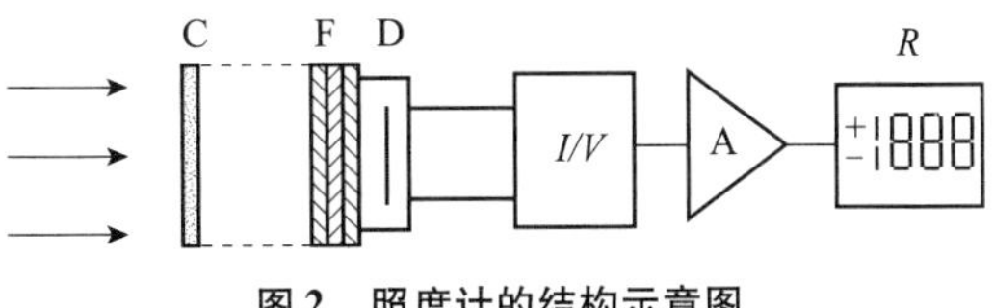


**图2 照度计的结构示意图**

目前，普通照度计的探测器通常采用硅光电器件，弱光照度计的探测器则采用光电倍增管。

（张保洲）

**推荐书目**

郝允祥，陈遐举，张保洲．光度学．北京：中国计量出版社，2010.

lekesi

**勒克斯** （lx） 照度的单位。勒克斯是流明的引出单位，流明则是由国际单位制的7个基本单位之一坎德拉（cd）引出。1 lx 相当于1 $lm/m^2$，即当1 lm的光通量均匀地照射在1 $m^2$的面积上时，这个面上的照度就为1 lx。这三个单位之间的关系可以表示为1 lx = 1 $lm/m^2$ = 1 $cd\cdot sr/m^2$。

（张保洲）

Langbo dinglü

**朗伯定律** （Lambert Law） 应用较为广泛的光度学定律之一，它的具体内容是，对于一个朗伯发光面（其光亮度在各个方向上都相等），在某一方向上的发光强度（$I$）等于发光面法线方向上的发光强度乘以方向角的余弦。满足朗伯定律的发光面称为朗伯发射面或朗伯体，有时也称为均匀漫射体或余弦漫射体。

朗伯定律可从光亮度（$L$）的定义式推导得出。假设有一面积为 $A$ 的均匀发光面，用 $\theta$ 表示观察方向与面元法线的夹角，称为方向角，则有

$$L_{v\theta}=I_{v\theta}/(A\cos\theta)$$

$$I_{v\theta}=L_{v\theta}A\cos\theta$$

若面光源光亮度在各方向上都相等，则

$$L_{v\theta}=L_v=\text{常数}$$

故 $I_{v\theta}=L_vA\cos\theta$。

令 $L_vA=I_{vo}$（面光源在法线方向上的发光强度），则有

$$I_{v\theta}=I_{vo}\cos\theta$$

将朗伯定律中发光强度变化曲线画出来，得到一个与发射面相切的正圆形。在实际应用中，通常用测定其发光强度分布曲线来确定一个发光面或反射面与理想朗伯体的接近程度。如果发光强度分布曲线很接近正圆形，就可认为其为一个朗伯体。黑体辐射器就是一个理想的朗伯发射面，在光辐射测量中常用的标准漫反射板也很接近朗伯反射面。

**朗伯源的光照度公式** 指利用朗伯体性质，导出的计算朗伯体在远处产生照度的关系式。如果 $A$ 为光亮度为 $L_v$ 的朗伯发射面面积，有一点 $P$ 距其距离 $L$ 远大于朗伯发射面的尺度，则在 $P$ 点形成的光照度 $E_{vP}$ 仍可按点光源看待，依据平方反比定律

$$E_{vP}=I_v/L^2$$

由于发光面是朗伯面

$$I_v=L_vA$$

故 $E_{vP}=L_v(A/L^2)$。

由于括号中正好是发光面对 $P$ 点所张的立体角 $\Omega$，所以

$$E_{vP}=L_v\Omega$$

这是朗伯体在远处产生光照度的计算公式，由这个公式还可以得到一个非常有用的推论。如果有一个足够大的亮度为 $L_v$ 的朗伯源，在它的前面有一个开孔面积为 $S$ 的光阑，假设要计算在光源另一侧距光阑 $d$ 处 $P$ 点的光照度，根据朗伯体在远处产生光照度的计算公式：

$$E_{vP}=L_v\Omega=L_v(S/d^2)$$

可知，在这种状态下，$P$ 点的光照度除正比于 $L_v$ 外，只与 $P$ 点到光阑的距离有关，而与发光面到光阑的距离无关。

这个推论在光辐射计量中很有用，因为实际的辐射源往往是不可接近的，也就无从量度它到被测点的真实距离，这时就可以借助光阑，通过测量光阑内侧一点的光照度来获得位于外侧远处辐射源的光亮度。这个推论也称为光阑原理，亮度计就是利用这个原理制造的。

**朗伯源的光通量公式** 指利用朗伯体性质，导出的计算朗伯体在确定立体角内产生光通量的关系式。一个朗伯发射面，它向空间一个半球之内发射出光通量，如果想计算朗伯发射面发出、位于与朗伯体法线成 $\theta$ 角的圆锥内的光通量，依据发光强度定义可得

$$\Phi_{v\theta}=\int I_{v\theta}\mathrm{d}\Omega$$

由于光源为朗伯体

$$I_{v\theta}=I_{vo}\cos\theta=L_vA\cos\theta$$

$$\mathrm{d}\Omega=2\pi\sin\theta\mathrm{d}\theta$$

$$\text{故 }\Phi_{v\theta}=2\pi L_vA\int\cos\theta\sin\theta\mathrm{d}\theta$$

$$=\pi L_vA\sin^2\theta$$

这是朗伯体发射在 $\theta$ 角对应圆锥内的光通量的计算公式。当为 90°时就是朗伯体向半球空间发射的总光通量

$$\Phi_v=\pi L_vA$$

由出射度与 $M_v$ 定义（发光面面元出射的光通量与面元的面积之比），对朗伯体

$$M_v=\pi L_v$$

这是朗伯发射面光亮度与出射度之间的关系。

对一个不发光的反射面，在受到一定光通量 $\Phi_{in}$ 照射时，能够反射出一定的光通量 $\Phi_{out}$。反射面的反射率 $\rho$ 定义为反射光通量与入射光通量之比：

$$\rho=\Phi_{out}/\Phi_{in}$$

$$=(M_vA)/(E_vA)$$
$$=M_v/E_v$$

即

$$M_v=\rho E_v$$

结合朗伯发射面光亮度与出射度之间的关系，可得

$$\pi L_v=\rho E_v$$

即

$$L_v=(\rho/\pi)E_v$$

这是朗伯反射面光亮度与光照度之间的关系。根据此式，对于朗伯漫反射体，只要知道其上接收到的光照度，即可获得其光亮度。为校准成像式亮度计，在光轨上用光强标准灯实现的亮度工作标准，就是基于这个原理。

（张保洲）

zhumian zhaodu

**柱面照度** （cylindrical illuminance） 轴线通过被测点的圆柱面元上的平均照度。随着人们对照明质量要求的提高，照明质量的表征除了需要传统的水平照度（照度表征面为水平面），还需要逐步加入垂直照度（照度表征面为垂直面）和柱面照度（其实质是被测点全方位的平均垂直照度）来描述照明质量。

通常而言，好的照明不仅水平照度要达到一定的要求，柱面照度也要达到一定的量。然而，随着柱面照度的提高，由于照明光源的安装位置将更接近人的自然视向，照明产生眩光的风险也在提升，所以通过提高柱面照度来提升照明质量的同时，要注意限制和消除可能带来的眩光。

考虑到对任何目标从一个固定点观察，只能看到目标朝向观察者水平面180°的范围，为了更准确地表征观察点对固定观察方向的照明效果，可利用半柱面照度（其实质是被测点垂直照度在180°方位内的平均值）。

就水平方向观察目标的效果而言，照明效果的满意程度，主要是目标呈现的真实和自然程度，最集中地体现为目标的立体感。研究表明，垂直照度和半柱面照度之比接近1的程度可以大致表征照明呈现目标立体感的程度。

（张保洲）

guangliangdu

**光亮度** （luminance） 简称亮度，是单位面积上的发光强度。光亮度用以表示发光面的明亮程度，指发光面在指定方向的发光强度与垂直于指定方向的发光面的面积之比，单位是 $cd/m^2$。对于一个漫散射面，尽管各个方向的发光强度和光通量不同，但各个方向的亮度都是相等的。例如，电视屏幕就近似是一个漫散射面，所以从各个方向看都有相同的亮度感。

亮度的测量可以分为目视法和客观法。

**目视法** 该法测量亮度的基础是亮度比较。图1为亮度目视测量系统的结构示意图。测量时使待测亮度 $L_e$ 与比较亮度 $L_V$ 分别照亮光度计的一半视场，调节减光盘，使两边视场亮度相等。然后利用已知标准亮度 $L_S$ 代替待测亮度，同样调节减光盘使两边视场亮度相等。根据前后两件光盘开口的大小以及标准亮度 $L_S$ 可以算出待测亮度。

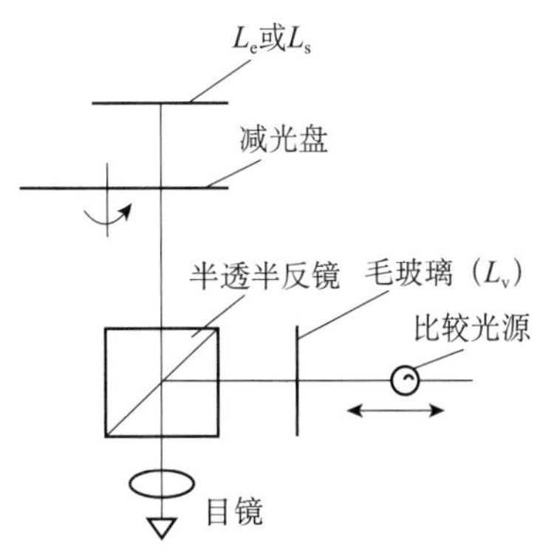


**图1 目视法测亮度**

**客观法** 是采用亮度计测量亮度的方法。亮度计的结构见图2。目标经物镜O成像在带孔反射镜P上，像光束通过小孔H经过 $V(\lambda)$ 滤光片F后到达探测器D，产生的光电信号经 $I/V$ 变换，后经运算放大器A放大，在显示器R上显示出来。E为目镜系统，与反射镜P′的作用是观察和对准被测目标。

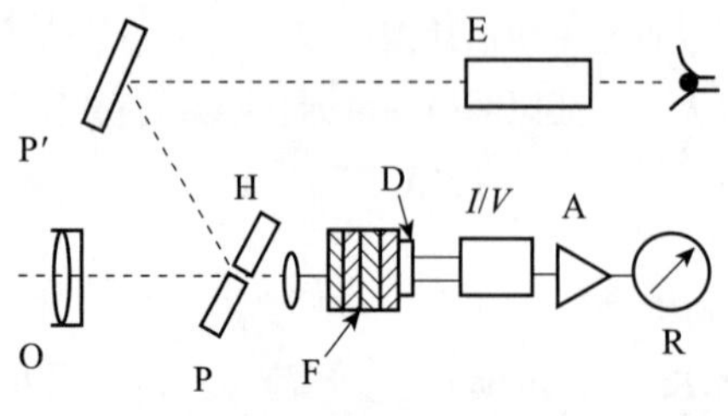


图 2　亮度计的结构

在用亮度计测光时，需要注意距离效应及其修正。亮度计是利用像面照度来表征物体的亮度，因此在测量时要求像面照度不能随着距离变化而发生变化。在实际测量时不能严格地满足要求，因此要通过校正来减小这种距离效应。通常采用的方法是在反射镜 P 的小孔前面或后面加限束光阑。（张保洲）

# 色度学词汇

seduxue

**色度学** （colorimetry） 研究人的颜色视觉规律、颜色测量理论与技术的学科。是一门21世纪发展起来的，以物理光学、视觉生理、视觉心理、心理物理等学科为基础的综合性科学技术。每个人对颜色的视觉并不是完全一样的。在正常视觉的群体中间，也有一定的差别。目前在色度学上为国际所引用的数据，是由在许多正常视觉人群中观测得来的数据而得出的平均结果。就技术应用理论来说，已具备足够的代表性和可靠的准确性。

**沿革** 色度学最早开创于牛顿，他引入颜色环的概念从而建立了颜色图的思想，还提出了颜色混合中用重心原理来确定混合色结果的方法。19世纪，科学家格拉斯曼（Grassmann）、麦克斯韦（Maxwell）、赫姆霍尔兹（Helmholtz）等对色度学的进一步发展作出了巨大的贡献。奠定现代色度学基础的科学家有吉尔德（Guild）、贾德（Judd）、麦克亚当（Macadam）、司梯鲁斯（Stiles）、莱特（Wright）和维泽斯基（Wyszecki）。国际照明委员会（CIE）1931年根据莱特在1928—1929年和吉尔德在1931年的研究结果，建立了CIE标准色度学系统，从而为客观地测量物体的颜色奠定了基础。

**研究内容** 包括色视觉、颜色分类和特性、颜色混合定律、颜色匹配、颜色视觉理论、CIE标准色度学系统、颜色测量和测色仪器八个方面。

**色视觉** 参见色视觉。

**颜色分类和特性** 参见色视觉。

**颜色混合定律** 1854年格拉斯曼将颜色混合现象总结成各种颜色光相加混合的颜色混合定律：①人的视觉只能分辨颜色的三种变化：明度、色调、饱和度。②在由两个成分组成的混合色中，如果一个成分连续地变化，混合色的外貌也连续地变化。由这一定律导出两个定律：一是补色律，即每一种颜色都有一个相应的补色。如果某一种颜色与其补色以适当比例混合，便产生白色或灰色；如果二者按其他比例混合，便产生近似比重大的颜色成分的非饱和色。二是中间色律，即任何两个非补色相混合，便产生中间色，其色调取决于两种颜色的相对数量。③颜色外貌相同的光，不管它们的光谱组成是否一样，在颜色混合中都具有相同的效果。换言之，凡是在视觉上相同的颜色都是等效的。④亮度相加定律：混合色的总亮度等于组成混合色的各颜色光亮度的总和。

**颜色匹配** 根据格拉斯曼颜色混合定律，外貌相同的颜色可以相互代替。相互代替的颜色可以通过颜色匹配实验找到。把两个颜色调节到视觉上相同或相等的方法叫作颜色匹配。用红、绿、蓝三原色照射在白色屏幕的同一位置上，光线经过屏幕的反射而达到混合，混合后的光线作用到视网膜上便产生一个新的颜色（见下图）。调节三原色灯光的强度比例，便产生看起来与另一侧颜色相同的混合色。这种颜色光的匹配实验可以用代数学的形式加以描述。以（C）代表被匹配的颜色，以（R）、（G）、（B）分别代表产生混合色的红、绿、蓝三原色，又以 $R$、$G$、$B$ 分别代表红、绿、蓝三原色的数量，则可写出颜色方程：

$$(\mathrm{C}) \equiv R(\mathrm{R}) + G(\mathrm{G}) + B(\mathrm{B})$$

式中“≡”号代表匹配，即视觉上相等。

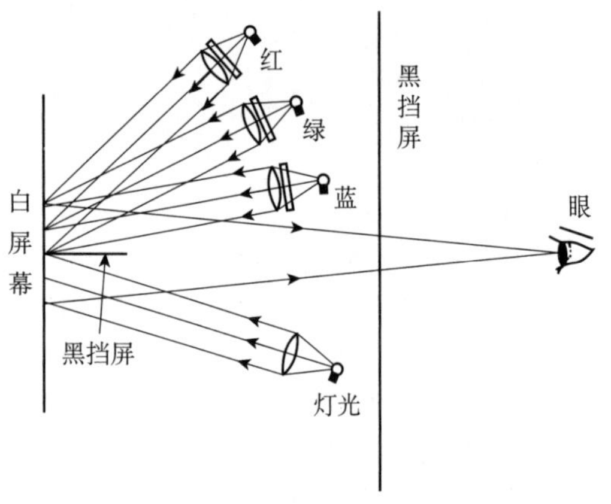


颜色光的匹配实验

在颜色光匹配实验中，如果在屏幕上被匹配的一侧是光谱上非常饱和的颜色（光谱色），而在屏幕的另一侧仍用红、绿、蓝三原色的混合光去试行匹配，则会发现，大部分光谱色的饱和度太高，不能用这三原色产生满意的配对。这时就要把少量的三原色之一加到光谱色一侧，用其余的两原色去实现配对。这一颜色匹配关系可用下面方程描述：

$$(\mathrm{C}) \equiv R(\mathrm{R}) + G(\mathrm{G}) - B(\mathrm{B})$$

因此，在上述可能具有负值方程的颜色匹配条件下，任何一个颜色，包括可见光光谱的全部颜色，都能用红、绿、蓝三原色相加混合出来，条件是三个原色中的任何一个不能由其余两个相加产生。

**颜色视觉理论** 现代颜色理论主要有两大类：一类是杨－赫姆霍尔兹的三色学说，另一类是赫林的对立颜色学说。前者从颜色混合的物理学规律出发，后者从视觉现象出发。两类学说都能解释大量事实，但也都有不足之处，由此发展出颜色视觉的阶段学说。

*杨－赫姆霍尔兹三色学说* 也叫作三色学说。1807 年杨（T. Young）和赫姆霍尔兹根据红、绿、蓝三原色可以产生各种色调及灰色的颜色混合定律，假设在视网膜上有三种神经纤维，每种神经纤维的兴奋都引起一种原色的感觉。对光谱的每一波长，三种纤维都有其特有的兴奋水平，三种纤维不同程度地同时活动就产生相应的色觉。该学说的最大优越性是能充分说明各种颜色的混合现象，但最大的困难是不能满意地解释色盲现象。

*赫林的对立颜色学说* 也叫作四色学说。1878 年赫林（E. Hering）观察到颜色现象总是以红－绿、黄－蓝、黑－白成对关系发生，因而假定视网膜中有三对视素：白－黑视素、红－绿视素、黄－蓝视素。这三对视素的代谢作用包括建设和破坏两种对立的过程。光刺激破坏白－黑视素，引起神经冲动产生白色感觉。无光刺激时白－黑视素便重新建设起来，所引起的神经冲动产生黑色感觉。对红－绿视素，红光起破坏作用，绿光起建设作用。对黄－蓝视素，黄光起破坏作用，蓝光起建设作用。因为各颜色都有一定的明度，即含有白色成分，所以每一颜色不仅影响其本身视素的活动，而且影响着白－黑视素的活动。根据该学说，三种视素对立过程的组合产生各种颜色感觉和各种颜色混合现象。该学说对于色盲现象能够给出满意的解释，但是最大的困难是对三原色能产生所有颜色这一现象没有给予说明，而这一物理现象正是近代色度学的基础，并一直有效地指导着颜色技术的实践。

*颜色视觉的阶段学说* 三色学说和四色学说一个世纪以来一直处于对立的地位。在一个时期，三色学说曾占上风，因为它有更大的实用意义。近年来，由于新的实验材料技术的出现，人们对这两个学说有了新的认识，证明二者并不是不可调和的。现代研究从视网膜的锥状细胞中找到了三种不同的类型，分别对红、绿、蓝色光最敏感，这有力地支持了三色学说。另外，在研究视觉信号从感光细胞向大脑传递的过程中，发现在视神经传导的某些中间环节如双极细胞、神经节细胞和外侧膝状核细胞中，

其生物电效应有类似对抗的性质。例如，有些细胞对红光发生正电位反应、对绿光发生负电位反应。相反，有些细胞对红光负反应、对绿光正反应。类似地，还有另外两种细胞，即一种为黄正、蓝负；另一种为黄负、蓝正。这四种细胞的综合作用，很像四色学说。因此，现代多数颜色科学家倾向一种颜色视觉的阶段论，即认为整个视觉过程可分为三个阶段。第一阶段发生在视网膜的三种感色物质上，是一种三色机制。三种不同的锥状细胞分别对可见光光谱区的三段有最大的敏感性，并且同时能产生亮暗（黑白）的感觉。第二阶段发生在颜色视觉信号向大脑的传输过程中，是一种四色机制，同时传递了亮暗信号。第三阶段则是由大脑中产生的一种心理印象，即产生各种不同的颜色感觉。颜色视觉的阶段学说统一了两个似乎完全对立的古老颜色学说。

**CIE标准色度学系统**　见CIE色度学系统。

**颜色测量**　见色品坐标中“计算方法”。

**测色仪器**　见色品坐标中“测量仪器”。

**实际应用**　色度学通过实验研究正常视觉的人眼对颜色的视觉规律，建立以标准色觉函数（光谱三刺激值）为基础的颜色测量理论，并以此发展颜色测量技术与方法，对颜色进行计量。色度学在工农业生产、科学技术和文化事业等部门得到广泛应用，它的理论指导着彩色电视、彩色摄影和彩色印刷、染料、纺织、造纸、交通信号、照明技术等部门的工作，各色各样的测色仪器都在产品检验和生产质量控制中获得了广泛应用。

从环境光学的角度来看，结合色度学原理，组合光的不同颜色、色温和显色指数，可以营造和谐、符合定位的城市夜景氛围。

（张保洲）

seshijue

**色视觉**　（color vision）　波长为380～780 nm的可见光的辐射能量作用于人的视觉器官所产生的颜色感觉。

**视网膜的颜色区**　视网膜是人眼的感光系统，其中有视觉感光细胞——锥体细胞与杆体细胞。锥体细胞与杆体细胞执行着不同的视觉功能，前者是明视觉器官，后者是暗视觉器官。在光亮条件下，锥体细胞能够分辨颜色和物体的细节。杆体细胞只在较暗条件下起作用，适用于微光视觉，但不能分辨颜色和细节。在眼球后极的中央部分，视网膜上有一特别密集的锥体细胞区域，其颜色为黄色，称为黄斑，直径2～3 mm。黄斑中央有一小凹，叫作中央窝，是视觉最敏锐的地方。在视网膜中央的黄斑部位和中央窝大约3°视角范围内主要是锥体细胞，几乎没有杆体细胞。在黄斑以外杆体细胞逐渐增多，而锥体细胞大量减少。视网膜锥体细胞与杆体细胞的这种分布状态，与视网膜中央及边缘的不同功能是有关系的。

由于视网膜中央部位和边缘部位的结构不同，中央视觉主要是锥体细胞起作用，边缘视觉主要是杆体细胞起作用，所以视网膜不同区域的颜色感受性也有所不同。具有正常颜色视觉的人的视网膜中央能分辨各种颜色。由中央向外围部分过渡，锥体细胞减少，杆体细胞增多，对颜色的分辨能力逐渐减弱，直到对颜色的感觉消失。在中央相邻的外周区先丧失红色、绿色的感受性，视觉呈红－绿色盲。在这里，眼睛只能看到红色和绿色所具有的明暗程度，即把这两种颜色及其混合色看成不同明暗的灰色，而黄蓝颜色感觉仍保留。有时，红色、绿色在这个区域被误认为黄色。这个视网膜区域叫作中间区域或红绿盲区。在视网膜的更外围边缘，对黄色、蓝色的感觉也丧失，而成为全色盲区。在这个区域只有明暗感觉而无颜色感觉，各种颜色都被看成不同明暗的灰色。视网膜的这几个感色区域叫作视网膜的颜色区。

**颜色视觉现象**　颜色视觉正常的人在光亮条件下能看见可见光谱的各种颜色，从长波端向短波端的变化顺序是红、橙、黄、绿、蓝和紫。下表是各种颜色的波长和光谱范围。人眼还能在上述两个相邻的颜色间看到各种中间颜色，如橙黄、蓝绿等。

光谱颜色波长和光谱范围

| 颜色 | 波长/nm | 光谱范围/nm |
|---|---|---|
| 红 | 700 | 640 ~ 750 |
| 橙 | 620 | 600 ~ 640 |
| 黄 | 580 | 550 ~ 600 |
| 绿 | 510 | 480 ~ 550 |
| 蓝 | 470 | 450 ~ 480 |
| 紫 | 420 | 400 ~ 450 |

对不同的颜色，人眼的区分能力是不一样的。对某些光谱段，如在 480 nm 和 660 nm 附近的光谱区，波长变化不到 1 nm 人眼便可看出颜色差别；而在另外一些波段，如 540 nm 附近及可见光光谱的两端，波长变化 2 ~ 3 nm，人眼才能觉察出颜色的差别。一般人眼可以在整个可见光谱区区别出 100 多种不同的颜色。

**颜色分类和特性**　颜色可分为彩色和非彩色两大类。颜色是非彩色和颜色的总称。色视觉能识别颜色的三种特性：明度、色调和饱和度。

**非彩色**　非彩色指白色、黑色和各种不同深浅的灰色。对非彩色，色视觉只有明度的差别。非彩色的黑白变化相当于白光的亮度变化，即当白光的亮度非常高时，人眼就感觉到是白色的；当光的亮度很低时，就感觉到发暗或发灰，无光时是黑色的。

**彩色**　彩色指黑白系列以外的各种颜色。彩色有三种特性：明度、色调和饱和度。

**明度**　指色彩的明暗程度。每一种颜色在不同强弱的照明光线下都会产生明暗差别，彩色光的亮度越高，人眼就越感觉明亮，或者说有较高的明度。

**色调**　指彩色彼此相互区分的特性。它是可见光谱中不同波长的电磁波在视觉上的特有标志。从表面现象来讲，一束平行的白光透过一个三棱镜时，这束白光因折射而被分散成一条彩色的光带，形成这条光带的红、橙、黄、绿、青、蓝、紫等颜色，就是不同的色调。从物理光学的角度来讲，各种色调是由射入人眼中光线的光谱成分所决定的。

**饱和度**　指彩色的纯洁性，表示颜色中所含彩色成分的比例。彩色比例越大，该色彩的饱和度越高，反之则饱和度越低。可见光谱的各种单色光是最饱和的彩色。当光谱色（单色光）掺入白光成分时，其彩色变浅，或者说饱和度下降。当掺入的白光成分多到一定限度时，在眼睛看来，它就不再是一种彩色光而成为白光了，或者说饱和度接近于零（白光的饱和度等于零）。物体彩色的饱和度取决于其反射率（或透过率）对谱线的选择性，选择性越高，其饱和度就越高。不同的色别在视觉上也有不同的饱和度，红色的饱和度最高，绿色的饱和度最低，其余的颜色饱和度适中。在照片中，高饱和度的色彩能使人产生强烈、艳丽、亲切的感觉；饱和度低的色彩则易使人感到淡雅中包含着丰富。

**颜色混合**　参见色度学。　（张保洲）

sefenbian benling

**色分辨本领**　（color resolution）　正常视觉的人眼分辨颜色的能力，包括人的视觉在辨认颜色随光强度、波长的微小变化方面的能力。

**颜色辨认与光强度**　颜色视觉正常的人在光亮条件下能看见可见光光谱的各种颜色：红（700 nm）、橙（620 nm）、黄（580 nm）、绿（510 nm）、蓝（470 nm）和紫（420 nm），以及各种中间色。对于某些波长，人眼看到的颜色和波长的关系并不是完全固定的，因为这些颜色受到发光强度的影响，随发光强度而变化。总的规律是：光谱上除了三点，即 572 nm（黄）、503 nm（绿）和 478 nm（蓝）是不变的颜色之外，其他颜色在发光强度增加时，都略向红色或蓝色变化。例如，如果 660 nm 红色的视网膜照度由 2 000 楚兰德（troland）减小到 100 楚兰德［视觉实验中用来表示刺激物理强度的物理量——视觉照度的单位，1 楚兰德 = 1 $cd/m^2$（刺激强度单位）× 1 $mm^2$］时就必须减少波长 34 nm 才能保持原来的色调。525 nm 绿色在同样条件下则需增加波长 21 nm 才能保持色调不变。颜色随发光强度而变化的这种现象叫作贝楚德-朴尔克效应。图1是各波长的恒定颜色线。每一条线上的颜色在视觉上表现为同样的色调，只有572 nm（黄）、503 nm（绿）和478 nm（蓝）三点是近似直线。

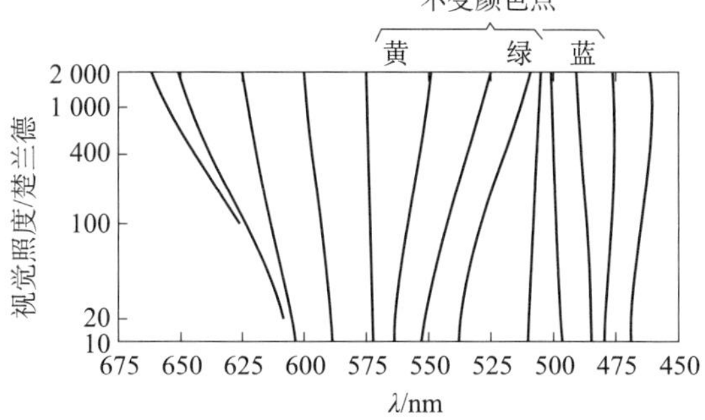


**图1　各种波长的恒定颜色线**

**颜色辨认与波长**　在可见光光谱中，从红端到紫端，中间有各种过渡的颜色。人眼辨别颜色的能力在不同波长是不一样的。在光谱的某些部位，只要改变1 nm，人眼便能看出颜色的差别，但在多数部位需要改变1～2 nm才能看出其变化。图2是不同波长的颜色辨认曲线。从图2中可以看出，最低阈限位于480 nm及600 nm附近，而最高阈限位于540 nm附近及可见光谱的两端。在整个光谱上，人们可以分辨出100多种不同的颜色。

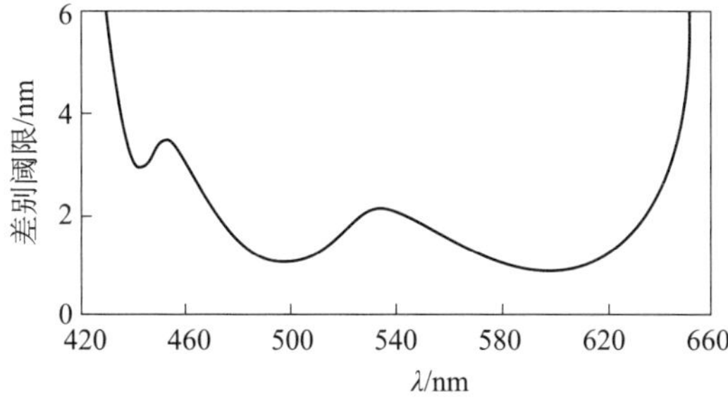


**图2　光谱各部位的颜色辨认阈限**

**颜色的宽容量**　指人眼感觉不出的颜色变化范围。在CIE色品图上，每一个点都代表某一确定的颜色。这个颜色的位置是由一定数量的红、绿、蓝三原色的相加混合来确定的。每一种颜色在色品图上虽然是一个点，但对视觉来说，当这种颜色的坐标位置变化很小时，人眼仍认为它是原来的颜色，而感觉不出它的变化。可见，每一个颜色虽然在色品图上占一个点的位置，但对视觉来说，它实际上是一个范围，这个范围内的变化在视觉上是等效的。图3是在CIE色品图上用不同长度的线段表示人眼对颜色的差别感受性，线段的不同长度就是人眼对颜色的辨别宽容量。在每一线段的波长变化范围内，人眼不能感觉到颜色的差异，只有当波长的变化超出每一线段的范围时才能察觉到颜色的变化。在色品图的不同位置上，颜色的宽容量并不一样，如蓝色部分宽容量最小，绿色部分则最大，即在色品图蓝色部分的同样空间内，人眼能看出更多数量的各种蓝色；而在绿色部分的同样空间内，人眼只能看出较少数量的各种绿色。

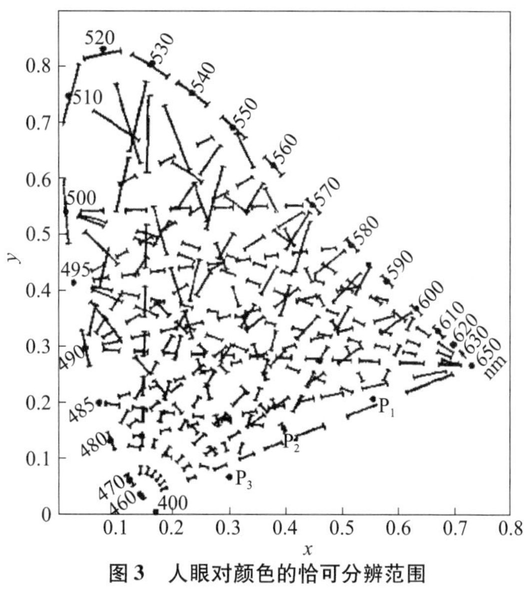


**图3　人眼对颜色的恰可分辨范围**

（张保洲）

CIE seduxue xitong

## CIE色度学系统　(CIE system of colorimetry)

CIE所规定的一套颜色测量原理、数据和计算方法。现代色度学采用的CIE标准色度学系统以两组基本视觉实验数据为基础，一组数据叫作“CIE 1931标准色度观察者”，适用于1°～4°视场的颜色测量；另一组数据叫作“CIE 1964补充标准色度观察者”，适用于大于4°视场的颜色测量。

**建立者** CIE是由国际照明工程领域中光源制造、照明设计和光辐射计量测试机构组成的非政府、多学科的世界性学术组织，总部设在奥地利维也纳。其宗旨是制定照明领域的基础标准和度量程序，提供制定照明领域国际标准与国家标准的原则与程序指南，制定并出版照明领域科技标准、技术报告以及其他相关出版物，提供国家间进行照明领域有关议题讨论的论坛，与其他国际标准化组织就照明领域有关问题保持联系与技术上的合作等。中国照明协会为CIE成员。

**CIE 1931 标准色度学系统** 1931年，CIE综合莱特和吉尔德两项视觉实验结果，采用700 nm、546.1 nm、435.8 nm作为（R）、（G）、（B）三原色，规定了“1931 CIE－RGB系统标准色度观察者光谱三刺激值”$r(\lambda)$、$g(\lambda)$和$b(\lambda)$，简称“1931 CIE－RGB系统标准观察者”。如图1所示，1931 CIE－RGB系统的光谱三刺激值是从实验得出的，本来可以用于色度学计算，标定颜色。但是由于用它来标定光谱色的原色出现负值，计算起来不方便，且不易理解，1931年CIE讨论推荐了一个新的国际通用的色度学系统——1931 CIE-XYZ系统。

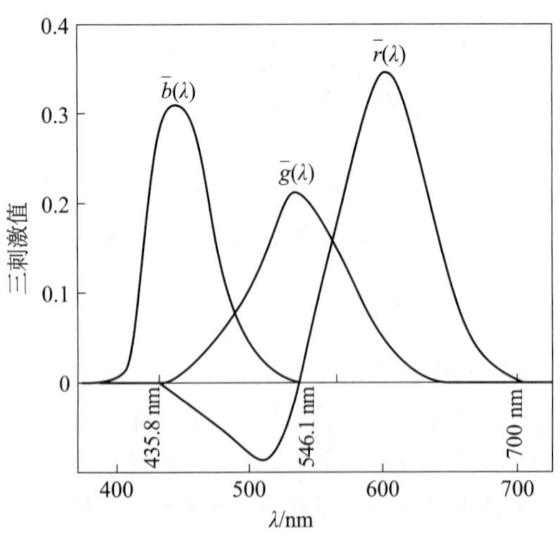


**图1 1931 CIE-RGB系统标准色度观察者光谱三刺激值曲线**

在1931 CIE-RGB系统的基础上，CIE选用三个设想的原色（X）、（Y）、（Z）［（X）代表红原色，（Y）代表绿原色，（Z）代表蓝原色］，建立了一个新的色度学系统——1931 CIE-XYZ系统，规定了“CIE 1931标准色度观察者光谱三刺激值”，也叫作“CIE 1931标准色度观察者色匹配函数”，简称“CIE 1931标准观察者”。图2是CIE 1931标准色度观察者光谱三刺激值$\bar{x}$、$\bar{y}$、$\bar{z}$曲线，其中$\bar{y}(\lambda)$与明视觉光谱光效率函数一致，因而可以用$\bar{y}$曲线计算一个颜色的亮度特性。

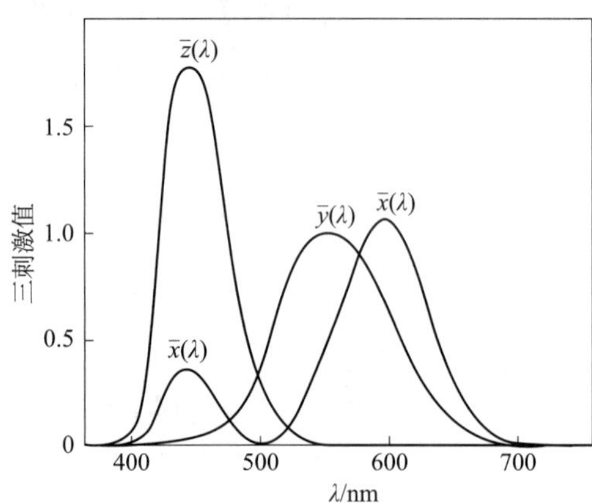


**图2 CIE 1931标准色度观察者光谱三刺激值曲线**

CIE 1931标准观察者光谱三刺激值是色度学的实际应用工具。它适用于2°视场的中央视觉观察条件（视场范围1°～4°）。在观察2°视场的小面积物体时，主要是中央锥体细胞（又称锥状细胞）起作用。对极小面积的颜色点的观察，CIE 1931标准观察者的数据不再有效。对大于4°视场的观察面积，则适用另一个10°视场的色度学系统。

**CIE 1964 补充标准色度学系统** 在大面积视场观察条件下（＞4°），由于杆体细胞（又称杆状细胞）的参与以及中央窝黄色素的影响，颜色视觉发生一定的变化，主要表现为饱和度降低，以及颜色视场出现不均匀的现象。因此，为了适合10°大视场的色度测量，CIE在1964年又建立了一个补充标准色度学系统。

与CIE 1931标准色度学系统相似，CIE根据斯泰尔斯和伯奇（W. S. Stiles，J. M. Burch，1959）以及斯柏林斯卡娅（N. I. Speranskaya，

1959）两项视觉实验研究建立了 1964 CIE-RGB 系统，规定了一组“1964 CIE-RGB 系统补充标准色度观察者光谱三刺激值”（见图 3）。通过用前面 CIE-RGB 系统向 CIE-XYZ 系统进行坐标转换的同样方法，将上述光谱三刺激值转换成新的 1964 CIE-XYZ 系统 10°视场补充标准色度观察者光谱三刺激值（见图 4），称为“CIE 1964 补充标准色度观察者光谱三刺激值”，简称“CIE 1964 补充标准观察者”。这一系统称为“CIE 1964 补充标准色度学系统”。

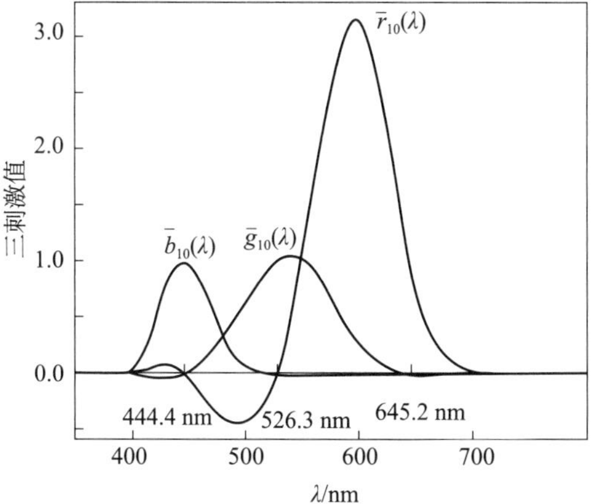


**图 3　1964 CIE-RGB 系统补充标准色度观察者光谱三刺激值曲线**

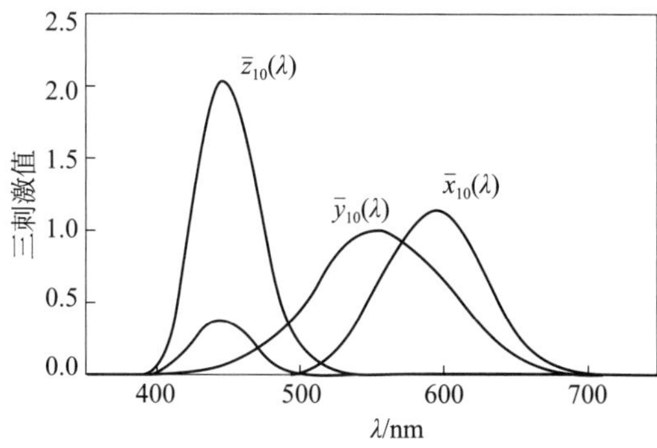


**图 4　CIE 1964 补充标准色度观察者光谱三刺激值曲线**

（张保洲）

sepin zuobiao

**色品坐标**　（chromaticity coordinates）　某一颜色的三刺激值各自在三刺激值总量中所占的比例。在表示颜色时，通常不用三原色的数量即三刺激值表示，而是用色品坐标来表示颜色。

**计算方法**　2°视场 1931 CIE-XYZ 系统的色品坐标是实际颜色测量应用中使用最广泛的。其计算方法是先计算三刺激值，用颜色刺激函数 $\varphi(\lambda)$ 分别乘以 CIE 1931 标准观察者光谱三刺激值，并在整个可见光光谱范围内分别对这些乘积进行积分。三刺激值的标准方程是

$$X = k\int_{380}^{780}\varphi(\lambda)\bar{x}(\lambda)\mathrm{d}\lambda$$

$$Y = k\int_{380}^{780}\varphi(\lambda)\bar{y}(\lambda)\mathrm{d}\lambda$$

$$Z = k\int_{380}^{780}\varphi(\lambda)\bar{z}(\lambda)\mathrm{d}\lambda$$

式中，$\bar{x}(\lambda)$、$\bar{y}(\lambda)$、$\bar{z}(\lambda)$ 是 CIE 1931 标准色度观察者的光谱三刺激值，$k$ 是调整因素。当测量光源颜色时，颜色刺激函数 $\varphi(\lambda)$ 为光源的相对光谱功率函数 $P(\lambda)$。当测量物体色时，对透射物体，$\varphi(\lambda)$ 为 $P(\lambda)\tau(\lambda)$［$\tau(\lambda)$ 是光谱透射比］；对反射物体，$\varphi(\lambda)$ 为$P(\lambda)\beta(\lambda)$［$\beta(\lambda)$ 是亮度因素］或 $P(\lambda)\rho(\lambda)$［$\rho(\lambda)$ 是光谱反射比］，此时 $P(\lambda)$ 应采用 CIE 规定的标准照明体（A 和 $D_{65}$）的相对光谱功率分布。

如果观察视场大于 4°，就要用 10°视场 CIE 1964 补充标准色度观察者的光谱三刺激值 $\bar{x}_{10}(\lambda)$、$\bar{y}_{10}(\lambda)$ 和 $\bar{z}_{10}(\lambda)$ 代替 $\bar{x}(\lambda)$、$\bar{y}(\lambda)$ 和 $\bar{z}(\lambda)$ 计算三刺激值 $X_{10}$、$Y_{10}$和 $Z_{10}$。

计算出光源或物体的三刺激值后，便可按下式将其转换为色品坐标，即

$$x = \frac{X}{X+Y+Z} \qquad x_{10} = \frac{X_{10}}{X_{10}+Y_{10}+Z_{10}}$$

$$y = \frac{Y}{X+Y+Z} \quad 或 \quad y_{10} = \frac{Y_{10}}{X_{10}+Y_{10}+Z_{10}}$$

$$z = \frac{Z}{X+Y+Z} \qquad z_{10} = \frac{Z_{10}}{X_{10}+Y_{10}+Z_{10}}$$

由于 $x+y+z=1$ 或 $x_{10}+y_{10}+z_{10}=1$，所以色品坐标通常只给出（$x$，$y$）或（$x_{10}$，$y_{10}$）。

由于 2°视场和 10°视场的光谱三刺激值不同，因而同一颜色在不同的色度学系统中，色品坐标也可能会有所不同。

除上面两种色度学系统的色品坐标外，还有 1931 CIE-RGB 系统色品坐标（$r$，$g$，$b$）、1964 CIE-RGB 系统色品坐标（$r_{10}$，$g_{10}$，$b_{10}$）、1960 CIE-UCS 系统色品坐标（$u$，$v$）和 1976 CIE 均匀颜色空间色品坐标（$u'$，$v'$）。其中，前两种色品坐标目前已较少使用，后两种则在计算色差时需要涉及。

**测量仪器** 按仪器的工作原理划分，通常分为两类：测色光谱光度计和光电积分测色仪器。

**测色光谱光度计** 通过对物体进行光谱光度测量，测得其光谱反射比或光谱透射比，进而计算物体色的三刺激值和色品坐标。它至少包含两部分：①单色仪，它把光源的复合辐射色散成所要求的每一单色辐射光束；②探测器，它对被色散出的单色辐射的功率进行定量的测量。光谱光度计可以实现高准确度的颜色测量，在色度学中具有重要意义，可用来建立色度标准。

**光电积分测色仪器** 利用具有特定光谱灵敏度的光电积分元件，直接测量光源色或物体色的三刺激值或色品坐标。该仪器的关键是使用滤光片修正探测器的光谱响应，以模拟 CIE 标准色度观察者的光谱三刺激值曲线。

（张保洲）

sepintu

**色品图** （chromaticity diagram） 根据色品坐标绘制的用来表示各种颜色的平面坐标图。实际应用中常用的有 CIE 1931 色品图和 CIE 1964 补充色度学系统色品图。

**CIE 1931 色品图** 是根据 1931 CIE-XYZ 系统即 CIE 1931 标准色度学系统绘制出来的色品图。在图 1 中，$x$ 色品坐标表示红原色的比例，$y$ 色品坐标表示绿原色的比例，代表蓝原色的色品坐标 $z$ 可由 $x+y+z=1$ 推出。分别以 $x$、$y$ 为横、纵坐标，便可画出表示各种颜色的 CIE 色品图。

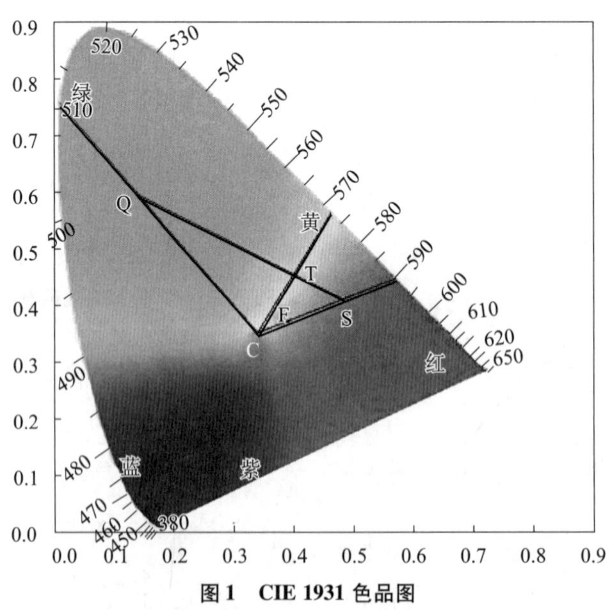


**图 1 CIE 1931 色品图**

**色品图含义** 图 1 中弧线上的各点代表纯光谱色，此弧线称为光谱轨迹。从光谱的红端到 540 nm 一带的绿色，光谱轨迹几乎是直线。此后光谱轨迹突然转弯，颜色从绿色转为蓝绿色，蓝绿色又从 510 nm 到 480 nm 伸展开来，带有一定的曲率，蓝色和紫色波段却压缩在光谱轨迹尾部的较短范围。光谱轨迹的这种特殊形状是由人眼对三原色刺激的混合比例所决定的。连接 400 nm（紫）到 700 nm（红）的直线是光谱上没有的紫 - 红颜色系列（非光谱色）。光谱轨迹曲线以及连接光谱轨迹两端所形成的马蹄形内包括一切物理上能实现的颜色，而坐标系统的原色点，即三角形的三个顶点［红原色点（$X$）（1，0）、绿原色点（$Y$）（0，1）、蓝原色点（$Z$）（0，0）］都落在这个区域之外，也就是说，原色点的色度是假想的，在物理上不可能实现。同样，凡是落在光谱轨迹和红端到紫端直线范围以外的颜色也都是不能由真实光线产生的颜色。

$y=0$ 的直线与亮度没有关系，称为无亮度曲线。光谱轨迹的短波端紧靠这条线，这意味着，虽然短波光刺激能够引起标准观察者的反应，即在普通观察条件下产生蓝紫色感觉，但波长 380～420 nm 的光通量在视觉上只有很低的光亮度。

任何颜色在色品图中都占有一确定位置。色品图颜色三角形中心的 $E$ 点表示等能白光，由三原色各 1/3 产生，其色品坐标为（0.333 3，0.333 3）。$C$ 点表示 CIE 标准光源 $C$，相当于中午阳光的光色。$Q$、$S$ 是任意两个颜色点，由 $C$ 通过 $Q$ 作一直线至光谱轨迹，在 511.3 nm 处与光谱轨迹相交，$Q$ 颜色的主波长即为 511.3 nm，此处光谱轨迹的颜色相当于 $Q$ 的色调（绿色）。某一颜色离开 $C$ 点（或 $E$ 点）接近光谱轨迹的程度表明它的纯度。颜色越靠近 $C$（或 $E$）越不纯，越靠近光谱轨迹越纯。从色品图还可以推算出由两种颜色相混合所得出的各种中间色。如 $Q$ 和 $S$ 相加，得出 $Q$ 到 $S$ 直线上的各种过渡颜色。以该直线上的 $T$ 点为例，由 $C$ 点通过 $T$ 点抵达 572 nm 的光谱色，则可由 572 nm 波长的颜色看出 $T$ 点颜色的主波长，并可由 $T$ 点在 $C$ 点与 572 nm 光谱色之间所占的位置计算出它的纯度。

**色品图上的颜色视觉特点**　靠近长波末端 700～770 nm 的光谱波段具有一个恒定的色度值，在色品图上也就由一个点来代表。因此，只要将 700～770 nm 这段光谱轨迹上的任何两个颜色调整到相同的明度，则这些颜色在人眼看来都是一样的。

光谱轨迹 540～700 nm 这一段在 $x+y=1$ 直线上，因此在这段光谱范围内的任何光谱色都可通过 540 nm 和 700 nm 两种波长的光线以一定比例相混合产生。

光谱轨迹 380～540 nm 是一段曲线，因此在此范围内的一对光线的混合产生的不是二者之间位于光谱轨迹上的颜色，而是光谱轨迹包围面积内的混合色。

在色品图上很容易确定某一光谱色的补色波长。从光谱轨迹的一点通过等能白（$E$）点画一直线抵达对侧光谱轨迹上的一点，直线与两侧轨迹的相交点就是一对补色的波长，这对光谱色称为互补色。在色品图上可以看出，在 380～494 nm 的光谱色的补色存在于 570～700 nm，反之亦然。

CIE 色品图有很大的实用价值，任何颜色，不论是光源色还是表面色，都可在色品图中标定出来，这使颜色的描述既简便又准确，各色光的合成途径也一目了然。

**CIE 1964 补充色度学系统色品图**　是根据 CIE 1964 补充色度学系统绘制出来的色品图，简称 CIE 1964 色品图。其含义与 CIE 1931 色品图相同，适用于 10°观察视场（见图 2）。

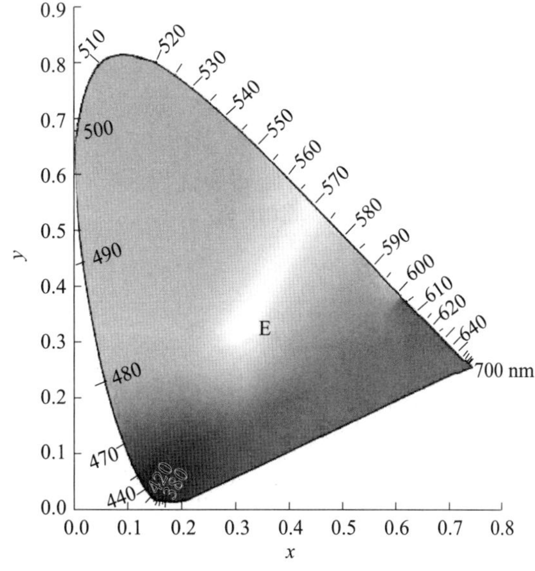


**图 2　CIE 1964 补充色度学系统色品图**

**区别**　CIE 1931 色品图与 CIE 1964 补充色度学系统色品图的光谱轨迹在形状上很相似，

但仔细比较会发现，二者相同波长的光谱色在各自光谱轨迹上的位置有相当大的差异。在490～500 nm 区域，两张图上的近似坐标值在波长上相差达5 nm 以上。其他相同波长的坐标值也都有差异，只在600 nm 处的光谱色有大致相近的坐标值（见图3）。由于2°视场和10°视场的光谱三刺激值不同，因而两个光谱组成不同而颜色相同的刺激（同色异谱刺激）在 CIE 1931 色品图上具有相同的色品坐标，但转到 CIE 1964 色品图上就具有不同的色品坐标，或者由 CIE 1964 色品图转到 CIE 1931 色品图，也会出现这种情况。两张色品图唯一重合的色度点就是等能白点。

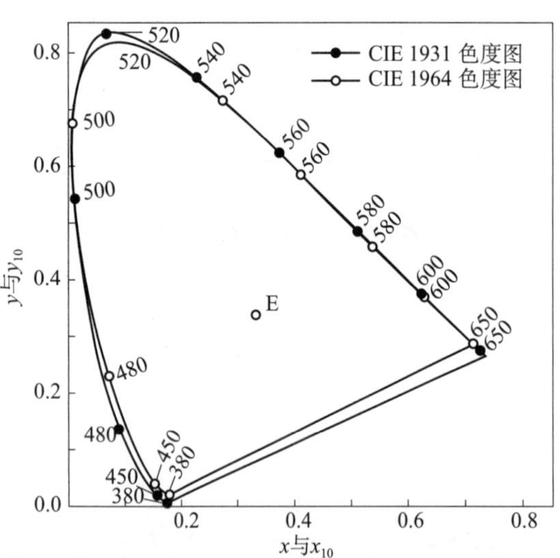


**图3　CIE 1931（2°）与 CIE 1964（10°）色品图的比较**

（张保洲）

seyu

**色域**　（color gamut）　一个给定的色彩空间或某种显示设备能够呈现的颜色范围。

**背景**　在色度学中，根据颜色混合定律，各种颜色都可以由红、绿、蓝三原色匹配得到。下图呈现的是 CIE 1931 色品图上的色域，它是以三个设想的原色（X）、（Y）、（Z）[（X）代表红原色，（Y）代表绿原色，（Z）代表蓝原色] 得到的，光谱轨迹曲线以及连接光谱轨迹两端所形成的马蹄形内包括一切物理上能实现的颜色。实际应用中，三原色必须是物理上能实现的颜色，且三原色的混合比例应该均是非负的。这样，选定三原色后，由三原色不同比例任意混合匹配能够得到的颜色范围就是色域，即下图中用三角形围成的区域。三角形的三个顶点即为选定的三原色色品坐标，由这三原色可以匹配出的颜色包含在三角形内的区域里。由于选择的三原色不同，或某种显示设备的三原色色品坐标不同，所以三角形位置有所不同，色域也有所差别。三角形面积越大，色域就越大。

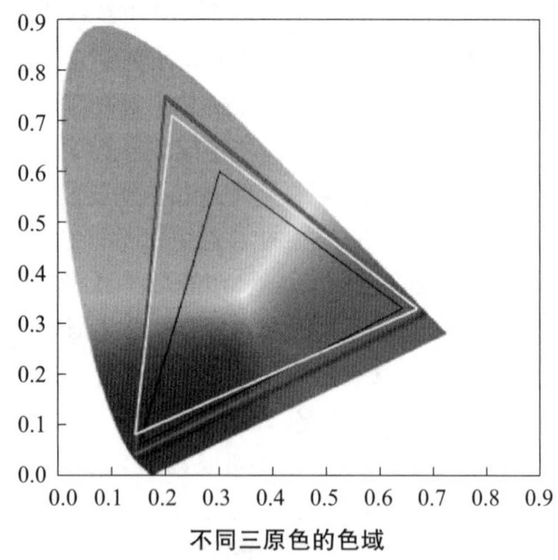

**不同三原色的色域**

**彩色电视的色域**　彩色电视所选定的红（R）、绿（G）、蓝（B）三原色荧光粉在色品图上的色度点形成一个三角形，三角形内部的颜色都应该能够复现出来，三角形外部的颜色则不能被复现。由彩色电视三原色荧光粉复现的三角形颜色范围称为彩色电视的色域。从色品图可以看出，光谱轨迹是近似三角形的，而且其大部分线段是向内弯曲的，所以不可能用三个原色复现光谱轨迹内的所有颜色。如果要复现尽可能多的光谱轨迹附近的颜色，则至少需要四个甚至更多靠近光谱轨迹的原色，由这些原色点连成一个多边形，多边形的边才有可能更靠近光谱轨迹，多边形的面积也更能逼近光谱轨迹内的面积。然而，用三个以上的原色去实现颜色复现在理论上固然是可能的，但在技术上既复杂又不经济，不是一个可行的方案。

实际的方案仍是用三种颜色作为原色。由于红、绿、蓝光谱色位于光谱轨迹的三个顶端，所以用红、绿、蓝作为原色所形成的三角形，其三个边才能最靠近光谱轨迹，并比选用任何其他三种原色能包括光谱轨迹内更大的面积。

目前常用的显示器主要有液晶（LCD）显示器和阴极射线（CRT）显示器，它们的色彩空间均为 RGB 加色空间。LCD 显示器以无辐射和对眼睛无损伤等优点，在彩色图像的显示中得到了广泛的应用。但是，LCD 显示器因为通过过滤背光进行显示，其色域完全取决于背光的光谱。通常 LCD 显示器使用荧光灯作为背光，其色域要比 CRT 显示器小很多。一些使用发光二极管（LED）作为背光的 LCD 显示器则比 CRT 显示器的色域更加宽广。（张保洲）

sediao

**色调**（color tone） 彩色彼此相互区分的特性，是彩色的三种特性之一。可见光光谱不同波长的辐射在视觉上表现为各种色调，如红、橙、黄、绿、蓝、紫等。

光源的色调取决于辐射的光谱组成，即光源的相对光谱功率分布。物体的色调取决于光源的光谱组成和物体表面所反射（透射）的各波长辐射的比例，即物体的光谱反射比或光谱透射比。例如，在日光下，一个物体反射480 ~ 560 nm 波段的辐射，而相对吸收其他波长的辐射，那么该物体表面为绿色。当物体对可见光的长波辐射有较高的反射，而吸收了大部分580 nm 以下的短波辐射时，则物体的表面为红色。（张保洲）

sechundu

**色纯度**（color purity） 某一颜色接近其主波长光谱色的程度。作为以主波长描述颜色时的一种辅助表示，色纯度越高，代表该颜色越接近其主波长的光谱色，也越适合以主波长描述其颜色特性。

**主波长** 用某一光谱色按一定比例与一个确定的参照光源相混合而匹配出样品色，该光谱色的波长就是该样品色的主波长。在 CIE 色品图上分别标出样品色和参照光源（如 CIE 标准光源 $C$）的色度点，连接两点作一直线，并从样品色度点向外延长与光谱轨迹相交，这一相交点的光谱轨迹波长就是样品色的主波长。但不是所有的颜色都有主波长。在色品图上光谱两端与光源色度点形成的三角区域内的颜色就没有主波长。这时可通过这一颜色的色度点与参照光源的色度点作一直线，直线的一端与对侧的光谱轨迹相交，另一端与连接光谱两端的直线相交，与光谱轨迹相交的点的光谱色波长就是该颜色的补色波长。为区分主波长和补色波长，在补色波长前面加负号或在后面加“c”来表示。

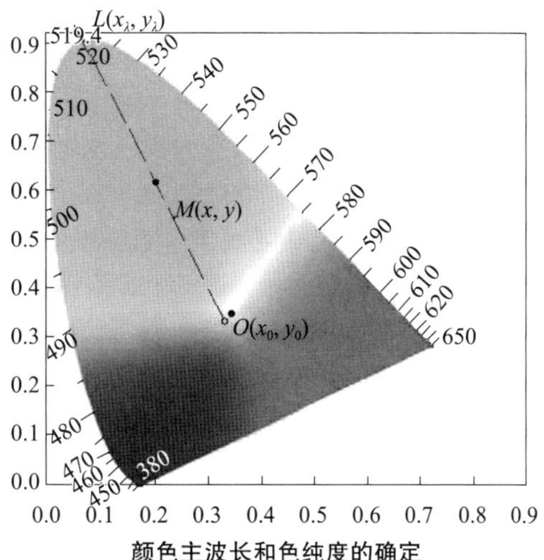


**颜色主波长和色纯度的确定**

**色纯度计算方法** 在 $x$，$y$ 色品图的某一颜色主波长线上，用参照光源点到样品色度点的距离与参照光源点到光谱色度点（或参照光源点到连接光谱两端直线上的样品补色波长色度点）的距离的比率来表示纯度。也就是说，一个颜色色纯度是其主波长的光谱色被白光冲淡后所具有的饱和度。如上图所示，$O$ 代表参照光源（标准光源 $C$）的色度点，$M$ 代表样品色的色度点，$L$ 代表光谱轨迹上的色度点，则色纯度计算公式如下：

$$P_c = \frac{OM}{OL} = \frac{x - x_0}{x_\lambda - x_0}$$

或

$$P_c = \frac{OM}{OL} = \frac{y - y_0}{y_\lambda - y_0}$$

式中，$P_c$ 为色纯度，$x$、$y$ 为样品色的色品坐标，$x_0$、$y_0$ 为等能白的色品坐标，$x_\lambda$、$y_\lambda$ 为光谱轨迹上或连接光谱两端直线上的色度点的坐标。

**优点** 颜色的主波长大致相当于日常生活中所观察的颜色色调，色纯度大致与颜色饱和度相当，但并不是完全相同。用主波长和色纯度比只用色品坐标标定颜色的优点在于：这种表示颜色的方法能给人以具体的印象，表明一个颜色的色调和饱和度的大概情况。（张保洲）

secha

**色差** （color difference） 两种颜色给人色彩感觉上的差异的定量表示。一般根据 CIE 推荐的标准色差公式计算，如 CIE 1964、CIE 1976 $L^* u^* v^*$ 和 CIE 1976 $L^* a^* b^*$ 均匀颜色空间的色差公式。

**沿革** CIE 1931 标准色度学系统用 $x$、$y$、$z$ 三个色品坐标表示颜色，这三个参数构成一个三维空间，称为颜色空间。在颜色空间中的任何一点，在通过该点的任一方向上相同的距离表示颜色感觉变化相同，这样的颜色空间称为均匀颜色空间。在均匀颜色空间中，从三个参数的变化上可以直观地了解到颜色的变化。但实际上，CIE 1931 色品图上的色度空间在视觉上是不均匀的。实验证明，在色品图上的不同部位，颜色感觉开始变化时的色品坐标变化是不相同的。实验结果表明，在色品图上不同部位的颜色宽容量（颜色开始变化时色品图上对应的距离变化量）不同；即使在同一色品点，不同方向上的颜色宽容量也不相同。这意味着，色品图上相等的空间在视觉效果上不是等差的，两个颜色分开的距离不能用来度量它们视觉上的差异，因而不能正确反映颜色之间的关系。

为了克服 CIE 1931 色品图的上述缺点，1960 年 CIE 制定了 CIE 1960 均匀色度标尺图，简称 CIE 1960 UCS 图。它的横坐标为 $u$，纵坐标为 $v$，将三刺激值 $X$、$Y$ 和 $Z$ 或 CIE 1931 色品图 $x$、$y$ 坐标转换为 CIE 1960 UCS 图 $u$、$v$ 坐标：

$$u = \frac{4X}{X + 15Y + 3Z}$$

$$v = \frac{6Y}{X + 15Y + 3Z}$$

或

$$u = \frac{4x}{-2x + 12y + 3}$$

$$v = \frac{6y}{-2x + 12y + 3}$$

在小视场（1° ~ 4°）观察条件下，须用 CIE 1931 标准色度观察者光谱所求的三刺激值 $X$、$Y$、$Z$（或色品坐标 $x$ 和 $y$）计算 $u$ 和 $v$。如果观察视场大于 4°，就要用 CIE 1964 补充标准色度观察者光谱求得的三刺激值 $X_{10}$、$Y_{10}$、$Z_{10}$（或色品坐标 $x_{10}$ 和 $y_{10}$）计算 $u_{10}$ 和 $v_{10}$。

在 CIE 1960 UCS 图上，在人的视觉上差别相等的不同颜色在图上也大致是等距的，因而从图上两个颜色点的相对距离可以直观地看出两个颜色的情况，并便于与另外两个颜色点的距离作比较。CIE 1960 UCS 图虽然解决了 CIE 1931 色品图的不均匀性，显示了它的优越性。但是，它没有明度坐标，所以在给出 $u$、$v$ 坐标时必须单独注明 $Y$ 值，这样在计算颜色差异时就很不方便。因此，有必要把 CIE 1960 UCS 图的两维空间扩充到包括亮度因素在内的三维均匀空间。

**CIE 1964 均匀颜色空间色差公式** CIE 1964 均匀颜色空间用明度指数 $W^*$ 和色度指数 $U^*$、$V^*$ 坐标系统来表示。$W^*$、$U^*$、$V^*$ 坐标是根据三刺激值规定的：

$$W^* = 25Y^{1/3} - 17, \quad 1 \leqslant Y \leqslant 100$$

$$U^* = 13W^*(u - u_0)$$

$$V^* = 13W^*(v - v_0)$$

式中，$u$、$v$ 是样品颜色的色品坐标；$u_0$、$v_0$ 是光源的色品坐标。

用 1964 均匀颜色空间的三维空间概念，可以通过公式计算两个颜色 $U_1^* V_1^* W_1^*$ 和 $U_2^* V_2^* W_2^*$ 之间在视觉上的颜色差异 $\Delta E$，计算色差的公式如下：

$$\Delta E=[(\Delta U^*)^2+(\Delta V^*)^2+(\Delta W^*)^2]^{1/2}$$

$\Delta E$ 表示位于 $U^*$、$V^*$、$W^*$ 三维空间的两个颜色之间的距离。对 1°～4°大小的颜色物体应根据 CIE 1931 标准观察者光谱三刺激值计算 $U^*$、$V^*$、$W^*$。对大于 4°视场的颜色物体应根据 CIE 1964 补充标准观察者光谱三刺激值计算 $U^*$、$V^*$、$W^*$。

色差 $\Delta E$ 的单位为 NBS（美国国家标准局的英文缩写）。1 个 NBS 色差大约相当于在最优实验条件下人眼所能知觉的恰可察觉差的 5 倍。

**CIE 1976 $L^*u^*v^*$ 均匀颜色空间色差公式** CIE 1976 $L^*u^*v^*$ 均匀颜色空间表示颜色的三个参数为明度 $L^*$、色度 $u^*$ 和 $v^*$。各参数定义式如下：

$$L^*=116(Y/Y_0)^{1/3}-16,\ (Y/Y_0)>0.008\ 856;$$

$$L^*=903.3(Y/Y_0),\ (Y/Y_0)\leqslant 0.008\ 856$$

$$u^*=13L^*(u-u'_0)$$

$$v^*=13L^*(v'-v'_0)$$

$$u'=\frac{4X}{X+15Y+3Z}$$

$$v'=\frac{9Y}{X+15Y+3Z}$$

$$u'_0=\frac{4X_0}{X_0+15Y_0+3Z_0}$$

$$v'_0=\frac{9Y_0}{X_0+15Y_0+3Z_0}$$

式中，$X$、$Y$、$Z$ 为样品颜色的三刺激值；$X_0$、$Y_0$、$Z_0$ 为完全漫反射体对应的三刺激值，并规定 $Y_0=100$（$u'$ 和 $v'$ 是对 $u$ 和 $v$ 的系统修正）。

在该颜色空间中，色差的计算公式为

$$\Delta E^*_{uv}=[(\Delta L^*)^2+(\Delta u^*)^2+(\Delta v^*)^2]^{1/2}$$

**CIE 1976 $L^*a^*b^*$ 均匀颜色空间色差公式** CIE 1976 $L^*a^*b^*$ 均匀颜色空间是考虑了另外一种均匀颜色空间，令颜色样品的 $X$、$Y$、$Z$ 三刺激值与光源的三刺激值 $X_0$、$Y_0$、$Z_0$ 的比值作为一个参考量 $q$，并令函数 $f(q)$ 在 $q$ 值不同时取不同的值：

$$\begin{cases} f(q)=q^{1/3}, & q>0.008\ 856 \\ f(q)=7.787q-16/116, & q\leqslant 0.008\ 856 \end{cases}$$

表示颜色的三个参数明度 $L^*$、色度 $a^*$ 和 $b^*$ 由下式计算：

$$L^*=116f(Y/Y_0)-16$$

$$a^*=500[f(X/X_0)-f(Y/Y_0)]$$

$$b^*=200[f(Y/Y_0)-f(Z/Z_0)]$$

该颜色空间的色差计算公式为

$$\Delta E^*_{ab}=[(\Delta L^*)^2+(\Delta a^*)^2+(\Delta b^*)^2]^{1/2}$$

（张保洲）

# 光 环 境

guangyuan

**光源** （light source） 也称辐射光源，是能辐射出可见光的物体。分为自然光源和人工光源。

自然光源又分为自然热辐射光源和自然发光光源，太阳和大多数星光都属于自然热辐射光源，萤火虫和极光等则属于自然发光光源。

最常见的人工光源包括人工热辐射光源、气体放电光源和固体光源。明火、真空白炽灯和充气白炽灯属于人工热辐射光源；气体放电灯和荧光灯属于气体放电光源；LED 和半导体激光器等则属于固体光源。

从环境光学的角度讲，自然光源中最重要的有太阳、月亮和昼夜天空，人工光源中白炽灯、气体放电灯、荧光灯、LED 和激光器等都很常见。

从采光和照明的角度常用光通量、光效、光谱、色温、显色指数及功耗等来表征一个光源的品质，一般来说一个好的光源应当具有高光效、高显色指数和低功耗，光谱和色温应契合需求。

在许多实际工作中，红外辐射源或紫外辐射源也常被称为红外光源或紫外光源，从严格意义上讲这是不够科学的，它们与光源即可见辐射源是不同波段的电磁辐射。 （张保洲）

tianran guanghuanjing

**天然光环境** （natural light environment） 自然光源所形成的光环境。

**地球大气外的光环境** 太阳是人类最重要的天然光源，它的半径约为 $7.96\times10^{8}$ m，有效温度为 5 770 K。它到地球的平均距离约为 $1.5\times10^{11}$ m，作为宇宙中的光源，其发光强度约为 $3.0\times10^{27}$ cd。因而太阳直射到地球大气外的光照度约为 $1.35\times10^{5}$ lm/m² （lx），辐射照度则为 $1.35\times10^{3}$ W/m²。由此可见太阳的发光效率高达 100 lm/W，为现今一般人造光源的上限。

由于日地距离有 ±1.7% 的变化，上述光照度和辐射照度值会产生 ±3.4% 的变化。但是由于地球大气外基本上可忽略日地空间内对太阳辐射的衰减，太阳对一个平面上的光照度和辐射照度 $E_\alpha$ 只随太阳光线相对于该平面的入射角 $\alpha$ 的变化而变化，变化规律严格地遵照以下公式：

$$E_\alpha = E_0\cos\alpha$$

式中，$E_0$ 为太阳直射到地球大气外的光照度或辐照度。地球接收来自太阳的可见光总光通量约为 $1.7\times10^{19}$ lm。地球全年接收到的日光辐射能约为 $1.5\times10^{18}$ kW · h。和太阳相似的其他恒星，由于离地球太远，因此给予地球的光辐射总量不及太阳的亿分之一。

来自太阳的光辐射是太阳氢核聚变的结果，它是人类以及万物可以维持数十亿年的巨大能源，由其形成的可见光照度是人类感知世界、工作和生活的基本视觉条件。同时，太阳辐射能源的输入、传递、积累形成了地球气候的季节性变化，伴生了风霜、雨雪和雷电，在物理、化学、生物等自然规律的作用，以及人类活动的重大影响下共同造就了地球环境的发展和变化。

地球大气外的太阳辐射虽然是人类可以利用的财富，但在地球大气外人类不加以特别防护是不能生存的，太阳辐射中强烈的短波辐射对人类及生物体有致命的伤害。大气是人类免受太阳辐射危害的基本保障，大气的存在也演绎出地球大气内更为丰富多彩的环境光学现象。

**地球大气层内的光环境** 包括日间的光环境和夜间的光环境。（张保洲）

daqiwai taiyang fushe

**大气外太阳辐射** （solar radiation of exoatmosphere） 到达地球大气上界的太阳辐射能量。它是地球表面不考虑大气影响，仅由日地天文关系所决定的太阳辐射。

大气外太阳辐射的波长范围极广（0.1 nm ~ 100 m），有13个数量级或者40个倍频程。其中可见光仅占约一个倍频程（400 ~ 750 nm），即平常所说的日光。卫星在100 km高空所能探测到的最短辐射是波长约0.1nm的软X射线，从软X射线到100 nm的波长范围内没有辐射，直到120 nm处出现一条强的氢线，在波长200 nm以上太阳辐射大体呈现为6 000 K的黑体辐射。200 ~ 350nm存在臭氧吸收的哈特利带及哈金斯带。

大气外太阳光谱能量分布曲线（见下图），与用普朗克黑体辐射公式计算出的6 000 K的黑体光谱能量分布曲线非常相似。因此可以把太阳辐射看作黑体辐射。根据维恩位移定律（参见普朗克定律）可以计算出太阳辐射峰值的波长 $\lambda_{max}$ 为475 nm，这个波长在可见光的蓝光部分。太阳辐射主要集中在可见辐射（400 ~ 760 nm），波长大于可见光的红外辐射（760 nm ~ 1 mm）和小于可见光的紫外辐射（10 ~ 400 nm）的部分少。在全部辐射能中，波长为150 ~ 4 000 nm的占99%以上，且主要分布在可见光区和红外区，前者约占太阳辐射总能量的50%，后者约占43%，紫外区的太阳辐射能很少，只约占总量的7%。

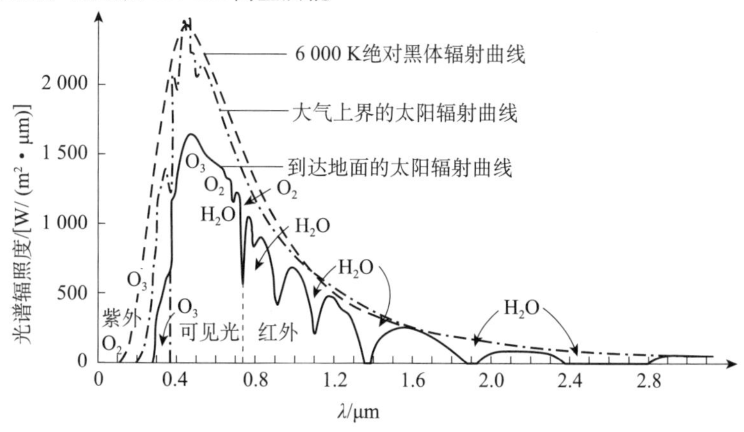


**大气外和大气内太阳光谱能量分布**

世界气象组织（WMO）仪器和观测方法委员会下设的辐射工作组，根据自己的工作结果提出“太阳常数和大气外太阳辐照度的光谱分布”的建议，并获得该委员会通过。其中，大气外太阳辐照度光谱分布是工作组在充分考证后综合各家之长的结果，最后累计积分得到辐照度为1 365.1 W/m$^2$。（张保洲）

daqinei taiyang fushe

**大气内太阳辐射** （solar radiation of endoatmosphere） 在地球大气上界到地球表面所接收到的太阳辐射能量。大气是由许多几乎恒定的气体以及许多浓度有变化的气体组成的，此外，大气中也含有各种固体和液体微粒，如气溶胶、水滴、冰晶等。这些原子、分子以及微粒会与来自大气外的太阳辐射相互作用，发生吸收、散射。

与大气外太阳辐射光谱相比，可以看出：通过大气层后，太阳总辐射能量有明显的减弱；波长短的辐射能减弱得最为显著；辐射能随波长的分布变得极不规则。产生这些变化主要是因为大气对太阳辐射的吸收和散射。太阳辐射穿过大气层到达地面时，会受到一定程度的减弱，这是因为大气中某些成分具有选择吸收一定波长辐射能的特性。大气中吸收太阳辐射的成分主要有水汽、液态水、二氧化碳、氧、臭氧及尘埃等固体杂质。太阳辐射被吸收后变成了热能，因而使太阳辐射减弱。水汽吸收最强的波段位于红外区的 930 ~ 2 850 nm，据估计，太阳辐射因水汽吸收可减弱 4% ~ 15%。氧气只对波长小于 200 nm 的紫外线吸收强，在可见光区虽然也有吸收，但较弱。臭氧在大气中的含量很少，但在紫外区和可见光区都有吸收带，在 200 ~ 300 nm 波段的吸收带很强，由于臭氧的吸收，使小于 290 nm 波段的太阳辐射不能到达地面，因而保护了地球上的一切生物免遭紫外线过度辐射的伤害。臭氧在 440 ~ 750 nm 还有吸收，虽不强，但因这一波段正好位于太阳辐射最强的区域内，所以吸收的太阳辐射量相当多。二氧化碳对太阳辐射的吸收比较弱，仅对红外区 2 700 nm 和 4 300 nm 附近的辐射吸收较强，但该区域的太阳辐射较弱，被吸收后对整个太阳辐射的影响可忽略。悬浮在大气中的水滴、尘埃、污染物等杂质，对太阳辐射也有吸收作用，大气中这些物质含量越高，对太阳辐射吸收越多，如在工业区和发生森林火灾、火山爆发、沙尘暴等的地区，太阳辐射都有明显减弱。总之，大气对太阳辐射的吸收，在平流层以上主要是氧和臭氧对紫外辐射的吸收，平流层至地面主要是水汽对红外辐射的吸收。被大气成分吸收的这部分太阳辐射，将转化为热能而不再到达地面。由于大气成分的吸收多位于太阳辐射光谱两端，而对可见辐射部分吸收较少，因此可以说大气对可见光几乎是透明的。

太阳辐射进入大气时遇到空气分子、尘粒、云雾滴等质点，都会产生散射现象。散射不像吸收那样是把辐射转变为热能，而只是改变辐射的方向，使太阳辐射以质点为中心向四面八方传播，使原来传播方向上的太阳辐射继续减弱。当大气中的水汽、尘粒等杂质较少时，主要是空气分子散射，太阳辐射中波长较短的蓝紫光被散射得多，所以晴朗的天空呈蔚蓝色。日出、日落时，因光线通过大气路程长、可见光中波长较短的光几乎都被散射，所以看上去太阳呈橘红色。（张保洲）

pingjun tiankong

**平均天空** （average sky） 根据多年积累的气象观测资料，考虑到某一地区晴天、多云天和阴天的出现频数，大气浑浊度、日照时数、云量等特点而导出的一种理论上的天空亮度分布模型。比 CIE 标准全阴天空和 CIE 标准晴天天空更能实际地反映当地昼光资源的平均状况。平均天空模型主要用于节能和经济分析。目前 CIE 第三分部（室内照明部分）正在制定国际统一的确定平均天空的分布标准。

（张保洲）

rijian guanghuanjing

**日间光环境** （light environment of daytime） 由光照度水平和分布及颜色在昼间地面建立的照明和心理环境。昼间的光环境主要取决于太阳，地球大气对入射的阳光有散射、吸收和折射等作用，使大气内的光环境远比大气外的光学现象要复杂得多。

**大气散射** 是指入射光遇到大气中的颗粒使直射光发生散射并照明了空间其他颗粒的现象，无数颗粒的散射叠加效果使得天空变成了明亮的天幕。天空的明亮程度与太阳所在的方位、大气中悬浮颗粒的大小以及特定天区与太阳所在天区点的角距离等多种因素有关。在特别晴朗的蓝天，太阳的地平高度约 30°时，海平面上天顶处的亮度可小至 2 000 cd/m$^2$ 左右，越偏离天顶而向地平方向过渡，亮度会变得越大。到地平高度20°以下，亮度会高至天顶处的5倍以上。随着海拔高度升高，亮度相应变小。在好的晴天，大气十分清澈，大气颗粒物微小，其散射作用主要体现在短波长的蓝光区，所以天空呈现蓝色；而浑浊的大气中悬浮了很多大颗粒物，散射的作用对短波长的蓝光到长波长的红光都很强，所以天空的色调大致接近日光的白色。特定条件下，天顶方向的亮度和颜色可以作为大气浑浊度和能见度的判据。

**大气吸收** 指大气对太阳光的吸收。大气颗粒物除对各波长选择性不大的一般吸收外，其原子、分子成分的吸收则有强烈的波长选择性，使大气外的太阳光谱经大气吸收后显现出许多光谱吸收带。臭氧、水蒸气、氧和二氧化碳等成为在紫外波段和红外波段形成强烈吸收的因素。这种吸收作用，一方面造成在地面上广阔波段进行太阳以及其他天体观测中的信息缺失，使天文家不得不利用外空条件进行观测；另一方面对人类和生物体构成了一个生存环境保护，防止太阳的紫外辐射给生物带来危害。

**大气折射** 大气折射效应并不十分显著。大气折射的产生是入射光线从光疏介质向光密介质穿过而形成的。一般大气条件下，在靠近地平附近，大气折射使观测到的星体位置要比其真实位置抬高约10个角分，离天顶越近，折射效应越小。在大气不稳状况（湍动）下，在光线穿越大气的过程中，因介质疏密状况变化会出现光线方向上的变化，这也是地平方向上的景物有时上下微微跳动或星象在视场中有小小抖动的原因。

**太阳辐射的衰减** 大气的散射和吸收构成了对太阳辐射的衰减，太阳辐射在一个特定平面的光照度和辐照度不能简单地用大气外的光谱辐照度进行估算。在水平面上不同入射角条件下的太阳形成的光照度（$E_\zeta$）可用下式计算：

$$E_\zeta = E_0 \tau^{\sec z}$$

式中，$z$为太阳离天顶的角距，它和地平高度为互余角，在约定照射面为水平面时，$z$则变成太阳辐射的入射角；$\tau$为在天顶方向上的大气投射率。因为随着$z$的加大，大气层厚度（大气质量）越大，衰减的程度则越大，所以有$\sec z$因子的引入。另外，$\tau$值在不同波长有所不同，除去光谱吸收带的情况外，波长越短，$\tau$值越小。$\tau$值还随大气状况（洁净度）和海拔高度的不同而不同。以下数据供参考：在海平面上十分洁净的大气条件下，在波长380 nm附近的$\tau$值约为0.58，而在780 nm波长处$\tau$值升至约0.92时，可见光波段的平均值则为0.82左右。在极端洁净的湛蓝天空下，海平面上太阳当顶时可测到的太阳辐射照度约为

$$E = 1.35 \times 10^5 \times 0.82^{\sec 0°} = 1.1 \times 10^5\ \text{lx}$$

一般约定，在十分洁净的大气条件下，海平面上太阳当顶时的光照度为$10^5$ lx，而辐照度为1 000 W/m$^2$。这相对于上述极端洁净大气条件，$\tau$值要稍稍取低一点。

大气散射和吸收使大气外的太阳光辐射量在晴天时减少1/3，在阴天时减少得更多，就全球平均而言，考虑到阴晴天区的比例，大气内的地面上接收到的太阳辐射仍是相当可观的。在这样强的太阳辐射环境下，人类既要对太阳能进行有效利用，也要注意对太阳强辐射的防护。（张保洲）

rijian tiankong liangdu

**日间天空亮度** （sky brightness of daytime）天空在给定方向上的光亮度，即该方向上大气单位面积在单位立体角内发出的光通量。它是天空明亮程度的重要参数，与被测的高度和方向有关。在给定方向上某高度的天空亮度等于由此高度至大气顶的所有大气向该高度上与给定方向相垂直的单位面积上所散射的发光强度，相当于把天空当作光源表面时的亮度，单位同亮度单位（cd/m$^2$）。一般用天空中亮度相等的各点连线表示天空的亮度分布状况。

日间天空亮度作为辨认目标物的背景光，对大气能见度有重要意义。它是大气透明程度、太阳天顶距、方位角和地面反射率的复杂函数。根据观测，晴天的天空亮度具有以下四个特点：

①太阳所在的半个天空比对面的半个天空亮；②太阳高度角越小，天空亮度越小；③太阳周围亮度特别大；④与太阳约成90°的天空部位，亮度最小。利特费尔（P. J. Lttlefair）的研究给出了一个天空亮度分布的经验公式。如下图所示，$S$表示太阳，$h_s$、$Z_s$分别表示其高度和天顶距，对于一个与太阳角距为$Y$的天空点$P$，其亮度（$L$）在天空晴朗时为

$$L = ae^{-bY} + c$$

式中，$a/(\text{kcd/m}^2) = 0.0456h_s^2\exp(-h_s/30) + 0.27$；$b = 0.025$；$c/(\text{kcd/m}^2) = 0.2 + 0.1h_s - 0.18\sin(10h_s)$。在不同的海拔高度和环境条件下，天空亮度及其分布存在较大差别。

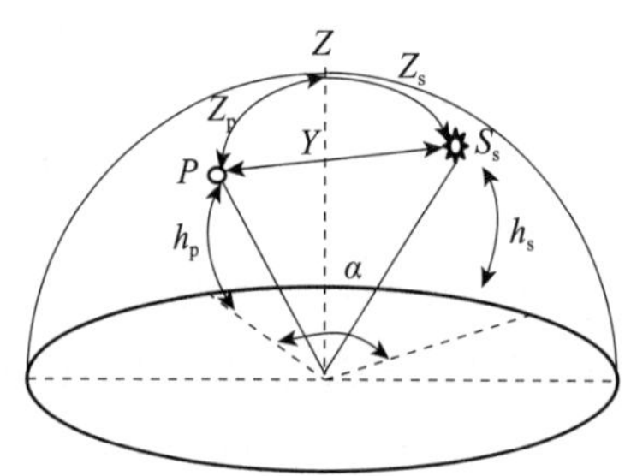


天空亮度计算用图

来自天空漫射的辐照度$E_s$与天空亮度成正比，它与总辐照度（太阳直接辐照加上天空漫射辐照度）$E_t$之比$E_s/E_t$是大气明朗程度的灵敏指示量，晴空的$E_s/E_t$值远低于浑浊天空的值，因此，对一定太阳高度$E_s/E_t$的测量可以作为大气明朗程度的定量指示，测量应当在无云或者少云的情况下进行。（张保洲）

rijian tiankong yanse

## 日间天空颜色

（sky scolor of daytime） 大气浑浊度的指示量之一。如果只存在瑞利散射，那么天空颜色是湛蓝的，但实际上天空都掺杂了悬浮微粒散射的灰白色贡献。另外，天空某点的颜色随着位置、离太阳角距的不同而有所不同。测量指定条件下天空的颜色（或者色温），也可成为大气浑浊度的敏感评价方法，并通过测量天空颜色（色坐标）及大气透射率将大气的浑浊度定量化。（张保洲）

**推荐书目**

郝允祥，陈遐举，张保洲．光度学．北京：中国计量出版社，2010.

rijian dimian zhaodu

## 日间地面照度

（ground illuminance of daytime） 太阳光达到地面的光照度。天空亮度的全天空积分等于散射光形成的地面照度。太阳光透过大气层直接投射到地面的部分，称直射照度；被大气层乱反射后投射到地面的部分，称散射照度。地面照度是直射照度与散射照度的总和。一天之内中午前后直射照度最大，散射照度最小。散射照度影响物景的反差，在航空摄影中多选择在中午前后进行。

**直射日光产生的照度** 包括直射日光穿过大气层到达地面所形成的法线方向照度、地平面的直射日光照度和垂直面上的直射日光照度。

直射日光穿过大气层到达地面所形成的法线方向照度表示为

$$E_{dn} = E_{xt}\,e^{-\sigma m}$$

式中，$E_{dn}$为直射日光法线照度，lx；$E_{xt}$为大气外太阳照度，年平均值为133.8 klx；$\sigma$为大气消光系数，见下表；$m$为空气光学质量，$m = 1/\sin h_s$，其中$h_s$为太阳高度角。

地平面的直射日光照度（$E_{dH}$）表示为$E_{dH} = E_{dn}\sin h_s$。

垂直面上的直射日光照度（$E_{dv}$）表示为$E_{dv} = E_{dn}\cos\alpha$。式中，$\alpha$为太阳入射角，是垂直面法线与太阳入射方向之间的夹角，$\alpha = \arccos(\cos h_s\cos\theta_z)$，$\theta_z$为太阳与垂直面法线之间的平面方位角。

**天空散射光产生的照度** 用下式计算：

$$E_{kH} = A + B(\sin h_s)^C$$

式中，$E_{kH}$为天空散射光产生的照度，lx；$A$为日出与日落的照度，klx；$B$为太阳高角度照度系数，klx；$C$为太阳高角度照度指数；$h_s$为太阳高度角，（°）；$A$、$B$、$C$常数取值取决于天气状况，由下表中数据给出。

**计算地面照度的常数**

| 天空状况 | $\sigma$ | $A$/klx | $B$/klx | $C$/klx |
|---|---|---|---|---|
| 晴天 | 0.21 | 0.80 | 15.5 | 0.5 |
| 多云天 | 0.80 | 0.30 | 45.0 | 1.0 |
| 全阴天 | — | 0.30 | 21.0 | 1.0 |

（张保洲）

**推荐书目**

詹庆旋．建筑光环境．台北：淑馨出版社，1991.

yueye dimian zhaodu

## 月夜地面照度

（ground illuminance of moon night） 在不考虑极光和人工夜空光源的情况下，夜间有月时天空中月亮是主要的夜空光源。月亮把太阳光反射到地球表面所形成的照度受月亮的位相（简称月相，以距角 $\phi_c$ 表示，即从地球上看月亮对太阳的角距离）、地月距离的变化、太阳照射到月球表面各部位上反射率的差异，以及月球地平高度和大气层等因素的影响。下表列出了月亮在不同高度以及各种月相情况下地平面上所得的照度。表中的数值是在假定天空相当晴朗、取地月平均距离的情况下得到的。

**地球表面的月光照度**

| 月球地平高度/（°） | 不同距角 $\phi_c$ 下地平面照度/lx | | | |
|---|---|---|---|---|
| | 180°（满月） | 120° | 90°（上、下弦） | 60° |
| -0.8（月出或月没） | $9.74\times10^{-4}$ | $2.73\times10^{-4}$ | $1.17\times10^{-4}$ | $3.12\times10^{-5}$ |
| 0 | $1.57\times10^{-3}$ | $4.40\times10^{-4}$ | $1.88\times10^{-4}$ | $5.02\times10^{-5}$ |
| 10 | $2.34\times10^{-2}$ | $6.55\times10^{-3}$ | $2.81\times10^{-3}$ | $7.49\times10^{-4}$ |
| 20 | $5.87\times10^{-2}$ | $1.64\times10^{-2}$ | $7.04\times10^{-3}$ | $1.88\times10^{-3}$ |
| 30 | 0.101 | $2.83\times10^{-2}$ | $1.21\times10^{-2}$ | $3.23\times10^{-3}$ |
| 40 | 0.143 | $4.00\times10^{-2}$ | $1.72\times10^{-2}$ | $4.58\times10^{-3}$ |
| 50 | 0.183 | $5.12\times10^{-2}$ | $2.20\times10^{-2}$ | $5.86\times10^{-3}$ |
| 60 | 0.219 | $6.13\times10^{-2}$ | $2.63\times10^{-2}$ | — |
| 70 | 0.243 | $6.80\times10^{-2}$ | $2.92\times10^{-2}$ | — |
| 80 | 0.258 | $7.22\times10^{-2}$ | $3.10\times10^{-2}$ | — |
| 90 | 0.267 | $7.48\times10^{-2}$ | — | — |

（张保洲）

yejian guanghuanjing

## 夜间光环境

（light environment of night） 一般来说，并不是太阳在地平下的时段都算夜间。在民用上，太阳落入地平下6°之前这一时段叫朦影，太阳升入地平前而在地平线下6°的这一时段叫晨昏。晨昏、朦影期间，大气的散射、折射使天空仍有朦胧的亮光，而在朦影之后晨昏之前的时段才算夜间。在天文工作上，由于要求更暗的天空才能观察到更暗弱的天体，规定的晨昏、朦影起复点将上述的6°扩大至18°。

如果夜间有月亮当空，自然光源主要是月亮。月亮给予地面的照度与月相（满月程度）、月亮所在地平高度以及大气状况有关。月亮在天顶附近时，一般天气状况下满月给地面的照度可接近0.3 lx，而它在地平高度10°时，所给地面的照度则减小90%。月相在上、下弦时，月亮给地面的照度只有满月时的1/8。

在无月的夜空，自然光只靠繁星、黄道光等微弱光提供，在完全自然条件（完全没有人工光源干扰的情况）下，夜空下的地面照度在晴天时只有约 $10^{-3}$ lx，阴天时则更弱（至 $10^{-4}$ lx 的量级）。无月夜空自然条件下的人眼视觉完全丧失了对景物识别的功能。而在有月的夜空环境下，特别是在满月附近时，人眼仍能对景物有一定的识别功能。

人眼在自然条件下识别景物，光环境照度

范围在 $10^6$ 个量级以上，在这样的大范围变化的光环境下，仅靠人眼瞳孔大小的变化来调节光是有限的（变化范围不大于 50 倍），而视网膜上的敏感光细胞分类起着重大作用。锥状细胞在强光环境下起作用，即人眼的亮视觉功能；杆状细胞则在暗弱光环境下发挥作用，即人眼的暗视觉功能。视觉的转化过程也不是截然的划界，暗、亮视觉间还存在“中间视觉”。明暗视觉细胞的形成，以及它们的敏感波段正是自然光的光谱辐射峰值区，这可能是在自然环境中人的眼睛适应进化而形成的。（张保洲）

yekong guangyuan

**夜空光源**（night-sky light source） 太阳落入地平线下 18°以后的夜天空辐射源，包括月亮、极光和夜天光背景等自然夜空光源和人工光源。

**月亮** 月亮本身并不发光，只反射太阳光。月亮的表面不是一个良好的反光体，它的平均反射率只有大约 7%，其余 93% 的太阳光均被月球表面吸收。月海的反射率更低，约为 6%；月球高地和环形山的反射率约为 17%，因而看上去比月海明亮。月亮把太阳光反射到地球表面所形成的照度受月亮月相、地月距离的变化、月球地平高度和大气层等因素的影响。月亮的星等为 −12.7 mag，满月时地面照度最大能够达 0.2 lx。

**极光** 由于太阳带电粒子（太阳风）进入地球磁场，在地球南北两极附近地区使高层大气分子或原子激发或电离，从而在夜间产生绚丽多彩的发光现象，在南极称为南极光，在北极称为北极光。由于地磁场的作用，这些高能粒子进入地球磁场后转向极区，所以极光常见于高磁纬地区。在离磁极 25°～30°的范围内常出现极光，这个区域称为极光区。在地磁纬度 45°～60°的区域称为弱极光区，地磁纬度低于 45°的区域称为微极光区。作为一种自然夜空光源，极光一般呈带状、弧状、幕状、放射状，这些形状有时稳定有时连续变化。

极光的颜色和强度取决于带电粒子的能量和数量。绿色是极光最常见的颜色。当带电粒子的能量不太高时，可将高层氧原子打成激发态氧原子 O（1S）。此激发态氧原子回到基态氧原子 O（3P）便发出波长为 557.7 nm 的绿光，称为极光绿线，如图 1 所示。当一般强度的磁层副暴发生时，打入电离层的带电粒子能量较高，可将较下层氮气分子激发至不稳定的游离态氮分子离子。当此激发氮分子回到基态时氮分子离子便放出青蓝色的光，波长为 427.8 nm。当打入的电子能量非常高时，带电粒子得以深入底层电离层，将下层的氧分子打成两个基态的氧原子，其中一个 O（1D）可放出红光 630.0 nm，另一个激发态的氧原子为 O（1D）或 O（1S），故可放出红光或绿光。因此在超强磁暴时，可能见到血红色的极光或红绿相间的极光。

**图 1　位于北极圈城市特罗姆瑟上空的绿色极光**

除可见极光外，自 20 世纪 70 年代以来，人们对极光的研究还扩展到紫外极光和红外极光。

**夜天光背景** 指太阳落入地平线下 18°以后的无月夜，在远离城市灯光的地方，夜空所呈现的暗弱弥漫光辉。夜天光背景主要来源包括：①气辉，高层大气中光化学过程产生的辉光，约占夜天光的 40%；②黄道光，行星际物质散射的太阳光，约占夜天光的 15%；③弥漫银河光，银道面附近星际物质反射或散射的星光，约占夜天光的 5%；④恒星光，约占夜天光的 25%；⑤河外星系和星系际介质的光，占夜天光的比例小于 1%；⑥地球大气散射上述光源的光，约占夜天光的 15%。

自然夜天光在天顶附近的平均亮度约为 $2.1\times10^{-4}$ cd/m$^2$，相当于 21.60 mag/arcsec$^2$

（星等每平方角秒）。它随观测天区、地平高度、海拔高度、地理纬度以及大气透明度的不同而有所差异，尤其受黄道光和银河散射光的影响。

**人工白昼** 城市人工光源直接射向天空或其发射的光经地面或其他物体反射到天空中，导致城市上空发亮的现象。常见的是设计不合理的道路照明、夜景照明、霓虹灯和广告照明等。近年来，随着人口的增加、城市的发展以及光源与照明技术的进步，城市光污染已经日益严重。城市夜间照明直接射向或经地面反射到天空中的光，在一定程度上，提高了夜间天空的亮度（见图2）。天空发亮成为城市光污染的主要表现形式之一。在人口密集的城市，夜间天空亮度可达到自然夜天光背景的100倍，严重破坏天文爱好者和普通市民对城市星空的遥望和观察，甚至对生活、生产环境以及人体健康产生不良影响。

**图2　夜天光中北京的子夜云空**

（张保洲）

yejian wuyue tiankong ji dimian zhaodu

## 夜间无月天空及地面照度 (moonless night sky and ground illuminance)

夜间无月天空的夜空光源主要是夜天光背景和人工夜空光源。此时，影响地面照度的因素包括夜间天气条件和人工夜间照明情况。

在远离城市的农村或者山区，光污染基本可以忽略，地面照度主要受天气状况影响。在无月、晴朗的夜晚，地面照度大约为 $10^{-3}$ lx 量级的水平；而若为无月阴空，则地面照度约在 $10^{-4}$ lx 量级。也就是说，在只考虑自然夜天光的情况下，云层通常会使夜天空变得更暗。

在人口密集的城市及其近郊和远郊，由于受城市夜间照明的影响，人工白昼使夜天空增亮，从而导致地面照度增大。这时候天空中的云层作用相反，它会使更多的人工光反射回地面，一方面使得夜天空变亮，另一方面由于在晴朗夜晚被散射至外太空的长波红光被反射回地面而使得夜天空发红。因此，受城市夜间照明的影响，城市夜间无月天空的地面照度要比自然情况下的地面照度高出1~2个量级。

（张保洲）

caiguang

## 采光 (daylighting)

设计门窗的大小和建筑的结构，使建筑物内部得到适宜的光线。采光可分为直接采光和间接采光。直接采光指采光窗户直接向外开设；间接采光指采光窗户朝向封闭式走廊（一般为外廊）。直接采光多为厅、厨房等开设，有的厨房、厅、卫生间利用小天井采光，采光效果如同间接采光。采光良好的建筑可以节约能源，使人心情舒畅，便于建筑内部各使用功能的布置，否则将会长期生活在昏暗中，依靠人工照明，对人的身心健康十分不利。

（张保洲）

caiguangquan

## 采光权 (right of lighting)

房屋的所有人或使用人享有从室外取得适度光源的权利。通常以《中华人民共和国民法典》的相关规定和《城市居住区规划设计标准》（GB 50180—2018）为准。《中华人民共和国民法典》第288条规定，不动产的相邻权利人应当按照有利生产、方便生活、团结互助、公平合理的原则，正确处理相邻关系。第289条规定，法律、法规对处理相邻关系有规定的，依照其规定；法律、法规没有规定的，可以按照当地习惯。第293条规定，建造建筑物，不得违反国家有关工程建设标准，不得妨碍相邻建筑物的通风、采光和日照。

（张保洲）

caiguang xishu

**采光系数** （daylight factor） 在室内给定平面上的一点，由直接或间接地接收来自假定和已知天空亮度分布的天空漫射光而产生的光照度与同一时刻该天空半球在室外无遮挡水平面上产生的天空漫射光照度之比。

室内某一点的采光系数，可按下式计算：

$$C = \frac{E_n}{E_w} \times 100\%$$

式中，$E_n$表示当地室内某一点的光照度，lx；$E_w$为当地与室内某点光照度同一时间的室外光照度。 （张保洲）

chuang-di mianjibi

**窗地面积比** （ratio of glazing to floor area） 简称窗地比，是窗洞口面积与地面面积之比，是估算室内自然光水平的常用指标。

不同的建筑空间为了保证室内的明亮程度，照度标准是不一样的。通常离地面低于0.5 m的窗户洞口面积不计入窗地比的窗户面积。在住宅设计中，客厅的窗地比一般是1/6～1/4，卧室的窗地比一般是1/8～1/6，楼梯间的窗地比一般是1/12。

在建筑方案设计时，对于Ⅲ类光气候区的普通玻璃单层铝窗采光，其应满足的窗地面积比见下表。

**采光等级表**

| 采光等级 | 视觉工作特征 | | 房间名称 | 窗地比 |
|---|---|---|---|---|
| | 工作精细程度 | 识别的最小尺寸 $d$/mm | | |
| Ⅰ | 特别精细作业 | $d \leqslant 0.15$ | 绘画室、画廊 | 1/2.5 |
| Ⅱ | 很精细作业 | $0.15 < d \leqslant 0.3$ | 设计室、绘图室 | 1/3.5 |
| Ⅲ | 精细作业 | $0.3 < d \leqslant 1.0$ | 教室、办公室、会议室、阅览室 | 1/5 |
| Ⅳ | 一般作业 | $1.0 < d \leqslant 5.0$ | 客房、起居室、卧室 | 1/7 |
| Ⅴ | 粗糙作业 | $d > 5.0$ | 卫生间、门厅、走廊、楼梯间 | 1/12 |

（张保洲）

gaoya fangdiandeng

**高压放电灯** （high pressure discharge lamp） 基于谱线的高压致宽原理，通过提高灯中的汞蒸气压改善其光谱分布均匀性而制备的高光效光源，高压汞灯是最典型的高压放电灯。与低压放电灯相比，高压放电灯显色性得到了明显的改善。高压汞灯和加一定汞的高压钠灯的相对光谱能量分布（加入汞是为了进一步提高光效和改善光色）见下图。与低压汞灯（参见荧光灯）相比，它们的能谱分布要均匀得多，因此显色性较低压灯大为改善。而它们的光效也很高，大约分别为60 lm/W和120 lm/W。高压气体放电灯适合要求高亮度、高效率的场所。此外，高压汞灯还具有很强的A波段紫外辐射，在制版、老化试验、无损检测等领域也有极广泛的应用。

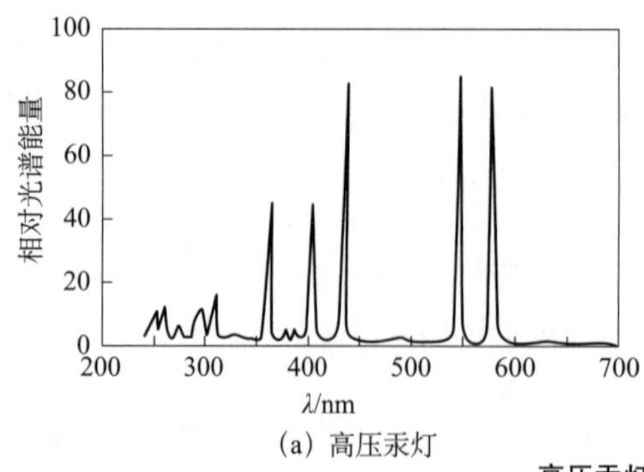

（a）高压汞灯

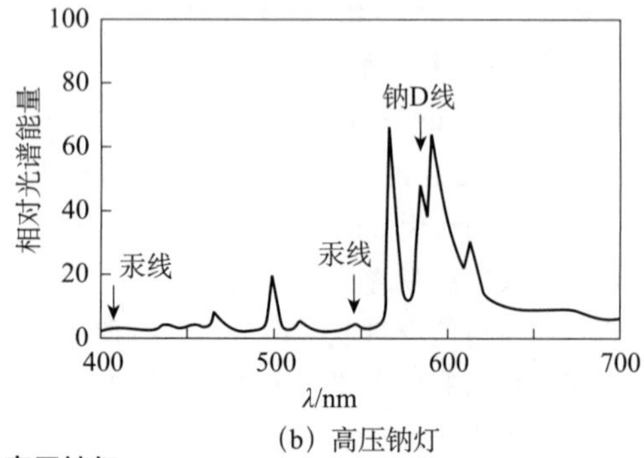

（b）高压钠灯

**高压汞灯和高压钠灯**

（张保洲）

zhaoming biaozhun

**照明标准** （illumination standard） 对照明的数量和质量的相关规定。其中最重要的和最基本的是照明的数量，即工作面上的亮度和照度的要求。照明标准里也包含照明装置对影响视觉效果的相关特征和因素的一系列规定，并把这些因素看成照明质量的表征量。主要包括：①工作面的照度和亮度；②目标与背景的对比度；③折射眩光与反射眩光；④照度的均匀度；⑤扩散性照明的方向性；⑥照度的稳定性；⑦光源的光谱特性与显色特性。

（张保洲）

Angstrom bochang zhishu

**Angstrom 波长指数** （Angstrom wavelength exponent） Angstrom 给出的大气光学厚度与波长关系式中波长的指数。为了描述大气光学厚度随波长的变化，当 Angstrom 气溶胶粒子的谱分布满足 Junge 分布时，大气光学厚度为 $\tau_{aer}(\lambda)=\beta\lambda^{-\alpha}$。式中，$\alpha$ 为 Angstrom 波长指数，表征大气中气溶胶粒子的大小，粒子的尺度越大，指数的值就越小；$\beta$ 则为 Angstrom 浑浊度系数，表征大气中气溶胶的浓度，气溶胶的浓度越高，系数的值就越大。

只要获取两个不同波长对应的大气光学厚度 $\tau_{aer}(\lambda_1)$ 和 $\tau_{aer}(\lambda_2)$，代入上式相除后取对数，就能计算得到 Angstrom 波长指数：$\alpha=-[\ln\tau_{aer}(\lambda_2)-\ln\tau_{aer}(\lambda_1)]/(\ln\lambda_2-\ln\lambda_1)$，通常 $0<\alpha>2$。$\alpha$ 取值较小时，意味着较大粒径的气溶胶粒子为主控粒子。例如，当大粒径的沙尘粒子成为主控粒子时，$\alpha$ 取值将接近于 0；$\alpha$ 取值较大时，意味着较小粒径的气溶胶粒子为主控粒子，例如，当小粒径的烟雾粒子成为主控粒子时，$\alpha$ 取值将接近于 2。

得到 $\alpha$ 后，由 Angstrom 大气光学厚度与波长关系式即可确定 Angstrom 浑浊度系数 $\beta$：$\beta=\lambda_1^{-\alpha}/\tau_{aer}(\lambda_1)$，$0<\beta>0.5$。当 $\beta\leqslant0.1$ 时，意味着大气清洁；当 $\beta\geqslant0.2$ 时，意味着大气相对浑浊。

（张保洲）

rengong zhaoming

**人工照明** （artificial illumination） 为创造夜间建筑物内外不同场所的光照环境，补充自然条件因时间、气候、地点不同造成的采光不足，以满足工作、学习和生活的需求，而采取的以人工光源代替或者补充自然光照的照明措施。

**传统光源的发展** 人工照明在古代主要以原始灯火和松明蜡烛等为代表。直到 1807 年英国的戴维制成了碳极度弧光灯，1878 年，美国的布拉许利用弧光灯在街道和广场照明中取得了成功。1 年后，两位美国费城的高级中学教师汤姆生和霍斯顿通过设计弧光灯系统开创了他们的电工业。1879 年爱迪生发明真空碳丝灯泡后，人工光源进入电气时代。

1939 年管状日光灯问世，很快被广泛采用。当时荧光灯玻管外径为 38 mm（T12），光效约 60 lm/W，显色指数为 70 *Ra*。后来发现适当提高管壁温度、具有较高光效的灯管直径可以相应缩小，由此制成了管径为 $\Phi$26 mm 荧光灯（T8），但必须使用能承受较强紫外线辐照的优质卤磷酸钙荧光粉，或三基色荧光粉，管径减小后可使光效提高 10%。若进一步配用工作在 40～60 kHz 的电子镇流器，它的光效比工作在 50 Hz 下可再提高 10%，这就是改进型 T8 荧光灯。随后又出现了管径更细的 $\Phi$16 mm（T5）和 $\Phi$11 mm（T3）的节能细管径荧光灯，它们的最佳管壁温度更高，发光效率可达到 104 lm/W 的水平，必须配备优质电子镇流器工作。

随着电子学技术的发展，近年来实用型无极荧光灯发展也很快，国际上现有产品有荷兰 QL 型、美国 Genura 型、日本 ever-Light 型和德国 Endura 型无极荧光灯。

1959 年人们发明了卤钨灯。这类灯体积小，光通量维持率达 95% 以上，光效和寿命明显地优于白炽灯。

为了便于装饰和美化，对细管径荧光灯通过采用接桥和弯管等工艺，使灯管的尺寸紧凑，制成保持高光效的紧凑型荧光灯，特别是配有电子镇流器的一体化型又选用白炽灯螺口灯头（E27），已在许多领域取代了白炽灯。这类灯所配用的电子镇流器已从分列元件发展到使用贴片，甚至集成电路，功率因素达到0.98，谐波失真总量小于10%，灯的寿命提高到10 000 h，亦有调光型产品。

随着背光照明在办公用笔记本电脑、等离子体显示器和家用电器中的应用，高亮度的冷阴极超细管径荧光灯应运而生。这类灯的管径为1.8～3.0 mm，普遍采用三基色荧光粉，通常采用Ni、Ta、Zr等金属作为冷阴极，在高的启动电压下形成辉光放电使灯管工作。

适用于大面积范围和室外照明的高强度气体放电光源（HID），其灯内工作压强往往超过10 atm（1 atm = $10^5$ Pa），其中高压汞灯的光效可达50 lm/W，显色指数超过65，色温4 000～6 000 K，寿命也达到约10 000 h，功率规格形成35～3 500 W系列化。高压钠灯发光效率达到120 lm/W，显色指数为25，寿命达到24 000 h，规格有30～1 000 W，虽然其光色稍逊，但其光效是所有能发出接近白光的人工光源中最高的。近年来又开发出高显色高压钠灯，显色指数为80左右，寿命约8 000 h。金属卤化物灯由于能兼具光效高（≥80 lm/W）和光色好（$Ra$≥80）的优点，随着近年来等离子体模型理论和诊断技术不断完善和成熟，使用日趋广泛。其中35～150 W规格的小功率金属卤化物灯已广泛地应用到室内照明和汽车前照灯。

由于多晶氧化铝（PCA）陶瓷材料及其与金属封接工艺研究取得很大突破，人们成功地制造出陶瓷外壳的、性能明显优于石英为玻壳的金属卤化物灯。采用陶瓷材料作外壳避免了灯内金属材料的损失，而且电弧管尺寸可以控制得非常精确，因此光电性能一致性和稳定性好，允许更高电弧温度，灯的光效可提高10%～20%；且发光体小、亮度高，便于投影照明系统的设计。现有35 W、70 W和150 W三种产品，结构为单端型、双端型及反射型，光效达到90 lm/W，亮度为290 cd/$m^2$，显色指数达到83，有效寿命达12 000 h。另外，美国GE公司又推出用三部体结构工艺制造的300 W大功率陶瓷外壳金属卤化物灯，其应用范围将进一步扩大。

**新颖电光源的发展** 包括以下四方面。

**准分子光源（ELS）的出现** 在光源辐射机理研究中，近年来采用准分子工作物质，如KrF、ArP、NeF和XeCl等，来制造高功率的紫外光源。同时，通过微波放电和介质阻挡放电等无极放电形式可制成新型的准分子辐射光源，其工作物质可为$Xe_2$（172 nm）、$Kr_2$（146 nm）和$Ar_2$（126 nm），其中$Xe_2$准分子光源的效率最高，光能转换效率达50%以上。现已制成58 cm×68 cm的60 W $Xe_2$准分子大面积平面照明系统，这种灯无须充汞，因此从环境保护角度考量更有吸引力。

**超高压汞灯（UHP）的开发成功** 影响配投光系统的显示装置性能的关键配件是短弧光源，荷兰飞利浦公司于1995年首先开发成功一种超高压汞灯，极距约1.3 mm，功率100 W。灯工作时，汞蒸气压可达2×$10^7$ Pa。由于汞蒸气压越高，灯的亮度也越高，而且汞原子谱线宽度变大，分子连续谱与带电粒子复合光谱也更强，特别是595 nm以上的红光辐射随灯内工作压强的升高而增强，从而使灯的显色性提高。由于该灯放电时电极处于极高的温度，会造成钨材料蒸发并沉积在球壁上导致光衰，通过对灯内充入微量的卤素有效清洁泡壳，灯的寿命可达12 000 h。

UHP光源的电弧亮度能超过小面积高效投影装置所需的1 Gcd/$m^2$，为了达到更好的集光效果，近年来UHP光源的电弧极距减少到1.0 mm，其寿命达10 000 h以上，功率为200 W，配备于投影仪产品，重量仅4 kg，体积不到2 000 $cm^3$，便于携带，其屏幕照度超过1 100 lm，能够达到明亮的XGA显示水平。

**微波光源的崛起** 1992年国际电光源科技界提出了微波硫灯的新技术，发现充填硫元素和低压氩气于石英泡壳内，在频率为2 450 MHz的微波能量的驱动下，通过硫分子的振动能和转动能的跃迁，可使灯辐射出连续的可见光光谱。

1994 年，美国融合公司制成了一个功率为 3 400 W 的微波硫灯照明系统。灯内有一个直径为 28 mm 的石英球泡，工作时该石英球泡内由 $10 \times 10^5$ Pa 的硫蒸气分子辐射产生亮度非常强的白光，其光效达 120 lm/W，色温为 6 500 K，显色指数为 86。后来，通过将耦合到硫灯的功率密度从 250 $W/cm^3$ 降到 30 $W/cm^3$，使石英玻壳的温度保持在 925 ℃之下。该产品辐射光谱接近太阳光谱，可在很大范围内调光，寿命达 60 000 h，可任意方向燃点。

微波硫灯还可以利用导光管技术，将该灯发出的强光沿着导光管传送到需要照明的宽广区域。为使硫灯适用于家庭和商业照明，一方面通过充填物质的改变使灯的光色更符合人们需求，另一方面正在研制开发 100 W 以下的小功率微波硫灯。

**固体光源开始进入光源领域** 近 30 年来，作为固体光源的半导体发光二极管（LED）取得了重大突破，灯的光效增加了 100 倍，成本下降 90%，并开始突破单一颜色的局限性向白色光照明迈进。目前，获得白色光源有两种途径，一种是用蓝、绿、红色 LED 组合成白光，另一种是用蓝色 LED 和黄色荧光发光体合成。

现在 LED 照明正在成为半导体的又一次革命，LED 光源的转换率已超过 50%，光效超过 150 lm/W，预计未来其转换率将达到 75% 以上。但是即使实现高效率，若单个发光体的输入功率仍很小，光通量也不高，还需要发展可以聚集大量发光体的技术。为增加单位发光体的输入，也可以通过提高外部量子的效率予以实现。随着以上问题的逐步解决，21 世纪可能成为固体光源的时代，特别是同绿色能源——太阳能电池结合，LED 照明将成为一种理想的环保照明系统。（张保洲）

zhaoming guangyuan ji dengju

**照明光源及灯具**（illuminating source and lamps） 用于建筑物内外照明的人工光源，以及控制和调整光源光强空间分布的器具和光源组合成的照明器具。由于光源发光体的形状不同，它所发出的光线强度在空间的分布也不同。因此，散布在空间的光通量通常得不到有效的合理利用，为了适应各种照明环境的要求，在光源的基础上采用反射器或投射器将光源的光线加以控制和调整。现代灯具包括家居照明、商业照明、工业照明、道路照明、景观照明、特种照明等。家居照明从电的诞生出现了最早的白炽灯泡，后来发展到荧光灯管，再到后来的节能灯、卤素灯、卤钨灯、气体放电灯和 LED 特殊材料的照明等。商业照明的光源也是在白炽灯基础上发展而来的，如卤素灯、金卤灯等。

**照明光源分类** 分为以下四大类：①燃烧发光光源。燃烧发光是最古老的光源照明方式，包括火把、油灯、蜡烛、瓦斯灯、煤油灯、镁粉闪光灯等。②白炽发光光源。主要有白炽灯和卤钨灯两类。③气体放电发光光源。主要有荧光灯、汞灯、钠灯、金属卤化物灯、无极灯和氙灯。④场致发光和激光类光源。主要有场致发光灯、LED、固体激光、液体激光、气体激光。

**灯具分类** 灯具主要分为聚光和泛光两种。灯具的详细分类包括：①室外照明：景观灯、道路灯、草坪灯、高杆灯、庭院灯、地埋灯、护栏灯、探照灯、广场灯、交通灯、隧道灯、泛光灯。②室内照明：台灯、壁灯、吸顶灯、室内装饰灯、灯管/灯泡、落地灯、吊灯、工矿灯、天棚灯。③按光源分：一代为白炽灯（卤素灯/石英灯）；二代为荧光灯（杀菌灯、节能灯、无极灯、日光灯）；三代为 HID（汞灯、低压钠灯、高压钠灯、石英金卤灯、陶瓷金卤灯、氙灯、氖灯）；四代为 LED（二极管、LED 系列）。④舞台灯具：舞台灯、电脑灯、追光灯、扫描灯、摇头灯、柔光灯、回光灯、聚光灯、激光灯。⑤车用灯具：前灯、尾灯、转向灯、氙气灯、警灯、边侧灯、刹车灯等。⑥电筒：普通手电筒、充电手电筒、头灯、太阳能手电筒、无电源手电筒、提灯、探照灯、防水手电筒、防爆手电筒。⑦其他：灭蚊灯、灭蝇灯、捕虫灯。

**照明光源及灯具的选择** 工业照明的光源以气体放电灯、荧光灯为主，结合防水、防爆、防尘等要求来定制，但是工业照明需要谨慎，特别是在选择光源和灯具上，如服装制作的颜色、面料质地在不同的光源下所产生的效果是不一样的，灯具的选择主要考虑反射性、照度和维护系数等。

道路照明和景观照明在灯具选择上完全不同。道路照明既要追求美观又要考虑安全照度和透雾性，而景观照明灯具和光源的选择要充分考虑节能和美观，因为景观照明不需要很高的照度，旨在营造照明的特色。

**照明设计** 应选择既满足使用功能和照明质量的要求，又便于安装维护、长期运行费用低的灯具，具体应考虑以下六个方面：①光学特性，如配光、眩光控制，见下表；②经济性，如灯具效率、初始投资及长期运行费用等；③特殊的环境条件，如有火灾危险、爆炸危险的环境，有灰尘、振动、化学腐蚀和潮湿的环境；④灯具外形上应与建筑物相协调；⑤灯具效率（$\eta$）：$\eta = \Phi_L/\Phi_O$，取决于反射器形状和材料、出光口大小、漫射罩或格栅形状和材料；⑥符合环境条件的 IP 等级（防水和防尘的能力）。

**按室空间比（RCR）选择灯具的配光**

| RCR | 灯具配光类型 | 最大距高比 |
|---|---|---|
| 1～3 | 宽配光 | 2.5～1.5 |
| 3～6 | 中配光 | 1.5～0.8 |
| 6～10 | 窄配光 | 0.8～0.5 |

**灯具的相关国家标准** 包括：《灯具 第1部分：一般要求与试验》（GB 7000.1—2015），《灯具 第2-22部分：特殊要求 应急照明灯具》（GB 7000.2—2008），《灯具 第2-10部分：特殊要求 儿童用可移式灯具》（GB 7000.4—2007），《灯具 第2-6部分：特殊要求 带内装式钨丝灯变压器或转换器的灯具》（GB 7000.6—2008），《投光灯具安全要求》（GB 7000.7—2005），《灯具 第2-20部分：特殊要求 灯串》（GB 7000.9—2008），《舞台灯光、电视、电影及摄影场所（室内外）用灯具安全要求》（GB 7000.15—2000），《灯具 第2-1部分：特殊要求 固定式通用灯具》（GB 7000.201—2008），《灯具 第2-3部分：特殊要求 道路与街路照明灯具》（GB 7000.203—2013），《灯具 第2-4部分：特殊要求 可移式通用灯具》（GB 7000.204—2008），《灯具 第2-7部分：特殊要求 庭园用可移式灯具》（GB 7000.207—2008），《灯具 第2-18部分：特殊要求 游泳池和类似场所用灯具》（GB 7000.218—2008），《投光照明灯具光度测试》（GB/T 7002—2008），《民用机场灯具一般要求》（GB/T 7256—2015），《摄影用电子闪光装置安全要求》（GB/T 9316—2007），《灯具分布光度测量的一般要求》（GB/T 9468—2008），《读写作业台灯性能要求》（GB/T 9473—2017），《船用防爆灯技术条件》（GB 12045—2003），《警车、消防车、救护车、工程救险车标志灯具》（GB/T 13954—2009），《灯具用电源导轨系统》（GB 13961—2008）。

（张保洲）

faguang xiaolü

**发光效率** （luminous efficiency） 每1W消耗功率所能发出的光通量。一个光源发出的总光通量，代表了光源发出可见光能力的大小。由于发光机制、制造工艺的不同，消耗同样的功率，发出的光通量可能相差很远（见下表）。

**不同光源的发光效率**

| 光源类型 | 发光效率/(lm/W) |
|---|---|
| 蜡烛、煤油灯 | 0.1～0.3 |
| 碳丝灯（爱迪生发明） | 约2.5 |
| 钨丝灯 | 约8 |
| 充气白炽灯 | 约13 |
| 高压汞灯 | 约60 |
| LED | 约100 |
| 高压钠灯 | 约120 |
| 近白色灯的理论极限 | 约250 |

若以 $P$ 和 $\Phi$ 分别表示光源消耗的功率和发

出的光通量，则发光效率为

$$\eta = \Phi / P$$

人造光源的目的主要是照明，从这个意义上讲，光源的好坏主要体现在保持显色性能的前提下发光效率的大小。（张保洲）

sewen

**色温** （color temperature） 表征光源光色的参量，当一个光源的颜色与某个温度的黑体所发出的光的颜色相同或最接近，则黑体的这个温度就定义为该光源的色温，单位为 K（开尔文），常用 $T_c$ 表示。

**词源** 如果已知一个黑体的温度，其光谱功率分布可以用普朗克公式计算出来，进而就可以计算出它的色坐标。将不同温度黑体的色坐标绘制于 CIE 1931 色品图上，其轨迹是一条曲线，称为黑体轨迹（见下图）。当黑体温度较低时，光色呈橙黄色，随着温度升高，逐渐接近白色，当温度高到 $10^4$ K 以上时，则略呈蓝色。据此，从光的颜色可以推断出温度的高低。由光的颜色与温度的这种关系，引出了色温的概念。这种关系对黑体辐射和很接近黑体辐射的辐射源如白炽光源，都是成立的。由于黑体辐射的光谱功率分布只取决于其温度，就白炽光源而言，当色温较低时，光源的光谱功率分布中，长波辐射相对多一点；当色温较高时，光谱功率分布中的短波辐射相对多一点。所以，从本质上讲，光源的色温也在相当程度上可以反映连续谱光源的光谱功率分布。

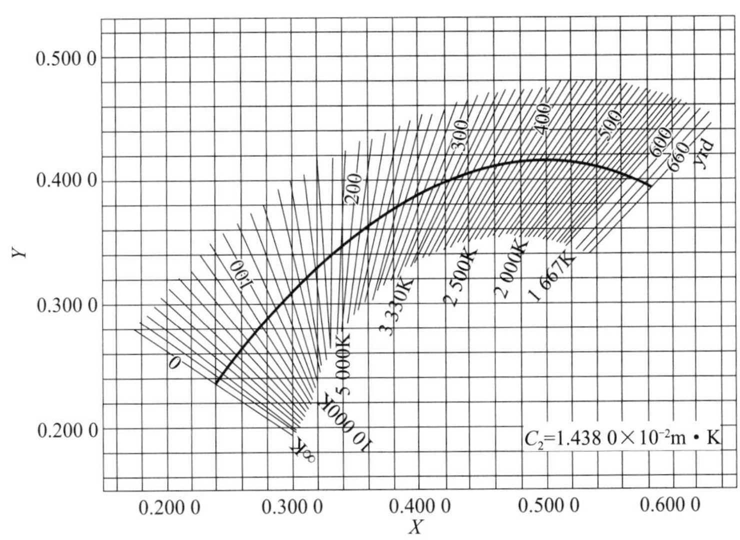


**CIE 1931 色品图上的黑体轨迹和等相关色温线**

对白炽光源来说，它的光色和黑体光色可以近似达到完全匹配，即它的色坐标几乎落在黑体轨迹上，则将颜色相同黑体的温度作为光源的色温；对其他类型的光源来说，它们的光色和黑体光色达不到完全匹配，即它们的色坐标不会落在黑体轨迹上，那么就要找到该光源的色坐标点到黑体轨迹的最近距离点，则将这个点对应黑体的温度作为该光源的相关色温。在应用中，多数情况还是对应使用相关色温，平时为简洁起见，相关色温也常简称为色温。

**色温与色品图** 由于 CIE 1931 色品图是非均匀色空间，在该图上颜色知觉上的差异不均匀。所以，在 CIE 1931 色品图上，从某一坐标点到黑体轨迹的最近距离并不是坐标点到黑体轨迹的最短几何距离，即不是从这点向黑体轨迹切线所作的垂线的交点，而是一根与此垂线有一定角度的斜线，这些线称为等相关色温线。在每一条线上的相关色温都是相同的，即等于它与黑体轨迹的交点上所对应黑体的温度值。因此，如果某光源色坐标落在一条等相关色温线上就可以确定其相关色温；如果某光源色坐标落在两条等相关色温线之间，也可以根据该点与两条等相关色温线之间的距离计算其相关色温。在CIE 1960 UCS图上，两个颜色知觉上的差异就是颜色坐标点之间的直线距离，等相关色温线与黑体轨迹切线是垂线相交的。所以，如果某光源色坐标落在两条等相关色温线之间，利用CIE 1960 UCS图计算相关色温比利用CIE 1931色品图更精确。

**光源色温的选择** 一般物体是不发光的，只有在一定的光源照射下，才能看见它的形状和颜色，而且在不同的光源照射下，物体呈现的颜色是不同的。也就是说，物体的颜色依赖于照明它的光源的颜色。因此，为了确切地描述物体的颜色，必须首先指明是在具体哪种光源底下呈现的颜色。为了使进行物体颜色的比较或测量时所使用的照明体标准化，CIE规定了标准照明体，其中最重要的有两种：①标准照明体A。是温度为2 856 K的黑体辐射，其相对光谱功率分布可由普朗克公式计算，它可以用色温为2 856 K的白炽灯很好地复现出来。②标准照明体$D_{65}$。是相关色温为6 504 K的标准照明体，它是通过相对功率分布数值表来定义的，用氙灯加适当的滤光片，可以制成较好的$D_{65}$模拟器。

标准照明体A和$D_{65}$是最常见的两种照明体，应用中常把标准照明体A称为低色温标准光源，把标准照明体$D_{65}$称为高色温标准光源。

**应用** 色温在照明、摄影、摄像、印刷等领域都具有重要应用。在照明行业，普遍采用色温这个量来大致表征电光源发光光谱成分。例如，白炽灯色温通常为2 600～3 200 K，荧光灯的色温通常为3 000～7 000 K。

在摄影和摄像中，通常采用两种类型的滤光镜来平衡色温：当实际拍摄对象平均色温过低时，采用带微蓝色的82系列滤光镜来提高色温；当实际拍摄对象平均色温过高时，采用带淡红色的81系列滤光镜来降低色温。

色温也是高档显示器一个性能指标。15英寸（1英寸=2.54 cm）以上数控显示器一般都带有白场色温调节功能，通过选择可以使显示器显示白色时的色温处于9 300 K、6 500 K或5 000 K。这样用户可以根据需求将显示器调整到满足高标准工作要求的状态。有些高档显示器还支持用户线性调整白场的色温。（张保洲）

xianse zhishu

**显色指数** （color rendering index） 用来表征光源的显色性的参量，其量值是待测光源下物体的颜色与参照光源下物体的颜色相符程度的度量。

**计算方法** CIE规定用普朗克辐射体或标准照明体D作为参照光源，如果某一颜色样品在参照光源和待测光源之间的色差为$\Delta E$，则待测光源对颜色样品的特殊显色指数为$R_i = 100 - 4.6\Delta E$。式中，系数4.6是基于将参考光源显色指数定为100，并约定一种色温为3 000 K的标准荧光灯的一般显色指数为50而导出的。光源对特定的8个颜色样品的特殊显色指数的平均值称为一般显色指数（$R_a$），$R_a = (\sum R_i)/8$。

**影响因素** 衡量一种照明光源的优劣最重要的指标是发光效率和显色指数这两个指标。前者标志着光源在同样能耗的条件下能提供的照明数量；后者则表明了光源提供照明的品质。一个好的照明光源既要有高的发光效率，又要有高的显色指数。

长期以来，人类适应在日光下工作，夜晚则靠火焰照明，火光的光谱功率分布大致相当于黎明和黄昏时的日光。在日光条件下，人的颜色视觉是恒定的，这种恒定性是人们在日光下长期劳动实践形成的。白炽灯是类似火光的炽热发光体，人们刻意把日光和白炽灯作为标准，认为在这两种光源下看到的颜色是物体的“真实”颜色。而荧光灯等其他光源的光色可能与日光和白炽灯相似，但是光谱功率分布与日光和白炽灯却有很大的差别。因此，在这些光源下所看到的物体颜色与在日光和白炽灯下所看到的颜色会出现差异。当在一个光源下时，物体呈现的颜色与物体在日光或白炽灯下呈现的颜色差别越小，则光源的显色性越好。

按 CIE 的规定，把普朗克辐射体作为低色温光源的参照标准，把标准照明体 D 作为高色温光源的参照标准，用以衡量在其他光源照明下的颜色呈现效果。光源的显色性是指与参照标准相比，一个光源对物体颜色外貌的呈现效果。与参照标准下的颜色越接近，光源的显色性越好。

光源的显色性取决于光源的光谱功率分布。日光和白炽灯的显色性最好，它们的光谱功率分布基本上是连续谱，具有与日光和白炽灯相似的连续谱的光源具有较好的显色性。研究表明，连续谱中各波长辐射对显色性的贡献是不同的，450 nm、540 nm 和 610 nm 附近的辐射对提高光源的显色性具有特殊的效果，用这三个波长的辐射以适当的比例混合所产生的白光与连续谱的日光或白炽灯具有同样优良的显色性。

光源的色温与显色性之间没有必然的联系。具有不同光谱功率分布的光源可能具有相同的色温，但它们的显色性可能差别很大。低色温光源和高色温光源都可能有较好的显色性，也有较差的显色性。当光源处在人们观察某种物体所适应的对应色温范围时，显色性应是光源质量更重要的指标，因为它影响人眼对目标物体颜色的观察和辨认。

**应用** 显色指数在照明光源的生产和应用中具有十分重要的作用，因为显色指数是衡量照明光源视觉质量的重要指标。当需要对照明物体进行正确的颜色判断时，一般要求照明光源的指数（$R_a$）大于 80，如果需要对照明物体进行颜色精确对比，$R_a$要大于 90；当需要对照明物体进行一定的颜色判断时，则要求照明光源的 $R_a$应处于 60 ~ 80；$R_a$为 40 ~ 60 时，照明光源只适用于颜色识别要求较低的场所；如果照明光源 $R_a$小于 40，就只能用于对颜色识别没有要求的场所。常见的光源中，白炽灯是显色性最好的电光源，其 $R_a$达 95 以上，接近 100；普通荧光灯的 $R_a$通常为 75 ~ 85；高压汞灯的 $R_a$为 30 ~ 40；高压钠灯的 $R_a$最低，只有 20 ~ 25。

显色指数在电影、摄影、摄像、印刷、纺织等对颜色判断要求很高的领域也都具有重要应用。只有 $R_a$很高的照明光源，如溴钨灯、氙灯、超高压铟灯等才能满足相应的辨色要求。有时，通过使用混光的办法，即同时使用两种光源，可以达到增加显色指数的效果。例如，用一份高压汞灯与两份高压钠灯混合，原先 $R_a$分别约为 20 和 35 的两种光源的混合光的 $R_a$超过 50。（张保洲）

refushe guangyuan

**热辐射光源** （thermal radiation light source） 一种非相干的光源，其产生的连续光谱分布主要取决于温度，大致可用普朗克定律来描述。太阳、白炽灯、卤钨灯、黑体辐射等都是典型的热辐射光源。

黑体辐射是一种理想的热辐射光源，对任何波长的入射辐射而言，它的光谱吸收比均等于 100%。由于在热平衡状态下，强吸收意味着强辐射，因此，黑体辐射具有最强的热辐射能力。

在人工热辐射光源中，最典型的是白炽灯、卤钨灯和人工黑体，尤以白炽灯、卤钨灯应用广泛，不但在很长时间内一直是人类用于照明的最主要的光源，而且由于其产生的连续光谱分布只取决于工作温度，大致可用普朗克定律来描述，且发光十分稳定，至今仍广泛地用作复现光辐射值的工作标准灯。（张保洲）

baichideng

**白炽灯** （incandescent lamp） 将灯丝通电加热到白炽状态，利用热辐射发出可见光的电光源。1879 年爱迪生发明了碳丝灯，人类进入电灯时代。这种灯的发光效率达到 2.5 lm/W，具有寿命长、使用方便的特点，达到了实用的要求。

1906 年美国人库里奇成功地用钨丝代替了碳丝，使灯的发光效率提高了两倍，随后又分别于 1914 年和 1934 年两次改进工艺制成了单螺旋和双螺旋钨丝白炽灯，使光效达到了 13 lm/W，这与今天广泛使用的钨灯几乎没有什么差别。

白炽灯由于具有价格低廉、使用方便和光

强连续可调等优点，在很长时间里成为应用最广泛的电光源。

普通白炽灯由钨丝、钼丝支架、玻璃泡壳和灯头等几部分组成（见下图），它是靠电将钨丝加热至白炽而发光。

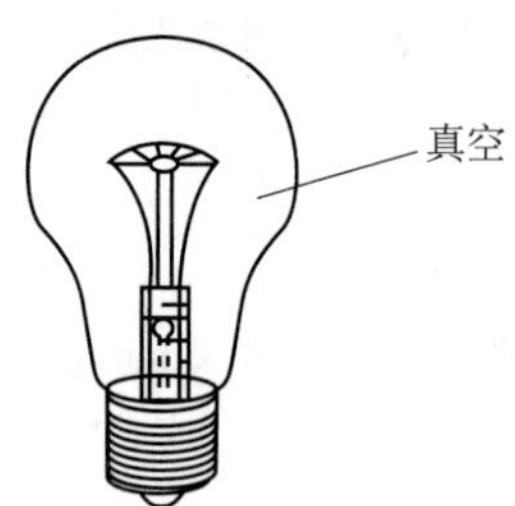


白炽灯典型结构

炽热钨的发光效率和辐射度是随着温度的不同而变化的（见下表）。虽然增加钨丝的温度可以提高发光效率且钨丝的熔点高达 3 655 K，但只要工作温度高于 2 500 K，钨在真空中就很容易蒸发，从而被烧毁。因此，普通的真空钨丝灯的工作温度一般控制在 2 400 K 以下，其发光效率最多只能达到 10 lm/W 左右。

炽热钨的发光效率和辐射度

| 温度/K | 辐射度/（$W/cm^2$） | 发光效率/（lm/W） |
|---|---|---|
| 2 000 | 20.95 | 3.15 |
| 2 400 | 51.2 | 10.1 |
| 2 800 | 105.7 | 21.6 |
| 3 200 | 193.5 | 36.0 |

（张保洲）

luwudeng

**卤钨灯**（halogen lamp） 在玻壳中填充的气体内含有部分卤族元素或卤化物的充气白炽灯。将卤钨循环原理应用到钨灯上，可使钨灯工作到 3 200 K 以上，相应的发光效率超过 30 lm/W。目前卤钨灯（特别是碘钨灯和溴钨灯）应用已很广泛，在电影和舞台照明中几乎全部采用卤钨灯。

**卤钨循环原理** 在钨灯中充入卤族气体，钨工作温度较高时，钨丝发生蒸发，蒸发出来的钨将向泡壁运动，当其到达泡壁附近即与卤素反应形成挥发性的卤钨化合物。当其扩散达到灯丝附近又分解成卤素和钨，释放出来的钨又沉积在灯丝上，而卤素再继续扩散到温度较低的泡壁区域与钨化合，这样的循环过程就使得蒸发的钨仍回到了钨丝上。

**特点** 与真空钨灯和充气钨灯相比，卤钨灯除具有色温高、光效高的优点外，还具有以下三个突出特点：①体积小：其体积不到同功率白炽灯的 1/10；②发光稳定：灯坏前光通量在其初始时的 95% 以上，普通白炽灯坏前光通量只及初始的 60%；③寿命更长。

在光电技术范畴，钨灯具有三个突出的优点：①除稳定供电设备外，无须其他附属设备；②供电的电流、电压容易准确控制，而只要供电稳定，其发光稳定性就极好；③其辐射比其他光源更似黑体。因此，人们将其用作标准光源，在可见和红外辐射研究中卤钨灯也是经常采用的光源。

如果钨灯工作电流（或者电压）超过其额定值时，其寿命将明显缩短。而钨灯具有正阻特征，即工作时的热电阻远大于冷态时的电阻。一般情况下，灯丝热电阻是其冷电阻的十几倍。所以在使用时，如能使灯丝电流逐步增大到额定值，而不是一步到位的话，在很大程度上可以延长钨灯的寿命，特别是用作标准灯时更应加以考虑。（张保洲）

qiti fangdian guangyuan

**气体放电光源**（gas discharge lamp） 基于气体放电发光原理制成的电光源。

**工作原理** 当给光源阴极加热或用正离子轰击阴极时，可以使电子获得足够的能量从阴极逸出。逸出的电子在电场的作用下加速；加速的电子与光源内的气体原子发生碰撞时，其动能使原子激发；当受激发原子返回基态时，所吸收的能量便以辐射形式释放出来。

当采用加热方式使阴极产生足够的逸出，称为热电子发射。热电子发射是弧光放电的主要形式，高压汞灯、氙灯、钠灯及金属卤化物灯都是采用弧光放电。当采用正离子轰击发射时，阴极完全不需要加热，所以又称为冷阴极发射。冷阴极发射是辉光放电的主要形式。在同样的工作电流下，辉光放电阴极的尺寸比弧光放电阴极大得多。

**特点** 与热辐射光源相比，气体放电光源具有以下显著特点：①由于不受灯丝熔点的限制，因此可以获得很高温度的辐射；②辐射光谱可以选择，只需选择适当的发光材料即可；③发光效率比热辐射光源高得多。

**启动过程** 与白炽灯不同，气体放电灯必须通过一个“启动”过程来点燃灯源，传统上荧光灯采用预热式启动（见下图）。

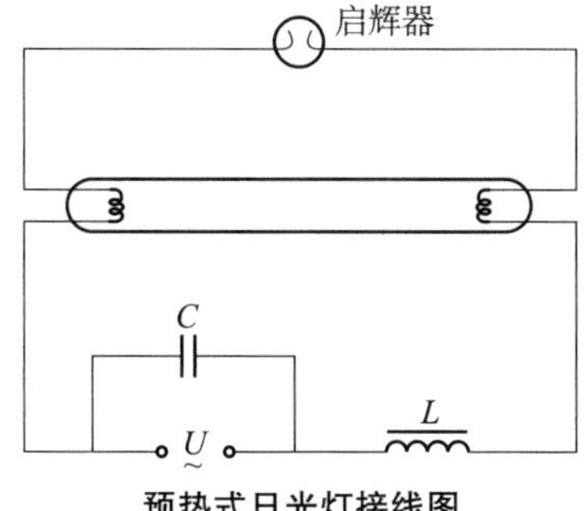

预热式日光灯接线图

图中，启辉器是一只辉光放电管，内部充有少量氩、氖或氩氖混合气体。它有一个固定电极和一个双金属片电极。当电池接通时，220 V 的电压不能使灯启动，但能使启辉器发生辉光充电。辉光放电时产生的热量加热双金属片，使其向外弯曲并与固定电极接通。由此电流可通过启辉器、镇流器加热灯丝。而双金属片电极一旦与固定电极接通，辉光放电也就停止了，这样双金属片开始冷却，冷却到一定温度后，两电极又重新断开，双金属片回复原状，两极接通的这一段时间就是灯丝的预热时间，灯丝经过预热，发射出大量电子，使灯的启动电压大为降低。同时，在启辉器两极断开的瞬时，灯丝的加热电流突然被切断，在镇流器的两端产生一个很大的自感电动势，这个电压与电源电压叠加作用到灯上，使灯开始放电，灯即被点燃。由于灯亮后，加在启辉器上的电压低于启辉器的熄灭电压，所以启辉器就不再动作。（张保洲）

yingguangdeng

**荧光灯** （fluorescent lamp） 基于斯托克斯效应，利用波长较短的辐射激励荧光物质产生可见光制备的光源。

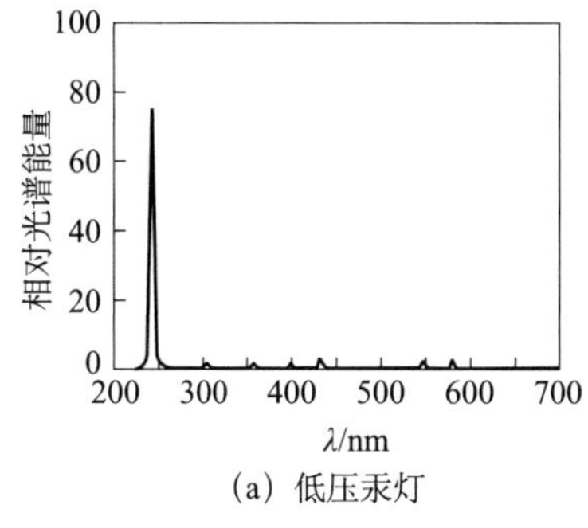

（a）低压汞灯

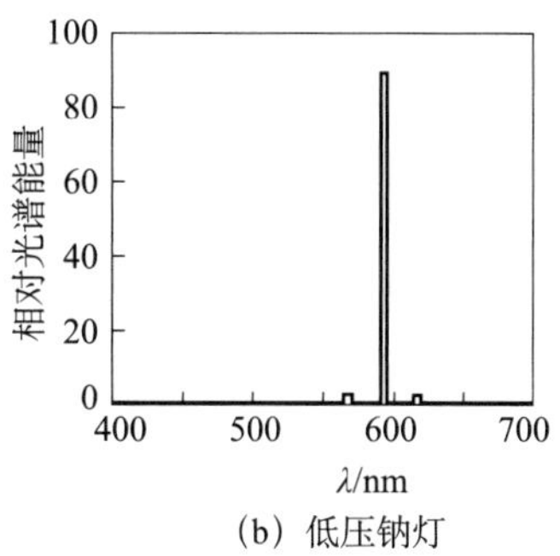

（b）低压钠灯

低压汞灯和低压钠灯的光谱能量分布

低压汞灯和低压钠灯是最早出现的气体放电灯，它们的光谱能量分布见上图。低压汞灯95%以上的辐射都集中在波长为253.7 nm 的紫外谱线中，所以它是比较典型的紫外辐射源，常应用于紫外杀菌，但发光效率很低。如果选用适当的荧光物质，利用灯发出的紫外辐射激励荧光物质产生可见光，就能做成发光效率高达50~80 lm/W 的低压水银荧光灯。通常使用的日光灯是一种最典型的低压水银荧光灯。由于它的光效比钨灯高，且色温接近4 000 K，所

以在许多场合都被用作照明光源。（张保洲）

xiandeng

**氙灯** （Xenon lamp） 利用氙气放电发光原理制成的光源，是一种在应用中很重要的高压气体放电光源。它除有一些谱线辐射外，还有很强的连续辐射。短弧氙灯的相对光谱能量分布见下图。由于它的分布与太阳光相近，常用它作为模拟太阳辐射的光源。另外，由于它的光特别明亮，常用它作为探照灯和广场、车间、港口处的照明光源。

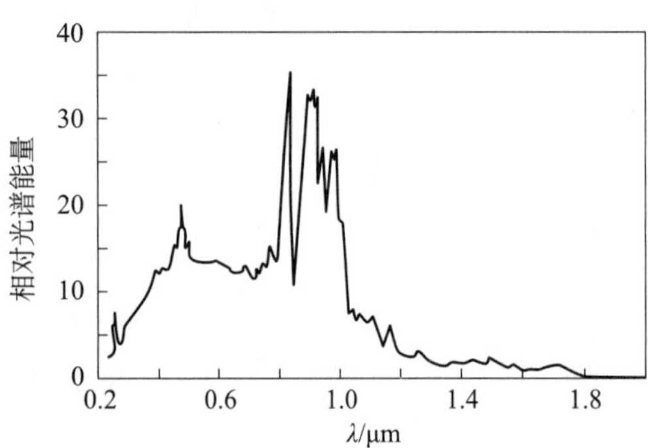


短弧氙灯的光谱能量分布

（张保洲）

jinshu luhuawu deng

**金属卤化物灯** （metal halide lamp） 在高压汞灯的基础上添加其他金属制成的灯，其发出的光不单是汞的谱线，还发出大量金属光谱。不仅光色比高压汞灯改善许多，而且光效也能保持在 60 lm/W 左右。

超高压铟灯是一种典型的金属卤化物灯，其相对光谱能量分布见下图。

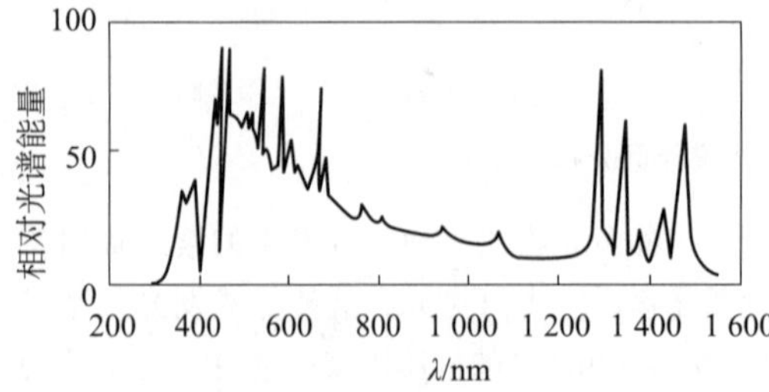


超高压铟灯的光谱能量分布

由于超高压铟灯具有尺寸小、亮度分布均匀、光效高、光色好等优点，故常应用于小型便携式放映机中，不仅银幕亮度高，而且画面色彩鲜艳。（张保洲）

ziwai fusheyuan

**紫外辐射源** （ultraviolet source） 能发出紫外辐射的物体，俗称紫外光源或紫外线灯。常见的有高压汞灯、紫外荧光灯、紫外发光二极管。

按其辐射出的紫外辐射的波段分为 A 波段、B 波段和 C 波段紫外辐射源。

**A 波段（315 ~ 400 nm）紫外辐射源** 又称长波紫外源,在光刻制版、老化试验、无损检测等领域都有极广泛的应用，最典型的是高压汞灯、黑光灯。

**B 波段（280 ~ 315 nm）紫外辐射源** 又称中波紫外源，在医疗卫生、保健防护等领域有广泛的应用，最典型的是紫外荧光灯。

**C 波段（100 ~ 280 nm）紫外辐射源** 又称短波紫外源，在医疗卫生、食品生产、水处理等领域有广泛的应用，最典型的是低压汞灯。

（张保洲）

dengliziti xianshiqi

**等离子体显示器** （plasma display panel，PDP） 等离子管作为发光像元的平板显示设备。由于组成显示平面的各个等离子管荧光粉像素是独立的，所以易于制成大尺寸显示器。

**原理** 等离子体是物质的一种形态，由数量、密度都近似的正、负离子组成。PDP 在显示平面上安装数以十万计的等离子管作为发光像元，每个等离子管有两个玻璃电极、内部充满惰性气体，其中一个电极上涂敷三原色荧光粉。当两个电极间加上高压时，引发管内惰性气体放电，产生等离子体。等离子体产生的紫外辐射激发涂敷荧光粉的玻璃电极而发出可见光。显示器的画面就是由这些等离子体管发光像元形成的“光点”汇集而成的。

**沿革** 1964 年，在美国伊利诺伊大学诞生了首个等离子显示设备。到 20 世纪 70 年代初，

25.4 cm、512×512 单色 PDP 便实现了批量生产。20 世纪 80 年代中期美国的 Photonisc 公司研制出 152.4 cm、2 048×2 048 单色 PDP。但这些产品只能显示单色画面，亮度等指标也无优势，因此难以成为显示器的主流。直到 20 世纪 90 年代，等离子显示技术才迎来新的突破，实现了从单色灰度显示到全彩色显示的跨越；PDP 的亮度和寿命等关键指标也因技术进步而大幅提高，PDP 开始进入彩色实用化阶段。1993 年，日本富士通公司生产的 21 英寸（1 英寸 = 2.54 cm）、640×480 彩色 PDP 被纽约证券交易所选中，成为 PDP 迈向大规模商用化的标志。随后尺寸更大的彩色 PDP 不断涌现。

**优点** 由于 PDP 各个发光像元的结构完全相同，因此不仅亮度十分均匀，而且不会出现 CRT 常见的图像几何畸变。与传统的 CRT 相比，PDP 也具有轻薄的外形，其厚度和重量分别仅为 CRT 的 1/6 和 1/10；PDP 的可视角达 160°，比 CRT 宽，并具有亮度高、色彩还原好、灰度丰富和响应时间短等特点。与 LCD 相比，由于 PDP 采用的是厚膜技术，其尺寸易于充分地做大。

与其他大屏幕显示设备相比也具有明显的优势：与大屏幕 CRT 显示器相比，PDP 又轻又薄，且产生的有害辐射小得多；与投影机相比，其直接显示方式使得视觉效果更好；与多屏显示（通过分屏技术，将一个整体画面分割，用多台较小的显示器分别显示其中的一部分，重新组合成一个整体的图像）相比，整体感更好；与 LED 显示屏相比，不仅其画面的质感、色彩还原和可视角都好得多，而且也不易引起眩光感。

**缺点** 包括以下几点：①由于 PDP 显示屏上的玻璃极薄，与 CRT 相比要脆弱得多，其表面不仅不能抵御尖锐物体的碰撞，甚至不能承受太大或太小的大气压力；②PDP 显示屏每一个像素都是独立的等离子体发光管，相较于 CRT 使用一支电子枪而言，其耗电量要大得多；③由于耗电高带来较大的发热量，所以 PDP 背板上须装有风冷散热装置；④相比其他平板显示器 PDP 的价格较高。 （张保洲）

jiguangqi

## 激光器

**激光器** （laser device） 产生激光的设备，激光是受其他辐射激发而产生的光辐射。激光器发明于 1960 年，它对光电技术乃至从科技进步整体来讲都产生了划时代的影响。

世界上出现的第一台激光器是美国休斯研究所梅曼（T. Maiman）发明的红宝石激光器。如今，人们已经研制出采用固体、气体、液体或半导体作为工作介质的种类繁多的激光器，并将其进行广泛应用。

物质的粒子存在一系列分立的能级，其中有下能级 $E_1$ 与上能级 $E_2$。$N_1$ 与 $N_2$ 分别表示单位体积内处于下能级 $E_1$ 与上能级 $E_2$ 的粒子数，在热平衡条件下服从玻尔兹曼分布，即

$$\frac{N_2}{N_1} = e^{-(E_2 - E_1)/kT}$$

式中，$k$ 为玻尔兹曼常数；$T$ 为温度。常温下 $N_2 \ll N_1$。

在两个能级面存在三种跃迁：由上能级 $E_2$ 向下能级 $E_1$ 自发发射，每秒发射概率为 $A_{21}$，发射粒子总数为 $A_{21}N_2$；由上能级 $E_2$ 向下能级 $E_1$ 受激发射，单位辐射能密度下每秒发射概率为 $B_{21}$，发射粒子总数为 $B_{21}N_2\rho(\nu)$；由下能级 $E_1$ 向上能级 $E_2$ 受激跃迁，每秒跃迁概率为 $B_{12}$，跃迁粒子总数为 $B_{12}N_1\rho(\nu)$，其中 $\rho(\nu)$ 为辐射能密度。

在热平衡条件下，每秒受激跃迁的粒子数等于每秒自发发射与受激发射的粒子数之和，即

$$B_{12}N_1\rho(\nu) = A_{21}N_2 + B_{21}N_2\rho(\nu)$$

根据上面两式推导得到

$$\rho(\nu) = \frac{A_{21}}{B_{12}e^{h\nu/kT} - B_{21}}$$

在热平衡系统中，辐射能密度 $\rho(\nu)$ 与黑体辐射能密度相等，因此将上式与黑体辐射能密度的表达式相比，得到

$$B_{12} = B_{21}$$

$$\frac{A_{21}}{B_{21}} = \frac{8\pi h\nu^3}{c^3}$$

故自发发射和受激发射概率之比为

$$\frac{A_{21}}{B_{21}\rho(\nu)} = e^{h\nu/kT} - 1$$

在室温下，对波长为 600 nm 的辐射，$\nu = 5\times10^{14}$ Hz，这个比值约为$10^{35}$。与自发发射相比，受激发射完全可以忽略不计。所以，一般光源的发射都是自发发射，而其中的受激发射人们无法觉察。要产生出很强的受激发射——激光，就需要实现这样一个重要条件：实现能级粒子数反转。也就是颠倒热平衡系统中$N_1 \gg N_2$的粒子分布，在非平衡系统中找到跃迁能级，使那里上能级粒子寿命较长的粒子数$N_2$大于下能级粒子数$N_1$。激光的出现正是由于人们找到了存在所谓亚稳态的物质并将其作为工作物质，实现了粒子反转。

激光的受激发射见下图，当使用某种方法使处在基态的粒子不断激发到高能级上时，在这些较高能态上的粒子会自动地跃迁至亚稳态。因为亚稳态就是寿命特别长的激发态。因此，大部分粒子就会聚到亚稳态上。这时如有外来辐射能感应亚稳态的粒子就会产生雪崩式辐射，这就是激光。

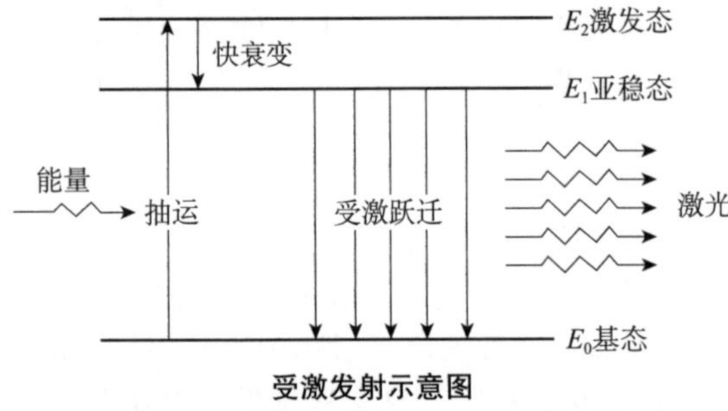


**受激发射示意图**

此外，还需要一个谐振腔。因为只有当某一频率信号在腔内谐振，在工作物质中多次往返，才有足够机会去感应处于粒子数反转状态的工作物质，而被感应的辐射具有与感应辐射相同的方向、位相、频率及偏振。因此这些被感应的辐射，又能去感应其他粒子，造成连锁反应，雪崩式地获得放大效果，从而在特定方向产生强烈的激光。

与普通光源相比，激光具有一些显著的特点：①是激光的单色性和相干性非常好。一个半导体激光器辐射的波长可能只有 2 nm，中间含有带宽仅为 0.01 nm 的几个分立峰。制造精良的气体激光器能够发射波长相当纯的光束。例如，经过适当调整的氦氖激光器能够发射带宽小于$10^{-8}$ nm 的单一波长的激光，它比光谱线的自然宽度还要窄。②激光具有极强的方向性。大多数激光器所发射的光束比普通光源发射的光束窄得多，它们的发射角不足最好的探照灯的发散角的 1‰。③激光的辐射强度和亮度都很高。典型激光器光子输出为$10^{16}\sim10^{28}$个光子/s。但相同孔径的典型热源，在 100 nm 处每秒只能输出$10^{12}$个光子。激光器由于带宽窄、波束窄，造成它的亮度极高，有的激光的亮度可超过太阳表面亮度的$10^{10}$倍。

激光的特性对光学仪器及其他应用有重要的意义，下表列出最常见的一些激光器和相应的性能。

**一些常用激光器的主要参数**

| 类型 | 名称 | 主要谱线波长/μm | 输出功率 | 工作方式 |
|---|---|---|---|---|
| 固体激光器 | 红宝石，$Gr^{+++}$ | 0.693 4 | 10 kW | 脉冲 |
| 气体激光器 | 氦氖激光器 | 0.632 8 | 2 mW | 连续 |
| | | 1.152 3 | 1 mW | |
| | | 3.391 4 | 1 mW | |
| | 氩离子激光器 | 0.488 0 | 1 W | 连续 |
| | | 0.514 5 | 1 W | |
| | 二氧化碳激光器 | 10.6 | 100 W | 连续 |
| 液体激光器 | 诺丹明 6G 激光器 | 0.560 ~ 0.650 | 50 mW | 连续 |
| 半导体激光器 | 砷化镓半导体激光器 | 0.902 | 5 W | 连续 |

（张保洲）

qiti jiguangqi

**气体激光器** （gas laser device） 以特定气体作为工作物质的激光器。大致分为三种类型。

**氦氖混合气体激光器** 是最早出现，也是应用最广泛的气体激光器。它是一个直径大约1 cm、长度为20 cm～1 m的气体放电管，管内充一定量的氦气和氖气，放置在放电管之外的一对反射镜组成谐振腔（见图1）。一般采用直流、交流或射频放电进行激励；工作状态是连续的，主要发射出波长为632.8 nm、1 152.3 nm和3 391.3 nm的激光；输出功率在毫瓦量级。一般来讲，放电管越大，输出功率越大。

**离子激光器** 工作物质是化学性质稳定性较高的气体（氩、氪、氙）的离子，水银离子以及卤族元素的离子。这种激光器输出功率大，同时，其谐振谱线从紫外到红外光谱区均有。氩离子激光器是离子激光器中最常用的一种（见图2）。由于电流密度很高，有一部分氩离子向阴极迁移，因而要采用回气管以补偿这种迁移。氩离子激光器能在几个波长上同时振荡，如351.1 nm、363.8 nm、457.9 nm、465.8 nm、472.6 nm、488.0 nm和510.7 nm等。

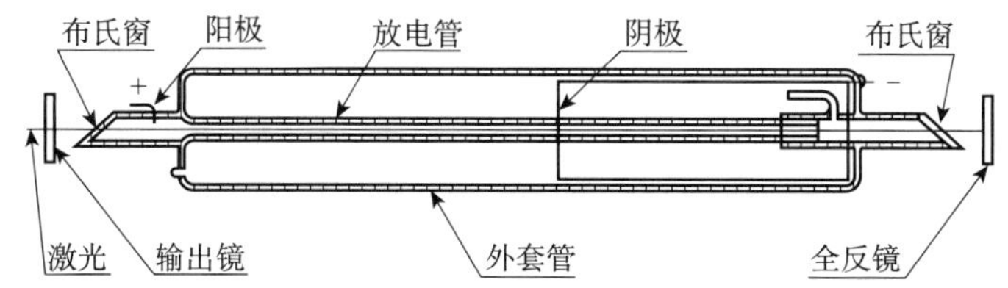

**图1 氦氖混合气体激光器示意图**

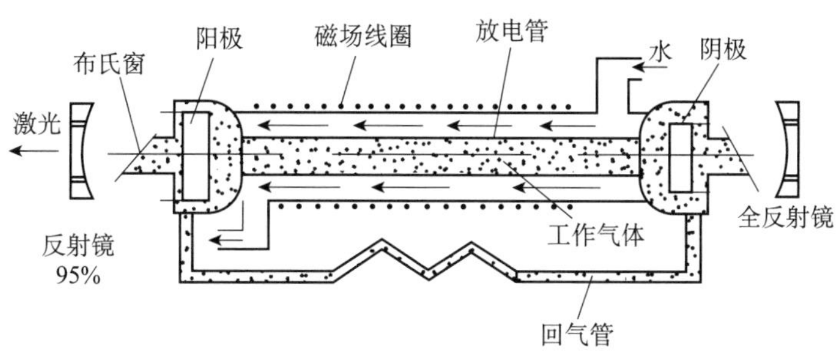

**图2 氩离子激光器示意图**

**二氧化碳激光器** 是一种应用广泛的气体激光器，最大的特点是功率大，它可以发出超过100 W的连续红外激光束；因为激光束十分细窄，所以相应的功率密度很高，具有极强的穿透力。由于它的这个特点，在工业生产中常被用作快速切割设备，在军事上二氧化碳激光器是激光武器的核心组件。 （张保洲）

yeti jiguangqi

**液体激光器** （liquid laser device） 以特定液体作为工作物质的激光器。染料激光器是最典型的液体激光器。

染料激光器的结构见下图，其工作物质染料由溶解在适当溶剂中的强烈荧光有机化合物组成，常用的有诺丹明6G等。当被氙闪光或其他激光激发就可发出激光，而且获得的激光波长是可调的，因此又称其为可调谐激光器。使用染料激光器可在可见光范围内获得很多激光谱线。对于脉冲可见光染料激光器，其典型输出能量为0.1 J，如用1 W氩离子连续激发，输出为几十毫瓦。

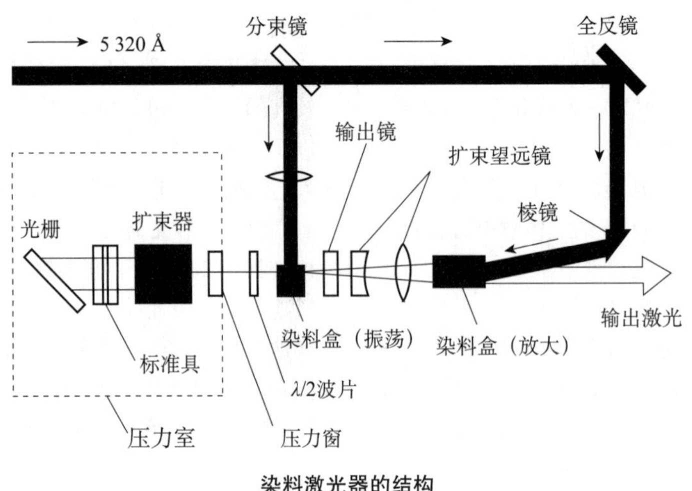


染料激光器的结构

（张保洲）

guti jiguangqi

**固体激光器** （solid-state laser device） 以特定固体材料作为工作物质的激光器。常见的有红宝石激光器、钕玻璃激光器、钇铝石榴石激光器等。

红宝石激光器是最早被实现的激光器，又是固体激光器中用途最广的晶体激光器。它的工作物质是掺有 0.05% 氧化铬的红宝石（$Al_2O_3$）单晶（见下图）。红宝石被磨成直径约 1 cm、长约 15 cm 的圆棒。共振腔由两个平行平面镜组成。激励是用高功率脉冲氙灯，因此，激光器的工作状态是单次脉冲式。在室温下，发出的激光波长为 694. 3 nm，每脉冲在 1 ms 量级，对应输出能量为焦耳数量级。

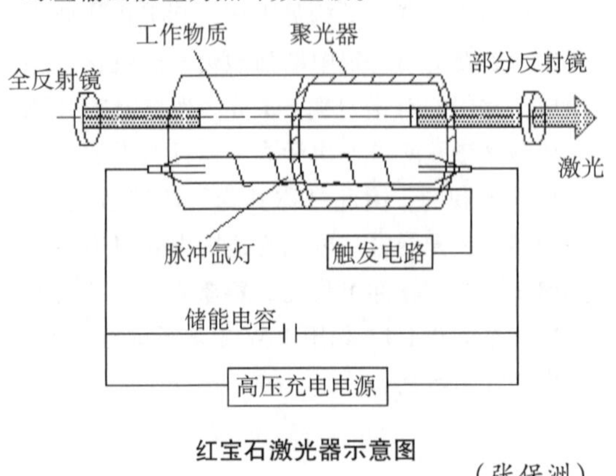


红宝石激光器示意图

（张保洲）

bandaoti jiguangqi

**半导体激光器** （semiconductor laser） 工作物质是半导体材料的固体激光器。由于半导体激光器应用的广泛性，在激光器分类中常把它单列出来。

半导体激光器的工作物质是半导体材料，应用最广泛的是砷化镓激光器（见下图）。其外形及大小与小功率半导体三极管差不多，仅在外壳上多一个激光输出窗口。半导体激光器具有体积小、重量轻并可直接用电源调制的特点。其不足之处是单色性和方向性远不及其他激光器，由于这些缺点，它适用于激光通信及测距方面。

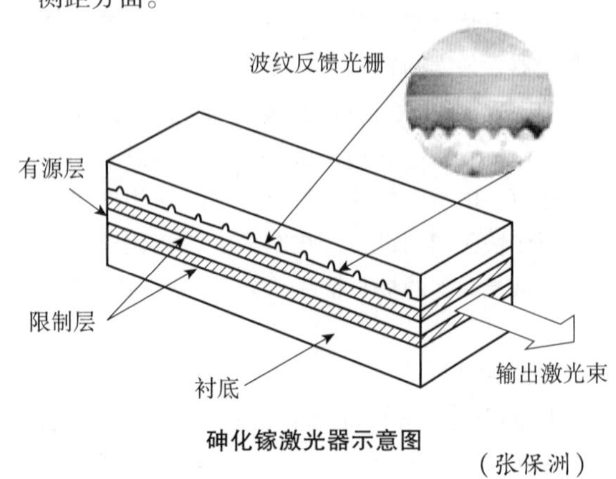


砷化镓激光器示意图

（张保洲）

LED xianshiping

**LED 显示屏** （LED panel） LED 作为发光像元的平板显示设备，它通过控制 LED 的明暗，来显示文字、图形、图像或视频信号。LED 显示屏亮度高且易于做成大尺寸显示屏的特点满足了市场的室内亮屏，尤其是室外大屏的需求。常用作电视机的所谓“LED 显示器”并不是 LED 显示屏，只是用 LED 作为背光的 LCD；有机发光显示器 OLED 也与 LED 显示屏不同，它是一种性能优异的平板显示技术，大尺寸全彩色 OLED 器件尚处在研究开发阶段。

**原理** 如果显示屏只包括一种颜色的 LED，就称其为单基色屏或单色屏；把红色和绿色的 LED 安置在一起作为一个像素制作的显示屏称为双基色或三色屏；把红、绿、蓝三种颜色的 LED 安置在一起作为一个像素制作的显示屏叫三基色屏或全彩屏。室内 LED 显示屏相对较小，像素尺寸一般为 1.5 ~ 12 mm；室外 LED 显示屏通常较大，像素尺寸多为 6 ~ 41.5 mm。制作单、双或三基色 LED 显示屏时，如果只用来显示文字和图形，只需控制 LED 通断即可；如欲显示图像或视频，则需控制每个 LED 的亮度，这种控制的精细程度就表现为显示屏的灰度等级。灰度等级越多，显示的图像就越细腻，色彩也越丰富，相应的显示控制系统也越复杂。一般 256 级灰度的图像，颜色过渡已十分柔和。

**沿革** 最初，LED 被制成 7 段码或米字码数码管显示屏，用于制作时钟屏、利率屏等；随着技术的进步，LED 被制成 LED 点阵图文显示屏，用于显示文字和图形信息；目前，微电子技术、计算机技术和信息处理技术充分融合使得 LED 视频显示屏成为现实，进而成为可以显示视频、动画等各种视频文件的高亮度巨型显示屏的首选。LED 显示屏仍处在一个高速发展的时期。

**优点** 包括以下几个方面：①LED 显示屏的亮度高，用于户外 LED 显示屏的亮度可达 8 000 mcd/m$^2$，是唯一能够在户外全天候使用的视频显示终端；②LED 显示屏易于制成大型显示终端；③LED 显示屏的功耗很低，仅约为同尺寸 LCD 功耗的 1/10；④LED 显示屏响应速度比 LCD 快得多，刷新速率更高，这使得 LED 具有更好的视频和动画表现；⑤LED 显示屏的寿命很长，设计寿命长达 10 万 h；⑥支持 LED 显示屏的计算机软件非常丰富。

**规避光污染** 由于 LED 显示屏常以高亮度大屏的形态出现，很容易成为光污染的来源。所以在设计和运行 LED 显示屏时需考虑避免或限制显示屏幕形成光污染。主要包括以下几点：①在不同的背景亮度条件（白昼或夜间、室外或户内）下，显示屏应控制为不同的亮度，避免显示屏亮度与环境亮度相比过高造成视觉的不适；②尽可能采取多级灰度矫正技术，丰富色彩显示层次，通过提高色彩柔和度来避免视觉的不舒适感；③合理设计或规划显示屏的尺寸和安装的方位，使观察者能获得最佳的观看距离和观看视角；④注意显示屏显示内容尽可能与观察者心理预期相适应，避免观察者的拒看心理。 （张保洲）

guangwuran

**光污染** （light pollution） 超量或杂乱的光辐射所造成的环境污染，多指眩光、电弧焊光等对人的视力和健康造成的不良影响。日常生活中，最常见的光污染是由镜面建筑反光所导致的行人和司机的眩晕感，以及夜晚不合理的灯光对人体造成的不适。

**词源** 20 世纪 30 年代，国际天文界提出了光污染的概念：指城市照明使天空发亮造成对天文观测的负面影响。后来英美等国也将这种光污染称为干扰光，日本的有关研究者则将其称为光害。

全国科学技术名词审定委员会曾审定公布光污染的定义：①过量的光辐射对人类生活和生产环境造成不良影响的现象，包括可见光、红外线和紫外线造成的污染。②影响光学望远镜所能检测到的最暗天体极限的因素之一，通常指天文台上空的大气辉光、黄道光和银河系背景光、城市夜天光等使星空背景变亮的效应。

**含义** 广义的光污染泛指影响视觉环境，对人类正常生活和工作造成不利影响，损害人们观察物体的能力，引起人体不舒适感和损害人体健康的一切光辐射现象。由于人眼具有一定的光适应能力，可适应一定范围内的光辐射，一旦光辐射量超过这一适应范围，就会形成光污染，如强日光照射下白墙形成的反射、夜间彩色广告形成的过度刺激等。除可见光污染外，广义的光污染还包括红外辐射和紫外辐射造成的危害。气溶胶在光化学的作用下会产生雾霾，一旦呼吸入肺对人类具有不容忽视的危害。这也是光污染危害的表现之一。

**分类** 通常可将光污染大致分为白亮污染、人工白昼和彩光污染；还可以分为光入侵、过度照明、混光和眩光。

**白亮污染** 主要指反射物反射的太阳或天空光辐射，使人眼或人体接收到超出其可适应范围的光辐射量，造成人体不适或损害的现象。例如，城市里建筑物的玻璃幕墙、釉面砖墙、磨光大理石和各种高反射涂料等装饰墙面反射太阳光形成的明亮的光刺激，又如，长时间接触电弧焊光的眩目光刺激都是常见的白亮污染。研究发现，长时间在白亮光污染环境下工作和生活的人，极易产生头昏目眩、失眠、心悸、食欲下降及情绪低落等类似神经衰弱的症状，导致人的正常生理及心理发生变化，使视网膜和虹膜受到不同程度的损害，形成白内障，造成视力急剧下降。在夏天，白亮污染尤其是玻璃幕墙强烈的反射光进入附近居民楼房内，将增加室内温度，影响正常生活。行驶的司机遭到白亮污染的突袭，很容易诱发车祸。

**人工白昼** 主要指过度的人工照明使得夜晚如同白天一样，扰乱人体正常的生物节律，造成人体不适或损害的现象。过度的人工照明既包括过强的道路照明，也包括常见的建筑或景物的泛光照明、霓虹灯、广告牌等。长时间在人工白昼环境下工作和生活的人，夜晚难以入睡，人体正常的生物节律受到干扰，导致白天工作效率低下，甚至产生神经衰弱等疾病。人工白昼还会伤及鸟类和昆虫，这是由于人工白昼强光会破坏昆虫夜间的正常繁殖过程。

**彩光污染** 主要指舞厅、夜总会安装的旋转灯、闪烁的彩光灯等构成的彩光刺激，干扰大脑中枢神经，造成人体生理功能损害的现象。彩光污染让人眼花缭乱，不仅对眼睛不利，还会干扰大脑中枢神经，使人感到头晕目眩，出现恶心呕吐、失眠等症状，而且对人的心理也有不良影响，会不同程度地引起倦怠无力、神经衰弱等病症。此外，舞厅、夜总会为追求荧光效果，还常常将黑光灯用作效果光源，黑光灯所产生的紫外辐射强度远高于室外阳光中的紫外辐射，如果长期接受这种辐照，可诱发流鼻血、脱牙、白内障，甚至导致白血病和其他癌变。

**光入侵** 主要是指由于接收到过强的光源照射影响到日常休息。例如，夜间通明的灯火让人难以入眠。

**过度照明** 主要是指超出合理范围的照明对电能造成的浪费。

**混光** 主要是指在有用的光信息中混入无用的杂乱光辐射，严重影响接收者对信息的辨认。例如，影响夜间飞行员辨认航空信号灯的杂乱光辐射。

**现状** 由于光污染的种类很多且特点各异，目前如何评价环境光污染程度还没有完全统一的测控标准。国际照明委员会（CIE）主要根据欧洲一些国家的工作，仅针对夜间环境照明按下列四个环境区域，给出了限制光污染的标准值。

E1 区 天然暗环境区，如国家公园和自然保护区等，熄灯后其建筑物窗面应无可察觉的人工照明。

E2 区 低亮度环境区，如乡村的工业或居住区等，熄灯后其建筑物窗面垂直照度不超过 1 lx。

E3 区 中等亮度环境区，如城郊工业或居住区等，熄灯前其建筑物窗面垂直照度不超过 10 lx。

E4 区 高亮度环境区，如城市中心和商业区等，熄灯前其建筑物窗面垂直照度不超过

25 lx。

国际天文学联合会（IAU）曾建议，以天空背景亮度为表征量，世界级的高质量天文台人工光造成的背景增加应低于10%，即人工光背景的贡献不超过0.1星等；国家级的天文台人工光背景的贡献不超过0.2星等，即光污染的比例不能高于20%。（张保洲）

xuanguang

**眩光**（glare） 视野内接收到的由于远大于眼睛可适应的照明而引起的令人眼不适或丧失视觉功能的光辐射。眩光对人眼的危害源于其在空间或时间上存在极端的亮度变化，或源于在视野中形成不适宜的亮度分布。基于产生的来源，眩光可分为直接眩光（直接来自光源，如太阳光或高强度的灯光直接射入人眼）和间接眩光（来自物体表面对高强度光辐射的反射，如来自水面或玻璃幕墙对汽车灯光的反射）。

**类型** 基于产生的后果眩光大体可分为不适型眩光、光适应型眩光和丧能型眩光。

**不适型眩光** 是指进入视觉的由于过亮使人感到不适的光辐射，如在直射阳光下看书时书面反射的光辐射，或在漆黑环境中看高亮度电视时电视直射的光辐射。当视野中目标亮度过高，或视场目标亮度相差很大时，就会感到不适。这种不适会引起人眼的逃避动作而使视力下降。因为不舒适眩光一般会引起人们不舒适的感觉，所以它影响的是人们观察事物时的舒适程度。不舒适眩光通常是通过主观评价来确定其等级，它们之间的关系见下表。

**不舒适眩光等级**

| 眩光等级 GR | 眩光的主观感觉 | 定性评价 |
|---|---|---|
| 1 | 不能忍受 | 差 |
| 3 | 感到烦躁 | 不足 |
| 5 | 尚可忍受 | 尚可 |
| 7 | 感到满意 | 好 |
| 9 | 察觉不到 | 很好 |

**光适应型眩光** 是指人从黑暗环境突然进入明亮环境时引起双眼视觉下降的过量光辐射。例如从放映中的电影院步入阳光下接收的光辐射，或从较长的黑暗隧道驶出时接收的太阳光。当人眼处于或接近暗适应时突然接收较强的光辐射在视网膜上就会形成中央暗点，引起长时间的视物不清。

**丧能型眩光** 是指进入视觉能引起观察目标在人眼视网膜成像对比度下降的光辐射，如直射到计算机显示屏上的阳光。当目标图像受到较强光辐射的叠加干扰就会造成成像质量的下降，从而导致大脑对像的解析困难。由于丧能型眩光降低了观察目标在人眼视网膜成像的对比度，所以能损害视觉观察目标的能力。丧能型眩光的强弱通常采用相对阈值增量（TI）来表示，它表示当存在眩光时，为了达到无眩光时观察目标与背景的亮度对比度，目标与背景之间亮度对比度需要增加的百分比。

**危害** 眩光污染不仅影响人们正常的工作和学习，还干扰和危害人们心理和身体的健康。过强的光辐射进入视场不仅会影响人的正常视觉功能，导致工作效率的下降和生产安全事故的发生，还会引起头晕目眩，眼角膜和虹膜都会受到不同程度的损害，视力逐渐下降，白内障发病率明显增高，甚至致盲。

**防治措施** 包括以下几点：①合理设计和优化照明条件，避免滥用采光和过度照明，正确合理的采光和照明是预防眩光污染的基本保证。②合理选择和正确使用建筑表面材料和夜间广告牌，避免玻璃幕墙的设置和过亮广告牌和霓虹灯的使用。③通过调节某些环境因素，使视野中接收的光辐射保持相对平衡，也可以减少眩光的影响。例如，在夜间看电视时，室内开上一盏低光通量的照明灯就能避免不适型眩光。④了解眩光的来源和起因。假如知道直接眩光的波长范围，就可以通过佩戴可过滤该波段光辐射的滤光镜，来减少或消除眩光的影响；假如眩光主要是间接眩光，则可以通过佩戴偏光镜，来减少或消除眩光的影响。

（张保洲）

guangwuran fangzhi

**光污染防治** （prevention and control of light pollution） 为防治光污染采取的措施。由于不同种类光污染产生的原因机理不同，防治光污染的措施和方法也不相同。

结合光污染的现状、技术的可行性及措施的有效性，防治光污染的主要措施大体包括：

**提高社会对光污染严重性和危害性的认识** 政府管理部门，规划设计部门，灯具、照明工程等生产安装企业都应提高对光污染危害性的认识，从控制减少光污染的源头做起，选择合理的照明方案，采用合适的光源与灯具，加强规划与监督，力求做到防患于未然。此外，还要通过科普教育，提高民众对科学照明和光污染危害性的认识，合理地使用灯光，避免错用光源或过度照明。

**加强城市和乡村的照明规划和管理** 规划、增建或改造照明设施，要针对其所处的不同的功能区，选择有针对性和适度的照明方案，倡导或规定采用优质光源与灯具，严格限制“城市亮化”，从而有效控制和减少光污染的来源。

**优化和改善照明系统** 包括对照明光源、照明灯具及照明方式的优化。好的照明系统必须是封闭式照明系统，能使光源发出的可见光均按设计辐射到需要其照明的位置，其应该包括将光辐射反射或会聚到所需照明位置的结构，以及防止光辐射射向易产生眩光方向的防眩结构。采用这种照明系统不但能提高光源使用效率，还可以减少光辐射泄漏，大大减少天空散射光、眩光等光污染。

**选择和调整照明光源** 不同类型的光源形成的光污染具有不同的特点，每一种光污染对特定保护目标的影响也有很大差异。不但要努力降低光污染的整体水平，还要选用对特定保护目标影响较小的光源来取代对保护目标影响较大的光源，以有效控制光污染。例如，天文光学观测波段主要位于蓝绿区，而低压钠灯和高压钠灯只发出589.3 nm附近的光辐射，所以使用低压钠灯和高压钠灯提供同样照度的照明比使用其他光源对天文观测形成的光污染要小得多。

**限制采用高反射材料作为建筑装饰墙面** 以玻璃幕墙为代表的高反射材料建造的建筑装饰墙面反射阳光、灯光均会产生严重的光污染。所以，建筑装饰墙面要慎用高反射材料，尤其是在城市中心、交通密集区和住宅区应当禁用高反射材料建造的建筑装饰墙面。如果建筑物为了时尚、美观，一定要运用玻璃幕墙来装饰，设计者一定要注意选用毛玻璃等漫射材质而不是全反光的玻璃。已建成的存在严重光污染的玻璃幕墙也可以通过加覆吸光膜等办法加以治理。

**增强人们的防护意识和强化个体防护措施** 公众只要加强对光污染危害的认识，注意采取相应的防护措施，以减少光污染对其造成的损害。例如，戴上合适的防护眼镜能有效防止白亮污染；又如，只在真正需要照明的地方和时间才装置和开启灯源，否则尽可能不用或关掉光源，以有效降低人工白昼的程度；再如，避免过长时间处在强烈彩光刺激的环境中，以防止彩光污染对其造成的损害。 （张保洲）

ziwai fushe weihai ji fanghu

**紫外辐射危害及防护** （hazard and protection of ultraviolet radiation） 过量的紫外辐射对人类活动、农业生产产生的深远影响及防护措施。

**紫外线不同波段的影响** UV按波长可以分为UVA、UVB、UBC三个波段区域，对人类具有不同的影响。

**UVA(315 ~ 400 nm)** 该波段区域是致黑老化性紫外线区。UVA占总光量的6%，可以直达肌肤的真皮层，破坏弹性纤维和胶原蛋白纤维，将皮肤晒黑。UVA能穿透玻璃、墙等障碍物，伤及真皮层（无感觉）；可导致皮肤老化、脱水干燥、皱纹增加、皮肤癌、色素沉着。

**UVB(280 ~ 320 nm)** 该波段区域是晒红斑灼伤区。UVB对人体具有红斑作用，能促进体内矿物质代谢和维生素D的形成，但长期或过量照射会导致皮肤灼伤、脱皮、长红斑、色素沉积。UVB 在夏天和午后会特别强烈。

**UVC(100～280 nm)** 该波段区域是杀菌区。UVC 是杀伤性紫外线，但几乎全被大气层吸收、过滤和隔离，不能照射到地表。

**紫外线指数** 用于描述太阳在天空中位置最高时（一般是在中午前后，即从上午 10 时至下午 3 时），到达地球表面的太阳光线中的紫外线辐射对人体皮肤的可能损伤程度。紫外线指数变化用 0～15 的数字来表示，通常，夜间的紫外线指数为 0，热带、高原地区、晴天时的紫外线指数为 15。紫外线指数越高，表示紫外线辐射对人体皮肤的红斑损伤程度越剧烈，在短时间里对皮肤的伤害也越大。

**防护措施** 当紫外线指数最弱（0～2 级）时对人体无太大影响，外出时戴上太阳帽即可；当紫外线指数达到 3～4 级时，外出时除戴上太阳帽外还需备太阳镜，并在身上涂上防晒霜，以避免皮肤受到太阳辐射的危害；当紫外线指数达到 5～6 级时，外出时必须在阴凉处行走；当紫外线指数达到 7～9 级时，从上午 10 时至下午 4 时这段时间最好不要到沙滩场地上晒太阳；当紫外线指数大于等于 10 级时，应尽量避免外出，因为此时的紫外辐射极具伤害性。

（张保洲）

riguang fushe weihai ji fanghu

**日光辐射危害及防护** （hazard and protection of solar radiation） 日光中可见光和不可见光的辐射对人体造成的危害及防护措施。日光辐射的光谱包括红外区、可见光区、紫外线（UV）区，紫外线区波长最短（100～400 nm），可见光的波长为 400～760 nm，红外区的波长为 760～1 000 nm。紫外线（UV）按波长又分为 UVA、UVB、UBC 三个波段区域。

**红外线区** 红外线占总光量的 60%，频率最低，波长最长；能引起被照射物分子振动从而使其发热。过度照射可造成灼伤，能穿透至皮下组织，令毛细血管扩张、肌肤发红；但症状在撤离光的 1 h 后消退。适当照射红外线可以治疗冻疮。

**可见光区** 是视觉区，为七色光。可见光占总光量的 34%，无明确的危害效应报告，无须特别防护。

**紫外线区** 见紫外辐射危害及防护。

（张保洲）

jiguang fanghu

**激光防护** （protection of laser） 在使用或可能接触激光的环境中，注意防止应用激光中的失当行为造成对人体尤其是对人眼的伤害。由于激光有极强的方向性，所以它具有极高的亮度和辐射强度。较强的激光一旦射到人体尤其是射入人眼，将造成人眼巨大的伤害，甚至致盲。使用强激光开展实验研究的人员和使用激光医疗设备的人员是受激光损伤的高危人群，他们使用的这些激光设备中配置的多为 3B 类、4 类及更强的激光器，这些激光器的直射、镜反射甚至漫反射光束对人眼和皮肤均有危害，因此，这类人在工作中采取防护措施十分重要。

**激光分级** 依据美国激光安全标准 ANSI Z136.1 和欧洲激光安全标准 EN207/EN208，从人眼防护角度讲激光可按下表分级。

**激光分级**

<table>
<tr><th>级别</th><th>定义</th><th>防护镜建议</th></tr>
<tr><td>1</td><td>无危险</td><td rowspan="3">不需要使用</td></tr>
<tr><td>1M</td><td>安全的可见激光<br>（不带光学放大）</td></tr>
<tr><td>2</td><td>0.25 s 内眨眼安全的可见激光</td></tr>
<tr><td>2M</td><td>0.25 s 内眨眼安全的可见激光<br>（带光学放大）</td><td rowspan="3">建议使用</td></tr>
<tr><td>3R</td><td>直视可能不安全的激光 MPE（最大允许照射量）：可见为 2 级的 5 倍，不可见为 1 级的 5 倍</td></tr>
<tr><td>3B</td><td>直视不安全的激光</td></tr>
<tr><td>4</td><td>直视其漫反射也不安全</td><td>必须使用</td></tr>
</table>

**防护要点** 主要包括正确遵循激光设备的操作使用规范和适度采取个人防护措施两方面。具体包括：①激光设备应放置在洁净、整齐有序的专用房间中，室内温湿度等环境条件和供电电源等要符合相应激光设备的使用要求。②激光设备用房入口处醒目位置上应设置激光辐射警告标志，警示相关人员进出注意安全，无关人员不得入内。③激光设备用房室内墙壁、天花板、房门等应采用不易燃烧的漫反射材料，窗玻璃应用黑帘遮挡，桌椅等所有室内用具表面均应采用漫反射表面以防止对激光形成镜反射。④设备的激光光路应高于或低于坐姿及立姿时的人眼高度，必要时光路中的适当位置还需设置光陷阱。⑤激光设备只允许经过培训并已正确掌握其操作方法的人员使用。⑥激光设备的使用者应佩戴防护镜。⑦激光设备的使用者应穿着工作服和戴着手套。⑧激光设备的使用者严禁佩戴项链、戒指、耳环、手镯等可能使激光产生镜反射的任何饰物。⑨使用较强激光的实验或治疗过程中还可能产生污染气体，所以激光设备用房室内应具备良好的通风条件，必要时应安装排抽风换气装置。

（张保洲）

X shexian fanghu

**X 射线防护** （X-ray radiation protection） 降低或控制 X 射线对人体的照射，使之保持在可以合理做到的最低水平或保障人体所受的剂量当量不超过国家规定的标准。

**X 射线辐射** 参见 X 射线辐射。

**X 射线危害** 目前，普通人在生活中所能接触到的 X 射线辐射主要来自医疗辐射。X 射线检查所释放的辐射，是非专业人员可能接触到的 X 射线辐射的主要来源。由于用于医疗诊断的 X 射线照射剂量有严格控制，所以接受 X 射线医疗诊断一般情况下对病人影响极小。如果受到的 X 射线医疗辐射过多，就可能产生放射反应，如病人出现脱发、皮肤烧伤，甚至导致白血病。如果孕妇接收过量 X 线检查所释放的辐射，其腹中还未发育成形的胎儿的细胞可能会受到伤害，引起死胎或畸形。工作中受到一定 X 射线辐射的医疗工作人员会产生视力障碍。

**防护措施** 为防止射线对人体的伤害，必须采取相应的防护措施，目的是限制人体接收的 X 射线照射剂量。

孕妇不宜接受 X 线射医疗诊断，尤其是在怀孕早期。如果确实有需要，应在正规医院的医生指导下做相应检查。

除了 X 线检查，还应警惕任何意外接触 X 射线的可能。例如，在大规模管线建设的施工中，偶尔也会碰到工业 X 射线探伤和检测的情况，如果没有警示或者不采取适当的预防措施则很容易受到伤害。

当必须接触 X 射线时，有必要了解 X 射线的防护方法：①防泄漏。注意提高含 X 源的设备自身的安全防护性能，尽可能减少其非应用路径上的泄漏量。②限制辐照时间。尽量缩短实际使用含 X 源设备的时间，避免不必要的重复照射。③远离辐射源。尽量增加与辐射源的距离，降低受到照射的强度。④屏蔽辐射。通过在射线源方向设置含铅屏蔽物，如铅板、铅衣、铅围裙、铅塑料帽、铅玻璃眼镜、铅橡胶手套等，减少或消除 X 射线辐射。 （张保洲）

rengong guangyuan weihai ji fanghu

**人工光源危害及防护** （hazard and prevention of artificial light source） 人工光源给人类的生活环境和健康状况带来的危害及防护措施。

**人工光源的生理危害** 主要包括射线、光源闪烁和照度对健康的影响。

**射线影响** 光源的辐射包括可见光辐射、红外辐射及紫外辐射。日常生活中对大部分人工光源进行了安全处理，因此红外辐射及紫外辐射的危害较小，对人体健康没有太大威胁。

**光源闪烁影响** 光源闪烁指各种光源的快速闪烁，在日常生活中广泛存在，包括可以察觉到的霓虹灯、广告灯的闪烁，以及一些很难察觉的光源闪烁，如荧光灯。长期生活在闪烁的环境中，对人类的眼睛和视神经有很大的伤害。除此之外，还会引发偏头痛、心跳过速等症状。对青少年的危害尤为严重。

**照度影响** 光源过亮，强度过大，对人眼也会产生不利的影响。长时间处于较强光源照明下，尤其是晚上，会干扰人体正常的生物钟，破坏人体免疫系统和分泌系统。

**其他危害** 人工光源在对人体的生理产生危害的同时，对人的精神状况以及心理健康也会产生负面影响。此外，人工光源还会导致生态环境的破坏。鸟类在夜晚的迁徙常常利用星星指引方向，城市照明光会导致它们迷失方向。强光还会破坏昆虫在夜间的正常繁殖并对植物的生长产生不利影响。

**防护措施** 主要包括以下四项措施：①采用直流荧光灯或高频荧光灯进行照明。人的眼睛通常只对 100 Hz 以下的闪烁有反应。因此采用高频或直流的荧光灯可以减少闪烁对人体的影响。并且采用荧光灯照明还可以减少紫外线和红外线对人体的危害。②合理设计建筑物采光角度，尽量多地采用自然光源照明。③制定相关措施，限制夜间照明时间。对广告牌和霓虹灯等应加以控制和科学管理。④建筑物和娱乐场所周围，应多植树、种草、种花，以改善光环境。

（张保洲）

# 大气光学

fushe chuanshu

**辐射传输** (radiative transfer) 电磁辐射在大气介质中传播输送的过程。由于辐射能与介质的相互作用会发生吸收和散射，辐射在传输过程中会不断衰减；同时，大气自身也会放射辐射，附加到对传输的辐射中。因此，辐射传输是一个非常复杂的过程。

**吸收辐射** 大气中吸收辐射的主要成分包括臭氧、水汽、二氧化碳等。各种气体对不同波段辐射的吸收作用不同，也就是说大气对辐射能的吸收具有光谱选择性，臭氧在紫外波段具有很强的吸收，水汽和二氧化碳的吸收则主要位于红外波段。

**大气散射** 大气散射作用强弱取决于辐射的波长及散射质点的性质和大小。当散射粒子的尺度远小于波长时，由被称为瑞利散射的空气分子散射主导，散射作用与波长的四次方成反比；当粒子尺度与波长相当时，对应的散射称为米氏散射，散射作用需由一个波长和粒子半径的复杂函数描述；当粒子尺度远大于波长时，对应的散射称为无选择散射，散射作用与波长无关。

**比尔－朗伯定律** 当辐射为太阳辐射，而且忽略介质多次散射产生的漫射辐射时，光谱辐射强度 $I(\lambda)$ 的变化规律可以表述为

$$\mathrm{d}I(\lambda) = -k(\lambda)\rho I(\lambda)\mathrm{d}l$$

式中，$l$ 为辐射通过介质的路径；$\rho$ 为介质的密度；$k(\lambda)$ 表示对波长 $\lambda$ 辐射的质量消光截面。令在 $l=0$ 处的入射强度为 $I_0(\lambda)$，则在经过一定距离 $l$ 后，其出射强度可由上式积分得到 $I(\lambda) = I_0(\lambda)\mathrm{e}^{-\int k(\lambda)\rho \mathrm{d}l}$。

假定介质是均匀的，则 $k(\lambda)$ 与距离 $l$ 无关，即 $I(\lambda) = I_0(\lambda)\mathrm{e}^{-k(\lambda)\rho l}$。

在大气辐射传输实际应用中，大气可视为平行平面层结构，即辐射强度和大气参数仅随高度变化。

**辐射传输过程应用模型** 由于辐射在大气中的传输规律对于研究地球辐射能量变化、环境资源遥感及反演大气温度和湿度的分布情况都具有重要意义。因此，在气候和遥感领域中考虑大气自身辐射附加到传输中影响的大气辐射传输过程是重要的研究内容，已建立起表征辐射传输过程的多种应用模型。

**5S 模型** 假设大气吸收和散射作用可以耦合，用以模拟太阳辐射传输的过程，还可以计算过程中的辐射亮度。

**6S 模型** 基于 5S 模型并考虑了目标高度的影响，可以很好地模拟晴空无云条件下波长为 200～4 000 nm 的太阳辐射的传输过程，是一个应用范围较广、精度较高的太阳辐射传输模型。

**LOWTRAN 模型** 在模拟辐射的传输过程中可以自行设置水平、垂直、倾斜路径，空对地、地对空等几何形式；可以表征云、雾、雨等多种大气状况的大气透过率及背景辐射。

**MODTRAN 模型** 基于 LOWTRAN 模型，改进了光谱分辨率，提供用于多次散射辐射传

输的方法，在处理带有散射的辐射传输问题时具有更好的灵活性以及更高的精度。可求得大气透过率、辐射上下行时大气背景辐射、太阳或月亮单次散射的辐射亮度、直射太阳辐照度等。（张保洲）

xiaoguang

**消光** (extinction) 用来描述被观测的天体辐射因受到路途中的物质（气体和尘埃）吸收和散射从而辐射强度减弱和颜色变化的状态的物理量。对地面的观测者而言，消光来自星际物质和地球大气层，也可能来自被观测天体周围的宇宙尘。大气层的消光在一些波段（X 射线、紫外线和红外线）上非常强烈。在可见光的波段上，蓝色远比红色被稀释得强烈，结果是天体会比预期的偏红，星际消光也会使天体红化。

大气消光主要源自三种成分的贡献：气体分子的瑞利散射、悬浮微粒的散射和分子的吸收。分子吸收通常被称为大气吸收，是由地球自身造成的。最主要的大气吸收源是氧分子、臭氧和水分子，氧分子和臭氧对紫外线造成强烈的吸收，水分子则对红外线有强烈的吸收。相当数量的大气消光与物体的高度有关，在天顶的消光量最小，而在接近地平的地方消光量最大。（张保洲）

xiaoguang xishu

**消光系数** (extinction coefficient) 为表示辐通量的衰减（消光）而引入的参数。在辐通量公式 $\Phi=\Phi_0 e^{-\sigma l}$ 中，$l$ 为距离，$\Phi_0$ 表示 $l=0$ 处的辐通量，$\Phi$ 表示 $l$ 处的辐通量，$\sigma$ 为消光系数。消光系数通常包括两部分，即 $\sigma=\alpha+\gamma$。式中，$\alpha$ 是吸收系数，用来描述大气中气体分子对辐射的吸收程度；$\gamma$ 是散射系数，用来描述大气中各种微粒对辐射的散射程度。消光系数随入射辐射波长的不同而不同，大气的不均匀变化也会引起消光系数的剧烈变化。

（张保洲）

xishou xishu

**吸收系数** (absorption factor) 表征光辐射通量（强度）在物质中单位厚度的变化的参数，单位为 $m^{-1}$。设强度为 $I_0$ 的平行光束进入均匀物质中一段距离 $l$ 后，强度减弱到 $I$，在经过一无限薄层 $dl$ 时强度 $I$ 又增加了 $dI(dI<0)$。朗伯（J. H. Lamber）提出这样的假设：光在同一吸收物质内通过同一距离后，光能量中将有同样百分比的能量被该层物质吸收。可以定义 $\alpha_\alpha$ 为吸收系数：$dI/I=-\alpha_\alpha dl$。对于给定的波长（单色光照射时），$\alpha_\alpha$ 可以认为是不变的，右边的负号表示随 $l$ 增加（$dl>0$）时，$I$ 减弱（$dI<0$）。将式子 $dI/I=-\alpha_\alpha dl$ 积分，可以求得通过厚度 $d$ 的吸收层后最后的光强：

$$\int_{I_0}^{I}\frac{dI}{I}=-\alpha_\alpha\int_0^d dl$$

由此得 $I=I_0\exp(-\alpha_\alpha d)$，即为朗伯吸收定律的数学表达式。（张保洲）

Ruili sanshe

**瑞利散射** (Rayleigh scattering) 也称作经典散射，是线度小于光的波长的微粒对入射光散射的现象。此时散射光的频率与入射光的频率相同。瑞利散射具有三个特点：①散射光强度与入射光波长的四次方成反比，即 $I_\theta\propto\frac{1}{\lambda^4}$，式中，$I_\theta$ 为相应于某一观察方向（与入射方向成 $\theta$ 角）的散射光强度。这可以解释为什么天空基本上是蓝色而非太阳光的颜色。②散射光强度随观察方向而改变。当自然光入射时，散射光强度 $I_\theta$ 与 $(1+\cos^2\theta)$ 成正比。散射光强随 $\theta$ 角变化的关系见下图。③散射光的偏振与观察方向有关。90°方向的散射光几乎是全偏振的。

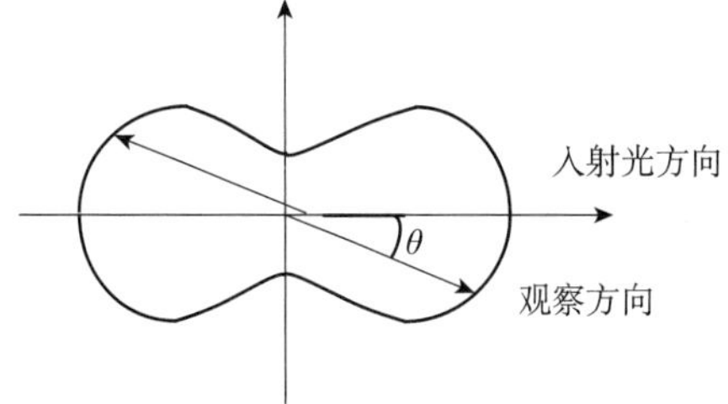


**瑞利散射光强度随 θ 角变化的关系**

（桂华侨　张保洲）

Mi sanshe

**米散射** （Mie scattering） 当散射粒子的尺寸接近或大于入射光波长时的散射。

**米散射的过程** 米散射发生时必须考虑散射粒子体内电荷的三维分布，散射粒子应考虑为由许多聚集在一起的复杂分子构成，它们在入射电磁场的作用下，形成振荡的多极子，多极子辐射的电磁波相叠加，就构成散射波。因为粒子尺度可与波长相比拟，所以入射波的相位在粒子上是不均匀的，造成了各子波在空间和时间上的相位差。在子波组合产生散射波的地方，将出现相位差造成的干涉。这些干涉取决于入射光的波长、粒子的大小、折射率及散射角。当粒子增大时，造成散射强度变化的干涉也增大。因此，散射光强与这些参数的关系，不像瑞利散射那样简单，而用复杂的级数表达，该级数的收敛相当缓慢。这个关系首先由德国科学家 Gustav Mie 得出，故称这类散射为米散射。

**特点** 包括四个方面：①散射强度比瑞利散射大得多，散射强度随波长的变化不如瑞利散射那样剧烈。随着尺度参数增大，散射的总能量很快增加，并最后以振动的形式趋于一定值。②散射光强度随角度变化出现许多极大值和极小值，当尺度参数增大时，极值的个数也增加。③当尺度参数增大时，前向散射与后向散射之比增大，使粒子前半球散射增大。④当粒子尺度参数很小时，米散射结果可以简化为瑞利散射；当尺度参数很大时，它的结果又与几何光学结果一致；而在尺度参数比较适中的范围内，只有用米散射才能得到唯一正确的结果。所以米散射计算模式能广泛地描述任何尺度参数的均匀球状粒子的散射特点。 （桂华侨　张保洲）

Laman sanshe

**拉曼散射** （Raman scattering） 又称拉曼效应，是光通过介质时由于入射光与分子运动相互作用而引起的频率发生变化的散射。1923 年 A. G. S. 斯梅卡尔从理论上预言了频率发生改变的散射。1928 年，印度物理学家 C. V. 拉曼在气体和液体中观察到散射光频率发生改变的现象。拉曼散射遵守如下规律：散射光中在每条原始入射谱线（频率为 $v_0$）两侧对称地伴有频率为 $v_0 \pm v_i (i=1, 2, 3, \cdots)$ 的谱线，长波一侧的谱线称为红伴线或斯托克斯线，短波一侧的谱线称为紫伴线或反斯托克斯线；频率差 $v_i$ 与入射光频率 $v_0$ 无关，由散射物质的性质决定，每种散射物质都有自己特定的频率差，其中有些与介质的红外吸收频率相一致。拉曼散射的强度比瑞利散射要弱得多。

**意义及作用** 以经典理论解释拉曼散射时，认为分子以固有频率 $v_i$ 振动，极化率也以 $v_i$ 为频率作周期性变化。在频率为 $v_0$ 的入射光作用下，$v_0$ 与 $v_i$ 两种频率的耦合产生了 $v_0$、$v_0+v_i$ 和 $v_0-v_i$ 共 3 种频率。频率为 $v_0$ 的光即瑞利散射光，后两种频率对应拉曼散射谱线。拉曼散射的完善解释需用量子力学理论，不仅可解释散射光的频率差，还可解决强度和偏振等一类问题。拉曼散射为研究晶体或分子的结构提供了重要手段，用拉曼散射的方法可迅速定出分子振动的固有频率，并可决定分子的对称性、分子内部的作用力等。自激光问世以来，关于激光的拉曼散射的研究得到了迅速发展，强激光引起的非线性效应导致了新的拉曼散射现象。

**类型** 包括共振拉曼散射和表面增强拉曼散射。

**共振拉曼散射** 当一个化合物被入射光激发，激发线的频率处于该化合物的电子吸收谱带以内时，由于电子跃迁和分子振动的耦合，某些拉曼谱线的强度陡然增加。共振拉曼光谱是激发拉曼光谱中较活跃的一个领域，原因在于：①拉曼谱线强度显著增加，提高了检测的灵敏度，适用于稀溶液的研究，这对于浓度小的自由基和生物材料的考察特别有用。②可用于研究生物大分子中的某些部分，因为共振拉曼光谱对某些拉曼带具有选择性的增强，这些拉曼带不少是重要的生物大分子具有特征的电子吸收带基团，适当地选择激发频率就可以得到这些基团的增强共振带，进而为研究分子特定部分的结构提供有价值的信息。③从共振拉曼光谱的退偏振度的测量中，可以得到正常拉曼光谱中得不到的分子对称性的信息。

**表面增强拉曼散射** 当一些分子被吸附到某些粗糙的金属，如金、银或铜的表面时，它们的拉曼谱线强度会得到极大的增强。

（桂华侨 张保洲）

sanshe xishu

**散射系数** （scattering coefficient） 用来描述大气中各种散射元对辐射通量散射作用强弱的物理量。如果辐射能在大气中传输时的衰减仅由散射作用引起，则透射的辐射通量可表示为 $\Phi=\Phi_0 e^{-\gamma l}$。式中，$l$ 为距离，$\Phi_0$ 表示 $l=0$ 处的辐通量，$\Phi$ 表示 $l$ 处的辐通量，$\gamma$ 为散射系数。

散射系数与散射元的大小有密切联系。当散射颗粒远小于入射辐射的波长时，散射系数与入射辐射波长的四次方成反比；而当散射颗粒与入射辐射波长可以相比拟或远大于入射辐射波长时，散射系数与波长关系不大。

（桂华侨 张保洲）

daqi nengjiandu

**大气能见度** （visibility） 又称作气象视距，通常指的是视力正常的人在白天无云的天空背景下辨认出视角为 0.5°～5°的黑色目标物轮廓和形体的最大距离，在夜间则是看到和确定出一定强度的灯光（发光点）的最大距离。能见度取决于眼睛的生理特性、目标物和背景物的光学特性，以及视线内大气气柱的光学特性。气象台站确定能见度的方法通常是选择若干距离和方位不等的目标物，并由基本固定的训练有素的人员来观测，这些因素确定后能见度就取决于当时的大气光学特性（大气透过率）。当其他因素已定时通过测量大气透过率或者衰减系数就可以给出能见度，这是激光探测器测量能见度的物理基础。

**能见度理论** 最早由 Koschmieder 提出，Middleton 在此基础上给出更为简洁的推导。任何物体能被识别的必要条件是该物体（目标物）的亮度 $L$ 有别于周围的其他物体（背景）的亮度 $L_0$，即目标物与背景之间存在一定的对比度 $C$，定义为 $C=(L-L_0)/L_0$，完全黑色的目标（$L=0$）在白色视场中的对比度 $C=-1$。而白色目标在黑色背景下对比度恒大于 1，极端情况下对比度趋于无穷。Koschmieder 假设目标处于无穷远、大气是均匀的不相干散射体，得出目标亮度与背景亮度的关系——Koschmieder 公式：$L=L_0[1-\exp(-\mu z)]$。式中，$\mu$ 为大气衰减系数，$z$ 为目标到观察者之间的距离。把 Koschmieder 公式代入对比度定义式，可以得到 $C=-\exp(-\mu z)$。

根据一些观察者对有代表性的实验目标的观测，人眼识别目标的对比度阈值为 0.02，将此时的距离记为 $V_M$，得到均匀大气情况下能见度方程：$V_M=3.912/\mu$，在某些场合下，可能需要更高的能见度阈值。例如，世界气象组织（WMO）规定为 0.05，并用气象光学视距来表示能见度，则上式中的系数 3.912 应改为 2.996。上面都是人眼视觉针对白光评价的结果，近似地，也可以用人眼较敏感的绿光（波长 $\lambda=550$ nm）的衰减系数来代替白光的衰减系数，这时对于其他波长公式需要做如下修正：

$$V_M=\frac{3.912}{\mu}\left(\frac{\lambda}{550}\right)^q$$

式中，$\lambda$ 为波长，μm；$q$ 为波长指数，在不同地区和时间有不同取值，常取 Kruse 等给出的值：

$$q=\begin{cases}0.585V_M^{1/3} & V_M<6\ \text{km}\\ 1.3 & \text{中等能见度}\\ 1.6 & \text{良好能见度}\end{cases}$$

Koschmieder 公式的实用价值在于对能见度的测量归结为测量光程上的大气平均衰减系数（见下表）。

**国际能见度编码、气象视距与衰减系数**

| 编码 | 天气状况 | 气象光学视距（$V_M$） | 大气衰减系数（$\mu$）/$km^{-1}$ |
|---|---|---|---|
| 0 | 重浓雾 | <50 m | >78.2 |
| 1 | 浓雾 | 50 m | 78.2 |
| | | <200 m | >19.6 |

续表

| 编码 | 天气状况 | 气象光学视距（$V_M$） | 大气衰减系数（$\mu$）/$km^{-1}$ |
|---|---|---|---|
| 2 | 中雾 | 200 m | 19.6 |
| | | ＜500 m | ＞7.82 |
| 3 | 轻雾 | 500 m | 7.82 |
| | | ＜1 km | ＞3.91 |
| 4 | 薄雾 | 1 km | 3.91 |
| | | ＜2 km | ＞1.96 |
| 5 | 霾 | 2 km | 1.96 |
| | | ＜4 km | ＞0.954 |
| 6 | 轻霾 | 4 km | 0.954 |
| | | ＜10 km | ＞0.391 |
| 7 | 晴 | 10 km | 0.391 |
| | | ＜20 km | ＞0.196 |
| 8 | 大晴 | 20 km | 0.196 |
| | | ＜50 km | ＞0.078 |
| 9 | 极晴 | ≥50 km | ≤0.078 |
| | 纯空气 | ≥277 km | ≤0.0141 |

**能见度的探测技术** 常用的能见度探测方法主要有三种：后向散射法、透射法和拉曼散射-弹性散射比例法。

**后向散射法** 可以用来测量水平能见度和斜程能见度，在探测水平能见度时，可以认为大气是均匀的；在探测斜程能见度时，大气衰减系数随路程变化分布，多表达为距离间隔内的平均能见度的变化。后来Werner应用“双点法”进行测量斜程能见度的探索取得更好的测量精度。

**透射法** 采用双端激光雷达、测量透射辐射的衰减系数来确定大气的能见度，这种测量装置也叫透射计，在20世纪90年代已经得到广泛应用。

**拉曼散射-弹性散射比例法** 由于后向散射法和透射法测量能见度都要受到多次散射的干扰，而多次散射的修正也仅能进行有限的改善，Stefanutti尝试了用拉曼散射和弹性散射结合的测量方法克服多次散射的影响，不过由于后向散射系数与衰减系数的关系存在较大的不确定性，所以这也是产生系统误差的主要来源。

（桂华侨　张保洲）

daqi zhiliang zhishu

**大气质量指数**（air quality index） 一种用于评价大气环境质量状况的数量指标，其依据实施标准规定的计算方法，基于大气质量参数得到能简明、概括地表征大气质量的数值。实际应用中最常见的就是空气质量指数（AQI）或空气污染指数（API）。

**空气质量的主要表征量** 目前对人类生活影响较大的大气污染物有总悬浮颗粒物、可吸入颗粒物、细颗粒物、二氧化硫、二氧化氮等。

**总悬浮颗粒物** 是飘浮在空气中的固态和液态颗粒物的总称，其粒径为0.1～100 μm。有些悬浮颗粒物因粒径大或颜色黑而肉眼可见，如烟尘；有些则小到需用电子显微镜才能观察到。由于粒径≤10 μm的悬浮颗粒物在环境空气中持续的时间很长，能进入并沉积在呼吸系统中，对人体健康和大气能见度影响都很大，将其称为可吸入颗粒物（$PM_{10}$），作为空气质量的主要表征量之一。

**可吸入颗粒物和细颗粒物** 在可吸入颗粒物中颗粒物的直径越小，能够进入呼吸道的部位就越深。直径10 μm的颗粒物通常只能抵达上呼吸道，直径5 μm的颗粒物可进入呼吸道的深部，而直径2.5 μm以下的颗粒物几乎可以深入细支气管和肺泡之中。考虑到粒径≤2.5 μm的颗粒物对大气质量更具危害，近年来将其称为细颗粒物（$PM_{2.5}$），作为空气质量的主要表征量。$PM_{2.5}$活性强，易附带有毒、有害物质，且在大气中的停留时间更长、输送距离更远，因而较粗颗粒物对人体健康和大气环境质量的影响更大。

**二氧化硫** 主要来源于煤及石油等含硫燃料的燃烧、含硫矿石的冶炼以及化工产品的生产过程。其形成的工业烟雾或悬浮颗粒通过呼吸进入肺部，对肺有直接损伤作用；浓度高时能刺激人的呼吸道，使人呼吸困难，能诱发各种呼吸系统疾病，严重时甚至致人死亡。进入大气的二氧化硫，溶于水将形成亚硫酸，部分还会被氧化为硫酸，形成酸雨，可损毁森林和农作物，腐蚀纸张、纺织品、皮革制品、金属和建筑物，破坏涂料的保护作用。

**二氧化氮** 是一种高度活性的气态物质。作为大气污染物的二氧化氮主要来自发电厂、机动车等废气的排放。二氧化氮不仅是酸雨的成因之一，还会促使地表水的酸化和富营养化。

**空气质量指数（AQI）** 是定量描述大气质量状况的量纲为一的指数，其数值取决于污染物的浓度。按照空气质量指数，空气质量共分六级（见下表）。

**空气质量分级**

| 空气质量指数 | 质量级别 | 质量状态 |
|---|---|---|
| AQI≤50 | 一级 | 优 |
| 50＜AQI≤100 | 二级 | 良 |
| 100＜AQI≤150 | 三级 | 轻度污染 |
| 150＜AQI≤200 | 四级 | 中度污染 |
| 200＜AQI≤300 | 五级 | 重度污染 |
| AQI＞300 | 六级 | 严重污染 |

空气质量为一级时，基本无空气污染，各类人群可正常活动；空气质量为二级时，空气质量可接受，但某些污染物可能对极少数异常敏感人群健康会有较弱影响，这类人群应减少户外活动；空气质量为三级时，空气有轻度污染，易感人群的症状略有加剧，健康人群出现刺激症状，儿童、老年人及心肺疾病患者应减少长时间、高强度的户外锻炼；空气质量为四级时，空气处于中度污染，易感人群的症状进一步加剧，对健康人群心脏、呼吸系统可能有影响，儿童、老年人及心肺疾病患者应避免长时间、高强度的户外锻炼，一般人群适量减少户外运动；空气质量为五级时，空气处于重度污染，心脏病和肺病患者症状明显加剧，运动耐受力降低，健康人群普遍出现症状，儿童、老年人和心脏病、肺病患者应停留在室内，停止户外运动，一般人群减少户外运动；空气质量为六级时，空气处于严重污染，健康人群运动耐受力降低，有明显强烈症状，并提前出现某些疾病，儿童、老年人和病人应当留在室内，避免体力消耗，一般人群应避免户外活动。

（张保洲）

guang touguolü

**光透过率** （transmittance of light） 又称透射比，入射光通量从被照面或介质入射面到出射面离开的过程中，投射并透过物体的辐射能 $\phi_1$ 与投射到物体上的总辐射能 $\phi_0$ 之比，表示为

$$\tau=\frac{\text{出射功率}}{\text{入射功率}}=\frac{\phi_1}{\phi_0}=e^{-\beta l}$$

式中，$\beta$ 为消光系数，取决于透射体的性质；$l$ 为入射光经过的路径。从式中可以看出 $0<\tau<1$ 总是成立的。一般透过率与物质的属性有很大关系。跟反射率不同，反射仅是发生在界面处，因此其影响因素比较少；对于透过率，如果介质存在损耗，其还取决于物体的厚度、光的波长等因素。对于无吸收损耗的介质，透过率+吸收率+反射率=1。一个路径上的漫射透过率要大于按照上式直接计算得到的透过率。对于给定的光源和接收器条件，由分子、霾、雾形成的散射，两种透过率之间的差别随粒子尺度增大逐渐加大。这是因为前向窄角散射是随着粒子尺度增大而迅速增加的。在测量直射透射比时，通常使用很小的视场，典型的不超过2°。（张保洲）

guangxue houdu

**光学厚度** （optical depth） 又称光学深度，是两个给定高度层之间的单位截面铅直气柱内特定的吸收或发射物质的质量，即光经过一段大气后被削弱的程度，适用于任何用指数定律表征的路径。当一束单色光透过厚度为 $l$ 的气体或液体中分散的颗粒群时，设入射光的发光强度为 $I_0$，经过气体或液体介质后，光的衰减表示为 $I=I_0e^{-\tau l}$。式中，$\tau$ 为浊度，在数值上

等于单位体积中所有颗粒的消光截面之和。$\tau = nka$，$a$ 是颗粒的截面，$k$ 是消光系数，$n$ 是单位体积中的颗粒数。$\tau l$ 是量纲为一的量，称为光学厚度，通常用字母 $T$ 表示。无论是分子或粒子散射或者是对于粒子消光而言，系数 $\tau$ 在距离 $l$ 内是常数，这样的路径称作均匀路径，水平路径通常认为是均匀路径。当 $\tau$ 是 $l$ 的函数（对于垂直路径或者斜路径几乎如此）时，$T = \int_0^l \tau(l)\,\mathrm{d}l$，光的衰减公式表示为 $I = I_0 \mathrm{e}^{-T}$。

（张保洲）

# 环 境 声 学

# 环境物理学

huanjing wulixue

**环境物理学** （environmental physics） 研究物理环境同人类相互作用的科学。各种物质都在不停运动中，运动的形式有机械运动、分子热运动、电磁运动等。物质的运动都表现为能量的交换和变化。这种物质能量的交换和变化，构成了物理环境。人类生存于其所适应的物理环境，也影响着这种物理环境。环境物理学的理论和技术是在对物理环境和物理性污染全面、深入研究的基础上发展起来的。

**起源及学科形成** 20世纪初期，人们开始研究声、光、热等对人类生活和工作的影响，并逐渐形成了在建筑物内部为人类创造适宜的物理环境的学科——建筑物理学。20世纪50年代和60年代，随着社会生产力和科学技术的加速发展，通信和能源等工业发展带来的物理性污染导致的环境问题日益严重；恶化的环境直接损害人的身心健康，制约并影响人类的活动，在一定程度上也阻碍了经济的持续发展。随着人类对环境问题认识的逐步深化，人们迫切需要了解各种物理性污染的成因，污染物在环境中的变化过程，以及侵害人体后发生的各种作用，并研究如何减少、抑制和消除这些污染，使环境向有利于人类的方向发展。环境物理学正是适应这种客观需要，在人类与环境问题做斗争的过程中逐渐形成发展起来的。

**物理性污染的特点** 物理性污染同化学性、生物性污染不同。化学性、生物性污染是环境中存在有害物质和生物，或者是环境中的某些物质超过了正常含量引起的。而引起物理性污染的声、光、热、电磁场等在环境中永远存在，它们本身对人无害，只是在环境汇总的量过高或者过低时，才会造成污染或异常。例如，声音对人是必需的，但是声音过强会妨碍或者危害人的正常活动。反之，环境中长久没有任何声音，人会感到恐怖，甚至会变得疯狂。与化学性、生物性污染相比，物理性污染的不同之处还表现在以下两个方面：物理污染是局部性的，区域性或者全球性的污染现象比较少见；物理性污染在环境中不会有残余物质存在，在污染源停止运转后，污染也就消失了。

**研究内容** 物理环境和物理性污染的特征决定了环境物理学的研究特点：环境物理学不仅要研究声、光、热、加速度、振动、电磁场和射线等物理因素对环境和人体健康的影响，探究消除这些影响的技术措施和管理方法，还要研究如何创造一个适宜人们生活和居住的物理环境。环境物理学根据研究的对象可分为环境声学、环境光学、环境热学、环境电磁学和环境空气动力学等分支学科。

环境物理学的研究领域是相当广阔的。例如，物质在做机械运动时，匀速运动对人体没有影响，加速运动则有影响。在人体受到的加速度可与重力加速度相比的情况下，人就会感到不舒适。人对加速度能容忍的变化范围比较大。例如，人体直立时，横向运动的加速度达50$g$也不会受到伤害。人体做机械运动或者人体处在机械振动环境中所产生的物理效应和生理效应，也是环境物理学有待深入研究的内容。

物理性污染虽然能够利用技术手段进行控制，但是，采取各种控制技术涉及经济问题、管理问题和立法问题，所以要对防治技术进行综合研究，获得最佳方案。（李楠　刘丹晓）

**推荐书目**

马大猷．环境物理学．北京：中国大百科全书出版社，1982.

刘树华．环境物理学．北京：化学工业出版社，2004.

# 环境声学

huanjing shengxue

**环境声学** (environmental acoustics) 主要研究声环境及其同人类活动的相互作用的学科。

人类生活的环境里有各种声波，其中有的是用来传递信息和进行社会活动的，是人们需要的；有的会影响人的工作和休息，甚至危害人体的健康，是人们不需要的。按照 2021 年 12 月 24 日发布的《中华人民共和国噪声污染防治法》，噪声的定义是指在工业生产、建筑施工、交通运输和社会生活中产生的干扰周围生活环境的声音。

**概念形成过程** 为了改善人类的声环境，保证语言清晰可懂、音乐优美动听，从 20 世纪初开始，人们对建筑物内的音质问题进行研究，促进了建筑声学的形成和发展。50 年代以来，随着工业生产、交通运输的迅猛发展，城市人口急剧增长，噪声源越来越多，所产生的噪声也越来越强，造成人类生活环境的噪声污染日益严重。因此，不仅要在建筑物内改善音质，而且要在建筑物内、外的一定的空间范围内控制噪声，防止噪声的危害。

这些问题的研究涉及物理学、生理学、心理学、生物学、医学、建筑学、音乐、通信、法学、管理科学等诸多学科，经过长期的研究，成果逐渐汇聚，形成了一门综合性的学科——环境声学。在 1974 年召开的第八届国际声学会议上，环境声学这一术语被正式使用。

**研究内容** 主要是研究声音的产生、传播和接收，及其对人体产生的生理效应、心理效应，也包括改善和控制声环境质量的技术和管理措施。

**噪声控制技术** 声是一种波动现象，它在传播过程中，遇到障碍物会产生反射和衍射现象，在不均匀的媒质中或由一种媒质进入另一种媒质时，也会发生折射和透射现象。声波在媒质中传播，由于媒质的吸收作用等，会随传播距离的增加而衰减。对于声的这些认识，是改善和控制声环境的理论基础。在噪声控制技术中，首先需要考虑的是降低噪声源的辐射。选用低噪声的生产设备和生产工艺，或是改变噪声源的运动方式（例如，采用阻尼隔振等措施降低固体发声体的振动，或者用减少涡流、降低流速等措施降低液体和气体的声源辐射等）。其次是控制噪声的传播，改变声源已经发出的噪声的传播途径。例如，采用吸声、隔声、消声等降噪措施，参见*传声途径控制*。最后是采取必要的防护措施。例如，处在噪声环境中的人员可戴耳塞、耳罩或头盔等护耳器。

噪声控制在技术上虽然已经相当成熟，但是由于现代工业、交通运输业规模很大，要采取噪声控制的企业和场所为数甚多，因此在处理噪声问题时，要综合考虑具体情况，权衡技术、经济、效果等问题。

**音质设计** 包括两方面：①具有文化娱乐和社会活动功能的影院、音乐厅、会议厅等建筑物内部的音质问题与混响时间有关。可以通过设计声传播途径中的声反射，使建筑物内部声场均匀，同时利用吸声材料消除不利的声反射和声能集中等现象，调整建筑物内声能量的分布、控制合适的混响时间，以保证接收者收到的声音满足设计要求。②对于产品噪声而言，也会遇到人们对产品的声特征不满意，需要对声学性能重新设计，使产品听起来比较舒服，以提高销售量。同时，当产品噪声降低到一定程度时，再降低会非常困难，也存在一个经济性的问题。另外，一些声信号特征代表着工况信息，不能被消除；需要消除的是声信号内部使人不舒服的成分。

**噪声的影响** 人类生存的环境需要一定响度的声音，但是噪声会干扰人的睡眠，影响注意力，造成神经紧张和烦恼，还会影响语言的可懂度，干扰人的交流，甚至可能造成耳聋、精密仪器失灵，或损坏建筑物。

噪声对人的影响不仅与噪声的物理特性有关，还与接收者的听觉特性、心理、生理状态等因素有关。所以，研究噪声对人的影响，既要研究一般影响，也要研究各种特殊的情况，为制定噪声标准提供依据。参见噪声危害。

**噪声控制标准** 为了获得适宜的噪声环境而又不致造成浪费，需要一系列噪声标准。噪声控制标准能保护多数人不受过度噪声的干扰和伤害。不同国家或者地区，不同的专业、城市、工厂、交通运输系统、产品制造等的噪声问题也都需要以噪声标准为准绳。噪声标准包括噪声限定值、排放标准、测量方法、噪声控制技术规范、评价方法以及管理规范等。参见噪声控制标准和噪声控制法。

**发展趋势** 包括以下四方面。

**建立人对噪声的感受模型** 建立符合主观感受的环境噪声客观评价量和方法，包括声品质研究和室内音质研究，涉及心理声学、人耳、人脑和传统的客观测量、信号处理等领域。国内外这方面的研究目前都不成熟，研究目标、研究手段、研究成果的表达形式都不完善或统一。研究目标也许可以是：建立人对噪声的感受模型，这个模型可能非常复杂，从人耳的信号处理模型一直到大脑的认知模型，得到一个客观模型或者方法，能够完全反映人对声音（包括音乐和噪声）等的感受。

**噪声控制新材料** 声学材料的多样化给建筑声学和噪声控制设计带来更多的选择和可能。当前研究较多的是微穿孔板吸声材料、声学超构材料和声学智能材料。新的方向包括：发现和探索能够用于吸声和隔声的新物理机制（关注声能、机械能和电磁能等的转化），基于新的加工和制作方法与工艺，采用先进的优化设计工具，将传播介质和材料、结构结合起来，开发声学智能材料，满足声学材料薄（材料厚度）、轻（材料质量）、宽（声学频带）、强（结构强度）的要求。

**噪声控制新方法** 在了解噪声产生机理的基础上，从噪声源处降低噪声或者设计低噪声机器和设备。在声学传播途径上探讨更加经济可靠、性能好的新方法，如新型声屏障和隔音窗等，结合绿色建筑需要，提供节能健康的噪声控制方法。从有源控制进一步向主动被动混合控制发展，提出经济合理的解决方案。将主动系统和周围声振环境、传统控制方法做整体考虑研究；和虚拟声环境、环绕立体声重放的研究相结合，不仅能降低环境噪声，而且能争取实现对声环境的完全控制。

**室内外声环境设计** 结合声景研究，建立室外声环境设计的系统方法，涉及传统的噪声预报、规划，噪声地图，人对声音的感受，室外声传播等；针对大空间敞开式办公室、工厂厂房车间、商场或者居家的声环境进行综合设计，除了控制噪声，还考虑保证有良好私密性、播放音乐的音质、安全报警和疏散时的声系统正常运行等。难点在于建立相应的声学模型等，整合现有的宏观和微观观测方法，得到统一的方法和工具。（李楠　袁旻忞）

**推荐书目**

马大猷. 环境物理学. 北京：中国大百科全书出版社，1982.

程建春，田静. 创新与和谐——中国声学进展. 北京：科学出版社，2008.

程建春，李晓东，杨军. 声学学科现状以及未来发展趋势. 北京：科学出版社，2021.

wuli shengxue

**物理声学** (physical acoustics) 研究声学中基本物理问题的分支学科，主要研究声振动的基本理论，声波在各种介质（包括气体、液体、固体及等离子体等）和不同边界条件下的传播特性以及声波与物质间的相互作用等。主要包括研究声的反射、折射、干涉、衍射、散射、吸收、色散等现象；同时包括利用声研究介质的物理特性操控微粒运动以及促进化学反应等，并发展相关研究的理论和实验方法。

声学是以物理定理为基础建立的，但物理声学作为声学的基本分支有别于其他声学分支。其他声学分支大多从物理声学分化发展而来，并形成了各自专业的特色，且具有不同程度的工程与应用特点。

**学科起源** 声音是自然界中非常普遍、直观的现象，它很早就被人们认识，在我国和世界上几个远古文明中，对声音特别是音律方面都有相关的研究与记载。约2000年前，中国和西方都有人把声与水面波纹相比，注意到声音和波动的联系。这种类比是对声的本质朴素而正确的认识。

对声学的系统研究是从17世纪初伽利略研究单摆周期和物体振动开始的。自那以后许多著名物理学家和数学家都对研究物体的振动和声的原理作出了重要贡献。英国著名学者弗朗西斯·培根于16世纪提出，可通过测量从看到火光到听到声音之间的时间间隔来测量声速的原理。尽管他本人未曾实施过声速的测量，但科学史上仍记载了他对解决此问题做出的贡献。后来，由法国科学家和修道士马林·梅森在17世纪上半叶进行了声速测量。他采用了两个办法，其一是利用离开反射面一段距离聆听测量者所发出的短语的回声到达时间来计算声速。最初他利用心跳间隔时间（按66次/min）来计时；后来他采用更为精确的钟摆计时法，得出声速约为316 m/s。其二是采用从远距离处记录见到开枪时的火光与听到枪声的时间差的办法来测量声速，得到488 m/s的数据。此后测量方法不断改进，1738年巴黎科学院的科学家们利用两门加农炮作为声源，分别置于相距18英里（1英里 = 1.61 km）的两端发声，以便抵消风速对声速的影响。尽管当时并不清楚温度对声速是否有影响，但实验者还是记录了温度。他们测得0℃时的声速为332 m/s，与现代测量的准确数值331.45 m/s非常接近，误差只有1‰，测量的仪器只有跑表和人耳。牛顿在1687年出版的《自然哲学的数学原理》中认为，振动物体推动邻近介质运动，后者又推动它的邻近介质，这个过程不断重复，形成声波。经过复杂的推导，他得到声速等于大气压与密度之比的平方根。欧拉在1759年根据这个概念提出更清楚的分析，得到了牛顿的结果。但是由此计算的声速只有288 m/s，与实验值相差很大。直至1816年，拉普拉斯指出只有在声波传播中空气温度不变时牛顿的推导才是正确的，而实际上声波传播中空气密度变化很快，不可能是等温过程，而应该是绝热过程，因此牛顿的结果必须修改，声速的平方应再乘以比热比（定压比热与定容比热之比），由此得到正确的声速计算公式。达朗贝尔于1747年首次导出弦的波动方程，并预言可用于声波。到1800年，管中驻波的研究工作在理论上和实验上都比较成熟。1820年，法国数学家泊松在他的论文中给出了三维声波和开管、闭管的严格解，提到设定开管端声压为零，不太恰当，意味着末端修正的必要性。1860年，德国物理学家亥姆霍兹对管端修正进行了透彻研究。1866年，德国科学家孔特提出研究管中声传播的细沙图方法，特别是测量空气中声速的方法，因此驻波管也称孔特管。泊松研究了管的突变截面以及两种流体间的反射、透射问题。平面声波斜入射到两种流体界面上的折射、反射问题是由英国科学家格林解决的，他特别强调了声（纵波）、光（横波）在反射、折射上的异同。以上工作均假设所有参量变化都非常小，远小于平均值，把声波传播当线性过程处理。如果参量（如压力、密度、振动速度等）相当大，就会出现非线性现象。欧拉首先考虑到这个问题，他在1756年的著名论文《论声的传播》

中得到了声场中一小片介质（质点）的准确运动方程。他的物理分析完全正确，但未得到确切的解。1859 年，德国科学家黎曼和英国科学家厄肖恩分别独立得到大振幅声波的表达式和行波解。1877 年，英国物理学家瑞利发表巨著《声学原理》，系统总结了 19 世纪以及前两三百年间的大量声学研究成果，使声学成为物理学中一门严谨的相对独立的分支学科，并由此拉开现代声学的序幕。

20 世纪以后，随着实验手段的不断革新，声学的理论研究有了很大的进步。理论研究的基本思路是在实验的基础上建立各种物理和数学的模型，通过推导得到各种形式的解。对理论研究得到的严格的和近似的解析解的分析能够总结声学规律，应用于实际问题。但是技术的发展要求理论分析能提供更精确的结果，特别是在复杂的实际条件下的声学现象。这些复杂条件包括介质的复杂性质和不规则的、复杂的几何形状，对于这些问题数值计算发挥了不可替代的作用。随着计算机的飞速发展，一方面可以对理论结果做大量的计算，得到直观形象的定量结果，总结规律；另一方面可以计算没有解析结果的复杂问题，为实际问题提供依据。

**基本问题**　物理声学涉及波的反射、折射、临界角、干涉、衍射、散射、声吸收、色散等基本问题。

**反射**　指波从两种媒质的界面折回的现象。

当声波从一种媒质入射到声学特性不同的另一种媒质时，在两种媒质的界面处将发生反射，使入射声波的一部分能量返回第一种媒质。在斜入射时，反射角 $\theta_2$ 与入射角 $\theta_1$ 相等；在垂直入射时，$\theta_2=\theta_1=0$。

在反射点处，反射声波声压 $p_2$ 与入射声波声压 $p_1$ 之比称为声压反射系数（$R$），$R=p_2/p_1$；反射波的声强与入射波的声强之比称为声强反射系数。

**折射**　指因媒质中波的传播速度的空间变化而引起波传播方向改变的现象。

声波的折射满足折射定律：入射角 $\theta_1$ 的正弦和折射角 $\theta_2$ 的正弦之比等于两媒质中声速的比值，即 $\frac{\sin\theta_1}{\sin\theta_2}=\frac{c_1}{c_2}$。式中，$c_1$ 为入射介质的声速，$c_2$ 为折射介质的声速。也指在同类媒质中，由于媒质本身不均匀而使传播方向改变的现象。例如，当声波从海水中传入海底时，由于海水中声速往往随深度而发生变化，所以也不断发生折射。

**临界角**　指平面声波由声速较慢的第一媒质向声速较快的第二媒质入射时，使第二媒质中的折射角等于 90° 的入射角。若第二媒质为固体，则在固体中出现折射的纵波和横波。使纵波折射角为 90° 的入射角称为第一临界角，使横波折射角为 90° 的入射角称为第二临界角，恰好产生表面波（又称瑞利波）的入射角称为瑞利临界角。

**干涉**　指由两个或多个频率相同、振动方向相同，有不同相位和传播方向的波的叠加而引起的现象。

在两列同频率、具有固定相位差的波叠加的波场中，任一位置上的平均能量密度并不简单地都等于两列波的平均能量，而是与两列波到达该位置时的相位差有关，在两列波的相位相同的位置上加强，在两列波的相位相反的位置上抵消。

具有相同频率，且有固定相位差的波称为相干波。具有不同频率或频率相同但相位差不确定的波称为不相干波。

**衍射**　指在媒质中由于有障碍物或其他的不连续性而引起波改变传播方向的现象。如障碍物的尺寸远小于波长，则衍射不明显；如障碍物的尺寸与波长相近，则衍射最明显；如障碍物的尺寸远大于波长，虽然还有衍射，但是在障碍物背部边缘附近将形成一个没有波的区域（声影区）。

声衍射波是传播方向因媒质中障碍物或其他的不连续性而改变的波，通常不包括反射和折射作用。

**散射**　指声波朝许多方向的不规则反射、折射或衍射的现象。以下两种情况下将产生散射：①当声场内有比波长小的刚体存在时；②当媒质中存在弹性或密度不同的障碍物时。散射的强弱与障碍物的线度对波长的比值以及障碍物表面声学特性和形状有关。障碍物越大，或波长越短，则散射越强。

**声吸收** 指当声波通过媒质或射到媒质表面上时声能减少的过程。这主要是由于媒质的黏滞、热传导和分子弛豫过程，使声能量不可逆地转变为无规的热运动能量。

引起介质对声吸收的原因很多。静止和均匀流体介质中主要原因有介质的黏滞性、热传导以及介质的微观动力学过程中引起的弛豫效应等。非纯介质（如大气中含有灰尘粒子、液态雾滴等）中，在声波作用下悬浮体对介质做相对运动而产生的摩擦损耗，以及在水雾中弛豫效应等也是引起声吸收的原因。

**研究内容** 从经典声学发展到现代声学，物理声学的内涵不断演进，但作为声学学科的核心与基础，始终以声学现象的物理机理和规律作为其基本的研究对象和范畴。

现代物理声学研究的典型例子是声空化、声辐射力，周期和复杂声学介质的声传播，振动与声的非线性和声孤立子现象等，也包括极端环境或条件下的声奇异现象。

**声空化** 声波在液体中传播，在时空上产生压力起伏，出现低于静态压力的负压现象。在液体的负压区域，液体中的结构缺陷（空化核）会逐渐成长，形成肉眼可见的微米级气泡，这就是声空化。

声空化强度不仅与驱动声压有关，还与液体中的空化核数量有关。空化泡的运动具有明显的非线性特征，具体表现为缓慢的膨胀和急剧的压缩。通常声空化泡的半径压缩比可达$10^2$量级，因此它具有很高的聚能能力。当压缩至最小半径左右时，空化泡内部有数千摄氏度的高温和数千个大气压的高压。这是超声清洗、超声粉碎、声化学等一系列声空化应用的基础。当继续增大驱动声压，空化泡内部的温度和压力继续上升，会导致光的辐射，这就是声致发光现象。

**声孤立子** 又称孤立波，是一种在传播过程中形状、幅度和速度都维持不变的脉冲行波。声孤立子与其他同类孤立波相遇后，能够维持其幅度、形状和速度不变。

从物理学的角度来看，孤立子是物质非线性效应的一种特殊产物。对于一些具有特殊色散的非线性方程，其存在一种具有永久形状的、局域化的行波解。方程中的非线性项导致的脉冲的挤压作用与色散引起的扩散作用相互抵消，在平衡作用下形成孤立波。这种平衡作用使行波在前进过程中维持一种固定的形状，从而产生孤立子现象。

**声辐射力** 声波携带动量和能量，声场中的物体会对声波产生反射、吸声、散射等效应，导致其与声波发生动量和能量的交换，引起传播波能量密度和动量的变化，使物体受到力的作用而运动，在非线性声学范围，作用力的时间平均不为零，存在一个直流分量，这个力就是声辐射力。

利用声辐射力可以实现声场中物体的操控，这项技术称为声镊子。声镊子是一个新兴的粒子操控平台，利用声波与固体、液体和气体的相互作用，在空间和时间上操纵物质。

**颗粒介质中声传播** 含颗粒介质流体中的声传播规律是研究颗粒与流体介质有关声学信息的采集、分析及应用的科学与技术。其研究内容主要包括声波在含颗粒介质流体中的声衰减、声散射及波形畸变规律的研究和声波作用下颗粒动力学特性、群体颗粒传热传质机理、团簇颗粒解聚、微颗粒团聚机理的研究。

**声学黑洞** 是天体物理学中黑洞概念的声学类比，即声波在特定的非均匀分层流体中传播时，声速随介质深度的增加而减小到零，不会发生声波的反射，其表现为声波不能逃离开放区域的边界。

在实际应用中，声学黑洞通常指通过调节几何参数或者材料特性而形成的一种对弯曲波有汇聚效果的结构，在绝对理想情况下，弯曲波波速在声学黑洞区域内逐渐减小至零。声学黑洞结构作为一种新型的弯曲波调控技术，可以有效地降低结构中弯曲波的传播速度，减小边界末端的反射，形成具有高能量密度的区域，因此在减振、降噪、波动调控及能量回收等方面具有广阔的应用前景。

**声子晶体**　指弹性常数及密度周期分布的材料或结构。

声子晶体是由弹性固体周期排列在另一种固体或流体介质中形成的一种新型功能材料。通过类比光子晶体，人们发现弹性波在周期弹性复合介质中传播时，也会产生类似光子带隙的弹性波带隙，从而提出了声子晶体的概念。

声波在声子晶体中传播时，受其内部结构的作用，在一定频率范围（带隙）内被阻止传播，而在其他频率范围（通带）内可以无损耗地传播。研究认为，声子晶体带隙产生的机理有两种：布拉格（Bragg）散射型和局域共振型。前者主要是结构的周期性起主导作用，当入射弹性波的波长与结构的特征长度（晶格常数）相近时，将受到结构强烈的散射。后者主要是单个散射体的共振特性起主导作用。

**声学超材料**　是一类具有特殊性质的人造材料，通过将不同组分材料进行几何结构设计和周期排列，形成原本由于经典物理规律制约而不会在相应组分中出现的新特性。

声波在由人工结构单元构成的阵列结构中传播时，在波长远小于结构单元尺度的频段（亚波长频段，通常单元结构尺度小于波长的1/10），能够获得与自然界中物质迥然不同的超常物理性质，如负等效质量密度、负弹性模量、负折射、低频带隙、低频超常吸收等。这意味着能够在亚波长的介观尺度上构造人工“原子”，设计出天然材料不具备的超常声学、力学性质的新型人工材料。声学超材料具有的特殊物理效应极大地拓展了声学结构对声波传播的控制能力，为声波、振动控制及声学功能器件设计提供了全新的思路。

声学超材料力图从介观尺度上分析结构对波的控制原理及特性，通过对结构单元的创新设计，制备出具有天然材料所不具备的超常物理性能的新材料，提高对声波传播的控制和操纵能力。声学超材料代表了一种崭新的复合结构/材料设计理念，在认识和利用当前材料的基础上，人们按照自己的意志设计、制备新型材料并实现特殊功能需求。其从介观尺度出发的思想既能突破常规材料的性能限制，产生新的物理现象和物理机制，又具有较强的物理可实现性，能够发展出具有重大军用和民用价值的新技术、新材料，促进和引领新兴产业的发展，其科学理论及应用价值引起了各国政府、学术界、产业界和军事界的高度关注。

**声隐身材料**　是指通过控制声波的幅值、相位等特性，从而削弱或改变装备的声目标特性的一类声学材料。

目前，基于声学超材料实现声学隐身的方式主要有两种：基于坐标变换理论的隐身斗篷以及用于实现声学幻象的声学超表面。其中，由声学超材料构成的隐身斗篷可以控制入射该区域的声波全部从有厚度的斗篷中穿行而过，绕开斗篷包裹的内部隐身区域，从而实现对目标物体的隐藏。在已有的研究中，空气中的隐身斗篷可通过周期排列的穿孔板实现，水下的隐身斗篷则可通过钢和铜等金属与水分层排列组成的等效流体以及五模材料来实现。此外，随着声学超表面的出现，通过相位的调控从而构造不同的声学幻象，也成为近年来实现隐身的新兴方式。超表面可根据需要制作成各种形状和尺寸，并通过对每个单元的回波相位和幅值进行逐一设计，从而在整体上控制回波声场，以实现想要的声学幻象，进而实现对目标物体的隐藏。

**涡旋声场**　是一种具有螺旋状相位波前的特殊声场，具有不同于振幅、频率及相位的拓扑特性，所携带的轨道角动量具有良好的正交性，会产生轴向和径向的声辐射力，可以实现物体的旋转捕获和操控，还能用于轨道角动量通信，是传统声学技术一个新的发展方向。主要研究内容包括涡旋声场的构建和调控方法，涡旋声场的传输、探测和解码方法，发展基于涡旋声场的超声检测和成像、超声治疗、超声操控、超声轨道角动量通信、超声多物理场耦合等技术。

**学科交叉** 其他声学分支的部分基础性研究也属于物理声学。例如，水声学虽然独立于物理声学，但是涉及声在海洋复杂环境下传播等问题，也属于物理声学范畴。生物医学超声学的研究重点是超声在生物医学诊断与治疗上的具体应用，但是超声在生物媒质等复杂介质中的传播问题仍是物理声学的研究内容。检测声学重点研究声波在工程检测中的应用，但是复杂结构体中的声传播、结构缺陷的声散射问题均是物理声学的研究内容。

物理学中与声学有关的基础性问题也是物理声学的研究范畴。热声制冷、声致发光以及磁流体声波等，均是与声密切相关的物理现象，是物理声学的研究对象。新材料的声学性质及其声学特征刻画等也是物理声学的研究对象。

**应用和展望** 在发展初期，声学是单纯为听觉服务的。理论上，研究声的产生、传播和接收；应用上，研究如何获得悦耳的效果，如何避免妨碍健康和影响工作的噪声，如何提高乐器和电声仪器的音质等。随着科学技术的发展，人们发现声波的很多特性和作用，对科学研究和生产技术十分重要。例如，利用声的传播特性来研究媒质的微观结构，利用声的作用来促进化学反应等，以及利用声镊子操控微粒在空间和时间上的运动特性等。

近 20 年得到迅猛发展的声学超材料，为构造轻质低频宽带的吸隔声器件、声隐身器件等提供了坚实的材料基础；结合声学超材料的负折射、表面倏逝波反常增透等特殊物理效应，在声学探测、传输等声信息处理领域开发了高分辨率声透镜、声波整流器及微小物质控制器等大批新型声学功能器件。随着研究的深入，势垒隧穿、拓扑绝缘等量子概念被越来越多地引入弹性波这一传统经典波的研究中，弹性波与电磁相结合的声光相互耦合作用等更将声学超材料的弹性波调控拓展到与电磁波相结合，既深化了对这些量子概念的理解，又可以揭示弹性波传播中更多新颖的物理效应，甚至可以实现与声学、热学、光学性质相关的量子调控，具有重要的理论和现实意义。（杨玉真 刘进）

**推荐书目**

方如康. 环境学词典. 北京：科学出版社，2003.

徐龙道，等. 物理学词典. 北京：科学出版社，2004.

张海澜. 理论声学（修订版）. 北京：高等教育出版社，2012.

温激鸿，蔡力，郁殿龙，等. 声学超材料基础理论与应用. 北京：科学出版社，2018.

程建春，李晓东，杨军. 声学学科现状以及未来发展趋势. 北京：科学出版社，2021.

jianzhu shengxue

**建筑声学**（architectural acoustics） 研究建筑环境中声音的传播、声音的评价和控制的学科，是建筑物理的组成部分。建筑声学的基本任务是研究室内声波传输的物理条件和声学处理方法，以保证室内具有良好的听闻条件；研究控制建筑物内部和外部一定空间内的噪声干扰和危害。

在建筑物中实现固体声隔声比较困难。采用一般的隔振方法，例如，采用不连续结构，施工比较复杂，尤其是对于要求有高度整体性的现代建筑，这一问题更为突出。良好的声学功能和建筑艺术的高度统一，是科学家和建筑师的共同目标。

**历史起源** 建筑声学的记载最早见于公元前 1 世纪罗马建筑师维特鲁威所写的《建筑十书》。书中记述了古希腊剧场中的音响调节方法，如利用共鸣缸和反射面以增加演出的音量等。在中世纪，欧洲教堂采用大的内部空间和吸声系数低的墙面，以产生长混响声，造成神秘的宗教气氛。当时也曾使用吸收低频声的共振器，用以改善剧场的声音效果。

15—17 世纪，欧洲修建的一些剧院，大多有环形包厢和排列至接近顶棚的台阶式座位，同时由于听众身体以及衣着对声能的吸收作用，以及建筑物内部繁复的凹凸装饰对声音的散射作用，混响时间适中，声场分布也比较均匀。剧场或其他建筑物的这种设计，当初可能只求解决视线问题，但无意中取得了较好的听闻效果。

16 世纪，中国建成著名的北京天坛皇穹宇，建有直径 65 m 的回音壁，可使微弱的声音沿壁传播一二百米。在皇穹宇的台阶前，还有可以听到几次回声的三音石。

18—19 世纪，自然科学的发展推动了理论声学的发展。到 19 世纪末，古典理论声学发展到最高峰。20 世纪初，美国人赛宾提出著名的混响理论，使建筑声学进入科学范畴。从 20 世纪 20 年代开始，电子管的出现和放大器的应用，使非常微小的声学量的测量得以实现，为现代建筑声学的进一步发展开辟了道路。

20 世纪 50 年代以前，中国仅有极少数科学家研究建筑声学。1929 年叶企孙和施汝为等研究了清华大学礼堂的音质问题并测量了中式服装的吸声系数。马大猷在 1939 年应用简正振动方式计算室内声音衰减值，并得到实验证明。1941 年他发表了有关室内颤动回声理论的论文。50 年代，建筑声学在中国得到迅速的发展，马大猷成功地主持了北京人民大会堂音质设计。70 年代以来，他又先后进行了微穿孔板和小孔喷注噪声的理论研究。中国科学家对音质评价作了一系列研究，在模型实验、电火花声源、室内脉冲响应方面，以及利用声音在水平面内方向性扩散的特性分析厅堂音质等方面都取得了进展。中国科学家还用现代科学方法研究了天坛的回音壁、三音石和圜丘，并作出合理的解释。70 年代以来，中国重视环境保护工作，广泛采取噪声控制措施，如隔声、吸声、消声、减振等。各项噪声控制标准和声学测试标准的逐步制定，推动了建筑声学的发展。

20 世纪 60 年代末，加拿大作曲家 R. Murry Schafer 教授开始倡导“声景”的思想并创建了“世界声景计划”（WPS）。1975 年，他通过欧洲之旅对 5 个村庄的声景进行调查和录制，并于多年以后再次对这 5 个村庄进行调研，研究城市化带来的声景变化。1978 年，Barry Truax 出版了有关声学研究和声景术语的参考手册《声景研究手册》。2002 年欧盟通过《环境噪声指令》，为成员国交通噪声污染治理提供了共同框架。欧盟各国按照该指令为主要道路、铁路、居民区等绘制了噪声地图，并通过不同颜色显示不同噪声水平。指令规定，欧盟各国还要根据噪声地图找到安静区域并加以保护。在执行这一规定的过程中，人们发现人对声环境的评价不仅与声压级高低有关，还与声音的类型、听众的特点等其他因素有关。采用降低声压级的方法有时候并不能提高人们对声环境的评价。声景研究为解决这一问题提供了新的思路。这一法案的发布被认为是声景发展的催化剂。

**研究内容** 现代建筑声学可分为室内声学、建筑环境噪声控制和声景三个研究领域。

**室内声学** 研究方法有几何声学方法、统计声学方法和波动声学方法。当室内几何尺寸比声波波长大得多时，可用几何声学方法研究早期反射声分布，以加强直达声，提高声场的均匀性，避免音质缺陷。统计声学方法是从能量的角度研究在连续声源激发下声能密度的增长、稳定和衰减过程（混响过程），并给混响时间以确切的定义，使主观评价标准和声学客观量结合起来，为室内声学设计提供科学依据。当室内几何尺寸与声波波长可比时，易出现共振现象，可用波动声学方法研究室内声的简正振动方式和产生条件，以提高小空间内声场的均匀性和频谱特性。室内声学设计内容包括体型和容积的选择，最佳混响时间及其频率特性的选择和确定，吸声材料的组合布置和设计适当的反射面以合理地组织早期反射声等。声学设计要考虑两个方面。一方面，要加强声音传播途径中有效的声反射，使声能在建筑空间内均匀分布和扩散，如在厅堂音质设计中应保证各处观众席都有适当的响度。另一方面，要采用各种吸声材料和吸声结构，以控制混响时间和规定的频率特性，防止回声和声能集中等现象。设计阶段要进行声学模型试验，预测所采取的声学措施的效果。

处理室内音质一方面要了解室内空间体型、所选用的材料对声场的影响；另一方面要考虑室内声场声学参数与主观听闻效果的关系，即音质的主观评价。可以说，确定室内音质的好坏，最终还在于听众的主观感受。由于听众的个人感受和鉴赏力不同，在主观评价方面的非一致性是这门学科的特点之一；因此，建筑声学测量作为研究、探索声学参数与听众主观感觉的相关性和室内声信号主观感觉与室内音质标准相互关系的手段，也是室内声学的一项重要内容。在大型厅堂建筑中，往往采用电声设备以增强自然声和提高直达声的均匀程度，还可以在电路中采用人工延迟、人工混响等措施提升音质效果。室内扩声是大型厅堂音质设计必不可少的一个方面，因此，现代扩声技术已成为室内声学的一个组成部分。

**建筑环境噪声控制**　即使有良好的室内音质设计，如果受到噪声的严重干扰，也将难以获得良好的室内听闻条件。为了保证建筑物的使用功能，保障人们正常生活和工作条件，必须减弱噪声的影响，保证建筑物内部达到一定的安静标准。噪声干扰，除与噪声强度有关外，还与噪声的频谱、持续时间、重复出现次数以及人的听觉特性、心理、生理等因素有关。控制噪声就是按照实际需要和可能，将噪声控制在某一适当范围。这一范围所容许的最高噪声标准称为容许噪声级即噪声容许标准。对于不同用途的建筑物，有不同的建筑噪声容许标准：如对工业建筑主要是为保护人体健康而制定的卫生标准；对学习和生活环境则要保证达到一定的安静标准。

在噪声控制中，首先要降低噪声源的声辐射强度，其次是控制噪声的传播，再次是采取个人防护措施。在城市规划和建筑布局上要有合理的安排。一般按照各类建筑对安静程度的要求，划分区域并布置道路网，使要求安静的建筑物（如住宅、文教区）远离喧闹的工厂区或交通干线，避免交通流量大的街道和高速公路穿过住宅区，这是控制城市噪声的基本措施。在各分区内、各单体建筑物中，同样需要从控制噪声的角度，对有不同安静程度要求的建筑群和各个房间分别进行合理的安排和布局。

噪声按传播途径可分为两种：一是由空气传播的噪声，即空气声；二是由建筑结构传播的机械振动所辐射的噪声，即固体声。空气声因传播过程的衰减和设置隔墙而大大减弱；固体声由于建筑材料对声能的衰减作用很小，可传播得较远，通常采用分离式构件或弹性联结等技术措施来减弱其传播。建筑物空气声隔声的能力取决于墙或间壁（隔断）的隔声量。隔声的基本定律是质量定律，即墙、间壁等构件的隔声量随面密度递增的规律。人在楼板上走动或移动物件时产生撞击声，直接对楼下房间造成噪声干扰。可用标准打击器撞击楼板，在楼下测定声压级值。声压级值越大，表示楼板隔绝撞击声的性能越差。控制楼板撞击声的主要方法是在楼板面层上或地面板与承重楼板之间设置弹性层，在楼板上铺设弹性面层是隔绝撞击声简便有效的措施。

在工业建筑物中，隔声间或隔声罩已成为广泛采用的降低设备噪声的手段。建筑物的通风空调设备会产生空气动力噪声。在气流通道内设置消声器是防止空气噪声的措施。工程上采用的消声器，根据消声原理大致可分为阻性、抗性和阻抗复合等类型。在机械设备下面设置隔振器，以减弱振动，是建筑设备隔振的主要措施。

**声景**　声景指个体、群体或社区所感知的在给定场景下的声环境。不同于一般的噪声控制措施，声景研究从整体上考虑人们对声音的感受，研究声环境如何使人放松、愉悦，并通过有针对性的规划与设计，使人们心理感受舒适，从而感受优质的声音生态环境。声景是个人或群体在某场景下对声环境的感知和理解。声景关注于人、听觉、声环境与社会之间的相互关系。与传统的噪声控制不同，声景（观）重视感知，而非仅物理量；考虑积极和谐的声音，而不只是噪声；将声环境看成资源，而非“废物”。

过去50年间，人们对声环境的管理思路逐

渐从单纯的噪声控制转向声景的设计和营造。声景的研究使得环境声学逐渐走出“先污染后治理”的阶段，并开始转向积极主动地创造舒适的声环境。目前声景的研究主要集中在以下几个方面：①声景的理解。这一部分主要涉及声景相关的基础科学研究。首先就是人对声环境的感知过程研究，即从特定场景下声源营造的声环境开始，到人接收到声音之后对声音的理解及回应这一过程的研究。声景的评价是另外一个研究热点。早期的声景评价主要集中在对声景的心理评价方面，研究者研究了不同人群对不同地点、不同声源的评价。近年来越来越多的研究者对利用一些生理指标（心跳、呼吸频率等）来评价声景感兴趣，并且已经建立了生理、心理和这些指标之间的初步关系。有些学者还研究了其他因素对声景的影响，包括情绪、期望、行为、社会关系、地点或场景的意义等对声景的影响。另外，很多学者正在研究多感知之间的相互作用，包括视觉和声景、嗅觉和声景、热感知和声景等。其他一些研究内容包括声景描述和声景预测等。②数据收集和归档。主要包括声景数据库的建立（不仅包括声音信息，还包括视觉信息甚至嗅觉信息和温度信息）、调查问卷的收集整理和声景案例收集等。③标准化。国际标准化组织（ISO）已经发布了有关声景的一系列标准，包括 ISO 12913—1：2014（第 1 部分：定义和概念框架），ISO/TS 12913—2：2018（第 2 部分：数据收集和报告要求）和 ISO/TS 12913—3：2019（第 3 部分：数据分析）。目前这一系列标准的第四部分 ISO/TS 12913—4（第 4 部分：设计和干扰）还在制定中。④声景的设计和营造。包括声景设计指南、声景设计工具、可听化等。⑤政策。包括声景相关政策颁布、公众接受度等。

**应用** 在以听闻功能为主或有声学要求的建筑中，如音乐厅、歌剧院、电影院、报告厅、多功能厅、体育馆等，其音质设计的好坏往往是评价建筑设计优劣的决定性因素之一。而室内最终是否具有良好的音质，不仅取决于声源本身和电声系统的性能，也取决于室内良好的建筑声学环境。在对建筑声学的基本原理与方法掌握的基础上，必须懂得不同功能的厅堂对室内音质的要求是不同的，关键是结合实际，灵活处理、不断创新。

判断室内是否有良好的建声环境有主观评价和客观评价两种方式。

主观评价主要有：没有声缺陷，如颤动回声、声聚焦、声影、过大的噪声等；足够的响度，让听众能听得见；对于语言声要求具有一定的清晰度，对于音乐声则需达到期望的明晰度；对于音乐声还需要有优美的音质，如足够的丰满度和良好的空间感。客观评价包括：声压级及声场不均匀度，要避免出现“死角”或“声聚焦”；混响时间及频率特性等，混响时间的长短、频率特性是否平直，是衡量厅堂音质的最基本、重要的参数；以及反射声的时间分布、反射声的空间分布和背景噪声等。

音质设计必须是声学工程师、建筑师、业主密切合作、相互协调。建筑声学设计要从以下方面入手：选址、建筑总设计，要防止外界噪声和附属房间对主听音房间的噪声干扰；在满足使用要求的前提下，确定经济合理的房间容积和每座容积；通过体形设计，充分利用有效声能，使反射声在时间和空间上合理分布，以防止声学缺陷；根据使用要求，确定合适的混响时间及频率特性，计算大厅吸声量，选择吸声材料与结构；根据房间情况及声源声功率大小计算室内声压级大小，并决定是否采用电声系统；确定室内允许噪声标准，判断室内背景声压级，确定采用的噪声控制措施。

**探索与展望** 室内音质问题无论是主观方面还是客观方面都没有完全解决。混响过程在室内声学各方面都起着重要作用，它也是判断各类房间音质时争论最少的评价标准。但经典的混响时间公式有局限性，因此混响过程的研究工作仍在进行，如研究声信号特性，分析室内声反射产生的基本信号的延迟重复以提高不同风格节目的演出效果，探索室内声信号的主观感受和房间音质标准之间的关系，研究室内声音传播的计算机模拟，用电声技术特别是立体声混响系统来控制室内音乐的音质等。

由于室内声学同建筑空间的体积、形状和室内表面处理都有密切关系，因此室内声学设计必须从建筑的观点确定方案。改善建筑物的声环境，必须加强基础研究、技术措施和组织管理措施，虽然重点应放在声源上，但是改变声源往往较为困难甚至不可能，因此要更多地注意传播途径和接收条件。各种控制技术都涉及经济问题，因此必须同相关的各种专业合作进行综合研究，以获得最佳的技术效果和经济效益。

在声景方面，未来可发展方面如下：①新工业革命带来的变化。随着科学技术的日新月异，越来越多的智能设备出现在人们的生活中，人类生活环境变得越来越智能。声景如何智能化，如何通过自我调整适应不同听众各自的特殊需求将成为未来的研究热点。②气候变化。气候变化和全球变暖会给地球的生物多样性、城市形态和文化带来诸多变化。这些会影响声源、声传播和人们的声偏好。已经有研究表明不同国家和地区的人对鸟叫、周围的人说话和室外传来的音乐等的偏好程度不同。如果气候发生变化，这些偏好也会随之变化。③生活方式的变化。随着新工业革命和气候变化，人们的生活方式也发生了变化。例如，疫情防控期间人们更多地在家里工作，而室内环境的声景评价模式与城市室外公共空间是不同的。

（李楠　刘进）

daqi shengxue

**大气声学**　（atmospheric acoustics）　研究大气声学现象及其产生机制和各种声源的声波在大气中传播规律的学科。作为以声学方法探测大气的一种手段，也可看成大气物理的一个分支。大气层是人类赖以生存的物质空间和声波赖以传播的三大广袤介质之一，彻底研究并了解其中的波动现象是人类认识自然的一项基本任务。而且由于这些现象与其他许多自然现象（特别是气象现象和其他一些地球物理现象）和人类活动紧密相关，使人类在认识它们之后有可能用其来为自身服务，这就决定了大气声学不但是一门重要的基础学科，也是一门重要的应用学科。

**学科起源**　声在大气中的折射是最早引起人们注意的声学现象之一，对它的研究始于声学的萌芽阶段。为了澄清当时流传的“英国的听闻情况比意大利的好”这一说法，英国牧师德勒姆于1704年同意大利人阿韦朗尼以实验证明：在适当考虑风的影响之后，这两国的声传播情况并没有什么差别。由此开创了大气声学领域。但是直到19世纪后半叶，大气声学才继续得到发展。

19世纪中叶以后，物理学家雷诺、斯托克斯和廷德耳等分别对风、风梯度和温度梯度的声折射效应，以及大气起伏对声的散射进行了研究。瑞利在其1877年出版的巨著《声学原理》中，对包括这些工作在内的声学研究成果在理论上给予了全面的总结和提高。

20世纪初，在测量爆炸的可闻区时，发现爆炸源周围声音的反常传播现象：在距强烈爆炸中心周围数百千米的可闻区之内，存在一个宽达100 km的环状寂静区；可闻区外，在离声源200 km左右又出现了一个可闻区，称为异常可闻区。

埃姆登随后从理论上解释了这种异常传播现象，认为是由平流层逆温和风结构所引起的声波折射，为此，在20世纪20—30年代曾进行了爆炸声波异常传播的较大规模试验，一方面验证了异常传播的理论，另一方面从探测结果推算了平流层上部大气的温度和风速剖面（温度和风速随高度的变化）。而对流星尾迹的观察证明，在同温层顶确实存在逆温层。同时，从爆炸声波异常传播试验中发现了次声波，开始了对大气次声波的研究。

从泰勒开始，逐步引进湍流理论来研究大气的小尺度动力学结构，并以这种观点重新研究声散射；奥布霍夫将声散射截面同湍流动能谱密度联系起来，对大气声散射作出初步的定量解释；伯格曼首先以相关函数研究了散射。

以后的许多工作都围绕如何表达总散射截面的问题展开。

当对大气进行声探测时，不得不解决复杂的逆问题。20 世纪 50 年代后期采用火箭携带榴弹在高空爆炸，在地面上测量其发出的声波，获取了 80 km 以下的大气温度和风廓线的分布。到 50 年代末，建立了较完善的大气声波散射理论。

20 世纪 60 年代末，在原有“声雷达”基础上大大改进了回声探测器，其对大气物理的研究起了很大的推动作用，促进了大气声学多方面的进展。例如，对在声传播过程中相位和振幅起伏的研究、用次声“透视”大尺度的大气过程、高功率声辐射天线附近的非线性效应问题研究等。

20 世纪 90 年代，全面禁止核试验条约组织（Comprehensive Nuclear-Test-Ban Treaty Organization，CTBTO）开始在全世界范围内建设国际次声台站，主要目的是监测核爆炸试验产生的次声波。随着这些次声台站的建立，监测到了包括核试验、地震、火山爆发、火流星、大气活动、火箭发射等多种次声源产生的低频声波，并对这些大气低频声波进行了研究，包括声源特性、声传播特性等。在研究过程中，研发了逐次多通道信号相关（PMCC）算法等广域声传感器阵列信号处理算法，专门用于微弱的大气低频声波，尤其是次声波的信号识别。

**研究内容、任务和研究方法** 各种类型的声波存在于地球大气中。这些声波包括可听声，也包括更低频率的次声波、声重力波，这些都属于大气声学的研究范畴。此外，地球大气的特殊性表现为可压缩的、旋转的、充斥着密度梯度和温度梯度的球状流体，在其中存在大量的大气波动现象，如内重力波、行星波（Rossby 波）和大气潮等，这些波的频率非常低，但也应当成为广义的大气声学的研究对象。至于超声波，则因其在空气中强烈衰减而只能传播很短的距离，所以在大气中不占重要地位。大气声学的研究一方面是声波在大气这一复杂介质中的产生和传播特性，另一方面则是利用声波作为工具对大气特性或者变化状态的探测。

**大气声传播** 是大气声学的主要研究方向，对大气声传播仿真算法的研究形成了计算声学的一个亚分支——计算大气声学。这一研究领域是从给定声源出发的声波在大气中经历一系列物理过程（几何扩展、从复阻抗界面上反射、在一定剖面的大气中折射和衍射、在各种不均匀体上散射、被大气吸收等）之后，对接收点评估声波的“传播损失”。大气声传播的研究，可以应用于对波源定位、源能量计算等传统算法结果的误差修正，提高（次）声事件定量分析的精度。

**大气声波折射** 由于大气中的温度、湿度和气压的分布不均匀，大气中各高度的声速逐渐变化，使声波的传播方向改变，即声射线的弯曲。它和光波折射一样，服从折射定律。大气中的声速 $c$(m/s) 按以下公式计算：

$$c = 20.05 \times \left(1 + 0.14\frac{e}{p}\right)\sqrt{T}$$

式中，$T$、$e$、$p$ 分别为热力学温度（K）、水汽压（hPa）和大气压（hPa）。

由此可知：若铅直方向存在每千米 0.1K 的逆温分布，则可引起原来在水平方向传播的声波形成与地球有相同曲率的弯曲声射线。因此，声波在实际大气中传播时路径总有较大的弯曲。当温度沿铅直方向递减时，声射线向上弯曲；反之，当温度沿铅直方向递增时，声射线向下弯曲。近地面层大气中水汽分布的不同也会对声波折射产生一定的影响。由于实际大气中对流层温度铅直递减，平流层上部温度逆增，因此，空中爆炸声通过低层大气的直接传播，只能在几十千米区域内可闻；然而，向上传播的那部分声波，到达平流层后逐步向下弯曲，在一定远处传播到地面，形成了一个远处的异常可闻区。这种现象是声波折射的一个特例。除温度和水汽分布不均匀造成的折射效应外，由于风的作用，实际声射线方向是声速和风速的矢量和方向，由此引起进一步的射线弯曲，并使顺风传播和逆风传播时声波产生不同的弯曲。这就造成地面各方向上异常可闻区边界相对于声源的不对称性。在建立起大气温度和风廓线分布与声射线弯曲定量关系的基础上，利用多点对声波的测量，可以求得温度和风的铅直分布。在一定的大气层结条件下，可能出现一层大气，使相当部分声波集中于该层中传播而较少发散，称为声波导。波导层可能出现在近地面层大气中，也可能出现在某高度上。

**大气声波异常传播**　在围绕声源 60 ~ 80 km 直接可听声区外，存在着沉寂区；而离沉寂区更远的地方出现第二个可听区，它的位置与温度、风场的垂直分布密切相关，它是向上传播的声波被大气逆温层反射的结果。

大气参数沿高度的分布是不均匀的，而声波的反射主要是在中层大气，故对流层和平流层对大气的声传播影响较大。

a）平流层中声波的传播　在平流层中，大气密度随高度呈指数递减，而温度维持常值。这时，空气质点振动的振幅随高度递增。此外，声波传播速度与波长不是完全无关；在常温大气层中，声波稍有色散特性。在平流层中，声能传播的衰减不随高度而变。

b）对流层中声波的传播　在对流层中，大气可认为处于绝热平衡状态。声波中空气质点振动的振幅与平流层一样，随高度递增。平面波传输的能量保持不变。因为在向上传播过程中，大气密度递减的效应恰好与振幅增长效应抵消。

**大气声波散射**　由于大气经常处于湍流运动状态，其温度、湿度和风速的时空分布均有随机脉动，这使声波在大气中传播的速度在小尺度范围内也产生时空脉动，因而声波波阵面产生随机性的畸变。随机性波阵面的相干效应，使一部分声波偏离原传播方向而向其他方向传播，造成声波在湍流大气中的散射。声波散射的强度和方向分布取决于大气湍流的强度和频谱特征。在满足局地均匀各向同性运动状态的尺度范围内，声波散射强度的方向分布 $I_s(\theta_s)$ 具有如下形式：

$$I_s(\theta_s)=0.033k_0^{1/3}\cos^2\theta_s\left(\frac{C_v^2}{\bar{c}^2}\cos^2\frac{\theta_s}{2}+0.13\frac{C_n^2}{\bar{T}^2}\right)\times\left(\sin\frac{\theta_s}{2}\right)^{-11/3}$$

式中，$\theta_s$为散射角，（°）；$k_0$为波数，$m^{-1}$；$C_n^2$为由温度和湿度脉动引起的声波折射率湍流脉动结构常数；$C_v^2$为风速湍流脉动结构常数；$\bar{c}$为无扰动影响的大气声速，m/s。

由此可见，当 $\theta_s=90°$，即在垂直于原传播方向的方向上，不存在声波散射，但在该方向附近区域，散射强度会产生急剧变化。当 $\theta_s=180°$，即后向散射方向，$I_s(180°)$ 仅与$C_n^2$成正比，而与$C_v^2$无关，散射强度还正比于 $k_0^{1/3}$，即声波频率的 1/3 次方。利用声波大气散射原理已成功地研制了声雷达，用以遥感边界层大气。

**大气声波频散**　不同频率的声波在大气中具有不同的传播速度，因而在大气中传播的（非单频）次声波会产生频散。同时大气特定的温度层结和风结构对各种频率和向各个方向传播的次声波具有选择作用，即只允许某些频率的次声波做远距离传播，其余频率的传播则受到强烈抑制。这就是大气选模作用。理论上用适当的流体力学方程组、大气层结模式和边界条件，已求得基本上符合实际的解。次声波的频散和大气选模作用，在探测人工和自然声源以及解释声信号特征方面，都是十分重要的。

**大气声衰减**　声波在大气中传播时，会随传播距离增加而逐渐衰减，表现为声强的减弱。这首先是由于球面扩展，声波本身单位面积的能流降低；其次是由于反射、折射、散射等改变其传播路径而使其能量偏离原来预期的范围。上述两类统称为“几何衰减”，只涉及声能的重新分布而不涉及能量的转换。另一种类型的衰减则涉及介质对声波能量的吸收，这时与分子有序运动能相关联的声能转换为与无规热躁动相关联的热能。因此，大气声衰减包括以下几种主要因素：①大气中的声吸收；②雨、雪、雾的影响；③风和温度梯度；④草地、灌木林、树林等地面效应。

大气对声波的吸收过程主要包含两方面的

机制。一是大气的黏性和导热性对声波造成的“经典吸收”；二是大气分子的双原子结构引起的“分子吸收”。

**空气的经典吸收** 由空气分子的黏性和热传导造成。分子黏性使声波传播时所引起的空气运动受到阻尼，声能用于克服摩擦力而转变为热能。黏性越大，振动越快（声频越高），声波的衰减越大。声波在空气中传播时，引起空气微粒的机械振动，使气体介质不断发生疏密变化。气体密（压缩）时要增温，疏（膨胀）时要降温，由此各部分之间形成了温差。由于空气的热传导，热量将从高温处向低温处输送，这些能量不能再还原为声波机械振动，从而造成声波衰减。

**空气分子的吸收** 声波传播造成分子转动和振动的能量变化，当这些能量重新转换为声能时，出现了时间弛豫，使部分声能损耗而转化为热能。它与空气的温度和湿度密切相关，也随声波频率的增减而变化，但变化规律较为复杂。

经典吸收和转动吸收都和声波频率 $f$ 的平方成正比，声波衰减系数 $\alpha$（Np/m）的经验公式为

$$\alpha = 1.83 \times 10^{-11} \frac{(T/T_0)^{0.5}}{p/p_0} f^2$$

式中，$p_0$ 为参考压力，等于 1 atm；$T_0$ = 274.15 K；$T$ 为绝对温度，K；$p$ 为大气压，atm（1 atm = $10^5$ Pa）；$f$ 为声波的频率，Hz。

声衰减与大气的温度、湿度、压力和频率有关。对于热而比较干燥的夏天空气，相对湿度可低至 2.4%，频率为 3 000 Hz 的声衰减是 0.14 dB/m；频率为 10 000 Hz 的声衰减是 0.48 dB/m。在分子振动能级引起的衰减中，被激发的氧和氮的振动能由于和水汽分子的振动能级相近，产生了能量转移，最后被激发的水汽分子产生红外辐射而消耗了声能。因此分子振动衰减同声波频率和大气中的水汽含量均有关系。对于相对湿度不同的大气，声波的衰减系数随声波吸收频率变化的曲线而不同，但都出现明显的峰值；并且峰值都位于相对湿度低的区域（<30%），峰值衰减系数较经典吸收大 1 ~ 2 个量级。

**云雾衰减** 实测表明，云雾对低频声波和次声波衰减的作用较强，这类声波导致云雾滴和空气中的水汽之间较强的热量和动量交换，以及质量转移和潜热释放。对一般可闻声频段，云雾并不引起额外的衰减。

**散射衰减** 大气声波散射也能引起声衰减。由于大气温度和风速的小尺度不均匀性，部分声能离开原传播方向发生散射，引起原传播方向声波的衰减。衰减量与大气湍流状态密切相关，强湍流时的声波衰减和分子振动衰减同量级；频率越高，声波散射越强，衰减也越大。

**大气声源的产生与探测** 大气中的声源包括自然声源和人工声源。研究各类声源辐射声波的机制，有利于对相关声源或者事件的识别和确认。通过研究不同事件相关次声信号，可以获取声源的相关信息以及事件的发展过程，可以为灾害监测预警、建筑工程安全状态监测等提供有效的参考信息。

大气声遥感就是以声波为手段在远处探测大气状态和其中现象的一种技术。大气声遥感技术包括有源（主动）和无源（被动）两种方式。前者在测量处人为地、可控制地发出声波，并在同一处（或其附近）来接收通过大气“作用”后的回波，根据其传播时间以及幅度和相位等的变化来判定大气状况；后者是直接测量来自大气中客观存在的声波（其中既有人工声源，也有自然声源），由此来判定大气中的相应现象。

大气声遥感技术按照探测大气的高度划分可以分为低层大气（对流层内）遥感和高层大气遥感。低层大气遥感以大气微观结构对声波的散射作为物理基础，主要是可听声的主动遥感，如“声达”；高层大气遥感以大气宏观机构对声波的反射和折射为物理基础，主要是次声的被动遥感。近年来，随着次声监测阵列的建设和信号分析技术的发展，利用火山爆发次声以及人工爆炸引发次声探测大气平流层和热

层高度大气结构的研究逐渐增多，以此作为弥补传统无线电探测手段（雷达）或热气球、探空火箭等直接接触式探测手段的缺陷。

**非线性大气声学** 声波的本质是非线性的。在某些情况下，流体动力学方程中很小的非线性项可能导致至关重要的现象。在考虑非线性的条件下，声波的传播特性、声遥感探测的回波信号分析等都将出现与不考虑非线性情况下较大的区别。非线性大气声学的研究主要包括声爆理论与传播特性研究、声波在湍流大气中的散射与传播、大气孤波理论研究与探测等。

**大气波与波的相互作用** 大气中存在的波，尤其大气内重力波的存在，能够影响大气中（次）声波的传播路径，进而影响接收声信号的到达角估算等，直接导致了（次）声源定位误差等声源信息的分析和获取。大气中的波与波相互作用的研究主要包括：次声波在大气内重力波存在和影响下的传播理论和数值模拟技术；考虑大气波与波相互作用效应的（次）声源信息分析的误差修正算法。

**声波与大气的相互作用** 利用大功率的强声波可以改变大气的状态或性质。例如，地面发射上行大功率强声波可以造成边界层大气的周期性密度起伏，这种扰动起伏可以作为散射体，用于无线电波或声波探测大气的温度或风速剖面。

**下属分支科学及研究成果** 大气声学包括计算大气声学、大气声探测、大气声遥感、环境大气声学、非线性大气声学等分支学科。

**计算大气声学** 研究从声源处发出的声波经大气传播后在接收点的变化，主要包括传输路径和传输能量两个主要参数，也就是对于声传播过程的数值模拟和仿真计算。大气声传播的数值计算可以辅助声波信号特征分析、声源定位以及声源特性分析等。

最初的研究中，绝大多数的传播问题都被归结为在一定剖面和定解条件下求解波动方程或 Helmholtz 方程。后来，在大气声学中学者考虑到折射和有限地面阻抗二者综合效应的问题。在解决这类问题时，采用全波分析解或简正波法作为基本手段，通过分离变量法解波动方程，用 Hankel 积分变换后再用留数定理将场表示为各阶简正波之级数和。

**计算方法** 近年来，抛物线方程（PE）法被发展为研究大气声传播的有力工具。它保留了 Helmholtz 方程的全波效应，因此可以描述在折射和衍射时的声场。它的特别之处还在于能够适用于任意的声速剖面和局部反应地面，同时可以用来处理包含湍流和不规则地形等各种复杂效应下的声传播。1989 年，Gilbert 和 White 将 PE 方法应用于大气声学，被称作“Crank-Nicholson 抛物线方法”（CNPE），还有另一种“Green 函数抛物线方法”（GFPE），这两种 PE 方法主要适用于计算折射大气中的单极子源的声场，并且都是基于轴对称近似的二维方法。后来，这两种 PE 方法也发展为三维计算方法。PE 方法是对声波在大气中从声源发出到传播至接收站点过程中的一种有效的全波解法，尤其对于次声波远距离传播计算，能够对传播过程中的声路径和声压分布情况进行描述。它的这些特点也逐渐被用于次声源能量的反推计算等应用中。

除 PE 方法外，最常用的声波传播计算方法是射线追踪算法。与 PE 方法以波动方程（Helmholtz 方程）为基础不同的是，射线追踪算法以几何声学为基础。

三种射线追踪模型被广泛应用于次声波的远距离传播计算，它们分别是：①HARPA。是一种全三维射线模型，通过在球坐标内数值求解三维 Hamilton 射线方程而得到声波轨迹，同时可以得到声波的传播时间、频移、吸收、方位偏角、到达高角等参数。②WASP-3D。包含与 HARPA 类似的功能，是另外一种 Hamilton 函数解。这两种模型都是以球坐标系为参考系的，因此考虑到次声波远距离传播时的地球曲率，这是在数千千米的远距离次声波传播计算时必须考虑的因素。③Tau-P。该算法最初用于地震波的寻迹，后来被用于大气次声波传播的射线计算，可以快速地获取传播时间这一重要参数。

气象模型　声波尤其是低频的次声波、声－重力波在大气中远距离传播时受风场和温度等气象环境变化的影响非常大，风场剖面和温度剖面的存在可以体现在大气有效声速的变化上，进而影响声传播的特性。因此，在近似真实大气的声波远距离传播数值模拟时，需要加入某些气象模型来体现出风场和温度变化对声传播特性的影响。这些模型包括：水平风场模型（HWM），当前最新版本是 HWM14，它提供了大气纬向风场和经向风场剖面信息；扩展质谱仪－非相关散射雷达模型（MSISE），当前最新版本是 MSISE00，它提供了大气温度、密度和大气成分等参数；G2S（Ground-to-Space）模型，被用于次声远距离传播的数值计算，可以提供从地表到 225 km 高度的温度和风场变化情况。这些模型的应用使次声波远距离传播从经验性静止大气计算跨进近实时的运动大气计算，更加接近真实传播情况。

**大气声探测**　大气声学最重要的应用领域之一，由于通常涉及远距离的探测声源，被接收的声学信号主要处于次声频带范围，因此主要指的是大气次声源或更低频率波源的探测。大气次声源探测被广泛应用于自然灾害的监测，如火山、海啸、雪崩、极端天气灾害、地震、滑坡和泥石流等，也应用于人工次声源的监测，如工业爆破的次声监测、桥梁振动状况监测和火箭残骸搜寻等方面。

**大气声遥感**　可以分为低层大气遥感和高层大气遥感。大气声遥感在早期主要是低层大气遥感，其主要是利用可听声波对大气温度和风速随高度的变化（剖面）进行遥测。后来，不同结构的小型声雷达被逐步商业化，在低层大气边界层（ABL）研究领域中被广泛采用。在采用声雷达估测 ABL 湍流参数和用相似性理论定标参数的研究中，通过比较声雷达数据与现场测量结果发现，用 Doppler 声雷达测量 ABL 的平均风速剖面和风向的精度与传统气象标准相似；在使用声雷达测定垂直温度剖面方面取得的成果相对较少，但无线电－声系统（RASS）的研制成功，提供了一种有效测定 ABL 温度剖面的方法。在气象探测方面，声雷达测量降水量特征的方法已经进入实用阶段。相较于其他探测手段，声雷达具有廉价、可靠的特点，因此不断被应用于检测环境的系统中，它所具备的遥感大气边界层湍流参数的能力是其他方法所不具备的。

利用次声波探测中高层大气的研究兴起于 20 世纪 70 年代。Donn 和 Rind 利用海洋波源产生的次声波探测了平流层、中层和低热层的大气结构。他们利用北大西洋风暴产生的微气压信号，根据其每小时的平均振幅估算了次声波的返回高度和风速。这种算法近年来被应用到某些突发气象活动中，如 2009 年的突发平流层变暖现象。通过对在平流层和低热层声波导中传播的次声波到达时间以及方位角实时变化的测量，可以在平流层、中层和低热层对风速变化进行持续监测。Chunchuzov I 和 Kulichkov S 等研究了基于全波解法表征声影区的次声波散射声场，并找到这一声场与有效声速的不均匀垂直分层剖面之间的关系。然后，通过这一关系得到一种反演上平流层（30 ~ 52 km）和中层、低热层（90 ~ 140 km）的风场小尺度垂直结构，解决了 100 ~ 140 km 低热层区域的大气风场剖面探测手段不足的问题。

**环境大气声学**　对于大气污染的准确预报和预警是调控污染排放以避免极端雾霾事件的前提条件。大气模式对我国重大城市地面雾霾事件的预报已经取得了很好的研究结果，同时国内外对于大气污染在垂直方向的分布和区域传输的预报开展了相关研究。现有的研究表明，大气颗粒物污染和风速、温度、湿度等气象要素的相关性很密切。俄罗斯大气物理研究所、中国科学院大气物理研究所和中国科学院声学研究所研究了气象、声波和大气分子浓度之间的关联性。研究人员发现气象条件包括风速、风向和气压与气体及颗粒物（$NO_2$、NO、$O_3$、$PM_{10}$）浓度有强相关性，次声波在近地层内的垂直差异相对于气象要素更加明显，因此，研究次声波与大气污染物之间的相关性，有助于提高大气污染垂直方向的分布以及区域传输的预报和预警能力。国内外关于重力波、次声波与大气污染物之间的相关性研究尚处于起步阶段，因此，这两个方向的研究结果将对雾霾的预报和预警工作有促进作用。

近年来，研究学者提出了一种基于声波的大气干预及空中水资源开发利用技术，该技术利用声波的物理效应，不使用任何催化剂，不会对环境造成化学污染，无须依赖飞机和火箭等载具，可远程遥控，成本低廉，是一种全新的、值得探索的空中水资源开发利用新技术。声波大气干预技术的主要机制是通过声波的机械波动将声波能量赋予大气及其所含的颗粒物。具体而言，低频率高声强的声波会激发云体，使之发生窄幅振荡；云滴颗粒的同向团聚效应、共辐射压作用和声波尾流效应等声致凝聚机理，引起云滴相对运动加剧；云滴之间产生更大概率的碰撞及融合，加速水汽的凝结，快速增加雨滴粒径，促发降雨。

**非线性大气声学**　是大气声学重要的研究分支，尤其在大型工业领域和大规模的自然事件中，与之相关的大振幅强声波的产生机制与传播过程均包含非线性，利用线性声学的理论是无法合理解释这类声波的产生和传播过程的。因此，对大气声学的研究应该深入非线性声学领域，包括爆炸冲击波的声辐射机制、大气声波的非线性传播理论及应用、声波与大气湍流的相互作用、大气孤波的产生与传播等。

声爆是飞行器在超声速飞行时产生的一种非线性大气声学现象。飞行器以超声速飞行时，飞行器前方空气被挤压，形成强高压区；飞行器后方的空气被排开，形成陡峭的负压区。大气中高压区和负压区结合起来，就形成像英文字母“N”的波形。“N”形波传播到地面就是人们听到的声爆。

声爆基础理论的研究开始于20世纪50年代，在20世纪70年代开始被应用于实际模型之中。在过去几十年中，对设计更为先进的超声速飞行器提出了越来越高的要求。同时，发射空间飞行器以及飞行器飞行时噪声对环境影响的评估要求也越来越严格。这些都促使了声爆物理学的快速发展。一些关键科学问题，如激波的厚度和在湍流大气中传播等问题也得到了研究。然而，由于问题的复杂性，对于物理现象的细节研究还是以数值模拟为主要方式。随着次声监测技术的发展，可以有效地接收高空远距离传播时的声爆信号，利用次声阵列监测和研究声爆的基础理论及对信号特征的分析也逐渐发展起来。

**未来发展方向及有待解决的重要课题**　包括以下三方面。

**自然灾害次声波产生机理研究**　地震、滑坡、泥石流、火山爆发、海啸等自然灾害在发生前后均有可能产生次声波。研究各种自然灾害产生次声波的机理，有助于各类次声波的特征识别和分类，为自然灾害的发生和发展过程的监测与预警提供保障。

**次声波遥测大尺度大气过程的关键技术研究**　次声波用于大尺度大气过程的遥感探测已被证明是科学可行的，并且与现有其他探测手段（如雷达、红外等）存在互补性。但是，次声波遥测大尺度大气过程包含对大气变化过程的全程跟踪和信息获取，因此，需要研究和掌握这些大气活动产生次声波的机理、影响次声波传播变化的因素以及通过次声波反演大气过程的算法等关键技术。

**地－空－海三维阵列声探测技术**　大气声探测技术逐步由单传感器向多传感器阵列以及广域传感器网络化探测发展。目前陆基的大气声探测技术具有较成熟的研究基础，但在海基、空基和天基方面研究得较少，也是近期的研究热点，尤其通过浮空气球的实际监测已经证明了在空中可以检测到地表难以检测的信号，具有明显的优势。在地表上方20～50 km的平流层是各类飞行器的飞行区间。在冷战期间，美国曾用浮空气球对空间航行器飞行的次声信号进行监测。但是浮空气球探测存在大量的技术难题尚需解决，如环境对设备的要求。浮空气球随风移动与固定阵相比，更难以对次声源进行定位。国内也计划开展利用卫星平台进行次声探测和电离层研究。在海洋上建设次声阵列进行探测，国际上也开展了相关的研究，目前主要困难在于海洋区域的风噪声较大，潮汐波等背景噪声也较大，另外在海平面空间尺度上布设阵元也极具挑战。近年来，随着无人驾驶运载技术和降风噪信号处理技术的发展，在海上建设次声探测阵也开始具备可行性。构建海、陆、空、天的立体三维空间声探测体系能为自然灾害监测和大气声遥感技术奠定坚实的基础。（吕君　张宏达）

**推荐书目**

杨训仁，陈宇．大气声学．2 版．北京：科学出版社，2007.

Le Pichon A，Blanc E，Hauchecorne A. Infrasound Monitoring for Atmospheric Studies. Dordrecht，Heidelberg，London，New York：Springer，2010.

Le Pichon A，Blanc E，Hauchecorne A. Infrasound Monitoring for Atmospheric Studies：Challenges in Middle Atmosphere Dynamics and Societal Benefits. Switzerland AG：Springer Nature，2019.

程建春，李晓东，杨军．声学学科现状以及未来发展趋势．北京：科学出版社，2021.

xinli shengxue

**心理声学**（psychoacoustics）　心理物理学的一个分支，是研究与声音（包括噪声、语言和音乐）相关的心理反应的科学分支，涉及对声音感知和听觉的科学研究，即人类如何感知各种声音。心理声学是一个由许多领域组成的跨学科领域，包括心理学、声学、电子工程、物理学、生物学、生理学和计算机科学。

**背景**　听力不仅是一种纯粹的波传播的机械现象，也是一种感觉和知觉事件。当一个人听到东西时，这个东西作为在空气中传播的机械声波到达耳朵，但在耳朵内，它被转化为神经动作电位。哺乳动物耳蜗的外毛细胞使耳蜗分区的机械反应具有更高的灵敏度和更好的频率分辨率。这些神经脉冲然后传到大脑，在那里被感知。因此，在声学的许多问题中，不仅要考虑环境的机械性，还要考虑耳朵和大脑都参与到一个人的听觉体验中来。

例如，内耳在将声音波形转换为神经刺激时，会进行大量的信号处理，因此波形之间的某些差异可能是无法察觉的。数据压缩技术，如 MP3，就是利用了这个事实。此外，耳朵对不同强度的声音有非线性反应，这种非线性反应被称为响度。电话网络和音频降噪系统利用这一事实，在传输前对数据样本进行非线性压缩，然后在播放时将其扩大。耳朵的非线性反应的另一个影响是，频率相近的声音会产生幻觉节拍音，或互调失真产物。

**感受极限**　人耳可以听到 20～20 000 Hz 的声音。随着年龄的增长，上限趋于下降；大多数成年人无法听到 16 kHz 以上的声音。4～16 Hz音调可以通过身体的触觉来感知。在 1 000～2 000 Hz 的倍频程，人耳的频率分辨率约为 3.6 Hz。也就是说，在临床上，大于 3.6 Hz 的频率变化是可以被感知的。

可听声音的强度范围是巨大的。人类的耳膜对声压的变化很敏感，可以检测到小到几个微帕、大到 100 kPa 的压力变化。由于这个原因，声压级也是以对数方式测量的，所有压力都以 20 μPa 为参考。因此，可听性的下限被定义为 0 dB，但上限的定义却不那么明确。上限更多的是指耳朵会受到物理伤害或有可能是噪声引起的听力损失的极限问题。

**声源定位**　定位是指对声源方法以及距离的判断。声源定位的能力包含两个方面。第一个方面涉及感知的声源方向与实际方向的吻合程度。尽管对于正弦信号来说，听者有时会在判断声源位于前方还是后方或者在水平面的上方还是下方出错，通常来说，两个能够基本吻合。第二个方面涉及听者检测声源位置发生微小变化的能力，即对听觉系统分辨率的测量。如果使用扬声器播放刺激信号来研究听觉系统的分辨率，听者能检测到的相对自身的最小变化角度称为最小可听角度。

**掩蔽效应**　指一个较弱的声音（被掩蔽音）的听觉感受被另一个较强的声音（掩蔽

音）影响的现象。被掩蔽音单独存在时的听阈分贝值，或者说在安静环境中能被人耳听到的纯音的最小值称为绝对闻阈。在掩蔽情况下，提高被掩蔽弱音的强度，使人耳能够听见时的闻阈称为掩蔽闻阈（或称掩蔽门限），被掩蔽弱音必须提高的分贝值称为掩蔽量（或称阈移）。掩蔽效应是一个较复杂的生理和心理现象。大量的统计研究表明，一个声音对另一个声音的掩蔽量与很多因素有关，主要取决于这两个声音的相对强度和频率结构，但是听者对某个声音的注意力也会影响其他声音的掩蔽作用。一般来说，两个频率越接近的声音，彼此的掩蔽量就越大；声压级越高，掩蔽量也越大。此外，高频声容易被低频声掩蔽（特别是当低频声很响时），低频声则很难被高频声掩蔽。除了频率掩蔽，还存在时间掩蔽，有时，一个音能被超前于它的声掩蔽，称为前掩蔽；也能被跟着它的声掩蔽，称为后掩蔽。后掩蔽的出现是由于信号被切断时，人耳需要一段时间来恢复正常听力。

**应用心理声学** 心理声学在缓解听力损伤、高保真声音重放、音乐厅声场的评价等方面有实际的应用场景。助听器对未到达受损耳朵之前的声音进行处理，可以部分地补偿一些与耳损伤有关的感知异常。例如，装配了自动增益控制的助听器有助于补偿响度重振。耳损伤病人的响度感知模型在助听器配验中是一个实用的工具。对于完全或者永久耳聋的人们来说，人工耳蜗可以恢复有限但是实用的听力。关于声音的重放，音乐重放系统的换能器，尤其是扬声器，对总体音质有最大影响。数字音频录音和传输系统越来越多地基于感知编码，而利用听觉系统的掩蔽属性可以降低其需要的比特率。使用人工头来制作录音提供了一种比较不同音乐厅声场音质的方法，与音乐厅偏好相关性最强的因素有混响时间和双耳一致性。

（桑晋秋　肖龙帅）

**推荐书目**

布赖恩·C. J. 穆尔. 听觉心理学导论（第6版）. 陈婧，吴玺宏，迟惠生，译. 北京：北京大学出版社，2018.

shengli shengxue

**生理声学**（physiological acoustics）　声学的分支，主要研究声音在人和动物中引起的听觉过程、机理和特性，也包括人和动物的发声。

**人耳的结构** 人耳可以分为外耳、中耳和内耳。由声源振动产生并在空气中传播的声波，通过外耳和中耳组成的传声系统传递到内耳，经内耳的感觉毛细胞将声波的机械能转变为听神经纤维上的神经冲动，后者传送到大脑的听觉皮质，从而产生了听觉感受。外耳就是耳郭和外耳道，而中耳和内耳被包含在头侧部一块称为颞骨的内部。中耳包括一个小腔——“鼓室”、咽鼓管和乳突小房。鼓膜分隔外耳道底与鼓室，鼓室内含有听小骨。内耳主要是迷路，包括耳蜗、前庭和半规管等，听觉感受器就藏在耳蜗内的螺旋器中，螺旋器上的毛细胞接收听觉信息，再由听神经传至大脑，从而产生听觉。

**听觉机理** 人耳主要分为三部分，从生理功能来看，外耳起集音作用，中耳起传音作用，内耳具有感音功能。从外耳集声、中耳传声至耳蜗基底膜振动及毛细胞纤毛弯曲为声学过程。毛细胞受刺激后引起细胞生物电变化、化学递质释放，神经冲动传至各级听觉中枢，经过多层次的信息处理，最后在大脑皮层引起听觉为生理过程。

**外耳和中耳** 外耳包括耳郭和外耳道。耳郭中，舟状的耳甲具有集声功能，它将传到的声波聚集至外耳道口。实验表明，耳甲可使5.5 kHz的纯音提高10 dB的增益，耳郭边缘部对较宽频谱范围的声波有1～3 dB的增益效应。外耳道为一段由鼓膜封闭的管道，是声波传入内耳的主要通道。中耳主要起阻抗匹配的作用，使外耳中空气的低声阻抗与内耳中液体的高声阻抗相互匹配，从而将空气中的声波能量高效地传入内耳淋巴液体中，这种功能是通过鼓膜和听骨链作为声波变压增益装置来完成的。鼓膜是一个弹性薄膜，它的四周边缘绷紧镶嵌在骨性骨环上，具有一定的劲度。它的两边分别与外耳道和鼓室内的空气接触。当声波传来时，引起鼓膜振动。

**内耳与基底膜** 耳蜗的形状类似蜗牛的螺旋形外壳，但耳蜗的这种形状并不具有任何功能意义，人们描述耳蜗时通常是把螺旋“展开”。耳蜗具有坚硬的骨壁，其中充满了几乎不可压缩的液体。沿长度方向，耳蜗被两个薄膜隔开，分别是赖斯纳氏膜和基底膜。声音引起基底膜的运动是关注的重点。基底膜的力学特性会强烈影响其对不同频率声音的响应。对高频声音，蜗底处基底膜的位移最大，其他部分的位移较小。对于低频声音，整个基底膜均会振动，但在蜗顶前振动幅度最大。即不同频率的声音所对应的基底膜最大位移的位置不同。耳蜗的作用实际上类似一个傅里叶分析仪。

**转导过程和毛细胞** 毛细胞位于基底膜与覆膜之间，是柯蒂氏器的组成部分。毛细胞被一个称为柯蒂氏管的拱形通道分为两组，其中靠近耳蜗外部的部分称为外毛细胞；在柯蒂氏管另一侧的毛细胞形成单独一排，被称为内毛细胞。具有凝胶结构的覆膜位于纤毛之上，其与外毛细胞的纤毛接触，故基底膜上下运动可导致基底膜与覆膜间的剪切运动，毛细胞顶部的纤毛也因此发生位移。内毛细胞能将机械运动转化为神经活动，其纤毛之间通过细丝彼此连接。纤毛弯曲对顶部连接施加张力并导致“传导通道”打开，钾离子通过该通道进入毛细胞后改变了毛细胞内外的电位差，这会引起神经递质的释放以及听觉神经元动作电位的形成。因此，大多数关于声音的信息是通过内毛细胞传入听觉系统的。

**发声机理** 通过正常的呼吸系统空气可以进入肺部，在说话时腹肌收缩使横膈膜向上，挤出肺部的空气，形成气流。由肺部呼出的气流是语音产生的原动力。气管将肺部排出的气流送到咽喉。喉部的声带既是一个阀门，又是一个振动部件。呼吸时，左右声带打开，说话时声带合拢。两个声带之间形成一个开闭自如的声门，声门的开启和关闭由两个杓状软骨控制，说话时合拢的声带受声门下气流冲击而张开；由于声带具有一定的韧性，可以迅速闭合。当气流通过气管和支气管经过咽喉时，收紧的声带由于气流的冲击产生振动，不断地张开和闭合，使声门向上送出一连串喷流。这时的气流被截断成准周期的脉冲，一般用非对称的三角波表示。声带的振动取决于其质量。质量越大，每秒振动次数越少；反之，质量越小，声带振动越快。声带振动的频率决定了声音的音高。声带振动产生声音，这是产生声音的基本声源，称为声带音源。它被进一步调制后经过咽喉、口腔或者鼻腔。口腔的开合、舌头的活动和软腭的升降等发音动作，形成了不同的声道构型，从而发出了不同的语音。最后，由嘴唇开口处将语音辐射出去。（桑晋秋　张宏达）

**推荐书目**


布赖恩·C. J. 穆尔. 听觉心理学导论（第6版）. 陈婧，吴玺宏，迟惠生，译. 北京：北京大学出版社，2018.

方丹群，张斌，孙家麒，等. 噪声控制工程学（上册）. 北京：科学出版社，2013.

韩纪庆，张磊，郑铁然. 语音信号处理. 3版. 北京：清华大学出版社，2019.


yinyue shengxue

**音乐声学** （musical acoustics） 又称音乐音响学，是研究音乐声的产生、传播、接收以及对人的影响的一门科学，是从自然科学的角度对音乐进行研究的基础学科。音乐声学是一个多学科的领域，结合了物理学、心理物理学、器官学（乐器的分类）、生理学、音乐理论、民族音乐学、信号处理和乐器制造等学科的知识。作为声学的一个分支，它关注的是研究和描述音乐的物理学，即声音如何被用于制造音乐。研究领域的例子包括乐器的功能、人的声音（语音和歌唱的物理学）、计算机对旋律的分析，以及在音乐治疗中对音乐的临床使用。音乐声学学科的交叉性和复杂性较为突出。众所周知，音乐属于艺术范畴，声学分在物理领域，学科之间跨度大，且各自包含丰富的内容，因而导致两个学科交叉后又衍生了很多新的学科。音乐声学属于理论和实践并重的学科，与实际应用和市场联系紧密。

**起源及学科形成过程** 音乐声学是古典科学中较为发达的学科之一，在声学还没有正式出现之前，中国周代和古希腊的音乐家已用数理方法研究音律问题，如著名的“三分损益法”。至18世纪，法国科学家索维尔（J. Sauveur）首先提出建立一门不依赖音乐而存在的声音科学，并将其命名为“acoustigue”（法语声学）。音乐声学的历史实际上早于声学。

音乐声学早期研究集中在乐器方面，如乐器的发音原理、音准、音质改良等，研究范畴随着世界科学水平的提高而不断扩展。德国著名生理学家和物理学家亥姆霍兹（H. Helmholtz）的经典著作《论音的感觉——音乐心理学基础》是音乐声学发展史上的一座里程碑，其中的一些研究和方法为音乐理论、音乐表演、音乐心理学和乐器的物理行为提供了一个完整的新视角。该书出版于1863年，至今仍在销售。人们由此开始采用科学严谨的手段对乐器和乐音展开精细的研究。随着世界上第一座音乐厅的出现，厅堂声学开始纳入音乐声学研究范畴。美国建筑声学家赛宾（W. C. Sabine）于1900年提出的混响时间计算公式，标志着厅堂声学走向成熟，电声学和数字电路的发展使音乐声学研究从模拟时代迅速进入数字时代，电乐器、电子音源、虚拟空间音效、数码播放器、智能录、扩声系统等一系列新的研究项目应运而生。进入21世纪，生物音乐学、生态音乐学及人工智能技术为音乐声学又增添了全新的研究内容。音乐声学是中国古代科学中最为发达的学科之一。19世纪下半叶，西方声学理论的研究成果开始传入中国。20世纪上半叶著名的中国学者如赵元任、刘复、王光祈、杨荫浏、马大猷等，在乐律学、乐器声学、厅堂声学等领域取得了一些开创性成果，为当代中国音乐声学研究和学科建设播下了种子。

进入21世纪以来，随着科技进步和社会经济的不断发展，音乐声学涉及的学科领域不断扩展，应用方向也越来越广。音乐声学的学科基础既包括音乐学、美学等艺术学科，也包括物理学、医学、信息科学等自然科学学科。其研究方向主要包括乐器声学、音乐厅堂声学、嗓音声学以及人对音乐的生理、心理感受等分支学科；信号处理技术、计算机技术等信息技术的高速发展，也为音乐声学拓展了新的研究方向，如电子音乐合成、计算机音乐检索等。

**研究内容与学科分支** 音乐声学侧重研究与音乐所运用的声音有关的各种物理现象，是音乐学的分支学科之一。由于音乐是有赖于声音振动这一物理现象而存在的，因此对声音的本性、其各个侧面的特性以及声音振动的前因后果的认识和理解，不仅影响人类创造音乐时运用物质材料、物质手段的技术、技巧、艺术水平，也影响人类认识自己的听觉器官对声音、音乐的生理、心理感受与反应的正确与深刻程度。因此，音乐声学作为音乐学与物理学的交叉学科，是音乐学一个不可或缺的组成部分。音乐声学包括乐器声学、音乐感知和新技术与音乐声学。

**乐器声学** 是基于音乐声学理论和声学测量技术开展的对乐器振动的研究，包括乐器制造材料工艺、物理声学、声学测量及乐器演奏艺术等方面。其研究成果将对乐器科学分类、乐器制作工艺与乐器演奏技术等提出指导性意见。

世界各国乐器种类繁多，有必要先对乐器进行分类后加以研究。中央音乐学院韩宝强教授认为，乐器通常由5个声学子系统组成，即激励系统、振动系统、传导系统、共鸣系统和调控系统。其中激励系统、振动系统是构成乐器的最小声学系统，即使再简单的乐器也不可缺少这两个系统。如编钟就只由激励系统、振动系统两个声学子系统构成。二胡则是由激励系统、振动系统、传导系统、共鸣系统和调控系统5个声学子系统构成的。根据以上5个子系统的不同，对乐器进行分类，分类方法主要包括管弦乐队分类法、萨克斯－霍恩博斯特尔乐器分类法等。管弦乐队分类法是在音乐创作和表演领域主要使用的一种分类法，它以西洋管弦乐队中乐器声部的划分模式为分类原则，分为弦乐器、管乐器、打击乐器三大类。每一大类又包括若干子类，例如，小提琴、竖琴和钢琴分属于弦乐器中的拉弦乐器、拨弦乐器和击弦乐器三个不同子类。萨克斯－霍恩博斯特尔乐器分类法是根据乐器的声学振动体特性进行分类。所有乐器分为弦鸣乐器、气鸣乐器、体鸣乐器、膜鸣乐器和电鸣乐器。这种方法可以将世界上大多数的乐器加以清晰划分，例如，钢琴、二胡、小提琴等属于弦鸣乐器；箫、长笛、手风琴、长号等属于气鸣乐器；圆钟、口弦属于体鸣乐器；手鼓、大鼓属于膜鸣乐器；电子琴、电吉他属于电鸣乐器。此外，根据制作乐器所用的材料不同，即“金、石、土、革、丝、木、匏、竹”，中国古代通常采用八音分类法对乐器进行分类。这种分类法比较直观，在古代科技不发达的情况下，按乐器制作材料进行分类，应当说是一种很好的选择。目前主流的乐器分类法是由西方人提出的，对于中国传统民族乐器，这些分类方法存在一定局限。而中国传统的八音分类法也存在一些不足，例如，“八音”并不能涵盖所有乐器的材料。由此，有必要借鉴西方已有研究成果，如在萨克斯－霍恩博斯特尔体系基础上，根据中国民族乐器的声学特性进行一些完善，提出更加适合中国民族乐器的分类方法。

虽然大多乐器可以看作由 5 个声学子系统构成，但对于不同乐器，同一声学子系统的物理机理却可能完全不同。研究典型乐器的声学机理有助于对该乐器的深入了解及改进。例如，德国弗劳恩霍夫建筑物理研究所（IBP）的 J. Angster 教授对管风琴的声学机理进行了深入研究，在管风琴声学结构优化设计方面取得了研究成果。Pythagoras（约公元前 585—公元前 500 年）经过反复实验，得到了弦长之比和音程的关系，并创立了五度相生律。17 世纪初，伽利略进一步通过实验验证了琴弦振动的频率和弦长成反比。1625 年，M. Mersenne 提出了琴弦的张力与琴弦的密度的经验公式。1747 年，J. R. d’Alembert 引进了偏导数的概念，得到弦振动的偏微分方程。19 世纪中叶，Helmholtz 通过实验的方法揭示了弦－弓系统的运动方式。1973 年，J. Schelleng 提出了运弓力度、位置与音色的关系。剑桥大学的 J. Woodhouse 教授发表了一系列弓弦运动系统的研究成果。1977 年，曾侯乙编钟的发现掀起了国内声学界对其“一钟双音”特性的研究热潮。最终，中国科学院声学研究所、哈尔滨科学技术大学（现哈尔滨理工大学）、中国科学院自然科学史研究所和武汉音乐学院等单位的学者给出定性的解释：古代编钟的合瓦形结构使之能同时存在两个互为抑制的振动模式，在此振动模式基础上，通过钟匠对钟的内壁做精心锉磨、调音，就能实现一个钟体上发出两个相距为三度音程关系的乐音。在原理模型研究方面，陈通、郑大瑞采用 FFT 短时频谱分析、信号处理中线性预测等方法，得到了编钟振动方式、共振频率和声频谱等研究结果。同时他们通过分析编钟的弯曲振动，得到了编钟形状和尺寸对频率的影响和调音步骤。蔡秀兰在这些研究基础上，又对编钟声的指向性做了模型实验。

作为人类与生俱来的古老乐器，嗓音也是音乐声学的主要研究对象。人类发音器官与其他乐器的主要不同是零部件皆为柔软的肌肉韧带，在控制上往往不是很随意自由。古往今来各民族、各地区的不同唱法与不同声乐学派，各有独特的运声方法，积累了丰富的实践经验，但由于人声器官构造的复杂性，作为一门音乐学学科的嗓音声学目前仍在起步阶段。嗓音声学与生理声学有一定交叉，但嗓音声学更注重研究发声过程中的问题。嗓音声学研究内容多与不同发声方法（唱法）的声学特性和音质有关，包括音域的伸展、真假声的选择、换声区平顺过渡、气息的控制、音量强弱调节、音色变化、吐字清晰准确、音准节奏的掌握等。最引人瞩目的嗓音声学研究成果当属瑞典 J. Sundberg 博士的研究成果。中国也有不少学者从事民歌唱法和京剧嗓音的研究，填补了中国民族嗓音研究的空白。

**音乐感知** 是音乐声学研究的重要组成部分，重点研究人是如何感知音乐的。音乐感知是一门跨领域学科，它的研究涉及音乐理论、心理物理学、音乐治疗、神经学、计算机科学、哲学和语言学等。音乐感知主要围绕人对乐音中的高低、长短、强弱、音色及空间方位等特性的感觉感知开展主客观评价研究、听音声学环境研究和应用研究。音乐感知理论重点研究人是如何感知音乐的，音乐本身具有所有声音所共同具备的物理属性，因此可以采用通用的物理方法来对其进行分析和研究；然而，音乐又是专为“感知”而创造的，没有人的“感知与认同”，音乐则不能称为音乐。因此，对音乐的评价与研究也可以从对音乐特征的感知和对音乐性的感知两方面展开。音乐本身由可客观识别的特征组成，如旋律、节奏、和声和重复等。具体到乐器，又有各种物理参数和数学模型对其进行表达。对音乐特征的感知指对音乐中所涉及的物理特征的感知，因此可以通过对这些特征的测量和研究来进行评价。音乐性是指人在聆听音乐时的感受，是其他声音无法提供的。对音乐性的感知因人而异，具有地域性、文化性和民族性。听音环境的研究围绕空间环境的声学条件对音乐的影响开展，主要包括室内声学、音乐厅声学等方向，属于建筑声学与音乐学交汇的学科领域。此方面的研究较多，发展较快，是声学领域内一门重要且广泛应用的学科。影响听音环境空间性质的因素主要有两个方面：物理学的和心理声学的。中央音乐学院的韩宝强教授把此类研究定义为空间音乐声学，他给出了各种乐器音响或音乐活动与所需要的音乐空间之间的匹配关系。在物理层次方面，主要是研究房间的形状、墙壁材料、室内布置等对音质的影响，通常用一些物理参数来表征：早期衰减时间、侧向反射声、早期反射声及其对演奏者的听闻支持、空气吸声作用等。现今室内声学或者音乐厅声学的研究集中采用计算机进行声场重现和模拟、音乐厅的声场测量技术以及各种声学参数与音乐厅音质效果的关系。白瑞纳克关于声音强度参数 G 及其在评价和规划音乐大厅音响效果的重要性方面的研究，对最优值进行了讨论。罗切斯特大学音乐理论系关于音乐会声学测量中的时频测试信号合成的研究，可以自动生成测试中丢失的低能量测试信号。贝尔法斯特大学声音艺术中心研究了房间声学表面扩散结构模拟方法。在心理学方面，主要研究人们对已知声场的心理感受，如声扩散的不同在主观感觉上引起的差别、混响感与音乐情感感知的相互影响等。音乐的传统作用集中在艺术欣赏和审美领域，随着人类社会文明的高度发展，音乐在医学和心理治疗领域的作用也受到高度重视。临床实践证明，孤独症儿童大多对音乐表现出特别的爱好，音乐治疗对孤独症儿童的康复教育是较有成效的方法之一。音乐治疗作为新的学科门类已在国内国外广泛开展。而加强与其他学科的联系，也将为音乐声学的应用打开新的天地。音乐治疗研究方兴未艾，其理论及技术方法发展迅速，具有广阔的发展前景。

**新技术与音乐声学** 新技术对音乐声学具有巨大的促进作用，艺术家可借助现代技术手段，更有效地开展艺术创作活动。现代计算机技术、信号处理技术等高科技能够从音乐创作到音乐表现等多个方面，辅助艺术家进行高效率的艺术创作。自 1877 年爱迪生发明第一台留声机以来，各种新型的声音记录方法不断推陈出新，相继出现了磁带、唱片、激光唱片、蓝光光碟等新的声音记录手段。现代声音拾取方式已经由单纯的声学拾取、振动拾取向磁信号、电信号、光学信号等多拾取方式发展，并继续朝着更高灵敏度、更广的动态范围方向不断快速推进。高密度的信息记录媒介实现了大容量、高可靠的信息存储，各种音乐压缩格式实现了成本与存储质量的平衡，新的声音拾取与记录方式既能精确地存储声信号，又可以准确记录声场信息，为音乐高质量的重放创造了前提条件。乐器是人类制造的最为复杂的力学系统之一。用计算机对乐器进行建模是用来理解乐器工作机理最直观的方法，也是所有电子合成音乐的基础。近年来，乐器声学的物理建模方法主要集中在集总参数模型、有限差分、数字滤波器、数字波导、状态空间模型等物理建模方法中。借助这些基于自然材料的人造乐器的物理模型，电子合成音乐技术得到了快速发展。20世纪70年代后期出现的采样合成器可以将声音转换为数字信号储存在芯片中，通过键盘储存的声音发出不同的音高，由此模拟出更多种类乐器的声响。之后，各种电子乐器蓬勃发展。目前，电子乐器已广泛应用于各种音乐表现手法中。各类新型电子乐器、控制器和合成器在多种跨学科研究领域中的发展仍然异常活跃。对传统乐器发声机理的理论建模与声学数字信号处理技术的研究，促进了电子乐器与数字合成音乐技术的发展。电子乐器与数字合成音乐技术从音乐声学的基础性研究中获取指导性原则，结合电子设计与信号处理技术，基于物理模型、数字波导模型、数字阻抗模型等理论基础，最终实现对乐器声音的分析、改善与重建。

20世纪80年代，乐器数字接口的出现，确立了电子乐器之间进行信息交换的标准，计算机数字合成音乐开始了长足的发展。这种技术以数字方式传递电子乐器中的演奏控制信息、乐器音色参量信息、数字声频采样参数及相关的数据，极大地丰富了电子音乐的表现形式，提高了现代音乐创作效率。各种乐器的声音特征都可以输入计算机中，通过信号处理手段进行剪裁、合成。时至今日，电子合成音乐学已经成为音乐声学中一个新的重要分支，拥有蓬勃旺盛的生命力。

**探索与展望** 当代国际音乐声学的发展趋势主要集中在以下七个方面：①乐器声学。包括中国56个民族300件重要乐器的发生机理及创新研究，还包括不同材料的声学特性对乐器声音品质的影响研究、乐器的声场辐射特性的研究和音乐感知的研究等。乐器声学中对于中国民族乐器的研究将成为未来重点研究方向。②音乐电声学。包括民族乐器电子音源系统化、市场化研究以及智能乐器扩声音箱。③空间音乐声学。包括乐器及歌唱声源在不同空间的声场精准定位研究以及乐器和歌唱声源在不同虚拟空间的声场精准表达研究。④AI音乐声学。包括AI辅助音乐表演教育研究、AI多声部自动作曲研究、AI虚拟歌唱技术和AI音乐相似度研究。⑤计算机音乐合成技术及应用。涉及音乐声学、信号处理技术、语言学、AI、音乐感知和认知、音乐信息检索、表演等学科。在歌声合成、练唱软件、音色转换、作词谱曲、唱片制作、个人娱乐、音乐机器人、音乐分析软件、音乐厅音质设计等领域都有很多应用。⑥自动作曲研究。即算法作曲或人工智能作曲，就是在音乐创造时部分或全部使用计算机技术，减轻人的介入程度，用编程的方式来产生音乐。⑦音频水印技术研究。主要包括数字音频作品的版权保护、广播监控、盗版追踪、拷贝控制、内容标注等。 （姬培锋　周绪东）

**推荐书目**

程建春，李晓东，杨军．声学学科现状以及未来发展趋势．北京：科学出版社，2021.

David M Howard，Jamie A S Angus. 音乐声学与心理声学（第4版）．陈小平，译．北京：人民邮电出版社，2014.

shuishengxue

**水声学** （underwater acoustics） 声学的一个分支学科，主要研究声波在水下的辐射、传播、接收及信息处理，用以解决与水下环境测量、目标探测和信息传输等应用有关的声学问题。声波是目前在海洋中唯一能够远距离传播的能量辐射形式，是探测海洋资源和环境、实现水下信息传输的重要信息载体。所以，水声学是围绕水声物理、水声技术和水声工程的基本需求来开展的科学研究。其中，水声物理主要研究海洋环境声学特性、海洋中声波传播规律与起伏特性、混响与散射特性、水下噪声及其统计特性；水声技术主要利用声波作为信息载体实现水下探测、定位、导航和通信的原理与方法，是实施海洋资源调查、海洋环境监测，保障海洋安全的重要手段，被广泛应用于海洋石油勘探、海洋生物资源调查、海流遥测、全球大洋测温、海底地貌与地质探测等领域。

**沿革** 至少在15世纪，人们就发现通过插入水中的长管可听到远方船只产生的声音，这种被动方法一直到第一次世界大战期间还在采用。水声的第一次定量测量大约是在1827年，瑞士物理学家Daniel Collaton和法国数学家Charles Sturm合作，在瑞士日内瓦湖首次相当精确地测量了水中声速。20世纪初出现水声的第一个实际应用，即在灯塔船上安装潜水钟和雾号，测量钟声与雾号声之间的时间差以确定船舶与灯塔之间的距离，但此方法随即被无线电导航代替。1912年，“泰坦尼克”号客轮同冰山相撞沉没后，L. F. Richardson提交了在空气和水中进行回声定位的专利申请，但他并未实现这一想法。同时，美国的R. A. Fessenden设计制造了收发一体的动圈水声换能器（500～1 000 Hz），1914年就能探测到2海里远的冰山。1916年，法国物理学家朗之万采用一发一收的方式探测到了海底回波和200 m外一块装甲板的回波。1917年，朗之万开始研究压电效应，用压电换能器代替电容发射器，并应用了当时刚出现的真空管放大技术，也由此发明了声呐。1918年，人们第一次收到潜艇回波，发现距离甚至达到1 500 m。1938年，声呐开始在美国批量生产。在海水中声传播机理研究方面，1919年，德国发表了关于水声的第一篇论文，从理论上描述了由于海水中弱温度梯度和盐度梯度引起的声线弯曲，并认识到它在确定声传播距离时的重要性。两次世界大战期间，人们发现了“下午效应”（又称“午后效应”）。1937年，A. F. Spilhaus首先研制了温度深度仪，用以测量海面下几百英尺（1英尺=0.304 8 m）内的温度梯度。第二次世界大战期间，水声学快速发展，大部分现有概念及实际应用均在此时期开始酝酿，如声制导鱼雷、现代音响水雷、扫描声呐的研制，发射器和水听器的快速校准方法，影响声呐性能的各个参数的研究，目标强度、各类舰只在不同航速下和不同频率上的噪声输出，海洋中的混响等。

第二次世界大战后，水声研究继续快速发展。在水声物理方面，对于海洋声学特性及声传播，20世纪50年代，Wilson得到了很精确的声速随盐度、温度、压力变化的经验公式，随即其正确性被验证。Anderson通过对太平洋东北部声速的垂直和水平分布研究，发现声道轴及其变化特性，开启了深海声道的研究和应用。Kutschale研究北冰洋声传播问题时，发现了北冰洋表面声道的存在。1960年，Chernov总结了声信号的起伏问题，指出它与海水折射率变化有关。1982年，苏联水声学家发现海洋声场具有稳定的距离-频率干涉结构，开启了波导不变性的研究。对于海洋噪声，1954年，Fish对西北大西洋常见的60种鱼类的发声问题做了实验研究，并分析了它们对水下探测和导航的影响。1962年，Wenz总结了海洋噪声谱级曲线，指出了不同声源的频段范围，以及不同频段的声级分布。2021年，Duarte等综述了人为噪声的来源以及对各种海洋动物的影响，并绘制了全球海洋人为噪声地图。在水声传播理论方面，20世纪60年代以前主要采用射线法。1948年，Pekris提出了简正波方法的雏形，到20世纪90年代基本发展成熟，同时人们发展了抛物方程法、波数积分法、有限差分和有限元法等。

在水声工程方面，第二次世界大战结束至今，主动声呐体积和功率都有很大增加，而工作频率降低了数个倍频程，因而作战距离也大为增加。与此同时，被动声呐越来越趋于低频，以便利用潜艇噪声低频谱中的音调或线谱分量这些有利条件。为了利用深海海底安静的环境和在低频时良好的传播条件，人们在大洋海床上安装了由多个水听器构成的被动声呐阵。20世纪50年代水声信号处理开始发展，出现了极性相关器和数字式延迟线时间压缩技术，为声呐信号实时处理开辟了道路。60年代，谱分析、相关、匹配滤波器、多波束形成技术已在水声信号处理中获得了成熟应用，并出现了以时间压缩相关器为核心的线性调频脉冲压缩声呐，被动声呐方面出现了分裂阵互极性相关处理和数字多波束定向技术。同时，声呐设计和水声信号处理的数字化、目标检测与判决的逐步智能化是水声工程发展的重要趋势。例如，50年代出现的合成孔径技术、60年代出现的时间反转技术、70年代出于对反潜和海洋资源勘探的需求发展的拖曳式线阵声呐及其信号处理技术、80年代出现的匹配场处理技术等。随着无人平台技术的成熟，基于水下机器人、水下滑翔机和自主式水下无人航行器（AUV）的水声探测技术也逐步展开。

**国内水声学进展** 我国水声学和海洋声学研究历经中华人民共和国成立后几十年的发展，实现了从无到有、从弱到强，已形成水声学基础理论、水声信号处理、声学实验设备、声呐装备等全链条的研究技术体系和研究队伍，保障了我国水声装备技术的发展和应用。

我国水声学研究最早始于1958年，汪德昭先生带领一批北京大学的学生在三亚的南海研究站与苏联水声学家共同开展合作研究。1997年，在北京举办的第一届国际浅海声学会议（SWAC97）上，关定华综述了我国1958—1996年水声学进展，主要成果包括广义相积分（WKBZ）简正波理论、浅海平滑平均场理论、浅海温跃层脉冲声传播理论、孤立子内波引起的异常声衰减现象、浅海海底参数反演理论、浅海射线简正波混响理论、浅海声场空间相关及匹配场处理技术等。在2012年第三届国际海洋声学会议上，张仁和院士综述了我国1997—2012年水声学进展，主要成果包括：①基于WKBZ理论，发展了适合水平不变及平变化浅海的波束位移射线简正波理论（BDRM），耦合简正波抛物方程计算模型（CMPE3D）、基于全局矩阵的耦合简正波声场模型（DGMCM3D）；②发展了多物理量联合海底参数反演方法；③提出了相干混响模型；④分析总结了南海和黄海存在海洋内波时引起的声场起伏特性；⑤提出了基于水平阵的浅海声学被动层析方法和声源定位方法。

在深海声学方面，我国20世纪90年代与俄罗斯合作在西太平洋进行了三次水声考察，张仁和院士等建立了深海声场模型。2011—2019年，在国家“全球变化与海气相互作用”专项支持下，国内深海声学研究取得了重大进展：突破了水下10 000 m深度的水听器制作关键技术并在马里亚纳海沟9 300 m深度获得了人工脉冲信号；在西太平洋和南海实现1 000 km级的超远程声传播与水声通信；建立了适用于深海的海洋本底及异地混响模型和南海噪声预报模型；揭示了动态海洋环境变化引起的声场起伏统计特性及其影响机理。

在水声信号处理方面，国内主要研究方向为：①大孔径阵列高信噪比处理技术；②小孔径高分辨率波束形成技术；③基于新型传感器的信号处理方法；④基于深度学习的环境自适配无人自主探测与识别技术。

在极地声学方面，我国科技界自1999年以来已进行了8次有组织的科考，但没有系统地对北极及其毗邻海域的水声环境进行考察研究。在此方面，中国科学院以“率先行动”的前瞻性战略眼光制订了周密的计划，并与国家海洋局签署了在海洋领域进行全面深入合作的战略合作框架协议。我国于2013年成为北极理事会正式观察员国。从2014年起，在国家海洋局极地办公室和极地中心的支持下，在第6次北极科考中首次设立了水声学的研究内容。2016年，中国科学院声学所的科考人员，第一次搭乘“雪龙号”科考船赴北极进行了声学试验，取得了一批重要数据。2017年，继续设置了水声学的科考计划。2017年3月，中国科学院重大任务局在北京组织国内10多家涉海单位，举行了“北极科学研究暨北极水声学”专题研讨会。2018年1月26日我国发布的《中国政府的北极政策》白皮书，明确中国是近北极国家，是北极地区的利益攸关方，愿和有关国家共建“冰上丝绸之路”。从目前公开发表的文献来看，我国的极地声学工作仅是开始，但已涉及北极水声学的诸多方面，如冰下水声信号的传播、散射等。

**海洋环境声学特性** 包括海水中的声速，声衰减时空变化规律，海底、海面对声波的作用等。

**海水中的声速** 海水中声速是温度 $T$、盐度 $S$ 和静压力（由深度 $z$ 代替）的函数，因而海水声速具有明显的深度分布。目前常用的声速经验公式为 Wilson 公式。

**声速剖面图** 指海水声速随深度变化的示意图。深海声速剖面一般由浅入深分为三层：表面层、跃变层（包括季节跃变层和主跃变层）和深海等温层。由于海水温度、盐度随时间和空间变化，以及受风浪的影响，声速剖面一般随季节、日以及纬度变化。浅海声速剖面一般呈明显的季节性特征，一般冬季为等温层，夏季为负跃变层。在深海表面层形成正声速梯度的区域，或冬季浅海形成的延伸至海底的正声速梯度区域，声传播条件较好，称为表面声道。深海等温层和跃变层交界处附近存在一个声速极小值，其所在深度为声道轴，其上下方分别为声速负梯度和声速正梯度，称为 SOFAR 声道。

**海水中的声衰减** 指声波在海洋中传播，由于扩展、吸收和散射引起的声强减弱。其中扩展引起的损失也称为几何衰减，吸收损失则称为物理衰减，散射损失相对扩展和吸收是小量。另外，吸收和散射的作用在远程传播中常常难以区分，一般统称为衰减损耗。

**海底声学特性** 水声学中的海底是指覆盖于岩基上的较松软的物质层，即沉积层，是海洋声信道的一个界面。海底声速 $c$ 和声衰减主要与沉积层孔隙率有关。一般来说，浅海大陆架海底声速高于其上面水中的声速，称为高声速海底；某些深海海底声速低于其上面水中声速，称为低声速海底。

**海面声学效应** 海面作为有效的反射体和散射体，对声波的传播和声呐设备的工作有重要影响，其主要的声学效应见表 1。

**表 1　海面声学效应简介**

| 机理 | 声学效应 | 对声传播或声呐工作的影响 |
|---|---|---|
| 海面反射 | 产生多途信号，形成多途干扰 | 不利于声信号检测 |
| 海面散射 | 形成海面混响，干扰主动声呐，同时导致声传播起伏 | 不利于声信号检测 |
| 海面风成噪声 | 海洋环境噪声重要组成部分 | 不利于声信号检测 |
| 作为介质界面 | 形成波导，如浅海声道 | 有利于声传播 |

**海洋内部的不均匀性** 包括湍流、海流、内波和深水散射层等，是造成海中声传播起伏的重要原因。

**海洋中声传播规律与起伏特性** 海水中声场既受海水声速不均匀分布的影响，也受海面和海底的影响。海水中的声速、密度分布，海面平整度，反射损失和海底的密度、声速、反射系数、吸收衰减等因素，总称为声传播条件。在水声学中，允许忽略海底界面对声传播影响的区域称为深海，声传播明显受海面和海底边界影响的海域则是浅海。若声场只受海面影响而可不计海底影响，则为表面声道；如既受海面影响又受海底影响，则为浅海声道；既不受海面影响也不受海底影响，则为深海声道。

**表面声道中的声传播** 表面声道中以小掠射角出射的声线，在层中某一深度会因折射而反转，此深度称为反转深度。掠射角小于临界角的声线被限制在表面声道中传向远处。声能集中于海面附近，随深度增加而减弱。对同一接收点，由于有多个声线到达，信号叠加将导致接收信号波形畸变和信号宽度展宽。

**浅海声道中的声传播** 在浅海声场中，除直达声外，还必须考虑经过一次和多次海面和海底反射声，总声场为直达声和上述反射声的叠加。

**深海声道中的声传播** 由于折射，深海声道中以小掠射角出射的声线，被限制在声道中传向远处。由于没有反射损失，声波在此声道可传播很远距离。深海声道不受季节影响，常用于对目标进行测距和定位。深海声道轴的深度与纬度密切相关，在大西洋中部其深度为1 100～1 400 m，随纬度增加，其深度变浅；在地中海、黑海、日本海及温带太平洋，其深度为100～300 m；在两极则位于海表面附近。深海声道宽度定义为，对海面声速和海底声速较小者，过此点作垂线与声速剖面线在声道轴对侧相交于另一点，两点之间的深度差。偏离声道轴较远的声线最先到达，但能量较弱，沿声道轴传播的声线最后到达，但携带的能量最强。当声源位于海表面附近，或深海内部接近海底（应在深海声道范围内），会形成声强很高的焦散线（或焦散面）和出现在海面附近的会聚区。焦散线（或焦散面）指由邻近声线交聚点（或线）所形成的包络线（或面）。会聚区则是海面附近形成的高声强焦散区域。会聚区之间反转折射声线无法到达的区域则为声影区。

**水声传播理论** 主要揭示声波在水中的传播规律，是水声学研究的基础。其核心问题是求解满足水下边界条件的波动方程。

在声源特性（位置、指向性、频率等）和信道特性（声速分布、海面和海底特性等）已知的条件下，应用合适的数学模型，得到海洋中的传播特性（声场分布、传播损失、传播时间等），是声传播的正问题。求解正问题常用的方法有两种：第一种方法是波动理论，应用严格的数学方法，结合已知的定解条件，求解波动方程，研究声信号的振幅和相位在空间的变化。其中主要的方法有简正波方法、抛物方程方法、波数积分方法、有限差分或有限元方法等。在此方面，中国科学院声学研究所张仁和院士分别发展了适合深海的 WKBZ 理论和浅海的波束位移简正波理论，以及在此基础上发展了二维与三维的耦合简正波与抛物方程理论。第二种方法是射线理论，在高频情况下，把声波在海水介质中的传播视为声线在介质中的传播，研究空间中声强的变化、声线的传播时间和传播距离。

在测得声场分布和已知声源特性的情况下，反演信道特性；或测得声场分布和已知信道特性条件下，反演声源特性，都属于反问题。求解反问题的主要方法有匹配场定位、海洋声学层析、地声反演（包括匹配场反演、匹配波形技术、简正波群速度反演、声传播损失反演、局地海底反射反演等）、声照射等。在此方面，中国科学院声学研究所张仁和院士采用宽带匹配场方法对水平变化海洋环境进行匹配场定位取得了很好的结果。

**海洋混响** 指海洋中的大量无规则散射体对入射波产生的散射波在接收点的总和。混响是主动式声呐的主要干扰。按形成原因的不同，一般将其分为三类。①体积混响。指散射体存在于海水介质本身体积之中或海水本身就是散射体的情形下，引起的混响。②海面混响。指海面不平整性及波浪产生的海面气泡层对声波散射所形成的混响。③海底混响。指海底的不平整性、粗糙特性以及附近散射体形成的混响。对混响的研究大体分为以下两个方面：①从能量观点出发，寻求混响平均强度所遵循的规律，如主动声呐方程中的等效平面波混响级。②混响的统计特性研究。包括混响这个随机过程的概率分布、时空相关特性、空间指向特性、频谱特性等统计性质。

**水下噪声** 是存在于水声信道中的背景干扰，包括海洋环境噪声、人工平台辐射噪声两方面。

**海洋环境噪声** 也称自然噪声。是由无数未知声源，包括但不限于潮汐、波浪、地震、湍流、海风、生物发声、降雨等产生的背景噪声。由于各噪声源相互独立，其总的振幅分布符合高斯分布，量级用环境噪声级 NL 表示。海洋噪声模型包括噪声源特性和声传播特性两部分。一般噪声源假设为海面上均匀分布的偶极子源或海面下均匀分布的单极子源，声源强度根据经验公式计算，声传播特性可由声传播理论计算。

对海洋环境噪声的强度与时空统计特性进行研究，不仅对水下通信、声呐探测、噪声定向等技术具有重要意义，对促进海洋生态学的研究和渔业发展也是极为有益的，还将为海上风浪的预报开辟新的可能途径。在此方面，

Wenz 总结了海洋噪声谱级曲线，在 10 ~ 500 Hz（200 Hz）主要由船舶航行噪声引起，在 500 Hz ~ 25 kHz 主要与风速和海况有关，每倍频程按 5 ~ 6 dB 衰减。海洋生物发声是海洋环境噪声的一个重要组成部分，在某些海域，生物发声可能是主要的噪声源，如温热带浅海枪虾产生的 2 kHz 以上的敲击声。生物发声可群体或单独产生，可持续几小时，频带范围在几百到几千赫兹，其时空分布受生物觅食、求偶、迁徙等行为影响，并随昼夜、季节等周期变化，也与天气、洋流等环境因素相关。

在极地海域，冰盖消除了风和海浪在海面上相互作用产生的噪声，其噪声级不能再用 Wenz 曲线估算。但同时通过各种机制产生了自己独特的噪声，小于 1 kHz 的低频噪声的主要来源是大规模的冰运动、冰脊的形成以及冰的裂解过程，表面波导与冰盖的相互作用也使得低频信号更多地保留下来。高频宽带噪声（1 kHz ~ 数十千赫）一般认为是风吹过冰面和冰间水道引起的湍流以及风裹着颗粒物撞击冰面产生的。此外，还有冰融化时冰内高压气泡喷发带来的高频噪声等。

**人工平台辐射噪声** 也称人为噪声，是由人工制造的平台，包括舰船、潜艇、鱼雷、钻井平台、风电设备、港口设施等辐射到水中的噪声。它是众多噪声源的综合效应，其产生机理也各不相同。一般来说，人工平台噪声谱有两种基本类型，一种是单频（线谱）噪声，另一种是连续谱，实际噪声由二者混合而成，谱线表现为线谱和连续谱的叠加。噪声源基本分为三类：机械噪声、螺旋桨噪声和水动力噪声。机械噪声是平台内各种机械的振动，通过平台向水中辐射而形成的噪声。它与平台工作状态密切相关，主要在低频段。包括不平衡的旋转部件、重复的不连续性部件和往复部件产生的线谱噪声，空化、湍流和排气、摩擦等形成的连续谱噪声。螺旋桨噪声是旋转螺旋桨与流体相互作用产生的噪声，包括空化产生的高频噪声、涡流扩散激励叶片共振引起的低频强线谱噪声（“唱音”）和表现为低频系列线谱的叶片速率谱噪声。水动力噪声是目标与海流相对运动时产生的，包括水流冲击、流噪声、拍浪声、进排水口噪声等，属于无规则噪声，其强度与平台相对于水流的速度呈正相关。除航行设备外，港口设施产生的噪声也可通过海水和海底辐射到近海。另外，随着人类对海洋开发的深入，海洋平台的建设和运行过程中产生的噪声也日益增加，如钻井平台和风电平台建设期间打桩产生的强烈撞击声、水流对平台的冲击声和平台运转产生的旋转噪声或摩擦噪声等。

上述噪声都会通过平台辐射到水中，对水下目标探测、通信产生较大影响。同时，已有证据表明，人为产生的各种噪声（包括主动声呐发声在内）对水下哺乳动物是有害的，同时对鱼类、两栖类、水鸟以及无脊椎动物均有很大影响，包括但不限于导致其听力损失，改变其生理行为如生长发育、繁殖等。2021 年，英、美、德、澳等国水声、海洋、生物、生态、环境领域的科学家共同完成了全球人类活动海洋噪声地图（The soundscape of the Anthropocene ocean），并综述了人为噪声对海洋动物产生的影响。

人工平台辐射噪声的控制措施根据其产生机理而异。对机械噪声，主要从声源控制和传播途径控制两个方面进行。声源控制包括研制和选用低噪声低振动动力设备，优化平台声学结构避免共振和强辐射模态；传播途径控制包括对动力设备及其他振动部件（如管路等）进行隔振和隔声处理，在平台外部敷设消声材料，采用气幕降噪技术等。随着自动控制技术发展，有源消声也逐步应用到海洋平台和装备中。它在原噪声声场中人为地引入次级声源，使之实时地产生与原噪声幅度相等而相位相反的次级声波，利用声波干涉原理降低噪声，或称为噪声主动控制。此外，人们还设想将主动控制技术与平台结构设计结合，提出智能材料概念。其工作方式为，传感器接收到振动信息，通过控制器和控制策略的处理输入激励器对结构的振动状态实施控制，从而降低结构声辐射。对螺旋桨噪声，其治理措施包括优化螺旋桨的结构设计、设计新型的低噪声推进器、桨与船体采用结构隔振、采用高阻尼材料制造螺旋桨、采用气幕降噪技术等。水动力噪声控制主要通过优化平台线型及最佳附体布置方式实现，具体措施是改进外部设计（如平台外形采用水滴型），减小、封闭流水孔，减少突出部，采用柔性边界材料等。

**声呐方程** 分为主动式声呐方程和被动式声呐方程。它是水声物理和水声工程之间的桥梁，主要有两个重要用途：一是对已有或正在设计的声呐设备做性能预报；二是用于声呐设计。它将对声呐设备的设计和研制和对水声信道规律性的研究紧密联系在一起。

**水声目标声学特性** 水声学中，目标是声波的反射体或/和散射体，如潜艇、鱼雷、水雷、礁石等。其信号遵循某种规律，是一种有规信号。而无限伸展的非均匀体，如深水散射层、海面、海底等，虽然也产生反射或散射信号，但它们是无规信号，更多地具有随机量的特性，属于海中声混响的研究范畴。

**目标强度（TS）** 是主动声呐方程中的一个重要参数，从回声强度的角度描述了目标的声学特性，反映了目标声反射本领的大小。设有强度为$I_i$的平面声波入射到某物体上，测得空间某方向上物体的回声强度为$I_r$，则目标强度TS为

$$TS = 10\ \lg \left| \frac{I_r}{I_i} \right|_{r=1}$$

常见声呐目标的目标强度值见表2。

**表2 一些实测的TS值**

| 目标 | 方位角 | TS/dB |
|---|---|---|
| 潜艇 | 正横 | +25 |
| | 艇首、尾 | +10 |
| | 正横与首尾间 | +15 |
| 水面舰艇 | 正横 | +25 |
| | 非正横 | +15 |
| 鱼雷 | 随机 | −15 |
| 水雷 | 正横 | 0 |
| | 偏离正横 | −10 ~ −25 |
| 长度为$L$英尺（1英尺=0.3048 m）的鱼 | 背向 | $-31+30\lg L$ |

**目标回波** 指声波在传播途中遇到介质特性发生变化时，就会产生反射和散射，产生的信号总称散射波。其中目标反向回波是返回声源方向的那部分散射波，也是入射波与目标相互作用后产生的，有关目标本身的某些特征信息也会被调制在回波上。通过对回波进行处理，将目标的特征信息提取处理，再辅以某些先验知识，就有可能实现目标检测和分类识别。例如，运用运动目标的多普勒信息，便可确定目标的运动要素。

**水声信号处理** 主要任务是在存在干扰背景的情况下，对水下声场进行时空抽样，进行空间和时间变换，以提高检测所需信号的能力。按照声呐方程，可将其划分为几个主要环节：①空间处理（波束形成等）；②时间处理；③动态范围压缩、归一化和减数据率处理；④目标识别；⑤自动检测跟踪和参数估值。水声信号处理技术的发展是和数字信号处理、微电子学、计算机系统结构等相关技术的发展分不开的。它们互相渗透、互相促进，把声呐技术的水平推向一个空前的高度。水声信号处理的理论与实践是和军用或民用的声呐系统的发展密不可分的。目前主要的水声信号处理技术和研究方向有匹配场处理、合成孔径技术、拖曳线列阵技术、时间反转技术、波导/基阵不变性等。

**匹配场处理** 是在信号处理算法中加入声传播模型的处理方法，是20世纪80年代以来被动定位技术的重要发展成果，主要用于估计一个辐射源的距离和深度（以及方位）。其核心即对常规的一维平面波波束形成进行推广，使其能够对海洋中的点声源进行三维定位。

Bucker被认为是最早将匹配场处理（matched field processing，MFP）表示成现在使用形式的人，他给出的检测因子本质上就是"常规MFP"。随后，自适应最小方差无失真响应技术、匹配模技术等信号处理方法被引入MFP中形成新的处理算法。另外，人们也在开展基于基阵接收数据的MFP方法研究，以去除原有MFP方法对海洋环境完备知识的依赖。传统的匹配场处理技术主要应用于低频被动源的检测与定位，近年来，也出现了在主动声呐中利用MFP技术的源深度估计研究以及高频（数千赫）的MFP研究。

**合成孔径技术** 为提高声呐分辨率，人们将合成孔径雷达原理推广到水声领域，出现了合成孔径声呐（synthetic aperture sonar，SAS）。其基本原理是利用小孔径基阵的移动，通过对不同位置接收信号的相关处理，来获得移动方向上大的合成孔径，从而得到方位向的高分辨率。而干涉合成孔径声呐是通过在合成孔径声呐系统中的垂直方向上增加一幅或多幅接收基阵，通过比相测高的方法得到场景的高度信息，从而形成三维图像。

**拖曳线列阵技术** 低频大孔径的拖曳线列阵是现代声呐技术发展的主要方向之一。由于其孔径可以做得很大，从而充分利用信号场的相干性，以获得高的处理增益。其主要研究内容包括拖曳阵阵形估计，基于拖曳阵的目标参数估计，拖曳阵本舰噪声抑制，以及拖曳线列阵中的左右舷分辨问题等。

**时间反转技术** 指将接收到的声信号经过换能器转换成电信号，利用电学上的混频方法获得相位共轭信号，并将该相位共轭信号再次通过换能器发射出去，实现声束在目标方位上的聚焦的技术。1989年，Fink在超声领域得出时反阵具有聚焦能力的结论，随之提出了两个新应用：时间反转腔和迭代时间反转技术。时间反转技术可以用于解决水中的多途问题，近年来也逐步被应用于水声通信中。

**波导/基阵不变性** 声场中传播的声信号具有时空相干性，这种相干性中存在确定性分量即不变性特征。苏联水声学家于1982年发现海洋声场具有稳定的距离－频率干涉结构，Chuprov等用简正波理论很好地解释了上述现象，并定义了一个称为波导不变量$\beta$的值来表征距离－频率面上输出声强的条纹的变化。波导不变量$\beta$与干涉条纹斜率以及声源的频率和水平距离存在简单的函数，可用于目标定位。近年来有关波导不变性的研究成为海洋声学界的热点之一。中国科学院声学研究所张仁和院士针对波导不变性开展了较系统的研究工作，在提高声场水平纵向的频移补偿、基于波导不变性的水平阵列和垂直阵列的干扰抑制等方面取得了研究成果。

基阵不变性由Lee和Makris在2004年提出，他们同时提出了依据被动声呐的波－时强度数据进行瞬时源定位的方法和基于基阵不变性的宽带源的定位方法，形成了基阵不变性的理论依据。其优点在于：①除了要求接收场不是单纯的水下传播外，没有更多的对环境参数的要求；②计算量小；③充分应用了基阵增益。

（刘斌　肖龙帅）

**推荐书目**

R J 尤立克. 水声原理（第3版）. 洪申，译. 哈尔滨：哈尔滨船舶工程学院出版社，1990.

程建春，田静. 创新与和谐：中国声学进展. 北京：科学出版社，2008.

刘伯胜，雷家煜. 水声学原理. 2版. 哈尔滨：哈尔滨工程大学出版社，2010.

汪德昭，尚尔昌. 水声学. 2版. 北京：科学出版社，2013.

程建春，李晓东，杨军. 声学学科现状以及未来发展趋势. 北京：科学出版社，2021.

shengwu shengxue

**生物声学**（biological acoustics） 结合了生物学和声学的跨学科科学，通常指的是对动物（包括人类）的声音产生、扩散和接收的研究。生物声学涉及声音产生和探测的神经生理学和解剖学基础，以及声音信号与它们散布的介质的关系。这些发现提供了有关声学机制演变的线索，并由此提供了采用这些机制的动物的演变。在水下声学和渔业声学中，该术语也被用来指植物和动物对水下传播的声音的影响，通常是指使用声呐技术进行生物量估计。一些人认为对动物使用的底层振动的研究是一个独立的领域，称为生物声学。

**起源及学科形成过程** 长期以来，人类一直利用动物的声音来识别和寻找它们。生物声学作为一门科学学科是由斯洛文尼亚生物学家 Ivan Regen 创建的，他系统地研究了昆虫的声音。1925 年，他用一种特殊的敲击装置与一只昆虫进行二重奏。后来，他把一只雄性蟋蟀放在一个麦克风后面，把雌性蟋蟀放在一个扬声器前面。雌性蟋蟀不是向雄性蟋蟀移动，而是向扩音器移动。Regen 对该领域最重要的贡献除了意识到昆虫也能探测空气中的声音，还发现了鼓膜器官的功能。

当时相对粗糙的电子机械装置（如留声机）只允许对信号特性进行粗略的评估。在 20 世纪下半叶，由于电子技术的进步和对示波器及数字录音机等设备的利用，更精确的测量成为可能。

生物声学的最新进展涉及动物和它们的声学环境之间的关系以及人为噪声的影响。最近，生物声学技术被提议作为一种非破坏性的方法来估计一个地区的生物多样性。

**方法** 倾听仍然是生物声学研究中使用的主要方法之一。人们对在动物体内产生、检测和解释声音的神经生理过程知之甚少，因此，动物行为和信号本身被用来深入了解这些过程。

**声学信号** 有经验的观察者可以利用动物的声音来识别“唱歌”的动物种类、它在自然界的位置和状况。对动物声音的调查还包括用电子记录设备记录信号。由于信号的特性和传播的介质范围很广，可能需要专门的设备来代替通常的传声器，如水听器、超声波或次声波的探测器，或激光测振仪。计算机用于存储和分析记录的声音。专门的声音编辑软件用于根据信号的强度、频率、持续时间和其他参数对其进行描述和分类。

**声音的产生、探测和在动物中的应用** 生物声学领域的科学家对参与声音产生和探测的器官的解剖学和神经生理学感兴趣，包括它们的形状、肌肉动作和相关神经元网络的活动。特别感兴趣的是在神经生理学中用动作电位对信号进行编码。但由于用于神经生理学研究的方法仍然相当复杂，对相关过程的理解也不完整，所以使用了更多琐碎的方法。特别有用的是观察对声音信号的行为反应。其中一个反应是趋声性朝向信号源的定向运动。通过观察在受控环境中对明确的信号的反应，可以深入了解信号的功能、听觉设备的灵敏度、噪声过滤能力等。

**生物量测定** 生物量估计是一种利用声呐技术检测和量化鱼类和其他海洋生物的方法。当声脉冲在水中传播时，它遇到了与周围介质密度不同的物体，如鱼类，它们将声音反射到声源。这些回声提供了关于鱼类大小、位置和数量的信息。科学回声测深仪硬件功能的基本组成部分是发射声音、接收、过滤和放大、记录和分析回声。虽然有许多制造商提供商业化的“寻鱼器”，但定量分析需要用经过校准的回声测深仪设备进行测量，要有高的信噪比。

（桑晋秋　周绪东）

**推荐书目**

Medwin H，Clay C S. Fundamentals of Acoustical Oceanography. San Diego，California：Academic Press，1998.

Simmonds J，MacLennan D. Fisheries Acoustics：Theory and Practice. Second Edition. Oxford：Blackwell Science，2005.

shenghuanjing

**声环境** （acoustic environment） 在某一给定时刻系统受到的所有声音及其影响的总和。所有声音包括有用的声音（如语言、音乐等信号）和无用的声音（噪声）。人类听觉频率范围为 20～20 000 Hz，在这范围内的所有有用声音和无用声音构成了人类生存的声环境，包括室内声环境和室外声环境。

**声环境质量标准** 为防治噪声污染，保障城乡居民正常生活、工作和学习的声环境质量，我国制定了《声环境质量标准》（GB 3096—2008）。该标准中规定了五类声环境功能区的环境噪声限值及测量方法，适用于声环境质量评价与管理，自 2008 年 10 月 1 日起实施，参见噪声控制标准。而机场周围区域受飞机通过（起飞、降落、低空飞越）噪声的影响，不适用该标准。

其他声环境质量标准包括《声环境功能区划分技术规范》（GB/T 15190—2014）、《机场周围飞机噪声环境标准》（GB 9660—88）和《城市区域环境振动标准》（GB 10070—88）。GB/T 15190—2014 规定了声环境功能区划分的原则和方法，适用于《声环境质量标准》规定的声环境功能区的划分工作。GB 9660—88 规定了适用于机场周围受飞机通过所产生噪声影响的区域的噪声标准值。GB 10070—88 规定了城市各类区域铅垂向 $Z$ 振级标准值，适用于连续发生的稳态振动、冲击振动和无规振动，标准同时配有监测方法。

**声环境影响评价的评价量** 声环境影响评价随声环境影响评价对象和阶段的不同而选用不同的评价量。

**声环境质量评价量** 根据 GB 3096—2008，声环境功能区的环境质量评价量为等效连续 A 声级 $L_{eq}$（简称等效声级）、昼间等效声级 $L_d$ 和夜间等效声级 $L_n$；突发噪声的评价量为最大声级 $L_{max}$。根据 GB 9660—88，机场周围区域飞机通过（起飞、降落、低空飞越）噪声环境影响的评价量为计权等效连续感觉噪声级 $L_{WECPN}$。

**声源源强表达量** 包括 A 声功率级 $L_{AW}$ 或中心频率为 63 Hz ~ 8 kHz 的 8 个倍频带的声功率级 $L_W$；距离声源 $r$ 处的 A 声级 $L_A(r)$ 或中心频率为 63 Hz ~ 8 kHz 的 8 个倍频带的声压级 $L_p(r)$；等效感觉噪声级 $L_{EPN}$。

**厂界、场界和边界噪声评价量** 根据《工业企业厂界环境噪声排放标准》（GB 12348—2008）、《建筑施工场界环境噪声排放标准》（GB 12523—2011），工业企业厂界、建筑施工场界噪声评价量为昼间等效声级 $L_d$、夜间等效声级 $L_n$、室内噪声倍频带声压级，频发、偶发噪声的评价量为最大 A 声级 $L_{max}$。

随着噪声控制技术的发展和人民生活水平的提高，噪声源声级普遍降低，但是人们对噪声的投诉并未明显减少。现有的声环境质量评价量不能反映声环境与烦恼度、声舒适度的关系。随着声景等概念的提出，如何量化声环境和人类主观感受之间的关系已经成为研究热点。

**声环境影响评价导则** 是实施《中华人民共和国噪声污染防治法》和《中华人民共和国环境影响评价法》过程中声环境影响评价工作的指导性原则。首先，为使建设项目声环境影响评价工作体现出客观、公正、科学，各评价单位需要共同遵守一定的原则；其次，每个建设项目有其地域特征、时域特征、行业特征，在具体承担每个建设项目时，需要针对其特点进行创造性的工作，抓住重点，体现特点。生态环境部于 2021 年 12 月 24 日发布了《环境影响评价技术导则 声环境》（HJ 2.4—2021），2022 年 7 月 1 日开始实施。新发布的声导则是在 HJ 2.4—2009 基础上，根据近年来生态环境保护工作的法律法规新要求、政策文件新规定、工作新思路、预测新方法、防治新举措、研究新成果以及近年来环评导则修订中一以贯之的新原则等修订而成的。

导则中规定了声环境影响评价工作的一般性原则、内容、工作程序、方法和要求，适用建设项目声环境影响评价及规划环境影响评价中的声环境影响评价。其基本任务是：评价建筑项目实施引起的声环境质量的变化情况；提出合理可行的防治对策措施，降低噪声影响；从声环境影响角度评价建筑项目实施的可行性；为建筑项目优化选址、选线、合理布局以及国土空间规划提供科学依据。

声环境影响评价的工作程序见下图。另外导则中对评价量、评价等级、评价范围和评价标准、噪声源调查与分析、声环境现状调查和评价、声环境质量现状调查方法、声环境影响预测和评价、噪声防治对策措施、噪声监测计划、声环境影响评价结论与建议、建设项目声环境影响评价表格要求、规划环境影响评价中声环境影响评价要求等做了比较详细的规定。

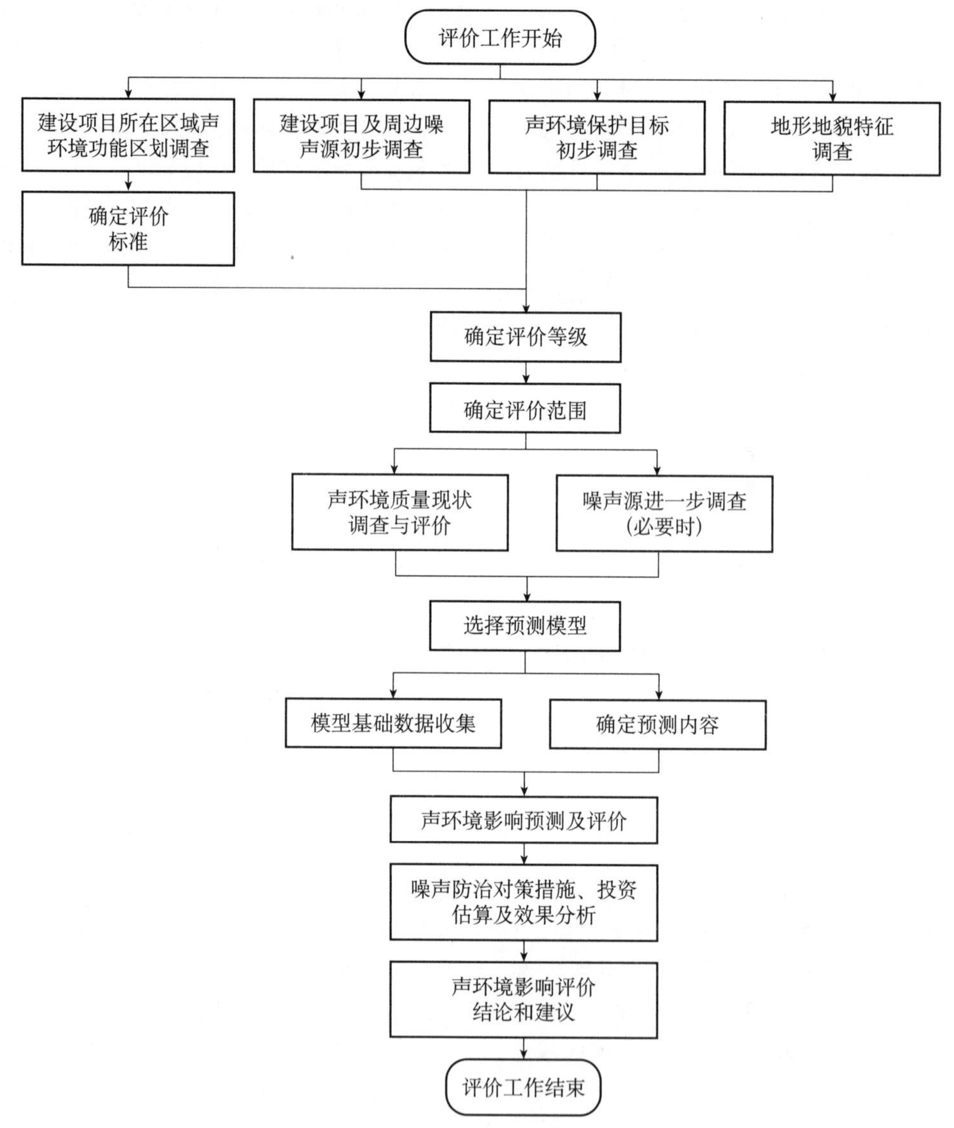


**声环境影响评价的工作程序**

（李楠　刘进）

yinzhi

**音质**　（sound quality）　声音的质量。声音是否好听必须通过音质评价手段来判断。音质评价是运用各种客观和主观的方法对声音的质量作出科学、广泛、综合的定性和定量分析。音质是声音三要素（音高、响度、音色）的有机构成和整体表现。在构成声音的三要素中，音色对音质的构成影响最大。音色是声音的客观属性在主观听感中的反映，从物理角度分析，它比响度和音高复杂得多，涉及的因素也十分复杂。这不仅使音质主观评价工作困难重重，而且对如何科学地描述它也有些力不从心。长期以来不同专业背景、知识背景的人，都以自己所熟悉的语言分别进行说明，这就使问题更加复杂化，甚至无法进行交流。因此，在音质评价领域存在许多问题和混乱。一般地，音质评价中所涉及的问题大致有以下几类：①主观与客观的矛盾；②个体评价与整体评价的矛盾；③艺术评价与技术评价的矛盾；④评价术语与评价方法的不规范性；⑤多因素与环节的影响。整个音质评价过程中涉及的要素如下：①声源；②传播环境；③换能器及处理器；④听觉系统；⑤听音方式；⑥物理量的测试标准。

**音质的客观评价** 是将声音作为一种物理过程和现象，从自然科学与工程科学的角度通过各种客观测试指标对其进行评价，主要从音乐厅、扩声系统和扬声器 3 个方面来考虑。

**音乐厅的音质客观评价指标** 包括：①响度。包括直达声响度和混响声响度。响度不仅是主观感觉参量的基础，也是其他客观物理标准的基础。响度与混响时间、厅堂容积等有关。理论上响度因子正比于混响时间，反比于厅堂容积。②初始时间延迟间隙。指到达听众的直达声与第一次反射声之间的时间间隙。初始时间延迟间隙与亲切感密切相关。通过这个时间差值可以判定声源的远近。在厅堂不同位置初始时间延迟间隙值不同，厅堂中央位置优选值一般取 20 ms 或稍短。③混响时间。④明晰度和清晰度。明晰度的常用客观参数是早期声能与混响声能的比，单位为 dB。早期声是直达声到达后最初 80 ms 内听到的声音，混响声是在此以后听到的声音。⑤混响时间的频率特性。混响时间 $T_{60}$ 与频率有关，音质设计中，常以 500 Hz 的 $T_{60}$ 值作基准值，用 125 Hz、250 Hz、500 Hz、1 000 Hz、2 000 Hz、4 000 Hz 6 个频率所对应的 $T_{60}(f)$ 表示房间混响时间的频率特性。⑥低音比（BR）。主要对厅堂的温暖感有贡献，是厅堂满场时两个混响时间的比。⑦双耳听觉互相关（IACC）。人脑在分析声信号时，左、右两个半脑有分工，声信号在时域中的变化（旋律等）主要引起左半脑的神经活动，而声信号的空间定向、双耳听觉互相关性主要由右半脑神经活动决定。⑧扩散程度。如果反射声波从各个方向以大致相等的声能到达听众时，称为扩散良好。声学上一般用 3 个特性表征声场扩散的概念：a. 声能均匀分布，各点平均能量密度相等；b. 声场中各点、各方向的平均能流相等；c. 集中于某一点的各波列间相位关系是无规的。⑨声场不均匀度。指声场中室内稳态声压级最大值与最小值差值的分贝数。⑩空间感。包括两个方面：一方面是视在声源宽度（ASW），指听众感觉到声源的宽度，它主要由早期侧向反射声级决定；另一方面是听众环绕感（LEV），用来描述听众对混响声的强度和来到的方向的感觉。响度、初始时间延迟间隙、混响时间和双耳听觉互相关是最重要的 4 个相互独立的参量。评价音响环境的音质时可以使用各个独立客观声学参数的加权和。

**扩声系统的音质客观评价指标** 包括：①总噪声。指当扩声系统达到最高可用增益（扩声系统在所属厅堂内产生反馈的自激临界增益减去 6 dB 时的增益）但无有用信号输入时，厅堂内各听众席处噪声声压级的平均值。②系统噪声。当扩声系统工作在最高可用增益状态时，关闭场内所有噪声源并将传声器的输入口短路时所测得的噪声。③传输频率特性。指厅堂内各听众席处稳态声压的平均值相对于扩声系统传声器处声压或扩声设备输入端电压幅度的响应。④传声增益。扩声系统达最高可用增益时，厅堂内各听众席处稳态声压级平均值与扩声系统传声器处稳态声压级的差值。⑤声场不均匀度。扩声系统工作时，各测点处得到的稳态声压级的极大值和极小值的差值，单位为 dB。⑥系统谐波失真。扩声系统输入声信号到输出声信号全过程中产生的谐波失真。⑦最大声级。扩声系统厅堂听众处产生的最大态有效平均声压级。⑧快速语言传输指数（RASTI）。是语言传输指数（STI）的简化，用于评价厅堂中使用或不使用扩声系统时的语言传输质量，可以客观评价语言可懂度。

**扬声器的音质客观评价指标** 扬声器的音质客观评价指标如下：①额定阻抗。也称标称阻抗值，即扬声器在共振峰后所呈现的最小阻抗，有 4Ω、6Ω、8Ω、16Ω 和 32Ω 等几种。②特性灵敏度。通常是指当输入功率为 1 W 的电信号时，在扬声器轴向正面 1 m 处所测得的声压级。灵敏度越高所需要的输入功率越小，在同样功率的音源下输出的声音越大。③频率响应曲线。指当馈给扬声器以恒定的电压时，扬声器在参考轴上所辐射的声压随频率变化的曲线。④指向特性。指表示扬声器在不同方向声辐射本领的指标。指向特性与频率有关，扬声器的辐射指向性随频率升高而增强。⑤失真。包括谐波失真、互调失真和瞬态互调失真等。此外，还有最大噪声电压、长期最大电压、短期最大电压、额定最大正弦电压、最大噪声功率、长期最大功率、短期最大功率、额定最大正弦功率等可测量的客观参数。

**音质的主观评价** 是通过人们对声音的主观感受，按照一定的评判要点和评判规则对声音进行评价的一种评价方法。音质的最终评价标准是人的听觉感受，因此音质的主观评价是声音评判的最终标准，一切客观测试指标的规定也正是力求能够较好地反映人的听觉感受。但是由于人的听觉特性的复杂性，再加上对人的听觉特性（包括听觉生理和听觉心理）的研究还不够深入，仅依靠音质的客观测试指标至今仍不能很好地反映主观听觉感受，客观测试与主观音质评价仍有不统一之处。因此，主观音质评价仍然很重要，是不可由客观评价来代替的。随着对听觉规律研究的不断深入，客观测试与主观评价会不断地趋于统一，但由于主观世界的复杂性和多样性，音响的最终评判标准永远只能是听感而不可能完全被技术指标代替。

**音质的主观评价用语** 包括语言音质主观评价用语、音乐音质主观评价用语、音乐厅音质主观评价用语以及扬声器音质主观评价用语等。

**语言音质主观评价用语** 音质的主观属性是指听觉对声音感受的一些共同概念，这些属性可以对比声学术语并与音质的客观参量取得一定的联系。语言音质的主观属性中，最重要的是语言清晰度和可懂度（见表 1）。

**表 1 语言音质的主观属性和客观评价参数**

| 主观属性 | 主观评价 | 声学术语 |
|---|---|---|
| 响度 | 合适、不够、太轻 | 响度 |
| 清晰度、可懂度 | 听得清、听不清 | 清晰度、可懂度 |
| 洪亮度 | 洪亮、干涩 | 丰满度 |
| 讲话者自我感 | 不费劲、费劲 | 反应及时性 |
| 回声 | 无回声、有回声 | 回声干扰 |
| 噪声 | 安静、太吵 | 噪声干扰 |

语言听闻条件的主要指标之一是对语言能够听清的程度，即语言清晰度，通常以音节清晰度来表示。由于一句话有连贯的意思，往往不必听清每个字也可听懂意思，一般用语言可懂度表示对讲话的听懂程度。汉语音节清晰度与语言可懂度之间有一定的关系。室内语言清晰度通常采用音节清晰度实验的办法确定，其实验结果在一定程度上综合了厅堂的响度、混响时间、声场分布、反射分布和方向性扩散等客观因素在听觉上的反应。音节清晰度是语言音质主观属性中清晰度的客观标准，也是评价厅堂语言音质的主要参量。

**音乐音质主观评价用语** 评价音乐的音质效果要比语言复杂得多，这是因为对音乐的音质评价涉及人们的许多主观因素，如习惯、爱好、文化修养和欣赏能力等。虽然评价术语比较多，如明亮度、宏厚度、丰满度、柔和度、亲切感、层次感、融合度、自然度、圆润感、力度感、温暖感等，但是有些评价术语只是反映某些主观感受，还没有确切的定义和明确的指标，许多评价术语存在争议。部分较重要的属性所对应的声学术语见表 2。

**表 2 音乐音质的主观属性和客观评价参数**

| 属性 | 主观评价 | 声学术语 |
|---|---|---|
| 响度 | 音量合适、音量不足 | 响度 |
| 饱满度 | 音质饱满、音质不饱满 | 丰满度 |
| 亲切感 | 亲切、不亲切 | 亲切感 |

续表

| 属性 | 主观评价 | 声学术语 |
| --- | --- | --- |
| 清楚感 | 声音清楚、声音不清楚 | 清晰度 |
| 融合程度 | 融合、不融合 | 整体感 |
| 平衡 | 平衡、不平衡 | 平衡感 |
| 扩散感 | 声音有柔和感、声音不柔和 | 扩散度 |
| 空间感 | 被乐队两边充满声音的空间包围、无此感觉 | 空间感 |
| 噪声 | 安静、太吵 | 噪声 |

**音乐厅音质主观评价用语** 主要包括：①丰满度（活跃度、活度）。一般泛指听到的音乐是否丰满动听，主要与混响时间及其频率特性有关。②亲切感。小容积的厅室有视觉和听觉的亲切感，台上、台下易于交流，听众能感受到节目中的细腻感情。③温暖感。又称低音感，定义为低音相对于中频的活跃度或者丰满感。④明亮度。指中、高音听音感觉，音调中的高频成分丰富，而且衰减较慢，有丰富的高阶谐音。⑤响度。包括直达声和混响声的响度，是丰满度、亲切感、温暖感和清晰度等几个量的基础。⑥清晰度。难以用数量表示，主要有两方面的含义，一方面指可以清楚地区别每种乐器的音色；另一方面指可以听清每个音符，当音乐的节奏较快时，也能感到旋律分明。⑦平衡感。任何一支乐队的组成各声部都是平衡的，因此要求演奏台或舞台音乐罩能将融洽的乐声输送给听众，使听众不是仅能听到某一声部的声音，而是听到乐队整体的声音效果。⑧扩散度。一般是指听到的声音有一种“柔和”的感觉，取决于在室内乐曲扩散处理后所达到的声场扩散程度。当感到来自各个方向的混响声的幅度似乎相等时，扩散是最好的。⑨协同性。指乐队中每位演奏者能否以统一、协调的方式演奏。⑩空间感。在听交响乐时，使听众感到被来自乐队充满空间的声音包围。它与来自侧向的不同延时的近次反射声能强度和接收点的总声强的比值有关。⑪音质缺陷。指厅内有回声、颤动回声、声聚集等现象，这在音乐厅的设计中是必须避免的。

**扬声器音质主观评价用语** 主要包括：①清晰度。指重放的声音清楚、干净，可以从中分辨出各种乐器；反之，声音脏、模糊不清。②明亮度。指重放声音的明亮程度；不明亮则声音昏暗、黑暗。③丰满度。指重放声音有较宽的带宽，中、低音充分，高音适度；反之，声音单薄干瘪。④圆润度。指重放声音饱满而润泽；反之，声音尖、硬、锋利。⑤力度。指重放声音坚实有力，能反映声源的动态；反之，声音软弱无力。⑥临场感。指重放声音与真实声源所发出声音的近似程度。

**音质的主观评价方法** 主观评价方法是通过实验用统计分析的方法总结出人们主观感受活动背后的心理潜在规律，将模糊的主观感受进行客观的量化，用具体的数字表述这些主观感受，或主观感受之间的相对关系的评价方法。主观评价的实验心理学方法有对偶比较法、系列范畴法等。

常用的主观音质评价方法有对偶比较法、排序法、语义细分法、系列范畴法、量值估计法等。①对偶比较法。把所有要比较的刺激（声音样本）配成对，然后一对一对呈现，让被试对于刺激的某一特性进行比较并作出判断：这种特性在两个刺激中哪个更为明显。②排序法。被试可以自由地重复听每个声音，根据音质的好坏进行排序，也可以随时更正选择的结果，直到已经是最终的结果为止。排序法让被试有非常大的自由度，所以这种方法至今仍常用在对声音质量的评价中。③语义细分法。用于测试哪种声音更适合所要达到的目的。④系列范畴法。特别适于对声音响度的评价，通常使用 5 个或 7 个等级的方法。各种系列范畴法的变形也常用于对听力和噪声允许度的判断，通常使用 5 个等级范畴，又将每个等级细分为 10 个子范畴，组成一个有 50 个等级的范畴。这种用数字表示的范畴可能会引起“上限效应”，因此在范畴两端再加上一些形容词，例如“too loud”和“inaudible”，too loud 用于表示高于50 的声音，而 inaudible 用于表示响度为 0 的声音。⑤量值估计法。优点在于没有“上限效应”，理论上它有无限个等级。声音是成对出现的，即标准音和测试音，标准音是保持恒定的，测试音是变化的。通过量值估计法，可以直接得到心理量值的比率。被试本身及被试之间的差别会使量值估计法的结果产生 10% 的波动。但有时标准音的选择会对估计结果有很大的影响，因此，至少需要选择两个标准音，一个心理声学量的尺度量值大些，另一个心理声学量的尺度量值小些。

所有的音质评价方法都有各自的优点和缺点。排序法和语义细分法通常用于需要更“定性”描述的时候；系列范畴法和量值估计法则用在需要“定量”评价音质方面，这两种方法的数据可进行进一步的数据统计处理。相较于传统的系列范畴法，量值估计法理论上有无限个划分等级，并且可以有绝对零点。但是，这种方法中的参考框架和标准音的选择所带来的影响是必须考虑的。（姬培锋　肖龙帅）

**推荐书目**

孟子厚．音质主观评价的实验心理学方法．北京：国防工业出版社，2008.

shengyuan

**声源**（sound source）　在媒质中激发声波的振动体，也定义为正在发声的物体。振动体可以是固体也可以是流体。例如，正在振动的音叉、吹奏的哨子等都是声源。声源可分为自然声源和人工声源。自然声源包括雷暴、水流、风等，人工声源包括各种乐器、扬声器、换能器等。

**声源基本特性**　主要有声源强度、辐射效率、声辐射的频率特性、指向性和辐射阻抗等。

**声源强度**　又称源流量率，指声源表面媒质体积流量的最大值，用 $q$ 表示：

$$q = v_0 S$$

式中，$v_0$ 为表面径向速度幅度，m/s；$S$ 为表面面积，$m^2$。

**辐射效率**　输入机械功率与输出声功率之比。电声换能器中，发射的声功率与消耗的电功率之比称为电声效率。

**声辐射的频率特性**　包括辐射声波频谱、谐振频率 $f_0$、发射带宽 $\Delta f$ 和品质因数 $Q$ 等（见频谱），其中 $\Delta f = f_0/Q$。

**指向性**　以声源为中心、半径为 $r$ 的球面上，某一方向的声压与该球面的平均声压或某一方向声压（一般取 $\theta = 0$）的比值。指向性用于描述声源辐射到空间各个方向的能力。

**辐射阻抗**　媒质对振动面运动的反作用。可以用力阻抗 $Z_M$、声阻抗 $Z_A$（见声阻抗）或声阻抗率 $Z_1$ 表示，其关系为 $Z_M = Z_1 A = Z_A A^2$，式中，$A$ 为振动面的面积。

**基本辐射声源**　在声学研究中，为便于处理，同时又能揭示声辐射的基本规律，常将实际声源简化为一个或多个基本辐射声源。常用的类型有单极声源、点声源、偶极声源、四极声源、线性声源阵、活塞声源等。

**单极声源**　也称单极子或脉动球源。进行着均匀张缩振动的球面声源，也在球源表面上各点沿着径向做同振幅同相位的振动。汽笛、火焰燃烧吼声、内燃机排气噪声、空压机进气噪声均可视为单极声源。

**点声源**　指半径比声波波长小得多的脉动球源。

**偶极声源**　也称偶极子。两个位相相反、相距很近（比波长小得多）的单极声源组成的声源构成偶极声源。两个单极声源连线称为极轴。偶极声源在极轴方向上表现出极大声压，在垂直于极轴并通过声源中心的方向上声压为零。螺旋桨噪声可视为偶极声源。

**四极声源**　也称四极子。两个位相相反、相距很近（比波长小得多）的偶极子组成的声源就构成一个四极声源。四极声源分为纵向和横向。横向四极声源由两个彼此平行、相距很近的偶极声源构成，其指向性呈四个花瓣状。纵向四极声源由两个极性相反、在同一直线上的偶极声源组成，指向性与偶极声源类似。喷射混合区噪声属于横向四极声源，撞击噪声属于纵向四极声源。

**线列声源阵**　由一系列等强、同相振动、位于同一直线上且间隔相同的单极子组成的声源阵列。

**活塞声源** 一种平面状的振子，当它沿平面的法线方向振动时，其面上各点的振动速度幅值和相位都是相同的。低频条件下的扬声器纸盆即可视为典型的活塞声源。

在噪声控制（参见*噪声污染控制*）中，确定声源特性（参见*噪声源识别*和*噪声源测量*）是从声源方面对噪声进行控制的基础和前提（参见*声源控制*）。 （刘斌 肖龙帅）

**推荐书目**

杜功焕，朱哲民，龚秀芬．声学基础．3版．南京：南京大学出版社，2012.

马大猷，沈嵘．声学手册（修订版）．北京：科学出版社，2004.

马大猷．噪声与振动控制工程手册．北京：机械工业出版社，2002.

shengchuanbo tujing

**声传播途径** （sound propagation path） 从声源出发到接收点之间声能量传播的通道。在环境声学和传统噪声控制中，声能量可以通过空气或结构传播和辐射。在水下噪声控制中，还应考虑声波通过水向外辐射。一般情况下，声传播有多种途径，包括直接通过空气或水传播，声能量传递到结构中引发结构振动并沿其传播或通过结构振动再次向其周围介质（空气或水）辐射等，一般来说，接收点声能量是经过多个声传播途径的能量总和。

在噪声控制（参见*噪声污染控制*）中，除控制声源外，还可从声传播途径方面采取措施（见*传声途径控制*）。 （刘斌 肖龙帅）

**推荐书目**

马大猷．噪声与振动控制工程手册．北京：机械工业出版社，2002.

汪德昭，尚尔昌．水声学．2版．北京：科学出版社，2013.

shengbo

**声波** （sound wave） 弹性媒质中传播的压力、应力、质点位移、质点速度等的变化或几种变化的总和。弹性媒质的存在是声波传播的必要条件。声波可以在气体、液体、固体甚至等离子体（如太阳内部）中传播。某些文献将固体中的声波称为弹性波，而声波专指流体介质中的声波。本书中所指声波包含所有类型介质内的声波。

**声场** 存在声波的空间（参见*声场*）。

**声压** 由于声扰动在介质中产生的逾量压强（参见*声压*）。

**声压级** 待测声压与参考声压之比的对数表示（参见*声压级*）。

**声速** 也称声波速度（参见*声波速度*），指声波在媒质中传播的速度，常用 $c$ 表示。

**频率** 指周期波中波动周期的倒数，即单位时间内声场内某点声压振荡次数（参见*频率*）。常用 $f$ 表示，单位为 Hz。按照频率范围，声波可分为次声（$10^{-4}$ ~ 20 Hz，参见*次声*）、可听声（20 ~ $2\times10^{4}$ Hz，参见*可听声*）、超声（$2\times10^{4}$ ~ $5\times10^{8}$ Hz，参见*超声*）、微波超声（$5\times10^{8}$ ~ $10^{12}$ Hz）和特超声（$10^{12}$ Hz 以上）。人耳可听声的范围是 16 Hz ~ 20 kHz。

**波长** 指周期波中两个相邻等声压点之间的距离，通常用 $\lambda$ 表示。

**波数** 又称传播常数，指在波的传播方向上，单位长度内波长的数目。即波长的倒数 $k=\frac{1}{\lambda}$，也定义波数为 $k=\frac{2\pi}{\lambda}$，单位为 $m^{-1}$。波数一般为复数，其实部的物理含义如上所述，虚部表示波在传播过程中的衰减或吸收。

**声能量密度** 也称*声能密度*。

**声功率** 也称平均声能量流或平均声功率（参见*声功率*），指单位时间内通过垂直于声传播方向的某一面积的平均声能量。

**声强** 也称平均声能量流密度（参见*声强*），指通过垂直于声传播方向的单位面积上的平均声能量流。声强为矢量，其方向由声能量流的方向确定。

**声强级** 待测声压与参考声压之比的对数表示。

**声波方程** 根据声波过程的物理性质，建立声压随空间位置变化和随时间变化两者之间联系的数学表示。

**理想流体中的线性声波方程** 在不存在黏滞性的理想流体媒质中传播的小振幅声波，可忽略二级以上微量，从而得到线性声波方程

$$\nabla^2 p = \frac{1}{c^2}\frac{\partial^2 p}{\partial t^2}$$

也可写为 $\nabla^2 v = \frac{1}{c^2}\frac{\partial^2 v}{\partial t^2}$或 $\nabla^2 \xi = \frac{1}{c^2}\frac{\partial^2 \xi}{\partial t^2}$

式中，$t$ 为时间，$c$ 为声速（参见*声波速度*），$\nabla^2$为拉普拉斯算符，$v$ 为质点振动速度，$\xi$ 为质点位移。

**黏滞流体中的声波方程** 若考虑流体媒质的黏滞性，则波动方程为（一维情况）

$$\rho = \frac{\partial^2 \xi}{\partial t^2} = K_s \frac{\partial^2 \xi}{\partial x^2} + \eta \frac{\partial^2 \xi}{\partial x \partial t}$$

式中，$\rho$ 为密度，$K_s$ 为绝热体积弹性系数，$\eta$ 为黏滞系数。

**流体中的非线性声波方程** 对于大振幅声波（或称有限振幅声波），其声压和质点速度相对于大气压（或静水压）和声速来说已不可忽略，此时线性化条件不再成立，所得到的方程即为非线性声波方程。一维条件下其形式为

$$\frac{\partial^2 \xi}{\partial x^2} = \frac{(1+\eta_a)^\gamma}{c^2}\frac{\partial^2 \xi}{\partial t^2}$$

式中，$\gamma$ 为气体的定压比热与定容比热之比；$\eta_a$ 为密度变化量与初始密度之比。

进一步地，若考虑媒质的黏滞性，则得到伯格斯方程

$$\frac{\partial v}{\partial x} - \frac{\beta}{c^2} v \frac{\partial v}{\partial t} = \frac{\eta}{2\rho_0 c^3}\frac{\partial^2 v}{\partial \tau^2}$$

式中，$\tau = t - \frac{x}{c}$。

**固体中的声波方程** 固体媒质除了体积弹性还会产生切变弹性。根据固体中应力应变关系和媒质运动方程，可以得到固体中的声波方程。各向同性固体中的声波方程为

$$\rho \frac{\partial^2 V}{\partial t^2} = (\chi + 2\mu)\,\mathrm{grad}(\mathrm{div}V) - \mathrm{rot}(\mathrm{rot}V)\mu$$

式中，$\chi$ 和 $\mu$ 为拉密常数，$V$ 为质点速度矢量。

根据矢量分析，可将速度矢量表示为标量势 $\Phi$ 的梯度和矢量势 $\Psi$ 的旋度之和的形式，分离标量势 $\Phi$ 和矢量势 $\Psi$ 得到两个独立的方程

$$\left.\begin{aligned} \rho \frac{\partial^2 \Phi}{\partial t^2} &= (\chi + 2\mu)\ \nabla^2 \Phi \\ \rho \frac{\partial^2 \Psi}{\partial t^2} &= \mu \nabla^2 \Psi \end{aligned}\right\}$$

其中，第一个方程描述的声波质点速度与波的传播方向一致，称为纵波，又称压缩波或膨胀波。第二个方程描述的声波质点速度与波的传播方向垂直，称为横波，又称切变波或等体积波。

**声波的传播** 主要包括声波传播形式（行波、驻波、平面波、柱面波、球面波）、传播行为（反射、透射、折射、衍射、干涉、吸收、频散等，参见*物理声学*）及其规律，属于*物理声学*的研究范畴。

**行波** 指在媒质中不受边界影响而向某一方向传播的波（参见*行波*）。

**驻波** 指由频率相同而传播方向相反的两列同类自由行波互相干涉而形成的空间分布固定的周期波（参见*驻波*）。

**波阵面** 指声波在传播过程中，振动相位相同的质点所构成的曲面。按波阵面的不同，声波可分为球面波、柱面波和平面波，其波阵面形状分别为一系列的同心球面、同心柱面或相互平行的平面。

**叠加原理** 对于小振幅声波，多列声波合成声场的声压等于每列声波的声压之和。

**多普勒效应** 指当声源和观察者相对运动时，观察者接收到的波的频率与声源发出的频率有差异的现象。当两者相向运动时，观察者接收到的频率升高；当两者反向运动时，观察者接收到的频率降低。由此效应引起的频率变化数值称为多普勒频移。

当声源和观察者都运动时，观察者接收到的声波频率 $f$ 可表示为

$$f = \frac{c \pm v_0}{c \pm v_s} F$$

式中，$F$ 为声源的频率；$c$ 为媒质中的声

速；$v_0$为观察者相对媒质的运动速率，观察者向着声源运动时取正号，反之取负号；$v_s$为声源相对媒质的运动速率，声源向着观察者运动时取正号，反之取负号。

**声波的应用** 声波作为一种基本的物理现象，由于其易于激励和接收、穿透性好、可操控性强，既可用于输送能量，还可携带大量信息，现已广泛用于地球物理（如地球内部结构研究、声波测井、矿产探查）、气象（次声探测）、天文（如太阳内部结构研究、火星大气研究）、医学［超声成像检查、声波碎石、高强度聚焦超声治疗（HIFU）、声辐射力调控］、工业（超声无损探伤、结构健康监测、材料力学性能表征）、海洋科学、水下探测与通信、语音人机交互等各方面。（刘斌　肖龙帅）

**推荐书目**

杜功焕，朱哲民，龚秀芬．声学基础．3版．南京：南京大学出版社，2012．

马大猷，沈嵘．声学手册（修订版）．北京：科学出版社，2004．

马大猷．噪声与振动控制工程手册．北京：机械工业出版社，2002．

徐龙道，等．物理学词典．北京：科学出版社，2004．

牛金海．超声原理及生物医学工程应用——生物医学超声学．上海：上海交通大学出版社，2017．

shengbo sudu

## 声波速度

（velocity of sound）　也称声传播速度、声速或者音速，指声振动在媒质中的传播速度。它反映的是媒质受声扰动时的压缩特性（纵波）或剪切特性（横波）。

**声速的计算公式** 对于理想气体中的小振幅声波，声速为

$$c=\sqrt{\frac{\gamma p}{\rho}}$$

式中，$\gamma$为气体的定压比热与定容比热之比；$p$为周围气体的压强，Pa；$\rho$为密度，$kg/m^3$。

计算不同温度时的声速可采用如下方程

$$c=331.6+0.6t$$

式中，$t$为温度，℃。一般计算声速可取340 m/s，此时$t=15$ ℃。

对于一般液体介质，声速为

$$c=\frac{1}{\beta_s\rho}$$

式中，$\beta_s$为液体的绝热体积压缩系数。

20 ℃时水中声速为1 480 m/s。

对于各向同性固体介质，其纵波声速为

$$c_L=\sqrt{\frac{\lambda+2\mu}{\rho}}$$

横波声速为

$$c_L=\sqrt{\frac{\mu}{\rho}}$$

式中，$\lambda$和$\mu$称为拉密常数，$\mu$也称切变弹性系数。一般来说，固体纵波声速大于横波声速。

**影响声速的因素** 声波能够在所有物质（除真空外）中传播，其传播速度与媒质力学性能相关。通常，固体介质中声速最大，液体介质中声速较小，气体介质中声速最小。另外，不均匀介质中的声速各处不等，各向异性介质中的声速随传播方向而异。声速除受温度、压强等因素影响外，还与声波的振幅、频率、介质的边界条件、应力等因素相关。例如，固体细棒中沿其轴向的纵波振动传播速度计算公式为

$$c_L'=\sqrt{\frac{E}{\rho}}$$

式中，$E$为弹性模量。

可以发现细棒中纵波声速与无限大固体介质中的纵波声速明显不同。而声波在有应力的固体中传播时，其传播速度与应力大致成线性关系。因此，通过测量声波速度即可推算固体中应力大小。（刘斌　肖龙帅）

**推荐书目**

杜功焕，朱哲民，龚秀芬．声学基础．3版．南京：南京大学出版社，2012．

马大猷，沈嵘．声学手册（修订版）．北京：科学出版社，2004．

zhubo

**驻波**（standing wave） 由频率相同而传播方向相反的两列同类自由行波互相干涉而形成的空间分布固定的周期波。驻波场中，各位置的质点都做相同相位的振动，但振幅不同。声压振幅最大的位置称为声压波腹，声压振幅为零处称为声压波节。驻波的特点是具有固定于空间的波节或次波节和波腹。驻波场中没有能量传递现象。能量只以动能和势能的形式交换储存。其中各处能通量均为零的驻波称为定波。

**驻波实例** 弹性体内部某位置受到扰动后产生的声波必然以扰动点为中心向四周传播，若弹性体是有界的，则扰动在边界处被反射回来，在弹性体内形成驻波。拨动的琴弦、敲击的音叉、振动的鼓膜、受激励的超声变幅杆/压电晶片甚至太阳内部都形成了驻波场。其中，在闭合空间中的媒质受到激励，可以产生三维空间的驻波，在这空间中允许存在的驻波称为简正波，其相应的频率称为简正频率。

**驻波应用** 包括驻波法测量材料吸声系数、驻波法测量声波波长和驻波场声悬浮。

**驻波法测量材料吸声系数** 对于一个有限长、截面积均匀的驻波管，若管末端为声压反射系数为 $r_p$ 的声负载，在管中形成驻波场，令声压极大值和极小值之间的比值为 $G$，称为驻波比。可得

$$r_p = \frac{G-1}{G+1}$$

因此，通过测量驻波比即可得到声负载的声压反射系数，从而也可以得到声能透射系数或吸声系数。

**驻波法测量声波波长** 形成驻波场后，测量两相邻波节间的距离就可测定波长。19 世纪德国著名物理学家 A. Kundt 使石松子粉末均匀吸附在一根 4 英尺（1 英尺 = 0.304 8 m）长的玻璃管内，然后在管内产生驻波场，固体粉末在驻波声波作用下重新分布，逐步堆积在波节上，称为“粉像”。Kundt 由此测量出声波波长，此种驻波管也称为 Kundt 驻波管。

**驻波场声悬浮** 声场中物体会受到声波的附加压力，若此压力与物体所受重力或浮力达到平衡，则可观测到悬浮现象。利用驻波场产生的声悬浮，称为驻波场声悬浮。驻波场声悬浮要求被悬浮物的线度远小于声波波长，因此只有足够小的物体才能处于驻波场的波腹或者波节处。Kundt 驻波管中的粉像就是声悬浮的结果。用于研究单泡声致发光的声谐振腔也是通过建立驻波场实现声悬浮。（刘斌　肖龙帅）

**推荐书目**

杜功焕，朱哲民，龚秀芬. 声学基础. 3 版. 南京：南京大学出版社，2012.

马大猷，沈嵘. 声学手册（修订版）. 北京：科学出版社，2004.

陈伟中. 声空化物理. 北京：科学出版社，2014.

徐龙道，等. 物理学词典. 北京：科学出版社，2004.

xingbo

**行波**（travelling wave） 在媒质中不受边界影响而向某一方向传播着的波。朝 $x$ 轴方向传播的行波可表示为

$$u(x, t) = A\cos(\omega t - kx)$$

式中，$u$ 为媒质质点位移；$t$ 为时间；$A$ 为幅度；$\omega$ 为原频率；$k$ 为波数。

这就是一维行波。若传播着的振动有三个方向，而且振动也是空间的，这种波就叫作三维行波。若波的传播方向是在某一平面内，这种波就叫作二维行波。

行波与驻波不同的是，行波场中振幅的空间分布不是固定的，各位置的质点振动相位各不相同，也不存在固定于空间的波节或次波节和波腹。从能量角度来看，行波能量是一直向前传播的，而驻波场中没有能量传递，故能量只以动能和势能的形式交换储存。（刘斌）

**推荐书目**

杜功焕，朱哲民，龚秀芬. 声学基础. 3 版. 南京：南京大学出版社，2012.

马大猷，沈嵘. 声学手册（修订版）. 北京：科学出版社，2004.

徐龙道，等. 物理学词典. 北京：科学出版社，2004.

kongqisheng

**空气声** （air-borne sound） 由于声源的振动引起周围空气质点的振动，并以疏密相间的纵波形式向四周传播形成的声响。振动能量常以两种方式向外传播：空气声和撞击声（固体声）。空气声可以由走廊、门窗以及管道、孔洞缝隙，传播到相邻或更远的空间；也可以激发墙体与楼板的振动，而把声能传递到邻室去。

控制空气声和撞击声所采取的措施截然不同，因此对控制这些噪声所制定的标准也相应地分为空气声隔绝标准和撞击声隔绝标准。描述空气声传声隔声性能的指标是隔声量；描述撞击声传声隔声性能的指标是撞击声压级。

（杨玉真　张宏达）

cisheng

**次声** （infrasound） 频率在 20 Hz 以下的声波。它与可听声一样，由各种物体的机械振动产生，通过各种弹性媒质（空气、液体、固体）的分子做稀疏或紧密的交替波向四周扩散传播。次声也是一种声波，在本质上与可听声或超声没有区别。次声的物理性质及其生物学作用问题首先由法国学者 Gavreau 于 1966 年提出，1972 年巴黎国际噪声专业会议正式确定了次声的定义，并就有关次声的研究问题展开了讨论。

**次声的特性** 与可听声相比，次声主要有两点特性：①人耳感受不到。次声的频率很低，超出了人耳的听觉阈，所以不能引起人的听觉。②不易衰减。在相同的传播路径上，介质吸收声波能量，进而使其衰减的多少与声波的频率正相关，即频率低则衰减小，所以次声比一般声波的衰减要小得多。

**次声传感器** 是用于接收次声波的仪器。由于次声波频率较低，在人耳听阈以下，因此对次声波的接收需要专门的仪器。次声波传感器有电容式、波纹管膜盒型、动圈式、光纤式等种类。目前，国际上生产次声传感器的国家主要包括法国、美国、日本、荷兰等。国内中国科学院声学研究所是最早研制和生产次声传感器的单位。经过多次迭代发展，研制了动圈式、波纹管膜盒型和电容式的次声传感器，广泛应用于自然灾害、气候变化、桥梁振动等领域的次声波接收。

**次声的传播** 次声在大气中传播时受风场和温度等气象环境的影响，可发生“异常传播”现象，使次声波在大气中可以传播几百甚至几千千米。见大气声学中大气声传播。

**生物效应** 在国际上有关次声的生物效应研究主要包括关于次声的流行病学调查及相应的临床研究和动物实验研究。流行病学调查发现，长期受环境中的低、中、强度次声影响主要引起人体的应激反应及自主神经和内分泌系统功能紊乱，进而可致脑皮质功能失调。例如，对居住在高速公路附近，长期受到 67 ~ 92 dB 次声作用的居民调查结果显示，其主要表现为易怒、头痛、头重、肢体疼痛、疲倦、失眠、思维障碍等共 21 种症状。Gavreau 把现代化的都市疲劳归咎于次声暴露。据卫生学调查，生产环境中存在的次声对中枢神经系统、前庭分析器、心血管系统、呼吸系统以及工作效率等都有不良影响，且当次声与可听声综合作用于人体时，不良作用加重。

**作用机理** 次声在本质上是物质的振动。在声场中，声波的能量释放出来，使声场中的空气、水、固体等物体受到激励。从物理的角度来分析，人体器官是一系列多支点、多重心的弹簧模型。生理学研究结果表明，人体的各种器官都有一个固定的振动频率，这些频率均处在次声的频率范围内，例如，头颅、胸腔、腹腔等的固有频率大多为 1 ~ 20 Hz。因此，人体从脑到各内脏器官均有可能受到次声的影响。

**防护措施** 次声的性质，决定了其在空气、水中、地面、障碍物之间传播时的吸收效应很小，作用距离远，穿透能力强，用通常的隔声或吸声材料难以阻挡其作用，因此，防护十分困难。科研工作者试图从以下几个方面来降低次声的损害，以期对生物体进行有效的防护。

**制定次声安全阈水平** 次声作用于人体2～3 min，人体可耐受的界限是 150 dB；Johnson 提出 120 dB 是引起次声效应的阈水平，但只限于短时间作用；美国国家环境保护局认为，低于 130 dB 的次声不构成损害。

**限制次声的作用时间** 由于在相同次声作用条件下，随着作用时间的延长而对生物体的损害作用加重。对于一些必须在次声环境中完成的工作，建议戴无孔的耳塞，同时戴上耳罩，并制定适宜的每次工作最长暴露时间。

**应用防护性药物** 采用抗氧化系统功能的制剂（适应剂），减轻次声对机体的损伤。

总之，次声防护是一个难度颇高的问题，现在研究的措施中单靠一种方法还不能满足防护的要求，效果也不好。从目前来看，必须采用综合性措施，包括药物和技术的手段，并尽量缩短次声作用时间。

**次声监测** 许多自然现象和人为活动可以产生次声波。通过对这类次声波的接收与分析，可以获取相关事件信息，为这类事件的监测、预警、发展等提供有用的信息参考。参见大气声学中“大气声探测”“自然灾害次声波产生机理研究”。

**应用与展望** 次声波对人体健康也有有益的一面。科学家发现，呼吸运动、胃肠蠕动、胆囊排空、子宫、输尿管和膀胱收缩都会发出次声波，心音振动频率也包含次声波信号。利用特殊的次声听诊器可以将人体脏器发出的次声波分别接收，然后进行处理分析，往往可以发现其他诊断技术难以发现的疾病。

总体来看，对于次声的生物学效应的研究至今在国际范围尚不够普遍，由于研究目的的不同，对其效应的实验观察尚不够系统，尤其是对次声作用机理尚不够清楚。由于次声作用参数受实验条件限制，许多结果还不能进行比较。在研究中需要正视次声波的各种危害性，有的放矢地切中它的要害，用特殊办法处理特殊问题。在实践中需总结出它不同于其他自然现象的科学规律，最大限度地把它的弊转化成利，安全、科学地利用次声波为人类服务。

（吕君　肖龙帅）

ketingsheng

**可听声** （audible sound）　引起听觉的声波，一般简称为声或声音。人耳能否听到声音，取决于声波的频率和强度。当频率太低或太高时，人耳便听不到。可听声的频率范围为 20～$2\times10^4$ Hz。不同频率的纯音信号可以听到的强度也不同，能听到的最低强度由听阈决定。对 1 000 Hz 的纯音而言，可听声的强度范围为 0～130 dB。上述的频率和强度范围是根据大量的实际调查统计得来的。

可听声的三个基本特性分别是响度、音调和音色。

**响度** 是听觉判断声音强弱的属性，根据它可以把声音排成由轻到响的序列。响度的单位是宋（sone）。响度主要依赖于引起听觉的声压，但也与声的频率和波形有关。

**音调** 是听觉判断声音高低的属性，根据它可以把声音排成由低到高的序列。音调的单位是美。音调高低主要依赖于声音的频率，但也和声压及波形有关。

**音色** 又称音品，是听觉区别具有同样响度和音调的两个声音之所以不同的属性。音品主要由刺激谱决定，但也与波形、声压、频率以及声音的事件特性有关。（吕君）

**推荐书目**

马大猷，沈嶸．声学手册（修订版）．北京：科学出版社，2004.

chaosheng

**超声** （ultrasound）　频率高于 20 000 Hz 的声波。人类耳朵能听到的声波频率为 20～20 000 Hz。当声波频率小于 20 Hz 或大于 20 000 Hz 时，便听不见了。通常用于医学诊断的超声波频率为 1～5 MHz。

**超声效应** 当声波在介质中传播时，由于超声波与介质的相互作用，使介质发生物理变化和化学变化，从而产生一系列力学的、热学的、电磁学的和化学的超声效应，包括以下4种：①机械效应。超声波的机械作用可促成液体的乳化、凝胶的液化和固体的分散。例如，当超声波在流体介质中时，悬浮在流体中的微小颗粒因受机械力的作用而凝聚在波节处，在空间形成周期性的堆积。超声波在压电材料和磁致伸缩材料中传播时，由于超声波的机械作用而引起感生电极化和感生磁化。②空化作用。超声波作用于液体时可产生大量小气泡。一个原因是液体内局部出现拉应力而形成负压，压强的降低使原来溶于液体的气体过饱和，而从液体逸出，成为小气泡。另一个原因是强大的拉应力把液体“撕开”成一空洞，称为空化。空洞内为液体蒸气或溶于液体的另一种气体，甚至可能是真空。因空化作用形成的小气泡会随周围介质的振动而不断运动、长大或突然破灭。③热效应。由于超声波频率高、能量大，被介质吸收时能产生显著的热效应。④化学效应。超声波的作用可促使发生或加速某些化学反应。

**超声波的特点** 超声波在媒质中的反射、折射、衍射、散射等传播规律，与可听声波的规律没有本质上的区别。但是超声波的波长很短，只有几厘米，甚至千分之几毫米。与可听声波相比，超声波的特性有：①传播特性。超声波的波长很短，通常障碍物的尺寸要比超声波的波长大好多倍，因此超声波的衍射本领很差，因而具有良好的定向传播特性，而且易于聚焦。超声波的波长越短，该特性就越显著。②超声波可传递很强的能量。在相同强度下，声波的频率越高，它所具有的功率就越大。由于超声波频率很高，所以超声波与一般声波相比，它的功率是非常大的。用聚焦的方法，可以获得声强高达$10^9$ W/$m^2$的超声波。超声波在液体、固体中传播时，衰减很小。在不透明的固体中，能穿透几十米的厚度。③超声与传声媒质的相互作用适中，易于携带有关传声媒质状态的信息（诊断或对传声媒质产生效应），可以作为探测与负载信息的载体。④当其强度超过一定值时，它就可以通过与传播超声波的媒质的相互作用，去影响、改变以致破坏后者的状态、性质及结构。超声波的这些特性，使其在技术上得到广泛的应用。

**应用与展望** 超声效应已广泛地在实践中得到应用，主要有以下几方面：

**超声检测** 超声波的波长比一般声波要短，具有较好的方向性，而且能透过不透明物质。当使用的超声强度较小时，不会改变物体的任何性质。这一特性已被广泛用于超声波探伤、测厚、测距、遥控和超声成像技术。超声成像是利用超声波呈现不透明物内部形象的技术。把从换能器发出的超声波经声透镜聚焦在不透明试样上，从试样透出的超声波携带了被照部位的信息（如对声波的反射、吸收和散射的能力），经声透镜会聚在压电接收器上，所得电信号输入放大器，利用扫描系统可把不透明试样的形象显示在荧光屏上。上述装置称为超声显微镜。超声成像技术已在医疗检查方面获得普遍应用，在微电子器件制造业中用来对大规模集成电路进行检查，在材料科学中用来显示合金中不同组分的区域和晶粒间界等。声全息术是利用超声波的干涉原理记录和重现不透明物的立体图像的声成像技术，其原理与光波的全息术基本相同，只是记录手段不同而已。用同一超声信号源激励两个放置在液体中的换能器，它们分别发射两束相干的超声波：一束透过被研究的物体后成为物波，另一束作为参考波。物波和参考波在液面上相干叠加形成声全息图，用激光束照射声全息图，利用激光在声全息图上反射时产生的衍射效应获得物的重现像，通常用摄像机和电视机做实时观察。

**超声处理** 利用超声的机械作用、空化作用、热效应和化学效应，可以改变物体的某项性能。例如，可进行超声焊接、钻孔、固体的粉碎、乳化、脱气、除尘、去锅垢、清洗、灭菌、促进化学反应和进行生物学研究等，在工矿业、农业、医疗等各个部门获得了广泛应用。

（吕君　周绪东）

**推荐书目**

程建春，李晓东，杨军．声学学科现状以及未来发展趋势．北京：科学出版社，2021.

程建春，田静．创新与和谐——中国声学进展．北京：科学出版社，2008.

Kuttruff H. Ultrasonics：Fundamentals and Applications. New York：Springer Science & Business Media，2012.

chongjibo

**冲击波**　（shock wave）　也称爆炸波、激波，是一种不连续峰在介质中的传播，这个峰导致介质的压强、温度、密度等物理性质的跳跃式改变。日常生活中冲击波现象随处可见，如超声速飞行的战斗机、雷暴、太阳风、鞭梢甩动的脆响等。冲击波的压强可达几千个大气压。可以利用冲击波为人类造福，但是，不必要的冲击波也会给人类带来灾害。即使是很弱的冲击波也能损坏建筑物，损伤人类的听觉器官。

大气中传播的冲击波，在波前通过气体介质的一瞬间，不仅压强骤增，同时密度陡然变大，温度突增。冲击波与声波的主要区别在于：它通过介质传播时，并不是等熵过程，因此，传播时除了有能量消耗和能量分散外，还有一部分能量转化为使介质升温的热能，形成额外的能量损失。冲击波的衰减远比声波更快。

**爆炸冲击波**　当爆炸物引爆时，在一个小的体积内，突然产生大量高压炽热气体并成为火球，以超声速膨胀到球内压力相当于环境压力，即大气压时，由于惯性，仍不停止，直到球内压力降低到大气压以下相当程度、动能耗尽才开始收缩。由于介质的弹性和惯性，还有第二次、第三次的膨胀和收缩。振荡的火球就成为声源，向周围辐射爆炸声波。在火球附近，压力变化时突然增加到一个峰值，之后则按时间常数降低，直到小于环境压力；再升高，再降低，这就是爆炸后的冲击波。声压与火球体积变化的加速度成正比；波形与体积变化的时间特性曲线相似（见下图）。开始波形为“N”字形，所以称为“N”形波。“N”形波的传播速度比声速快得多，但是衰减也快。有的爆炸波，如核爆炸、火山爆发，是非常强烈的，其声波可以在地球上转几周，到达全世界范围，几天后还可以接收到。

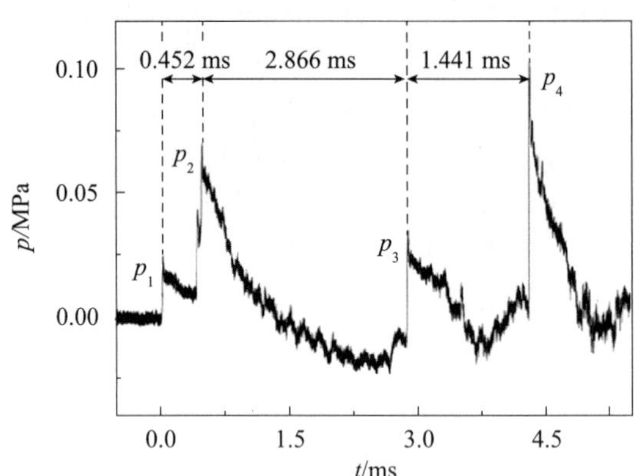


**爆炸冲击波时域波形**

**轰声**　也称声爆，是一种与超声速飞行有关的声学现象。超声速飞行的飞行体除推进器系统和机体产生的噪声外还产生冲击波，飞行体头部在空气中形成冲击波（艏波），飞行体尾部被排开的空气重新汇聚形成冲击波（艉波），艏波和艉波之间机翼等部件也会产生冲击波，这些冲击波一起随飞行体以其飞行速度前行，艏波和艉波之间伴随产生传播声压的降低。冲击波在大气中的传播局限于飞行体头部向后延伸的一个锥形区内，当扰动锥传至地面形成类似爆炸的声音，称为轰声。参见*大气声学*。

轰声对人们生理上和心理上的影响，目前还研究得不够。实验表明，可容忍的轰声超压为50～100 Pa。如每天受一次超压为90. 8 Pa的轰声作用，与飞机飞过一次时的感觉噪声级110 PNdB（感觉噪声级）等值，也与30 NNI（噪声次数指数）等值。据此可以计算出每天16次轰声的烦扰程度为48 NNI，这是人所难以忍受的。轰声能够震碎附近的门窗玻璃，甚至引起建筑物的损坏。

防治轰声危害的措施是：改进飞机空气动力性能；规定轰声的容许超压，限制超声速飞

行；增加飞机飞行高度；控制飞机的起飞和着陆操作程序；选择适当航线使轰声远离居民区等。（金中坤　周绪东）

**推荐书目**

马大猷，沈嵘. 声学手册（修订版）. 北京：科学出版社，2004.

马大猷. 噪声与振动控制工程手册. 北京：机械工业出版社，2002.

woliu sheng

**涡流声**（eddy noise）　带有涡流的气流辐射出的噪声。气流流经障碍物时，由于空气分子黏滞摩擦力的影响，具有一定速度的气流与障碍物附近相对静止的气体相互作用，在障碍物下游区形成带有涡流的气流。这些涡旋不断形成又不断脱落，每一个涡流中心的压强低于周围介质压强，当涡旋脱落时，气流就会出现一次压强跳变，这些跳变的压强通过四周介质向外传播，并作用于障碍物，当气流中压强脉动含有可听声成分，且强度足够大时，则辐射出噪声。

电线被大风吹而产生的噪声和狂风吹过树林的呼啸声，均是生活中常见的涡流发声现象。当物体以较高速度在气体中通过时也能产生涡流声，如在空气中挥动藤条或竹竿就能发出与风吹电线一样的噪声。实际上，可听到的涡流声，一般多是高速气流通过形状不规则物体时形成的。所以，涡流的形成、脱落以及排列全是无规的和不稳定的，频率成分往往呈无规宽带特性。但是，对于几何形状简单的物体来说，涡流的形成、发展到脱落，大体有一定的周期性。因此，尽管涡流声是一系列脉冲压强的作用结果，应具有宽带噪声特性，但同时也具有较为突出的频率成分。

当管道内高速气流流过不规则物体时，也会形成管道内的涡流声。为降低管道内涡流声，应减少气流在管道中形成的涡流强度，如把管道中的导流器、支撑物改为流线型，表面尽可能光滑，就可以减少噪声；也可以调节气阀或节流板等，并采用多级串联降压方法，以减弱噪声功率。（金中坤　周绪东）

**推荐书目**

马大猷. 噪声与振动控制工程手册. 北京：机械工业出版社，2002.

zhuangji zaosheng

**撞击噪声**（impact noise）　利用冲击力做功的机械产生的由撞击引起的脉冲声。冲床、锻锤、汽锤和凿岩机等机械在工作时，每一个工作循环都会产生较强的撞击噪声。锻锤的撞击噪声最强。

当锻锤工作时，其机械能分为四部分，一部分做功，一部分克服各种阻力转化为热能，一部分通过地基以固体声的形式向四周地面传播，一部分则转化为使机件产生弹性形变的振动能。这种振动能的一部分以声波形式向四周空间辐射，形成撞击噪声，其发声机制有以下四种：①撞击瞬间，物体间高速流动的空气引起喷射噪声。②撞击瞬间，在锤头、锤模、铁钻碰撞面上产生突然变形，以致在该面附近激发强的压力脉冲噪声。③撞击瞬间，由于部件表面的变形，在这些部件表面的侧向产生突然的膨胀，形成向外辐射的压力脉冲噪声。④撞击后引起的受撞部件结构共振所激发的结构噪声。

在以上四种发声机制中，以结构噪声影响最强，其辐射噪声的维持时间最长，可达100 ms。结构噪声可用声级计的“快”和“慢”挡测量。撞击激励频率与撞击的物理过程有关：较硬的光滑物体相撞，作用时间短，作用力大，激励的频带宽，激发物体本征振动方式较多，是宽频带撞击噪声；较软的不光滑的物体相撞，则作用时间长，作用力小，激励的频带窄，激发的振动方式少。例如，冷锻比热锻辐射较强的撞击噪声，且具有较多的频率成分（向高频范围发展）。另外三种机制产生的撞击噪声，是在撞击瞬间产生的一次压力脉冲，其强度很高，在锻锤附近操作的工人人耳位置的脉冲声级高达155 dB(A)，但其维持时间很短，最长不过几毫秒，所以使用声级计“快”

“慢”挡根本测量不准这种噪声。例如，3t 锻锤在热锻方钢时，以 60 次/min 的速率连续锻压，距锻用件 1 m 处测量，得到的脉冲 A 声级为 127 dB，而“快”挡测量仪则有 106 dB。

其他类似的机械撞击，如冲床冲压声、凿岩机中活塞与钎杆的撞击、金属相互碰撞声等，都是以结构在撞击后的鸣响声为主。所以，降低结构噪声是控制撞击噪声的主要措施。

（金中坤　周绪东）

**推荐书目**

马大猷．噪声与振动控制工程手册．北京：机械工业出版社，2002.

gutisheng

**固体声**（solid-borne noise）　又称结构声，是指通过固体传播而来的机械振动引起的噪声。固体声是机械振动在固体中传播的弹性波。

**产生机理**　空气噪声和固体声都由振源产生。以一台机器为例，机器的振动通过壳体表面辐射到空气中，形成了空气噪声；同时向机座及其连接板壁等传递，引起机座和相邻板壁等的振动和噪声，称为一次固体声。空气噪声在传播途中，遇到固体板壁等结构，它的一部分被反射，另一部分则引起结构振动，并又传递给相邻板壁、结构等，称为二次固体声。一次、二次固体声再次向空气中辐射，又与空气噪声叠加。这一过程从下图可直观了解。

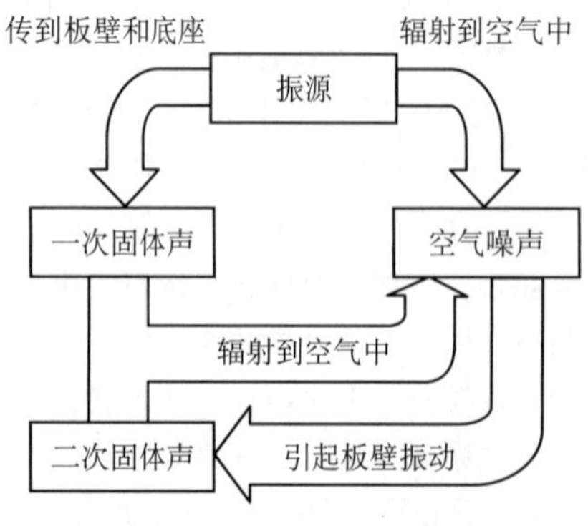


**振源、空气噪声、固体声三者之间的关系**

**固体声的危害**　虽然振幅和功率都很微小，但固体声却产生很大的危害。例如，在 1 $m^2$、振动频率 1 000 Hz、振幅 1 μm 的板前直接测出的声压级为 100 dB，振动加速度为 $6.5 \times 10^{-4}$ $g$、振幅为 0.005 μm 时，噪声也有 46 ~ 48 dB。一般认为大于 90 dB 的噪声级是人难以接受的，而 90 dB 的声功率级仅为 $10^{-3}$ W。加之固体声具有纯音性，所以它对人神经的刺激比混合音更强烈。

固体声随其传播距离的增加，衰减非常小。而对空气声来说，空气和壁板与隔墙都能使其很快衰减。高层建筑，机房设在上部时，固体声传播每层楼衰减值仅 3 ~ 10 dB。而一般墙壁的空气声透过损失达 30 ~ 40 dB。

引发固体声的振源多种多样。例如，医院内的核磁共振仪的振动随楼板传播造成邻近办公室噪声超标；居民楼内人们活动、家用电器运行等引起楼板振动并向下辐射噪声；城市轨道交通引起建筑物振动和二次辐射噪声；高速铁路桥梁段引起低频桥梁噪声、环境振动等。其中地铁引起室内二次辐射噪声影响最为广泛。随着城市轨道交通的快速发展，地铁引起建筑物内二次辐射噪声已经成为轨道交通管理部门面临的一个主要的环境问题，地铁沿线居民对于二次辐射噪声影响的投诉也不断增加。我国住房和城乡建设部于 2009 年 3 月 15 日发布了《城市轨道交通引起建筑物振动与二次辐射噪声限值及其测量方法标准》（JGJ/T 170—2009），对城市轨道交通沿线各不同功能区的二次辐射噪声限值做了明确规定。具体限值参见城市轨道交通噪声。

（李楠　刘进）

shengxue celiang

**声学测量**（acoustical measurement）　研究测量声学参数的科学技术，包括测量方法和测量仪器两方面内容。声学测量环境有消声室、混响室、隔声室、驻波管、高声强实验室、消声水池和混响水池等。与环境声学联系密切的声学测量包括声学基本量的测量、噪声源的测量、吸声测量、隔声测量和消声测量。

**声学中的基本量**　指描述一声源及其产生

的声场的特性，或在某些声学现象、效应中起主导作用的一些量。声学中的基本量有*声压*、*声强*、*声功率*、质点振速、声能量密度等。在前四个量中，声压是最容易测量的，而且可以测量得很准确，其余三个量又能由声压导出，因此，过去一直误认为只有声压才是声学中的基本量。实际上，当声场不是自由场时，其他三个量与声压间不存在一个简单的关系，另外有不少声学效应（如超声效应）并不直接只与声压有关，而与声能量密度或声强等有关。对某一声学问题选用哪个基本量来描述应视具体情况而定，因此所有这些声学量在声学测量中都是很重要的。

**声学测试环境** 在声学测量中需要有一个符合测量要求的测试环境，才能得到预期的结果。测试环境的声学性能的好坏直接与测量准确度有关，故选择或建立一个符合要求的测试环境是声学测量中一个十分重要的问题，最常用的声学测试环境为自由场和扩散场。

**自由场** 通常的声学测量都要求在自由场中进行，这是均匀各向同性媒质中边界影响可以不计的声场。它可以是人工建造的室内自由场如消声室，在水中则为消声水池或水槽；也可利用合适的自然环境以获得室外自由场。

消声室虽能得到接近理想的自由场条件，但造价昂贵，一般难以建造。利用自然环境条件来获得自由场是一个实用和有效的方法。实际上一个具有足够大的空间的广场或田野，当将声源和传声器置于离地面足够高的地方如铁塔上或悬挂于空中时，就能得到很好的自由场测试条件。同样，湖泊、海湾、港口、水库等天然水域，只要有足够大的开阔度和深度，都可用作自由场。在这类室外自由场中测试时，应当注意气象条件对测试结果的影响。

在有限空间测试电声器件或换能器声学性能时，还可用脉冲声技术，在时间上将来自边界的反射声与直达声分开，以获得自由场条件。这种脉冲声技术在水声测量中用得很普遍。

半消声室或一个反射面上方的自由场，是近年来被广泛使用的一种声学测试条件。当声源或传声器置于其中具有反射特性的地面上时，则在其上方的半空间中就能获得如上所述的自由场条件。

**扩散场** 指声能量密度均匀，在各个传播方向做无规分布的声场。符合此要求的实验室称为混响室。

**声强测量** 在声频范围内，测量声强以往一直是通过测量自由场平面波条件的声压再用其与声强的关系计算得到，对于其他声场条件下的声强则无法测量。过去虽曾先后发明过一些试图直接测量声强的方法，但均因缺乏实用价值而未被采用。20 世纪 70 年代以来，由于数字技术和微处理机应用的发展，一些能直接测量声强的实用的仪器设备，如声强计、实时声强分析仪等已陆续问世。用这些仪器测量声场中某点声强的原理是：将声压与质点速度相乘并对时间取平均。先测量该点附近相邻两点的声压，以其声压和之半即平均声压近似地表示该点的声压：

$$p = \frac{p_1 + p_2}{2}$$

式中，$p_1$，$p_2$ 分别为相邻两点的声压。再计算该点的质点速度，通过牛顿第二定律计算加速度，并对时间积分得到质点速度：

$$v = -\frac{1}{\rho}\int \frac{p_2 - p_1}{\Delta r}\mathrm{d}t$$

式中，$\Delta r$ 为两点之间距离，$\rho$ 为密度。此方法的主要误差是上述二式近似表示造成的，误差大小与两点的间距 $\Delta r$ 和圆波数 $k$ 有关。例如，用两个直径 12 mm 的传声器组成的声强测量探头，当其间隔 $\Delta r = 6$ mm 时，其测量误差在频率高于 10 kHz 或低于 400 Hz 时，将大于 1 dB。这说明这种声强测量仪器不适用于超声声强的测量。

**声功率测量** 包括自由场测量和扩散场测量。

**自由场测量** 声源的声功率 $W$ 的测量一般在自由场中进行，通过测量包络声源的封闭曲

面 $S$ 上的声强 $I$，由公式

$$W = \oint_S I \mathrm{d}S$$

计算得到。为了测量和计算的方便，实际上此测量表面 $S$ 常取作以声源为中心的球面，或其他具有一定对称性的测量表面，如矩形六面体等，并将积分简化成求和的形式，即把测量表面分成几个小面积 $\Delta S_j$，测得此小面积上的平均声压 $p_j$，就得到声源的声功率：

$$W = \frac{1}{\rho c}\sum_{j=1}^{n} p_j^2 \Delta S_j$$

在半自由空间中测量时，除测量表面应取成半球面外，其他做法与上述相同。

**扩散场测量** 声源的声功率也可在扩散场（如空气中的混响室或水中的混响水池）中测量，此时其声功率为

$$W = \frac{\overline{p^2} A}{4}\rho c$$

式中，$\overline{p^2}$为混响室中声源产生的均方声压；$A$ 为混响室的吸声量；$\rho c$ 为媒质的特性声阻抗。此法要比自由场法简单而方便，对一混响室来讲，$A$、$\rho c$ 均为常数，故只要测量混响室中几处的声压，以求得 $\overline{p^2}$就能得到声功率值。

国际标准化组织（ISO）近年来制定了在各种声学测试环境（如消声室、混响室、反射平面上的自由场等）下，以不同准确度（精密、工程、简易等）要求，测定空气中噪声源声功率级方法的一系列国际标准（ISO 3740—3746）。

噪声源声功率级的测定，还可用与标准噪声源比较的方法得到。标准噪声源是一个已用标准方法测定声功率级的标准声源，它能在 100 Hz ~ 10 kHz 的频率产生宽带稳定噪声，在此频段内，倍频带声功率级间的偏差应小于 ±3 dB。标准噪声源有电动式、风扇式和打击式等几种结构。

上述测量方法与声强测量相同，一般只适用于声频范围。对于超声频范围的超声声功率的测量，常用的有声辐射压力法、量热法和光衍射法等数种。

**噪声源测量** 参见噪声源测量。

**隔声测量** 墙、门、窗、建筑外墙构件、建筑外墙、楼板等隔声性能测量是声学测量的重要内容之一。测量数据可用来设计具有良好隔声性能的建筑构件，也可用来进行建筑构件隔声性能的比较和分级。与隔声效果评价相关的国家标准见表 1，分别对隔声量实验室方法和现场测量方法作了详细的规定。除楼板外，建筑构件的隔声测试方法分为混响室法和现场测量法。

**表 1 与隔声测量相关的国家标准**

| 标准号 | 标准名称 |
|---|---|
| GB/T 18699. 1—2002 | 声学 隔声罩的隔声性能测定 第 1 部分：实验室条件下测量（标示用） |
| GB/T 18699. 2—2002 | 声学 隔声罩的隔声性能测定 第 2 部分：现场测量（验收和验证用） |
| GB/T 19885—2005 | 声学 隔声间的隔声性能测定 实验室和现场测量 |
| GB/T 19886—2005 | 声学 隔声罩和隔声间噪声控制指南 |
| GB/T 19889. 1—2005 | 声学 建筑和建筑构件隔声测量 第 1 部分：侧向传声受抑制的实验室测试 设施要求 |
| GB/T 19889. 2—2022 | 声学 建筑和建筑构件隔声测量 第 2 部分：测量不确定度评定和应用 |
| GB/T 19889. 3—2005 | 声学 建筑和建筑构件隔声测量 第 3 部分：建筑构件空气声隔声的实验室测量 |
| GB/T 19889. 4—2005 | 声学 建筑和建筑构件隔声测量 第 4 部分：房间之间空气声隔声的现场测量 |
| GB/T 19889. 5—2006 | 声学 建筑和建筑构件隔声测量 第 5 部分：外墙构件和外墙空气声隔声的现场测量 |

续表

| 标准号 | 标准名称 |
| --- | --- |
| GB/T 19889. 6—2005 | 声学　建筑和建筑构件隔声测量　第 6 部分：楼板撞击声隔声的实验室测量 |
| GB/T 19889. 7—2022 | 声学　建筑和建筑构件隔声测量　第 7 部分：撞击声隔声的现场测量 |
| GB/T 19889. 8—2006 | 声学　建筑和建筑构件隔声测量　第 8 部分：重质标准楼板覆面层撞击声改善量的实验室测量 |
| GB/T 19889. 10—2006 | 声学　建筑和建筑构件隔声测量　第 10 部分：小建筑构件空气声隔声的实验室测量 |
| GB/T 19889. 14—2010 | 声学　建筑和建筑构件隔声测量　第 14 部分：特殊现场测量导则 |
| GB/T 50121—2005 | 建筑隔声评价标准 |
| GB/T 8485—2008 | 建筑门窗空气声隔声性能分级及检测方法 |

**隔声量的表示**　参见*隔声效果评价、计权隔声量*。

**混响室法**　指在隔声室进行构件隔声性能的测量。实际上，隔声室由两个相邻的混响室组合而成，其中两室之间有一安装待测隔声构件的试洞。实验证明：当结构的面积较小时，由于边界条件的改变，边界对声场的影响会影响结构的隔声性能。同时，用隔声室测量构件的传声损失时，总是将构件看成“局部反应”的，即构件表面某点处的振动只与该处声压有关而与其他点上的声压无关，即测量频率要比构件产生弯曲振动的最低频率要高，因而构件的尺寸不能太小。

**测量原理**　如入射到构件上的声强为 $I_i$，穿透构件后的声强衰减为 $I_t$，则构件透声系数为 $\tau = I_t/I_i$。传声损失 TL 或称为隔声量 $R$，可表示为

$$TL = 10\ \lg 1/\tau = 10\ \lg I_i/I_t = L_1 - L_2$$

式中，$L_1$ 和 $L_2$ 分别为声源室和接收室内的声压级。因此在理论上只要测量构件前后两侧的声压级就可以求出构件的隔声量。但实际上，声的传播总是由一个空间（房间）透过构件后进入另一个空间，透过构件声音的强弱不仅与构件本身的隔声性能有关，而且与构件的透射面积 $S$（$m^2$）和声波透过构件进入接收室内的吸声量 $A$（$m^2$）等因素有关，所以，构件的隔声量除测量构件前后两侧的声压级之差外，在计算时还须加上一个 $10\ \lg S/A$ 的修正项，即表示为表观隔声量 $R' = L_1 - L_2 + 10\ \lg \frac{S}{A}$。

**实验方法和计算**　声源室内产生的声场应该是稳定的，并且在所考虑的频率范围内有一个连续的频谱。室内声功率要足够高，使得在接收室内的声压级在任何一个测试频带都比环境噪声级至少高出 10dB。扬声器通常放在构件对面的角落处。

GB 19889. 3—2005 规定，对于建筑间壁构件的尺寸由实验室测试设施中测试洞口的尺寸决定。对于墙，这个尺寸约为 10 $m^2$，对于楼板则为 10 ~ 20 $m^2$，并且墙和地板的短边不小于 2. 3 m。对于门、窗、玻璃和外墙，如果构件小于测试洞口，则需要在测试洞口里增建一个隔声性能足够高的特殊填隙隔墙，将构件放置于该填隙墙内。从这个填隙墙和其他部位间接传递的声功率与构件传递的声功率相比可忽略不计。如果不能满足这个条件，那么测试结果就要进行修正。

声源室产生的声信号应是稳态的，并在所考虑频率范围内具有连续频谱，建议白噪声。如果采用滤波器，其带宽至少需要 1/3 倍频程。如果采用宽带噪声，其带宽至少需要 1/3 倍频程。接收室在所有频带上的声压级，都应高出背景噪声 15 dB 以上，因此要求所发声音的声功率足够高。

每个房间至少要放置 5 个传声器，其分布取决于房间可用空间的大小。这些传声器位置应均匀分布在每个房间的最大容许测量空间内。传声器之间以及传声器与房间边界或者扩散体之间应大于 0.7 m。在声源室和接收室，需要将不同测点能量平均后的平均声压级代入公式进行计算。

应采用 1/3 倍频程的滤波器测量声压级。应采用中心频率为 100 ~ 5 000 Hz 的 1/3 倍频程滤波器。如果要求提供低频范围的资料，可增加下列中心频率：50 Hz、63 Hz 和 80 Hz。

通过测量接收室的混响时间，利用赛宾公式和忽略媒质吸收，可以计算出接收室的等效吸声量 $A$。

为了说明构件的空气声隔声性能，应将所有频率的隔声量以表格和曲线形式给出。如果对曲线进行单值评价，采用计权隔声量。

**现场测量方法**　是为了测量在特殊声学条件下建筑构件的隔声特性和为了判定已竣工建筑的隔声性能。

*外墙与外墙构件空气声隔声的现场测量*　GB/T 19889. 5—2006 规定了建筑物的整个外墙与外墙构件空气声隔声的现场测量方法。

对于构件的隔声测量，首选的是采用扬声器作为声源的方法，其他精确性略差的构件测量法是采用现场交通噪声作为声源的方法。对于整个外墙，最精确的是采用实际的交通噪声作为声源。

扬声器噪声测量构件隔声法可获得表观隔声量，在某些情况下可将其与实验室中依照 GB/T 19889. 3—2005 或 GB/T 19889. 10—2006 测量得到的隔声量作比较。当测量的目的在于评价某一处外墙构架的实验室隔声性能与现场隔声性能的关系时，该方法为优选方法。此外，也可以采用扬声器作为人工声源。

道路交通噪声测量构件隔声法的用途与扬声器噪声测量法相同。当由于实际原因而不能采用后一种方法时，采用道路交通噪声测量法就特别有用。上述两种方法经常会得出略微不同的结果。道路交通噪声测量法往往会给出比扬声器噪声测量法略低的隔声量。

道路交通噪声测量外墙隔声法可测得相对于外墙立面 2 m 处噪声级的外墙实际隔声值。当测量目的在于评价包括所有侧向传声影响在内的整个外墙相对于临近道路指定位置噪声的隔声性能时，此方法是首选的方法，其结果不可用于同实验室测量结果作对比。

扬声器噪声测量外墙隔声法也可测得相对于距其外立面 2 m 处的噪声级的外墙隔声值，当由于实际原因而无法采用实际噪声作为噪声源时，此方法尤其适合，其结果也不可用于同实验室测量结果作对比。

*两房间之间内墙与构件空气声隔声的现场测量*　两房间之间内墙、楼板和门的空气声隔声现场测量按照 GB/T 19889. 4—2005 执行。测量结果可用于比较房间之间的空气声隔声性能，以及将实际隔声量与规定的要求作比较。

需要注意的还有，建筑构件隔声量的现场测量虽然测试设备简单，但不可能做到像实验室测量那样精密而细致，并且现场测量中构件的侧面透声现象无法避免，同时对构件的尺寸难以完全统一。

**吸声测量**　参见*吸声测量*。

**消声测量**　指测量消声器的消声性能的方法和实验。消声器的消声量是评价其声学性能好坏的重要指标。但是测量方法不同，所得消声量也不同。当消声器内没有气流通过而仅有声音通过时，测得的消声量称为静态消声量；当声音和气流同时通过消声器时，测得的消声量称为动态消声量。与消声测量相关的国家标准见表 2，表 2 分别对消声器实验室测量方法和现场测量方法做了详细的规定。

**表 2　与消声测量相关的国家标准**

| 标准号 | 标准名称 |
|---|---|
| GB/T 4760—1995 | 声学　消声器测量方法 |
| GB/T 16405—1996 | 声学　管道消声器无气流状态下插入损失测量　实验室简易法 |

续表

| 标准号 | 标准名称 |
|---|---|
| GB/T 19512—2004 | 声学　消声器现场测量 |
| GB/T 20431—2006 | 声学　消声器噪声控制指南 |
| GB/T 25516—2010 | 声学　管道消声器和风道末端单元的实验室测量方法　插入损失、气流噪声和全压损失 |
| GB/T 24658—2009 | 拖拉机排气消声器　技术条件 |
| GB/T 4759—2009 | 内燃机排气消声器　测量方法 |

实验室测量方法是在可控实验条件下较为细致深入地测试消声器的性能，主要适用于以阻性为主的管道消声器，主要可测得消声器的传声损失、插入损失、空气动力性能及气流再生噪声等指标，并可采用混响室法、半消声室法及管道法。现场测量方法是在实际使用条件下直接测试消声器的消声效果，适用于一端连通大气的一般消声器。

评价消声器消声效果的参量通常有插入损失、传声损失、末端声压级差值和声衰减量。

**插入损失**　指在噪声源和测点之间插入一个消声器时，在该测点所测得的消声器安装以前和以后的声压级差，单位是 dB。

在实验室内测量插入损失一般应采用混响室法、半消声室法或管道法，这几种方法都是在安装消声器以前和以后进行两次测量，先做空管测量，测出通过管口辐射噪声的各频带 1/3 倍频带声功率级，然后用消声器换下相应的替换管道，保持其他实验条件不变，测出各频带相应的声功率级。各频带的插入损失等于前后两次测量所得声功率级之差。

**传声损失**　指在消声器进口端入射声的声功率级与消声器出口端所传声的声功率级之差，单位是 dB。

在通常情况下，消声器进口端与出口端的通道截面相同，声压沿截面近似均匀分布，这时传声损失等于入射声与透射声的声功率级之差。

测量消声器的传声损失，必须在实验室给定工况下分别在消声器两端进行测量，在消声器进口端测出对应于透射声的相应声功率级。各频带传声损失等于两端分别测量所得频带声功率级之差。一般应以管道法测量入射声和透射声的声功率级。

**末端声压级差值**　也称末端减噪量，为消声器的进口端与出口端测得的评价声压级之差值，单位是 dB。该测量方法误差较大，易受环境反射、背景噪声、气象条件影响，因而实际使用较少，有时用于消声器台架相对测量比较。

**声衰减量**　指消声器单位长度的声衰减量（dB/m），通过测量消声器内部轴向两点间的声压级的差值所得，主要用来描述消声器内部的传播特性及衰减过程。

以上几种消声器声学性能的评价量，传声损失和声衰减量属于消声器本身的特性，受声源与环境影响较小（不包括气流速度的影响）；而插入损失不但是消声器本身的特性，还受到声源端点反射以及测量环境的影响。因此一定要注明是采用何种方法，在何种环境下测得。

（李楠　张宏达）

**推荐书目**

吕玉恒．噪声控制与建筑声学设备和材料选用手册．北京：化学工业出版社，2011.

陈克安，曾向阳，李海英．声学测量．北京：机械工业出版社，2010.

shengya

**声压**（sound pressure）　相对于静压强，由声扰动产生的逾量压强。当声波传播时，媒质的各部分产生压缩与膨胀的周期性变化，压缩时压强增加，膨胀时压强减小。声压的大小反映了声波的强弱，声压的单位为 Pa，1 Pa = 1 $N/m^2$。

**瞬时声压** 指声场中某一瞬时的声压值。

**峰值声压** 指在一定时间间隔中最大的瞬间声压值。如果声压随时间按简谐规律变化，则峰值声压就是声压的幅值，它等于有效声压的1.414倍。

**有效声压** 指在一定时间间隔中，瞬时声压对时间取的均方根值，见下式：

$$p_e = \sqrt{\frac{1}{T}\int_0^T p^2 \mathrm{d}t}$$

式中，下角符号e为有效值；$p$ 为瞬时声压，Pa；$t$ 为时间，s；$T$ 代表取平均的时间间隔，它可以是一个周期或比周期大得多的时间间隔。一般用电子仪器测得的是有效声压，因而人们习惯上指的声压通常是有效声压。

**声压级** 实际生活中，一方面，声压的变化范围很大，从人耳刚能听到的声音（约20 μPa）至震耳的噪声（几百帕）可差$10^7$倍。另一方面，人耳对声音强弱的感觉与声压不成比例，而是与其对数值成比例。为了便于表示，使用声压级$L_p$这个物理量，它是声压值 $p$ 与基准声压$p_0$之比的常用对数乘以20，其单位为dB，公式为

$$L_p = 20\ \log(p/p_0)$$

基准声压在空气中为20 μPa，水中为1 μPa。对于一个声压值，不同的基准值给出的声压级是不同的，故在讲声压级的同时一定要说明所用的基准声压值。

人们实际感觉到的或要处理的声音大部分不是纯音，而是具有频谱特性的噪声，对于这类声音则常用某一有限频带中的有效声压级来表示，称为频带声压级。最常用的频带宽度有倍频程和1/3倍频程带宽。当评价机器或设备产生的稳态或非稳态噪声时，一般用A计权声压级（简称A声级），也可用B声级或C声级，这是用A或B、C频率计权网络测得的有效声压级，测量这类声级的专用仪器为声级计。参见计权声级。

**普通人人耳对声压级察觉的范围** 见下图。

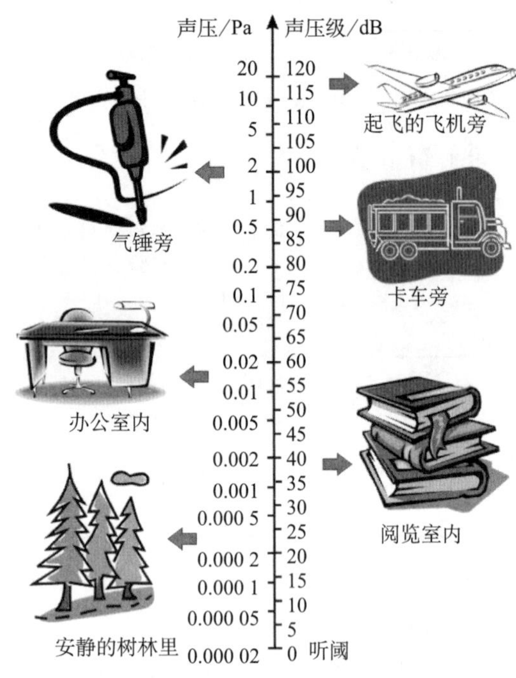


**普通人人耳对声压级察觉的范围**

（杨玉真　张宏达）

shengyaji

**声压级** （sound pressure level）　参见声压。

（杨玉真　张宏达）

shenggonglü

**声功率** （acoustic power）　单位时间内声波通过垂直于传播方向某指定面积的声能量。在噪声检测中，声功率是指声源总声功率，用$W$表示，单位为瓦（W）。一般声功率不能直接测量，而要根据测量的声压级进行计算。

**声功率的计算** 声功率用下式表示：

$$W = \frac{1}{T}S\int_0^T p\, u_n \mathrm{d}t$$

式中，$p$ 为瞬时声压，Pa；$u_n$ 为瞬时质点速度在面积 $S$ 法线方向的分量，m/s；$S$ 为面积，$m^2$；$t$ 为时间，s；$T$ 为周期的整数倍，或长到不影响计算结果的时间，s。

通过面积 $S$ 的平均声功率（时间平均）为

$$W = p_e^2 S\cos\theta/(\rho c)$$

式中，$p_e^2$为有效声压平方的时间平均，$\mathrm{Pa}^2$；$\rho$ 为媒质密度，$\mathrm{kg/m^3}$；$c$ 为声速，m/s；$\theta$ 为面积 $S$ 的法线与声波法线所成的角度，(°)。

**声功率级** 等于声源的声功率与基准声功率的比值的常用对数乘以 10。它的数学表达式为

$$L_w = 10\lg(W/W_0)$$

式中，$L_w$为对应于声功率 $W$ 的声功率级，dB；$W_0$为基准声功率，在噪声测量中，目前采用 $W_0 = 10^{-12}W$。 （杨玉真）

shenggonglüji

## 声功率级 (acoustic power level)

见声功率。

（杨玉真）

shengqiang

## 声强 (sound intensity)

声场中某点处，通过垂直于声波传播方向的单位面积在单位时间内所传过的声能。

声强是矢量，单位是瓦特每平方米（$\mathrm{W/m^2}$）。声强与声压有密切的关系，在流体中声强可以用下式表示：

$$\vec{I}(t) = p(t)\vec{u}(t)$$

式中，$\vec{I}(t)$ 为瞬时声强，$\mathrm{W/m^2}$；$p(t)$ 为瞬时声压，Pa；$\vec{u}(t)$ 为瞬时质点速度，m/s。

稳态声场中，声强为瞬时声强在一定时间 $T$ 内的平均值，表达式为

$$\bar{I} = \frac{1}{T}\int_0^T \vec{I}(t)\,\mathrm{d}t = \frac{1}{T}\int_0^T p(t)\,\vec{u}(t)\,\mathrm{d}t$$

式中，$T$ 为周期的整倍数，或长到不影响计算结果的时间，s。

在指定方向 $\vec{n}$ 的声强 $I_n$等于 $I\vec{n}$。自由声场中，在传播方向的声强是

$$I_0 = p_e^2/(\rho c)$$

式中，$p_e$为有效声压，Pa；$\rho$ 为媒质密度，$\mathrm{kg/m^3}$；$c$ 为声速，m/s。

在一般的声场中，声波沿着不同方向传播，此时声强与声压间的关系较为复杂。

在噪声测量中，声压比声强更容易直接测量，因此，往往根据声压测定的结果求出声强。

声强级等于声音的声强与基准声强的比值的常用对数乘以 10。基准声强等于 $10^{-12}$ $\mathrm{W/m^2}$。

（杨玉真）

pinlü

## 频率 (frequency)

1 s 内振动的次数，常用 $f$ 表示，单位为 Hz。

人耳听觉的频率范围为 20～20 000 Hz，超出这个范围的就不为人耳所察觉。在可听声频率范围内，声波的频率越高，声音显得越尖锐，反之显得低沉。在可听声范围内的噪声控制工程中，通常将频率低于 350 Hz 的声音称为低频声；350 ～ 1 000 Hz 的声音称为中频声；1 000 Hz 以上的声音称为高频声。

在实际生活中，声音都不是单一频率的纯声，音乐声是包括许多不同频率成分的复音，而噪声是包括多种频率成分的宽带或窄带噪声。

（杨玉真）

pinpu

## 频谱 (frequency spectrum)

将声音各个频率的幅值表示为其频率的函数的分布图形，有时也称声谱。

静态频谱可以反映声音在发声过程中的某一瞬间频率和振幅之间的关系；它的横坐标是频率，纵坐标是振幅。动态频谱可以反映声音在发声过程中某一段时间内力度或音高随时间的变化；它的横坐标是时间，纵坐标是力度或音高。

**频谱分类** 根据频谱形状，一般分为以下三种。

**线状谱** 是一系列离散频率的纯音组成的频谱，频谱图是离散的竖直线段。与振动相同的频率称为基频；频率等于基频整数倍的称为谐频。一些乐器发出的声音频谱就是线状谱（见图 1）。

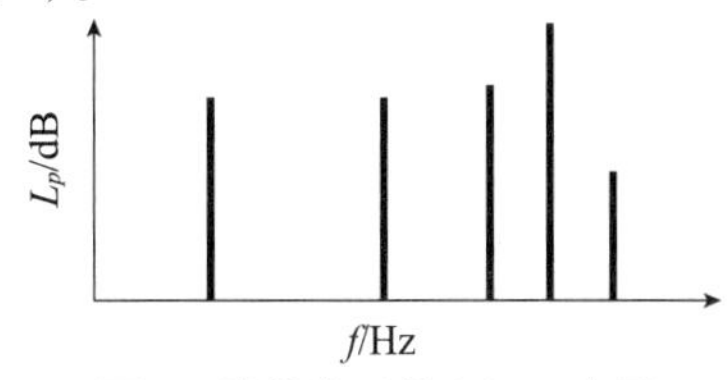


**图 1 线状谱（纯音）示意图**

**连续谱** 声能连续分布在宽广的频率范围内，形成一条连续的频谱曲线。大部分噪声属于连续谱（见图2）。

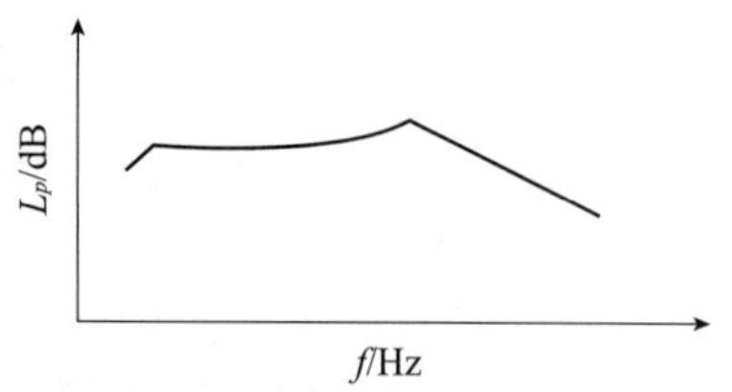


**图2 连续谱示意图**

**复合谱** 是线状谱和连续谱叠加而成的频谱。一般固定噪声源听起来有明显的音调，称为有调噪声，有调噪声的频谱属于复合谱（见图3）。在噪声控制中，频谱图中声压级较突出的部分及其所对应的频率是重点控制目标。

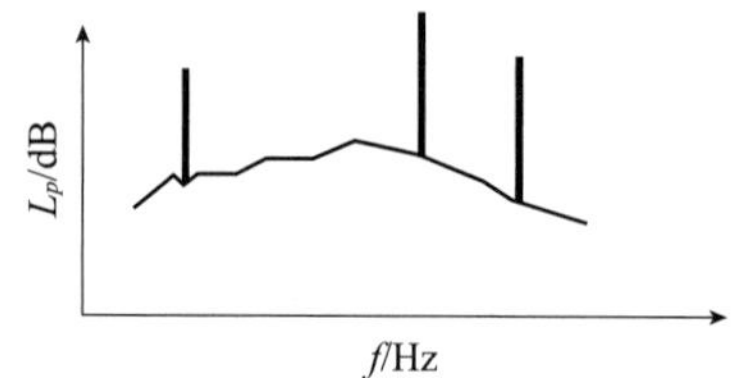


**图3 复合谱示意图**

**频谱分析** 是一个将时变信号转化为其频率成分的过程，用于研究噪声在不同频带内的分布情况。它可用于量化噪声问题，因为评价标准以及拟采用的控制都是与频率相关的。这对于深入研究噪声的产生、传播、接收以及噪声控制等方面有很大的实用价值。

频谱分析可以对整个信号进行。不过有时也会将信号分割成几段，再针对各段的信号进行频谱分析。周期函数最适合只考虑一个周期的信号来进行频谱分析。傅里叶分析中有许多分析非周期函数时需要的数学工具。

一个函数的傅里叶变换包括原始信号中的所有信息，只是表示的形式不同。因此可以用反傅里叶变换重组原始的信号。若要完整的重组原始信号，需要有每个频率下的幅度及其相位，这些信息可以用二维向量、复数或是极坐标下的大小及角度来表示。

**功率谱** 是功率谱密度函数的简称，用来表示功率（能量）按频率的分布状况。功率谱密度$S_x(f)$和自相关函数$R_x(\tau)$互为傅里叶变换对。功率谱具有能量的量纲，单位是均方值/单位频率。

功率谱密度是幅值谱的平方，它使信号的频率结构更加明显。由于功率谱密度$S_x(f)$是实偶函数，工程上常用单位谱表示，即

$$G_x(f)=2\,S_x(f)$$

式中，$G_x(f)$为信号的单边功率谱密度。

在实际应用中，功率谱还用均方根谱（又称振幅谱）以及单位为分贝的对数谱来表示。振幅谱：$x_{rms}(f)=\sqrt{G_x(f)}$；对数振幅谱：$20\lg x_{rms}(f)$；对数功率谱：$10\lg G_x(f)$。

功率谱密度反映了噪声能量按频率的分布情况，因此通过对功率谱的调查，分析其频率组成和相应量的大小，可以帮助人们判断机械噪声源和寻找产生噪声的原因。

**互谱密度函数** 是信号互相关函数的傅里叶变换，也称相干函数。

在实际测试中，为表示两随机信号的相关程度，常用相干函数，即

$$r_{xy}^2(f)=\frac{|S_{xy}(f)|^2}{S_x(f)\,S_y(f)}$$

且有$0\leqslant r_{xy}^2(f)\leqslant 1$；当$x(t)$为输入信号，$y(t)$为输出信号时，若$r_{xy}^2(f)=1$，表示$y(t)$在这个频率上全部由$x(t)$引起；若$r_{xy}^2(f)=0$，表示$y(t)$在这个频率上与$x(t)$无关；当$0<r_{xy}^2(f)<1$时，则表示$y(t)$对$x(t)$的依赖程度。

在噪声源识别中，常用相干函数法来鉴别噪声功率谱上的峰值频率与各噪声源频率的相关程度，以进一步控制主噪声源。

**倒频谱** 是对数功率谱的功率谱，即对功率谱密度函数再进行谱密度分析。对时域信号$x(t)$经过傅里叶变换后可得到功率谱$G_x(f)$，当在此谱密度分析中，出现复杂的频率结构而不易识别时，对功率谱密度函数$G_x(f)$取对数后再进行一次傅里叶变换，其表达式为

$$G_p(q)=|F\{lg\,G_x(f)\}|^2$$

式中，$G_p(q)$为信号$x(t)$的功率谱的倒频谱，$q$为倒频率，它具有和原信号$x(t)$的同

一时间量纲，常以 ms 记；$F\{\ \}$ 为对括号中的内容进行傅里叶正变换。

功率谱主要强调了最大值，工程上为了分析整个频率范围内的信号，常使用幅值谱（振幅谱），也就是功率谱的平方根，即

$$G_a(q) = |F\{\lg G_x(f)\}|$$

式中，$G_a(q)$ 为信号 $x(t)$ 的幅值倒频谱，简称倒频谱。

关于倒频谱的单位：用功率谱进行第二次傅里叶变换的，这时倒频谱 $G_p(q)$ 的单位为 $(\mathrm{dB})^2$；用幅值谱进行第二次傅里叶变换的，这时倒频谱 $G_a(q)$ 的单位为 dB。

倒频谱中 $q$ 大者为高倒频率，表示频谱图上的快速波动和谐波密集；$q$ 小者为低倒频率，表示频谱图上的缓慢波动和谐频离散。

（杨玉真　张宏达）

**推荐书目**

杜功焕，朱哲民，龚秀芬．声学基础．3 版．南京：南京大学出版社，2012.

周新祥．噪声控制技术及其新进展．北京：冶金工业出版社，2007.

pindai

## 频带

（frequency band）　某两个频率界限之间的频率范围，单位为赫兹（Hz）。

**频带宽度**　是频率上限和下限之差，其与频带中心频率的比值称为频带相对宽度。在噪声测量中，所选频带宽度通常有两种类型：一种是频带宽度不变，称为恒定带宽；另一种是频带相对宽度不变，称为等比带宽。在进行较为精细的频谱分析时，适宜采用恒定带宽，而且所用带宽通常较窄。反之，在进行较为概略的频谱分析时，可采用等比带宽，这样可减少测量时间，最常用的是倍频程和 1/3 倍频程。

两个声或其他信号的频率间的距离叫作频程。频程以高频 $f_h$ 与低频 $f_l$ 比的对数来表示。频率比为 $2^n$ 的两个频率之间的频段称为 $n$ 个倍频程。例如，对于上限频率和下限频率之比 $f_h/f_l=2^n$，$n=1$ 为 1 个倍频程，参见倍频程，如频率从 2 Hz 到 4 Hz 称 1 个倍频程；$n=3$ 为 3 个倍频程，如频率从 2 Hz 到 16 Hz 称 3 个倍频程；$n=1/3$，如频率从 315 Hz 到 400 Hz 称 1/3 倍频程，参见 1/3 倍频程。

**频带声压级**　是某一频带中所有频率成分的有效声压级。在使用频带声压级时，除指明基准声压外，还必须指明频带宽度及其中心频率。常用的有：①声压谱级。是以某频率为中心、宽度为 1 Hz 的频带中声波的有效声压级。②倍频带声压级。是 1 倍频程频带内所有频率成分的有效声压级，该倍频带的中心频率必须指明。③1/3 倍频带声压级。是 1/3 倍频程内所有频率成分的有效声压级，该 1/3 倍频带的中心频率必须指明。

**频带声功率级**　是某一频带中所有频率成分的有效声功率级。在使用频带声功率级时，除指明基准声功率外，还必须指明频带宽度及中心频率。与频带声压级相类似，当频带宽度为 1 Hz 时，相对应的声功率级为声功率谱级；当频带宽度为倍频程或 1/3 倍频程时，就相应得到倍频带或 1/3 倍频带声功率级。

（杨玉真　张宏达）

beipincheng

## 倍频程

（octave）　上限频率和下限频率之比为 2 的频带宽度。

倍频程的中心频率为上限频率和下限频率的几何平均值。常用的倍频带中心频率为 31.5 Hz、63 Hz、125 Hz、250 Hz、500 Hz、1 000 Hz、2 000 Hz、4 000 Hz、8 000 Hz、16 000 Hz。以上述频率为中心频率的 10 个倍频带包括全部可听声范围，实际上在现场测试中往往只使用其中的 6 ~ 8 个倍频带。

**倍频程的应用**　人的听觉在频谱上具有对数的特征，倍频程的划分与人的听觉特征相吻合。听觉上声音信号在一个倍频程其声音的声调高度增加 1 倍。

在音频（20 Hz ~ 20 kHz）范围内，使用倍频程对频率进行刻度，以有限的频点清楚地展示出各种测量的量随频率的变化，一目了然，

共 10 个倍频程，见下表。

**倍频程的频率范围**

| 频程序号 | 频率范围/Hz | 频程序号 | 频率范围/Hz |
|---|---|---|---|
| 1 | 20 ~ 40 | 6 | 640 ~ 1 280 |
| 2 | 40 ~ 80 | 7 | 640 ~ 1 280 |
| 3 | 80 ~ 160 | 8 | 1 280 ~ 2 500 |
| 4 | 160 ~ 320 | 9 | 5 000 ~ 10 000 |
| 5 | 320 ~ 640 | 10 | 10 000 ~ 20 000 |

同时，音频的倍频程与音乐的音程（音阶）有紧密联系。一个倍频程可以分为 8 度音阶，改变一个倍频程等于改变 8 度音阶。

（杨玉真　张宏达）

1/3 beipincheng

**1/3 倍频程**（one-third octave）　上限频率和下限频率之比为 $2^{1/3}$ 的频带宽度。

常用的 1/3 倍频带的中心频率为 25 Hz、31.5 Hz、40 Hz、50 Hz、63 Hz、80 Hz、100 Hz、125 Hz、160 Hz、200 Hz、250 Hz、315 Hz、400 Hz、500 Hz、630 Hz、800 Hz、1 000 Hz、1 250 Hz、1 600 Hz、2 000 Hz、2 500 Hz、3 150 Hz、4 000 Hz、5 000 Hz、6 300 Hz、8 000 Hz、10 000 Hz、12 500 Hz、16 000 Hz。在实际应用中，通常将 1/3 倍频程频谱分析用于声音信号的测试评价中。

**1/3 倍频程带宽的算法**　在声学性能测量中，有时需要按 1/3 倍频程带宽进行滤波，下面介绍了 1/3 倍频程带宽的计算方法：

$$f_h/f_l = 2^{\frac{1}{3}} = 1.259\ 9$$

$$f_m = \sqrt{f_h f_l}$$

$$B = f_h - f_l$$

$$B = 0.231 f_m$$

式中，$f_h$ 为上限频率；$f_l$ 为下限频率；$f_m$ 为中心频率；$B$ 为 1/3 倍频程带宽。

**1/3 倍频程中心频率及带宽**　1/3 倍频程的中心频率和带宽见下表。

**1/3 倍频程的中心频率和带宽**

| 频带序号 | 中心频率标称值/Hz | 1/3 倍频程的频率范围/Hz |
|---|---|---|
| 1 | 1.25 | 1.12 ~ 1.41 |
| 2 | 1.6 | 1.41 ~ 1.78 |
| 3 | 2 | 1.78 ~ 2.24 |
| 4 | 2.5 | 2.24 ~ 2.82 |
| 5 | 3.15 | 2.82 ~ 3.55 |
| 6 | 4 | 3.55 ~ 4.47 |
| 7 | 5 | 4.47 ~ 5.62 |
| 8 | 6.3 | 5.62 ~ 7.08 |
| 9 | 8 | 7.08 ~ 8.91 |
| 10 | 10 | 8.91 ~ 11.2 |
| 11 | 12.5 | 11.2 ~ 14.1 |
| 12 | 16 | 14.1 ~ 17.8 |
| 13 | 20 | 17.8 ~ 22.4 |
| 14 | 25 | 22.4 ~ 28.2 |
| 15 | 31.5 | 28.2 ~ 35.5 |
| 16 | 40 | 35.5 ~ 44.7 |
| 17 | 50 | 44.7 ~ 56.2 |
| 18 | 63 | 56.2 ~ 70.8 |
| 19 | 80 | 70.8 ~ 89.1 |
| 20 | 100 | 89.1 ~ 112 |
| 21 | 125 | 112 ~ 141 |
| 22 | 160 | 141 ~ 178 |
| 23 | 200 | 178 ~ 224 |
| 24 | 250 | 224 ~ 282 |
| 25 | 315 | 282 ~ 355 |
| 26 | 400 | 355 ~ 447 |
| 27 | 500 | 447 ~ 562 |
| 28 | 630 | 562 ~ 708 |
| 29 | 800 | 708 ~ 891 |
| 30 | 1 000 | 891 ~ 1 120 |
| 31 | 1 250 | 1 120 ~ 1 410 |
| 32 | 1 600 | 1 410 ~ 1 780 |
| 33 | 2 000 | 1 780 ~ 2 240 |
| 34 | 2 500 | 2 240 ~ 2 820 |
| 35 | 3 150 | 2 820 ~ 3 550 |

续表

| 频带序号 | 中心频率标称值/Hz | 1/3 倍频程的频率范围/Hz |
|---|---|---|
| 36 | 4 000 | 3 550 ~ 4 470 |
| 37 | 5 000 | 4 470 ~ 5 620 |
| 38 | 6 300 | 5 620 ~ 7 080 |
| 39 | 8 000 | 7 080 ~ 8 910 |
| 40 | $10\times10^3$ | 8 910 ~ $11.2\times10^3$ |
| 41 | $12.5\times10^3$ | $(11.2 \sim 14.1)\times10^3$ |
| 42 | $16\times10^3$ | $(14.1 \sim 17.8)\times10^3$ |
| 43 | $20\times10^3$ | $(17.8 \sim 22.4)\times10^3$ |

（杨玉真　张宏达）

tingjue

**听觉**　（hearing）　人耳接收和感觉声能的功能。

**人耳感知声信息**　声波是引起听觉的基本因素。声音首先传到外耳，经过外耳道，传到鼓膜，引起鼓膜振动，进入中耳，在中耳通过听骨链的收集和传导，作用于内耳，引起内耳听觉感受器兴奋，从而转换成电冲动，通过神经通路传至大脑听觉中枢，产生听觉。

**骨导**　声音除通过外耳道、中耳传导到内耳外，还可以通过头颅传到内耳，这就叫作骨导。具体来说，是指声波通过颅骨直接传导到内耳，使内耳淋巴液发生相应的波动，进一步引起基底膜振动并产生听觉的过程。

**内耳的感音功能**　内耳具有感音功能，其感受器是柯蒂氏器。柯蒂氏器的作用是把传到耳蜗的机械振动转变成听神经纤维的神经冲动。基底膜的振动使位于它上面的毛细胞受到刺激，引起耳蜗内发生各种电变化，最终引起位于毛细胞底部的传入神经纤维产生动作电位，进而导致神经末梢化学递质的释放，神经冲动传至各级听觉中枢，经过多层次的信息处理，最后在大脑皮层引起听觉。

**听阈和痛阈**　通常人耳能感受的声音频率为 20 ~ 20 000 Hz，而且对于其中每一种频率都有一个刚好能引起听觉的最小的声音强度，称为听阈。当声音强度增高到某一限度时，会引起鼓膜的疼痛感觉，这个限度称为最大可听阈，也叫作痛阈。通常 130 dB 为痛阈。

（桑晋秋　刘进）

**推荐书目**

方丹群，张斌，孙家麒，等．噪声控制工程学（上册）．北京：科学出版社，2013.

cetingshu

**测听术**　（audiometry）　根据人对纯音、语声、噪声及电脉冲等信号刺激的反应，测量受试者听觉功能健全程度的方法。在实际测定时，由于受环境安静条件和受试者理解程度的影响，测得的听力水平往往低于理论听阈值。

根据对受试者反应判断方式的不同可分为主观测试法和客观测试法两种。

**主观测试法**　以受试者主观判断的结果为依据，常用方法包括：①耳语或秒表测试。仅用作听力筛选，适用于体检。②音叉试验。简单易行，可对耳聋性质作出诊断，并可粗略了解耳聋程度。③纯音测听。包括纯音气导测听和纯音骨导测听，可进行定量诊断。

**客观测试法**　不需受试者主观反应，结果可靠，但仪器设备昂贵，测试技术要求较高。常用方法包括：①声导抗测试。应用导抗测试仪观察中耳对声能传导的导抗及阻抗变化，从而判断中耳传音结构病变，其对感音神经聋的定位诊断、功能性耳聋、预估听觉灵敏度以及面神经损伤定位诊断均有重要价值。②听性诱发电位测试。应用听性诱发电位测试仪观察声刺激引起的听觉神经通路由末梢至中枢的生物电变化，从而了解听觉功能状态。

（桑晋秋　刘进）

**推荐书目**

韩德民，许时昂．听力学基础与临床．北京：科学技术文献出版社，2004.

dengxiang quxian

**等响曲线**　（equal-loudness contour）　描述

等响条件下声压级与频率关系的曲线，是重要的听觉指标之一。以 1 000 Hz 纯音作为基准音，其他频率的纯音听来与基准纯音一样响，则该纯音的响度级就等于这个纯音的声压级。利用基准声音相比较的方法，可以用试验方法得出整个可听声范围的纯音响度级，由此得出来的曲线即为等响曲线。等响曲线表示声压级和频率的关系，也反映了人耳对不同频率声音的灵敏度，见下图。等响曲线是一个统计曲线，考虑了人群群体的听觉特征。

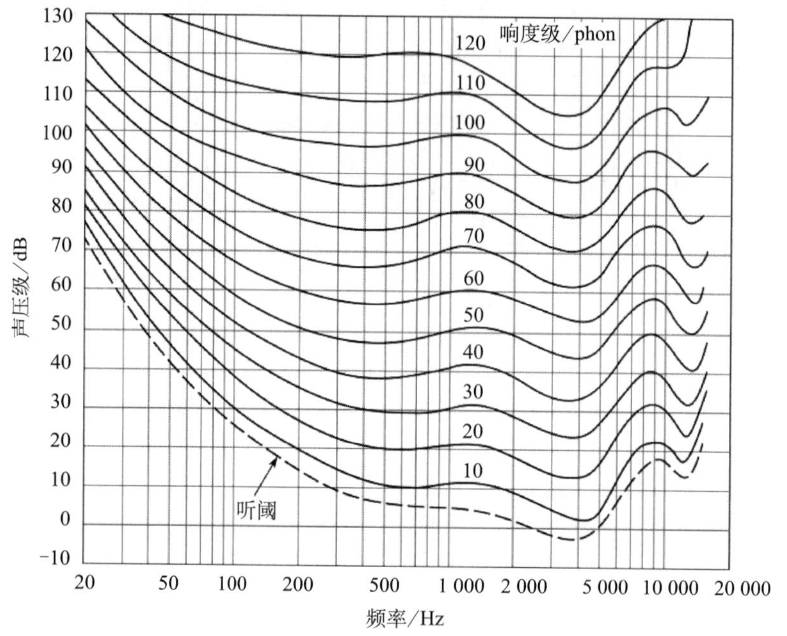


**纯音的标准等响曲线**

等响曲线的横坐标是频率（Hz），纵坐标是声压级（dB），每一条曲线相当于声压级和频率不同而响度相同的声音，也就是相当于一定响度级（phon）的声音。曲线上的数字是指 1 000 Hz 纯音的声压级，每条曲线上纯音的响度级均等于该数字表示的方数。例如，声压级为 85 dB 的 100 Hz 的纯音、声压级为 80 dB 的 1 000 Hz 的纯音和声压级为 70 dB 的 4 000 Hz 纯音的响度相同，它们都在响度级为 80 phon 的等响曲线上。由等响曲线簇可知，当声压级较低时，人耳感觉高音和低音的响度低，而声压级较高时，感觉响度都较高，人对 1 000 ~ 4 000 Hz 的声音最为敏感。

上图中，在 1 000 Hz 附近的中频范围内，等响曲线相对比较低，说明人耳对中频的响应敏感。在这个范围之外的低频和高频两边，等响曲线翘起，说明人耳对低频和高频声音的敏感下降，以致当低于 20 Hz 和高于 20 000 Hz 时，需要很大的声强才有可能感觉声音的存在。人耳能听到的最微弱的声音的强度，称为听阈（图中虚线），随着声音强度的提高，到了人耳产生疼痛感的声音强度，称为痛阈。

**概念形成过程**　对于等响曲线的研究，最早可追溯到 1927 年 Kingsbury 的工作，由于他是对单耳听觉条件下的等响曲线进行的测量，因此受到了一定限制。虽然等响曲线的测量可以在自由声场、扩散声场或耳机听音情况下进行，但大多数发表的等响曲线都是在双耳听音或相对自由场条件下得到的。

首次双耳听音和相对自由场条件下完整的等响曲线是由 Fletcher 和 Munson 于 1933 年获得的，此后，陆续有学者对等响曲线进行了研究。特别是 Robinson 和 Dadson 的研究成果更是被国际标准化组织采纳，并于 1961 年被制定成 ISO/R266。此后，1975 年针对响度的计算方法又形成了相应的国际标准 ISO 532。

自从制定 ISO/R226 后，等响曲线得到了广泛的认可，直到 1987 年，Fastl 和 Zwicker 发现了其中存在的问题。后来更多的研究者证实了其存在的更多差异。2003 年，Suzuki 和 Takeshima 根据新近的研究数据对标准等响曲线进行了重新修订，公布了 ISO 226—2003 版等响曲线，沿用至今。

**等响曲线与计权网络** 用响度级来表示人们对声音的主观感觉过于复杂，于是为了简单起见，在等响曲线中选了三条曲线，一条是 40 phon 的曲线，代表低声压级的响度感觉；一条是 70 phon 的曲线，代表中等强度的响度感觉；一条是 100 phon 的曲线，代表高声强时的响度感觉。按照这三条曲线的形状设计了 A、B、C 三条计权网络。A 计权网络特性曲线对应于倒置的 40 phon 等响曲线，B 计权网络特性曲线对应于倒置的 70 phon 等响曲线，C 计权网络特性曲线对应于倒置的 100 phon 等响曲线。

在早期 ISO 推荐的标准中，对噪声测量方法作了以下规定：①当线性声级（没有经过计权、直接测量得到的声级为线性声级，经常表示为 $L_{in}$）未超过 60 dB 时，采用 A 特性曲线的计权网络；②当 60 dB < $L_{in}$ < 120 dB 时，采用 B 特性曲线的计权网络；③当 $L_{in}$ > 120 dB 时，采用 C 特性曲线的计权网络。（桑晋秋）

**推荐书目**

方丹群，张斌，孙家麒，等．噪声控制工程学（上册）．北京：科学出版社，2013.

jiquan shengji

## 计权声级

**计权声级**（weighted sound level） 简称声级，是在全部可听声频率范围内，对测得信号使用频率计权和时间计权处理后得到的声压级。

时间计权有快挡、慢挡和脉冲挡。其表头有效值读数的 AC 时间平均网络的时间常数分别为 125 ms、1 000 ms 和 35 ms。对于连续的声音信号，通常用快挡和慢挡计权。快挡计权的时间常数为 125 ms，慢挡计权的时间常数为 1 000 ms。对于稳态的连续声音信号，两种计权方式没有明显差异，但由于平均的时间长短不一样，如果被测声音波动较大，则用慢挡平均得到的结果更稳定。但是由于平均时间长，会使峰值与峰谷测量产生误差，因此，为了准确了解信号的实时变化，宜用快挡计权。对于脉冲声音，则宜用脉冲计权，对应的时间常数为 35 ms。人耳对短促脉冲声的响度感觉与对稳态声音的响度感觉不一样，脉冲声宽度越大，其响度感觉与稳态声响度越接近。

IEC 61672—1 定义了频率计权 A、C 和 Z，但在专门应用中偶尔也会使用其他频率计权（如 B 计权、D 计权、G 计权）。A 计权网络模拟人耳对40 phon 纯音的响应，与 40 phon 纯音的等响曲线倒立后的形状接近，它使接收通过的低频段声音有较大的衰减，原意是用它代表低声压级的响度感觉。C 计权网络模拟人耳对 100 phon 纯音的响应，与 100 phon 纯音的等响曲线倒立后的形状接近，在整个可听频率内有近乎平直的响应，它使接收通过的所有频率的声音有近乎一样程度的通过，原意是用它代表高声强声音的响度感觉。Z 计权相当于不计权。B 计权网络模拟人耳对 70 phon 纯音的响应，与70 phon 纯音的等响曲线倒立后的形状接近，它使接收通过的低频段声音有一定程度的衰减，原意是用它代表中等强度声音的响度感觉。B 计权在实际运用中很少使用，最新的标准中也不再包含此计权。D 计权的设计原是针对飞机噪声的，相应曲线是对应于倒置的 40 呐等噪度曲线。G 计权主要用于次声测量的频率计权。参考 ISO 7196，次声滤波器的相位衰减在低于 20 Hz 时为 12 dB/Oct，在高于 20 Hz 时为 24 dB/Oct。目前一般常用 A 计权测量，A 声级已成为国际标准化组织和绝大多数国家对噪声进行主观评价的主要指标，记作dB（A），它能够较好地反映人对噪声的主观评价。A、B、C、D 计权网络曲线见下图。

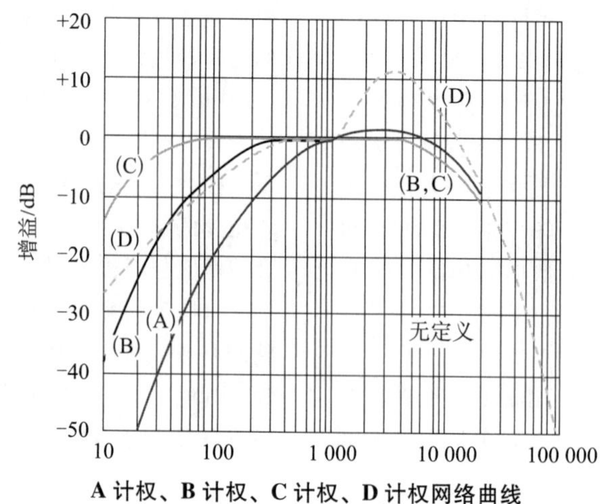


**A 计权、B 计权、C 计权、D 计权网络曲线**

对稳定不变的噪声，用声级来评价是非常方便的。但当噪声随时间变动时，用一个声级值就不能概括其特性了，这时需要使用等效声级。（姬培锋　袁旻忞）

dengxiao lianxu A shengji

**等效连续 A 声级**（equivalent continuous A-weighted sound pressure level）　在规定测量时间 $T$ 内 A 声级的能量平均值，用 $L_{\mathrm{Aeq}}$ 表示，单位 dB。

根据定义，等效连续 A 声级表示为

$$L_{\mathrm{Aeq}} = 10\lg\left(\frac{1}{T}\int_0^T 10^{0.1L_{\mathrm{A}}}\mathrm{d}t\right)$$

式中，$L_{\mathrm{Aeq}}$ 为等效连续 A 声级，dB；$L_{\mathrm{A}}$ 为 $t$ 时刻的瞬时 A 声级，dB；$T$ 为给定的测量时间段，s。（姬培锋）

shengyanbi

**声掩蔽**（sound masking）　一个声音（掩蔽信号）对另外一个声音（目标信号）的干扰的听觉效应。掩蔽效应是心理声学中最基本的效应之一。20 世纪中期，Collin Cherry 提出了“鸡尾酒会问题”（cocktail party problem），该问题系统描述了在一个典型的鸡尾酒会场景中听者对目标语音的加工过程，由于鸡尾酒会嘈杂的声学环境场景包含了听觉感知的各种影响因素，所以是研究听觉言语交流的重要生态模型。声掩蔽效应是“鸡尾酒会问题”中的重要研究方向之一。

**声掩蔽分类**　按照目标信号和掩蔽信号出现的时序关系不同，研究者们把掩蔽效应分为两种不同类别的掩蔽：①同时性掩蔽。指当目标语音信号和掩蔽信号同时出现时，产生的掩蔽。②序列性掩蔽或非同时性掩蔽。指当目标语音信号和掩蔽信号没有同时出现时产生的掩蔽。其中，当掩蔽信号优先出现时，称为前向掩蔽；当掩蔽信号滞后出现时，称为后向掩蔽。一般情况下，序列性掩蔽产生的掩蔽量较小，对可懂度的影响较小，所以对语音可懂度的相关掩蔽研究均是针对同时性掩蔽而言的。

**掩蔽效应**　目前有两种，分别是能量掩蔽（EM）和信息掩蔽（IM）。能量掩蔽和信息掩蔽源自不同的生理水平，具有不同的特性和产生机制。

**能量掩蔽**　也称外周掩蔽，主要是掩蔽信号对听觉外周产生了影响，降低了对目标语音信号的动态反应。无论是在时间域还是在频率域上，当掩蔽信号与目标语音信号存在重叠时都有可能产生能量掩蔽，而掩蔽信号与目标语音信号之间的谱重叠程度直接影响了能量掩蔽量的大小，传统的噪声干扰产生的都是能量掩蔽。研究发现，能量掩蔽具有不可补偿性，具体指的是能量掩蔽破坏了目标语音信号的初级神经表达，不能通过中枢系统的高级加工来得到补偿和改善。

**信息掩蔽** 或称中枢掩蔽，是更复杂、更高层次的掩蔽。研究发现，即便目标信号和掩蔽信号之间并不存在谱重叠，仍可以在一些情况下产生掩蔽现象，这种不能用能量掩蔽解释的掩蔽现象称为信息掩蔽。主要是由于听觉中枢的目标语音信号受到掩蔽信号的干扰产生的掩蔽效应。信息掩蔽从加工层次上分类，可以继续划分为知觉性信息掩蔽和认知性信息掩蔽两个亚成分。知觉性信息掩蔽是由掩蔽信号和目标信号之间的相似性产生竞争知觉资源引起的，认知性信息掩蔽是由掩蔽信号的可懂度占用了原本用于加工目标信号的认知层次的资源而引起的。前者与声音信号的特征有关，涉及听觉系统的初级场景分析；后者与语言分析有关，涉及更高的认知层次的分析。目前研究认为，掩蔽信号不确定性可以造成信息掩蔽。Freyman 等研究发现，当掩蔽信号的说话人个数变化时，对目标语音的掩蔽量会发生变化：两到三个说话人的掩蔽信号会比同一说话人的掩蔽信号产生更多的掩蔽量，但随着人数增多，掩蔽量逐渐降低，当说话人数为 10 人时，产生的掩蔽效果与语谱噪声产生的掩蔽效果相当。掩蔽信号和目标语音的相似性也是引起信息掩蔽的重要因素，一些研究者认为当掩蔽信号与目标信号在任一维度上具有相似性时都会增加信息掩蔽量。由于可以通过一些实验操作来影响中枢认知机制的加工，减少信息掩蔽量，即得到信息掩蔽的释放量，所以可根据信息掩蔽的释放量来定性地研究和比较产生信息掩蔽大小的差异。

**声掩蔽信号** 利用声学掩蔽方法保护语音隐私的目的是降低目标语音可懂度，使语音信号虽然能够被听得到但是语音携带的重要信息却很难被理解。一般声掩蔽系统中用到的掩蔽信号多为音乐信号和纯噪声信号，但是音乐信号在实际场合很难应用，因为很难找到适合工作生活的音乐而不带来额外的干扰。而无意义的纯噪声信号则在声掩蔽系统中应用广泛，如白噪声、空调噪声、（带限）粉红噪声等，以及由其中几种组成的混合噪声信号。Saeki 等和 Tamesue 等对掩蔽信号的研究表明，与白噪声等无意义的平稳噪声信号相比，带限的粉红噪声掩蔽效果更好，可以作为开发办公环境下干扰语音的掩蔽信号。Veitch 等、Gover 和 Bradley 利用模拟空调噪声作为掩蔽信号，研究发现该信号可以达到一定的掩蔽作用。以上这些掩蔽信号对语音可懂度的干扰效率不高，只有在目标语音信号与掩蔽信号的能量比值（信掩比，TMR）很低时，即掩蔽信号声压级远高于目标语音时，才能有效地达到目标语音信号可懂度较低水平。但是烦恼度与掩蔽信号的声压级有关，声压级过高会给人们带来很高的烦恼度，直接影响人们的正常交流和工作。这些都使以上的噪声掩蔽信号在实际使用场景中的效果受到了影响，直接限制了声掩蔽方法的使用。

Keus 等和 Zaglauer 等研究了 Babble 噪声在开放办公场所作为掩蔽信号时的实际掩蔽效率和烦恼度，结果表明当用 Babble 信号作为掩蔽信号保护公共场所语音隐私时，可以有效降低语音可懂度，在舒适度和容易接受度等方面可以得到一定的改善。时间反转的语音信号是指对语音信号在时间上进行逐帧反转，多数情况下还可以用来在心理声学实验中研究信息掩蔽。Saberi 和 Perrott 研究了英语语料的时间反转信号，发现随着反转信号所选帧长的变化，可懂度会发生改变：帧长小于 50 ms 时的时间反转信号基本完全可懂，随着帧长的逐渐增加，时间反转信号的可懂度逐步降低，当帧长大于 200 ms 后，时间反转信号几乎不可懂。Ueda 等研究了英语、德语、日语和汉语的时间反转信号的帧长和可懂度的关系，发现对于不同种类的语言，帧长大于 100 ms 的时间反转掩蔽信号可懂度均表现出较低水平。蒋斌等对比和分析了基于目标语音的时间反转信号、语谱噪声和调制谱噪声三种掩蔽信号对可懂度的掩蔽能力，得到基于目标语音的时间反转信号对语音可懂度的掩蔽效率更高；2012 年，他们又对基于目标语音的时间反转信号进行了研究，分析了帧长、时间延迟等因素对掩蔽信号自身可懂度的影响。研究发现掩蔽信号自身的可懂度随帧长的增加而降低，同时对目标语音的干扰能力提升，且掩蔽效率高于白噪声、粉红噪声等纯噪声掩蔽信号。烦恼度测试表明时间反转掩蔽信号给人带来的烦恼度适中、可以忍受，适合作为公共办公场所的掩蔽信号，但未能系统地针对汉语普通话进行研究，也未能进一步从汉语自身组成特点（声母、韵母和声调）来分析掩蔽效果。陈亚繁等研究了汉语时间反转掩蔽信号经过带通滤波后对汉语可懂度掩蔽效果的影响，并从声掩蔽角度进行分析，研究了白噪声、Babble 噪声、粉红噪声和基于目标语音的时间反转信号四种掩蔽信号对汉语语音的掩蔽作用。（桑晋秋　刘进）

**推荐书目**

韩纪庆，张磊，郑铁然．语音信号处理．3 版．北京：清华大学出版社，2019.

linjie pindai

**临界频带**　（critical bandwidth）　人耳特定的带通滤波器。一个纯音可以被以它为中心频率，且具有一定带宽的连续噪声掩蔽，如果在这一频带内噪声功率等于该纯音的功率，则这时该纯音处于刚好能被听到的临界状态，这一带宽即为临界带宽。

临界频带表征了人类最主要的听觉特性，它是在研究纯音被窄带噪声掩蔽的规律时发现的，在加宽噪声带宽时，最初是掩蔽量增大，但带宽超过某一定值后，掩蔽量就不再增加。听者开始察觉到两个纯音从不平稳可分离转变为平稳可分离的频率对应的带宽，就是临界频带。即临界频带是主观听感突然发生变化的频带宽度。

窄带噪声被一个稍高于噪声频率和一个稍低于噪声频率的纯音掩蔽，也可以用临界频带的概念。两个频率相差小于一个临界带宽时，掩蔽作用相加；如果大于一个临界带宽，掩蔽作用就很快减小。

临界带宽有许多近似表示，一般在低于 500 Hz 的频带内，临界带宽约为 100 Hz；在高于 500 Hz 时，临界带宽约为中心频率的 20%，最高可达到 4 kHz，这与 1/3 倍频程 23% 的覆盖范围比较接近。临界频带的位置不固定，以任何频率为中心都有一个临界频带。在常见的环境声学涉及的音频范围内，整个频带划分为 24 个临界频带，称为 Bark 域，见下表。一个临界频带的宽度就是 1 Bark。

**临界频带的划分**

| 号数 | 中心频率/Hz | 上下频率/Hz | 带宽/Hz |
|---|---|---|---|
| 1 | 50 | 20 ~ 100 | 80 |
| 2 | 150 | 100 ~ 200 | 100 |
| 3 | 250 | 200 ~ 300 | 100 |
| 4 | 350 | 300 ~ 400 | 100 |
| 5 | 450 | 500 ~ 510 | 110 |
| 6 | 570 | 510 ~ 630 | 120 |
| 7 | 700 | 630 ~ 770 | 140 |
| 8 | 840 | 770 ~ 920 | 150 |
| 9 | 1 000 | 920 ~ 1 080 | 160 |
| 10 | 1 170 | 1 080 ~ 1 270 | 190 |
| 11 | 1 370 | 1 270 ~ 1 480 | 210 |
| 12 | 1 600 | 1 480 ~ 1 720 | 240 |
| 13 | 1 850 | 1 720 ~ 2 000 | 280 |
| 14 | 2 150 | 2 000 ~ 2 320 | 320 |
| 15 | 2 500 | 2 320 ~ 2 700 | 380 |
| 16 | 2 900 | 2 700 ~ 3 150 | 450 |
| 17 | 3 400 | 3 150 ~ 3 700 | 550 |
| 18 | 4 000 | 3 700 ~ 4 400 | 700 |
| 19 | 4 800 | 4 400 ~ 5 300 | 900 |
| 20 | 5 800 | 5 300 ~ 6 400 | 1 100 |
| 21 | 7 000 | 6 400 ~ 7 700 | 1 300 |
| 22 | 8 500 | 7 700 ~ 9 500 | 1 800 |
| 23 | 10 500 | 9 500 ~ 12 000 | 2 500 |
| 24 | 13 500 | 12 000 ~ 15 500 | 3 500 |

人耳的基底膜具有与频谱分析仪相似的作用。频率群的划分相应地将基底膜分为许多小的部分，每一部分对应一个频率群。掩蔽效应就在这些频率群内发生，这是因为对应的那一频率群的基底膜部分的声音，在大脑中似乎是

叠加在一起来评价的，如果这时同时发声，可以互相掩蔽。划分后的Bark域与耳蜗中基底膜的长度呈线性关系，而与声音频率呈近似对数关系。

为了使临界频带这个概念更具有实用性，Glasberg和Moore（1990）提出了从滤波器中心频率计算等效临界带宽的公式。他们定义了具有理想矩形频率响应的滤波器，这种滤波器和听觉滤波器所通过的能量是相同的，因此称其带宽为等效矩形带宽（ERB）。ERB是直接计算临界带宽的一种方法，Glasberg和Moore提出的适合计算任何中心频率的临界带宽公式为

$$\mathrm{ERB}=\{24.7\times[(4.37\times f_c)+1]\}$$

式中，$f_c$为滤波器中心频率，Hz；ERB为等效矩形带宽，Hz。

上式适用的频率为100 Hz$<f_c<$10 000 Hz，反映了临界频带随着中心频率变化的特性。

（桑晋秋　肖龙帅）

**推荐书目**

韩纪庆，张磊，郑铁然．语音信号处理．3版．北京：清华大学出版社，2019.

D. A. 比斯，C. H. 汉森．工程噪声控制——理论和实践（第4版）．邱小军，于森，刘嘉俊，译．北京：科学出版社，2020.

马大猷，沈嵘．声学手册（修订版）．北京：科学出版社，2004.

David M Howard，Jamie A S Angus. 音乐声学与心理声学（第3版）．陈小平，译．北京：人民邮电出版社，2010.

Hasi xiaoying

**哈斯效应**　（Haas effect）　又称优先效应，是哈斯对双声源的不同延时给人耳听感反应的描述。这种效应有助于建立立体声的听音环境。假设信号从两个或多个相干声源，如直达声和反射声，从不同方向到达听众，但听觉事件通常只出现在一个方向。假设这个“感知到的”方向对应第一个波阵面的方向，那么，这个波阵面的指向性信息，较之包含在相继的波阵面中的指向性信息而言，显然取得了“优先”，因而感受不到明显的回声。

哈斯（Haas）通过实验表明，两个同声源的声波若到达听音者的时间差$\Delta t$为5～35 ms时，则人无法区分两个声源，给人以方位听感的只是前导声（超前的声源），滞后声好似并不存在；若延迟时间$\Delta t$为35～50 ms时，人耳开始感知滞后声源的存在，但听感做辨别的方位仍是前导声源；若时间差$\Delta t>50$ ms时，人耳便能分辨出前导声与滞后声源的方位，即通常能听到清晰的回声。

延迟声的声压级小于前导声，无论来向如何，只要小于17 ms，就不会感到延迟的存在。当延迟声的方向接近前导声，延迟30 ms也不会感受到。只有大于50 ms时，人们才会感受到延迟声。

在一般剧场扩声设计中，为了提高声场的均匀度和利用扬声器的方向性来提高系统的传声增益，通常将主扬声器设置在舞台台口上方，此时观众席的前排观众就会感觉到声音是从舞台台口的顶部传来的，造成声像的不统一。为解决这个问题，有时会在舞台两侧较低的位置，甚至在乐池栏板上布置一些辅助扬声器，这些扬声器距离前排观众很近，其声音比顶部扬声器先到达前排观众，根据哈斯效应原理，可以校正扩声系统的声像问题。　（桑晋秋）

**推荐书目**

J. 布劳尔特．空间听觉——人类声定位的心理物理学．戴根华，项宁，译．北京：科学出版社，2013.

qingxidu

**清晰度**　（articulation index）　有关潜在的语言可懂度声学测量的第一个准则和评估技术。清晰度涉及噪声对语言交流可懂度的影响，主要为评估电话通信声道质量而开发，后来又为考虑房间混响时间而加以修正。清晰度指数理论是研究不同传输信道的言语可懂度的客观评价方法的开端。1950年，Fletcher和Galt提出将语音传输的环境和状况进行限定（如语音

音量、受到某种信号的干扰、信噪比、通过某种系统等），利用这些描述环境的参数预测在该环境下的语音可懂度，称为清晰度指数。其后，Kryter在Fletcher理论的基础上，对测试条件、适用范围等具体操作进行补充说明，逐步改进，提出了语音清晰度指数的标准草案。美国国家标准局在1969年发布了*ANSIS* 3.5—1969：*Methods for the calculation and use of the Articulation Index*（语言清晰度指数的计算方法）。

1965年，张家騄参考了Fletcher等的工作，在大量的实验基础上，提出了汉语普通话的清晰度指数，推出了代表清晰度指数为0.05的20个频带，从而得到了用于汉语语音清晰度指数计算用的权重系数，即频带权重函数。研究还证明了，汉语语音清晰度得分不仅与听者收到的语音信号的物理特性——外部信息有关，还强烈地依赖于语音本身的结构规律——内部信息。研究讨论了汉语的单词结构规律及其对清晰度得分的影响，得到了几种语言单位清晰度实验得分之间的关系。他的工作为研究汉语清晰度主客观评价方法奠定了基础。

我国与清晰度实验相关的标准有《汉语清晰度诊断押韵测试（DRT）法》（GB/T 13504—2008）、《声系统设备　第16部分：通过语音传输指数客观评价言语可懂度》（GB/T 12060.16—2017）、《声学　语言清晰度测试方法》（GB/T 15508—1995）。

（桑晋秋　周绪东）

yuyin kedong du

**语音可懂度**　（speech intelligibility，SI）在给定条件下对语音理解能力的一种度量。在Fletcher等研究者的时代，为了排除语音信号中上下文语义对结果的影响，使用的测试语料是无意义音节，但是这种语料和实际情况不相符。随着实验语料从无意义的音节变成单词、单句等有意义语料，提出了言语可懂度的概念。美国国家标准局在1997年对清晰度指数的标准进行了重大修改，形成了一个新标准*ANSIS* 3.5—1997：*Methods for calculation of the Speech Intelligibility Index*（语言可懂度计算方法）。修订标准的成员包括与言语、音乐、听觉有关的学术团体（如耳鼻喉学会、耳鼻喉颈外科学院），工业界和军事部门，代表面很广泛。在新标准中，正式用可懂度代替清晰度。因此，现在清晰度特指对音素或者无意义音节的识别，而对单词和句子的识别都使用可懂度。

语音可懂度在不同的情景场合和传输系统中会受到很多因素的影响，如说话人的音色、语速、语调等因素，听音人的听力水平、教育背景、语言环境、注意力等因素，这两类因素是由说话人和听音人的个体差异性导致的，属于发生层面的因素，不作考虑。针对语音本身以及从不同声学传输层面来讲，语音可懂度会受到其他条件的影响，如掩蔽信号的干扰、房间的混响、频带的失真等，这类因素是影响语音可懂度的主要因素。

**语音可懂度的评价**　有主观评价和客观评价两种方法。

**主观评价方法**　主要依据主观测试标准，通过设计合理、科学的语音主观听辨实验得到。主观实验的被试队伍需要具备正常听力水平，熟练掌握实验所用语料的语言种类（一般为母语），同时包括男女队员。主观听辨实验需要被试人员对所听到的语音信号做出相应的、及时的响应（复述、选择、听写等）。通过统计被试人员的正确响应占所发送语音材料有效语言单位总数的百分比来获得主观测试实验结果。当所测试的语料为无意义、不连贯的语言单元时，如音节、音素等，则称为清晰度；当测试语料为有意义的语音单位时，如单词、句子等，则称为可懂度。同时，实验语料需要满足音素平衡、难度均衡等特点来保证实验结果的科学准确。语音可懂度的主观评价方法虽然最直接，也被认为是最真实、准确的可懂度水平的反映，但是进行听辨实验需要投入人力、物力，同时耗费大量财力，如被试人员的选取和训练、被试人员的时间安排和报酬支付、实验场地和测试条件的限制等。

**客观评价方法** 是利用一些客观模型来直接得到可懂度得分。这些模型基于一些可懂度理论，不需要直接测量语音可懂度，而是通过建立可懂度计算模型，依据人耳听觉感知特性将一些物理参数转换为可以预测可懂度的客观数值，建立与主观可懂度的联系。与主观评价方法相比，可懂度的客观评价方法具有省时省力、受主观因素影响较小和易于推广等优点。

*发展历程* 1929 年，Fletcher 和 Steinberg 等最早对清晰度进行了实验研究，并第一次提出了“清晰度”的概念。随后人们进行了广泛而深入的研究，提出了最早的可懂度客观评价模型——清晰度指数（AI），其成为研究客观可懂度评价模型的开端。张家騄和马大猷最早针对汉语语言系统地研究了音节清晰度和音位清晰度的关系，并提出了导出清晰度指数的新方法，奠定了汉语语音可懂度研究的基础。随着对可懂度研究的深入，人们用更接近日常语料的有意义语音信号来测试，并在清晰度理论的基础上进行研究和改善，正式地将“清晰度”替换为“可懂度”，并提出了新的客观评价模型——语音可懂度指数（SII）。SII 是目前常用的可懂度客观评价标准之一，它可以预测在噪声干扰和滤波传输条件下的语音可懂度。

1973 年，荷兰科学家 Houtgast 和 Steeneken 引入了调制转移函数（MTF），并以此概念为基础发展了语音传递指数（STI）。该方法主要是通过测试信号和响应信号在调制转移函数上的变化来反映可懂度的大小，目前被广泛应用于室内声学，可以反映噪声干扰、房间混响等对可懂度的影响。美国马里兰大学研究中心（CAAR）于 1999 年提出了语音可懂度的谱时调制指数（STMI），该方法利用人的听觉模型，以生理学为基础，考虑了噪声和混响等失真对语音带来的时域和频域的共同影响。虽然该方法被证实有不错的评价效果，但是计算复杂、缺少大量推广、相关研究也较少，应用并不成熟。

*分类* 按照是否需要估计噪声，将可懂度客观评价模型的研究分为Ⅰ类和Ⅱ类两种：Ⅰ类方法需要进行信噪比估计，主要包括经典客观可懂度评价指标，如语音可懂度指数（SII）和语音传递指数（STI）。Ⅱ类方法不需要直接进行噪声估计，依赖于其他语音信号参数，主要包括对Ⅰ类方法的改进，如基于相干函数值计算的语音清晰度指数（CSII）和基于归一化协方差的语音传递指数（STI_NCM）等。Ⅱ类方法也包括近年新提出的一些客观评价方法，如短时客观评价方法（STOI）和基于互信息的客观评价方法（SIMI）等。

**经典的可懂度模型** 包括清晰度指数、语音可懂度指数和语音传递指数三种。

**清晰度指数** 作为最早的可懂度评价指标，是基于以下两个基本假设提出的：

（1）语音信号的各个频带对人的言语感知都是有贡献的；

（2）各个频带对语音可懂度的贡献之间是相互独立且可以直接线性相加的，计算公式为：

$$\mathrm{AI}=\sum_{k=1}^{N} I_k A_k$$

式中，$I_k$ 指第 $k$ 个频带的权重值，$A_k$ 指第 $k$ 个频带的可懂度指数。

清晰度指数的计算主要是将测试的语音信号分解到 20 个子频带上，默认每个子频带对语音清晰度贡献均等分布为 5%，然后利用测量的有效信噪比得到各频带的可懂度指数 $A_k$，再进行加权求和得到最终模型输出的清晰度指数 AI。

**语音可懂度指数** 与清晰度指数 AI 相比，语音可懂度指数 SII 的频带权重函数得到了更新，通过大量心理学实验数据获得了针对 6 种不同测试语料的频带权重函数，具有更强的推广性。语音可懂度指数的主要计算思想如下：计算每个频带的信噪比，依据信噪比转换为分频带的可懂度指数，然后利用频带权重函数进行频带间的可懂度指数加权求和，最终输出 0~1 的可懂度指数。SII 的原理如图 1 所示，语音信号和噪声信号分别分成不同频带来计算频带内的信噪比（四种频带划分方法），将信噪比转化为可懂度指数，然后将各频带可懂度指数根据不同的频带权重函数加权求和，得到语音可懂度指数值，频带权重函数由频带划分方法和测试语料共同决定。

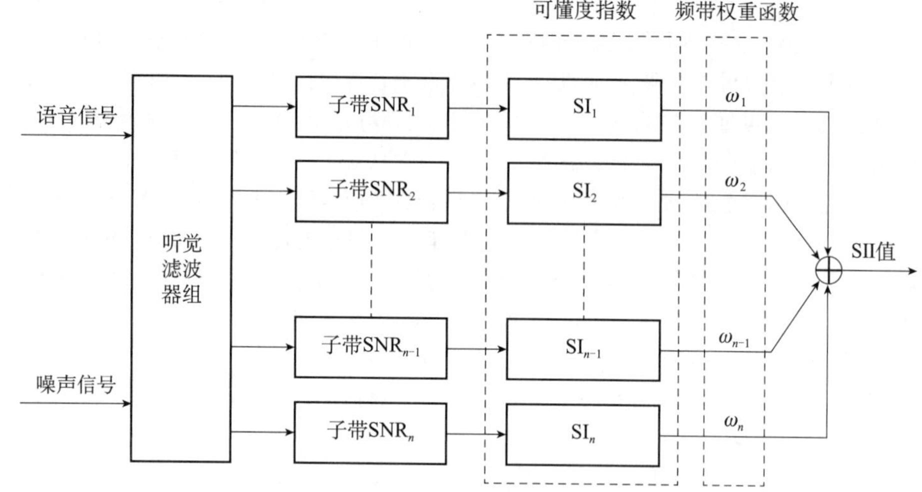


**图 1　语音可懂度指数 SII 模型基本流程**

SII 方法是基于大量的心理物理实验结果得到的经验参数和公式，从而算出一种给定测试语料的通信条件下的平均言语可懂度，但是相对于复杂的听觉系统还不够精细。随着对听觉机制的深入理解，人们在其基础上不断地修正和扩充。大量的研究表明，SII 方法能够准确地预测出在噪声干扰和某些滤波失真条件下正常听力者和听力损失者的言语可懂度。

**语音传递指数**　1973 年，Houtgast 和 Steeneken 在房间声学领域引入了调制转移函数（MTF）的概念，并在此基础上发展了语音传输指数（STI）方法，目前广泛地应用于房间声学领域。调制转移函数是测试信号调制频率的函数，能够描述声音信号经过某种传输系统后，其调幅特性发生变化这一现象。它的物理基础在于，言语可懂度取决于语音组合（音节）之间的频谱差异，可以用语音信号的时域包络函数来描述。一般说话人的语速在 3～4 音节/s，即调制频率 3～4 Hz。因此，在低频率语音能量最大的区域里，即在 3～4 Hz 的调制频率处，调制转移函数的幅度值最大。

在 Houtgast 的方法中，全面的调制转移函数分析包括 7 个倍频带（中心频率为 125～8 000 Hz），每个倍频带用 14 个调制频率（中心频率为 0. 63～12. 5 Hz，以 1/3 倍频程划分）调制产生出 $7\times14=98$ 个调制度降低因数 $m$ 的矩阵。得到调制转移矩阵后，需要将其映射成一个 STI 值，流程如图 2 所示。

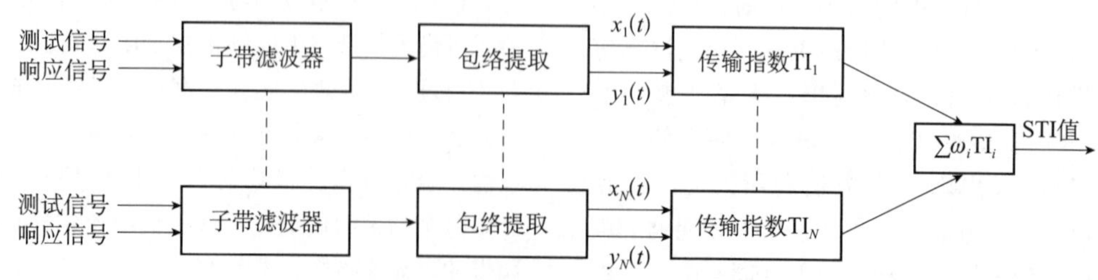


**图 2　语音传递指数 STI 模型基本流程**

传统的 STI 法以正弦调制的噪声作为测试信号，没有考虑语音本身的特性，如说话人、说话方式、语料等对可懂度的影响。因此发展了将语音信号作为测试信号的 STI 法（speech-based STI），来反映声源和传输通道的特性。基于语音的 STI 法和传统 STI 法流程类似。测试信号（干净语音）和响应信号（失真语音）通过一组子带滤波器得到不同频带的信号，$i$ 表示频带序号。通常情况下，选择和传统 STI 法一样的中心频率为 125 ~ 8 000 Hz 的 7 个倍频带。对于每个子带，测试信号和响应信号的包络——$x_i(t)$ 和 $y_i(t)$，分别通过全波整流和低通滤波（或者 Hilbert 变换）得到，然后使用不同方法计算相应的传输指数 $TI_i$。最后，不同子带的 $TI_i$ 通过加权得到 STI 值。不同的基于语音的 STI 法主要区别在于包络信号的计算和如何用包络计算 $TI_i$。

目前，基于语音的 STI 法主要有四种：幅度互功率谱法、实互功率谱法、包络回归法和归一化协方差法。

基于语音的 STI 法反映了声音在传输通路上的物理特性，也包括说话人和被试的特点、语言材料类型等。基于语音的 STI 方法具有广泛的有效性，包括噪声、混响失真，也能反映其他一些失真类型。STI 模型对语言类型适应度也很广，有实验证明的语言类型包括荷兰语、英语、芬兰语、法语、德语、意大利语和瑞典语。近年来，STI 模型对汉语的适应性也有一些研究，彭健新等应用可听化技术研究了房间环境下汉语可懂度和 STI 值之间的关系；杨琳等研究了在噪声和混响条件下的汉语可懂度和 STI 值之间的关系；Chen 等研究发现，可以用 NCM-STI 模型对声码式和宽带汉语普通话进行客观评价。（桑晋秋　周绪东）

**推荐书目**

孟子厚．音质主观评价的实验心理学方法．北京：国防工业出版社，2008.

马大猷，沈嵘．声学手册．北京：科学出版社，1983.

鲍怀翘，林茂灿．实验语音学概要．增订版．北京：北京大学出版社，2014.

张家騄．汉语人机语音通信基础．上海：上海科学技术出版社，2010.

xiangdu

**响度**　（loudness）　以 40 phon 响度级的响度为 1 sone，听者判断为其 2 倍的响度是 2 sone，为其 5 倍的响度是 5 sone，以此类推。响度级是一个相对量，有时需要用绝对值来表示，故引出响度单位宋（sone）的概念。

**响度与响度级**　响度级和响度关系的数学表达式为

$$N = 2^{(L_N - 40)/10}$$

或者

$$L_N = 10\ \log_2 N + 40 = 33\ \lg N + 40$$

式中，$N$ 为响度，sone；$L_N$ 为响度级，phon。

上式进而可以用幂数表示，因为响度级等于同响的 1 000 Hz 声音的强度级，所以上式经过转换可以写为

$$N = (I/10^4 I_0)^{0.3}$$

式中，$I$ 为声强；$I_0$ 为 1 000 Hz 的基准声强。这就是响度与 1 000 Hz 强度的 0.3 次方成比例的幂数律。

响度和声强都是表示声音强弱的物理量，响度是人的主观感觉，声强是一个客观的物理量。响度主要依赖于声强，但也与声音的频率和波形有关。人耳对中频的音量变化比对低频和高频的更为敏感。声强相同、频率不同的声音，听起来响亮程度也不同。例如，空压机与电锯同是 100 dB 声压级的噪声，但电锯声听起来要响得多。

**响度的计算方法**　响度是一个基本、重要的心理声学参数。与声品质相关的心理声学参数只有响度的计算方法被标准化。Fletcher 在 1933 年提出响度的概念，并给出了利用噪声信号频谱计算响度的过程，确定了最初的响度算法模型。该模型在响度计算中适用性较差，精确度尚达不到要求。国内外学者在此基础上提出新的响度理论和计算模型或对该模型进行改

进，其中比较成功的有 Steven 响度模型、Zwicker 响度模型和 Moore 响度模型等。而最为广泛使用的是 1958 年由 Zwicker 提出的响度算法，这一算法被 ISO 532B 引用。

**Steven 响度计算方法** 该算法由 Steven 在 1956 年提出，无须对频率成分进行主观掩蔽曲线测试，可直接通过图表计算获得响度。Steven 响度计算方法引入了等响指数的概念，将声信号的声压级和频率转化成响度参量，通过查表的方式将倍频程的中心频率与响度指数对应，最后对频率范围内响度指数累加求和后获得最终的声信号总响度。它的优点在于，可按照 Steven 响度计算步骤计算出一个相对精确的数值。但该模型不是对所有类型声信号均适用，对声音掩蔽效应处理较粗糙，计算结果仍与人的主观感知存在较大差异。

**Zwicker 响度计算方法** Zwicker 响度计算方法和 Steven 计算方法相似，也是将声信号频率特性下的声压级转化成特征响度，同时引入 Bark 尺度解决 1/3 倍频带划分距离不均的情况，将 0～16 000 Hz 频率等距分成 24 个 Bark 尺度频带。将声压级转化为激励级，突破了 Steven 响度对声信号频谱的要求，不规则的频谱声信号的计算精度得到了显著提高。计算流程见图 1。

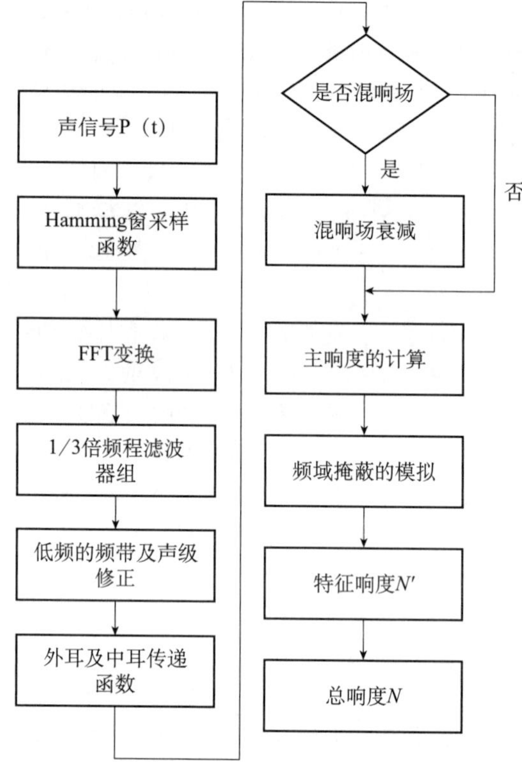


**图 1 Zwicker 响度计算流程**

**Moore 响度计算方法** Moore 于 1996 年在 Zwicker 响度计算理论的基础上提出两种传递函数、等矩形带宽（ERB）级等概念，进一步优化了响度的计算方法，更加注重人耳听觉特性，进一步提高了响度计算结果的准确性。Moore 对 Zwicker 计算模型进行的改进主要包括：确定了外耳和中耳传递函数；实现了激励模型的具体转化方法；具体化了在静音和噪声环境下从激励转换为特性响度的方法。该方法在 ERB 滤波器响应的同时加入了掩蔽效应。激励的计算是基于解析式而不是 Zwicker 模型中的图、表方式，避免了在间断点之间采用插值的办法获取响度值，实现了响度值随频率、强度改变的连续计算。与其他计算方法相比，使用 Moore 模型所得计算结果最准确，Moore 模型已成为美国标准 ANSI S3. 4—2005，现在又修订为 2007 版，计算流程见图 2。

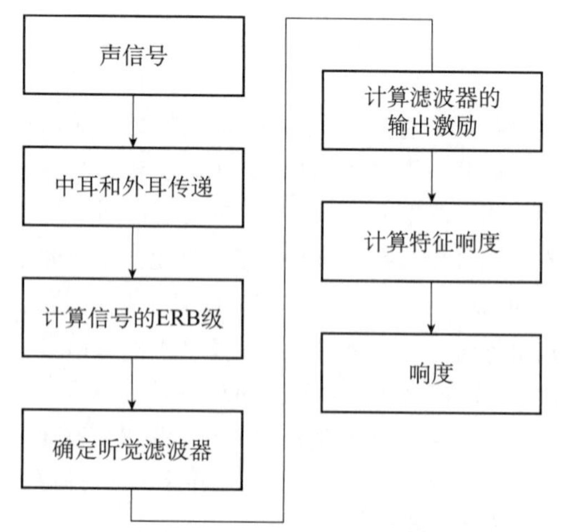


**图 2 Moore 响度计算流程**

Steven 响度模型通过引入响度指数，将声信号各频带的声压级转化成响度指数，最后再通过叠加各频率的特征响度模拟人耳对声信号的感受。该模型算法简单，但响度计算结果准确度较低，适用性较窄。Zwicker 在 Steven 响度模型的基础上引入了激励级和 Bark 尺度的掩蔽效应，并对声信号低频部分进行合并优化，使响度的算法更加符合人耳的听觉特性。同时其算法简洁，便于程序实现，目前市场上大多数测量响度的仪器设备均基于此响度理论，Zwicker 模型成为目前最广泛应用的响度算法。Steven 响度算法和 Zwicker 响度算法的输入信号为声信号各频带的声压级，而 Moore 响度模型的输入信号为声音的频谱，可对频谱连续变化的声信号进行计算。前两种算法都仅获取了声信号的主要特征而忽略了细节部分，Moore 响度算法引入 ERB 概念，利用 372 个耳蜗滤波器模拟整个可听声频域上的人耳听觉特性，使得响度计算结果更加精确。三类计算方法反映了响度计算理论的发展过程，区别在于频带划分方法的选择，也就是如何更科学地模拟人耳基底膜的滤波特性。三种算法都是针对稳态噪声，而针对非稳态噪声响度的算法至今还在研究中。（桑晋秋）

**推荐书目**

方丹群，张斌，孙家麒，等．噪声控制工程学（上册）．北京：科学出版社，2013.

tingli sunshi

**听力损失**（hearing loss） 部分或完全听不到声音，是噪声对人类最主要且最直接的危害。人的听觉系统中任一部分受损都会导致不同程度的听力损失或听觉障碍。听力损失一般利用频率范围为 100～8000 Hz 的纯音测听来确定，是被试者判断为刚好可听到的一系列纯音的声压级与同一系列纯音的参考声压级之间的差值。

**听力损失原因** 主要有四种情况：①衰老，即老年性耳聋，是听力损失最常见的类型，症状通常是老年人难以听到高频声音，这种情况的听力损失是永久性的，需要说明的是，听力下降本来就是人类衰老的正常表现之一。②遗传，是儿童听力损失的常见原因，通常是从父母那里遗传下来的，往往出生时就存在，患者可以佩戴助听器或安装人工耳蜗。③噪声，通常是由长时间暴露于高强度的噪声中（85 dB 以上）引起的，虽然噪声引起的听力损失是暂时的，但反复过度暴露于高强度噪声中会损坏内耳毛细胞，使听力损失程度严重并发展成永久性听力丧失，建议使用耳塞并减少在嘈杂环境中的暴露时间。由社会环境噪声（年龄、职业性噪声和疾病等影响除外）产生的听力损失称为社会性耳聋；职业性噪声导致的听力损失称为噪声性耳聋。④疾病，梅尼埃病、耳硬化症和中耳炎等疾病也会导致听力下降。

**听力损失类型** 听力损失是听觉功能障碍的表现，轻者称重听或听力减退，重者称耳聋或全聋。听力损失的类型通常取决于人耳（外耳、中耳或内耳）和听觉神经系统解剖学上出现问题的部位，主要分为传导性听力损失、感音神经性听力损失和混合性听力损失。

**传导性听力损失** 病变在外耳或中耳，使声波传入内耳受到阻碍。

**感音神经性听力损失** 病变在耳蜗、听神经或听觉中枢，是引起对声音感觉和认知功能障碍的听力损失。

**混合性听力损失** 任何导致传导性听力损失和感音神经性听力损失的因素同时存在，均可引起混合性听力损失，它兼有传导性听力损失和感音神经性听力损失等特点。

**程度的划分** 根据 500 Hz、1 000 Hz、2 000 Hz 和 4 000 Hz 的平均听力损失将听力损失程度分成 5 个等级，见下表。事实上，正常人的听阈通常小于 20 dB。

**听力损失程度的分级**

| 平均听阈/dB | 听力损失程度 | 听力障碍表现 |
|---|---|---|
| ≤25 | 正常 | 对一般的声音及语言听得清楚 |
| 26～40 | 轻度 | 对细小的声音难以分辨 |
| 41～55 | 中度 | 对日常语言有听觉上的困难 |

续表

| 平均听阈/dB | 听力损失程度 | 听力障碍表现 |
|---|---|---|
| 56～70 | 中重度 | 对较大的谈话声、汽车声感到模糊 |
| 71～90 | 重度 | 对叫喊声及洪亮的声音才有反应 |
| ≥91 | 极重度 | 通常极难感觉到声音的存在 |

**听力损失的不良影响** 听力损失会使患者与他人的交流沟通变得困难，无法享受音乐、影视等娱乐活动，难以察觉生活或工作中潜在的安全威胁，失去更好的工作机会，甚至造成心理障碍，从而严重影响他们参与社会生活的能力。

对婴幼儿而言，如果存在听力损失而没有及时发现、积极治疗，会耽误他们语言功能的发育，甚至导致其成为聋哑儿童。新生儿越早诊断出听力损失，被治愈的概率越大，这对于他们后期的健康成长至关重要。受听力损失影响的儿童不但语言功能发育迟缓，还会伴随注意力不集中，进而导致学习能力低下。根据美国语言听力协会（ASHA）的统计，轻度至中度听力下降得不到及时救助的儿童很可能落后于同龄人1～4个年级。此外，患听力损失的儿童在社交方面很可能也会遇到困难，缺乏有效的沟通能力使他们在社交互动中处境被动，难以建立健康的同伴关系，因而常常感到孤独和不快乐。

对老年人而言，听力损失带来的沟通障碍会增加他们的孤独感甚至导致抑郁，严重降低生活质量，甚至失去独立行动的能力。越来越多的研究表明，听力损失会增加老年人患阿尔茨海默病的风险，而大多数阿尔茨海默病患者也存在听力损失，如果不积极治疗他们的听力损失，可能还会加速认知功能衰退。有统计数据表明，轻度听力下降的人患阿尔茨海默病的风险是听力正常人的两倍，中度听力下降的人发展为阿尔茨海默病的风险是听力正常人的3倍，而重度听力下降的人发生痴呆的风险是听力正常人的5倍。有研究证明，可以通过及早发现听力损失并提供帮助来解决老年人认知能力下降的问题。

**相关标准** 我国的现行标准是《职业性噪声聋的诊断》（GBZ 49—2014），它规定了职业性噪声聋的诊断原则、诊断分级和处理原则。

**诊断原则** 根据连续3年以上职业性噪声作业史，出现渐进性听力下降、耳鸣等症状，纯音测听为感音神经性聋，结合职业健康监护资料和现场职业卫生学调查，进行综合分析，排除其他原因所致听觉损害，方可诊断。

**诊断分级** 符合双耳高频（3 000 Hz、4 000 Hz、6 000 Hz）平均听阈>40 dB者，根据较好耳语频（500 Hz、1 000 Hz、2 000 Hz）和高频4 000Hz听阈加权值进行诊断和诊断分级：①轻度噪声聋：26～40 dB；②中度噪声聋：41～55 dB；③重度噪声聋：≥56 dB。

**处理原则** 包括以下四个方面：①噪声聋患者均应调离噪声工作场所。②对噪声敏感者（上岗前职业健康体检纯音听力检查各频率听力损失均≤25 dB，但噪声作业1年之内，高频段3 000 Hz、4 000 Hz、6 000 Hz中任一耳，任一频率听阈>65 dB）应调离噪声作业场所。③对话障碍者可佩戴助听器。④如需劳动能力鉴定，按《劳动能力鉴定职工工伤与职业病致残等级》（GB/T 16180—2014）处理。

（桑晋秋）

**推荐书目**

姜泗长，顾瑞．临床听力学．北京：北京医科大学 中国协和医科大学联合出版社，1999.

中国就业培训技术指导中心．助听器验配师（国家职业资格四级）．北京：中国劳动社会保障出版社，2015.

ganjueyu

**感觉阈**（threshold of feeling） 人的感官对刺激作出反应的范围。感觉是由刺激物直接作用于某种感官引起的，但只有感觉阈内的刺激才能引起人们的感觉。感觉阈可分为绝对感觉阈限和差别感觉阈限两类。刺激物只有达到一定强度才能引起人的感觉，这种刚刚能引起感觉的最小刺激量，叫绝对感觉阈限；两个同类的刺激物，它们的强度只有达到一定的差异，才能引起差别感觉，这种刚能引起差别感觉刺激的最小差异量称为差别感觉阈限。

在声学中，感觉阈有听阈、不适阈、痒阈和痛阈之分。听阈指在 20 ~ 20 000 Hz，对于其中每一种频率都有一个刚好能引起听觉的最小的声音强度，通常指正常年轻人能听到的最小声音。当声音强度在听阈以上继续增加时，听觉的感受也相应增强，但当声音强度增加到某一极限时，引起的将不单是听觉，可能还会引起疼痛感——鼓膜过度振动导致。这个引起疼痛的声音强度称为痛阈，也就是最大可听阈。将各频率的痛阈连接起来，可以获得痛阈。人耳能听到的下限声强称为听阈，上限声强称为痛阈，从听阈到痛阈，声压的绝对值相差 1 000 000 倍，因此声压级的应用能更方便地表现人耳对声音感觉的大小。正常人耳的听阈曲线和痛阈曲线所包围的区域称为听域，见下图。人耳对不同频率声音的敏感性不同，以中频声音（1 000 Hz）最敏感，高频声音次之，对低频声音的敏感性最差。（桑晋秋　袁旻忞）

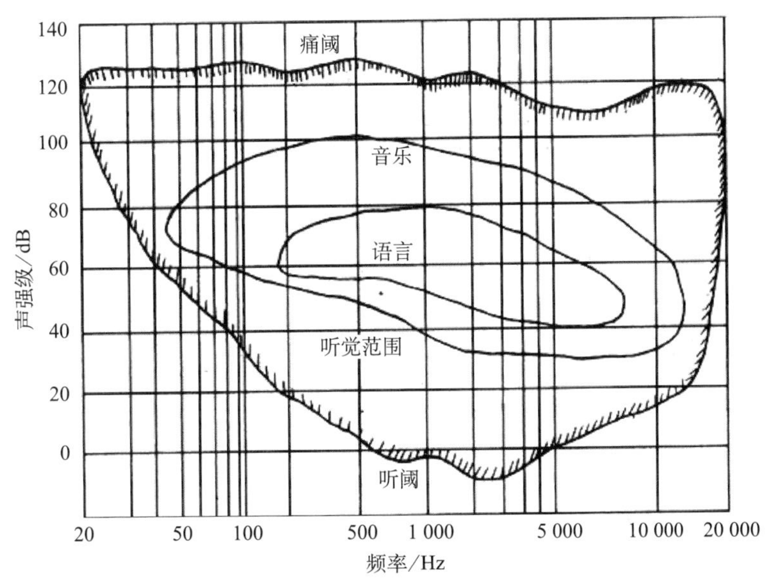


**人的正常听阈图**

**推荐书目**

彭聃龄. 普通心理学. 4 版. 北京：北京师范大学出版社，2012.

方丹群，张斌，孙家麒，等. 噪声控制工程学（上册）. 北京：科学出版社，2013.

tinglitu

**听力图**（audiogram）　又称作听力曲线图、听力表，是听力损失或听阈作为频率的函数的曲线。听力图是通过纯音听阈测试后，将气导和骨导听阈值记录在一张标有横纵坐标的图标上并连成一条曲线而成的。听力图是进行助听器验配和了解听力状况最直接的依据，可以反映听力损失的情况。

**听力图的绘制**　听力图一般左右两耳分别记录，用蓝色笔记录气导曲线，红色笔记录骨导曲线。横坐标的数字代表频率，单位为赫兹（Hz）；纵坐标的数字代表听阈值，单位为分贝（dB），用来表示不同程度的听力损失。例如，在 1 kHz 处听阈为 40 dB HL（听力级），意味着听者的听阈在该频率比“正常”听阈高 40 dB。这里的正常阈值是由年轻、健康、听力正常的听者在每个频率下测得的平均听阈。在听力学中，听阈上升表现为听力损失，所以纵坐标数值上升的方向是向下的。听力损伤的程度由该听者的听阈在这条线下的程度表示。

图 1 为听力损失正常的听力图。

图 2 和图 3 分别是老年性耳聋和噪声性耳聋的听力图。

**听力情况诊断** 包括听力正常、传导性听力损失、感音神经性听力损失和混合性听力损失。

**听力正常** 在听力图上，如果骨导听力在各频率范围中均为 0 ~ 20 dB，气导听力在 0 ~ 25 dB，且气导和骨导之间的差值在 10 dB 以内，则这种情况为听力正常。

**传导性听力损失** 如果气导听力减退而骨导听力正常，反映在听力图上为气导曲线在骨导曲线的下方，并且气导和骨导之间的差距大于 10 dB，则这种情况属于传导性听力损失。

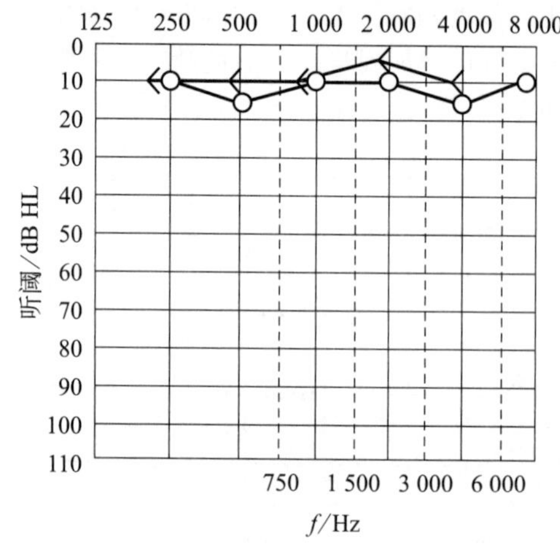


**图 1 听力损失正常的听力图**

注：“O” 表示气导听阈；“<” 表示骨导听阈。

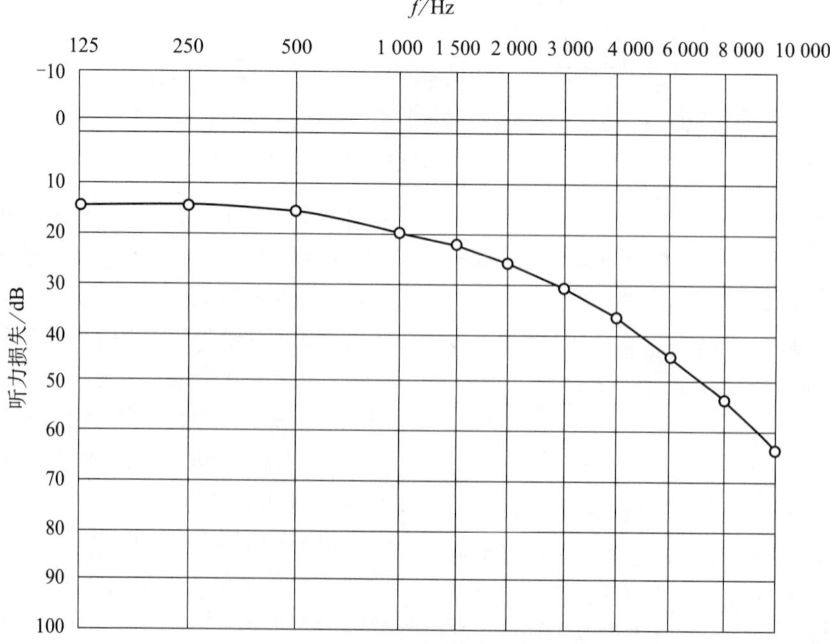


**图 2 老年性耳聋听力图**

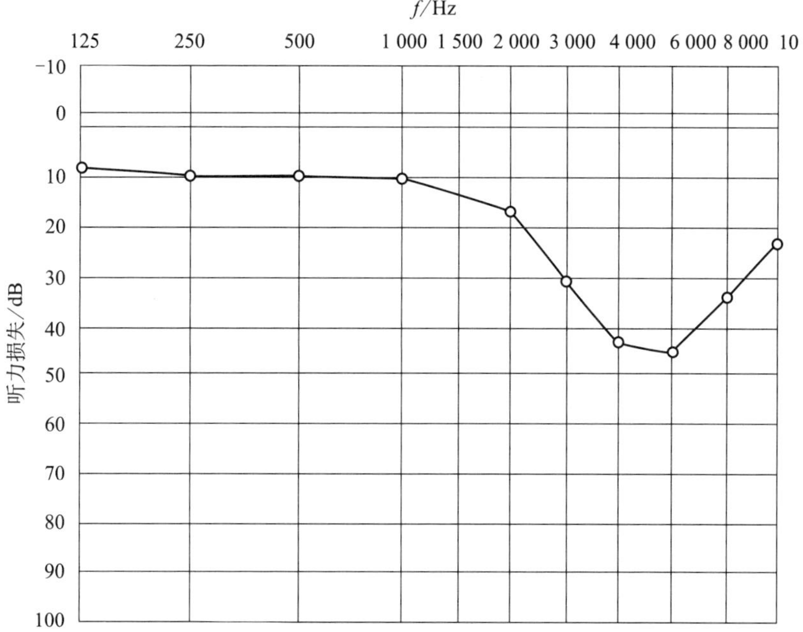


**图 3　噪声性耳聋听力图**

**感音神经性听力损失**　如果气导和骨导听力均减退，在听力图上表现为两条曲线重合，多数频率点上气导和骨导差小于 10 dB，则这种情况属于感音神经性听力损失。

**混合性听力损失**　如果气导与骨导听力曲线皆有下降，而且气导听力曲线降低更明显，多数频率上气导和骨导相差 10 dB 以上，说明中耳的传音结构和内耳的感音功能均有减退，是混合性听力损失的特征。（桑晋秋　袁旻忞）

**推荐书目**

布赖恩·C. J. 穆尔．听觉心理学导论（第 6 版）．陈婧，吴玺宏，迟惠生，译．北京：北京大学出版社，2018.

方丹群，张斌，孙家麒，等．噪声控制工程学（下册）．北京：科学出版社，2013.

tingjue pilao

**听觉疲劳**　（auditory fatigue）　暴露在声音中后的暂时性听力损失。听力疲劳会导致听觉阈值的暂时性偏移（暂时性听阈偏移）。如果在继续接触声音之前没有足够的恢复时间，这种损害可能成为永久性的（永久性听阈偏移）。当听力损失的根源来自创伤性事件时，它可能被归类为噪声引起的听力损失。

听力疲劳属于生理范围，但可能发展成噪声性耳聋。如果继续接触强噪声，听觉疲劳不能得到恢复，听力持续下降，听觉疲劳就不易恢复，就会造成噪声性听力损失，成为病理性改变。这种症状在早期表现为高频段听力下降。但在这个阶段，患者主观上并无异常感觉，语言听力也无影响，称为听力损伤。病程如进一步发展，听力曲线将继续下降，当听力下降平均超过 25dB 时，将出现语言听力异常，主观上感觉会话有困难，称为噪声性耳聋。

（桑晋秋　袁旻忞）

**推荐书目**

布赖恩·C. J. 穆尔．听觉心理学导论（第 6 版）．陈婧，吴玺宏，迟惠生，译．北京：北京大学出版社，2018.

shengchang

**声场**　（sound field）　媒质中有声波存在的区域。典型声场包括自由声场、扩散声场和封闭空间中的声场。

**自由声场** 指声源在均匀、各向同性的媒质中，边界的影响可以不计的声场。在自由声场中，声波将按声源的辐射特性不受阻碍和干扰地传播。

理想的自由声场很难实现，人们只能获得满足一定测量误差要求的近似的自由声场。例如，在地面反射声和噪声可以忽略的高空，当气象条件适宜时，便可以认为其是自由声场。但实际上风、云、空气密度变化等都会影响声波的传播。又如，消声室中，在一定频率范围内，房间的边界能有效地吸收所有入射的声波，其声场也基本上可认为是自由声场。在宽阔的广场上空，或者房间内有一个面是全反射面，其余各面都是全吸声面，则这种广场上空或房间内的声场称为半自由声场。而消声室地板用全反射面替代，就成为半消声室。自由声场中声源附近声压与质点速度不同相的声场称为近场。近场区域内声压随距离变化的关系比较复杂。距离远大于声源辐射面线度和波长，声压与质点速度同相的声场称为远场。在远场区，声源直接辐射的声压与离声源的距离成反比。一般所说的声场都是指远场；噪声测试也多在远场条件下进行。

**扩散声场** 指声能密度均匀、在各个传播方向作无规分布的声场。当封闭空间内被激发起足够多的简正方式时，由于不同方式有各自特定的传播方向，因而使达到某点的声波包括各种可能的入射方向。在这种情况下，除了在临界距离内的自由声场和离界面1/4波长范围内的固定干涉区以外，空间内各点的声能密度相等；从各个方向到达某点的声强相等；到达某点的各波束之间的相位是无规的。

**封闭空间中的声场** 指声源在被声阻抗率不同的界面包围的空间中辐射的声场。当声源在封闭空间中辐射声波时，传播到各界面上的声波，部分声能被界面吸收，部分被反射。在一般房间中，要经过多次反射后，声波的强度才能减弱到可以被忽略的程度。封闭空间中的声场，可以用以下各种概念描述其特性。

**直达声与混响声** 当声源在封闭空间中连续稳定地辐射声波时，空间各点的声能是来自各方向的声波叠加的结果。其中未经反射、直接传播到某点的声波称直达声；一次和多次反射声的叠加称混响声。直达声的强度与离声源中心的距离的平方成反比。

**室内声压稳态值** 当声源以声功率在封闭空间中稳定辐射时，一方面声波遇到界面时被吸收一部分能量，同时在媒质中传播时也有衰减；另一方面声源又不断地补充声能。声源开始发声后经过很短一段时间，声能就达到动态平衡状态，这时空间内各点声压达到稳态值。

**临界距离** 距离声源某处，直达声有效声压与混响声有效声压相等，这个距离称为临界距离。

**简正方式** 当声波在互相平行的一对刚性界面之间传播时，如果两界面距离为半波长的整数倍，就会产生共振，即驻波。相应的频率称简正频率，相应的驻波称简正振动方式或简正方式。

**声场衰变与混响时间** 当声源停止发声，封闭空间内各处的平均声能密度就按指数率衰变。声能密度衰减到原来的100万分之一所需的时间称为混响时间。混响时间的长短与空间体积成正比，而与空间内吸声成反比。

（姬培锋　袁旻忞）

shengzukang

**声阻抗** （acoustic impedance）　一定表面上的平均有效声压 $p$ 与通过该表面上的有效体积速度 $u$ 的比值：

$$Z_A = \frac{p}{u}$$

声阻抗的实数部分为声阻，虚数部分为声抗，单位是Pa/(m$^2$·s)。

在研究空间的声场时，体积速度的含义不明确，因而在这种情况下，通常不用 $u$ 而用质点速度 $v$ 来表示，此时就得到了该位置的声阻抗率，它是媒质中某一点的有效声压 $p$ 与该点的有效质点速度 $v$ 的比值。

$$Z_s = \frac{p}{v}$$

平面自由行波中，某点的有效声压 $p$ 与该点的有效质点速度 $v$ 的比值称为媒质的特性阻抗，单位是 $N \cdot s/m^3$ 或 $Pa \cdot s/m$。它等于媒质密度 $\rho_0$ 和媒质中声速 $c$ 的乘积。

$$Z_c = \rho_0 c$$

在温度为 20 ℃和 1 atm 时，空气的特性阻抗大约为 400 $N \cdot s/m^3$。（姬培锋　袁旻忞）

shengshuaijian

**声衰减**（acoustic attenuation）　声波在媒质中传播时，因波束发散、吸收、反射、散射等原因，声能在传播中减少的现象。主要因素有三个：①扩散衰减。声波在声场传播过程中，波前的面积随着传播距离的增加而不断扩大，声能逐渐扩散，从而使单位面积上通过的声能相应减小，使声强随着离声源距离的增加而减小。②吸收衰减。声波在媒质中传播时，由于媒质的内摩擦、黏滞性、导热性等特性，声能不断被媒质吸收并转化成其他形式的能量，声能逐渐衰减。参见大气声学。③声波遇到障碍物的散射引起传播方向的改变，或在传播路径中遇到屏障和建筑物发生反射，导致在原传播路径上声能的减少。前两个因素是声波的自然衰减。其中，扩散衰减包括点声源的扩散衰减、线声源的扩散衰减和面声源的扩散衰减。

**点声源的扩散衰减**　在自由场中，点声源以球面波的方式向各个方向扩散，当距声源为 $r_1$ 处的声压级为 $L_{p1}$ 时，则在距声源 $r_2$ 处的声压级为 $L_{p2}$，则 $L_{p2}$ 可由下式计算：$L_{p2} = L_{p1} - 20\ \lg(r_2/r_1)$。在自由声场中，距离每增加 1 倍，声压级衰减 6dB。

**线声源的扩散衰减**　在自由声场中，对于一个无限长的线声源，其声压级随距离的衰减由下式计算：$L_{p2} = L_{p1} - 10\ \lg(r_2/r_1)$。则在自由场中，距离每增加 1 倍，声压级衰减 3 dB。如果线声源的长度不能看作无限长，设其长度为 $l$ 时，则声压随距离 $r$ 的衰减分两种情况：

① 当 $r \leqslant l/\pi$ 时，可以按照无限长的线声源考虑，即距离每增加 1 倍，声压级衰减 3 dB。

② 当 $r > l/\pi$ 时，则按点声源处理，即距离每增加 1 倍，声压级衰减 6 dB。

**面声源的扩散衰减**　设面声源的边长分别为 $a$、$b(a<b)$，离开声源中心的距离为 $r$，其声压级随距离 $r$ 的衰减按下面三种情况考虑：①当 $r<a/\pi$ 时，衰减值为 0 dB，也就是说，在面声源附近，声源发射的是平面波，距离变化时，声压级无变化。②当 $a/\pi<r<b/\pi$ 时，则按线声源处理，即距离每增加 1 倍，声压级衰减 3 dB。③当 $r>b/\pi$ 时，则可按点声源处理，即距离每增加 1 倍，声压级衰减 6 dB。

声波在大气中传播时，除了上述原因引起的损失，还有由环境和其他条件引起的逾量衰减，包括下述几种因素：①雨、雪、雾引起的衰减；②风和温度梯度引起的衰减；③草地、灌木林、树林等植被引起的衰减。

（姬培锋　袁旻忞）

**推荐书目**

杜功焕，朱哲民，龚秀芬．声学基础．3 版．南京：南京大学出版社，2012.

程建春．声学原理（下卷）．2 版．北京：科学出版社，2019.

周新祥．噪声控制技术及其新进展．北京：冶金工业出版社，2007.

shengneng midu

**声能密度**（sound energy density）　声场中单位体积媒质所具有的机械能，单位是 $kg/(m \cdot s^2)$。声能是媒质中存在机械波时，使媒介附加的能量。由于声波是质点偏离平衡位置的振动，所以声能定义为质点振动动能和质点偏离平衡位置所具有的势能的总和。当质点振动位移很小时，也就是在线性声学范围内，一定体积流体的声能为

$$W = W_{势能} + W_{动能} = \int_V \frac{p^2}{2\rho_0 c^2} dV + \int_V \frac{\rho_0 v^2}{2} dV$$

式中，$V$ 为媒质的体积，$m^3$；$p$ 为声压，Pa；$v$ 为媒质质点速度，m/s；$\rho_0$ 为流体密度，$kg/m^3$；$c$ 为声速，m/s。

单位体积的声能则表示为$\frac{p^2}{2\rho_0 c^2}+\frac{\rho_0 v^2}{2}$。

如果对声能密度在一个振动周期取平均，则得到平均声能量密度。

$$D=\frac{p^2}{\rho_0 c^2}=\frac{p^2}{\gamma p_0}$$

式中，$p_0$为静压力，Pa；$\gamma$为比热比（在空气或其他双原子气体中为1.4）。

（姬培锋　袁昱忞）

**推荐书目**

杜功焕，朱哲民，龚秀芬．声学基础．3版．南京：南京大学出版社，2012.

shengpilao

**声疲劳**（acoustic fatigue）　结构在高频低幅值的随机声载荷的激励下，因结构中快速交变应力作用，致使结构产生疲劳破坏的现象，这种快速交变应力是因为噪声激励引起结构多数模态参与的宽频带振动而产生的，在某些频率上将产生足够大的动应力，从而导致结构的高周疲劳失效。飞机发生声疲劳的破坏形式和过程，与一般疲劳破坏的情况大体相似，通常发生在结构强度较弱或应力集中的部位，这种以交变振动应力反复作用所形成的疲劳破坏过程包括疲劳源的形成、疲劳累积、疲劳裂纹、疲劳扩展和疲劳断裂。而疲劳寿命，主要是指裂纹形成以及裂纹扩展两个阶段。由于声疲劳属于高频率低幅值的疲劳问题，其疲劳寿命主要来自裂纹形成寿命，而裂纹扩展寿命占比很小。描述金属薄板声疲劳特性通常用$S$-$N$曲线，即不同应力级$S$时产生疲劳损伤的周数$N$。因为该曲线由德国人Wohler首先提出，所以又称Wohler曲线。也可以直接用声压级和损伤时间的关系曲线（也称$L_{p\text{-}t}$曲线）来描述。

**原因及相关研究**　对用在高强度噪声场（超过140 dB）中工作的各种材料，如在航空、航天工业中所用的金属材料，都要预先考虑其声疲劳性质。例如，航天器在起飞和进入大气层时，喷气式飞机在飞行过程中都处在强噪声环境中。它们的薄板结构会由于声致振动而产生疲劳，或引起铆钉松动，有时还会引起蒙皮撕裂。随着飞行器发动机推力的不断增加，噪声对飞行器结构的影响也就越来越大。声疲劳是声和附面层压力起伏引起飞行器结构部件共振（或者是噪声强迫飞行器结构部件发生激振）而产生的。声疲劳现象同其他由于随机载荷而产生的疲劳没有本质上的区别。裂纹源通常产生在应力集中的地方，它和局部的最大应力、表面处理、部件结构形式、材料内部缺陷、材料表面腐蚀和剥伤等情况有关。疲劳裂纹是从局部向外扩展的，当加载而产生的裂纹扩展断裂力不足以平衡外力时，便造成突然断裂。

人们对疲劳强度问题的认识，经历了一个漫长的过程。19世纪产业革命以后，随着蒸汽机车和机动运载工具的发展，运动部件的破坏时有发生。破坏往往发生在零构件的截面突变处，而破坏的名义应力低于材料的抗拉强度和屈服极限。直到德国人Albert用矿山卷扬机焊接链条进行疲劳试验，事故的原因才得以阐明。法国工程师Poncelet首先使用“疲劳”一词描述材料在循环载荷作用下承载能力逐渐耗尽以致出现断裂的现象。由于早期设计的飞机使用应力水平不高且强度储备较大，飞机结构的疲劳问题并不突出，设计师们只从静强度的角度进行考虑，仅通过计算和试验证明飞机结构能经受住可能产生的最大使用载荷就认为符合强度要求。这样的设计思路不能满足因飞机结构的疲劳而带来的动力学问题，飞机结构在使用过程中疲劳破坏与安全可靠之间的矛盾逐渐显露出来。

自涡轮喷气发动机问世以来，声疲劳一直是飞机维修的一个问题。这个问题一直困扰着民用飞机和军用飞机，正如Rudder和Plumblee所指出的，高性能军用飞机的“进化”只会使这个问题更加严重。声疲劳的特点是在轻阻尼、薄型的飞机结构中出现共振反应。喷气和/或边界层的噪声是随机的，因此结构响应是随机的，而且往往是非线性的。因此，对这一现象的正确处理需要跨越多个学科的理解，包括非线性结构动力学、空气动力/声学载荷、高循环疲劳和相关的实验技术。使问题进一步复杂化的是，高性能的高速飞机也需要温度作为预测的必要参数。由于空气动力载荷引起的温度梯度会极大地影响材料强度和整个结构的应力分布，航空、热和结构响应之间的耦合方法往往是不可避免的。一些最早的声疲劳研究包括 Miles、Powell 和 Clarkson 的工作。早期的研究人员组织了专题讨论会和会议。早期 AGARD 声疲劳会议的主题包括航空载荷、结构响应、设计方法、阻尼、复合结构、疲劳和测试方法的评估。这些主题今天仍然是相关的。在 AGARD 会议上，值得注意的一篇论文是 Coe 和 Chyu 的实验工作。在该研究中，他们提出了关于被边界层噪声激发的飞机样板的加载和响应的结果，并记录了附加湍流和分离边界层加载的频谱差异。该研究的结果以及其他相关的研究，使得空气动力学模型目前仍在使用。1975 年，美国空军资助的《军用飞机声疲劳设计指南》出版后，声疲劳分析和设计方法在很大程度上仍然停滞不前，专门的会议、专题讨论会和特别会议逐渐减少。在现在已经不存在的 X-30 国家航空航天飞机（NASP）项目中，研究有了复苏，包括开发了至今仍在使用的渐进式波管测试设施。NASP 项目是一个大胆的计划，在结构和推进技术以及其他学科方面都需要重大的发展，确实推动了相当数量的声疲劳研究。这种飞行器的结构需要在非常高的温度和空气动力载荷下保持相当的强度和刚度，因此需要预测极端环境下的结构响应。

2017 年年底，在英国格拉斯哥的斯特拉斯克莱德大学举行了第一届国际航空航天声学疲劳研讨会（IASAF），研讨会的一系列特邀论文涉及声学疲劳问题的不同方面，强调了高速、极端环境下的声学疲劳问题，所涉及的主题包括复杂结构响应的预测和测量（折返后的响应、快速通过的动态不稳定性和瞬态行为）、空气动力载荷的预测和测量、与设计相关极端环境实验有关的复杂问题以及开发预测方法的验证。

**声疲劳特点** 包括：①相当于作用力的噪声场是宽带随机过程，结构部件的疲劳损伤主要在共振点附近；②共振点的阻尼特性对疲劳损伤有很大影响，外加声压与相应的应力之间不成正比关系，振动具有非线性响应。

**声疲劳试验** 声疲劳试验过去都是在低频振动条件下进行的。飞行器的噪声来源主要是喷气噪声和附面层压力起伏，因此，不考虑无规信号激发时相应的高应力振幅的概率分布，在决定金属结构疲劳断裂时间的影响时就不可能正确估计它的使用寿命。为了准确地估计结构的抗疲劳性能（如寿命、裂纹扩展率、剩余强度等），近年来，对大型结构部件开始用无规噪声激发进行声疲劳试验，试验结果比较符合实际飞行环境条件下声疲劳的效果。

声疲劳试验是利用气流声源（如旋笛、气流扬声器等）在行波管或混响室中产生 165 ~ 175 dB 的无规声场。试验时声波可以用正向入射、掠入射或无规入射的方式激发金属薄板振动。同时应用传声器监视声压级，用应变仪、加速度计或涡流测振仪测量金属薄板的振动。裂纹的产生和扩展，可以通过观察窗直接观察或者用电子视频设备进行观察。

（姬培锋 袁旻忞）

**推荐书目**

沈壕．强噪声学．北京：科学出版社，1996.

shenghuanjing shiyanshi

**声环境实验室** （acoustical environment laboratory） 模拟声学实验所需要的声学环境而建造的实验室。要获得声学实验所需要的扩散声场、自由声场或其他特殊声学环境，应使用专用的声学实验室。声环境实验室通常包括隔声室、消声室、混响室。三个房间都应具有良好的隔声和隔振性能，以免相互影响或受到外界噪声干扰。其他声环境实验室还有半消声室、卦限消声室、高声强实验室、声学风洞等。

**混响室** 是被设计用来创造扩散或随机入射声场的房间（在短时间内具有均匀的声能分布和随机的声音入射方向）。混响室往往是大房间（所产生的声场随着路径长度的增加而变得更加扩散），并且有非常硬的暴露表面。这些表面对入射声的阻抗变化（与空气相比）非常大，几乎所有撞击到表面的声能都被反射回房间。将房间的表面（包括天花板）安排成不平行的，有助于抑制驻波的形成。额外的声学扩散器经常被用来创造更多的反射表面，进一步鼓励任何特定声场的均匀分布。

混响室主要用于测定材料的吸声系数、各种噪声源的声功率等。所有这些技术都假定混响室中的声场是扩散的，并且通常会使用一个宽带声源（如白噪声或粉红噪声），这样产生的声场就包含了整个可听范围的声能。

混响室的设计要求：①尽量加长空室的混响时间；②保证室内的声扩散状态。为了获得较长的混响时间，内墙面应坚硬光滑，材料一般采用瓷砖、水磨石、大理石或水泥粉刷后涂覆油漆等。

**隔声室** 用于测定楼板、墙壁、门、窗等的固体声和空气声的隔声量。隔声室一般包括声源室Ⅰ、接收室Ⅱ、Ⅲ和控制室Ⅳ，见下图。

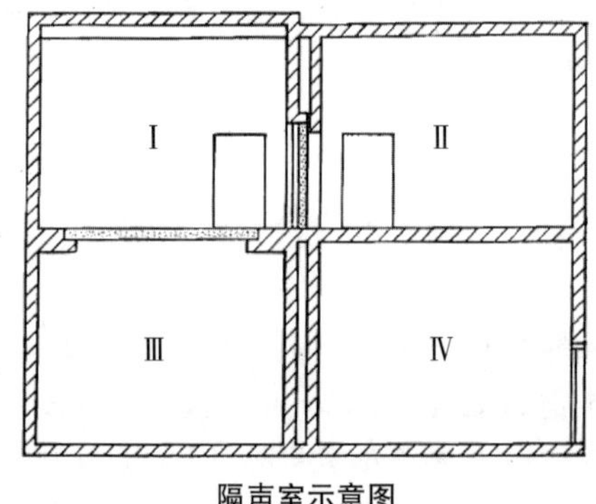


隔声室示意图

Ⅰ室和Ⅲ室用来测试地板和天花板的固体传声。在声源室的地板上，有一个窗口，可以安装待测构件。在Ⅰ室中用标准撞击器激发时，在Ⅲ室内测得平均声压级 $L$。为了比较，一般根据下式折合为标准撞击声压级：

$$L_B = L + 10\ \lg(A/A_0)$$

式中，$A$ 为接收室的总吸声量，$m^2$；$A_0$ 为标准吸收量，一般取 10 $m^2$。通常测试用 1/3 倍频程带。

Ⅰ室和Ⅱ室用来测试构件的空气声隔声。在Ⅰ室中用扬声器发送 1/3 倍频带滤波后的白噪声，在Ⅱ室内测量平均声压级，构件的隔声量 $R$ 为

$$R = L_1 - L_2 + 10\ \lg(S_1/A)$$

式中，$L_1$ 和 $L_2$ 分别为Ⅰ室和Ⅱ室中测得的平均声压级，dB；$S_1$ 为试件面积，$m^2$。测定总吸声量 $A$ 时可用混响法。

**消声室** 指在闭合空间模拟自由声场的房间。在这个房间中，只有直达声，没有障碍物的反射声，也无环境声的干扰。消声室主要用于传声器自由场校准，传声器和扬声器特性的测试和比较，电声仪器设备的测试，与语言、听觉有关的测试，噪声源功率等的测定。

设计消声室时应考虑房间的尺寸、自由场的误差、自由场的低截止频率、房间的本底噪声和通风照明等因素。房间尺寸主要由下述参数决定：声源类型和大小，所需要的测试距离，所要求的最低频率，尖劈的长度和墙的厚度等。若围绕声源做球面声压级测量，则测量范围的半径要大于声源最大尺寸的 2 倍，但不能低于 60 cm。传声器或声源离开尖劈顶的距离要大于所需要的最低频率对应波长的 1/4，不能小于 60 cm。用于球面声压级测量的房间内部尺寸至少为

$$D_{min} = 4S_d + \lambda/2$$

式中，$D_{min}$ 为消声室最小内尺寸，m；$S_d$ 为声源的最大尺寸，或为 30 cm；$\lambda$ 为所需要最低频率对应的波长。内尺寸确定后，外尺寸就容易估计，只要加上尖劈长度、墙的厚度以及空气管道等所需的空间即可。

正入射吸声系数为 99% 的最低频率，称为吸声尖劈的截止频率。它与尖劈的材料以及尖劈的构造有关。常用的尖劈，其长度大约相当于截止频率对应波长的 1/4。低频时，尖劈的长度要很长，这在制作上比较困难，造价也高。现在一般在尖劈和墙间留有空隙，形成共振腔，以增加低频吸收。

**半消声室和卦限消声室** 是在一般消声室的基础上，利用矩形管中的两邻壁做吸声处理使管的有效尺寸加倍的原理建造的。卦限消声室是相邻的三个面为硬反射面，另三个面上装

有吸声尖劈的实验室。三个反射面形成三面镜子，如声源或接收器置于此三反射面的交点上，则声源和接收器之间和半消声室相同，只有直达声而没有反射声，使在其中形成自由场。由于声源或接收器只能置于交点上，故在实际使用中将受到很大限制。半消声室则是以地板作为镜面、其他都装上尖劈的房间。

**高声强实验室** 主要用于高噪声环境的模拟实验、高声强下吸声材料及结构的研究、大振幅声波的研究、金属板材在强声场下的疲劳实验等。通常包括声压级为 160 dB 的小型混响室和一套截面不同、声压级为 170 dB 的行波管。产生高声强声场的声源可以使用旋笛或气流扬声器。旋笛的效率高，但频谱不能改变，气流扬声器则能产生任意频谱的无规噪声，使用方便。

**声学风洞** 可以理解为有气流的消声室，或者说是处于消声室内的低噪声、低紊流度并有开口工作段的风洞。它是一种地面装置，可用来研究飞行速度对风扇气动噪声和螺旋桨噪声的影响，以及研究流过物体的噪声。它既具有常规风洞特点：具有适宜的管道和气流控制装置，以最小能量损失在试验段产生达到实验要求的气流；又具有声学要求：满足自由场条件，足够的尺寸条件（可进行远场测量）和非常低的试验段背景噪声。为了达到小的紊流度，喷口应做成收缩形式。而低噪声靠选用低噪声风扇并前后安装消声器实现，工作段噪声不超过 60 dB。 （姬培锋　袁旻忞）

shinei yinzhi

**室内音质** （indoor sound quality） 房间中听音的质量。音质评价是从人们主观听觉感受出发的各种描述。例如对语言用语言清晰度，对音乐则用音乐的欣赏价值来评定。评价具有某种主观性，评价结果受到欣赏人群的种类、民族地域特点等差异的影响，因而在量的描述上必然有相当大的幅度变化，对音乐尤其如此。音质的主观评价的量化一般通过统计欣赏人群打分结果的方式实现，反映的是某种统计方式的结果。从室内声学设计的角度出发，更重要的是，要明确主观评价与客观物理量之间的关系，从而提出可供指导设计的物理参量。室内音质评价的物理参量主要有下列五个：

**混响时间** 反映声音在室内衰变的时间。短的混响时间是保证语言清晰度的重要条件，但会降低声音的强度。对音乐来说，会使人感到音质干涩，因而希望有较长的混响时间以增加活跃的声学效果，使音乐丰满动听。最佳混响时间与房间容积的经验关系见图 1。这是对已建大厅做了大量实验，从主观评价和混响时间测量互相对照而得出的结果。根据房间大小，500 Hz 的最佳混响时间可以按照图 1 设计。对低频则允许略长，如 125 Hz，可比图 1 给出的值最多增加到 1.5 倍。对高频则最好保持中频的值（见图 2）。

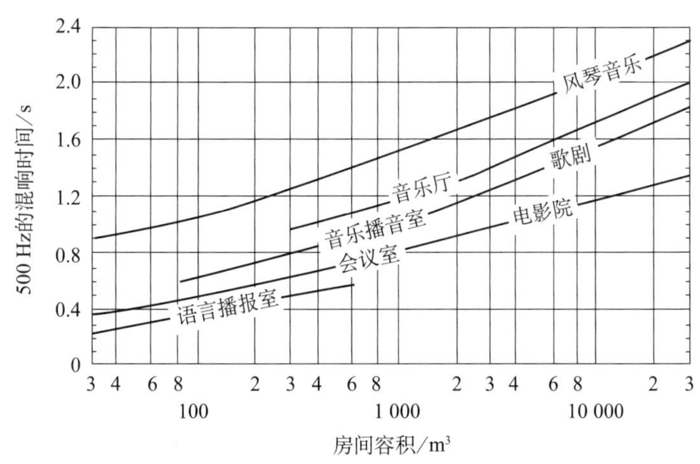


**图 1　各种用途房间的最佳混响时间**

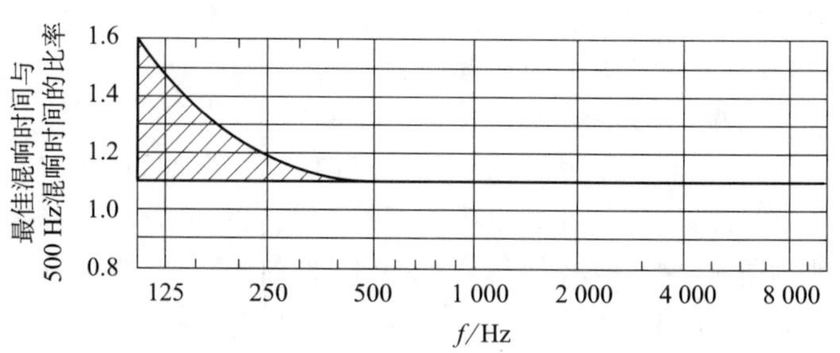


**图 2　最佳混响时间与 500 Hz 相比的频率关系**

**扩散度**　可反映室内一点从各方向传来的声能是否均匀。混响时间不是唯一的音质评价标准。在大小相近、混响时间也差不多的房间里，音质可能不同。这在很大程度上是由室内混响声的空间取向不同引起的。例如混响声以近乎相同的分量从各方向到达听者耳中，则表示扩散度最高。在实际房间中，几乎没有充分扩散的声场，即使有，对音质来说也未必理想，因为它削弱了对声源的方位感。在短混响时间的矩形小房间（如录音室）中，扩散度往往较低。这不仅会使音质不佳，而且会对传声器位置的选择带来一定的困难，因此，在设计时就应注意。

扩散度和听者主观评价之间的关系还未完全确立，迄今还处在定性分析阶段。

**反射声的干扰度**　语言和音乐都是带有脉冲性质的声音，因此要用室内脉冲响应来分析反射声序列对清晰度的干扰。图 3 是一个延迟语言信号对听者引起干扰的百分率例子。曲线上所标的是反射声相对于直达声的声级差（dB），纵坐标为听者感到有回声干扰的人数百分率，横坐标为回声的延迟时间。这是在混响时间为 0. 8 s 的一间试听室内，以每秒 5. 3 个音节的速率讲话时所得的实验结果。

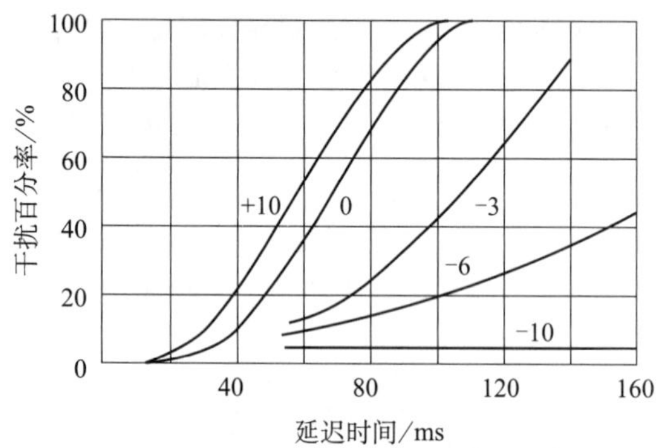


**图 3　延迟语言信号对听者引起干扰的百分率**

**早期反射声能与混响声能之比**　在室内脉冲响应的反射声序列中，开始一段时间内到达的所有反射声对房间的主观音质评价均起有利作用（如提高响度和清晰度）。这种反射声称为早期有利反射声。它的有效程度取决于所有早期反射声能 $E_{早}$ 与整个混响声能 $E_{混}$ 之比，即明晰度 $D$。早期反射声一般取到 50 ms。明晰度 $D$ 与主观语言音节清晰度的关系见图 4。图中曲线是用 20 ms 宽的脉冲声，并对主要语言传输频率范围的结果取其平均值得到的。许多学者认为，计算早期有利反射声的时间界限不是一个临界值，而且各个反射声也不是等效的。时间界限可计算到 95 ms。

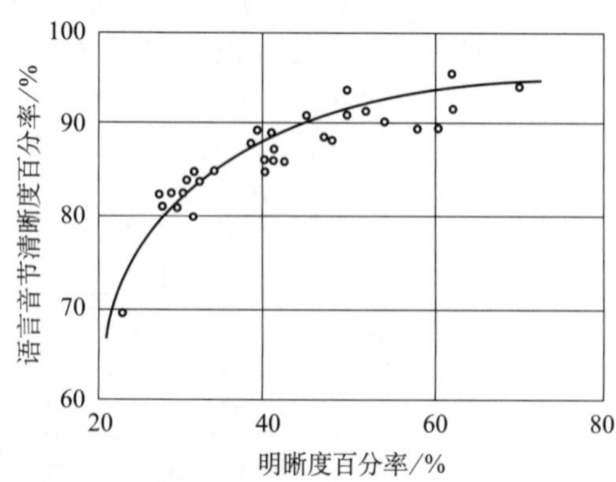


**图 4　明晰度与主观语言音节清晰度的关系**

对音乐来说，情况要复杂得多。不仅要考虑早期反射声能所占的比重，还要考虑它们传来的方向。因为 80 ms 之内的侧向和非侧向早期反射声能比，会影响听音的立体感（又称空旷感）。即适当加强侧向早期反射声，能使声源的空间距离展宽；如果超过一定比值，又会造成虚声源，引起移位错觉的不良后果。

**信号噪声比** 为了保证室内有安静的理想听音环境，一般允许的噪声级为 35～40 dB（无人占用时）。至于清晰度条件的决定，还要考虑信号和噪声的相对关系。信号噪声比增大，语言清晰度也随之增大（见图5）。一般来说，语言信号只要比环境噪声（宽带而无突出的纯音成分）高出 10～15 dB 就足够了。

（李楠　姜燕坡）

**推荐书目**

王季卿，朱洪德，钟祥璋，等. 实用会场扩声. 北京：科学出版社，1980.

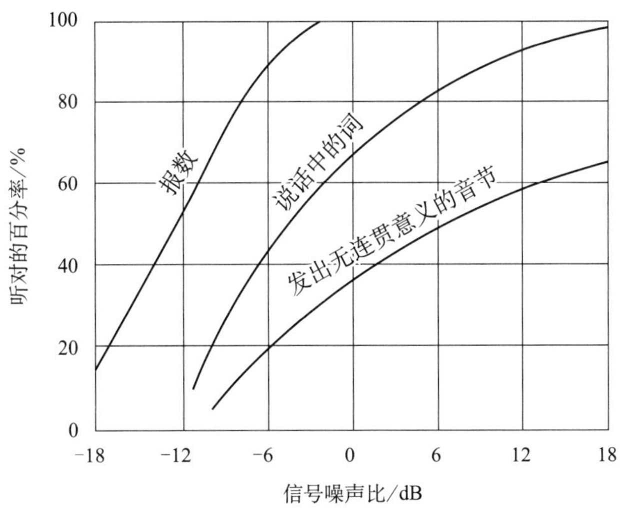


**图5　信号噪声比对清晰度的影响**

shinei shengchang

## 室内声场

（room sound field）　也称封闭空间中的声场，是在存在声波的封闭空间中的声场。

**声学特性描述量** 包括直达声与混响声、室内声压稳定值、临界距离、简正方式、扩散声场、声场衰变与混响时间等。参见*声场*。

**室内声场的分析方法** 参见*建筑声学*。

**室内声场强度的估计** 室内各点的声场强度由声源直接传来的直达声强 $I_{直}$ 和来自各个表面的反射声强 $I_{反}$ 组成，后者又称为混响声强 $I_{混}$。

$$I_{混} = \frac{4W}{S\,\overline{\alpha}/(1-\overline{\alpha})} = \frac{4W}{R}$$

式中，$R$ 为房间常数，$R = S\,\overline{\alpha}/(1-\overline{\alpha})$；$W$ 为声功率。室内各点的总声强 $I$ 为两者之和，即

$$I = I_{直} + I_{混} = \frac{W}{4\pi r^2} + \frac{4W}{R} = W\left(\frac{1}{4\pi r^2} + \frac{4}{R}\right)$$

可以看出，增加室内吸收（$S\,\overline{\alpha}$）后会减少室内的混响声。$r$ 很小时$\left(\frac{1}{4\pi r^2} > \frac{4}{R}\right)$，直达声是主要的；$r$ 较大时$\left(\frac{1}{4\pi r^2} < \frac{4}{R}\right)$，混响声是主要的。在$\frac{1}{4\pi r^2} = \frac{4}{R}$条件下，$r = \frac{1}{4}\sqrt{\frac{R}{\pi}}$距离处，直达声强和混响声强相等，这个距离称为临界距离；对于无指向性的声源来说，各个方向的临界距离都相同，因此又称为混响半径，即超出此距离便进入了混响声场。

**室内声场的设计** 通常，在进行房屋特别是大型厅堂内部的声学设计时，需要考虑下列问题。

**空间几何形状** 在房间的平面和剖面上，研究各表面的形状，应使它们尽可能把声波有效而均匀地反射到听众席。应避免任何可能引起声学缺陷（如回声、声聚焦等）的表面形状。有时还要考虑漫反射的需要。

**房间容积** 厅堂容积的大小不仅影响音质的效果，而且直接影响建筑的艺术造型、结构体系、空调设备和经济造价等诸多方面，为此，容积的确定必须综合考虑。从完全利用自然声的角度考虑，一般应从保证足够的响度和合适的混响时间这两个方面来确定。若有电声扩音设备进入厅堂环境中，厅堂容积则可依据电声系统的性能与布置方式来确定，也就是说，此时的厅堂容积在一定程度上可以大于自然声条件下的厅堂容积值，并依据实际情况选配电声设备。

**吸声处理** 吸声材料的选择，首先应从它的吸声频率特性考虑。从控制混响来说，决定的因素是它们所提供的总吸声量，而不是其布置的位置。但在实践中常利用分散布置吸声材料的方法增加室内漫反射程度。从避免回声、聚焦等缺陷的角度出发，也需要考虑所布置的吸声材料的位置。

**模型试验** 在室内声学设计阶段，所采取的声学措施的作用，可以用模型进行研究。模型的缩尺为 $n$（如 1/10），则模型（M）和原始设计（O）有下列关系：频率 $f_M = f_o/n$，长度 $l_M = nl_o$，混响时间 $T_M = nT_o$，声压 $p_M = p_o$，声功率 $W_M = n^2 W_o$，声阻抗 $Z_M = n^{-2} Z_o$，声速 $c_M = c_o$，衰减常数 $m_M(f_M) = m_o(f_o)/n$，吸声系数 $\alpha_M(f_M) = \alpha_o(f_o)$。

**扩声系统** 在大型厅堂中，往往需要利用电声设备以增强自然声和提高直达声场均匀程度。在设计中，要考虑扬声器的选择及其位置、扩声系统的频率响应和声反馈的抑制等一系列问题。现代扩声系统还可在电路中加入人工延迟、人工混响、频移器与音色均衡和补偿等多种辅助措施来提高室内的音质效果。

（李楠　姜燕坡）

hunxiang shijian

**混响时间** （reverberation time） 声音已达到稳态后停止声源，平均声能密度自原始值衰变到其100万分之一（60 dB）所需要的时间。混响时间过短，声音发干，音质枯燥，缺少亲切感和自然感；混响时间过长，会使声音含混不清，常常让人听不懂唱词；当混响时间合适时，声音圆润动听。混响时间是声学设计中声能定量估算的重要评价指标。

各种不同用途的房间有相应的最佳混响时间。用于语言以及演出等各种不同形式的音乐和戏剧的房间所要求的混响时间都不相同。参见室内音质。最佳混响时间的选择和人们的主观感觉有关，并受民族风格的影响，各国发表的数据都有一些差别。

**计算公式** 混响时间的计算通常采用赛宾公式或者艾润公式。

赛宾公式：$T_{60} = \dfrac{0.161V}{\bar{\alpha}S}$

艾润公式：$T_{60} = \dfrac{0.161V}{-S\ln(1-\bar{\alpha})}$

式中，$T_{60}$为混响时间，s；$S$为房间内总表面积，$m^2$；$V$为房间容积，$m^3$；$\bar{\alpha}$为房间内表面积的平均吸声系数，量纲一。

在房间内，不但表面要吸收声能，空气本身也要吸声。对于大房间，平均自由路程较长，计算混响时间的公式中必须加上对空气吸收的矫正，才可以得到准确的结果。

**混响时间的测量** 混响时间测量时，可通过对衰变曲线上较短的取值范围做线性外推导出声压级衰变 60 dB 的混响时间。基于声压级衰变初次达到原始值以下 5 dB 与 25 dB 的两个时间点之间的衰变曲线导出的混响时间，标记为 $T_{20}$；基于声压级衰变初次达到原始值以下 5 dB 与 35 dB 的两个时间点之间的衰变曲线导出的混响时间，标记为 $T_{30}$。

测量的标准参见《室内混响时间测量规范》（GB/T 50076—2013），以及国际标准 ISO 3382—1：2009 和 ISO 3382—2：2008。（李楠）

huisheng

**回声** （echo） 强度大小和时差都大到足以能和直达声区别开的反射声或由于其他原因返回的声。声在传播过程中，碰到大的反射面（如建筑物的墙壁等）在界面将发生反射，如果到达听者的直达声与第一次反射声之间，或者相继到达的两个反射声之间在时间上相差50 ms以上，而反射声的强度又足够大，使听者能明显分辨出两个声音的存在，这种迟到的反射声就叫作回声。 （李楠 姜燕坡）

shengqiao

**声桥** （sound bridge） 架在双层墙的空气层之间的刚性连接物。声桥的存在将破坏空气层作为弹性层的作用，从而使双层墙隔声量下降，应尽量避免。空心板隔墙或空心砌块隔墙，虽然因为空心减轻了墙体重量，但设计不当时，起不到增加隔声的作用。因为这些空腔的周围是绝对刚性连接的声桥，这使空气层的弹性作用完全丧失。 （李楠 姜燕坡）

yangshengqi

**扬声器** （loudspeaker） 把电信号转换成振膜的机械振动并辐射声功率的电声换能器。主要有两种类型：一种是振膜直接把声波辐射到空气中，即直射式扬声器；另一种是振膜振动经过喇叭辐射声波，即喇叭式扬声器。

**扬声器的种类** 扬声器的种类繁多，按换能机理和结构，分为动圈式（电动式）、电容式（静电式）、压电式（晶体或陶瓷）、电磁式（压簧式）、电离子式和气动式等。电动式扬声器具有电声性能好、结构牢固、成本低等优点，应用广泛。按频率范围可分为低频扬声器、中频扬声器、高频扬声器。

**低频扬声器** 对低频扬声器的品质因数（$Q_0$值）的要求不同。对闭箱和倒相箱来说，$Q_0$值一般以0.3～0.6最好。一般来说，低频扬声器的口径、磁体和音圈直径越大，低频重放性能、瞬态特性就越好，灵敏度也就越高。低音单元的结构形式多为锥盆式，也有少量的为平板式。低音单元的振膜种类繁多，有铝合金振膜、铝镁合金振膜、陶瓷振膜、碳纤维振膜、防弹布振膜、玻璃纤维振膜、丙烯振膜、纸振膜等。采用铝合金振膜的低音单元一般口径比较小，承受功率比较大，而采用强化纸盆、玻璃纤维振膜的低音单元重播音乐时的音色较准确，整体平衡度不错。

$Q_0$是在设计和制作音箱前必须了解的一个很重要的参数。在扬声器单元的阻抗特性曲线上，它表示阻抗曲线在谐振频率处阻抗峰的尖锐程度，这在一定程度上反映了扬声器振动系统的阻尼状态。扬声器单元的品质因数越高，谐振频率就越难控制。扬声器的低频特性通常由扬声器单元的品质因数和谐振频率决定，其中品质因数的大小与扬声器单元在谐振频率处输出的声压有关。$Q_0$值过低时扬声器的输出声压还没有到$F_0$处时就迅速地下降，扬声器处于过阻尼状态，造成低频衰减过大。$Q_0$值过高时扬声器处于欠阻尼状态，低频得到过分加强。$Q_0$值越大，峰值越陡。因此，扬声器的品质因数既不能过高也不能过低。

**中频扬声器** 一般来说，中频扬声器只要频率响应曲线平坦，有效频响范围大于它在系统中担负的放声频带的宽度，阻抗与灵敏度和低频单元一致即可。有时中音的功率容量不够，也可选择灵敏度较高，而阻抗高于低音单元的中音，从而减少中音单元的实际输入功率。中音单元一般有锥盆和球顶两种。只不过它的尺寸和承受功率都比高音单元大而适于播放中音频而已。中音单元的振膜以纸盆和绢膜等软性物质为主，偶尔也有少量的合金球顶振膜。

**高频扬声器** 是为了回放高频声音的扬声器单元。其结构形式主要有号角式、锥盆式、球顶式和铝带式等几大类。

**电动式扬声器的结构和工作原理** 电动式扬声器应用最广泛，分为纸盆式扬声器、号筒式扬声器和球顶形扬声器三种。

**纸盆式扬声器** 又称动圈式扬声器，由三部分组成：①振动系统，包括锥形纸盆、音圈和定心支片等；②磁路系统，包括永义磁铁、导磁板和场心柱等；③辅助系统，包括盆架、接线板、压边和防尘盖等。当处于磁场中的音圈有音频电流通过时，就产生随音频电流变化的磁场，这一磁场和永久磁铁的磁场发生相互作用，使音圈沿着轴向振动。纸盆式扬声器结构简单、低音丰满、音质柔和、频带宽，但效率较低。

**号筒式扬声器** 由振动系统（高音头）和号筒两部分构成。振动系统与纸盆扬声器相似，不同的是它的振膜不是纸盆，而是一球顶形膜片。振膜的振动通过号筒（经过两次反射）向空气中辐射声波。它的频率高、音量大，常用于室外及广场扩声。

**球顶形扬声器** 也是一种直射式扬声器，它的重放频率响应较宽，指向性和瞬态特性较好，失真小；在高保真扬声器系统中广泛用作中、高频扬声器。球顶形扬声器的频率范围为400～12 000 Hz。

**扬声器的主要性能指标** 包括额定功率、额定阻抗、频率响应、失真、指向性等。

**额定功率** 指扬声器在额定不失真范围内容许的最大输入功率。扬声器的功率有标称功率和最大功率之分。标称功率称额定功率、不失真功率。最大功率是指扬声器在某一瞬间所能承受的峰值功率。为保证扬声器工作的可靠性，要求扬声器的最大功率为标称功率的2～3倍。

**额定阻抗** 指音频为400 Hz时，从扬声器输入端测得的阻抗。扬声器的阻抗和频率有关。额定阻抗一般是音圈直流电阻的1.2～1.5倍。动圈式扬声器常见的阻抗有4 Ω、8 Ω、16 Ω、32 Ω等。

**频率响应** 指扬声器辐射的声压下降为中音频的某一数值时的高、低音频率范围。理想的扬声器频率应为20 Hz～20 kHz，这样就能把全部音频均匀地重放出来。

**失真** 指扬声器不能把原来的声音逼真地重放出来的现象。失真有两种：频率失真和非线性失真。频率失真是对某些频率的信号放音较强，而对另一些频率的信号放音较弱造成的，失真破坏了原来高低音响度的比例，改变了原声音色。而非线性失真是扬声器振动系统的振动和信号的波动不够完全一致造成的，在输出的声波中增加一新的频率成分。

**指向性** 指在空间各方向辐射声压的分布特性。频率越高指向性越明显，纸盆越大指向性越强。（李楠 姜燕坡）

**推荐书目**

马大猷，沈嵘．声学手册（修订版）．北京：科学出版社，2004.

fangjian changshu

**房间常数** （room constant） 房间内总吸声量除以1减去平均吸声系数的差所得的商，是计算房间混响时间时的一个常数。房间常数$R(m^2)$的计算公式是

$$R=\overline{\alpha}S/(1-\overline{\alpha})$$

式中，$S$为房间内的总面积，$m^2$；$\overline{\alpha}$为室内总面积$S$的平均吸声系数。（李楠 姜燕坡）

fangjian xishengliang

**房间吸声量** （room absorption） 房间内各表面和物体的总吸声量与房间内媒质中的损耗之和，单位为$m^2$。媒质中的损耗等于$8aV$，$a$是空气中的声衰减系数（Np/m），$V$是房间体积。房间内各表面和物体的总吸声量为$A=S\overline{\alpha}$。

式中，$S$为室内总面积，$m^2$；$\overline{\alpha}$为室内表面的平均吸声系数。（李楠 姜燕坡）

zaosheng

**噪声** （noise） 在物理学上指不规则的、间歇的或随机的声振动；在心理上指任何难听

的、不和谐的声或干扰。有时也指在有用频带内任何不需要的干扰，这种噪声不仅由声音的物理性质决定，还与人们的心理状态有关。在电路中，噪声指由于电子持续的杂乱运动形成的频率范围很广的干扰，如散粒噪声、热噪声等。在可能混淆时应该注明声噪声或电噪声。根据2022年6月5日实施的《中华人民共和国噪声污染防治法》，噪声的定义是指在工业生产、建筑施工、交通运输和社会生活中产生的干扰周围生活环境的声音。

**概述** 噪声问题，人类在2 000多年前就已有所察觉，1765年就有锻造工因噪声致聋的报告，1830年有人正式提出“铁匠聋”。但是直到第二次世界大战后，因枪炮噪声引起的耳聋人数急剧增加，才引起医学界的注意，对噪声性耳聋进行了一系列研究工作，各国陆续发表了不少由工业噪声引起耳聋的研究报告。20世纪50年代之后，噪声被公认为一种严重的污染。20世纪60—70年代以来，人们开始关注“噪声病”，发表了一系列调查报告和研究报告。随着近代工矿企业和交通运输业的发展，以及城镇人口的密集，噪声对人们健康的危害、对通信的干扰，以及对机件引起的疲劳和破坏日益严重。目前噪声的研究已成为与当代社会关系最密切的声学分支，内容也已扩展到测量、评价与控制等方面。

**噪声分类** 包括交通运输噪声、工业噪声、建筑施工噪声和社会生活噪声。

**交通运输噪声** 指机动车、铁路机车车辆、城市轨道交通车辆、机动船舶、航空器等交通运输工具在运行时产生的干扰周围生活环境的声音。交通噪声主要包括道路交通噪声、轨道交通噪声、航空噪声和船舶噪声。这些噪声的噪声源是流动的，影响面较广。

在机场附近，飞机起飞和降落时能使附近建筑物内部的噪声高达A声级80～90 dB。飞机起飞、降落产生的轰鸣声，可以使地面建筑物的墙壁开裂、玻璃破碎。飞机噪声和机场噪声在一些发达国家已成为主要的噪声污染源。由于我国飞机数目较少，机场一般远离市区，因而飞机噪声尚不严重。

城市区域内交通干线上的机动车辆（主要是载重汽车、摩托车等）昼夜行驶，已经成为城市噪声的主要来源，占城市噪声源的40%以上。城市交通干线的噪声等效A声级可达65～75 dB，噪声严重的区域A声级甚至在80 dB以上。火车运行时在其两侧100 m处产生约75dB的噪声，对铁路两侧居民的干扰相当严重。随着城市轨道交通系统的发展，地铁、轻轨行驶过程中产生的振动和噪声对沿线的单位和居民也产生了较大的影响。参见交通运输噪声。

**工业噪声** 指在工业生产活动中产生的干扰周围生活环境的声音。电子工业和轻工业的噪声在90 dB以下，机械工业的噪声为80～120 dB（参见机械噪声）。工厂噪声不仅给生产工人带来危害，造成职业性耳聋和其他疾病，而且干扰附近居民。设在居民区内的工厂干扰尤为突出。参见工业噪声。

**建筑施工噪声** 指建筑施工过程中产生的干扰周围生活环境的声音。建筑施工虽然对某一地点来说是暂时性的，但对整个城市和对基建工人来说，却是经常性的。打桩机、推土机、混凝土搅拌机、运料车等的噪声A声级都在90 dB以上。参见建筑施工噪声。

**社会生活噪声** 指人为活动产生的除工业噪声、建筑施工噪声和交通运输噪声之外的干扰周围生活环境的声音。商业经营活动、群众集会、文娱宣传活动、喧闹的人群、家用电器（如收音机、电视机、洗衣机、空调机）等所产生的噪声都属于社会生活噪声。社会生活噪声干扰周围生活环境。这类噪声分布的范围较广，影响也较大。参见社会生活噪声。

**噪声地图** 是显示区域内某个时期噪声级分布的一种图形表现形式。噪声地图包括完整的噪声数据库和图形管理界面，可以方便地查阅、显示和管理各类噪声数据，以及噪声的贡献量、达标情况、受影响人口等。噪声地图是将噪声源数据、地理数据、建筑分布状况、地面道路、铁路和机场周围飞机飞行数据、交通资料、声传播模型以及相关的地理信息资料进行综合分析及计算后，应用计算机技术生成的。

**噪声地图的作用** 包括以下五个方面：①可以使管理部门更为直观地了解区域噪声分布及达标情况，建立声环境数据库，帮助声环境管理；②可以更好地辨析噪声源，使噪声治理措施更具有针对性和有效性，避免设施的盲目建设和重复建设带来的经济损失；③可为国土空间规划提供环境适宜性分析，验证项目环境影响评价的噪声预测结果；④可使公众更加方便、直观地了解区域的噪声情况，提高公众的声环境保护意识；⑤可以成为声环境质量预警和预报的技术手段。

**国内外发展现状** 噪声地图的研究以欧美国家开展得较早。欧盟在2002年6月公布了环境噪声评价与管理指令（END）——EU Directive 2002/49/EC，指令要求各成员国在2007年6月30日前绘制以干线道路、铁路、机场为主要噪声源的大区域策略性的噪声地图。应描绘出噪声源的传播分布情况，评价采用 $L_{den}$ 和 $L_{night}$，统计不同噪声级下暴露的人口数量，并将此数据及噪声地图报告欧盟同时向公众公布；各成员国应在2008年6月前拟订相关的缓解噪声的行动计划。

随后噪声地图在欧洲各国迅速发展。各国相继对噪声预测模型（包括声源模型参数、传播模型等）规范标准进行了修订，各种基础研究也蓬勃发展，研究成果不断涌现。同时，噪声地图绘制软件也在欧洲不断出现，包括 Cadna/A、Lima、Soundplan、IMMI 等，各个软件都集成了多个国家的噪声预测方法，并在多个国家噪声地图绘制中得以应用。目前，伦敦、伯明翰等城市都绘制了十分详细的噪声地图并对公众发布，英国、法国、瑞士、瑞典、奥地利等国家都制订了相应的缓解噪声污染的行动计划。

亚洲的发展晚于欧洲，目前日本、韩国、中国香港、中国台湾等国家和地区均已绘制了噪声地图。韩国首尔也于2008年推出了噪声地图。我国香港和台湾地区的噪声地图在环境噪声管理上得到广泛的应用，其中香港在噪声地图的三维表现上取得了较好的经验。

在我国大陆，各大城市的噪声地图绘制工作也在陆续进行。2008年年初大陆第一个城市区域噪声地图绘制成功，描绘了深圳福田南片区的噪声情况；2009年9月北京市环保局公布了北京市城区局部区域的三维噪声地图，该区域各个地理位置的噪声大小用不同的颜色表示，看上去一目了然；2011年8月广州市发布广州交通噪声地图，至今为止其噪声地图已覆盖广州市荔湾、天河、越秀、海珠、白云、黄埔等多个区域。噪声地图技术的发展，将会给予中国环境噪声污染防治工作强有力的支撑。

**发展方向** 噪声地图正朝着三维空间和时间维度的方向发展，不仅能给出噪声的水平分布，还能够显示噪声随高度的变化，此外也能给出不同时间段的噪声分布情况（动态噪声地图）。

由于技术和成本的限制，早期的噪声地图都是静态的，反映的是年平均噪声指标，忽略了短期的噪声变化，而市民的睡眠质量更易受到短期噪声变化的影响。因此，动态噪声地图（dynamic noise mapping，DNM）变得越来越重要，它拥有一个自动更新的集成系统，可以将数据的收集、分析和处理一体化，并且能够实时监测和报告噪声源的声学影响。动态噪声地图的绘制通常采用三种方法：①根据采集到的声压级或者交通数据，在规定的时间间隔内计算新地图，同时需要定时更新后台数据；②根据监测站获取的噪声数据，对预先计算的噪声图进行缩放和累加；③基于智能监测站或智能手机绘制声压级地图。下图为两个不同时间的城市动态噪声地图。 （姬培锋　姜燕坡）

**推荐书目**

马大猷．环境物理学．北京：中国大百科全书出版社，2002.

方丹群，张斌，孙家麒，等．噪声控制工程学（上册）．北京：科学出版社，2013.

马大猷．噪声与振动控制工程手册．北京：机械工业出版社，2002.

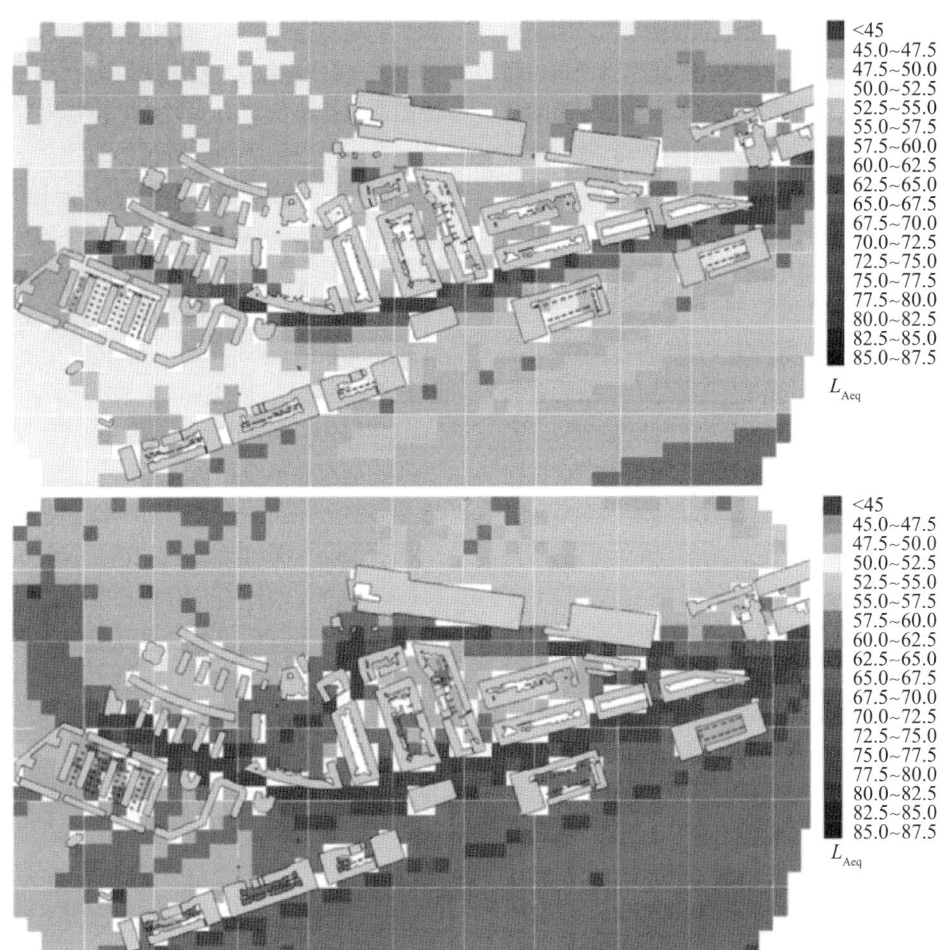


一天中的噪声图（上图，早5点；下图，早7点）

zaodu

**噪度** （noisiness） 人们主观判断噪声“吵闹”程度的数值量，用 *Na* 表示，单位为呐（noy）。

20 世纪 60 年代，航空噪声越来越引起人们的注意。研究发现，响度和响度级不适用于航空噪声评价，因为它低估了高频连续谱噪声对人们的干扰和“吵闹”程度。另外，含有窄带和纯音的噪声比宽度噪声更吵闹，随时间变化的噪声比稳态噪声更吵闹等。于是，Kryter 提出了感觉噪声级和噪度的概念。感觉噪声级与响度级相对应，噪度与响度相对应。响度和响度级是以纯音为基础的，而感觉噪声级和噪度是以复合音为基础的。

噪度可转换为感觉噪声级 $L_{PN}$。噪度（*Na*）和感觉噪声级（$L_{PN}$）的关系为 $Na = 2^{(L_{PN}-40)/10}$。可见，在中心频率为 1 kHz 的倍频程或 1/3 倍频程的无规噪声有相等吵闹感觉的声音为 1 noy。噪度为 3 noy 的噪声听起来是噪度为 1 noy 的噪声的 3 倍“吵闹”。反之，当噪度增加 1 倍，感觉噪声级增加 10 dB。

频带声压级已知、频率已知的声信号的噪度可由等噪度曲线查得。见下图。其中，左侧图为倍频程声压级与各频率噪度的对应关系，右侧列线为感觉噪声级与噪度的对应关系。

（姬培锋　姜燕坡）

**推荐书目**

方丹群，张斌，孙家麒，等. 噪声控制工程学（上册）. 北京：科学出版社，2013.

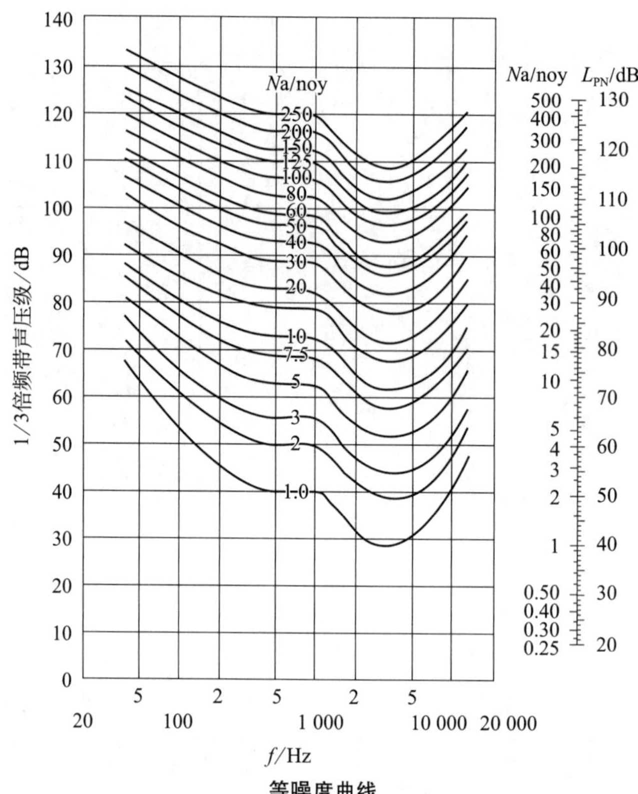


等噪度曲线

leiji baifenshu shengji

**累积百分数声级** （percentile sound level） 也称统计声级、百分声级或者累积分布声级，在测量周期里，有 $n\%$ 的时间超过某一声级，则把该声级称作累积百分数声级，表示为 $L_n$。

现实生活中，许多环境噪声并不是稳态的，例如，城市交通噪声是一种随机的起伏噪声。这类噪声不能像工厂机器噪声那样，简单地测量一个A声级就可以表示，而需要用统计学方法，通常是用噪声级出现的概率或者累积概率来表示。目前在环境噪声评价中最常用的是累积百分数声级。

$L_n$最常用的是 $L_{10}$、$L_{50}$和 $L_{90}$。$L_{10}$相当于噪声的峰值，$L_{50}$相当于噪声的中间值，$L_{90}$相当于本底噪声。例如，$L_{10}$ = 75 dB(A)，表示有10%的测量时间，噪声超过75 dB(A)，也就是90% 的时间，噪声都低于75 dB(A)。

如果噪声级的统计特性符合正态分布，那么，累积百分数声级与等效声级之间有如下关系：$L_{eq} = L_{50} + (L_{10} - L_{90})^2/60$。

（姬培锋　姜燕坡）

**推荐书目**

马大猷．噪声与振动控制工程手册（下册）．北京：机械工业出版社，2002.

baolu shengji

**暴露声级** （sound exposure level） 噪声暴露量 $E$ 与基准噪声暴露量 $E_0$之比的以10为底的对数的10倍。噪声暴露量是时变信号频率计权的瞬时声压的平方在一定时间间隔 $t(t_1 \sim t_2)$ 内的积分，$E = \int_{t_1}^{t_2} p(t)^2 \mathrm{d}t$，单位为 $\mathrm{Pa}^2 \cdot \mathrm{s}$。空气中 $E_0 = 400 \times 10^{-6}\,\mathrm{Pa}^2 \cdot \mathrm{s}$。暴露声级用 $L_E$ 表示，即 $L_E = 10\lg(E/E_0)$。

暴露声级的单位为分贝（dB）。持续时间隐含在时间积分内，不必明确指出。在测量规定时间间隔的噪声暴露量时，应指明持续时间，且符号应为 $L_E$。对于一个声事件的暴露声级，应说明声事件的特性。（姬培锋　姜燕坡）

jiaotong yunshu zaosheng

**交通运输噪声** （transportation noise） 机动车、铁路机车车辆、城市轨道交通车辆、机动船舶、航空器等交通运输工具在运行时产生的干扰周围生活环境的声音。

交通运输噪声主要包括道路交通噪声、轨道交通噪声、航空噪声和船舶噪声。

**道路交通噪声** 是各种机动车辆产生的道路整体噪声。参见道路交通噪声和机动车噪声。

**轨道交通噪声** 指铁路、地铁、轻轨、磁悬浮列车等的噪声。其中铁路噪声的噪声源包括线路噪声、站场噪声和工厂噪声三部分。其中线路噪声属于流动噪声源，具有线长、面广、间歇性等特点，其污染程度随列车速度的提高日益加重，目前受到广泛关注。参见铁路线路噪声。地铁、轻轨、跨座式单轨、有轨电车以及中低速磁悬浮列车等的噪声可以统称为城市轨道交通噪声。

**航空噪声** 通常指航空器在机场及其附近活动（起飞、降落、滑行、试车等）时产生的噪声。参见航空噪声。

**船舶噪声** 包括船舶动力机械噪声（主机噪声、螺旋桨噪声、水动力噪声）和船舶辅助机械噪声（泵噪声、风机噪声等）。参见船舶噪声。

（李楠 欧阳山）

daolu jiaotong zaosheng

**道路交通噪声** （road traffic noise） 各种机动车辆所产生的道路整体噪声。

**道路交通噪声源** 机动车运行时的噪声源包括发动机的振动噪声、进气口和排气口气动噪声、喇叭声、制动声以及轮胎与路面形成的噪声。

**影响道路交通噪声的主要因素** 主要包括车流量、行驶速度和车种，其次是道路坡度、车辆加速和减速情况等。图 1 为不同车流量时的道路交通噪声特性曲线，横坐标为 A 声级，纵坐标为超过某一声级的累计时间百分比。从图 1 中可以看出，交通流量大的阶段，其噪声累计曲线近似直线，即噪声符合正态分布规律。图 2 是在北京选择了车道、绿化、两旁建筑结构不同的四条干线，测量得到的车流量 $Q$（辆/h）与噪声级 $L_{eq}$ 的关系。测量点距马路中心 12 m；测量产生器放置于离地面高 1.5 m 处；重型车辆的比例是 30% ~60%。图 2 中的直线是由图上的有关测量数据点按数理统计的回归分析方法描出的近似回归线，其线性回归方程为 $L_{eq}=50.2+8.8\lg Q$。由此式可以看出，车流量 $Q$ 增加 1 倍，噪声级 $L_{eq}$ 值增加 2.7 dB。

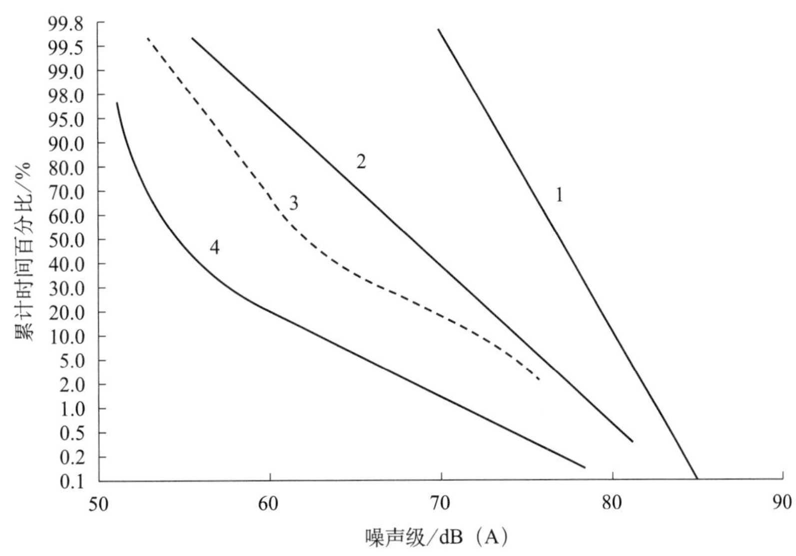


1—车流量为 3 000 辆/h（干线）；2—车流量为 1 000 辆/h；3—车流量小的十字路口；4—车流量很小的路段。

**图 1 不同车流量时的道路交通噪声特性曲线**

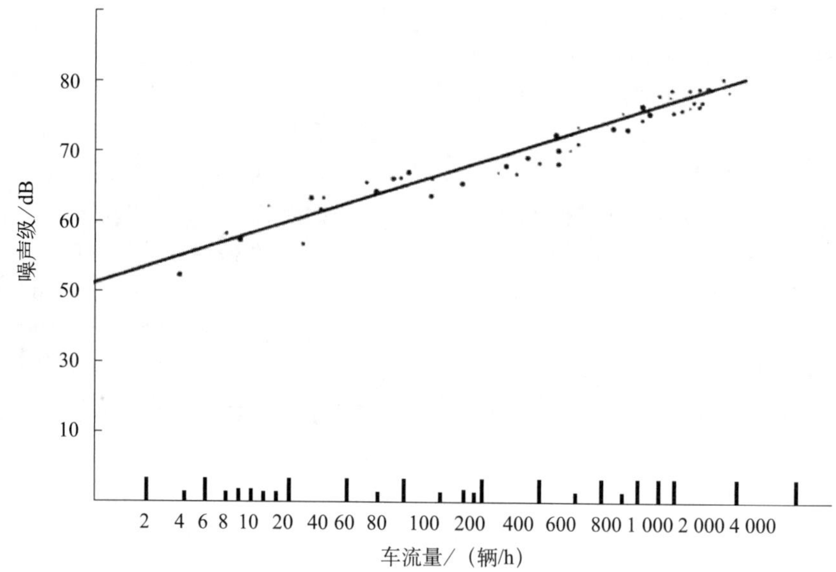


**图 2　交通噪声与车流量的关系**

**表 1　路面坡度与车种对道路交通噪声的影响**

| 路面坡度/% | 5 | | | | | | | | 7 | | | | | | | |
|---|---|---|---|---|---|---|---|---|---|---|---|---|---|---|---|---|
| 车流量/(辆/h) | 1 000 | | | | 4 000 | | | | 1 000 | | | | 4 000 | | | |
| 载重车比例/% | 0 | 25 | 50 | 100 | 0 | 25 | 50 | 100 | 0 | 25 | 50 | 100 | 0 | 25 | 50 | 100 |
| 等效声级/dB | 67 | 68.8 | 70 | 72 | 72.5 | 74.3 | 75.6 | 76.7 | 67.3 | 72.7 | 75 | 77.5 | 73.3 | 78.8 | 81 | 83.5 |

在车流量相同时，重型载重车及大型公共汽车在车流量中所占的比例越大，道路交通噪声越高。道路坡度对噪声也有一定的影响，特别是载重车在上坡时，由于负荷和发动机转速的增加，能够明显地增加噪声。表 1 列出了不同道路坡度、载重车所占比例不同时的噪声值。载重车比例增大，路面坡度增加，则道路交通噪声增大。

城市中交叉路口，由于车辆的频繁加速和减速，其噪声要比一般街道噪声高。据测试，交叉路口的噪声要比同流量的一般街道高 9～10 dB(A)。车辆加速产生的噪声与加速的挡位、加速度大小有关。在城市交通规划时，多采用一些立体交叉和自动交通信号控制，不仅可以提高运输效率，而且也有助于降低噪声。车速增加 1 倍，小汽车噪声将增加 9 dB(A)，卡车噪声则增加 6 dB(A)。

**道路交通噪声特点**　道路交通噪声是一种典型的随机非稳态噪声。在交通干线两旁，噪声随时间而变化。城市交通噪声在一段时间内，A 声级的分布基本上符合正态分布。用 $Y$ 表示声级 $L_A$ 的概率，则

$$Y=\frac{1}{\sqrt{2\pi}\sigma}\exp\left[-\frac{(L_A-L_{50})^2}{2\sigma^2}\right]$$

式中，$\sigma$ 为分布的标准偏差；$L_A$ 为交通噪声的 A 声级；$L_{50}$ 为 A 声级分布的中值。

**道路交通噪声评价方法**　有以下五种表示方法：①累积百分数声级：常用的有 A 声级的统计值 $L_{10}$、$L_{50}$、$L_{90}$，参见*累积百分数声级*。②等效连续声压级 $L_{eq}$，参见*等效声级*。③昼夜等效声级 $L_{dn}$：将夜 22 时到早 6 时所测得的各声级值均加 10 dB 后，同早 6 时到夜 22 时所得的各声级值平均，求出 $L_{dn}$。④最大声级 $L_{max}$。⑤交通噪声指数 TNI：$TNI=L_{90}+4(L_{10}-L_{90})-30$。

**道路交通噪声测量**　《声学　环境噪声的描述、测量与评价　第 2 部分：声压级测定》

(GB/T 3222.2—2022) 对道路交通噪声的测量作了原则性规定。交通噪声的大小可用连续等效声压级 $L_{eq}$或者最大声压级 $L_{max}$表示。测量 $L_{eq}$时，测量时段通过的车辆数应通过直接计数或用其他方法测定。如果测量结果转换到别的交通条件，则至少应区分轿车、中型卡车（2 轴）和重型卡车（≥3 轴）三类车型。为了确定测量条件是否具有代表性，平均交通车速应通过测量或其他手段来确定，并应注明路面的条件和类型。不同类别车辆的最大声压级 $L_{max}$不同。此外，同类别车辆之间，由于车辆的个体差异、车速不同和驾驶方式的差异，最大声压级也呈现一定的差异。根据定义，最大声压级既能直接根据规定的车辆通过数来测量，也能根据算术平均值和采用统计理论的标准偏差来计算。长期测量时，将许多重要的发射和传播条件尽可能包括进去。分类测量以避免声源工况的任何偏差。声源工况，如交通组合和车流条件，应尽可能具有代表性从而令后续的修正最小。短期测量时，选择的测量时段要覆盖噪声发射所有重要的变化。测量过程为：在户外选择合适的测量点（包括自由场位置、有反射面的位置以及离反射面一定距离的位置）放置传声器，传声器的高度因测量环境而改变。除非另有规定，对一般噪声地图的绘制，在多层居民区内传声器高度在 $(4 \pm 0.2)$ m。应根据天气条件及地面软硬状况，每次测量 10 min 或 30 min 的连续等效声压级 $L_{eq}$以及最大声压级 $L_{max}$。对每个噪声事件测量的时间周期要足够长，以便将所有重要的噪声贡献包括在内。对于一次驶过的事件，要一直测量到声压级低于实际驶过期间记录到的最大声压级 10 dB 为止。要按相关预测方法规定的不同机动车辆进行分类。 （李楠）

**推荐书目**

吕玉恒．噪声与振动控制技术手册．北京：化学工业出版社，2019.

hangkong zaosheng

**航空噪声** (aircraft noise) 机场及其邻近范围内各类飞机所产生的噪声（包括起飞、降落、滑行、测试等），在不同飞行状态下反映为不同的噪声。主要有两种噪声源：推进系统噪声和气动噪声。在实践中，在机场区域周边听到的噪声主要是机体噪声，即气流流过机翼而产生的噪声，属于气动噪声的一种。

航空噪声有别于一般的环境噪声，其噪声持续状态是间断性的，噪声级别也是不断变化的，这就导致人体感知到的噪声更加明显，更易使人感到不适。其特点主要有：声压级高、低频噪声大、影响范围广，具有非稳定特征、时空间断性和累加性。

作为城市噪声的主要来源之一，航空噪声会带来三方面的负面影响：①使机身产生声疲劳，影响飞机的使用寿命和飞行安全；②影响飞机上设备的正常工作和旅客的舒适和安全；③对机场地面工作区和机场附近的居民区造成噪声污染。

**飞机噪声** 主要包括发动机系统噪声和机体噪声。超声速飞机还能引起声爆，飞机低空飞行时，在声爆 N 形波波阵面的影响范围内，能形成几千米带宽的飞行覆盖面。飞机飞行过程中的噪声辐射是一个复杂的非定常过程，影响飞机噪声辐射的三个主要因素都是随时间变化的：决定飞机噪声源强度的飞行速度、飞行姿态和发动机功率状态等都是随时间变化的；影响飞机噪声传播的飞机声源到观测点的距离、极方向角和方位方向角等参数都是随时间变化的；影响运动声源声波多普勒频移和对流放大等的飞机速度、声源相对几何关系是随时间变化的。

飞机噪声源分散在整架飞机机体不同位置处。飞机的主要声源为发动机系统噪声和机体噪声，主要声源部位包括风扇（涡扇）、螺旋桨、起落架、机翼、襟翼、缝翼和尾翼等，其中起落架、机翼、襟翼、缝翼和尾翼产生的噪声属于机体噪声。发动机系统噪声包括螺旋桨噪声、喷流噪声、风扇/压气机噪声、涡轮噪声和燃烧噪声。起落架噪声源又分为前起落架噪声源和主起落架噪声源。机翼噪声源、襟翼噪声源和缝翼噪声源分布在机翼中部位置，尾翼噪声源分布在尾翼部位。

**机场噪声** 是飞机噪声的汇合，它与飞机的类型和起飞着陆的次数有关，它的影响范围是飞行一定高度影响下所覆盖的广大面积，因此噪声污染区域的大小与机场所在位置、距离城市远近、飞机的起落方式和时间安排，以及机场内跑道的布置等有关。机场噪声是多个突发性短暂噪声，对于居民而言，机场噪声直接影响睡眠、妨碍交谈、干扰思考、使人厌烦等。经常性的扰眠或者唤醒也会对居民的生理心理产生伤害，影响日常工作和生活。机场周围飞机噪声计算和预测值通常采用计权等效连续感觉噪声级（$L_{WECPN}$）和昼夜等效声级（$L_{dn}$）。$L_{WECPN}$为考虑白天、晚上、夜间不同时间的影响而修正的有效感觉噪声级，单位为贝［尔］，通常以分贝（dB）表示。

$$L_{WECPN}=\overline{L_{EPN}}+10\lg(N_1+3N_2+10N_3)-39.4 \tag{1}$$

式中，$\overline{L_{EPN}}$为 $N$ 次飞行的有效感觉噪声级的能量平均值；$N_1$为白天的飞行次数；$N_2$为傍晚的飞行次数；$N_3$为夜间的飞行次数。

三段时间分别按照白天 7:00—19:00、傍晚 19:00—22:00、夜间 22:00—7:00 划分。因时区差异，可按照当地时间适当调整。

$$\overline{L_{EPN}}=10\lg\left[\frac{1}{N}\sum_{i=1}^{N}10^{0.1L_{EPNi}}\right] \tag{2}$$

式中，$L_{EPNi}$为某一次飞行事件的有效感觉噪声级，按下式近似计算：

$$L_{EPN}=L_{A\max}+10\lg(T_d/20)+13$$

式中，$L_{EPN}$为有效感觉噪声级，dB；$L_{A\max}$为一次噪声事件中测量时段内单架航空器通过时的最大 A 声级，dB；$T_d$为在 $L_{A\max}$下 10 dB 的延续时间，s。

$L_{dn}$为将夜间的噪声级加 10 dB 后与昼间的噪声级一起对各自的作用时间进行能量平均而得的噪声级，单位为贝尔，但通常用 dB 为单位。

$$L_{dn}=10\lg\left[\frac{1}{24}(t_d\times10^{0.1L_d}+t_n\times10^{0.1(L_n+10)})\right]$$

式中，$L_d$为昼间噪声级，dB；$L_n$为夜间噪声级，dB；$t_d$为昼间噪声暴露时间，h；$t_n$为夜间噪声暴露时间，h。

两段时间分别按照白天 7:00—22:00、夜间 22:00—7:00 划分。因时区差异，可按照当地时间适当调整。

**航空噪声特性** 飞机的起飞和降落虽然有一定路线，但因不同机种的辐射声功率级及其变化、指向性、起降速度和与地面倾角、助跑长度等不同以及气候变化、飞机新旧程度、载客载货量变化和飞行员的风格等因素，飞机起降过程的噪声辐射和向周围传播的情况有很大差异。飞机噪声特性可以用噪声级、频谱、噪声分布和指向性描述。下表给出了各种类型飞机的噪声级。

**各种类型飞机的噪声级**

单位：dB

| 类型 | 起飞时为 5.6 km 点 | 降落时为 1.6 km 点 | 类型 | 起飞时为 5.6 km 点 | 降落时为 1.6 km 点 |
|---|---|---|---|---|---|
| DC9-10 | 88 | 98 | 707-120 | 101 | 101 |
| 737-100 | 88 | 100 | 707-320B | 102 | 108 |
| 727-100 | 91 | 97 | DC8-62 | 105 | 107 |
| 720B | 93 | 107 | DC8-55 | 103 | 100 |
| 720 | 97 | 97 | DC10，L1011 | 90 | 92 |
| 707-129B | 97 | 108 | 747 | 100 | 100 |
| 707-300 | 95 | 98 | YS-11 | 85 | — |

注：该表出自《声学手册》，马大猷，沈嵘著。

**控制措施** 目前主要是通过改进喷气发动机，对进气道和尾喷管进行声学处理和改变空气动力流的几何形状等办法来降低飞机发动机的噪声。此外还可采取下列措施：

**优化着陆航迹** 飞机着陆时，噪声主要来自涡轮、风扇等，其特征是宽频噪声叠加单频啸叫声。现在飞机着陆通常是沿着斜度为2.5°~3°的直线下降。为了减少噪声印迹，可使飞机先沿6°斜线下降，到达200 m高度时再改用3°斜线下降。

**降低起飞时的发动机功率** 飞机起飞时的噪声主要是喷流噪声，降低喷流噪声的方法是在离地面后降低发动机的功率，使飞机只能维持一个固定的飞行速度和最佳上升角度，直到450 m高度为止。

**增加涡扇发动机涵道比** 先进的涡轮风扇发动机包含内涵和外涵，外涵和内涵的流量之比称为涵道比。涵道比越大，喷流噪声就越小。

**改进风扇** 涡轮风扇飞机一般采用双层风扇，转子前面各有导向叶片以组成静子。增加静子和转子之间的距离，降低转子叶片尖端的线速度都可以使风扇噪声降低。

**静化短舱** 在飞机的发动机短舱内进行吸声处理，同时使用吸声材料和吸声结构处理进气道和尾喷管。通常使用的吸声结构主要有单层或双层穿孔板，空腔用蜂窝板隔断。

（金中坤　欧阳山）

**推荐书目**

马大猷，沈嵘．声学手册（修订版）．北京：科学出版社，2004.

马大猷．噪声与振动控制工程手册．北京：机械工业出版社，2002.

chuanbo zaosheng

**船舶噪声** （ship noise） 船舶的各种设备运行时辐射的噪声和船舶航行时产生的噪声的总称。

**船舶噪声源** 船舶噪声是多种设备噪声及航行时产生的噪声的集合，主要分为船舶动力机械噪声和船舶辅助机械噪声。动力机械噪声有发动机噪声、螺旋桨噪声和水动力噪声。辅助机械噪声有空调噪声、风扇噪声。

**发动机噪声** 常用的发动机是柴油机，其次是燃气轮机，以核装置作为动力设备的船舶还比较少。柴油机主要是由于气动、机械两方面产生噪声。燃烧过程中气体在气缸中产生声驻波，一部分通过换气过程直接辐射，另一部分通过气缸壁以结构声形式传播和辐射。而冲击波激励的机械振动通过活塞、连杆、曲柄轴传到柴油机构架上，并由曲轴箱、壳体等向外辐射声能。各种机械在工作时除直接向周围辐射噪声外，还通过各自的基座将机器的振动传递给船壳，引起船壳的构架和壳板振动。这些结构振动形成结构声，在船体中传播并向周围媒质（空气、水）辐射噪声。在核动力船，推进系统的主减速箱是机械噪声的主要来源。

**螺旋桨噪声** 主要有旋转噪声和空化噪声（当桨叶表面的水分子压力降低到水的汽化压力以下时，产生气泡，气泡上升后破裂）。旋转噪声是螺旋桨在不均匀流场中工作引起的干扰力（其频率主要取决于桨轴转速乘桨叶数，常称为叶频）和螺旋桨的机械不平衡引起的干扰力（其频率主要取决于桨轴转速，常称为轴频）所产生的噪声。螺旋桨出现空化现象以后，船舶水下噪声主要取决于螺旋桨噪声。出现空化时的航速称为临界航速。空化噪声具有连续谱的特征，空化噪声特性与桨叶片形状、桨叶面积、叶距分布等因素有关。在一定转速下，随着螺旋桨叶片旋转产生的涡旋的频率与桨叶固有频率相近，产生桨鸣。参见螺旋桨噪声。

**水动力噪声** 主要是由于高速海流的不规则起伏作用于船体，激起船体的局部振动并向周围媒质（空气、水）辐射的噪声。此外，还有船下附着的空气泡撞击声呐导流罩，湍流中变化的压力引起壳板振动所辐射的噪声（声呐导流罩内的噪声一部分就是因此产生的）等。参见水动力噪声。

**船舶噪声标准** 对于内河船舶噪声限值，《内河船舶噪声级规定》（GB 5980—2009）作了相应规定。内河三类船舶（见表1）的噪声限值见表2。

**表1　内河船舶分类**

| 类别 | 船长（两柱间长）$L$/m | 连续航行时间 $T$/h |
|---|---|---|
| Ⅰ | $L≥70$ | $T≥24$ |
| Ⅱ | $L≥70$ | $12≤T<24$ |
| | $30≤L<70$ | $T≥12$ |
| Ⅲ | $L<30$ | — |
| | — | $2≤T<12$ |

注：表中不包括内河高速船；连续航行小于2 h的船舶，参照第Ⅲ类船舶执行。

**表2　内河船舶噪声级的最大限值**

| 部位 | | 噪声最大限值/dB Ⅰ | Ⅱ | Ⅲ | 内河高速船 |
|---|---|---|---|---|---|
| 机舱区 | 有人值班机舱主机操纵处 | 90 | | | — |
| | 有控制室的或无人的机舱 | 110 | | | — |
| | 机舱控制室 | 75 | | — | — |
| | 工作间 | 85 | | | — |
| 驾驶区 | 驾驶室 | 65 | | 69 | 70 |
| | 报务室 | 65 | | — | — |
| 起居室 | 卧室 | 60 | 65 | 70 | — |
| | 医务室 | 60 | 65 | — | — |
| | 办公室、休息室、座席客舱 | 65 | 70 | 75 | 78/75[a] |
| | 厨房 | 80 | | 85 | — |

a：内河船长大于等于25 m的高速船客舱，连续航行时间不超过4 h噪声限值为78 dB(A)；连续航行时间超过4 h时，噪声限值为75 dB(A)。船长小于25 m的高速船可参照执行。

表2的限值适用于干货船、液货船、集装箱船、客船、推（拖）船、滚装船、高速船、耙吸式和绞吸式挖泥船，其他船舶参照执行。

**船舶噪声降噪措施**　降低各种噪声源的噪声级，对机器进行隔振，是控制船舶噪声的主要措施。例如，对主机、辅机等设备安装隔振器（其共振频率不应超过机器基频的1/6），改善机器的静力和动力平衡。机器的进气口、排气口都应加装消声器，机器上安装有吸声衬里的隔声罩，各种管路接头应尽可能采用挠性联结，在振动的板壳上采用阻尼处理。螺旋桨和船后壳之间的间隙要适当，以减小激励船壳的力。加装螺旋桨导管可降低螺旋桨的振动和噪声，还可提高桨效，设计（理论计算及模型实验）时就应考虑船后体的形状，以改善伴流，尽量避免出现螺旋桨的空化现象。为减小螺旋桨的水下噪声还可选用高内耗、高强度材料来制作螺旋桨，例如，可采用高阻尼合金。还可对桨叶进行必要的加工，使涡旋振荡频率与桨叶固有频率错开，以消除桨鸣。

（李楠　欧阳山）

jidongche zaosheng

**机动车噪声**　（motor vehicle noise）　主要噪声源为驱动系统（进气、排气、燃烧、机械、冷却风扇等）和运行系统（轮胎、轮框、传动齿轮等）的机动车行驶噪声。前者同发动机转速有关，同运行速度几乎无关；后者同轮胎花纹、路面状况有关，并随行车速度变化。

**机动车噪声的来源**　包括排气噪声、发动机噪声和轮胎噪声。

**排气噪声**　是机动车的主要噪声源，通常比其他噪声高10～15 dB(A)。排气噪声主要是由发动机排气阀周期性开闭所产生的压力脉冲激发气流振动而产生的，噪声能量主要分布在200 Hz以下的低频区。

排气噪声的大小与发动机转速和负荷情况有关。发动机在不同转速下排气噪声差别很大，转速增加10倍，排气噪声增加45 dB(A)，即排气噪声声强与转速的4.5次方成正比。当发动机有负荷时，由于排气压力的增加，排气噪声也要增加，据测定，车辆在全负荷时，排气噪声要比空负荷时高出15～20 dB(A)。

**发动机噪声**　发动机机壳噪声是由于机械力作用和气缸中气体受压缩并燃烧产生的气体压力作用在活塞与气缸壁上而产生的，两者都能引起发动机外表面振动而辐射噪声。内燃机噪声和它的燃烧方式、发动机结构、转速、排量、负荷等因素有关，其中，燃烧是主要的噪声源。

**轮胎噪声**　当车速达到50 km/h以上时，轮胎噪声就显得很突出了。轮胎噪声是一种高频噪声，主要由轮胎花纹和路面之间的空气受挤压产生。其中轮胎花纹形状是影响轮胎噪声的重要因素。横肋状花纹噪声较大，竖肋状花纹噪声较小，轮胎噪声变动范围是相当大的。

**机动车噪声的分类** 包括载重车噪声和小客车噪声。

**载重车噪声** 载重车按驱动系统的类型可分为柴油发动机车和汽油发动机车。柴油发动机车噪声一般比汽油发动机车噪声高 8～10 dB。声压级随车龄增加而增强，主要是机器磨损、排气消声器损坏、轮胎磨损等造成的。载重车的车速一般较低，空气动力噪声也小。不同车辆的车体振动噪声相差很大，难以估算；总声压级一般是车速（$v$）的函数，15 m 处的 A 声级（$L_A$）可用下列经验公式估算。

$$L_A = 83.6 (v < 48\ \mathrm{km/h})$$

$$L_A = 87.5 + 10\lg(v/88) \ (v \geqslant 48\ \mathrm{km/h})$$

**小客车噪声** 声压级是车速的函数，总声压级的经验公式为

$$L_A = 74.4 + 32\lg(v/88)$$

在沥青路面上，如果小客车的车速为 56 km/h，声压级一般为 64～73 dB；如果小客车的车速为90 km/h，声压级一般为 63～82 dB。在混凝土路面上，时速每增加 15 km/h，噪声约增加 2.5 dB，具体数据视车辆而异。车窗全开时声压级增加 5～15 dB；车窗开一边时，车厢可视为亥姆霍兹共鸣器，车辆达到某速度时，可产生很高的声压级，有时甚至可达 100 dB。但稍稍打开另一面的车窗，这种噪声即可消除。

**噪声测量方法** 有最大加速度测量法、匀速噪声测量法、定点噪声测量法等。《汽车加速行驶车外噪声限值及测量方法》（GB 1495—2002）采用最大加速度噪声测量法。这种测量法规定：在平整开阔的场地上，设硬质路面及行车中线，划定长 20 m 的公路为测量段，车辆以一定的传动挡和 3/4 发动机额定转速，匀速驶向测量段（使车辆中线在地面上的投影和行车中线重合），当车辆前端线抵达测量段起始线时，立即将油门全开，车辆加速通过测量段。车辆后端线到达测量段终端线以前，发动机转速必须达到额定转速。在测量段中点两侧和中线相距 7.5 m 处设测量点，将普通声级计或精密声级计安装在高于路面 1.2 m 的支架上，以快挡测量车辆在规定状况下以最大加速度通过时的最高 A 声级。

**噪声限值** 《汽车加速行驶车外噪声限值及测量方法》（GB 1495—2002）规定，汽车加速行驶时，车外最大噪声级不应超过下表规定的限值。

**汽车加速行驶车外噪声限值**

| 汽车分类 | | 噪声限值/dB(A) | |
|---|---|---|---|
| | | 第一阶段 | 第二阶段 |
| | | 2002-10-01—2004-12-30<br>生产的汽车 | 2005-01-01<br>以后生产的汽车 |
| $M_1$ | | 77 | 74 |
| $M_2$（GVM≤3.5 t），<br>或 $N_1$（GVM≤3.5 t） | GVM≤2 t | 78 | 76 |
| | 2 t＜GVM≤3.5 t | 79 | 77 |
| $M_2$（3.5 t＜GVM≤5 t），<br>或 $M_3$（GVM＞5 t） | $P$＜150 kW | 82 | 80 |
| | $P$≥150 kW | 85 | 83 |
| $N_2$（3.5 t＜GVM≤12 t），<br>或 $N_3$（GVM＞12 t） | $P$＜75 kW | 83 | 81 |
| | 75 kW≤$P$＜150 kW | 86 | 83 |
| | $P$≥150 kW | 88 | 84 |

说明：a）$M_1$、$M_2$（GVM≤3.5 t）和 $N_1$类汽车装用直喷式柴油机，限值增加 1 dB(A)。

b）对于越野汽车，GVM＞2 t 时：
如果 $P$＜150 kW，限值增加 1 dB(A)；
如果 $P$≥150 kW，限值增加 2 dB(A)。

c）$M_1$类汽车，若变速器前进挡多于四个，$P$＞140 kW，$P$/GVM 大于 75 kW/t，并且用第三挡测试时尾端出线的速度大于 61 km/h，则限值增加 1 dB(A)。

注：GVM——最大总质量，t；$P$——发动机额定功率，kW。

（李楠　欧阳山）

tielu xianlu zaosheng

**铁路线路噪声** (railway line noise) 火车(普通列车或者高速列车)行驶时产生的噪声。铁路线路噪声属于流动污染源,具有线长、面广、间歇性等特点,其污染程度随列车速度的提高而日益加重。在高铁迅速发展的中国,铁路线路噪声污染日益严重,给铁路沿线居民带来较大烦扰。

**铁路线路噪声源** 普通铁路线路噪声的声源主要包括机车鸣笛噪声和轮轨噪声,以轮轨噪声为主,而对于提速后及新建的高速铁路,还包括铁路桥梁的结构振动噪声、空气动力性噪声以及集电系统噪声。日本新干线的声源识别结果表明,当车速低于240 km/h时,列车通过最大声级以轮轨噪声为主,约占最大声级总能量的40%;当车速达到300 km/h时,轮轨噪声与集电系统噪声和空气动力性噪声共同成为主要噪声源,各占30%左右;当车速达到400 km/h时,集电系统噪声最大声级最高,占最大声级总能量的40%,其次为空气动力性噪声,约占30%,轮轨噪声仅占20%,桥梁结构噪声约占10%。

**机车鸣笛噪声** 机车鸣笛原因主要有两个:①联络信号,主要为机车运行时司机与司机间及司机与车站值班员、扳道员、运转车长间的联络;②警告信号,列车经过弯道、信号机、平交道口时,警告突发性横跨路基的人畜、车辆,或接近列车行走的人。

**轮轨噪声** 是由于轨道结构和轮对的振动经由空气传播而产生的,一般分为三类:撞击声、滚动声和尖叫声。撞击声是车轮经过钢轨接缝处或钢轨其他不连续部位(如辙叉)及表面呈波纹状钢轨时所产生的噪声;滚动声是由于车轮和钢轨接触表面粗糙所造成的;尖叫声是列车沿小半径曲线轨道运行时产生的强烈噪声。客车的轮轨噪声能量主要集中在500~2 000 Hz。

**集电系统噪声** 引发的主要原因有:受电弓和接触网的高频振动,列车高速运行时常发生的弓网脱离以及导线波磨等。主要表现为三种形式:①滑动声。指受电弓与输电导线产生相对滑动时引起的机械滑动声。②电弧声。指列车在高速运行时受电弓和导线发生脱离而产生的电弧噪声,瞬时可达100 dB(A)。③受电弓的气动噪声。指受电弓突出在车顶上,几乎受到与列车速度相同的风速作用而产生摩擦从而引发受电弓的气动噪声。

**铁路桥梁的结构振动噪声** 指由于运动列车的动力作用,使建筑结构如桥梁、声屏障等振动产生的结构振动噪声。

**空气动力性噪声** 在高速铁路上行驶的动车组会使车体表面出现空气流中断,并因此引起涡流,从而产生空气动力性噪声,其与列车的行驶速度、车体表面的粗糙程度以及车体前端是否流线化等因素有关。

**铁路线路噪声相关标准** 《铁路边界噪声限值及其测量方法》(GB 12525—1990),采用等效连续A声级 $L_{Aeq}$(见*等效声级*)作为噪声限值指标,明确规定铁路边界昼间(6:00—22:00)和夜间(22:00—6:00)的噪声限值,规定在既有铁路线上昼间和夜间的噪声限值均为70 dB;在新建铁路线上昼间噪声限值为70 dB,夜间噪声限值为60 dB。

《声环境质量标准》(GB 3096—2008)规定,自2011年起审批的新建铁路干线建设项目两侧区域昼间噪声限值为70 dB,夜间噪声限值为60 dB;穿越城区的既有铁路干线或者对穿越城区的既有铁路干线进行改建、扩建的铁路建设项目,两侧区域在没有列车通过时的环境背景噪声限值是昼间70 dB、夜间55 dB。

**铁路线路降低噪声的措施** 通常采取的措施如下:①改用焊接的长钢轨代替短钢轨,以减少轨道上钢轨的接缝,可降低轮轨噪声约8 dB。焊接长钢轨每节的长度,一般为1~2 km,个别的可达3 km以上。②磨平钢轨头部由于车辆制动等原因所造成的波浪形表面,一般可降低轮轨噪声6~9 dB。③采用轨道减振器,将钢轨安置在弹簧减振器上,这对减弱轮轨噪声有良好效果,如弹簧的压缩量大于5 mm,则应考虑选用预应力弹簧减振器。④改进客、货车车架的装配，在车轮的轮缘内嵌入橡胶块以减振，或在轮辐上粘贴弹性材料作为减振环，可降低噪声 2 ~ 3 dB。⑤车厢下部两侧加用活动的裙板，可减低轮轨噪声 1 ~ 2 dB。这种裙板应涂上厚重的防锈漆，其内侧用吸声材料饰面。⑥选用钢轨混凝土拱桥代替钢桁架桥。实测表明，在行车速度 40 km/h 的情况下，前者较后者约可降噪 4 dB。⑦路床上的道砟层厚度与轮轨噪声有关。加厚道砟层能更好地减小列车的振动，从而减低噪声。道砟材料应选用碎石，而不宜用砾石或砂子，因为后面两种材料的弹性远不如前者。⑧在铁路线与居住区之间建立由土、石等材料筑成的隔声墙作为屏障（应靠近铁路线），或种植几十米宽的浓密绿化林带，以降低传到居民区的列车噪声。

近年来随着高速铁路的迅速发展，围绕高速铁路噪声控制产生了很多新技术和新方法。①车头流线型设计。以京沪高速铁路为例，新一代“和谐号” CRH380A 动车组采用低阻力流线型车头，增加了长细比，车头造型比普通动车组的车头长 2.6 m，通过调整截面积变化率，头部造型平顺化，车体断面方面加大侧顶圆角半径，使车头气动阻力降低 15.4%，气动噪声降低 7%。CRH380BL 动车组车头司机室外部蒙皮流线型结构与车头客室形成统一的整体结构，车头两侧向上、向后延伸的“凹槽”贯穿全车，运行空气阻力可减小 10%。②转向架优化设计。高速动车组优化了转向架设计参数。CRH380 型动车组采用无摇枕转向架，增加了抗侧滚扭杆及抗蛇形减振器，加强了二系悬挂空气弹簧柔度，相较于优化前的转向架系统，车头转向架位置区域产生的气动噪声降低了 2.1 dB。③受电弓罩优化设计。CRH380B 动车组使用 DSA350 型高速受电弓、主动控制低气流扰动双弓受流技术，在受电弓两侧设挡板，在受电弓导流罩、空调机组导流罩等方面加以改进，导流罩呈箱体型结构，其外表面呈流线型，导流罩前后两端的迎风面大致呈椭球面，受电弓在升弓状态时产生的气动噪声较改进前受电弓产生的气动噪声减小了 2.4 dB。④通过高速铁路工程结构物的优化设计降低高铁噪声。高速铁路工程结构物噪声源控制技术主要包括：对高速铁路线路采用 ±1 mm 轨距允许偏差、<2 mm 轨道高低和轨向允许偏差的轨道铺设控制精度，跨区间无缝钢轨，CRTS Ⅱ型板式无砟轨道结构和弹性扣件，以及运营中钢轨的打磨养护，实现了轨道的高平顺性；桥梁采用大体量混凝土箱梁和墩身；路基、桥涵和隧道结构物过渡段采取了刚度过渡措施；增大隧道净空有效面积，隧道进、出洞口根据隧道长度采取了不同型式的缓冲结构，以降低隧道洞口周围环境的微气压波影响。

（李楠　欧阳山）

chengshi guidao jiaotong zaosheng

**城市轨道交通噪声** （urban rail transit noise）地铁、轻轨、跨座式单轨、有轨电车以及中低速磁悬浮列车等交通工具运行过程中产生的噪声。

地铁是快速、大运量、用电力驱动的城市轨道交通，线路一般沿着主要道路的地下行驶，沿线两侧有居民区和商业区。地铁车站和列车的车厢内，夏季有空调，其他季节为一般通风。为了排除区间隧道中列车运行的热量，都需要通风，并需相应配备排水设备和控制设备。地铁列车和各种设备在运行中产生列车运行噪声、设备运转噪声。其中列车运行噪声是由轮轨相互撞击振动而产生的；设备运转噪声是由事故（冷却）风机、空调冷水机组、空调送/回风机、站台地下排热风机、水泵、变压器和电梯等产生的。由于振动而引起的邻近建筑室内的二次激发噪声，也是重要的污染源。

轻轨通常采用专用轨道在全封闭或者半封闭的线路上，是以独立运行为主的中运量城市轨道交通，线路一般在地面、高架结构上，也有部分延伸到地下隧道内。跨座式单轨是车体跨在轨道梁上运行的中运量城市轨道交通系统。有轨电车为独立运营或者与其他交通方式一同运行的低运量城市交通系统，线路设在地面上。

城市轨道交通虽然形式多样，但具有一定的共性。车厢内的噪声由乘坐该车的人承受，车站内的噪声由在车站内候车的人承受，而路边噪声影响着在轨道交通沿线区域居住或工作的人们。

**城市轨道交通噪声相关标准** 《地铁设计规范》（GB 50157—2013）在第 29 章中对地铁噪声标准、与声环境有关的地铁规划设计、与敏感建筑物之间的噪声防护距离、应采取的噪声振动控制措施等做了明确规定，其中有关噪声防护距离的建议值见表 1。

**表 1　轨道中心线各类区域敏感点的噪声防护距离**

| 声环境功能区类别 | 各环境功能区敏感点 | 外轨中心线与敏感建筑物的水平距离/m | 风亭、冷却塔边界与敏感建筑物的水平间距/m |
|---|---|---|---|
| 0 | 康复疗养区等特别需要安静区域的敏感点 | ≥60 | — |
| 1 | 居住、医疗、文教、科研区的敏感点 | ≮50 | ≥30 |
| 2 | 居住、商业、工业混合区的敏感点 | ≮40 | ≥20 |
| 3 | 工业区敏感点 | ≮30 | ≥10 |
| 4 | 城市轨道交通两侧区域的敏感点 | ≮30 | ≥10* |

注：* 在有条件的新区，宜不小于 15 m。

防护距离应用的具体建议是：对于规划区，地铁先建、敏感建筑后建，应按照本规范要求，在噪声、振动防护距离范围内不宜规划建设居住、文教、医疗等敏感建筑。对于建成区，敏感建筑先建、地铁后建，当不能满足噪声、振动防护距离要求时，如地下线邻近甚至下穿敏感建筑，或风亭、冷却塔选址困难的情况，应对线路采取轨道减振措施，或对风亭、冷却塔采取消声降噪等综合措施，以使环境影响符合振动、噪声限值标准的规定。

《环境影响评价技术导则　城市轨道交通》（HJ 453—2018）中规定了列车声环境影响评价范围：①地面线和高架线的声环境评价范围：地铁、轻轨（含试车线、出入段线、出入库线）一般为距线路中心线两侧 150 m；跨座式单轨交通、现代有轨电车交通以及中低速磁浮交通一般为距线路中心线两侧 50 m；车辆段、停车场、车辆基地一般为厂界外 50 m。②地下线：冷却塔评价范围为冷却塔声源周围 50 m；风亭评价范围为风亭声源周围 30 m。③主变电站评价范围为厂界外 30 m。④评价范围可根据建设项目工程和环境影响的实际情况适当缩小或扩大。同时，规定振动环境评价范围：①地铁、轻轨的振动环境评价范围：地下线和地面线一般为距线路中心线两侧 50 m；高架线一般为距线路中心线两侧 10 m。地铁、轻轨的室内二次结构噪声影响评价范围：地下线一般为距线路中心线两侧 50 m。必要时，振动环境评价范围、室内二次结构噪声评价范围可根据建筑项目工程和环境影响的实际情况适当缩小或扩大。②文物保护单位内不可移动文物的振动影响评价范围：一般为距地下线和地面线线路中心线两侧 60 m。评价范围可根据建筑项目工程特点、文物保护单位内不可移动文物的特点、环境影响的实际情况适当缩小或扩大。③跨座式单轨交通、现代有轨电车交通、中低速磁悬浮交通可不进行振动和室内二次结构噪声评价。

《环境影响评价技术导则　城市轨道交通》（HJ 453—2018）同时规定了列车运行期声环境评价方法：根据列车运行时对声环境保护目标的噪声影响预测结果，按照 GB 3096 的要求，根据声环境保护目标所处声环境功能区类别进行超达标评价、超标统计及超标原因分析。其中车辆基地、车辆段、停车场、主变电站还要按照《工业企业厂界环境噪声排放标准》（GB

12348—2008）的要求，对厂界噪声进行超达标评价。同时规定了振动环境影响的评价方法。按照《城市区域环境振动标准》（GB 10070—88）的要求，对振动环境保护目标的振动环境影响进行超达标分析。按照《 城市轨道交通引起建筑物振动与二次辐射噪声限值及其测量方法标准》（JGJ/T 170—2009）要求，对室内二次结构噪声影响进行超达标分析。JGJ/T 170 规定了适用于评价城市轨道交通列车运行引起沿线建筑物二次辐射噪声和振动的限值（见表 2）。

**表 2　建筑物室内二次辐射噪声限值**

| 区域 | 二次辐射噪声限值/dB(A) | |
|---|---|---|
| | 昼间 | 夜间 |
| 0 类 | 38 | 35 |
| 1 类 | 38 | 35 |
| 2 类 | 41 | 38 |
| 3 类 | 45 | 42 |
| 4a 类 | 45 | 42 |

注：昼夜时间划分：昼间：06:00—22:00；夜间：22:00—06:00；昼夜时间适用范围在当地另有规定时，可按当地人民政府的规定来划分。

（李楠）

**推荐书目**

马大猷．环境物理学．北京：中国大百科全书出版社，1982.

吕玉恒．噪声控制与建筑声学设备和材料选用手册．北京：化学工业出版社，2019.

gongye zaosheng

**工业噪声**　（industrial noise）　在工业生产活动中产生的干扰周围生活环境的声音。工业生产过程中由于机器或设备运转以及其他活动产生噪声，从工厂传到外部的噪声对附近居民造成影响。工业噪声不仅包括固定设备的噪声，也包括工业生产活动中的其他噪声。工业噪声声源多而分散，噪声类型比较复杂，因生产的连续性，声源也较难识别，治理起来较困难。不同工业噪声源的噪声级见表 1。

**表 1　不同工业噪声源的噪声级**

| 声级/dB | 声源 |
|---|---|
| 130 | 风铲、风铆、大型鼓风机、锅炉排气放空 |
| 125 | 轧材热锯（峰值）、锻锤（峰值）、鼓风机 |
| 120 | 钢材齿锯、大型球磨机、加压制砖机 |
| 115 | 柴油机试车、双水内冷发电机试车、振捣台、抽风机、热风炉鼓风机、振动筛、桥梁生产线 |
| 110 | 罗茨鼓风机、电锯、无齿锯 |
| 105 | 织布机、电刨、大螺杆压缩机、破碎机 |
| 100 | 麻、毛、化纤织机，柴油发电机，大型鼓风机站，矿山破运平峒、电焊机 |
| 95 | 织带机、棉纺厂细纱车间、转轮印刷机 |
| 90 | 轻纺、纬纺、梳棉、空压机站、泵房，冷冻机房、轧钢车间、饼干成型、汽水封盖、柴油机和汽油机加工流水线 |
| 85 | 车、铣、刨床，凹印、铅印，平台印刷机折页机，装订连动机，造纸机，制砖机，切草机 |
| 80 | 织袜机、针织机、平印连动机、漆包线机、挤塑机 |
| 75 | 上胶机、过板机、蒸发机 |
| 75 以下 | 拷贝机、放大机、电子刻版、真空镀膜、电线成盘机 |

**分类**　根据声源产生的方式，可以分为机械性噪声、空气动力性噪声和电磁性噪声。

**机械性噪声**　是由机械的撞击、摩擦和转动而产生的，如织布机、球磨机、电锯、锻锤等产生的噪声，参见机械噪声。

**空气动力性噪声**　是由气体压力发生突变引起气流的扰动而产生的，如鼓风机、汽笛、喷射器等产生的噪声，参见机械噪声。

**电磁性噪声**　是由电机中交变力相互作用

而产生的噪声，如发电机、变压器等发出的声音，参见机械噪声。

根据噪声的性质，工业噪声又可分为连续噪声和间断噪声，或者稳态噪声和脉冲噪声。

**危害** 当人们进入较强烈的噪声环境时，会觉得刺耳难受，经过一段时间就会产生耳鸣现象，这时用听力计检查，将发现听力有所下降，但这种情况持续时间不会很长，若在安静地方停留一段时间，听力就会恢复，这种现象叫作“暂时性听阈偏移”，也称“听觉疲劳”。如果长年累月地处在强烈噪声环境中，这种听觉疲劳难以消除，而且日趋严重，以致形成“永久性听阈偏移”，这就是一种职业病——噪声性耳聋。通常，长期在 90 dB(A) 以上的噪声环境中工作，就可能发生噪声性耳聋。还有一种爆震性耳聋，即当人耳突然受到 150 dB(A) 以上的极强烈噪声作用时，可使人耳受到急性外伤，一次作用就可以使人耳聋。噪声除对人耳造成损伤外，还给人的身心带来危害。噪声作用于人的中枢神经时，使人的基本生理过程——大脑皮层的兴奋和抑制的平衡失调。

**防治** 包括控制和消除噪声源、合理进行厂区规划和厂房设计、对局部噪声源采取防噪声措施。

**控制和消除噪声源** 通过工艺改革以无声或产生低声的设备和工艺代替高声设备，如以焊代铆、以液压代替锻造、以无梭织机代替有梭织机等；加强机器维修或减掉不必要的部件，消除机器摩擦、碰撞等引起的噪声；机器碰撞外用弹性材料代替金属材料以缓冲撞击力，如球磨机内以橡胶衬板代替钢板，机械撞击处加橡胶衬垫或加铜锰合金，以及加工轧制件落地可改为落入水池等。

**合理进行厂区规划和厂房设计** 在生产强噪声车间与非噪声车间及居民区间应有一定的距离或设防护带；噪声车间的窗户应与非噪声车间及居民区成 90°设计；噪声车间内应尽可能将噪声源集中并采取隔声措施，室内装设吸声材料，墙壁表面装设或涂抹吸声材料以降低车间内的反射噪声。

**对局部噪声源采取防噪声措施** 采用消声装置以隔离和封闭噪声源；采用隔振装置以防止噪声通过固体向外传播；采用环氧树脂充填电机的转子槽和定子之间的空隙，降低电磁性噪声。

**工业噪声相关标准** 《工业企业噪声控制设计规范》(GB/T 50087—2013) 规定了各类工作场所的噪声限值 (见表 2)。

**表 2 各类工作场所噪声限值**

| 序号 | 工作场所 | 噪声限值/dB(A) |
|---|---|---|
| 1 | 生产车间 | 85 |
| 2 | 车间内值班室、观察室、休息室、办公室、实验室、设计室室内背景噪声级 | 70 |
| 3 | 正常工作状态下精密装配线、精密加工车间、计算机房 | 70 |
| 4 | 主控室、集中控制室、通信室、电话总机室、消防值班室、一般办公室、会议室、设计室、实验室室内背景噪声级 | 60 |
| 5 | 医务室、教室、值班宿舍室内背景噪声级 | 55 |

注：1. 生产车间噪声限值为每周工作 5 d，每天工作 8 h 等效声级；对于每周工作 5 d，每天工作不是 8 h，需计算 8 h 等效声级；对于每周工作日不是 5 d，需计算 40 h 等效声级。

2. 室内背景噪声级指室外传入室内的噪声级。

《以噪声污染为主的工业企业卫生防护距离标准》(GB 18083—2000)，规定了以噪声污染为主的工业企业与居住区之间应保持的最小距离。对接触有害因素的工作场所，《工作场所有害因素职业接触限值 第 2 部分：物理因素》(GBZ 2.2—2007) 规定了工作场所物理因素职业接触限值。其中噪声职业接触部分规定：每周工作 5 d，每天工作 8 h 的场所稳态噪声限值为 85 dB(A)，非稳态噪声等效声级限值为 85 dB(A)；每周工作 5 d，每日工作时间不等于 8 h 的场所需计算 8 h 等效声级，限值为

85 dB(A)；每周工作不是 5 d，需计算 40 h 等效声级，限值为 85 dB(A)。对脉冲噪声工作场所，该标准作了相应的规定。

《工业企业厂界环境噪声排放标准》（GB 12348—2008）规定了工业企业和固定设备厂界环境噪声排放限值（见表 3）及其测量方法。表 3 中 0 类标准适用于疗养区、高级别墅区、高级宾馆区等特别需要安静的区域，位于城郊和乡村的这一类区域分别按严于 0 类标准 5 dB(A) 执行；1 类标准适用于以居住、文教机关为主的区域；2 类标准适用于居住、商业、工业混杂区及商业中心区；3 类标准适用于工业区；4 类标准适用于交通干线道路两侧区域。夜间频繁突发的噪声（如排气噪声），其峰值不准超过标准值 10 dB(A)，夜间偶然突发的噪声（如短促鸣笛声），其峰值不准超过标准值 15 dB(A)。

**表 3　工业企业厂界环境噪声排放限值**

单位：dB(A)

| 厂界外声环境功能类别 | 时段 | |
|---|---|---|
| | 昼间 | 夜间 |
| 0 | 50 | 40 |
| 1 | 55 | 45 |
| 2 | 60 | 50 |
| 3 | 65 | 55 |
| 4 | 70 | 55 |

（李楠　欧阳山）

qidong zaosheng

**气动噪声**　（aerodynamic noise）　又称空气动力噪声，是由气流的起伏运动或气动力产生的噪声。19 世纪人们已开始对气动噪声的个别现象展开观察和研究。20 世纪 40 年代后期，由于喷气式发动机在飞机上的使用，气动噪声的研究进一步发展起来。M. J. Lighthill 在 1952 年建立的湍流声类比理论成为现代气动噪声研究的一个重要基础。常见的气动噪声有喷流噪声、边棱音、卡门涡旋声、受激涡旋声、螺旋桨噪声、风扇噪声等。　（金中坤）

**推荐书目**

马大猷，沈嵘. 声学手册（修订版）. 北京：科学出版社，2004.

乔渭阳，王良锋. 航空发动机气动声学 . 2 版. 西安：西北工业大学出版社，2016.

张强. 气动声学基础. 北京：国防工业出版社，2012.

孙晓峰. 气动声学. 北京：国防工业出版社，1994.

方丹群，张斌，孙家麒，等. 噪声控制工程学（上册）. 北京：科学出版社，2013.

penliu zaosheng

**喷流噪声**　（jet noise）　又称喷射噪声、喷注噪声，是气流从管口以高速（介于声速和亚声速之间）喷射出来产生的噪声，如喷气发动机排气噪声和高压容器排气噪声。由于喷口构造不同，气室压力高低不等，喷口处的流动特性及产生的噪声也有不同的规律。常见的喷口有收缩喷口及收扩喷口两种。喷流噪声是从管口喷射出来的高速气流与周围静止空气强烈混合时产生的，最简单的自由喷流是由一个高压容器通过一个圆形喷嘴排放气流。气体在容器内速度等于零，在圆管的最窄截面处流速达到最大值。

**收缩喷口**　当气室压力 $p_s$ 小于临界压力时，即

$$p_s < p_a\left(\frac{\gamma+1}{2}\right)^{\frac{\gamma}{\gamma-1}}$$

式中，$p_a$ 为大气压；$\gamma$ 为比热比。

此时喷流为亚声速完全膨胀喷流，亚声速喷流噪声主要是湍流混合噪声。当气室压力 $p_s$ 等于或大于临界压力时，喷流为欠膨胀喷流；欠膨胀喷流除产生湍流混合噪声外，还产生湍流激波噪声。

**收扩喷口**　如膨胀适当，喷注可成为超声速。当喷流速度小于 2 $Ma$（$Ma = u/c$，$u$ 是当地流动速度，$c$ 是当地声速）时，超声速喷流噪声功率仍服从湍流噪声的公式，即与喷流速

度的 8 次方成正比；当喷流速度增大时，超声速喷流噪声功率逐渐变为与喷流速度的 3 次方成正比。如膨胀不当，喷流也能成为超声速，但这时超声速喷注除湍流噪声外，也会产生湍流激波噪声。（金中坤　欧阳山）

**推荐书目**

马大猷，沈嵘．声学手册（修订版）．北京：科学出版社，2004.

马大猷．噪声与振动控制工程手册．北京：机械工业出版社，2002.

马大猷．现代声学理论基础．北京：科学出版社，2004.

bianlengyin

**边棱音**　（edge tone）　又称边棱声，是喷流冲击正对喷口的尖劈的边棱时所产生的噪声。

当喷流顺流而下冲击到尖劈的边棱时，则从边棱辐射一个声波。这个声波向上游传播到达喷口，在喷流气流中产生一个新的扰动。如此循环，形成自激振荡噪声。边棱声的频谱主要是离散谱，其基频值同喷流速度以及边棱和喷口之间的距离有关。对于任一喷注速度，存在一最小距离。小于这个距离，不会产生边棱声；当大于这个距离时，音调随气流速度的增加而升高，并且随距离的增加而降低，直到某一速度或距离，音调才会发生跃变。此后随距离或速度的增加，音调又连续变化，直到另一跃变发生。反之，当速度或距离不断减小时，音调的变化与前一过程相反，但音调跃变的条件与前一过程稍有不同。产生边棱声的装置见下图。

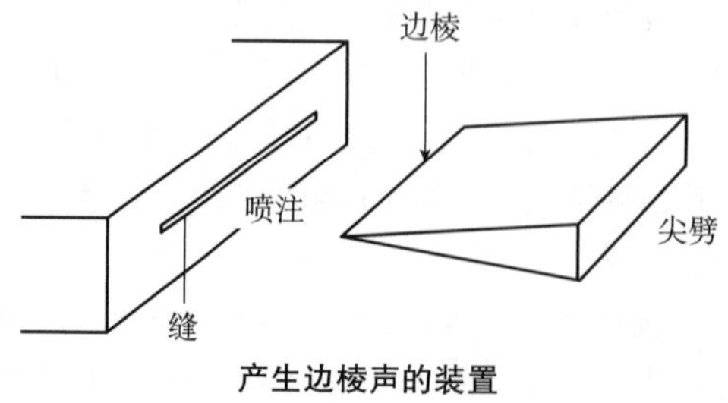


**产生边棱声的装置**

流体自窄缝喷出后，速度较大，和周围静止流体互相摩擦，产生两串涡旋，涡旋在窄缝的两边轮流发出，旋转方向相反。这和风吹声中圆柱后面的两串涡旋情况相似。这些涡旋产生宽带噪声，即*喷流噪声*。如果在喷口前距离 $a$ 处有一尖劈，$a$ 大于缝宽几倍，就会产生强烈的边棱声，主要包括一系列纯音。

边棱声声压幅值因喷口情况不同而异：当喷口光滑时，声压幅值较大；反之，喷口粗糙，则声压幅值减少。

边棱音产生机理有两种：①一个涡旋到达棱时就产生一个压缩波，压缩波以声速传回喷口时又引起另一个涡旋，当这个反馈作用的相位和大小合适时，就能维持较稳定的声辐射。②棱附近的运动对喷注的反作用下，横向速度引起一个新涡旋。

如果喷流前有一个共振腔，边棱声就会改变，可产生主要由共振腔决定的稳定声音。开管或闭管式的风琴音，笛、箫、哨子等和超声波发生器用的哈特曼哨都是这种耦合系统，边棱声的频率和共振腔的频率相同时耦合最大。

（金中坤　孙运东）

**推荐书目**

马大猷，沈嵘．声学手册（修订版）．北京：科学出版社，2004.

马大猷．现代声学理论基础．北京：科学出版社，2004.

Kamen woxuansheng

**卡门涡旋声**　（Carmen vortex sound）　又称风吹声，是气流遇到障碍物，在障碍物后产生卡门涡旋时辐射的噪声，风吹电线、树枝和桅索产生的声音是常见的卡门涡旋声。以一垂直于气流方向的圆柱为例，当雷诺数（$Re$）逐渐增加到

$$Re = \frac{vD}{u} > 100$$

式中，$u$ 为流体的运动黏滞系数，$m^2/s$；$D$ 为圆柱的直径，m；$v$ 为迎面气流的速度，m/s。

圆柱表面附面层产生脱体旋涡，在圆柱截面上方和下方交替脱下，形成一条顺流而下的

涡旋街。由于脱体涡旋带走了动量，并且上方和下方的涡旋带走的动量方向正好相反，相当于圆柱对流体施加一横向的交变气动力，因此辐射声波。卡门涡旋声有一峰值频率，当雷诺数增加时，卡门涡旋声的带宽也增加。卡门涡旋声的峰值频率$f_p$为

$$f_p \approx Sr\frac{v}{D}$$

式中，$Sr$为斯特劳哈尔数，$Sr \approx 0.2$。

（金中坤　孙运东）

**推荐书目**

马大猷，沈嵘．声学手册（修订版）．北京：科学出版社，2004.

马大猷．噪声与振动控制工程手册．北京：机械工业出版社，2002.

shouji woxuansheng

**受激涡旋声**　（stimulated vortex sound）　气流中的障碍物在合适的雷诺数范围内产生卡门涡旋，辐射卡门涡旋声。如有一反馈作用正好使脱体的涡旋形成自激，则产生受激涡旋声。

在某种情况下，其声功率可达数千瓦，致使设备因声疲劳而破坏。常见的产生受激涡旋声的结构是：①截面为矩形、两个边长分别为$l_x$及$l_y$的通风管道，其截面的第$m$阶、$n$阶声共振频率为

$$f_{mn} = \frac{c}{2}\sqrt{\left(\frac{m}{l_x}\right)^2 + \left(\frac{n}{l_y}\right)^2}$$

式中，$m$及$n$为正整数，代表两个矩形管道方向上的模态阶数；$c$为声速，m/s。

当卡门涡旋的脱落频率与声共振的某一频率吻合时，由于声波共振对涡旋脱体的反馈作用，产生自激振荡，辐射受激涡旋声。②两个垂直于气流而彼此平行的圆柱，一前一后顺流排列，当前一个圆柱上脱体的涡旋顺流而下，撞击到后面一个圆柱体时，产生扰动辐射声波。如果这个声波向上游传播反馈给上游的圆柱，激励上游圆柱产生新的涡旋脱体时，这个脱体的新涡旋便顺流而下。如此循环反馈，形成自激振荡，就会产生受激涡旋声。

（金中坤　孙运东）

**推荐书目**

马大猷，沈嵘．声学手册（修订版）．北京：科学出版社，2004.

luoxuanjiang zaosheng

**螺旋桨噪声**　（propeller noise）　螺旋桨旋转时，叶片相对于气流运动，给气流以作用力从而辐射的噪声。可按气动力或按气流作用于叶片的升力及阻力的分布推算噪声辐射。螺旋桨的运动是旋转的周期运动，噪声源也绕螺旋桨轴线旋转，辐射的噪声具有明显的离散频谱，基频等于叶片数目$B$与旋转频率$\omega/2/\pi$的乘积，式中，$\omega$为转子的旋转角速度。此外，螺旋桨噪声还包括宽频噪声。螺旋桨宽频噪声与迎面气流是否空间均匀有关，在均匀来流情况下，螺旋桨宽频噪声主要由螺旋桨尾缘湍流散射形成；当迎面气流不均匀时，非均匀来流会与螺旋桨前缘发声相互作用产生噪声，宽频噪声辐射更加复杂，辐射的宽频噪声也比气流均匀时更强。

由于螺旋桨叶片在空间占有一定的体积，螺旋桨旋转时会产生厚度噪声，该噪声分量与流体作用力无关，与螺旋桨叶片的厚度和旋转速度有关。对固定形状的桨叶，旋转速度越大，厚度噪声也就越大。　（金中坤　孙运东）

**推荐书目**

马大猷，沈嵘．声学手册（修订版）．北京：科学出版社，2004.

马大猷．噪声与振动控制工程手册．北京：机械工业出版社，2002.

乔渭阳，王良锋．航空发动机气动声学．2版．西安：西北工业大学出版社，2016.

孙晓峰．气动声学．北京：国防工业出版社，1994.

fengshan zaosheng

**风扇噪声**　（fan noise）　风扇工作时产生的噪声。风扇噪声的产生方式与螺旋桨一样，但风扇的主要作用是造成空气的运动，而不是像螺旋桨那样产生推力。常用的风扇可归纳为轴流风

扇和离心风扇两种。风扇叶片的型式和取向设计，应使空气有效地运动而噪声最小。任何类型风扇的平均声功率近似为

$$L_W = 91 + 10\ \log W$$

式中，$W$ 为风扇电动机的额定功率。风扇噪声的频谱由不连续谱及连续谱两部分组成。不连续谱的基频等于风扇叶片通过频率。连续谱噪声是宽频噪声，主要与湍流流动有关。

风扇由于用途不同，品种很多，螺旋桨风扇只是其中的一种。各种风扇噪声的理论基础基本上与螺旋桨风扇相同，只是由于前方的气流分布、叶片的形状和排列等不同而使各种风扇的噪声辐射具有各自的特点。出厂的风扇应由厂方给出测得的倍频带基本声功率级 $L_W(B)$，即该风扇工作于体积流率为 1 $m^3/s$ 和静压为 1 $N/m^2$ 的声功率。在实际使用中，根据下式计算实际的倍频程声功率级：

$$L_W = L_W(B) + 10\ \lg Q + 20\ \lg p$$

式中，$Q$ 为体积流率，$m^3/s$；$p$ 为静压，$N/m^2$；$B$ 为叶片数目。

由于风扇有突出的基频声成分，式中所计算的结果还要在相应于基频即 $B\omega/2\pi$（$\omega$ 为旋转角速度）的倍频程声功率级上加上 3 ~ 8 dB，具体可视风扇的品种而定。

对于家用电风扇，《家用和类似用途电器噪声限值》（GB 19606—2004）规定了不同规格的噪声限值，见下表。　（金中坤　孙运东）

**电风扇噪声限值（声功率级）**

| 规格/mm | 噪声限值/dB(A) | 规格/mm | 噪声限值/dB(A) |
|---|---|---|---|
| ≤200 | 59 | ≤900 | 62 |
| >200 ~ 250 | 61 | >900 ~ 1 050 | 65 |
| >250 ~ 300 | 63 | >1 050 ~ 1 200 | 67 |
| >300 ~ 350 | 65 | >1 200 ~ 1 400 | 70 |
| >350 ~ 400 | 67 | >1 400 ~ 1 500 | 72 |
| >400 ~ 500 | 70 | >1 500 ~ 1 800 | 75 |
| >500 ~ 600 | 73 | | |

**推荐书目**

马大猷，沈嵘．声学手册（修订版）．北京：科学出版社，2004.

马大猷．噪声与振动控制工程手册．北京：机械工业出版社，2002.

woshan zaosheng

**涡扇噪声**　（turbofan noise）　涡扇发动机噪声，其机理主要是转子 - 静子及其他相互作用，耦合到管道传播，然后辐射到远场。涡扇噪声源是由转子尾迹冲击静子产生的，这种周期性的冲击作用使在静子位置产生压力响应，并进入管道内进行传播。

目前主要通过设计涡扇叶片的数量、间距和外形的方法来降低涡扇噪声源；同时通过安装蜂窝状声衬等结构来减少噪声的传播，其间要兼顾涡扇发动机的空气动力性能和热动力性能。　（金中坤　孙运东）

**推荐书目**

马大猷，沈嵘．声学手册（修订版）．北京：科学出版社，2004.

马大猷．噪声与振动控制工程手册．北京：机械工业出版社，2002.

乔渭阳，王良锋．航空发动机气动声学．2 版．西安：西北工业大学出版社，2016.

孙晓峰．气动声学．北京：国防工业出版社，1994.

guandao zaosheng

**管道噪声**　（flow noise in ducts）　在管道内产生的或沿管道传播的噪声，主要指流体通过管道时产生的噪声。按照传播方式的不同，可

分为两类：一类是在管道内部沿着管道传播，通过管口辐射出去；另一类是由管内流体压力波动、管件振动等引起的管壁振动直接向外声辐射。从激励源的角度也可分为两类：一类是由机械运转部件或流体源产生的噪声或振动沿管道传播而来；另一类是流体在输运过程中在管道内产生的，主要包括：①与管内充分发展的湍流有关的随机波动的内壁压力场，激励管壁结构振动辐射噪声；②由阀门、弯头、接头和其他管件产生的局部流动扰动引起的随机波动的内壁压力场，激励管壁结构振动辐射噪声；③由管道内湍流产生的内部声场；④由流动扰动产生的内部声场；⑤管件本身被各种内壁压力波动激发的机械振动辐射噪声。其中激励比较强的是②、④、⑤。根据流体与管道内不同部件相互作用而产生的噪声，又分为阻挡噪声、格栅噪声和阀门噪声等。

**阻挡噪声** 是气流在管道中和障碍物如支架、加固梁、导流板等相互作用时，物体受到拖曳或升力波动而产生的噪声。这种噪声产生的机理比较复杂，为建立定量关系可将实际条件简化为：①障碍物的尺寸比管道横截面的尺寸小得多，这能保证空气在狭窄通道的流速，不至于过高地超过平均流速。这种情况下噪声辐射是由气流与物体的相互作用（偶极子声源）产生的，而不是由湍流的混合过程（四极子声源）产生的。②管壁具有镜像作用，会使升力波动引起的声辐射相互抵消，只有拖曳力所产生的噪声才能沿管道传播。

**格栅噪声** 当气流通过栅条、格栅、扩散器或穿孔板时，同气流受到障碍物阻挡时相似，也会产生噪声，其不同点是：①格栅位于管道的一端；②管道具有相当大的横截面（如 $0.2\sim1\ m^2$）；③通常气流的速度很低。虽然近年来管道中所用的气流速度不断增大，但仍然远小于声速。

格栅噪声是气流与刚性物体相互作用而产生的，因此具有偶极子的声辐射特性，即声功率与流速的 6 次方成比例。

**阀门噪声** 阀门是控制管道气流量的机构。通常，阀门两侧有相当大的压力比，足以使出口处气流的马赫数达到 1。在这种条件下，气流就是阻塞的。在阻塞气流的情况下，有两种发声机制：①喷气噪声的发声机制，为阀门后部的湍流混合过程所产生，具有四极子辐射的特性。②冲击噪声的发声机制，是在阀门后的区域内湍流与复杂的气流场相互作用所产生。对于压力比小于 3 的阀门，这两种机制所产生的噪声都须加以考虑；压力比大于 3 的阀门，冲击噪声是主要的，喷气噪声可以忽略不计。（常道庆 孙运东）

**推荐书目**

《环境科学大词典》编委会. 环境科学大词典. 北京：中国环境科学出版社，2008.

M P Norton，D G Karczub. Fundamentals of Noise and Vibration Analysis for Engineers. Second Edition. Cambridge：Cambridge University Press，2003.

shuidongli zaosheng

**水动力噪声** （hydrodynamic noise） 由水流流过物体表面产生的噪声。它包括：①水流运动本身产生的噪声，如湍流噪声、涡旋噪声和空泡噪声等。②在有边界的情况下，湍流边界层产生的噪声。如果表面是刚性的，则刚性边界会反射噪声；如果表面是弹性的，则引起弹性边界的振动再辐射。这部分噪声又称为流动和结构相互作用噪声。特别需要说明的是，水下运动物体表面湍流边界层压力起伏称为流噪声。流噪声的主要成分是近场脉动压力，又称为“伪声”，但它是一种典型的水动力噪声。③物体表面运动如水中螺旋桨叶片运动产生的噪声，包括面分布的体积源、力源和应力源等产生的噪声，也是螺旋桨噪声的一部分。

**螺旋桨噪声** 是船舶螺旋桨旋转产生的噪声，其中螺旋桨旋转噪声、随边涡旋噪声、空泡噪声、流动激励叶片振动和桨叶诱导脉动压力激励船体振动产生的噪声也属于水动力噪声；螺旋桨轴系作为一种机械激励源，激励舰船尾部产生的噪声属于机械噪声。

**空泡噪声** 在高速运转的固体液体界面处

（如螺旋桨表面）由于压力降低容易产生空化现象，空化是通过减少局部静压而引起的液体或液体－固体界面的破裂，从而形成宏观可见的气泡，在张力作用下气泡逐渐增大，内部压力降低，直到外部压力超过内部压力，此时它会停止生长，并逐渐崩溃破裂，这个过程会辐射声能量，产生噪声。

**湍流边界层压力起伏** 运动物体在气体或液体中运动时，由于流体的黏性，物体表面会形成边界层。如果流动雷诺数足够高，边界层处于湍流运动状态，湍流区内流动不稳定，这种不稳定的流动受到物体表面阻挡，壁面附近的动量起伏被界面上的压力起伏平衡，这种压力起伏被称作湍流边界层压力起伏，是流噪声的重要成分。湍流边界层内的压力起伏有两种不同的成分，一种只存在于湍流边界层内部，并不向外传播，离开湍流区迅速衰减，是一种局部物理量，称为“伪声”，在湍流区内占主导地位；另一种压力起伏和流体密度变化密切相关，可以和声波一样向外传播辐射，称为声压。在水下噪声问题中，湍流边界层压力起伏具有特殊重要性，主要原因是：①它是声呐设备自噪声的重要噪声源之一；②它激励运动物体的壁面和其他结构振动，并辐射噪声。

研究水中航行体引起的水动力噪声的形成机理、辐射效率及其时间和空间统计特性，以便抑制、检测和识别各类水动力噪声，是水声学的一项内容。水动力噪声发声机理主要有三种噪声源模型：单极子声源模型、偶极子声源模型和四极子声源模型。它们所表示的源运动、流场特征、声场指向性和声辐射效率见下表。

**典型水动力噪声源**

| 点源名称 | 源运动 | 流场 | 声场 | 辐射效率 |
|---|---|---|---|---|
| 单极子 | 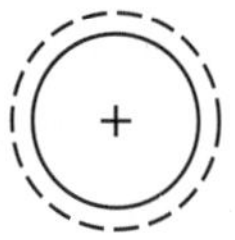 体积脉动 | 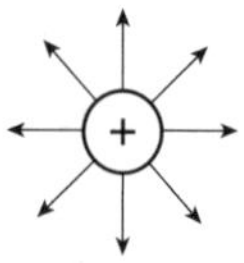 | 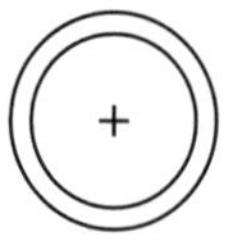 | $\left(\frac{wa}{U_0}\right)Ma$ |
| 偶极子 |  | 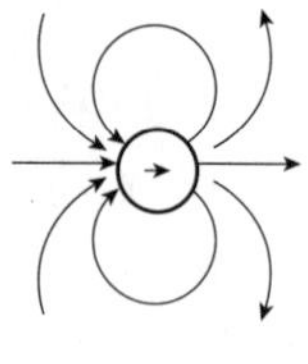 | 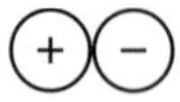 | $\frac{1}{2}\left(\frac{wa}{U_0}\right)^3 Ma^3$ |
| 四极子 | 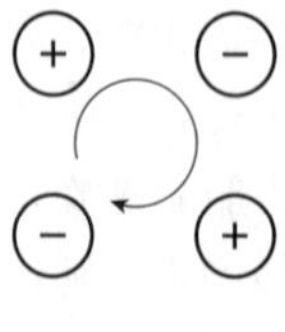 | 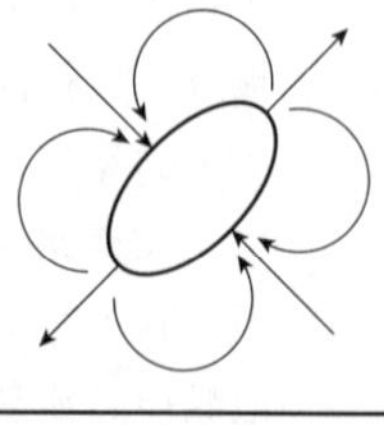 | 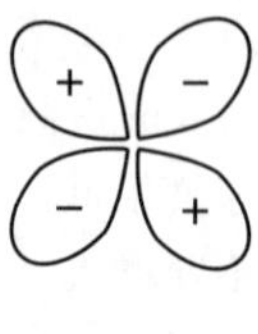 | $\frac{1}{27}\left(\frac{wa}{U_0}\right)^5 Ma^5$ |

注：$w$ 为源频率；$a$ 为特征尺度；$U_0$ 为流速；$Ma$ 为马赫数。

**典型水动力噪声源模型** 包括单极子声源模型、偶极子声源模型和四极子声源模型。

**单极子声源模型** 流体体元做膨胀和收缩的周期性脉动，引起周围介质相对于体元的扩散和聚集运动。由于介质的可压缩性，介质密度产生稠密和稀疏的周期性变化，这种变化以波动的形式向体元外均匀传播，形成声波。流场图以“+”号表示体元膨胀的半周期脉动，箭头方向表示周围介质扩散运动的方向。声场图中以“+”号表示声源在周围介质中产生密度稠密的波动向外传播。当体元处于收缩半周期时，流场以“-”号表示，箭头朝向体元，表示周围介质向体元聚集的运动方向。相应的声场图以“-”号表示，说明声源在周围介质中产生密度稀疏的波动向外传播。

**偶极子声源模型** 流体质量元在外力作用下质心做周期性的摆动。在上半周期，质心和周围介质按箭头方向运动。在下半周期，运动的方向相反。介质的运动同样引起密度的变化，以波动的形式向周围传播，形成具有指向性的声场。声场图中“+”号表示密度稠密，“-”号表示密度稀疏。显然，在质心经历一个周期摆动期间，声场在上、下半周期内“+”“-”号发生一次相反的变化。上表所列仅为质心在半周期内的流场和声场，在另外半周期内则情形相反。

**四极子声源模型** 流体体元受到周期性的剪应力的作用产生周期性的应变。剪应力成对出现，体元周围介质的运动可以看作由两个反向排列的偶极子引起。箭头方向表示体元周围介质在半周期内的运动方向，在另一半周期内则方向相反。声场具有更为复杂的指向性，“+”“-”号同样表示介质密度的稠密和稀疏波动；在另一半周期内，声场的“+”“-”号相反。上表中所列仅为在半周期内四极子声源的运动和声场。

在上述三种典型声源模型的声场图中，声场中心至图上各点的矢径幅值形象地表征了该声场中声压的相对幅值。1952 年英国 M. J. Lighthill 导出了具有体积源、力源和剪应力源的声场普遍方程：

$$\nabla^2 p(x,\ t)\ -\frac{1}{c_0^2}\frac{\partial^2 p(x,t)}{\partial t^2}$$

$$=-\frac{\partial Q(x,\ t)}{\partial t}+\nabla\cdot F(x,\ t)-\frac{\partial^2 T_{ij}}{\partial x_i \partial x_j}$$

式中，$x$ 为声源区中场点的位置矢量；$x_i(i=1,2,3)$ 为 $x$ 的坐标分量；$p(x,\ t)$ 为 $t$ 时刻 $x$ 处的声压；$c_0$ 为流体介质中的声速；$Q(x,\ t)$ 为 $t$ 时刻 $x$ 处每单位时间内注入单位体积流体中的质量；$F(x,\ t)$ 为 $t$ 时刻 $x$ 处每单位时间内注入单位体积流体中的动量；$T_{ij}$ 为莱特希尔剪应力张量。

上式右边第一项表示流体介质中的体积（或质量）脉动，是典型的单极子声源，这种声源的辐射效率最高。水中空化气泡在脉动（尤其是溃灭）时产生的空化噪声，水滴泼溅后形成气泡在脉动时的辐射噪声，船体壳板挠曲振动以及船体表面开孔和排气管末端流体脉动所产生的噪声等均属于单极子声源。第二项表示流体脉动力作用在刚体上并使它振荡所产生的噪声，属于偶极子声源，其辐射效率仅次于单极子。例如，刚性杆和球的位移振荡所辐射的噪声、螺旋桨桨叶振荡推力引起的噪声、尾流中旋涡诱发的桨叶鸣声，以及湍流边界层辐射声等均属于偶极子声源。第三项表示应力声源，存在于湍流涡旋中，是一种四极子声源。这种声源既包括发生在流体边界上的动量通量脉动（雷诺应力）和黏性应力，也包括可以发生在流体内部的热传导和非线性效应产生的应力。水中四极子的声辐射通常是微弱的，除非涡旋中包含空化气泡和涡旋运动马赫数很高。这三种声源并不是孤立存在的，在一定条件下可以互相转化。例如，流体脉动力可以激发弹性边界的挠曲振动，从而形成单极子型声辐射。

水动力噪声作为随机过程，可以用联合概率分布函数来描述。除研究它的时间域统计特性（如功率谱密度和时间相关函数）以外，为了了解各种声源模型之间的相互关系以及它们与振动源之间的因果关系，尚须研究它们的空间相关函数以及相应的互相关函数和相干函数。

水动力噪声学是一门实验性很强的综合性学科。这方面的研究工作同声学、液体动力学、机械振动学、海洋学、分子物理学以及无线电电子学等学科的进展密切相关，同时也有赖于

实验技术的不断提高和实验设备、测试仪器的不断改进。（常道庆　孙运东）

**推荐书目**

汤渭霖，俞孟萨，王斌．水动力噪声理论．北京：科学出版社，2019.

jixie zaosheng

**机械噪声**（machinery noise）　机械设备及其部件在运转过程和动力传递过程中，因受到摩擦力、撞击力、交变机械力或电磁力等作用，形成一个振动系统而向空间辐射的噪声。

**分类**　机械噪声按产生机理的不同可分为空气动力噪声、固体振动辐射噪声和电磁噪声。

**空气动力噪声**　是由高速气流、不稳定气流以及气流与物体相互作用产生的噪声。例如，风机叶片在旋转时所形成的涡流解脱；内燃机进排气；物件在静止媒质中运动形成的紊流、气流等发声，以及燃烧发生的噪声等，参见气动噪声。

**固体振动辐射噪声**　是机械部件在做旋转或摆动运动时存在不平衡，或两个零部件相互运动时由于零部件的偏差、表面缺陷而产生撞击、摩擦，致使零部件发生振动而辐射的噪声。

**电磁噪声**　是机械构件受到电力作用的磁致伸缩和电磁感应发生振动而辐射的噪声，参见电磁噪声。

**机械噪声源的识别**　主要方法参见噪声源识别。

**机械噪声控制**　与其他噪声控制一样，可从控制声源、控制传播与接收几个方面进行（参见噪声污染控制）。主要是根据发声机理，采用低噪声结构，降低机械在运行时的撞击和不平衡激振所产生的噪声，隔绝或衰减在传播途径中辐射的噪声。

**机械噪声源的控制**　控制噪声源的振动是最根本的办法（参见声源控制）。一般措施包括：①降低激振力。例如，改变运动部件的撞击状态、降低运动部件的撞击速度、在撞击面设置弹性中间层、提高机械运动部件的动平衡精度、在设备安装和零部件装配时进行正确的校准和对中、保证相对运动件结合面的良好润滑并降低结合面的表面粗糙度、减小管道中障碍物的阻力以及湍流强度；优化电机结构以降低不平衡电磁力、优化变压器铁芯材料等。②降低机械系统中噪声辐射对激振力的响应。例如，改变构件的固有频率以防止共振、提高机械结构的动刚度、改善振动件或整个机械系统的阻尼特性等。

**噪声传播的控制**　使噪声在传播途中衰减，以减少传递到接收部分的能量（参见传声途径控制）。一般措施包括对噪声源采用隔声罩、在噪声源和其支撑体直接加隔振器、在噪声源与接收部分之间设置隔声障壁、外部在车间的四壁和顶板上加附吸声材料、在空间装设吸声板、针对某些设备进排气口安装消声器、合理选择新建厂厂址、合理布置车间建筑物等。

**噪声接收部分的控制**　在接收端采取措施，以降低噪声对待保护目标的影响。例如，对易受噪声影响的精密仪器进行隔振隔声处理；在噪声环境中工作的操作人员使用耳塞、耳罩和头盔等个人防护装置减少噪声对人体的损伤等（参见听力保护和护听器）。

**噪声主动控制**　也称有源消声或有源噪声控制（参见有源噪声控制）。通过在原噪声声场中人为地引入次级声源，使之实时地产生与原噪声幅度相等而相位相反的次级声波，利用声波干涉原理降低噪声。与之相对，传统噪声控制技术以声学控制方法为主，具体的技术途径包括隔声处理、吸声处理、振动的隔离、阻尼减振等。这些方法的机理在于，通过噪声声波与声学材料或声学结构的相互作用消耗声能，从而达到降低噪声的目的，属于被动式的控制方法，也可称为“无源”噪声控制。一般来说，“无源”方法通常在中高频有效，而“有源”方法更适合低频段噪声控制。目前，噪声主动控制技术已经在管道、变压器、电站、车厢、飞机/直升机舱室、舰船、家电等结构和设备上应用，并出现了有源抗噪声耳罩/主动降噪耳机、有源吸声器、有源声屏障、有源减振基座等技术。（刘斌　孙运东）

**推荐书目**

《环境科学大词典》编委会. 环境科学大词典. 北京：中国环境科学出版社，2008.

马大猷. 噪声与振动控制工程手册. 北京：机械工业出版社，2002.

郑长聚. 环境工程手册：环境噪声控制卷. 北京：高等教育出版社，2000.

D. A. 比斯，C. H. 汉森. 工程噪声控制——理论和实践（第4版）. 邱小军，于森，刘嘉俊，译. 北京：科学出版社，2013.

方丹群，张斌，孙家麒，等. 噪声控制工程学（上册）. 北京：科学出版社，2013.

dianci zaosheng

**电磁噪声** （electromagnetic noise） 由电磁场交变力引起某些机械部件或传播介质振动而产生的噪声，属于机械噪声的一种。

**产生原因** 电磁噪声常存在于电机、变压器等部件中。不平衡的电磁力是使电机产生电磁振动并辐射电磁噪声的根源。对于直流电机，其电磁噪声是运转时不平衡的电磁力使电机产生电磁振动而产生的；同步交流电机电磁噪声特点与直流电机相同；异步交流电机的电磁噪声是定子与转子各次谐波相互作用产生的，另外还有基波磁通引起的定子铁芯的磁致伸缩现象而产生的电磁噪声，以及磁极气隙不均匀造成定子与转子间的磁场引力不平衡引起的电磁噪声。变压器在运行中发出的电磁噪声是铁芯在磁通作用下产生磁致伸缩性振动引起的。

**电磁噪声的控制** 主要从控制噪声源、控制噪声传播两个方面进行（参见噪声污染控制）。①控制噪声源。对电机噪声，优化电机结构降低不平衡电磁力，如采用适当的槽配合、采用斜槽转子、采用闭口齿槽、降低气隙磁密、增大定子和转子间的气隙、提高气隙加工精度等；对变压器噪声，优化变压器铁芯材料。②控制噪声传播。对电机或变压器加隔声罩；减小电机或变压器结构对激振力的响应，如优化机壳厚度、形状或阻尼，在变压器铁芯与外壳之间加隔振器等。 （刘斌 孙运东）

**推荐书目**

马大猷. 噪声与振动控制工程手册. 北京：机械工业出版社，2002.

郑长聚. 环境工程手册：环境噪声控制卷. 北京：高等教育出版社，2000.

D. A. 比斯，C. H. 汉森. 工程噪声控制——理论和实践（第4版）. 邱小军，于森，刘嘉俊，译. 北京：科学出版社，2013.

方丹群，张斌，孙家麒，等. 噪声控制工程学（上册）. 北京：科学出版社，2013.

jianzhu shigong zaosheng

**建筑施工噪声** （construction noise） 建筑施工过程中产生的干扰周围生活环境的声音。在城市中，建设公用设施如地下铁道、高速公路、桥梁，敷设地下管道和电缆等，以及工业与民用建筑的施工现场，都大量使用各种不同的动力机械，是严重的噪声污染源，尤其那些紧邻居住区的现场，对居民的生活造成的干扰很大。

**常见的施工设备噪声源** 常见的施工设备不同距离处的声压级见表1。

**表1 常见施工设备噪声源不同距离处的声压级** 单位：dB(A)

| 施工设备名称 | 距振源5 m | 距振源10 m | 施工设备名称 | 距振源5 m | 距振源10 m |
|---|---|---|---|---|---|
| 液压挖掘机 | 82～90 | 78～86 | 振动夯锤 | 92～100 | 85～93 |
| 电动挖掘机 | 80～86 | 75～83 | 打桩机 | 100～110 | 95～105 |
| 轮式装载机 | 90～95 | 85～91 | 静力压桩机 | 70～75 | 68～73 |
| 推土机 | 83～88 | 80～85 | 风镐 | 88～92 | 83～85 |
| 移动式发电机 | 95～102 | 90～98 | 混凝土输送泵 | 88～95 | 80～88 |

续表

| 施工设备名称 | 距振源 5 m | 距振源 10 m | 施工设备名称 | 距振源 5 m | 距振源 10 m |
|---|---|---|---|---|---|
| 各类压路机 | 80 ~ 90 | 76 ~ 86 | 商砼搅拌车 | 85 ~ 90 | 82 ~ 85 |
| 重型运输车 | 82 ~ 90 | 78 ~ 86 | 混凝土振捣器 | 80 ~ 88 | 72 ~ 80 |
| 木工电锯 | 95 ~ 99 | 90 ~ 95 | 云石机、角磨机 | 90 ~ 96 | 84 ~ 90 |
| 电锤 | 100 ~ 105 | 95 ~ 99 | 空压机 | 88 ~ 92 | 83 ~ 88 |

**建筑施工噪声标准** 《建筑施工场界环境噪声排放标准》(GB 12523—2011)规定了建筑施工场界噪声的限值和测量方法，见表 2。

**表 2 建筑施工场界环境噪声排放限值**

单位：dB(A)

| 昼间 | 夜间 |
|---|---|
| 70 | 55 |

《中华人民共和国噪声污染防治法》规定，夜间是指晚上十点至次日早晨六点之间的期间，设区的市级以上人民政府可以另行规定本行政区域夜间的起止时间，夜间时段长度为 8 小时。一般情况下，测点设在建筑施工场界外 1 m、高度 1.2 m 以上的位置。当场界有围墙且周围有噪声敏感建筑物时，测点应设在场界外 1 m、高于围墙 0.5 m 以上的位置，且位于施工噪声影响的声照射区域。当场界无法测量到声源的实际声压级时，测点应设在噪声建筑敏感物户外 1 m 处。

**建筑施工噪声治理** 为了降低建筑施工噪声，须从以下几个方面采取综合措施：①改进高噪声设备的设计，研制低噪声的施工机械。如液压打桩机，在距离它 15 m 处实测噪声级仅为 50 dB。空气动力机械在安装消声器和弹性支座后，也能有效地降低噪声。②改进或改变产生高噪声的施工方法，如采用噪声比较小的振动打桩法和钻孔灌桩法等。另外，可以采用柔爆法、以焊接代替铆接、用螺栓代替铆钉等。③限制高噪声机械的使用和调整高噪声施工的时间，把噪声大的作业尽量安排在白天。④采取临时的隔声围护结构或吸声隔声屏障、隔声罩等。

（李楠 孙运东）

shehui shenghuo zaosheng

**社会生活噪声** (community noise) 人为活动产生的除工业噪声、建筑施工噪声和交通运输噪声之外的干扰周围生活环境的声音。

**社会生活噪声污染** 社会生活噪声对人体健康的伤害不是即时的，而是经过若干年后才通过听力减退或失聪等某些病症表现出来。社会生活噪声对人类的危害是多方面的，主要表现为对听力的损伤、干扰睡眠、影响人的生理和心理健康。尤其是娱乐噪声，常发生在夜间，严重干扰睡眠和休息，使人烦恼、激动、易怒，甚至失去理智。噪声污染与其他物质污染不同点是，噪声污染属于感觉公害，它与人的主观意愿和人的生活状态有关；同时，在污染的有无及程度上，与人的主观评价关系密切。另外，社会生活噪声污染具有无污染物存在、不产生能量积累、瞬时性强、时间有限、传播不远、振动源停止振动噪声消失、不能集中治理等特点。

**社会生活噪声的监管** 包括对边界噪声、结构传播固定设备室内噪声监管两方面。

**边界噪声排放限值** 经营性娱乐和商业活动产生的社会生活噪声的测量和排放限值按照《社会生活环境噪声排放标准》(GB 22337—2008)执行。社会生活噪声排放源边界噪声不得超过表 1 规定的排放限值，“昼间”表示 6:00 至 22:00 之间的时段，“夜间”表示 22:00 至次日 6:00 之间的时段。

在社会生活噪声排放源边界处无法进行噪声测量或测量的结果不能如实反映其对噪声敏感建筑物的影响程度的情况下，噪声测量应在可能受影响的敏感建筑物窗外 1 m 进行。

**表1　社会生活噪声排放源边界噪声排放限值**

| 边界外声环境功能区类别 | 时段 | |
|---|---|---|
| | 昼间/dB(A) | 夜间/dB(A) |
| 0 | 50 | 40 |
| 1 | 55 | 45 |
| 2 | 60 | 50 |
| 3 | 65 | 55 |
| 4 | 70 | 55 |

当社会生活噪声排放源边界与噪声敏感建筑物距离小于1 m时，应在噪声敏感建筑物的室内测量，并将表1中相应的限值减10 dB(A)作为评价依据。

**结构传播固定设备室内噪声排放限值**　在社会生活噪声排放源位于噪声敏感建筑物内的情况下，噪声通过建筑物结构传播至噪声敏感建筑物室内时，噪声敏感建筑物室内等效声级不得超过表2和表3规定的限值。

**表2　结构传播固定设备室内噪声排放限值（等效声级）**　单位：dB(A)

| 噪声敏感建筑物声环境所处功能区类别 | A类房间 | | B类房间 | |
|---|---|---|---|---|
| | 昼间 | 夜间 | 昼间 | 夜间 |
| 0 | 40 | 30 | 40 | 30 |
| 1 | 40 | 30 | 45 | 35 |
| 2、3、4 | 45 | 35 | 50 | 40 |

注：A类房间是指以睡眠为主要目的、保证夜间安静的房间，包括住宅卧室、医院病房、宾馆客房等；B类房间是指主要在昼间使用，需要保证思考与精神集中、正常讲话不被干扰，包括学校教室、会议室、办公室、住宅中卧室以外的其他房间等。

**表3　结构传播固定设备室内噪声排放限值（倍频带声压级）**　单位：dB

| 功能区类别 | 时段 | 频程中心频率 / 房间类型 | 室内噪声倍频带声压级限值 | | | | |
|---|---|---|---|---|---|---|---|
| | | | 31.5 Hz | 63 Hz | 125 Hz | 250 Hz | 500 Hz |
| 0 | 昼间 | A、B类房间 | 76 | 59 | 48 | 39 | 34 |
| | 夜间 | A、B类房间 | 69 | 51 | 39 | 30 | 24 |
| 1 | 昼间 | A类房间 | 76 | 59 | 48 | 39 | 34 |
| | | B类房间 | 79 | 63 | 52 | 44 | 38 |
| | 夜间 | A类房间 | 69 | 51 | 39 | 30 | 24 |
| | | B类房间 | 72 | 55 | 43 | 35 | 29 |
| 2、3、4 | 昼间 | A类房间 | 79 | 63 | 52 | 44 | 38 |
| | | B类房间 | 82 | 67 | 56 | 49 | 43 |
| | 夜间 | A类房间 | 72 | 55 | 43 | 35 | 29 |
| | | B类房间 | 76 | 59 | 48 | 39 | 34 |

在噪声测量期间发生非稳态噪声（如电梯噪声等）的情况，最大声级超过限值不得高于10 dB(A)。

**社会生活噪声的防治**　2021年新出台的《中华人民共和国噪声污染防治法》对社会生活噪声的防治增加了很多新的内容：①禁止在商业经营活动中使用高音广播喇叭或者采用其他持续反复发出高噪声的方法进行广告宣传。②在街道、广场、公园等公共场所组织或者开展娱乐、健身等活动，应当遵守公共场所管理者有关活动区域、时段、音量等规定，采取有效措施，防止噪声污染；不得违反规定使用音响器材产生过大音量。③使用家用电器、乐器或者进行其他家庭场所活动，应当控制音量或者采取其他有效措施，防止噪声污染。④室内装修噪声也是邻里之间纠纷的一个重要原因。

法律规定对已竣工交付使用的住宅楼、商铺、办公楼等建筑物进行室内装修活动，应当按照规定限定作业时间，采取有效措施，防止、减轻噪声污染。（李楠　吴冕）

yule zaosheng

**娱乐噪声**（entertainment noise）　娱乐场所产生的噪声，常发生在夜间，严重干扰睡眠休息，使人烦恼、激动、易怒甚至失去理智。随着人民生活水平的提高，KTV、酒吧等营业性文化娱乐场所不断增加，娱乐场所噪声逐渐上升为城市噪声环境污染的主要问题之一。娱乐经营场所常常由于选址不当、设施简陋、缺乏必要的噪声污染防治措施等问题对周围居民生活造成不利影响，也成为市民投诉的热点、焦点。娱乐噪声中比较典型的噪声是KTV包厢的音响设备噪声和人群喧闹声。其中，音响设备所释放的音量可达100 dB左右，特别是在激情演唱时，声压级很高，且低频噪声最强。音响设备噪声和人群喧闹声通过空气传播，低频噪声又通过建筑物结构传播到相邻住户，且音响声音起伏较大（一般大于3 dB），属于非稳态噪声，噪声污染呈非连续性，在夜间对人的休息、睡眠影响尤其严重。

**噪声监测**　娱乐噪声的测量方法按照《社会生活环境噪声排放标准》（GB 22337—2008）执行。场界噪声的监测点（传声器位置）应选在娱乐噪声排放源边界外1 m、高度1.2 m以上、距任一反射面距离不小于1 m的噪声敏感处。

但是在娱乐噪声的实际监测过程中，由于场地及周边环境的局限，可能无法获取具有代表性的监测点位，从而造成监测评价数据的偏差，给管理执法造成困难。

**娱乐场所位于交通干线旁边**　当场界位于交通干线一侧时，背景值几乎都来自交通噪声。因车流量的不稳定性和噪声的瞬时性，无论是背景值还是测量值都极具偶然性。测量值和背景值无法同步进行。实际工作中有时会出现测量值低于背景值的现象。即使是测量值高于背景值也不能说明监测数据是准确可靠的。若按照规范中的方法去修正、评价是不合理的。

**娱乐场所位于大型建筑物内部**　如果娱乐场所位于一栋建筑中的一间或一层的话，那么其周围的场所或多或少被其噪声干扰，其前后、左右、上下都能测定出不同的噪声值。

**娱乐场所位于高处**　当娱乐场所位于高处时，噪声会影响居住在高处和低处的居民。甚至因为高空无障碍物的阻隔，声音传得更远，噪声可能影响到更远距离的居民。但是，此时超出界外的噪声确定不了具体数值。

**检测低频噪声力度不够、技术不高**　一般情况下，娱乐噪声的音响系统辐射的低频噪声比较严重。低频噪声不仅治理难度较大，在传导过程中衰减得也很慢，能够长距离传播和穿过墙壁，直接到达人耳。一旦人体某器官的固有频率与噪声频率接近就会发生共振，这时对人体的伤害非常大。

**娱乐场所噪声控制**　娱乐场所社会生活噪声污染大部分由选址不合理引起。因而，娱乐场所的选址是减少噪声影响的关键因素，应严格按照《娱乐场所管理办法》中的有关规定进行，不得设计在居民住宅楼、商住楼等房屋用途中含有住宅的建筑内。在隔声、降噪工程设计时，应优先考虑选择小功率类型，从声源上削减噪声的影响。然后，应采取对音箱进行减振，室内墙体采用隔音墙，吊顶内做隔音棉等隔声、降噪措施来进一步降低噪声影响。

（李楠　吴冕）

ziranjie zaosheng

**自然界噪声**（natural noise）　非人为活动产生的声音，如火山爆发、地震、雪崩和滑坡等自然现象会产生空气声、地声（在地内传播）和水声（在水中传播）；此外，自然界中还有潮汐声、雷声、瀑布声、风声、陨石进入大气层的轰声，以及动物发出的声音等。

（李楠　吴冕）

bendi zaosheng

**本底噪声**（background noise）　又称背景

噪声，指除特定的目标声以外的各种设备和人的活动所产生的声音。电声系统中除有用信号以外的总噪声也称本底噪声。

为了确定某噪声源对周围环境的影响，需要先在测点位置测得背景噪声级，如果在该测点上的背景噪声级，与某噪声源工作时在此位置测得的噪声级相比低 10 dB(A) 以上，则本底噪声对测量结果没有影响，测得的噪声级就是某噪声源的噪声级；如果本底噪声比测得的噪声级低 10 dB(A) 以内，则必须从测得的噪声级中加上修正值（负数），才能得到某噪声源实际的噪声级。修正方法按下表进行。

**背景值修正表**

| 差值/dB(A) | 修正值/dB(A) |
|---|---|
| 3 | -3 |
| 4~6 | -2 |
| 4~6 | -1 |

（李楠　吴冕）

zaosheng zhuguan pingjia

**噪声主观评价**　(subjective assessment of noise)　从噪声对人的心理影响的角度来评价噪声的方法，或评价所得的数值。噪声对人的心理和生理的影响是非常复杂的，是多方面的，以致有时噪声的客观量不能正确反映人对噪声的主观感觉，而且感觉因人而异。因而人们需要一些统计上能正确反映主观感觉的评价量，并把这些主观评价量同噪声的客观物理量建立起联系，这是噪声主观评价的任务。

**历史简述**　要将噪声的主观评价建立在科学的基础上，首先就要测量人耳对各种频率声音响度的感觉特性。人们很早就知道，人耳对低频声和高频声的敏感性差别很大，但对这一特性进行定量测定是在 20 世纪 30 年代开始的。Fletcher 和 Munson 在 1933 年用各种频率的纯音对许多受试人进行了测量，绘出了一组反映人耳主观感觉的等响曲线。1956 年 Robinson 和 Dadson 测得的等响曲线为国际标准化组织（ISO）所接受（ISO/R 226—1961）。此外，还有人用窄带噪声和倍频带噪声测出等响曲线，并得到纯音与频带噪声的关系。

根据噪声频谱进行响度的计算，Stevens 曾在 1956 年提出了噪声响度计算法，后来 Wicker 提出了用 1/3 倍频带谱曲线求面积计算响度的方法。这两种方法都为国际标准化组织所接受（ISO/R 532—1966）。

但上述方法求响度都须进行烦琐的计算。为了能用仪器直接读出反映人的主观响度感觉的评价量，Yang 等提出了用电子网络模拟在不同声强下的人耳频率特性，以便用仪器（声级计）直接测量噪声主观评价量，测得的结果称为计权声级或简称声级。通用的有 A 声级、C 声级、Z 声级。在测量噪声时，人们逐渐发现用 A 计权网络测出的声级更接近人耳对噪声总的评价，A 声级现已被国际标准化组织和绝大多数国家采用，作为噪声主观评价的主要指标。

以后发展起来的许多评价方法，大致可以分为两大类：一类是以 A 声级为基础的，如等效声级、昼夜等效声级、统计声级、噪声污染级、评价噪声级等；另一类则是以感觉噪声级为基础的，如有效感觉噪声级、有效连续感觉噪声级，以及 D 声级等。后一类主要用于评价飞机噪声。这一方法已为国际标准化组织所采用（ISO/R 507—1970）。

此外，关于评价噪声对语言清晰度的影响有 Beranek 于 1947 年提出的语言干扰级；关于评价各类房间室内背景噪声的方法，则有 Beranek 于 1957 年和 1971 年分别提出的噪声标准曲线和优先标准曲线。国际标准化组织通过了综合评价噪声造成的听力损失、语言干扰和烦恼三种效应的噪声评价数，有研究证明，在一般情况下噪声评价数可折合为 A 分贝数。

**常用评价方法**　噪声的主观评价方法常用的有响度级和响度、声级、等效声级、噪声污染级和交通噪声指数、感觉噪声级以及噪声评价数。这些评价方法既是独立的，又是相互联系的。

**响度级和响度**　某一声音的响度级是在人的主观响度感觉上与该声音相同的 1 000 Hz 窄

带声（或纯音）的声压级，以方（phon）为单位。如67 dB 100 Hz 的声音，由于人的主观响度感觉同 60 dB 1 000 Hz 相同，故其响度级为60 phon。

利用与基准声音比较的方法，可以得到整个可听声范围的纯音的响度级，见等响曲线。

响度是对一给定声音的数量表示，它与正常听力者对该声音的主观响度感觉成正比。以 40 phon 为 1 sone，响度级每增加 10 phon，响度即增加 1 倍。如 50 phon 为 2 sone，60 phon 为 4 sone 等。参见响度。

**声级** 参见计权声级。

**等效声级** 参见等效声级。

**噪声污染级和交通噪声指数** 分别参见噪声污染级和交通噪声指数。

**感觉噪声级** 参见感觉噪声级。

**噪声评价数** 参见噪声评价数。

**噪声主观评价方法的对比** 见下表。

**主要噪声主观评价方法对比**

| 评价方法 | 定义 | 符号 | 单位 | 测量或计算方法 |
|---|---|---|---|---|
| 响度级 | 在人的主观“响度”感觉上与被比较的声音相同的 1 000 Hz 窄带噪声的声压级 | $L_N$ | phon | 由等响度曲线查到 |
| 响度 | 对一给定声音的数量表示，它与正常听力者对该声音的主观响度感觉成正比 | $N$ | sone | $N=2^{(L_N-40)/10}$ |
| 声级 | 按相应标准构成并操作的声级计的读数，相应于在可听频域内按照特定频率计权而合成的声压级值 | $L_A$，$L_B$，$L_c$，$L_D$，$L_Z$ | dB | 用声级计测得，或按特定计权修正值对频带声压级修正后叠加而得 |
| 等效声级 | 将一段时间内间歇暴露的几个不同的 A 声级按能量平均，以一个 A 声级表示该段时间内噪声大小，这一声级即等效声级 | $L_{Aeq}$ | dB | $L_{Aeq}=10\lg\left(\frac{1}{T}\int_0^T\frac{p(t)^2}{p_0}\right)$ |
| 噪声污染级 | 综合能量平均值和变动特性（用标准偏差表示）两者的影响而给出的对噪声的评价数值 | $L_{NP}$ | dB | $L_{NP}=L_{Aeq}+K\sigma$ |
| 交通噪声指数 | 综合声级和变动特性而给出的对交通噪声的评价指数 | TNI | dB | $\mathrm{TNI}=L_{90}+4(L_{10}-L_{90})-30$ |
| 感觉噪声级 | 在“吵闹”的主观感觉上与被比较的声音相同的中心频率为 1 000 Hz 的频带噪声声压级 | $L_{PN}$ | PNdB | 由等噪度曲线求得频带声压级的相应噪度，由相应公式计算总噪度 $N_t$，然后求 $L_{PN}$ |
| 噪声评价数 | 考虑噪声听力损失、语言干扰和烦恼三方面效应而给出的对噪声的评价指数 | $N$ 数和 NR 数 | | 由 NR 曲线查得或由公式 $L_p=a+bN$ 计算各频带声压级相应的 NR 数，其中最大者为噪声的 NR 数 |

（姬培锋　吴冕）

zaosheng chongji

**噪声冲击** （noise impact） 噪声对某区域内全部人员在社会生活各个方面产生的总影响，是用来表示噪声对人类生活和社会环境的短期或长期影响的量，可通过总计权人数（TWP）描述。为了计算一个企业对附近社区的整体噪声影响，可利用暴露于各种噪声级的人数得到噪声暴露指数 TWP。根据每一声级噪声对人群的作用，给该声级一个计权因数，再将这个因数乘以该声级作用下的人数，就是这个声级的冲击量，即将所考虑的区域的声级 $L_{dn}$ 按大小分成等级，求得每一声级的冲击量，相加即得总计权人数。

$$\mathrm{TWP} = \sum W_i P_i$$

式中，$P_i$ 为与第 $i$ 个干扰加权因子 $W_i$ 相关的人数；$W_i$ 与表 1 中定义的特定 $L_{dn}$ 声级相关。

**表 1　不同 $L_{dn}$ 范围的计权因子 $W_i$**

| $L_{dn}$ 的范围/dB | $W_i$ |
|---|---|
| 35 ~ 40 | 0.01 |
| 40 ~ 45 | 0.02 |
| 45 ~ 50 | 0.05 |
| 50 ~ 55 | 0.09 |
| 55 ~ 60 | 0.18 |
| 60 ~ 65 | 0.32 |
| 65 ~ 70 | 0.54 |
| 70 ~ 75 | 0.83 |
| 75 ~ 80 | 1.20 |
| 80 ~ 85 | 1.70 |
| 85 ~ 90 | 2.31 |

通过比较每个环境的噪声影响指数可将一个特定噪声环境的相关影响与另一个进行比较，噪声冲击指数（NII）定义为

$$\mathrm{NII} = \mathrm{TWP} / \sum P_i$$

由上式可知，噪声冲击指数，也就是平均每人所受到的噪声冲击量。因此，它可用作对声环境质量的评价和不同环境的相互比较，以及供城市规划布局时考虑噪声对环境的影响，并作出选择，也可以用于计算和比较采取噪声控制后的效果。噪声冲击指数大，就表明噪声污染严重，可利用噪声冲击指数来确定噪声影响的等级，见表 2。

**表 2　城市噪声影响评价等级**

| NII | ≤0.03 | ≤0.07 | ≤0.025 | ≤0.44 | ≤0.1 | >1 |
|---|---|---|---|---|---|---|
| 等级 | 1 | 2 | 3 | 4 | 5 | 6 |
| | 优 | 良 | 合格 | 差 | 很差 | 恶化 |

（姬培锋　吴晁）

**推荐书目**

D. A. 比斯，C. H. 汉森．工程噪声控制——理论与实践（第 4 版）．邱小军，于淼，刘嘉俊，译．北京：科学出版社，2013.

张弛．噪声污染控制技术．北京：中国环境科学出版社，2007.

zaosheng jiliang

**噪声剂量**　（noise dose）　又称噪声暴露量，是表示暴露期间的总噪声能量的量。噪声剂量不仅与噪声级有关，而且与暴露于该噪声的时间长度有关。噪声剂量用来评价噪声对暴露于噪声中人员的听力损伤等的危险程度。

许多听力保护标准规定了最大的日噪声剂量为 90 dB(A) × 8 h。《工业企业设计卫生标准》（GBZ 1—2010）中，规定工人每天工作 8 h，噪声声级不得超过 85 dB。如果工人每天工作 4 h，允许噪声声级增加 3 dB，这样噪声暴露量不变。或者噪声级增加 3 dB，暴露时间减半，噪声剂量也不变。

噪声剂量计用于监测在一段时间内人们所接收的总噪声剂量，目前并没有相应的国家标准和国际标准为依据。噪声剂量计通常给出一个工作日的噪声测量累积结果，显示出来的即为工作日的最大允许噪声剂量的百分数。100% 表示最大的允许噪声剂量，高出 100% 的部分是超标量。用这种方法表示噪声剂量的优点是不论测量时间长短，100% 仍然是标准剂量，让用户更直观地了解个体处于噪声暴露下的剂量的大小。

一般噪声都是时变的，计算时变噪声剂量的公式为

$$\mathrm{ND} = \int_0^{T/8} \left| \frac{p(t)}{0.632} \right|^2 \mathrm{d}t$$

式中，ND 表示噪声剂量，%；$p(t)$ 为时刻 $t$ 经 A 计权后的时变声压，Pa；$T$ 为测量周期，h；0.632 为对应 90 dB(A) 的系数。

（姬培锋　吴晁）

zaosheng mingshizhi

**噪声明示值**　（declared noise emission values）

在产品（主要是机电产品）出厂时，厂方用以表明成品噪声辐射水平的噪声数据，是产品质量的一项指标。噪声明示值小的产品对环境干扰小，质量好。噪声明示值一般以距离机器一定位置上的A声级或者声功率级表示，但对大型动力设备也用倍频程声压级或声功率级表示。《中华人民共和国噪声污染防治法》要求对可能产生噪声污染的工业设备、施工机械、机动车、铁路机车车辆、城市轨道交通车辆、民用航空器、机动船舶、电气电子产品、建筑附属设备等产品，根据声环境保护的要求和国家经济、技术条件，在其技术规范或者产品质量标准中规定噪声限值。

噪声明示值不同于噪声标准和产品噪声发射标准，噪声明示值是给出产品的实际噪声水平，但是它与噪声标准和产品噪声发射标准密切相关，必须符合国家规定的噪声标准。在国家还没规定噪声标准时，可参照国际标准化组织（ISO）和国际电工委员会（IEC）推荐的有关标准。中国已颁布了《汽车加速行驶车外噪声限值及测量方法》（GB 1495—2002）以及《家用和类似用途电器噪声限值标准》（GB 19606—2004）（2026年将实施GB/T 19606—2024），生产的机动车辆和家用电器，其噪声指标不得超过国家规定的标准。对于环境影响较大的机械设备，如施工设备，许多国家都明确地规定了噪声指标。机电产品（包括施工设备）种类繁多，即使同类产品，其规格型号、功率大小、生产技术水平也各不相同。因此不同国家、不同厂家的同类产品的噪声指标也不尽相同。（姬培锋　吴冕）

zaoshengyuan shibie

**噪声源识别**　(noise source identification) 又称噪声源鉴别，指在同时有许多噪声源或包含许多振动发声部件的复杂声源情况下，为了确定各个声源或振动部件的声辐射性能，区分噪声源并根据它们对声场的作用加以分析等而进行的测量与分析。噪声源识别的要求主要有两个方面：一是确定噪声源的特性，包括声源类别、频率特性、变化规律和传播通道等；二是确定噪声产生的部位、主要的发声部件等，以及各噪声源在总声级中的比重。

对噪声源进行识别的方法大致可分为两类：第一类是常规的声学测量与分析方法，包括主观评价法、分别运行法、选择覆盖法、近场测量法、表面振动速度测量法等；第二类是声信号处理方法，包括声强法、声全息法、时域分析法、相干分析法、频域分析法等。

**主观评价法**　是直接利用人的感觉来判别噪声源的位置和特性的方法。该方法简便易行，但对人的实际经验要求高，不同人鉴别得到的结果往往不一致，而且不能做定量描述。

**分别运行法**　也称分步运转法。将机器中运转零部件按测量要求逐级连接或逐级分离进行运行，分别测得部分零件的声级及其在机器整体运行时总声级中所占的份额，从而确定主要噪声源。在汽车噪声测试中，用此法可以分离出发动机噪声、传动系噪声、轮胎噪声、风扇噪声、进排气噪声和燃烧噪声等。由于两次测量时各部件的工况不尽相同，因此会影响这种方法的识别精度。

**选择覆盖法**　是用隔声材料（铅板）把机器各部分分别覆盖起来以测定未覆盖部分的噪声，从而确定噪声源的方法。通常用于不能改变运行状态的情况。覆盖层（隔声罩）要专门设计以保证覆盖后的噪声比覆盖前小10 dB。

**近场测量法**　用声级计在紧靠机器的表面扫描，根据其指示值的大小来确定噪声源的部位。但此方法不能用于混响场，受频率影响较大，也不能反映噪声传播途径。

**表面振动速度测量法**　也称表面速度测量法。利用速度传感器测得噪声设备表面各处的振动速度，通过振动的频谱分析，并与噪声的频谱进行分析和比较，鉴别出主要噪声源部位。在实际应用中，也可测量表面振动加速度，再转换成振动速度。

**声强法**　是根据不在一个平面上的几点声强矢量判断声源所在方位的方法。在三维流体声场中，声强矢量等于有效声强矢量与声强偏差的矢量和。当频率带宽足够宽（不窄于1/3倍频程带宽，一般包括几个倍频程）时，声强偏差可以忽略。采用此方法时，测点位置最好均匀地分布在声源周围。

**声全息法** 是利用干涉原理获得被观测物体声场全部信息（振幅和相位分布）的声成像方法。此方法用于噪声源识别时，常应用传声器阵列形成噪声源可视化声场，并利用传声器之间的相位关系对各种噪声源进行定位，此时该方法常被称为声阵列法。传声器阵列是由多个传声器按一定方式排列组成的阵列，具有强指向性，可用于测定声源的空间分布，从而求出声源的位置和强度。

**时域分析法** 是根据各声源或声源各部分时间特性的差别进行识别的方法，更适用于含有离散谱的信号。例如，时域分析法中常用的时域平均法以一定的周期为间隔截取振动或噪声信号，进行叠加平均，可消除信号中的非周期分量和随机干扰，保留反映机器噪声源特性的周期分量。

**相干分析法** 是利用测量声源处与观察点声信号的相干函数（包括常相干函数、多重相干函数和偏相干函数），对噪声源进行识别并判断其对观察点的总噪声贡献的方法。相干函数得到的信息也可用时域的互相关函数方法得到。相干函数的值越大，说明该声源对测量点的声音影响越大。分别求出各个声源与测量点信号之间的相干函数，通过比较即可确定主要噪声源。当背景噪声较低且各噪声源相互独立时，用常相干函数即可正确识别噪声源并排列出它们的主次效应。偏相干函数则可以在多个非独立噪声源条件下分析各种因素对噪声源的影响。

**频域分析法** 也称频谱分析法，根据噪声源的频谱特性确定主要噪声源。对于噪声源在不同频段的情形，可用加速度计测量噪声源的振动，用传声器测量某点的声压，比较二者频谱特性即可对噪声源进行识别。频域分析法包括但不限于谱分析、倒频谱分析等。

（刘斌　吴冕）

**推荐书目**

方丹群，张斌，孙家麒，等. 噪声控制工程学（上册）. 北京：科学出版社，2013.

马大猷. 噪声与振动控制工程手册. 北京：机械工业出版社，2002.

陈克安，曾向阳，杨有粮. 声学测量. 北京：机械工业出版社，2010.

zaosheng diaocha

**噪声调查** （noise survey） 为了解噪声源性质、强度、频谱特性及分布情况，了解对人的危害和对环境的污染程度，研究技术先进、经济合理的防治方案而进行的调查工作。

**噪声调查方法分类** 可分为客观和主观两类。客观调查包括用仪器对噪声进行实地测量，收集现有参考资料。客观调查分为普查和细查。普查用普通噪声计进行，只读A声级；细查用精密声级计和滤波器进行，一般读取A声级、总声级和频谱，有时还需要用录音机记录噪声的时间特性资料，以备在实验室中进一步分析之用。主观调查是征询有关人员的反映、意见、建议等。

噪声调查大体上可以分为两种情况：一是已经建成的工程的噪声污染；二是处于设计中的工程的噪声预防。两者情况不同，进行噪声调查的方法也有所区别。

**已经建成工程的噪声调查步骤** 可按以下步骤进行：

**现场调查** 重点是了解噪声的分布情况，查明主要噪声源的噪声特性、噪声的传播途径，以及厂房和其他建筑物所受的噪声影响等，以便制定噪声控制方案。根据调查结果可绘制行政区、厂区（或其他区域）噪声分布图，这样可以使各处噪声的分布一目了然。噪声分布图有两种表示方法：①在直角坐标用数字表示；②用不同的等声级曲线或不同的颜色表示。前者较为简便，可以看到某局部区域噪声级的数值；后者比较直观，能看出噪声的分布情况。此外，也可将两者结合起来。

绘制噪声分布图要做好以下工作：①准备

一幅区域总图，了解工厂的工作范围、厂房和机械设备的布置、车间建筑和其他构筑物特征等；②对厂区各点进行噪声测量（或计算）；③绘制噪声分布图，将测得的数值用相应的编号标在厂区总图中。

噪声分布图如用等声级曲线表示，通常是以 5 dB 为一个等级，如 75 dB、80 dB、85 dB 等，将图中声级相同的各点用线连接起来，也可采用不同的颜色或印刷标志等来表示。

**确定噪声降低量** 把调查所得的现场噪声数据同噪声标准进行比较，根据实际要求确定噪声降低量（包括噪声级和各频带声压级所需降低的分贝数）。一般来说，这个数值越大，表明噪声问题越严重，采取噪声控制措施越迫切。

**选定控制措施** 以上述工作为基础，分清轻重缓急，选定控制噪声措施。在控制措施的选择上，既要考虑声学降噪效果，也要兼顾投资、工人操作和设备运行等因素。控制措施可以是单项的，也可以是综合性的，即几项措施同时采用。采取的措施要针对主要的噪声源。例如在一个车间里，有几台铣床和一台空气压缩机，空气压缩机的噪声要比铣床的噪声高得多，应首先控制空气压缩机的噪声。具体措施的声学效果，要事先进行估算或必要的试验，避免盲目性。

**设计或施工中工程的噪声调查** 这方面的噪声调查可以参考同类型设备或同类工程的噪声资料。由于噪声源所辐射的噪声同很多因素有关，因此，参考其他资料时应该慎重，最好能进行较多的实地调查工作，并尽可能地对厂房中拟安装的机械设备做具体的了解，甚至预先做一些单个的噪声源测量工作，即设计前，可先做一些局部的噪声测量。设计时，要统筹兼顾、全面安排，切实避免工程建成再考虑噪声控制工作的被动局面。此外，还应尽可能地注意“综合利用”，即把治理噪声和其他方面的工作结合起来。

另外，在工程完成之前，对带有全局性的问题，特别应当充分利用有利条件预先进行噪声控制设计。例如，从噪声方面考虑、审查选用的设备是否合理，工艺设计是否合适，整个工程布局是否妥善等。如果工程设计有问题，便可及时修改原设计方案，即使不能改变总方案，也可在局部的范围内采取噪声控制措施。如在产生噪声的设备上装设消声器，则要在工程设计中留出安装位置。在设计阶段充分考虑噪声问题并采取措施，一般比完工后进行补救要经济有效。 （姬培锋　韩丽）

**推荐书目**

方丹群，张斌，孙家麒，等．噪声控制工程学（上册）．北京：科学出版社，2013.

dengxiao shengji

**等效声级** （equivalent sound level） 按照能量平均的方法，一段时间 $T$ 内与起伏噪声能量相等的连续稳态的声级，用 $L_{eq}$ 表示。

**数学表示** 其数学表达式为

$$L_{eq} = 10\lg\left[\frac{1}{T}\int_0^T\left(\frac{p}{p_0}\right)^2 \mathrm{d}t\right] = 10\lg\left(\frac{1}{T}\int_0^T 10^{0.1L}\mathrm{d}t\right)$$

式中，$p(t)$ 为瞬时声压，Pa；$L$ 为噪声级；$p_0$ 为参考声压，取 $2\times10^{-5}$ Pa。

一般实际的噪声测量是不连续的。因此等效声级的计算公式可以变为

$$L_{eq} = 10\lg\left(\frac{1}{\sum_{i=1}^{N}T_i}\sum_{i=1}^{N}T_i 10^{L_i/10}\right)$$

式中，$L_i$ 为时间间隔 $T_i$ 测得的声级值。

若时间间隔相等，则有

$$L_{eq} = 10\lg\left(\frac{1}{N}\sum_{i=1}^{N}10^{L_i/10}\right)$$

式中，$N$ 为测量的声级总个数。

因为通常环境噪声的测量均使用 A 声级，因此，一般等效声级实际指的是等效 A 声级，单位是 dB(A)。

等效声级是衡量人的噪声暴露的一个重要物理量。国际标准化组织已采用等效声级的评价方法，许多国家的环境噪声标准也以等效声级为评价指标。

**昼夜等效声级** 通常噪声在晚上比白天更显得吵，尤其是对睡眠的干扰严重。昼夜等效

声级 $L_{dn}$对夜间噪声进行增加 10 dB 加权处理。其计算公式为

$$L_{dn}=10\ \lg\left[\frac{1}{24}(15\times 10^{L_d/10}+9\times 10^{(L_n+10)/10})\right]$$

式中，$L_d$ 为白天的等效声级，$L_n$ 为夜间的等效声级。白天与夜间的定义可依据地区的不同而异。15 为白天小时数，9 为夜间小时数。

**列车通过时段内等效连续 A 声级** 预测点的列车通过时段内等效连续 A 声级（$L_{Aeq,T_p}$）计算公式为

$$L_{Aeq,\ T_p}=10\ \lg\left[\frac{1}{t_2-t_1}\int_{t_1}^{t_2}\frac{p_A^2(t)}{p_0^2}dt\right]$$

式中，$L_{Aeq,T_p}$为列车通过时段内的等效连续 A 声级，dB；$T_p$ 为测量经过的时间段，$T_p=t_2-t_1$，表示始于 $t_1$ 终于 $t_2$，s；$p_A(t)$ 为瞬时 A 计权声压，Pa；$p_0$ 为基准声压，$p_0=20\ \mu Pa$。

（李楠　韩丽）

xin-zaobi

**信噪比** （signal-to-noise ratio，SNR） 信号功率与噪声功率的比率，以分贝（dB）为单位。信噪比是科学和工程中所用的一种度量，用于比较所需信号的强度与背景噪声的强度。信号指的是来自设备外部需要通过这台设备进行处理的电子信号，噪声是指经过该设备后产生的原信号中并不存在的无规则的额外信号（或信息），并且该种信号并不随原信号的变化而变化。

**信噪比的测量与计算** 信噪比的计算公式是 $10\ \lg(P_s/P_n)$，也可以换算成电压幅值的比率关系：$20\ \lg(U_s/U_n)$，式中，$P_s$和 $P_n$分别为信号和噪声的有效功率，$U_s$和 $U_n$分别为信号和噪声电压的“有效值”。

通过计算公式发现，信噪比随着输入信号的变化而变化，这种变化着的参数显然是不能用来作为一个衡量标准的，要想让它成为一种衡量标准，就必须使它成为一个定值。于是，信噪比被定义为“在设备最大不失真输出功率下信号与噪声的比率”，这样，所有设备的信噪比指标的测量方式就被统一起来，可以在同一种测量条件下进行比较。

信噪比通常不是直接进行测量的，而是通过测量噪声信号的幅度换算出来的，通常的方法是：给放大器一个标准信号，调整放大器的放大倍数使其达到最大不失真输出功率或幅度（失真的范围由厂家决定，通常是 10%，也有 1%），记下此时放大器的输出幅值 $U_s$，然后撤除输入信号，测量此时出现在输出端的噪声电压，记为 $U_n$，则根据 $SNR=20\ \lg(U_s/U_n)$ 或 $SNR=10\ \lg(P_s/P_n)$ 可以计算出信噪比。

**分类** 针对不同的信号类型可以划分为音频信噪比、图像信噪比以及网页信噪比。

**音频信噪比** 是在音响设备播放时，正常声音信号强度与噪声信号强度的比值。当信噪比低时，小信号输入时噪声严重，在整个音域的声音明显变得含混不清，严重影响音质。音频信噪比又指音响系统对音源的重放声与整个系统产生的新的噪声的比值，其噪声主要有热噪声、交流噪声、机械噪声等。一般检测此项指标以重放信号的额定输出功率与无信号输入时系统噪声输出功率的对数比值计。信噪比越高表示音频产品越好，设备的信噪比越高表明它产生的杂音越少。

**图像信噪比** 等于信号与噪声的功率谱之比，但通常功率谱难以计算，有一种方法可以近似估计图像信噪比，即信号与噪声的方差之比。首先计算图像所有像素的局部方差，将局部方差的最大值认为是信号方差，最小值是噪声方差，求出它们的比值，再转成分贝数，最后用经验公式修正。

**网页信噪比** 在网页优化中同样存在信噪比的概念，即在搜索引擎抓取页面，主要抓取除去 html 标签后的文本内容，这部分内容可以认为是不失真声音信号，而同时产生的那部分 html 标签内容，可以被认为是噪声。因此，网页信噪比可以这样理解：指网页中的文本内容部分与生成这些文本而产生的 html 标签内容的比率。在声学中，信噪比越高，说明声音信号越好，同理，网页信噪比越高，说明页面中纯文本内容相对越多，搜索引擎抓取页面也越容易。

（姬培锋　韩丽）

zaosheng wuranji

**噪声污染级** （noise pollution level） 综合能量平均和变动特性（用标准偏差表示）两者的影响而确定的噪声（主要是交通噪声）评价量，以分贝为单位。它既包含对噪声能量的评价，又包含噪声涨落的影响。噪声污染级用标准偏差来反映噪声的涨落，标准偏差越大，表示噪声的离散程度越大，即噪声的起伏越大。

**计算方法** 噪声污染级用符号 $L_{NP}$(dB) 表示，其表达式为

$$L_{NP}=L_{eq}+K\sigma$$

式中，$\sigma$ 为规定时间内噪声瞬时声级的标准偏差，dB；$L_{eq}$ 为等效 A 声级，dB；$K$ 为常数，一般取 2.56。

在正态分布条件下

$$L_{NP}=L_{50}+d+d^2/60$$

式中，$d=L_{10}-L_{90}$，表示噪声起伏变化的程度，$L_{10}$ 为只有 10% 的时间超过的 A 声级，其他类推。

噪声污染级的提出，最初目的是对各种变化的噪声做出统一的评价，但是目前为止的主观调查结果并未显示出它与主观反映的良好相关性。事实上，噪声污染级并不能说明噪声中许多较小的起伏和一个大的起伏（如脉冲声）对人影响的区别。但它对许多公共噪声的评价，如道路交通噪声、航空噪声以及公共场所的噪声等是非常适当的，它与噪声暴露的物理测量具有很好的一致性。 （李楠　韩丽）

ganjue zaoshengji

**感觉噪声级** （perceived noise level） 测试者判断为具有相等噪度的、来自正前方的、中心频率为 1 000 Hz 的倍频带噪声的声压级，单位为 dB。噪度是评价噪声吵闹感觉的单值量，单位是呐（noy）。与一个 40 dB、中心频率为 1 000 Hz 的倍频带（或 1/3 倍频程）的无规噪声听起来有相等的吵闹感觉的声音的噪度称为 1 呐。

**噪度和感觉噪声级的计算方法** 噪度是利用一组等感觉噪度曲线或者一组感觉噪度曲线来进行计算的（见噪度）。

计算的第一步是先把各频带的声压级转化成噪度 $N$（单位为 noy）。总噪度 $N_t$ 则为

$$N_t=0.3\sum_{i=1}^{N}N_i+0.7N_m \quad （倍频程）$$

或

$$N_t=0.15\sum_{i=1}^{N}N_i+0.85N_m \quad （1/3 倍频程）$$

式中，$\sum N_i$ 是所有噪度的和；$N_m$ 是各噪度中最大的一个。

把总噪度转化为总感觉噪声级 $L_{PN}$ 应用下式：

$$L_{PN}=33.3\lg N_t+40$$

感觉噪声级反映了声音吵闹厌烦的主观感觉程度，突出了高频声的作用，常作为飞机噪声的评价参数。在实际应用中，可用 A 声级加 13 dB 或 D 声级加 7 dB 来估算。

**有效感觉噪声级** 飞机噪声的幅度和频率都随时间变化，而且往往带有明显的纯音峰值，因此，用感觉噪声级来评价就不合适了。为此，在感觉噪声级的基础上，考虑了持续时间和纯音修正后，又建立了有效感觉噪声级（EPNL），单位为 dB，写成 EPNdB，其定义为

$$\text{EPNL}=\text{PNL}_{最大}+D$$

式中，$\text{PNL}_{最大}$ 为考虑了噪声频谱中存在纯音成分而添加的修正值 $F$ 后的最大感觉噪声级。

$$\text{PNL}_{最大}=\text{PNL}+F$$

$D$ 为噪声作用持续时间的修正值。

有效感觉噪声级的计算和测量十分复杂，一般可用 A 声级加 15 dB 来估计，这又被称作等效感觉噪声级。 （李楠　韩丽）

youxiao ganjue zaoshengji

**有效感觉噪声级** （effective perceived noise level） 见感觉噪声级。 （李楠　韩丽）

jiquan dengxiao lianxu ganjue zaoshengji

**计权等效连续感觉噪声级** （weighted equivalent continuous perceived noise level，$L_{WECPN}$） 见航空噪声。 （金中坤　欧阳山）

jiaotong zaosheng zhishu

**交通噪声指数** （traffic noise index） 机动

车辆噪声的评价标准，按下式计算：

$$TNI = L_{90} + 4(L_{10} - L_{90}) - 30$$

式中，$L_{10}$、$L_{90}$分别为测定时间内出现10%以上和90%以上的声级。（李楠）

**推荐书目**

马大猷，沈嵘．声学手册（修订版）．北京：科学出版社，2004.

zaosheng pingjiashu

**噪声评价数**（noise rating number） 又称NR数，是评价噪声烦扰和危害的参数。它与倍频带声压级的关系见下图。

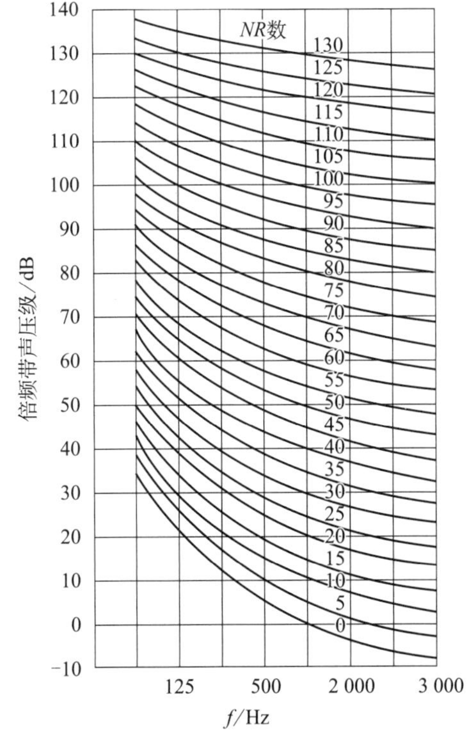


**噪声评价数曲线**

噪声评价数曲线按噪声级由低到高的顺序进行编号，它的号数即NR数等于中心频率为1 000 Hz的倍频程声压级的分贝整数。同一条曲线上各倍频程噪声可认为具有相同程度的干扰。例如，NR80曲线，1 000 Hz时倍频程声压级为80 dB，8 000 Hz时降低为74 dB，而125 Hz时提高为92 dB。

噪声评价曲线的噪声级为0～130 dB，频率为31.5～8 000 Hz，共9个倍频带。倍频带声压级与噪声评价数NR的关系如下式：$L_p = a + b\mathrm{NR}$。式中，$a$、$b$为常数，其数据见下表。

**不同中心频率时的系数 *a* 和 *b***

| 倍频带中心频率/Hz | *a* | *b* |
|---|---|---|
| 63 | 35.5 | 0.790 |
| 125 | 22.0 | 0.870 |
| 250 | 12.0 | 0.930 |
| 500 | 4.8 | 0.974 |
| 1 000 | 0.0 | 1.000 |
| 2 000 | -3.5 | 1.015 |
| 4 000 | -6.1 | 1.025 |
| 8 000 | -8.0 | 1.030 |

求某一噪声的噪声评价数NR的方法如下：先测出8个倍频带频谱，再把谱画到上图上，其中最接近而稍高于谱线（最小距离1 dB）的一条NR曲线的值就是该噪声的NR数。在听力保护和语言可懂度有关的计算中，只用500 Hz、1 000 Hz、2 000 Hz三个倍频带声压级即可。

噪声评价数在1961年曾被采纳为国际标准，主要用于室内活动场所稳态背景噪声的评价，也可用于工业噪声控制的评价。

在美国，一般使用一组NC曲线，用法和NR曲线相同，NC曲线用旧滤波器频带标准。所以后续又提出了一组PNC曲线，用标准频带。（李楠）

zaosheng baolu zhishu

**噪声暴露指数** noise exposure indices） 由噪声声级与暴露时间决定的指数。目前工作场所噪声卫生要求多采用噪声限值进行标准规定。《工作场所有害因素职业接触限值 第2部分：物理因素》（GBZ 2.2—2007）规定了工作场所物理因素职业接触限值。其中噪声职业接触部分规定：每周工作5 d，每天工作8 h，稳态噪声限值为85 dB(A)，非稳态噪声等效声级的限值为85 dB(A)；每周工作日不是5 d，需计算40 h等效声级，限值为85 dB(A)。

**全天等效声级** 非稳态噪声的工作场所，

按声级相近的原则把一天的工作时间分为 $n$ 个时间段，用积分声级计测量每个时间段的等效声级 $L_{\mathrm{Aeq},T_i}$，按下式计算全天等效声级：

$$L_{\mathrm{Aeq},T} = 10\lg\left(\frac{1}{T}\sum_{i=1}^{n} T_i\, 10^{0.1L_{\mathrm{Aeq},T_i}}\right)$$

式中，$L_{\mathrm{Aeq},T}$ 为全天的等效声级，dB(A)；$L_{\mathrm{Aeq},T_i}$ 为时间段 $T_i$ 内等效连续 A 计权声级，dB(A)；$T$ 为这些时间段的总时间；$T_i$ 为 $i$ 时间段的时间；$n$ 为总的时间段的个数。

**一天 8 h 等效声级** 根据等能量原理将一天实际工作时间内接触噪声强度规格化到工作 8 h 的等效声级，按下式计算：

$$L_{\mathrm{EX,8\,h}} = L_{\mathrm{Aeq},T_e} + 10\lg\frac{T_e}{T_0}$$

式中，$L_{\mathrm{EX,8\,h}}$ 为全天实际工作时间内接触噪声强度规格化到工作 8h 的等效声级，dB(A)；$L_{\mathrm{Aeq},T_e}$ 为实际工作日的等效声级，dB(A)；$T_e$ 为实际工作日的工作时间；$T_0$ 为标准工作日时间，8 h。

**每周 40 h 等效声级** 通过 $L_{\mathrm{EX,8\,h}}$ 计算规格化每周工作 5 天（40h）接触的噪声强度的等效连续 A 计权声级，按下式计算：

$$L_{\mathrm{EX},W} = 10\lg\left(\frac{1}{5}\sum_{i=1}^{n} 10^{0.1(L_{\mathrm{EX,8\,h}})_i}\right)$$

式中，$L_{\mathrm{EX},W}$ 为每周平均接触值的等效声级，dB(A)；$L_{EX,8\,h}$为全天实际工作时间内接触噪声强度规格化到工作 8h 的等效声级，dB(A)；$n$ 为每周实际工作天数。

**脉冲噪声限值** 在脉冲噪声工作场所，噪声声压级峰值和脉冲次数不应超过下表的规定。

**工作场所脉冲噪声职业接触限值**

| 工作日接触脉冲次数（$N$）/次 | 声压级峰值/dB（A） |
|---|---|
| $N \leqslant 100$ | 140 |
| $100 < N \leqslant 1\,000$ | 130 |
| $1\,000 < N \leqslant 10\,000$ | 120 |

（杨玉真）

zaosheng baolu yuce

**噪声暴露预测**（noise exposure forecast）对交通、工厂以及商业区等的噪声暴露及其影响的推测。主要用于机场噪声、道路交通噪声等的评估。噪声暴露预测的计算很复杂，但能正确地反映人们对噪声的主观感觉。

**噪声暴露预测的步骤** 分为四步：①确定噪声源数目、噪声源特性，以及噪声的声压级和暴露时间；②了解声源到受声点之间传播路线的特性；③选择预测模型，计算预测范围内的噪声及分布，绘制噪声等值线图；④评估噪声对预测范围内人们工作、生活等的影响。

**预测模式** 目前在交通噪声暴露预测领域的发展较为迅速，也发展出几种主流的预测模式。影响道路交通噪声的因素有很多，主要包括声源的强度，如车流量、车速、车型、路面材料以及道路的宽度、坡度和平整度等；噪声传播的路径和方式，如受声点到声源的距离，地面植被状况，各类地物（如声屏障、建筑物、较大的地面起伏等）对噪声的反射、衍射以及空气的温度、湿度和流动等。

道路交通噪声预测模型分为图表模型、物理缩尺模型、理论模型三类。图表模型要求手工从各类图表上查找噪声计算中的中间值，计算过程十分烦琐而且精度有限。物理缩尺模型造价昂贵，而且不可重复利用。因此，现在最为常用的是理论模型。

根据理论模型，世界主流的噪声预测模式主要分为美国 FHWA 公路交通噪声预测模式、英国的 CoRTN 模式、RLS90 德国预测系统。

随着科学技术的不断发展，基于 GIS 以及 BP 神经网络等的噪声预测模型也不断涌现，极大地丰富了预测方法，提高了预测精度。

（李楠　韩丽）

zaosheng weihai

**噪声危害**（noise hazard） 噪声对长时间处在噪声环境中的人们的健康所产生的伤害，包括各种心理和生理障碍及病变，如听力下降、耳聋、视觉模糊等神经系统和心血管系统的暂时性或永久性损害。

随着工业生产、交通运输、城市建筑的发

展，以及人口密度的增加，家庭设施（音响、空调、电视机等）的增多，环境噪声日益严重，噪声已成为污染人类社会环境的一大公害。噪声具有局部性、暂时性和多发性的特点。噪声不仅会影响听力，而且会对人的心血管系统、神经系统、内分泌系统产生不利影响。噪声的危害包括损伤听力、诱发疾病、影响生活、干扰工作和危害物质结构五个方面。

**损伤听力** 噪声对人体的危害最直接的是听力损害。对听觉的影响，是以人耳暴露在强噪声环境前后的听觉灵敏度来衡量的，这种变化称为听力损失，即人耳在各频率的听阈升移，简称阈移，以声压级分贝为单位。据临床医学研究统计，若长期在 80 dB 以上噪声环境中生活，就可能造成耳聋。当人短期处于噪声环境时，即使离开噪声环境，耳朵也会造成短期的听力下降，但当回到安静环境时，经过较短的时间即可恢复。这种现象叫听觉适应。如果长年无防护地在较强的噪声环境中工作，在离开噪声环境后听觉敏感性的恢复就会延长，经数小时或十几小时，听力可以恢复。这种可以恢复听力的损失称为听觉疲劳。听觉疲劳的加重会造成听觉机能恢复不全。一般情况下，85 dB 以下的噪声不至于危害听觉，85 dB 以上则可能发生危险。统计表明，长期工作在 90 dB 以上的噪声环境中，耳聋发病率明显增加。当今世界上有 7 000 多万耳聋者，其中相当一部分是由噪声所致。同时，医学专家研究认为，家庭噪声是造成儿童聋哑的病因之一，甚至体内的胎儿都受其害。因此，降低噪声污染对儿童的身心健康十分重要。

噪声性耳聋有两个特点：①除高强噪声外，一般噪声性耳聋需要一个持续的累积过程，发病率与持续作业时间有关，这也是人们对噪声污染忽视的原因之一。②噪声性耳聋是不能治愈的。

**诱发疾病** 噪声长期作用于人的中枢神经系统，可使大脑皮层的兴奋和抑制失调，条件反射异常，出现头晕、头痛、耳鸣、多梦、失眠、心慌、记忆力减退、注意力不集中等症状，严重者可产生精神错乱。这种症状，药物治疗疗效很差，但当脱离噪声环境时，症状就会明显好转。噪声还可引起神经系统功能紊乱、精神障碍、内分泌紊乱甚至事故率升高。在日本，曾有过因为受不了火车噪声的刺激而精神错乱，最后自杀的案例。噪声会加速心脏衰老，增加心肌梗死发病率。长期接触噪声可使体内肾上腺分泌增加，从而使血压上升，在平均 70 dB 的噪声中长期生活的人，其心肌梗死发病率增加 30% 左右，特别是夜间噪声会使发病率更高。调查发现，生活在高速公路旁的居民，心肌梗死率增加了 30% 左右。调查 1 101 名纺织女工发现，高血压发病率为 7.2%，其中接触强度达 100 dB 的噪声者，发病率达 15.2%。噪声还可使女性生理机能紊乱，如月经失调、流产及早产等，严重时可致畸胎。国外曾对某个地区的孕妇普遍发生流产和早产做了调查，结果发现她们居住在一个飞机场的周围，“罪魁祸首”正是那飞起降落的飞机所产生的巨大噪声。噪声还影响人的视力。试验表明，当噪声强度达到 90 dB 时，人的视觉细胞敏感性下降，识别弱光反应时间延长；当噪声强度达到 95 dB 时，有 40% 的人瞳孔放大，视觉模糊；而当噪声强度达到 115 dB 时，多数人的眼球对光亮度的适应都有不同程度的减弱。所以长时间处于噪声环境中的人很容易发生眼疲劳、眼痛、眼花和流泪等眼伤害现象。同时，噪声还会使色觉、视野发生异常。调查发现，受噪声伤害，会使红、蓝、白三色视野缩小 80%。

**影响生活** 噪声的存在，往往使人难以休息和入睡。当人辗转不能入睡时，便会心态紧张，呼吸急促，脉搏跳动加剧，大脑兴奋不止，第二天就会感到疲倦或四肢无力，从而影响工作和学习，久而久之，就会导致神经衰弱，表现为失眠、耳鸣、疲劳。

人进入睡眠之后，即使是 40 ~ 50 dB 较轻的噪声干扰，也会从熟睡状态变成半熟睡状态。人在熟睡状态时，大脑活动是缓慢而有规律的，能够得到充分的休息；而人在半熟睡状态时，大脑仍处于紧张、活跃的阶段，这就会使人得不到充分的休息和体力的恢复，造成工作效率降低。噪声对语言通信的影响是广泛而重要的。通常用语言清晰度来定量表示这种影响。受这种影响，轻则降低通信效率，破坏通信过程，重则损伤人们的语言听力，甚至使人们丧失语言听力。噪声标准首先应该保护语言听力不受损伤。

**干扰工作** 噪声对人们工作的影响较为复杂，很难定量表述。在噪声的刺激下，心情烦躁、注意力分散、易疲劳、反应迟钝，导致工作出错，影响工作效率，特别是要求注意力高度集中的复杂作业，影响更大。调查研究表明，速记、校对、文字等工种，随着噪声辐射强度的增加，出错率明显上升。噪声超过 85 dB，会使人感到心烦意乱，因而无法专心地工作，导致工作效率降低。

**危害物质结构** 噪声对仪器设备的影响有三种情况：噪声对仪器设备的干扰、噪声使仪器设备失效以及使仪器设备损坏。噪声对仪器设备的干扰是指在噪声场工作的仪器设备不能正常工作。噪声使仪器设备失效是指在噪声场中仪器设备失去工作能力，但噪声消失后又能恢复工作。使仪器设备损坏是指噪声场激发的振动造成对仪器设备的破坏而不能使用。

（姬培锋　韩丽）

**推荐书目**

张弛．噪声污染控制技术．北京：中国环境科学出版社，2007.

tingli baohu biaozhun

**听力保护标准** （hearing protection criterion）又称耳聋防止标准，是为了避免噪声性耳聋而规定的环境噪声最高限。

**噪声暴露级** 噪声暴露是对工作场所中的人而言，它表述在规定时间周期内人耳处所接收到的噪声。目前许多国家的标准均以额定的 8 h 工作时间规定噪声暴露级。研究数据统计表明，80 dB(A) 的噪声对高频听力影响一般不大，当噪声暴露值超过 85 dB(A) 时，高频段的听阈将较快地提升。因此，世界各国对于噪声暴露允许级的规定大多以 85 dB(A) 为主。

**交换率** 噪声暴露反映了噪声对听力的影响在时间上的累积效应。当工作环境噪声值较大时，为了保证噪声暴露值不高于暴露允许值，必须减少作业者的暴露时间。当噪声值的增加，噪声暴露时间减半，其增量就称为交换率。目前常用的是超过允许暴露级 3 dB(A)，允许暴露时间就减为 4 h；超过允许暴露级 6 dB(A)，允许暴露时间就减为 2 h，以此类推。

**脉冲噪声暴露允许最大值** 在实际的作业场所中经常会出现脉冲噪声，其声压级很高，持续时间却很短，往往小于 500 ms，对作业者的影响很大。由于持续时间短，实际测量的难度很大。因此，对于脉冲噪声，宜采用脉冲噪声暴露峰值作限值要求。目前，世界各国对于脉冲噪声的认可和测量方法也不完全统一。但是，一些主要的发达国家都采用 140 dB(C) 作为脉冲噪声暴露允许的最大值。也有部分国家采用 A 声级，多以 115 dB(A) 为脉冲噪声暴露允许最大值。

**工业控制级和听力保护级** 对于暴露在高噪声环境中的作业工人，可通过佩戴护听器来降低噪声对听力的影响。但护听器对噪声的阻隔能力有限，对于过高的噪声，仍需要通过工程控制手段对声源或作业环境进行降噪处理。为此，可根据实际噪声暴露情况设定听力保护级和工业控制级。当噪声暴露达到或超过听力保护级，而未超过工业控制级时，允许企业不进行工业治理，但是必须启动听力保护计划；当噪声暴露达到或超过工业控制级时，必须实施噪声控制工程，对工作场所进行相应的降噪处理，将噪声暴露降到工业控制级以下。

**我国噪声职业接触限值标准** 我国目前采用的标准是《工作场所有害因素职业接触限值 第 2 部分：物理因素》（GBZ 2.2—2007）。其中关于噪声职业接触限值的规定为：每周工作 5 d，每天工作 8 h，稳态噪声限值为 85 dB(A)，非稳态噪声等效声级的限值为85 dB(A)；每周工作日不是5 d，需计算40 h等效声级，限值为85 dB(A)，见表1。脉冲噪声工作场所，噪声声压级峰值和脉冲次数不应超过表2的规定。

**表1　工作场所噪声职业接触限值**

| 接触时间 | 接触限值/dB(A) | 备注 |
| --- | --- | --- |
| 5d/周，=8h/d | 85 | 非稳态噪声计算8h等效声级 |
| 5d/周，≠8h/d | 85 | 计算8 h等效声级 |
| ≠5d/周 | 85 | 计算40 h等效声级 |

**表2　工作场所脉冲噪声职业接触限值**

| 工作日接触脉冲次数 | 声压级峰值/dB(A) |
| --- | --- |
| $n \leqslant 100$ | 140 |
| $100 < n \leqslant 1\,000$ | 130 |
| $1\,000 < n \leqslant 10\,000$ | 120 |

（桑晋秋　韩丽）

**推荐书目**

方丹群，张斌，孙家麒，等. 噪声控制工程学（下册）. 北京：科学出版社，2013.

baizaosheng

**白噪声**　（white noise）　一种功率谱密度为常数的随机信号或随机过程，即此信号在各个频段上的功率一致。由于白光由各种频率（颜色）的单色光混合而成，因而此信号的平坦功率谱性质称为“白色”，此信号也因此得名白噪声。相对地，其他不具有这一性质的噪声信号则称为有色噪声。理想的白噪声具有无限带宽，因而其能量无限大，这在现实世界是不可能存在的。实际上，人常常将有限带宽的平整信号视为白噪声，以方便进行数学分析。

白噪声的应用领域之一是建筑声学，为了减弱内部空间中分散人注意力并且不希望出现的噪声（如人的交谈），使用持续的低强度噪声作为背景声音。一些紧急车辆的警报器也使用白噪声，因为白噪声能够穿过如城市中交通噪声这样的背景噪声并且不会引起反射，所以更加容易引起人们的注意。在电子音乐中也有白噪声的应用，它可作为滤波器的输入信号以产生其他类型的噪声信号。例如，在音频合成中，经常用来重现类似镲钹这种在频域有很高噪声成分的打击乐器。白噪声可用于放大器或者电子滤波器的频率响应测试，有时它与响应平坦的话筒或自动均衡器一起使用。这个设计的思路是，系统产生白噪声，话筒接收到扬声器产生的白噪声，然后在每个频率段进行自动均衡从而得到一个平坦的响应。这种系统用在专业级的设备、高端的家庭立体声系统或者一些高端的汽车收音机上。

（姬培锋　刘丹晓）

fenhong zaosheng

**粉红噪声**　（pink noise）　用反比于频率的频带宽度测量时，频谱连续并且均匀的噪声。粉红噪声的功率谱密度与频率成反比。粉红噪声在所有倍频程（或对数坐标）内都有相同能量。粉红噪声的名称源于这种功率谱下的可见光视觉颜色为粉色。粉红色噪声又被称作频率反比（$1/f$）噪声，因为它的能量分布与频率成反比，每一个倍频程能量衰退3 dB。粉红噪声和白噪声的主要不同在于：①在对数坐标里，白噪声的能量是以每倍频程增加3 dB分布的，粉红噪声是均匀分布的。粉红噪声更符合感知（对数）上的均匀。②在线性坐标里，白噪声的能量分布是均匀的，粉红噪声是以每倍频程下降3 dB分布的。白噪声更符合物理带宽（线性）上的均匀。

对于固定频带宽度的频谱而言，白噪声是等强度的，粉红噪声随频率的增大反而降低（见图1）。对于倍频程而言，每个频谱程是按2倍的关系来划分的，因此，倍频程属于等比频带，那么，在这种显示方式下，粉红噪声是连续均匀的，而白噪声随着中心频率的增加而增大（见图2）。

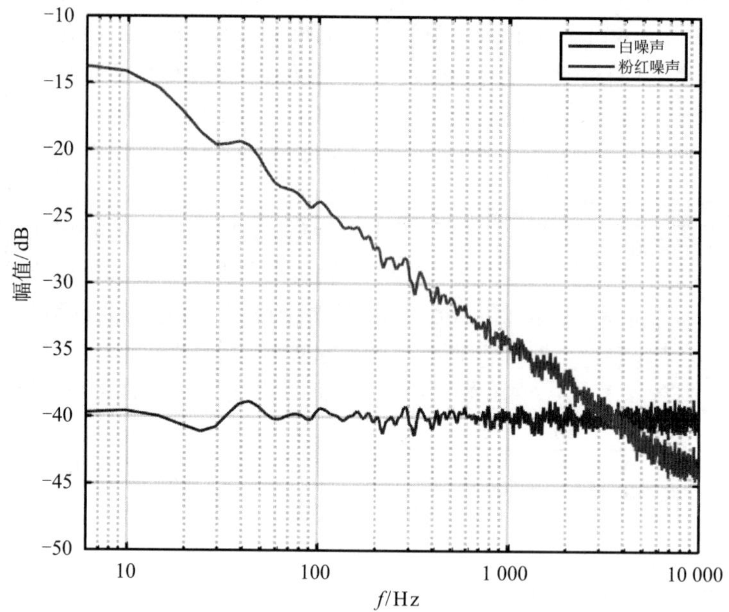


**图 1　固定频带带宽下的粉红噪声和白噪声的 PSD（功率谱密度）**

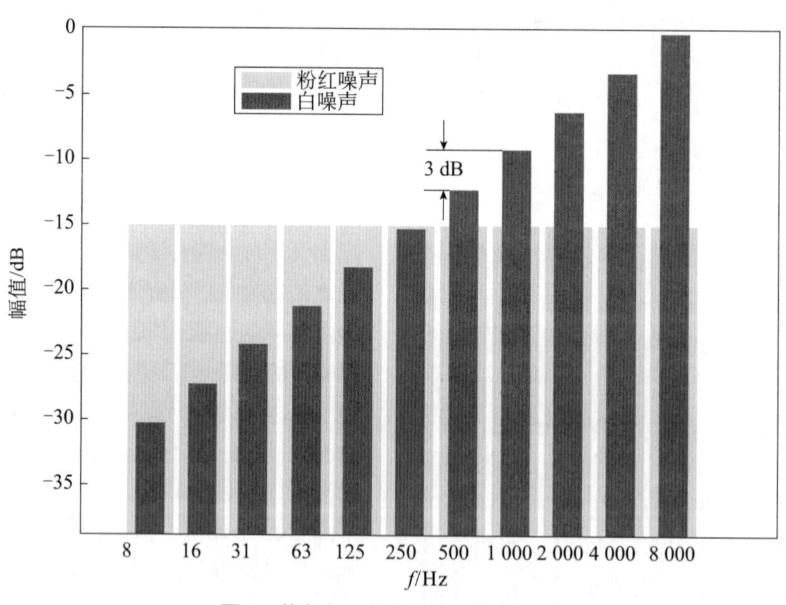


**图 2　倍频程下的粉红噪声和白噪声**

（姬培锋　刘丹晓）

jiayong dianqi zaosheng

**家用电器噪声**　(noise from home appliances)　由家用电器运转而产生的噪声。家用电器一般放置在供人居住或活动的封闭式小型空间内，噪声源与人之间的距离较近，由于空间小，声波混响严重，人所感受到的除直达噪声外，还有相当一部分混响声。电冰箱、房间空气调节器等家用电器运行时间长，在夜晚人睡眠时仍在工作，因此其噪声对人的影响较大。

噪声的高低已成为衡量家用电器产品性能的重要指标。降低噪声也是家用电器环境保护的内容之一。家用电器辐射的声压级较低。由于人对不同频率、不同强度声波的感知灵敏度不同，因此在评价家用电器噪声对人的影响时，需要在考虑噪声客观物理量的基础上增加人的主观感觉特性，因此在评价其噪声时，均采用A计权声级，记作dB(A)。另外，人感觉到的噪声高低除与家用电器本身辐射的噪声有关外，与家用电器所处的声学环境也有很大关系，为了客观地评价产品的噪声高低还需要去除所处环境的影响。

《家用和类似用途电器噪声限值》（GB 19606—2004）规定了家用电器和类似用途电器两大类产品的噪声限值。该标准并没有涵盖所有的家用类产品，在现阶段只确定了比较常见的对家庭噪声影响比较显著的六大类家电产品：电冰箱、空调器、洗衣机、微波炉、吸油烟机和电风扇。该标准采用了正文加附录的形式，在正文部分规定了标准的通用要求：测试方法、测试设备、产品标识等内容，而将产品的噪声限值按产品类别区分放在规范性附录中进行规定，便于补充新增产品的噪声限值。六大类家电产品的噪声限值规定分别见表1～表4。

**表1　电冰箱噪声限值（声功率级）**

| 容积/L | 直冷式电冰箱噪声限值/dB(A) | 风冷式电冰箱噪声限值/dB(A) | 冷柜噪声限值/dB(A) |
|---|---|---|---|
| ≤250 | 45 | 47 | 47 |
| ＞250 | 48 | 52 | 55 |

**表2　空调器噪声限值（声压级）**

| 额定制冷量/kW | 室内噪声限值/dB(A) | | 室外噪声限值/dB(A) | |
|---|---|---|---|---|
| | 整体式 | 分体式 | 整体式 | 分体式 |
| ＜2.5 | 52 | 40 | 57 | 52 |
| 2.5～4.5 | 55 | 45 | 60 | 55 |
| 4.5～7.1 | 50 | 52 | 65 | 60 |
| 7.1～14 | — | 55 | — | 65 |
| 14～28 | — | 63 | — | 68 |

**表3　洗衣机、微波炉、吸油烟机的噪声限值（声功率级）**

| 家用电器种类 | 分类 | | 噪声限定值/dB(A) |
|---|---|---|---|
| 洗衣机 | 工作状态 | 洗涤 | 62 |
| | | 脱水 | 72 |
| 微波炉 | 68 | | |
| 吸油烟机 | 风量/($m^3$/min) | ≥7～10 | 71 |
| | | 10～12 | 72 |
| | | ≥12 | 73 |

**表4　电风扇噪声限值（声功率级）**

| 台扇、壁扇、台地扇、落地扇 | | 吊扇 | |
|---|---|---|---|
| 规格/mm | 噪声/dB(A) | 规格/mm | 噪声/dB(A) |
| ≤200 | 59 | ≤900 | 62 |
| 200～250 | 61 | 900～1 050 | 65 |
| 250～300 | 63 | 1 050～1 200 | 67 |
| 300～350 | 65 | 1 200～1 400 | 70 |
| 350～400 | 67 | 1 400～1 500 | 72 |
| 400～500 | 70 | ＞1 500～1 800 | 75 |
| ＞500～600 | 73 | | |

2009年《家用和类似用途电器噪声限值》又增加了加湿器、电动厨房器具、空气净化器、食物搅碎器、真空吸尘器和吸水式清洁器具、洗碗机这6类小家电产品噪声限值的特殊要求（见表5～表10）。

**表5　加湿器的声功率级噪声限值**

| 产品类型 | 加湿量/(mL/h) | 限定值/dB(A) |
|---|---|---|
| 超声波式 | ≤350 | 38 |
| | ＞350 | 42 |
| 直接蒸发式及离心式（含直接蒸发式或离心式的复合式） | ≤180 | 45 |
| | ＞180且≤500 | 50 |
| | ＞500且≤1 000 | 55 |
| | ＞1 000 | 60 |
| 其他类型 | ≤350 | 40 |
| | ＞350 | 45 |

**表 6　电动厨房器具的声功率级噪声限值**

| 产品/负载类别 | | 使用功率范围/W | 限定值/dB(A) |
|---|---|---|---|
| 对于标称具有处理果蔬类食物功能的器具 | | ≤700 | 90 |
| 对于标称具有处理 | 干性硬质类食物功能的器具 | ≤400 | 100 |
| | | ＞400 且≤700 | 105 |
| | 湿性硬质类食物功能的器具 | ≤700 | 85 |
| 对于标称具有处理软性食物功能的器具 | | ≤700 | 95 |

**表 7　空气净化器的声功率级噪声限值**

| 洁净空气 CADR/($m^3$/h) | 限定值/dB(A) |
|---|---|
| ≤150 | 55 |
| 150＜CADR≤400 | 60 |
| ＞400 | 65 |

注：CADR 为洁净空气输出功率（clean air deliveryrate）。

**表 8　食物搅碎器的声功率级噪声限值**

| 产品类别 | 实用功率范围/W | 限定值/dB(A) |
|---|---|---|
| 侵入式食物搅碎器 | ≤400 | 90 |
| | ＞400 且≤700 | 90 |
| 固体食物搅碎器 | ≤400 | 100 |
| | ＞400 且≤700 | 105 |

**表 9　真空吸尘器和吸水式清洁器具的声功率级噪声限值**

| 产品类别 | 额定输入功率/W | 限定值/dB(A) |
|---|---|---|
| 真空吸尘器 | ≤1 000 | 84 |
| | ＞1 000 且≤1 400 | 86 |
| | ＞1 400 | 90 |
| 吸水式清洁器具 | ≤90 | |

**表 10　洗碗机的声功率级噪声限值**

| 产品类型 | 限定值/dB(A) |
|---|---|
| 驻立式 | 61 |
| 台式 | 65 |
| 嵌入式 | 58 |

GB 19606—2004 的实施，使得与人民生活息息相关的室内噪声污染现象得到了重视，同时也进一步促进了家电产品生产技术和工艺水平的提高。电冰箱、空调、电风扇、微波炉、吸/排油烟机在噪声合格后方可销售，并应将检测的噪声数据标在产品铭牌或说明书上，实测值不应超过标识值的 +3 dB(A)，且最高不应超过标准的限值。消费者在选购家电产品时，有权要求销售商出示其经国家家用电器质量检验检测中心检测合格的检测报告。

为提高家用电器自身的竞争力，世界各国都开展了家用电器噪声控制的研究，主要有采用新型材料，综合应用吸声、隔声、消声器措施，采用新型低噪结构和部件，改善家用电器所处的声学环境特性等方面。

（姬培锋　刘丹晓）

# 环境振动学

huanjing zhendongxue

**环境振动学** （environmental vibration） 研究振动环境及其同人类活动的相互作用，媒质中振动的产生、传播、接收和效应的环境物理学分支学科。

**沿革** 随着现代工业的迅速发展、城市规模的日益扩大，振动对大都市生活环境和工作环境的影响引起了人们的普遍关注。国际上已把振动列为七大环境公害之一。环境振动是环境污染的一个方面，现代交通运输业和宇航声学的发展，使环境振动学也得以迅速发展，特别是关于振动对人的影响。国际上早已开始着手研究环境振动规律、振动产生的原因、传播路径与控制方法以及对人体的危害等问题。我国于1988年颁布了《城市区域环境振动标准》（GB 10070—88），对城市不同区域的环境振动标准限值作出了规定。

**研究内容** 主要研究振动的产生、传播和接收，及其引起的环境振动特性与传播规律和对环境产生的影响；研究改善和控制振动环境质量的技术和管理措施。环境振动学主要阐述有关振动的基本概念，从而与振动污染控制有所区分，并对轨道交通环境振动这一研究热点做具体阐述。

**发展** 公元前6世纪，毕达哥拉斯将谐波间隔与振动弦的长度比联系起来。1581年，伽利略观察到单摆的周期（几乎）与振动的振幅无关。1个世纪后，牛顿给动力学的基本原理打下了坚实的基础。欧拉（L. Euler，1707—1783）领导了力学科学的进一步发展。1788年，J. L. Lagrange 出版了 *Me'canique Analytique*，此书成为分析力学的奠基著作。第一本完全致力于振动理论的书是瑞利的《声音理论》（1887）的第一卷。它成为 Timoshenko（1928）和 DenHartog（1934）经典振动教科书的基础。随后的文本遵循了大致相同的模式，在20世纪60年代的工程科学革命之后增加了矩阵符号和线性代数。振动有许多值得研究的优点，在实践中被应用于多个方面。例如，制作音乐，驱动振动传输系统，或在时钟和精密仪器中提供频率标准。但在许多其他应用中，振动则干扰系统的正常运行，产生噪声，并产生可能导致疲劳失效的应力。19世纪，蒸汽驱动列车与相对灵活的金属桥的相互作用产生了意想不到的振动和疲劳问题。20世纪初，城市开始安装中央电站，产生了与汽轮发电机组转子动力学有关的各种振动问题。第一次世界大战结束时，柴油机已成为一种流行的中功率原动机，柴油机轴系的大量疲劳失效促使曲轴产生扭转振动。在第一次世界大战和第二次世界大战之间，伴随飞机和直升机的迅速发展，分别出现了机翼颤振现象和地面共振现象。1940年，塔科马窄带悬索桥在中等风速下产生了巨大的自激扭转振动，并急剧失效。20世纪后半叶，高科技发展迅猛。新技术也为振动提供了极大改进的工具。尤为重要的是改进传感器和执行器的开发。计算机现在是大多数振动测量系统的重要组成部分，其计算能力为许多理论进步提供了重要支持。第二次世界大战后，火箭推进和太空飞行的发展使振动工程师们了解了随机振动这一课题，以及对大型宽带振动筛和精密数据处理仪器的要求。基于模拟原理的仪器很快被数字处理器所取代。快速傅里叶变换（FFT）诞生于1965年，10年后，基于FFT的商用仪器上市。不久后，能够进行实验模态分析的数字分析仪便得以应用。同时，用于执行有限元分析和边界元分析的计算机软件被应用于复杂实际结构的动力分析。但是除结构的前几阶模态外，很难将实验测量与分析预测相协调。自20世纪60年代以来，非线性振动理论取得了重大进展，包括澄清了确定性系统混沌响应的概念。高速数字计算机为振动研究提供了强大的支持工具。

**研究方法** 主要有以下几个方面：①振动的基本理论。包括振动的定义、振动与噪声的关系、振动计量单位、振动分析基础、振动与波动的关系，特别是移动荷载引起的环境振动的产生与传播机理、减振与隔振的基本原理等。②振动对环境的影响。包括：对人们日常生活和工作（心理和生理上）的影响，对人体健康（生理和病理上）的影响，对精密仪器和设备使用性能的影响，对邻近建筑物使用性能的影响，对古建筑安全性的影响，以及对交通车辆走行性的影响等（参见*振动污染*）。③环境振动的特点。包括：工业环境振动、建筑施工环境振动的特点，交通系统对环境振动影响的持时特点、强度特点、频率特点、载重和车速的影响等，地面交通系统、高架交通系统、地铁、高速铁路等常用交通系统环境振动的特点、产生与传播机理，以及交通线附近建筑物及其他受振体的振动特点等（参见*振动污染*）。④振动测试与分析方法。包括环境振动测试基本原理与内容、基本测试仪器和构造、环境振动试验方法与特殊要求、测试信号处理技术等。⑤环境振动预测与评价。包括：研究和建立环境振动的预测模型和方法，研究环境振动的评价方法、建立评价体系，调查、研究和总结分析国内外各种振动控制标准和规范以及它们对于环境振动的适用条件（参见*振动评价标准*）。⑥环境振动的治理对策。从改善振源特性、控制振动传播路径、受振体的减/隔振及结构优化等方面，研究环境振动控制理论，制定技术对策，开发振动控制措施。

**轨道交通引起的环境振动** 相关学者通过理论分析、数值模拟机现场试验分析了轨道交通引起的振动的特性及传播规律，但是受限于计算能力与观测水平，对于振动波的传播规律尚处于定性认识的阶段；并且由于地质情况的差异性，很多试验结果仅适用于试验地段的工程，对其他地区工程的参考意义不大，为解决这一问题带来了很大的困难。

**轨道交通运行引起环境振动危害** 轨道交通引起的振动会影响轨道附近居民住所及办公场所的舒适性。轨道交通引起的振动是一种持久性、小振幅的环境振动，这种振动不仅会影响周边居民的正常休息，甚至会影响人们的情绪、学习与工作，对人类的生理及心理健康造成较大的影响。轨道交通引起的振动对精密仪器实验室、音乐厅等对振动比较敏感的建筑物影响较大，严重时会使相关设备无法正常使用。

**轨道交通引起环境振动特性** 轨道交通运行引起的环境振动属于受迫振动，主要振动特性与激励源相关，其激励源为轨道交通运行时车辆与轨道、基础产生的相互作用，包括车辆经过时对轨道产生的冲击作用、移动车轴对轨道的周期性作用及轨道不平顺引起车辆颠簸引发的地面振动。

**轨道交通引起环境振动传播规律** 振动波在土体中主要以三种形式传播，分别为压缩波、剪切波和表面波。压缩波的特点是振幅小、周期短、速度快，在固体和液体中都可以传播；剪切波的特点是振幅较大、周期长、波速比压缩波慢，只能在固体中传播；表面波是压缩波和剪切波传至不同介质交界面时叠加产生的，其特点是沿介质表面传播，随传播深度的增加迅速衰减且高频波比低频波衰减得更快。土体中振动波的传播在近场以压缩波和剪切波为主，在远场以表面波为主。

**轨道交通引起环境振动研究方法** 主要有四种方法：①公式预测法。该方法是通过对一系列试验及分析数据进行归纳，得出相对正确、简易并能指导现实工作的理论公式。通过这种简单有效的评估方式，分析轨道交通周边环境所受影响，定性判断轨道线路对周边环境的影响。《铁路建设项目环境影响评价噪音振动源强取值和治理原则指导意见（2010 年修订稿）》给出了不同列车的基准噪声源强，并提出了铁路沿线噪声模式化预测公式。②列车载荷及振动传递模拟。列车荷载是一个移动荷载，其对周边环境的作用与列车车速、轴重、轨道平顺度等因素有关，建立一个相对简单、有效的荷载模型，能有效帮助科研人员分析轨道交通运行引起振动的特性及传播规律。列车荷载的建立及加载经历了一个由简单到复杂的过程，初期主要通过简谐荷载来模拟。车辆荷载的数值解的确立，为数值模拟分析奠定了基础，但是由于在求解车辆荷载数值解的时候进行了一定的理想化假设，并摒除了相当一部分影响因素，因此，该方法适用于定性分析。③数值模拟法。轨道交通引起的环境振动是一个多参数、复杂、系统的课题，只考虑单一或几个因素无法客观、准确地描述振动的产生及传播的过程，随着数值模拟计算水平的提高，通过仿真模型来研究轨道交通对周边环境的影响越来越受到众多学者的青睐。数值模拟方法为分析振动波的传递提供了一个很好的解决途径，但是受限于目前计算能力以及土层物理性质的离散型，计算结果往往与试验结果的差值较大，因此合理的计算模型、科学的边界处理方法及相对准确的土层物理参数是数值模拟需进一步解决的课题。④现场测试试验分析法。随着试验设备、方法的不断进步，现场测试已成为一个重要的、不可替代的研究方法。通过现场试验研究，首先可以帮助科研人员深入了解轨道交通诱发振动的特性及传播规律；其次可以验证理论研究的准确性及适用条件；最后可以验证轨道交通中设置隔振措施的有效性，为以后的工程提供实践经验。现场试验方法可以揭示试验地段振动的传递过程，但是由于各个工程所处地段地质条件相差较大，其试验结果普适性较低；同时，尽管国内已开展了相当数量的相关试验，但受限于试验数据无法汇总，难以对这些数据进行系统的归纳，形成适用性较强的统计公式以指导工程建设。

**发展趋势** 环境振动学在其发展过程中逐渐由基础科学转化为基础科学与技术科学的结合。工程问题的需要使环境振动学的发展成为必需，而测试和计算技术的进步又为环境振动学的发展和应用提供了可能性。除与技术问题的结合以外，学科的交叉不断为环境振动学的发展注入新的活力。在发展过程中，环境振动学已成为以物理概念为基础，以数学理论、计算方法和测试技术为工具，以解决工程中振动问题为主要目标的环境物理学分支。

（孙陆阳　安锋岩）

**推荐书目**

Ewins D J, Rao S, Braun S G. Encyclopedia of Vibration. San Diego: Academic Press, 2001.

马大猷．噪声与振动控制工程手册．北京：机械工业出版社，2002.

zhendong shuyu

## 振动术语

（vibration terminology） 《工程振动术语和符号标准》（GB/T 51306—2018）述及的术语，包括振动体系、振动特性、振动传播、振动参数、振动响应和振动评价。

**振动体系** 包括 15 个术语。

**振动** 指物体或质点在平衡位置附近做周期性或随机性的运动。

**振动系统** 是由质量、刚度、阻尼等振动元素组成的动力学系统。

**动刚度** 是在动态条件下作用力的变化与位移的变化之比。

**阻尼** 是由于外界作用和（或）系统本身固有的原因引起的振幅随时间逐渐减小的特性。

**阻尼系数** 是在黏性或黏滞性阻尼条件

下，阻尼力与振动速度的比值。

**临界阻尼** 是使振动物体刚好能不做周期性振动而又能最快地回到平衡位置的阻尼值。

**临界阻尼系数** 是当阻尼比为 1 时的阻尼系数。

**阻尼比** 是实际阻尼系数与临界阻尼系数之比。

**自由度** 是结构计算时，确定物体空间位置所需的最少独立坐标数。

**单自由度系统** 是仅需一个独立坐标就可确定物体空间位置的结构系统。

**多自由度系统** 是具有两个及以上独立坐标才能确定物体空间位置的结构系统。

**离散系统** 是具有有限自由度的力学系统。

**连续系统** 是具有无限自由度的力学系统。

**激励** 作用于振动系统上的外力或其他激振形式，使系统以某种方式产生振动响应。

**响应** 是振动系统由激励引起的运动或其他输出。

**振动特性** 包括 22 个术语。

**固有振动** 是系统在不受外界作用的情况下所有可能发生的振动的集合，反映系统关于振动的固有特性。

**自由振动** 是系统在外界作用消失的情况下所发生的振动，一般指无阻尼系统的振动。

**受迫振动** 是系统由与时间有关的外力激发的振动。

**自激振动** 是由机械系统内的能量转换成振荡激励而形成的振动。

**共振** 是当外部激励频率接近结构系统某固有频率时，其振动响应达到极大值的现象。

**耦合振动** 是由于振动系统各部分间的能量传递产生的不独立且相互影响的振动。

**简谐振动** 是用以时间为自变量的三角函数来描述的振动。

**周期振动** 是振动物理量随时间自变量在经过某一相同增量后能重复出现的振动。

**随机振动** 是对未来任意给定时刻，其瞬时值不能预先确定的振动。

**稳态振动** 是振动系统在外力作用下做振动时，振动的位移、速度或加速度是周期量的状态。

**瞬态振动** 是由外加瞬态激励引起的非稳态、非随机振动。

**线性振动** 是系统中构件弹性服从胡克定律，运动时产生的阻尼力与速度成正比的振动。

**非线性振动** 是系统中某个或几个参数具有非线性值，反映为恢复力与位移不成正比或阻尼力与速度不成正比的振动。

**冲击振动** 是系统在冲击激励作用下的振动。

**振幅** 是结构振动时，其位移、速度、加速度、内力、应力、应变等振动响应的单方向最大变化幅度。

**相位** 是振动物理量随时间做简谐运动时，任意时刻所对应的角变量。

**均值** 表示一组数据集中趋势的量值，指算术平均值。

**峰值** 是给定区间的振动量的最大值。

**峰峰值** 是一个周期内振动量最高值和最低值之间的差值。

**均方根值** 是将 $N$ 个数项的平方和除以 $N$ 后开平方的值。

**峰值因数** 是振动信号波形的峰值与均方根值（有效值）之比。

**中心频率** 是每频程的上限与下限频率的几何平均值。

**振动传播** 包括 20 个术语。

**振源** 是引发振动的扰动发生源。

**近场** 是距振源 1 个波长范围内的振动场。

**远场** 一般认为在 10 个波长范围外的振动场，可以忽略近场传播的特性。

**弹性介质** 是在外力作用下产生形变且可以恢复原状的介质。

**弹性半空间** 是假定地基为均质的、各向同性的弹性半无限体。

**波动** 是振动在弹性介质中的传播。

**波动方程** 是自然界中波动现象的一组微分方程。

**弹性波** 应力波的一种，是扰动或外力作用引起的应力和应变在弹性介质中的传递形式。

**压缩波** 是介质中质点的运动方向平行于波传播方向的波。

**剪切波** 是介质中质点的运动方向垂直于波传播方向的波。

**瑞利波** 是沿半空间弹性介质自由表面传播的偏振波。

**等效剪切波速** 是在地面以下一定深度范围内的覆盖层剪切波的传播速度。

**多普勒效应** 是波长因为振源和观测者的相对运动而产生变化的一种现象。

**驻波** 是频率相同、传播方向相反的两种振动叠加形成的振幅空间分布固定不变的波。

**拍振** 是两个频率相近、幅值相近的正弦振动信号叠加，所形成的时强时弱的振动。

**振动衰减** 是振动随传递路径的影响，波的能量随着离开振源的距离逐渐减小的现象。

**防振距离** 是使振源振动对防振对象不产生有害影响的最小距离。

**衰减系数** 是传播系数的实数部分，又称衰减常数。

**传播系数** 是描述振动波在传播方向幅度和相位随距离变化的系数。

**传递阻抗** 是介质阻尼产生的、影响振动波向外传播的阻力。

**振动参数** 包括24个术语。

**频率** 是质点在单位时间内做周期运动的次数，单位为赫兹（Hz）。

**角频率** 是单位时间内变化的相角弧度值，又称圆频率。

**固有频率** 是由系统本身质量、刚度和边界条件所决定的振动频率。

**基频** 是振动系统最小的固有频率。

**阻尼固有频率** 是阻尼线性系统自由振动的频率。

**非线性阻尼** 是与振动速度不成线性关系的阻尼。

**线性阻尼** 是与振动速度成线性关系的阻尼，又称黏滞阻尼。

**线性阻尼系数** 是线性阻尼力与速度之比。

**库仑阻尼** 是当振动系统中的质点受到大小与位移和速度无关，而方向与质点速度相反的力的阻碍时发生的能量耗散。

**振型** 是系统以特定的频率做简谐振动时各点所呈现的运动形态，又称“模态”。当系统做固有振动时，其振型称为“固有振型”或“固有模态”。

**振动模态** 是系统中每个质点做相同频率的简谐振动时的特征模式，一个多自由度系统的模态数等于其自由度数。

**自功率谱密度** 是每单位带宽的极限均方值（如加速度、速度、位移、应力或其他随机变量的极限均方值）。

**临界转速** 是与旋转系统共振频率相对应的转动速度。

**波长** 是两相邻波峰（或波谷）间的水平距离。

**波形因数** 是在两个相继过零的半循环中，其均方根值（有效值）与均值之比。

**振动位移** 是物体相对于某一参考坐标位置变化的矢量。

**振动速度** 是单位时间内振动位移的变化量。

**振动加速度** 是单位时间内振动速度的变化量。

**宽频带随机振动** 是频率成分分布于宽频带内的随机振动。

**谐波** 是频率为基频或基频的整数倍的正弦波。

**对数衰减率** 是单自由度系统在阻尼固有频率振动时，任意两个相继的振动量最大值之比的自然对数。

**方差** 是用以衡量随机变量或一组数据的离散程度，可取随机变量与其平均值之差的二次方的平均值。

**协方差** 是用来衡量两个变量的总体误差的度量值。这两个变量可以为不同振动信号，也可为同一振动信号的不同时间延迟，分别称为这两个变量的互协方差和自协方差。

**倍频程** 当上限频率与下限频率之比是2的某次方时，称该频带是某次倍频程。

**振动响应** 包括19个术语。

**谐波响应** 是振动系统处于激励频率倍频时显示出的共振特征的周期响应。

**瞬态响应** 是系统在某一典型信号输入作用下，其系统输出量从初始状态到稳定状态的变化过程。

**稳态响应** 是系统在激励的持续作用下所进行的不衰减的等幅振动，通常指系统对简谐干扰力和一般周期性干扰力的响应，前者是频率等于干扰力频率的简谐振动；后者是若干个不同频率的简谐振动的叠加。

**传递函数** 是零初始条件下，线性系统响应（输出）的拉普拉斯变换（或$z$变换）与激励（输入）的拉普拉斯变换（或$z$变换）之比。

**频率响应函数** 是线性系统中，以频率为自变量的振动响应的傅里叶变换与激励的傅里叶变换之比，简称频响函数。

**谱** 是将一个量作为频率或波数的函数的描述。

**连续谱** 是谱分量连续分布在某一频率范围内的谱。

**幅值谱** 是将傅里叶变换所得的复函数的模作为频率的函数来描述的频谱。

**相位谱** 是将傅里叶变换所得的复函数的相位角作为频率的函数来描述的频谱。

**能量谱密度** 是单位频带内的信号能量。

**功率谱密度** 是一种概率统计方法，是对随机变量均方值的量度，一般用于随机振动分析；连续瞬态响应只能通过概率分布函数进行描述，即出现某水平响应所对应的概率。

**互功率谱密度** 是两信号在频率内关系的量值，简称互谱密度。

**冲击响应谱** 是一系列均匀阻尼的单自由度系统对施加的冲击输入的最大响应。

**机械阻抗** 是线性定常机械系统中简谐激振力与简谐运动响应两者的复数式之比。

**角机械阻抗** 是扭矩与角速度之比的阻抗，又称转动机械阻抗。

**机械导纳** 是机械阻抗的倒数。

**放大系数** 是输出变化量与输入变化量之比，又称增益。

**均方根值速度谱** 是均方根速度随中心频率变化而形成的均方根谱。

**传递比** 是振动系统在稳态受迫振动时，响应幅值与外加激励幅值的比值，又称传递率。

**振动评价** 包括5个术语。

**振动加速度级** 是加速度与基准加速度之比，并以10为底的对数乘以20。

**Z振级** 是全身振动Z计权因子修正后得到的振动加速度级。

**累计10% Z振级** 是在规定的测量时间内，有10%时间的Z振级超过某一VLz10值，这个VLz10值叫作累积10% Z振级。

**最大Z振级** 是在测量时间内所出现的Z振级的最大值。

**分频最大振级** 是全身振动Z计权因子修正后得到的各1/3倍频程中心频率上的最大振动加速度级。 （孙陆阳）

zhendong

**振动** （vibration） 如果表征一种运动的物理量是时而增大时而减小的反复变化，就可以称这种运动为振动。如果变化的物理量是一些机械量或力学量，如物体的位移、速度、加速度、应力及应变等，则这种振动便称为机械运动。振动是自然界最普遍的现象之一。各种物理现象，如声、光、热等都包含振动。常见的振动包括：①心脏的搏动、耳膜和声带的振动；②桥梁和建筑物在风和地震作用下的振动；③飞机和轮船航行中的振动；④机床和刀具在加工时的振动等。许多情况下，振动是有害的，它常常是造成机械和结构破坏以及失效的直接原因。

**振动系统三要素** 包括：①质量：感受惯性（包括转动惯量）的元件；②刚度：感受弹性的元件；③阻尼：耗能元件。

**振动系统分类** 一般可分为连续弹性体系统或离散系统。连续弹性体系统是具有连续分布的质量与弹性的系统。弹性体是具有无限多自由度的系统，它的振动规律要用时间和空间坐标的函数来描述，其运动方程是偏微分方程。离散系统是在一般情况下，对连续系统进行的简化。用适当的准则将分布参数“凝缩”成有限个离散的参数，所建立的振动方程是常微分方程。由于所具有的自由度数目上的区别，离散系统又称多自由度系统。

按系统的自由度划分：①单自由度振动：一个自由度系统的振动。②多自由度振动：两个或两个以上自由度系统的振动。③连续系统振动：连续弹性体的振动，这种系统具有无穷多个自由度。

按系统特性或运动微分方程类型划分：①线性振动：系统的运动微分方程为线性方程的振动。线性振动的一个重要特性是线性叠加原理成立。②非线性振动：系统的刚度呈非线性特性时，将得到非线性运动微分方程，这种系统的振动称为非线性振动。非线性振动的叠加原理不成立。

按激励特性划分：①自由振动：没有外部激励，或者外部激励除去后，系统自身的振动。②受迫振动：系统在作为时间函数的外部激励下发生的振动，这种外部激励不受系统运动的影响。③自激振动：系统在由系统自身运动所诱发和控制的激励下发生的振动。④参激振动：激励源为系统自身含随时间变化的参数。常见振动形式见下图。

**振动问题的研究方法** 与分析其他动力学问题相似：①选择合适的广义坐标；②分析运动；③分析受力；④选择合适的动力学定理；⑤建立运动微分方程；⑥求解运动微分方程，利用初始条件确定积分常数。一般情况下，都选择平衡位置作为广义坐标的原点。所用的动力学定理包括动量定理、动量矩定理、动能定理、达朗贝尔原理、拉格朗日方程。

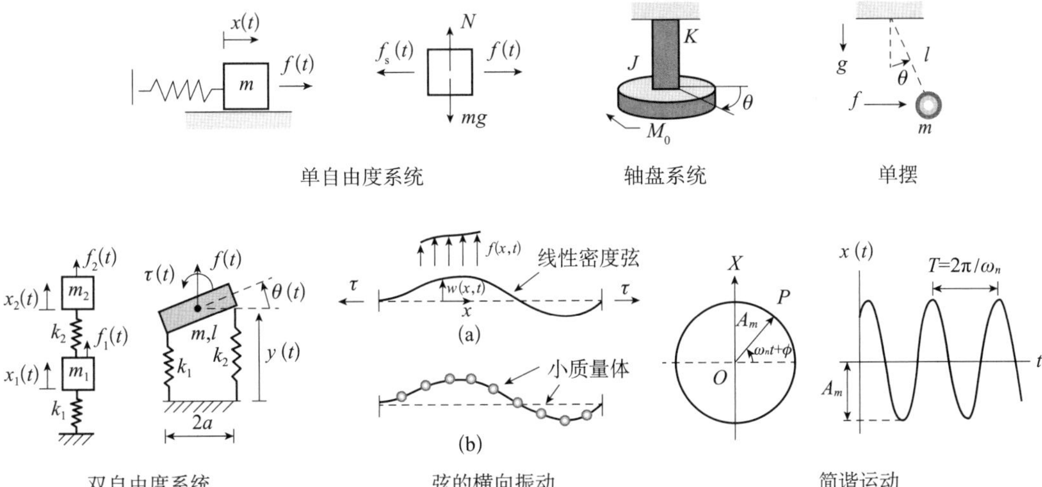


$x(t)$：位移；$f(t)$：力；$m$：质量；$f_s(t)$：反作用力；$N$：支撑力；$J$：转动惯量；$M_0$：力矩；$K$：物体的弹性系数；$\theta$：旋转角度；$g$：重力加速度；$l$：线长；$x_1(t)$：位移1；$x_2(t)$：位移2；$m_1$：物体1质量；$m_2$：物体2质量；$f_1(t)$：力1；$f_2(t)$：力2；$k_1$：弹簧刚度1；$k_2$：弹簧刚度2；$a$：弹簧到物体重心的水平距离；$y(t)$：物体质心相对地面的高度；$m$：物体质量；$l$：物体长度；$\theta(t)$：物体相对水平位置的角度；$f$：物体受到的向上的力；$\tau$：物体的转动惯量；$x$：横向位置；$w(x,\ t)$：垂向位置；$T$：周期；$f(x,\ t)$：力；$P$：径向力；$A_m$：幅值；$\omega_n$：角频率；$\Phi$：初相位。

**常见振动形式示例**

（孙陆阳　安锋岩）

**推荐书目**

马大猷．噪声与振动控制工程手册．北京：机械工业出版社，2002.

Ewins D J，Rao S，Braun S G. Encyclopedia of vibration. San Diego：Academic Press，2001.

ziyoudu

## 自由度

**自由度** （degrees of freedom） 完全确定一个物体任意时刻的空间位置所需的独立广义坐标的数目，自由度用 $i$ 表示。

**质点自由度** 一个质点在空间任意运动，需用三个独立坐标（$x$，$y$，$z$）确定其位置。所以自由质点有三个平动自由度，$i=3$。如果对质点的运动加以限制（约束），自由度将减少。如质点被限制在平面或曲面上运动，则 $i=2$；如果质点被限制在直线或平面曲线（不是空间曲线）上运动，则 $i=1$。

**刚体自由度** 一个刚体在空间任意运动时，可分解为质心 O′的平动和绕通过质心某直线的定点转动，它既有平动自由度也有转动自由度。一个任意运动的刚体，总共有 6 个自由度，即 3 个平动自由度和 3 个转动自由度，即 $i=3+3=6$。 （孙陆阳　程久梅）

jixie chongji

## 机械冲击

**机械冲击** （mechanical impact） 当机械系统或其中一部分受到冲击脉冲的激励时，在远短于系统固有周期的时间内发生的骤然变化。工业上常用冲击试验来测试材料、机械的冲击强度。因力、位置、速度和加速度等参量急剧变化而激起的系统的暂态运动叫作冲击。其特点是冲击激励参量的幅值变化快，持续时间短（同系统的固有周期相比），频率范围宽。在物体碰撞、炸药爆炸、地震等过程中都会产生冲击。冲击作用在结构上会产生幅值很大的加速度、应力或应力波，可导致结构破坏或使仪器设备失效。冲击也会引起人体组织器官的损伤。因此，在系统设计时必须考虑冲击的影响，必要时可采取隔离或吸收冲击的措施。但冲击也有可以利用的一面，如机械中应用的高速锻锤和建筑工业中应用的气动打夯机，都是利用冲击在极短时间内传递能量并产生很大的冲击力。

**分类** 按激励参量的时域波形特性可分为三种：①脉冲型冲击。这种冲击的激励参量的瞬时值在极短时间内由平衡位置上升到最大值，然后又下降到平衡位置［见图 1（a）］。可用数学式描述的理想化的脉冲型冲击的波形有半正弦波、梯形波、钟形波、三角波及锯齿波等。货物包装箱在运输、装卸过程中因碰撞、跌落而受到的冲击多属脉冲型。②阶跃型冲击。这是参量幅值由平衡位置急剧改变到新的位置所形成的冲击［见图 1（b）］。理想化的阶跃型冲击改变参量位置所需时间为零。实际阶跃型冲击所需时间多为微秒级到毫秒级。多级火箭在分级时，由于抛弃前级，质量突然减少，因而就会产生加速度阶跃。③复杂冲击，又称瞬态振动。其波形是往复振荡型的，往往难以用数学式表达［见图 1（c）］。飞机、导弹和舰船内部的仪表设备所受到的间接的（经过蒙皮、隔框、支架等传递的）冲击多属此类。

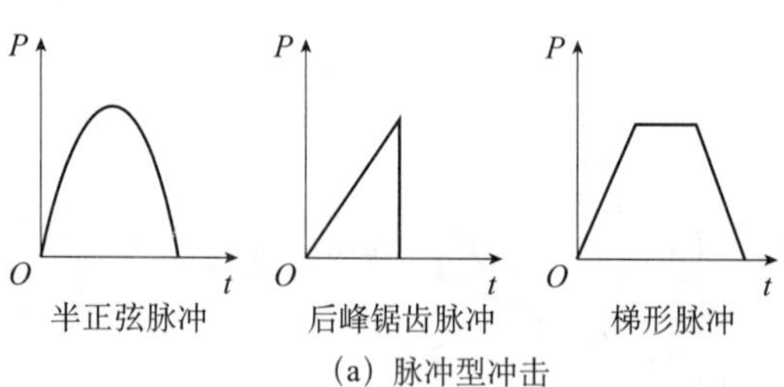


（a）脉冲型冲击

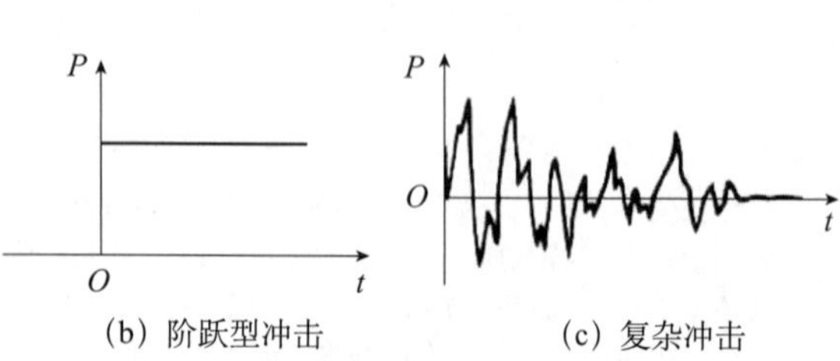


（b）阶跃型冲击　　（c）复杂冲击

**图 1　冲击波形**

**描述** 有两种方法：①描述冲击波形本身的固有特性。可在时域内用波形的形状、峰值、脉冲宽度（持续时间）等参量描述，这种描述适用于简单脉冲型冲击；也可在频域内用傅里叶谱求出冲击的主要频率分量和频率范围，这种描述既适用于简单脉冲型冲击也适用于复杂脉冲型冲击。②描述冲击对系统的作用效果。可采用冲击响应谱（简称冲击谱，见图2），即无阻尼的或有阻尼的单自由度系统对作用在系统基座上的冲击的响应峰值同该系统固有频率的函数关系。冲击谱又可细分为：①初始冲击谱，简称主谱，是仅在作用期间获得的冲击谱；②剩余冲击谱，简称余谱，是在冲击作用之后获得的冲击谱；③最大谱，是主谱和余谱中取最大值后形成的冲击谱。

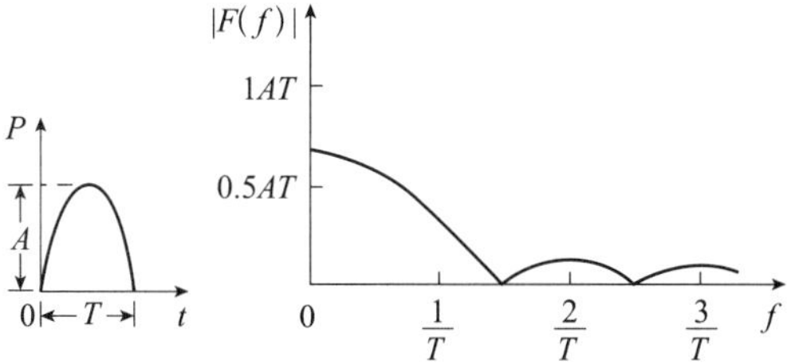


$A$—半正弦脉冲输入峰值；$T$—持续时间；$f$—频率；$F(f)$ —半正弦脉冲的傅里叶变换幅值。

**图2　冲击谱示意图**

冲击谱的概念提出较早，由于它比较简单，而且很多系统在一定程度上可以当作单自由度系统，所以可以通过冲击谱了解机器设备因受冲击而破坏的程度，因此冲击谱至今仍是研究冲击的重要工具。但它没有考虑相位因素，提供的只是一种不完整的信息。

（孙陆阳　黄木泽）

**推荐书目**

马大猷．噪声与振动控制工程手册．北京：机械工业出版社，2002.

Ewins D J，Rao S，Braun S G. Encyclopedia of Vibration. San Diego：Academic Press，2001.

chongji maichong

**冲击脉冲**　（pulse shock）　在远短于系统固有周期的时间内，用运动量或者力突然发生的升/降来表示冲击激励的形式。它具有持续时间极短，冲击幅度极强的特点，可以用来计算金属材料、机械零件抗冲击破坏的能力，是信号、物理等领域非常常见的一种激励信号。冲击脉冲是在刚性材料中传播的一种弹性波，是刚性物体之间（如钢）相互碰撞的结果（见图1）。由于碰撞的原因，冲击点处的分子受到加速度作用，并通过靠近冲击点的分子传递至周围的分子中，直到形成一个波前（前导波）。若碰撞点上的材料足够坚硬且碰撞发生在极短的时间段内，则会生成非常强烈的波前，且该波在材料中以声速传播。

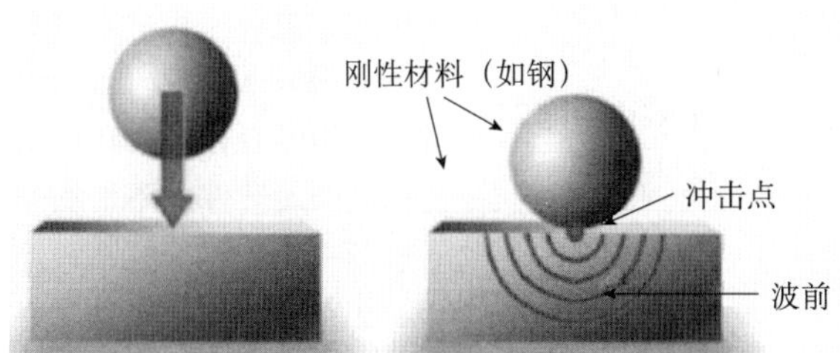


**图1　弹性波前的产生为点对点碰撞的结果**

波前在钢中的传播速度通常为5 000 m/s，持续的时间一般为几微秒到几十微秒。可以通过“酒瓶演示”对其进行模拟，假设用手指甲敲击一个空酒瓶，产生的冲击会非常短暂。由于酒瓶质地坚硬，而手指甲也相对坚硬，所以酒瓶上位于碰撞点的分子会受到巨大的加速度，转而影响周边其他分子。该过程在酒瓶中产生一个弹性波，起点为冲击点随后扩散到整个酒瓶。该波前会碰到其他边界（空气），且被反射回来从而生成独具特征的音色。反过来说，若用手掌来打击瓶子，产生的冲击则更为柔和，不会生成弹性波，更大程度上是物体的运动而非弹性波。

强脉冲一般在时域中持续上升和下降时间

很短，在频域包含的频谱范围较宽，见图 2（上）；反之，在时域中持续上升和下降时间较长，在频域包含的频谱范围较窄，包含较有限的高频能量，见图 2（下）。通过对滚动轴承中各个接触面的研究可知，弹性波一般产生自滚道和滚动体表面间的相互作用，包含能量集中的频率范围远大于 40 kHz。

冲击脉冲信号在数学上常用 $\delta$ 函数表示。从概念上说，它在除零以外的点都等于零，而其在整个定义域上的积分等于 1。严格来说，$\delta$ 函数不能算一个函数，因为满足以上条件的函数是不存在的。但在广义函数论里可以找到 $\delta$ 函数的解释，此时 $\delta$ 函数作为一个极简单的广义函数出现。

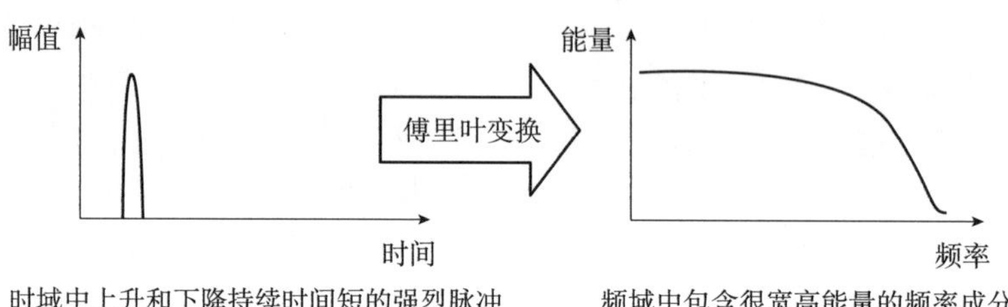


时域中上升和下降持续时间短的强烈脉冲　　频域中包含很宽高能量的频率成分

幅值　傅里叶变换　时间　能量　频率

时域中上升和下降持续时间较长的轻微脉冲　　频域中包含较少高能量的频率成分

**图 2　强烈脉冲与轻微冲击在时域和频域中的对比**

$\delta$ 函数的定义为

$$\delta(x-c)=0,\ x\neq c$$

$$\int_a^b \delta(x-c)\,\mathrm{d}x = 1, a<c<b$$

（孙陆阳　黄木泽）

**推荐书目**

Ewins D J, Rao S, Braun S G. Encyclopedia of Vibration. San Diego: Academic Press, 2001.

gongzhen

**共振**　（resonance）　当机械系统所受激励的频率与该系统的某阶固有频率相接近时，系统振幅显著增大的现象。在共振频率下，很小的周期振动便可产生很大的振动，因为系统储存了动能。系统在受迫振动中，激励的任何微小频率的变化都能使响应减小。当阻尼很小时，共振频率大约与系统自然频率（固有频率）相等，后者是自由振荡时的频率。共振时，激励输入系统的能量最大，系统出现明显的振型，称为位移共振。此外，还有在不同频率下发生的速度共振和加速度共振。共振在声学中也称“共鸣”，它指的是物体因共振而发声的现象。比如两个频率相同的音叉靠近，其中一个振动发声时，另一个也会发声。在电学中，振荡电路的共振现象称为“谐振”。在机械振动中，常见的激励有直接作用的交变力、支承或地基的振动与旋转件的不平衡惯性力等。共振时的激励频率称为共振频率，近似等于机械系统的固有频率。对于单自由度系统，共振频率只有一个。对于多自由度线性系统，有多个共振频率，频响实验时响应出现多个共振峰。对于非线性系统，共振区出现振幅跳跃现象，共振峰发生明显变形，并可能出现超谐波共振和次谐波共振。共振时激励输入系统的功与阻尼所耗散的功相平衡，共振峰的形状与阻尼密切相关。

在一般情况下共振是有害的，会引起机械和结构很大的变形和动应力，甚至造成破坏。防共振措施有：改进机械的结构或改变激励，使机械的固有频率避开激励频率；采用减振装置；机械起动或停车过程中快速通过共振区。但共振也有可利用的方面。共振状态包含机械系统的固有频率、最大响应、阻尼和振型的信息。在振动测试中常人为地再现共振状态，进行机械的振动试验和动态分析。此外，利用共振原理的振动机械，可用较小的功率完成某些工艺过程，如共振筛等。（孙陆阳　安锋岩）

fangongzhen

**反共振**（anti-resonance）　当系统受外界激励，做受迫振动时，若外界激励的频率接近系统某阶固有频率时，系统振幅显著减小的现象。出现反共振时的频率称为系统的反共振频率。出现反共振时，激励输入系统的能量最小，系统出现明显的振型，称为位移反共振。此外，还有在不同频率下发生的速度反共振和加速度反共振。反共振频率也是系统的固有性质，与外加激励无关。对于一个多自由度系统，可能有无数个反共振频率。对于非线性系统，反共振区出现振幅跳跃现象，反共振峰发生明显变形，并可能出现超谐波反共振和次谐波反共振。反共振时激励输入系统的功与阻尼所耗散的功相平衡，反共振峰的形状与阻尼密切相关。

（孙陆阳　黄木泽）

guyou pinlü

**固有频率**（natural frequency）　系统自由振动时的频率。在多自由度系统中，固有频率是简谐振动的频率。

物体做自由振动时，其位移随时间按正弦规律变化，故而这种自由振动又称简谐振动。简谐振动的振幅及初相位与振动的初始条件有关，振动的周期或频率与初始条件无关，而与系统的固有特性有关，称为固有周期 $T_0$ 或者固有频率 $f_0$。

固有频率与固有周期之间的关系为

$$f_0 = 1/T_0$$

物体振动频率与它的质量、形状、尺寸、材质有关，当其发生形变时，弹力使其恢复。弹力主要与尺寸和硬度有关，质量影响其加速度。同样外形时，硬度高的频率高，质量大的频率低。

正常人体的固有频率应为7.5 Hz左右，其中各部分又有自己的固有频率。例如，内脏为4～8 Hz，头部为8～12 Hz等。正是由于这个原因，次声波对人体有很大的伤害作用，因为人体各部分的固有频率都在次声波的频率范围之内。次声武器就是利用频率低于20 Hz的次声波与人体发生共振，使共振的器官或部位发生位移和变形的原理对人体造成损伤的。

（孙陆阳　程久梅）

zuni

**阻尼**（damping）　振动系统在振动中，由于外界作用（如流体阻力、摩擦力等）或系统本身固有的原因引起的振动幅度逐渐下降的特性。此特性的表征量，是结构的重要动力特性之一。

**阻尼引起能量耗散的原因**　主要有以下四方面：①由于材料的内摩擦作用而使机械能量逐渐转化为热能消失在周围的介质中，这是能量耗散的主要原因；②周围介质对振动的阻尼消耗，同样将机械能量转化为热能消失在周围的介质中；③节点、支座联接间的摩擦阻力，主要由构件之间或构件和支座间的相对运动产生；④通过支座基础散失一部分能量。

**阻尼的作用**　主要体现在以下五个方面：①阻尼有助于减少机械结构的共振振幅，从而避免结构因振动应力达到极限造成机构破坏；②阻尼有助于机械系统在受到瞬时冲击后，很快恢复到稳定状态；③阻尼有助于减少因机械振动产生的声辐射，降低机械性噪声；④阻尼可以提高各类机床、仪器等的加工精度、测量精度和工作精度；⑤阻尼有助于降低结构传递振动的能力。在机械系统的隔振结构设计中，合理地运用阻尼技术，可使隔振、减振的效果显著提高。（孙陆阳　程久梅）

linjie zuni

**临界阻尼** (critical damping) 使一被移动的系统回复到原有位置而无振荡的最小阻尼，是判断振动发生与否的临界值。一个系统在受到初始扰动后不再受外界激励的情况下，因受到阻力造成能量损失而位移峰值渐减的振动称为阻尼振动。任何一个振动系统，当阻尼增加到一定程度时，物体的运动是非周期性的，物体振动连一次都不能完成，只是慢慢地回到平衡位置就停止了。阻力使振动物体刚能不做周期性振动而又能最快地回到平衡位置的情况，称为临界阻尼状态；如果阻力再增大，系统只需很短时间就能达到平衡位置，这种情况叫作过阻尼状态；系统如果所受的阻力较小，则要振动很多次，而振幅在逐渐减小，最后才能达到平衡位置，这叫作欠阻尼状态。如果系统的状态由阻尼比 $\zeta$（阻尼系数与临界阻尼系数的比值）来划分，则把 $\zeta=0$ 的情况称为无阻尼，即周期运动；把 $0<\zeta<1$ 的情况称为欠阻尼；把 $\zeta>1$ 的情况称为过阻尼；把 $\zeta=1$ 的情况称为临界阻尼，即阻尼的大小刚好使系统做非“周期”运动。与欠阻尼和过阻尼相比，在临界阻尼情况下，系统从运动趋近平衡所需的时间最短。 （孙陆阳　程久梅）

**推荐书目**

倪振华．振动力学．西安：西安交通大学出版社，1989.

ziyou zhendong

**自由振动** (free vibration) 振动系统偏离平衡状态后，在不再受到外界激励的情形下所产生的振动。对于简单振子，除弹簧的弹性恢复力外，如果再无其他外力作用于质点上，则简单振子做自由振动。此时质点的位移 $\xi$ 可由下式表示：

$$\xi=\xi_a\cos(\omega_0 t-\varphi_0)$$

式中，$\xi_a$ 为位移的最大值，称为位移振幅；$\omega_0$ 为振动的角频率，$\omega_0=\sqrt{K/M}$，其中 $K$ 为弹簧的弹性系数，$M$ 为质点的质量；$\varphi_0$ 为振动的初始相位。

简单振子自由振动最显著的特性是其振动角频率 $\omega_0$ 仅由 $K$ 和 $M$ 决定，而与振子以多大的初始位移或初始速度开始运动没有关系。正因如此，$\omega_0$ 也称固有频率。自由振动的这一特性是常见的，当敲击某个音叉或弹击钢琴的某个琴键时，不管敲击或弹击的轻重如何，它们发出的声音频率总是一定的，轻重只能影响声音的强弱。

**无阻尼自由振动** 指在没有外力作用，又没有阻尼条件下的自由振动。无阻尼自由振动在没有外力的作用时，如果初始相位和初始速度都为零，则系统保持停止不动；如果初始位移或初始速度中任意一个不为零，系统将以固有频率做无休止的等幅简谐振动，见图1。

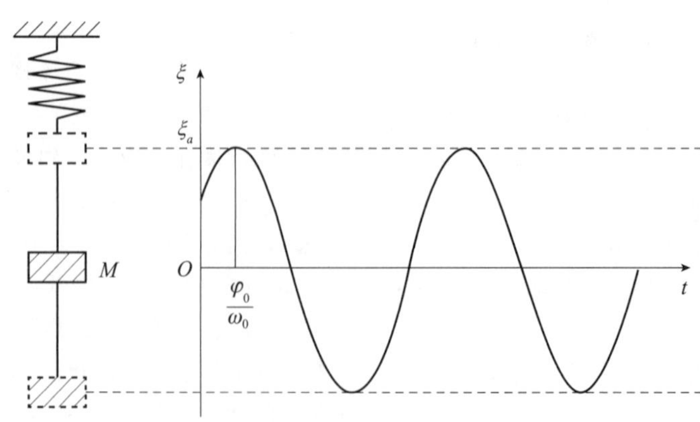


图1　无阻尼自由振动位移随时间变化规律

**有阻尼自由振动** 指在没有外力作用，但是存在阻尼条件下的自由振动。

当质点做等幅简谐自由振动时，不管时间持续多长，其振动永远不会消逝，但这种现象在日常生活中是不存在的。实际中总是存在影响振子振动的阻尼力，使振动能量不断耗散并最终消逝。在线性振动范畴内，阻尼力 $F_R$ 一般可以认为与振子的振动速度呈线性关系：

$$F_R = -R\frac{\mathrm{d}\xi}{\mathrm{d}t}$$

式中，$R$ 为阻尼系数，也称力阻，负号表示阻尼力与运动方向相反。定义衰减系数 $\delta = R/(2M)$，根据其大小不同，简单振子的自由振动可分为以下三种情况。

**欠阻尼** 当 $\delta<\omega_0$ 时，振子的位移为 $\xi = \xi_a e^{-\delta t}\cos(\omega_0' t-\varphi_0)$，从式中可以看到，振子的位移振幅 $\xi_a e^{-\delta t}$ 按指数规律衰减，$\delta$ 越大衰减越快。在存在阻尼的情况下，自由振动的频率 $\omega_0' = \sqrt{\omega_0^2-\delta^2}$ 将略微偏离系统的固有频率 $\omega_0$，系统以频率 $\omega_0'$ 进行周期振动，但是振幅随着时间作指数衰减。图 2 给出了欠阻尼情况下简单振子自由振动的位移时间曲线。

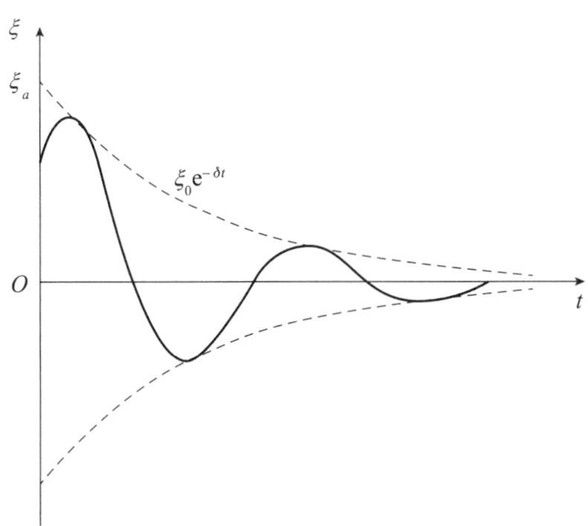


**图 2 欠阻尼自由振动位移随时间变化规律**

**过阻尼** 当 $\delta>\omega_0$ 时，此时振子进行非周期的按时间呈指数规律衰减的运动，事实上，此时质点的运动已不算是振动。

**临界阻尼** 对应 $\delta=\omega_0$ 的情况，此时振子的位移同样呈现衰减的过程，只是此时具有最快的衰减速度。参见临界阻尼。

（孙陆阳 程久梅）

**推荐书目**

倪振华．振动力学．西安：西安交通大学出版社，1989.

shoupo zhendong

## 受迫振动 (forced vibration)

又称强迫振动，是振动系统在外界激励作用下发生的振动。

对于一个振动系统，假设有一外力（周期力）$F_a\cos\omega t$ 作用于简单振子的质点上。此时其位移响应可分解为两部分：第一部分称为瞬态响应，它描述了振子的自由振动，与初始条件有关，由于阻尼的存在最终将消逝，故仅在初始阶段起作用；第二部分称为稳态振动，它描述了振子在外力作用下的受迫振动，可由下式表述：

$$\xi = \xi_a\cos(\omega t-\theta)$$

式中，$\omega$ 为外力的角速度，rad/s；$t$ 为时间，s；$\theta$ 为相位，(°)；$\xi_a$ 为位移振幅，与激振力的幅度 $F_a$ 相关，当频率给定后不随时间变化，故稳态受迫振动是一种等幅的简谐振动，振动频率即为外力的频率。受迫振动的规律有：①物体做受迫振动时，振动稳定后的频率（周期）等于驱动力的频率（周期），与物体的固有频率（周期）无关。②物体做受迫振动的振幅由驱动力频率和物体的固有频率共同决定：两者越接近，受迫振动的振幅越大，两者相差越大，受迫振动的振幅越小。而当驱动力的频率与物体的固有频率相等时，受迫振动的振幅最大，这种现象叫共振。当使用同样幅度的外力进行激励时，在不同频率下稳态受迫振动的振幅 $\xi_a$ 并不相同。定义归一化的位移 $A$ 为 $\xi_a$ 与静态位移 $F_a/K$ 之比（$K$ 为弹性系数），它与归一化频率 $\omega/\omega_0$ 的关系见下图。图中参数 $Q=\omega_0 M/R$ 称为品质因数。式中，$M$ 为简单振子的质量；$R$ 为阻力系数。

当 $Q>1/\sqrt{2}$ 时，在 $\omega=\omega_0$ 附近振子位移振幅将大大超过静态位移。这一现象称为位移共振，$Q$ 越大，共振位移振幅越大。强烈的共振会导致机器失灵，甚至引发建筑物的毁坏，必

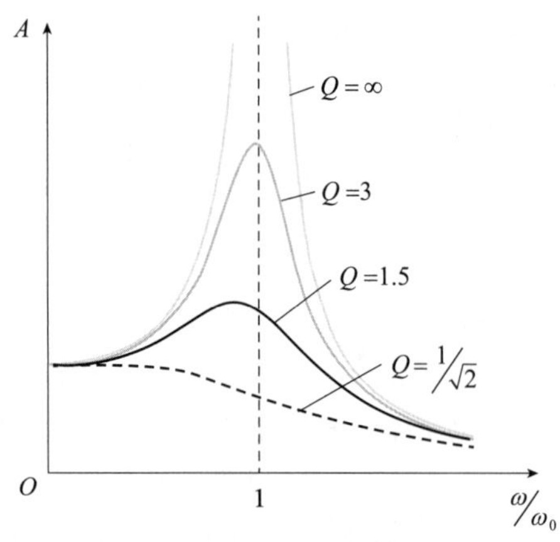


归一化的位移频率特性曲线

须加以避免。但在超声学和水声学中采用单频声波，此时应使工作频率接近换能器振子的共振频率，以提高灵敏度和抗干扰能力。

（孙陆阳　程久梅）

**推荐书目**

倪振华．振动力学．西安：西安交通大学出版社，1989.

zhenji

**振级**　（vibration level）　一般用机械振动参数级来描述振动的强度，单位为分贝（dB）。当频率一定时，振动幅度越大对机体的影响越大。振动强度以人体对振动的感受程度来评价。在环境振动测量中，一般选用振动加速度级、振动速度级以及振动位移级作为振动强度参数。

振动加速度级的数学表达式为 $L_a = 20\ \lg(a_e/a_0)$，式中，$a_e$ 指加速度有效值，$a_0$ 为 $1 \times 10^{-6}\ m/s^2$。目前国际上通用振动加速度级来表示振动的强度，其定义类似声压级，一般情况下，人刚刚感觉到的垂直振动加速度为 $10^{-3}\ m/s^2$（对应60 dB），不可忍耐的加速度是 $5 \times 10^{-1}\ m/s^2$（对应 114 dB）。以分贝为单位的振动加速度级代替振动加速度，给振动测量、运算和表达带来很大方便。

振动速度级的确定依据是：先计算速度与基准速度之比的以 10 为底的对数，再乘以 20，以分贝计。其数学表达式为 $L_v = 20\ \lg(v/v_0)$，$v_0$通常为 $10^{-9}\ m/s$。

振动位移级的确定依据是：先计算位移与基准位移之比的以 10 为底的对数，再乘以 20，以分贝计。其数学表达式为 $L_d = 20\ \lg(d/d_0)$，$d_0$通常为 $10^{-12}\ m$。

（孙陆阳）

**推荐书目**

倪振华．振动力学．西安：西安交通大学出版社，1989.

Z zhenji

**Z 振级**　（Z vibration level）　全身振动 Z 计权因子修正后得到的振动加速度级，参见振级。

（孙陆阳）

# 噪声污染控制

zaosheng wuran kongzhi

**噪声污染控制** （noise pollution control） 研究获得能为人所接受的噪声环境的科学技术和政策法规，包含噪声防治技术、与噪声污染有关的政策、行政和社会措施等。

**定性叙述** 噪声超过人的生活和生产活动所能容许的程度就形成污染。噪声有自然现象引起的，也有人为活动造成的。通常所说的噪声污染是指人为活动造成的。随着各种机械设备的创造和使用，人类社会在不断繁荣和进步的同时，也产生了越来越多、越来越强的噪声污染。噪声污染的影响范围比较广，且没有后效性，噪声源停止后，污染立刻消失。噪声污染会影响人的身心健康，干扰人的休息、工作、语言交谈和通信联络。按照《中华人民共和国噪声污染防治法》，噪声污染是指超过噪声排放标准或者未依法采取防控措施产生噪声，并干扰他人正常生活、工作和学习的现象。法律重新界定噪声污染内涵，针对有些产生噪声的领域没有噪声排放标准的情况，在“超标＋扰民”基础上，将“未依法采取防控措施”产生噪声干扰他人正常生活、工作和学习的现象界定为噪声污染。

噪声污染控制主要通过采用吸声、隔声、隔振、减振等方法，使各种环境下的噪声低于允许的噪声级标准。控制噪声污染可以从声源、传播途径及接收者三个方面采取不同的技术。解决噪声污染问题的一般程序是：进行现场调查，测量现场的噪声级和噪声频谱，然后根据有关的环境标准确定现场允许的噪声级，并根据现场实测的数值与允许的噪声级之差确定降噪量，从而制定技术上可行、经济上合理的控制方案。

**声源的控制** 参见*声源控制*。

**传播途径的控制** 参见*传声途径控制*。

**接受者的保护** 为了防止噪声对人的危害，可采取以下三项防护措施：①佩戴护耳器，如耳塞、耳罩、防噪声头盔等；②减少在噪声环境中的暴露时间；③根据听力检测结果，适当调整在噪声环境中的工作人员。人的听觉灵敏度是有差别的，如长期在 85 dB 的噪声环境中工作，有人会耳聋，有人则不会，可每年或几年进行一次听力检测，把听力显著降低的人调离噪声环境。

**控制措施的选择** 合理的控制噪声的措施是根据噪声容许标准、劳动生产效率、噪声控制费用等有关因素进行综合分析确定的。在一个车间，如果噪声源是一台或少数几台机器，而车间工人较多，一般可采用噪声源隔声罩，减噪效果为 10～30 dB；如果车间里的工人少，经济而有效的方法是用护耳器，减噪效果为 20～40 dB。在一个工厂里，如果噪声源多而分散，工人又多，一般可采取吸声降噪措施，减噪效果为 3～15 dB；如果工人不多，可用护耳器，或者设置供工人操作用的隔声间。机器振动产生的噪声辐射，一般采取减振和隔振措施，减噪效果为 5～25 dB。例如，机械运转使厂房的地面或墙壁振动而产生噪声辐射，可采用隔

振机座或阻尼。（常道庆　刘丹晓）

zaosheng ceshi jishu

**噪声测试技术**（noise measurement technology）使用仪器对噪声作出评价的技术方法。

噪声测试包括对各种噪声源和噪声场基本特性参量的测试；噪声控制中使用的吸声和隔声材料、减振阻尼材料的声学性能测定；吸声、隔声、消声、减振、隔振等控制措施的技术效能评定测试等。此外，研究噪声对人体的影响和危害、对噪声进行主观评价、制定各种环境噪声标准等工作也需要噪声测试提供科学的依据。准确地完成这些测试工作需要采用各种技术手段。

**仪器的选择**　从最简单的声级计到复杂的成套测试系统，基本上由传声器、放大器、滤波器、检波器、指示器和电源六部分组成。

正确地选择仪器，应了解测试的目的和项目，以及与此有关的测试方法和噪声评价量。同时，还要了解声源和声场的声学特性（声强、频率特性、时间特征）和环境状况，以及声源的尺寸。

在实验室条件下，可采用精度较高的精密测试仪器；在现场，可采用普通便携式仪器。稳态环境噪声可用普通声级计；非稳态环境噪声要求测试噪声的统计参量，应采用积分声级计，或用可以进行定时取样的数字式声级计。大面积地测试非稳态环境噪声，最好采用多台声级计或多通道数据采集系统进行现场测试，然后回到实验室进行数据处理。普通稳态噪声的频谱分析可采用倍频带频率分析仪；对包含纯音成分的噪声，则使用1/3倍频带或窄带分析仪较为适宜；对瞬态噪声（如枪、炮等脉冲声）可采用脉冲声级计测试脉冲峰值，或使用磁带记录仪在现场录音，然后到实验室使用示波器观察脉冲波形，测试峰值。如果需要频率分析，则须使用实时分析仪对脉冲信号进行频率分析。

**仪器的校准**　噪声测试仪器是一种计量仪表。如仪器使用交流电源，首先要检查仪器所需电压和供电频率是否与电源相符。对于使用干电池的携带式仪器（如声级计），则要检查电池供电是否充足。在仪器接通电源后，通常利用仪器自身的标准电信号发生器校准仪器内放大器等电子线路的增益。由于传声器的稳定性受外界环境条件的影响会不断变动，所以还要对包括传声器在内的测试仪器进行声校准。

**仪器的操作**　一般仪器的测试读数取各级衰减器衰减量与表头指示量之和。衰减器的正确使用可以提高信噪比。通常尽量减少输入衰减器的衰减量，使输出衰减器处于尽可能大的衰减挡位，并使表头指示的数值在0～10 dB范围内。衰减器可以保证放大器有适当的输入，具有过载指示器的仪器，可通过衰减器进行相应调节，避免由于放大器过载而产生削波失真。有时为了避免由于过载产生的测试误差，不得不相互调节输入/输出衰减器，牺牲最佳信噪比。

**测点的选取**　不同的噪声测试内容有不同的测点布置方法。测点的分布要以各种噪声测试规范为依据。待测声学参量也应按相应的规范要求进行测试。

一般机械噪声的现场测试，选取测点的原则是尽可能接近机器，使机器的直达声远大于背景噪声或反射声。测试通风机、鼓风机、压缩机、内燃机、燃气轮机等进气噪声的测点应选取在进气口轴向上，距管口平面不应小于管口直径的1倍，也可选在距管口0.5 m或1 m处。排气噪声的测点，应选取在排气口轴线45°的方向上，或管口平面上距离管口中心0.5 m、1 m或2 m处。

**干扰的消除**　主要是减少外界环境条件对噪声测试的影响。①减少反射声的影响：在测试现场附近有尺寸大于声波波长的物体，则将产生反射声。为避免反射声对测试的影响，应使这种物体远离声源及传声器，或在选取测点时尽可能使直达声大于反射声10 dB以上。在自由场进行精密测试，应使用长电缆，将声级计远离传声器和声源，以减少反射声级的影响。②消除背景噪声的影响：将待测声源关闭，使用同一测试仪器在相同位置上测试环境背景噪声，并比较各频带的声压级。若各频带声压级相差大于 10 dB，则背景噪声对测试没有影响；若差值小于 10 dB 则应按下表进行修正。声源噪声声压级等于测试值与修正值之和。③减少颤抖噪声的影响：强声（倍频带声压级在120 dB以上）可能引起仪器壳体的振动。这种振动传导至传声器上会引起颤抖噪声。为减少或消除颤抖噪声的影响，可将测试仪器与噪声场隔离。④减少风声的影响：风吹过传声器会产生风噪声。在室外测试时，最好在无风时进行。如风力小于三级，可使用防风罩罩住传声器进行测试。如待测的噪声强度不高而风力超过三级，则不宜进行测试。

**测量值与背景噪声之差与修正值的关系**

| 测量值与背景噪声之差/dB | 8 ~ 10 | 6 ~ 8 | 4.5 ~ 6 | 4 ~ 4.5 | 3.5 | 3 |
|---|---|---|---|---|---|---|
| 修正值/dB | -0.5 | -1.0 | -1.5 | -2.0 | -2.5 | -3.0 |

**分频程测量** 通常噪声由大量不同频率的声音复合而成，有时噪声中占主导地位的可能仅是某些频率成分的声音，了解这些声音的来源和性质是确定降噪措施的基本依据。对此，通常将声频范围划分为若干个区段，这些区段称为频程或频带。测量时，通过改变滤波器通过频带的方法，逐一测量出每段频程上的噪声强度，即分频程测量。噪声测量中最常用的是倍频程和三分之一倍频程。

**测量技术** 噪声测量的方法、技术、仪器等也在不断发展中，如声强测量、传声器阵列、室外环境低频噪声测量、声能量密度测量、新型传声器和非接触遥测等。

**声强测量** 有离散点法和扫描法。离散点法是将测量面划分为若干单元，测量每个单元中心点的声强。扫描法是将声强探头在测量面规划的正交路线上以合适的速度匀速往复扫描，获得测量面上的平均声强。声强测量可用于现场对噪声源进行声功率测量，也可对固定设备进行噪声源定位和分析。声强计可用双传声器测量空间两点声压的差分来实现，也可直接用传声器和质点速度传感器实现。目前，声强计的校准方法、测量数据处理、新型声强传感器等仍在发展中。

**传声器阵列** 是由一定数目传声器按照特定空间布局组成，对声场的空间特性进行采样并处理的系统。按照布局形状可分为线型阵列、平面阵列、立体阵列等。传声器阵列可用于声源定位，抑制背景噪声、干扰、混响和回声，进行信号提取和分离等。

**室外环境低频噪声测量** 一些特殊环境（如风力发电场、台风、龙卷风等次声频段噪声）低频噪声测量非常困难，因为背景噪声中低频噪声比较大，特别是测量时气流流动产生的干扰甚至会超过待测的低频噪声，目前国际标准中建议测量时采用直径不小于 1 m 的防风罩进行测试。如何设计更紧凑、具有更好效果的防风结构，以及采用阵列和信号处理技术提高低频噪声的测量精度是非常重要的。

**其他测量技术** 声能量密度是指声场中单位体积媒质所含有的声能量，同时包含声场中的声压和质点速度信息。声能量密度信息在研究声场的形成、预测和控制以及声量采集中有重要作用。声能量密度测量比较复杂，目前还没有成熟的仪器设备。传统电容器是通过测量振动引起的振膜位移和器件电容变化的原理测量声压，科技人员正在探索通过测量声音引起的空气温度变化或者用激光等直接测量空气质点振动，后者不需要把探头布放在现场测点，可实现远距离非接触测量。（常道庆 寇毅伟）

**推荐书目**

马大猷，沈壕．声学手册（修订版）．北京：科学出版社，2004.

程建春，李晓东，杨军．声学学科现状以及未来发展趋势．北京：科学出版社，2021.

xishengliang

**吸声量** （equivalent absorption area） 与某表面或物体吸收本领相同而吸声系数为 1 的面积，又称等效吸声面积。一个物体放在室内某处，它的等效吸声面积等于放入物体后室内总等效吸声面积的增加量，单位为 $m^2$。

由于吸声系数表示单位面积的吸声量，所以如果材料吸声系数为 $\alpha$、面积为 $S$，它的吸声量 $A$ 就等于

$$A = S\alpha$$

如果在房间墙面上布置几种不同的吸声材料，它们相应的吸声系数和面积分别为 $\alpha_1$、$\alpha_2$、$\alpha_3$，…和 $S_1$、$S_2$、$S_3$，…，则该房间内的总吸声量为

$$A = S_1\alpha_1 + S_2\alpha_2 + S_3\alpha_3 + \cdots$$

或者可计算房间内平均吸声系数 $\bar{\alpha}$，即

$$\bar{\alpha} = \frac{A}{S} = \frac{S_1\alpha_1 + S_2\alpha_2 + S_3\alpha_3 + \cdots}{S_1 + S_2 + S_3 + \cdots}$$

（常道庆　刘耀光　陈翔）

xisheng xishu

**吸声系数**　（sound absorbing coefficient）　材料吸收和透过的声能与入射到材料上的总声能之比，其定义为

$$\alpha = \frac{E_\alpha}{E_i} = \frac{E_i - E_r}{E_i} = 1 - r$$

式中，$E_i$ 为入射声能；$E_\alpha$ 为材料或结构吸收的声能；$E_r$ 为反射的声能；$r$ 为声能量反射系数。当入射声能被完全反射时，$\alpha = 0$，表示无吸声作用；当入射声波完全没有被反射时，$\alpha = 1$，表示完全被吸收。一般材料或结构的吸声系数 $\alpha$ 为 0～1，$\alpha$ 值越大，表示吸声越好，它是目前表征吸声性能最常用的参数。

吸声系数与频率有关。人们使用吸声系数频率特性曲线描述材料在不同频率上的吸声性能。按照 ISO 标准和国家标准，吸声测试报告中吸声系数的频率范围是 100 Hz～5 kHz。将 100 Hz～5 kHz 的吸声系数取平均得到的数值是平均吸声系数，平均吸声系数反映了材料总体的吸声性能。在工程中常使用**降噪系数**（NRC）粗略地评价在语言频率范围内的吸声性能。这一数值是材料分别在 250 Hz、500 Hz、1 kHz、2 kHz 4 个频率的吸声系数的算术平均值，四舍五入取整到 0.05。一般认为 NRC 小于 0.2 的材料是反射材料，NRC 大于等于 0.2 的材料才被认为是吸声材料。离心玻璃棉、岩棉等的 NRC 较高，5 cm 厚的密度为 24 kg/$m^3$ 的离心玻璃棉的 NRC 可达到 0.95。

（常道庆　刘耀光　陈翔）

jiangzao xishu

**降噪系数**　（noise reduction coefficient）　频率分别为 250 Hz、500 Hz、1 kHz、2 kHz 处测得的吸声系数的算术平均值（四舍五入取到小数 0.05），简称 NRC。工程中常使用降噪系数粗略地评价在语言频率范围内的吸声性能。其大小与材料本身的吸声性质、材料的厚度以及材料的安装方法（背后有无空腔、空腔的深浅）等均有关系。（常道庆）

xisheng jiangzaoliang

**吸声降噪量**　（noise reduction by sound absorption）　利用吸声结构（吸声饰面、空间吸声体等）降低噪声的单值量，单位为分贝（dB）。

吸声结构的主要作用在于减弱反射的声能，其效果与吸声结构的声学特性和布置状况、室内的容积、噪声源的频率特性等有密切关系。室内利用吸声结构所能达到的降噪量，可用下式计算：

$$\Delta L = 10\ \lg\frac{A_1}{A_0} = 10\ \lg\frac{\alpha_1}{\alpha_0}$$

式中，$\Delta L$ 为降噪量，dB；$A_0$ 为吸声处理前室内的总吸声量，$m^2$；$A_1$ 为吸声处理后室内的总吸声量，$m^2$；$\alpha_0$ 为吸声处理前室内的平均吸声系数；$\alpha_1$ 为吸声处理后室内的平均吸声系数。

实践证明，用上式计算出来的降噪量偏高。例如，通过吸声处理使室内总吸声值提高到 10 倍，即 $A_1/A_0 = 10$，则 $\Delta L = 10$ dB，实际上往往达不到这样的结果。较为准确的方法是，所选用的 $A_0$、$A_1$ 或 $\alpha_0$、$\alpha_1$ 各值，应以现场实测的混响时间为依据，计算其数值。

经验表明，在室内反射声场中利用合理设计的吸声结构，最高降噪量可达 10 dB；在个别频段可能达到 12 dB。在噪声级降低 10 dB

时，可使人们感到噪声的响度降低一半。特别是在高频噪声的情况下，噪声刺耳的感觉大为减轻。

为了降低靠近噪声源处的声压级，可以在噪声源的附近悬挂空间吸声体，或采取其他吸声降噪措施。在室内顶棚高度大于 6 m 和室内容积超过 3 000 $m^3$ 的情况下，利用吸声饰面降噪收效不大，应适当考虑使用空间吸声体。

（常道庆　寇毅伟）

youyuan zaosheng kongzhi

**有源噪声控制**　(active noise control)　也称主动噪声控制，利用人为发出与噪声信号频率相同、幅度相同、相位相反的声波形成相消性干涉，从而获得控制区域声压级的降低，见图 1。相较于传统的被动降噪方案如吸声、隔声和消声器等，有源噪声控制更善于控制低频噪声。

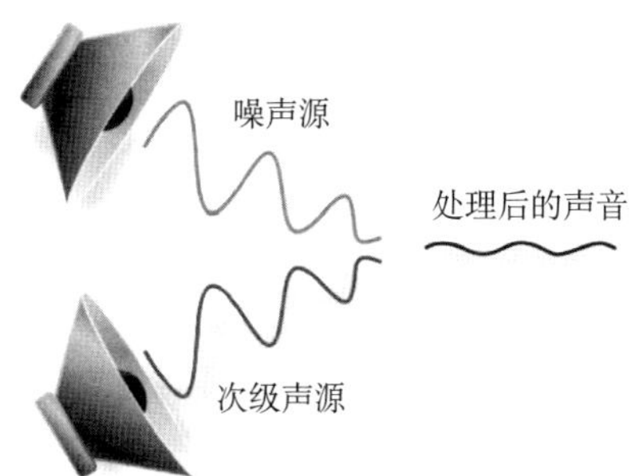


**图 1　有源噪声控制原理图**

**有源噪声控制系统组成**　在有源噪声控制中，一个将要被控制的噪声场被称为初级声场，其声源称为初级声源，所产生的噪声称为初级噪声。人为产生的、用于抵消初级噪声的“反”噪声称为次级噪声，形成的声场为次级声场，产生该声场的源称为次级声源。有源控制系统中的传感器包括参考传感器和误差传感器。参考传感器有多种形式，包括传声器、加速度计、转速传感器等，它采集声信号或振动信号作为前馈控制器的参考信号；误差传感器采集误差信号，它是一种监测信号，作为控制器的输入用于调节控制器参数从而改变其输出。若有源控制系统为前馈控制模式，则该控制系统包括参考传感器、误差传感器、作动器和控制器。若有源控制系统为反馈控制模式，则该控制系统包括误差传感器、作动器和控制器。作动器为产生次级声场的次级声源（扬声器）或次级力源（激振器），有时简称次级声源；控制器包括硬件和软件，其中软件以实现有源控制算法为目的，而硬件为软件提供物理平台。

**有源噪声控制应用**　随着数字信号处理技术及集成芯片技术的快速发展，有源噪声控制得到了飞速的发展与应用。目前，有源噪声控制技术已逐步走向实际应用，如管道消声，降噪耳机，发动机降噪，变压器、电站等机械设备降噪，车内、机舱内有源头靠，有源隔声屏障、隔声窗等。

**有源噪声控制分类**　按照不同的分类原则有不同的分类方法。根据控制器电路组成分为模拟系统和数字系统；根据参考信号的获得分为前馈系统和反馈系统；根据有源控制滤波器系数是否实时更新分为自适应系统和固定系数系统；根据噪声源频谱的不同可分为窄带有源噪声控制系统和宽带有源噪声控制系统；根据系统中次级源和误差点数量可分为单通道系统和多通道系统；根据次级源的类型可分为有源声控制和有源力控制。

**模拟系统和数字系统**　模拟系统与数字系统最大的区别是所用控制器电路组成是模拟电路还是数字电路。模拟系统构造简单，成本较低，但一旦设计完成，便无法更改系统参数，通常只能完成单通道、传递函数简单的有源噪声控制系统，无法自适应地调整系统参数。数字系统采用数字信号处理技术以及数字信号处理芯片，成本相对较高，电路也更复杂，但是可以自适应地调整参数，可靠性高，适用于多通道以及时变环境下的有源噪声控制。随着数字信号处理技术的发展，数字系统得到越来越广泛的应用。

**前馈系统和反馈系统**　前馈系统与反馈系统最大的区别在于参考信号的获取方式不同。

前馈系统需要采用参考传感器如传声器、加速度计等，获得满足因果性的、相干性较好的参考信号，其框图见图2。而反馈系统不需要参考传感器，只需要误差传感器即可内部合成参考信号，避免了声反馈的影响，其框图见图3；反馈系统又可以根据内部合成参考信号的方式分为直接型反馈系统和内模型反馈系统。通常，前馈系统用来抵消宽带噪声，稳定性较高；反馈系统用来抵消线谱噪声，存在稳定性的问题。

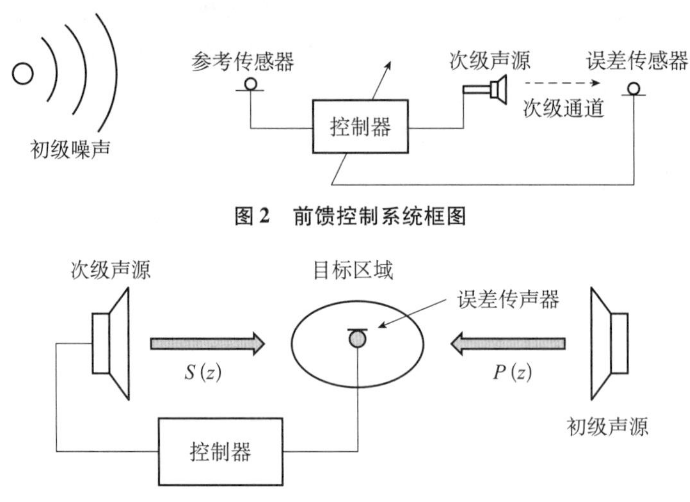


**图2　前馈控制系统框图**

注：$S(z)$ 为次级通道；$P(z)$ 表示初级通道。

**图3　反馈控制系统框图**

**自适应系统和固定系数系统**　当控制系统的滤波器系数随时间变化时为自适应系统，若不随时间变化则为固定系数系统。考虑有源噪声控制中特有的次级通路传递函数，常见的自适应算法在移植到有源噪声自适应控制时，都需要进行滤波参考信号的操作，如经典的Fx-LMS算法、Fx-RLS算法等。固定系数系统通常成本较低，滤波器系数一旦生成则不再改变；自适应系统对硬件芯片计算能力有较大需求，需要实时进行自适应算法计算。

**窄带有源噪声控制系统和宽带有源噪声控制系统**　若待控制噪声信号是线谱噪声，如飞机、轮船、汽车上的旋转设备产生的，则这种噪声控制问题称为窄带控制系统。通常，窄带噪声控制系统可以采用加速度计、转速表、机械传感器或者光学传感器等非声学传感器来内部合成参考信号，这样的参考信号完全不受次级扬声器的影响，然而，这项技术只对周期性噪声有效，因为基本驱动频率是唯一可用的参考信息。宽带噪声控制系统则用来抵消具有一定频段范围的宽带噪声，通常采用前馈控制方式，需要参考信号与初级噪声信号有较大的相干性，否则难以取得较好的降噪效果。

**单通道系统和多通道系统**　单通道系统仅包含一个次级源和一个误差传感器，结构简单，设计方便。但是单通道有源噪声控制往往只针对某个目标点进行噪声控制，而实际应用中往往需要对更大区域的空间噪声进行控制，如舱室噪声的整体控制、有源降噪窗户、有源降噪头靠等，需要多个次级声源和误差传感器，这就是多通道有源噪声控制系统。但随着通道数的增多，控制器算法的复杂程度将大幅增加，这对保持系统的实时性和稳定性都十分不利。需要说明的是，多通道系统的实现方式又分为分散式、集中式和集群式三种。多通道有源噪声控制框图见图4。

**有源声控制和有源力控制**　有源声控制采用次级源为声源（一般为扬声器），其常见的应用场合一般包括管道声场，自由声场（如旷野中的变压器噪声，电站噪声，交通噪声，抽

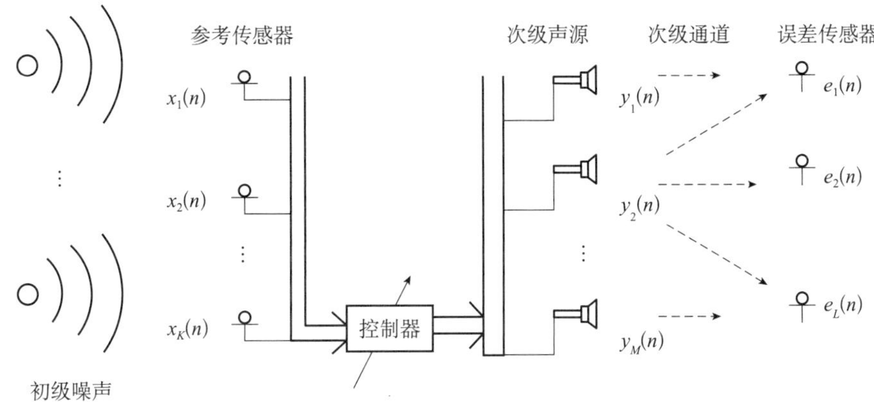


注：$x_k$（$k=1, 2, \cdots, K$）为第 $k$ 个参考传感器采集到的参考信号，$y_m$（$m=1, 2, \cdots, M$）为第 $m$ 个次级声源的输出信号，$e_l$（$l=1, 2, \cdots, L$）为第 $l$ 个误差传感器获取的误差信号。

**图4　多通道有源噪声控制框图**

风机，鼓风机等机械设备向空中辐射的噪声等），封闭空间声场（如飞机、船舶舱室、车厢、办公室、工作间中的噪声声场）；有源力控制则主要针对一些由于结构振动辐射引起的噪声，通常用力源（如作动器）作为次级源，要取得满意的降噪效果，次级源数目要与结构振动模态的类型相匹配。如果初级结构振动变得较复杂或激励频率较高，用点源控制声辐射就变得不可行。　　　　（吴鸣　周爽）

**推荐书目**

陈克安．有源噪声控制．2版．北京：国防工业出版社，2014．

xisheng celiang

**吸声测量**　（sound absorption measurement）对材料或结构的吸声系数和吸声量或者对整个房间的吸声量进行测定，以便利用已知吸声特性的材料或结构，控制建筑物内的噪声，或者创造较为理想的声学环境。

在工程实践中，首先要测定备选声学材料的吸声系数；其次根据厅堂功能，结合室内空间形状、体积和表面积计算出要达到理想音质所需要的吸声量；最后在设计要求指导下铺设合乎要求的吸声材料。由此可见，声学材料吸声系数的测量是一项重要的基础性工作。吸声测量的测量频率范围一般为100～4 000 Hz，有特殊要求时可以扩大到50～8 000 Hz。在测量频率范围内，其频带宽度为1/3倍频程或倍频程。传统的实验室吸声测量方法主要包括阻抗管法、混响室法和稳态声源法。

**阻抗管法**　仅限于法向入射参数的测试，只能测定吸声材料的垂直入射吸声系数，试件面积应与阻抗管的横截面积一样大。由于只需少量的吸声材料做试件，所以它对于吸声材料的参数研究和设计特别适合。阻抗管法又可以分为以下两种方法。

**驻波比法**　用于在阻抗管中测定法向入射条件下吸声材料和结构的吸声系数、反射因数和表面声阻抗率或表面声导纳率。《声学　阻抗管中吸声系数和声阻抗的测量　第1部分：驻波比法》（GB/T 18696.1—2004）对该测量方法进行了细致的规定。

试件装在一平直、刚性、气密的阻抗管的一端，入射正弦平面波由阻抗管另一端的扬声器产生。入射波与从试件来的反射声波相叠加，从而在阻抗管中建立起驻波声场。驻波比法根据测得的第 $n$ 个声压极小值处的声压振幅和第 $n$ 个声压极大值处的声压振幅得到驻波比 $s$。如果要得到复反射因数和声阻抗率，则还必须测定第一个声压极小值到基准面（通常为试件表面）的距离和衰减常数。阻抗管中的驻波图见图1。

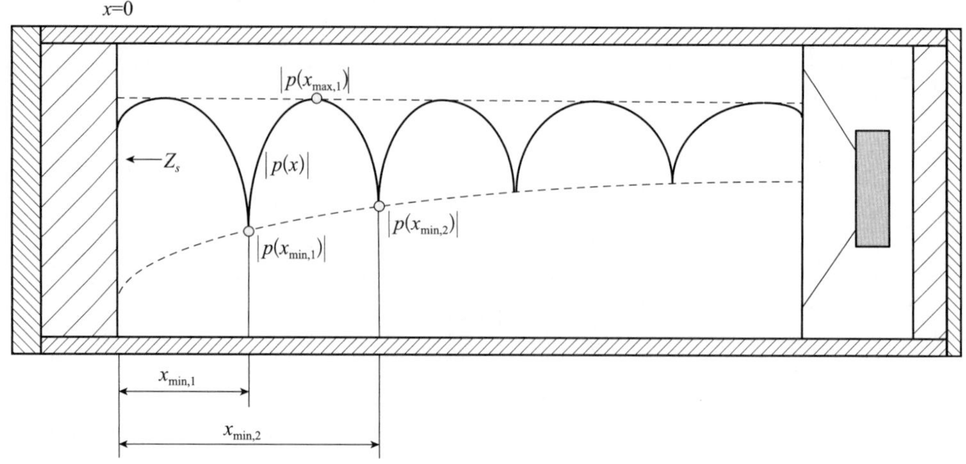


注：$Z_s$为 $x=0$ 处的声阻抗；$|p(x)|$为声压幅值；$|p(x_{min,1})|$和$|p(x_{min,2})|$分别为驻波第一个和第二个最小值点的声压幅值；$|p(x_{max,1})|$为第一个最大值点的声压幅值。

**图 1　阻抗管中的驻波图**

假设入射声波 $p_i$ 是频率为 $f$ 的正弦平面波，且无衰减地沿管轴（负 $x$ 方向）传播，则

$$p_i(x)=p_0\mathrm{e}^{jk_0x}$$

式中，$p_0$ 为声压振幅，$k_0$ 为波数，$k_0=\omega/c_0=2\pi f/c_0$，$j$ 为虚数单位。

从反射因数为 $r$ 的试件来的反射波可表示为

$$p_r(x)=rp_0\mathrm{e}^{-jk_0x}$$

将基准面 $x=0$ 设定在试件表面，则在 $x=0$ 处有

$$Z_s=Z_s(0)=Z_0\frac{1+r}{1-r}$$

式中，$Z_s$和 $Z_0$分别为 $x=s$ 和 $x=0$ 处的声阻抗，从而可以得到反射因数

$$r=\frac{Z_s/Z_0-1}{Z_s/Z_0+1}$$

及平面波吸声系数 $\alpha=1-|r|^2$

当 $p_i(x)$ 和 $p_r(x)$ 同相位时，驻波图上出现极大值，即 $|p_{max}|=|p_0|(1+|r|)$，而当 $p_i(x)$ 和 $p_r(x)$ 反相时，则出现极小值，即 $|p_{min}|=|p_0|(1-|r|)$。采用驻波比有 $s=|p_{max}/p_{min}|$，则 $s=\frac{1+|r|}{1-|r|}$，即 $|r|=\frac{s-1}{s+1}$。

特定频率的吸声系数由测定该驻波的声压极大值$|p_{max}|$和极小值$|p_{min}|$确定，声压级的极大值和极小值之间的级差为 $\Delta L$，单位为分贝（dB），那么 $s=10^{\Delta L/20}$，这样得到吸声系数 $\alpha=\frac{4\times10^{\Delta L/20}}{(10^{\Delta L/20}+1)^2}$。

驻波管测试设备一般由阻抗管、试件筒、探管传声器、移动和定位探管传声器的器件、信号分析仪、扬声器、信号发生器等组成，有时还包括阻抗管吸声末端和温度计等。

**传递函数法**　同样用于测定法向入射条件下吸声材料的吸声系数，但比驻波比法更快捷。该方法也能用来测定吸声材料的表面声阻抗率或表面声导纳率。《声学　阻抗管中吸声系数和声阻抗的测量　第 2 部分：传递函数法》（GB/T 18696.2—2002）对该测量方法进行了细致的规定。

传递函数法的测试设备布局见图 2。

传递函数法测量可采用双传声器法（采用固定位置上的两个传声器做测量）和单传声器法（采用一个传声器依次在两个位置上做测量）进行。其中双传声器法要求测试前或测试期间做校正，以减小两个传声器之间的振幅和相位特性差异；但它快捷，准确度高，容易操作，因此被推荐来做一般的测试。单传声器法要求产生特殊的信号，并要求特别的处理方法，而且可能需要更多的时间；但它消除了传声器

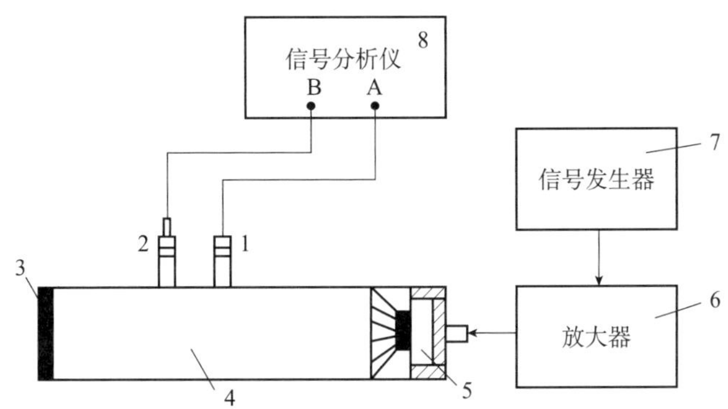


1—传声器 A；2—传声器 B；3—测试样品；4—阻抗管；5—声源；6—放大器；7—信号发生器；8—信号分析仪。

**图 2　测试设备布局**

之间的相位失配，因而允许对任何一个频率选择最佳传声器位置，被推荐评价已调好的共振器和/或其精确度。单传声器法的准确度取决于它的使用，应保证用稳定的声源完成传声器在两个位置上依次采样。一般情况下采用双传声器法时阻抗管应足够长，以便在声源和试件之间产生平面波。传声器测点应在平面波场中。样品应大小合适地安装在试件筒内，不能过分受压，更不能因装得太紧而鼓起来。

采用双传声器法，插入测试样品，测量以下复传递函数：

正常情况下使用：$H_{12}=S_{12}/S_{11}=|H_{12}|e^{j\phi}$

输入端有噪声的情况下使用：$H_{12}=S_{22}/S_{21}=|H_{12}|e^{j\phi}$；

输入端和输出端都有噪声的情况下使用：$H_{12}=\left[\frac{S_{12}}{S_{11}}\cdot\frac{S_{22}}{S_{21}}\right]^{1/2}=|H_{12}|e^{j\phi}$

式中，$S_{ij}$ 为由两个传声器位置 1 和 2 处的复声压 $p_i$ 和 $p_j$ 确定的乘积 $p_i\times p_j^*$（下标相同时为自谱，下标不同时为互谱）；$\phi$ 为传递函数的相角。然后运用交换通道的方法重复测量或预先测定校正因数，来校正通道间失配引起的传递函数误差，进而计算得到法向入射反射因数：

$$r=|r|e^{j\phi_r}=\frac{H_{12}-H_I}{H_R-H_{12}}e^{2jk_0x}$$

式中，$x$ 为样品到较远的传声器的距离；$\phi_r$ 为反射因数的相角；$H_I=p_{2i}/p_{1i}=e^{-jk_0s}$ 为入射波的传递函数；$H_R=p_{2r}/p_{1r}=e^{jk_0s}$ 为反射波的传递函数；$s=x_1-x_2$ 为两个传声器之间的间距。

进而得到垂直入射方向的吸声系数：$\alpha=1-|r|^2$，以及声阻抗率：$Z_s=R_s+jX_s=[(1+r)/(1-r)]\rho c_0$，式中，$\rho c_0$ 为驻波管中声波传播介质的特性阻抗，其中 $\rho$、$c_0$ 分别为驻波管中声波传播介质的密度和声速。

**混响室法**　将试件放在混响声场中，在声源突然停止后，测量其混响时间，如已知空室（未安装试件时）的混响时间，则可算出试件的吸声系数 $\alpha$。混响室法测得的是无规入射吸声系数，能用于测试横向和法向有明显不同结构的材料，测试时对测试试件在混响室内的铺设面积有一定要求。《声学　混响室吸声测量》（GB/T 20247—2006）给出了在混响室内测量声学材料的吸声系数的方法。该法不适用于测量低阻尼共鸣器的吸声特性。

混响室的体积由下式决定：

$$V\geqslant 4\lambda^3$$

式中，$V$ 为混响室的体积，m³；$\lambda$ 为测量的最低频率所对应的波长，m。

通常，$V\approx 200$ m³。混响室的长、宽、高之比应成调和级数，而最大边长应满足 $l_{max}\leqslant 1.9V^{\frac{1}{3}}$。此外，混响时间应满足下表的要求。

**混响时间要求**

| 频率/Hz | 125～500 | 1 000 | 2 000 | 4 000 |
|---|---|---|---|---|
| 混响时间/s | ＞5 | ＞4.5 | ＞3.5 | ＞2.0 |

为了获得较好的扩散声场，应在混响室内布置扩散体、扩散板或足够大的转帆。实验证

明，扩散板总面积如在地面面积的 50% 以上，即能满足使用要求。转帆面积一般为 10 $m^2$ 左右，每分钟旋转 2 ~ 10 转。

测量混响时间所用的信号源是多种多样的，有啭声、白噪声、粉红噪声。在剧场测量混响时间时，有时用发令枪、鞭炮或者交响乐队。通常以粉红噪声加 1/3 倍频程或倍频程滤波器做声源。在信号源和滤波器之间加一开关，作为切断信号之用。如功率放大器质量不高，扬声器会在切断信号后仍发出交流声，影响测量。因此，最好在功率放大器和扬声器之间加接开关，用短路扬声器的方法切断声源。

在混响室中测量时，声源应放在墙角处，其声功率应足够大；传声器位置应符合测试规范要求。通常，将试件放在地面上，长、宽应符合一定比例，即 1∶0.7。试件面积约 10 $m^2$。如果试件为空间吸声体，则应将其悬挂在天花板上。测量时，应同时测量空室（未放试件）和满室（已放试件）的混响时间。对于空气吸收的影响可以忽略，或者进行修正。

混响室吸声测量可以采用两种方法来测量衰变曲线：中断声源法和脉冲响应积分法。中断声源法测出的衰变曲线是一个统计过程的结果，为获取合适的可重复性数据，必须把某一传声器或扬声器位置测得的数条衰变曲线或数个混响时间值进行平均。而房间的脉冲响应积分是一个确定函数，不会有统计偏差，所以不必平均。但是脉冲响应积分法比中断声源法要求更高级的仪器和数据处理功能。

在空场混响室和有试件情况下分别测得 1/3 倍频程各个频带混响时间的平均值：$T_1$ 和 $T_2$。空场和放试件后混响室的吸声量可以由赛宾公式得到

$$A_{1,2}=\frac{55.3V}{c_0 T_{1,2}}-4Vm_{1,2}$$

式中，$V$ 为混响室容积；$c_0$ 为混响室中声音在空气中的传播速度；$m_{1,2}=\frac{\alpha}{10\ \lg e}$，为空场和放试件后混响室的声强衰减系数，其中 e 为自然常数。从而试件的吸声量 $A_T=A_2-A_1=55.3V\left(\frac{1}{c_2T_2}-\frac{1}{c_1T_1}\right)-4V(m_2-m_1)$。

对于均匀覆盖表面的试件（平面吸声体或规定物体排列），其吸声系数为试件吸声量 $A_T$ 与试件面积 $S_0$ 的比值。如果试件由若干个相同的物体组成，则单个物体的吸声量 $A_{obj}$ 为总吸声量 $A_T$ 与物体数量 $n$ 的比值。

**稳态声源法**　此法系利用一稳态的标准声功率源作为测试声源，进行声压级精密测量。此法对声级计的精度要求很高，因此，只有在不能使用上述两种方法的情况下，特别是不能形成扩散声场的有强吸收的房间或厅堂才使用。用此法测量时，声源应放在远离材料表面的地方。声压级的测点和声源的距离不能过远或过近，一般为 1 ~ 2 m。精密声级计必须配有倍频程或 1/3 倍频程滤波器，以便测试所需的频程。测量一次后，声源应改变一下位置或方向，重测一次，取两次的平均值。室内总吸声量由下式决定：

$$A=\lg^{-1}[\bar{L}_W-\bar{L}_p+16.5/10]$$

式中，$A$ 为室内总声收量；$\bar{L}_W$ 为标准声源的声功率级；$\bar{L}_p$ 为同一频程的声压级。

只有测出 $\bar{L}_p$ 的微小分贝差值，方能达到足够的精度，此法在现场测量吸声量时较为有用。

**现场吸声测试**　随着测试技术的发展以及对现场吸声测试的迫切需求，一些现场吸声系数测试方法也在快速发展中。最直接的方法是用一个传声器和一个声源，声源产生脉冲信号，用时间窗分离出直接入射声压信号和样品的反射声压信号，然后根据反射和入射声压的比率计算反射系数和吸声系数。传声器与样品之间要有一定的距离，以保证直接入射信号和反射信号之间有足够的时间延迟。另外，还可以使用其他类型的声信号来提高信噪比，如随机噪声、MLS 信号或扫掠信号，然后通过计算传声器的脉冲响应或使用自由场校准方法在时域中减去入射脉冲信号，来分开入射声压信号和反射声压信号。现场测试吸声的另一类是双传感器方法，根据测量原理不同可分为双传声器传

递函数法和声强法。现场测量中双传声器传递函数法可以直接利用阻抗管传递函数法测量，又称开口式 Kundt 阻抗管方法，开口端直接放置在待测表面，这种方法已在 ISO 13472—2 中用于测量路面吸声系数。为了在开放空间有效测量吸声系数，研究者提出了自由场下的双传声器法，后来又发展了扩散声场下的测试方法，以及利用参量阵声源定向产生平面波的测试方法。声强法根据传感器类型又分为 PP 方法（两个压力传感器）和 PU 方法（一个压力传感器和一个速度传感器）。PP 方法是用两个近距离的传声器测得的声压信号取平均得到声压，质点振速通过压力梯度得到；而 PU 方法是直接测量同一点的声压信号和质点振速信号，然后进一步基于不同的声场模型计算表面阻抗和吸声系数。（常道庆　刘丹晓）

**推荐书目**

J F Allard，N Atalla. Propagation of Sound in Porous Media：Modelling Sound Absorbing Materials. Second Edition. New York：John Wiley & Sons，Ltd.，2009.

gongzhen xishengti

**共振吸声体**　（resonance absorber）　利用共振原理设计的吸声结构。一般有两种：空腔共振吸声结构和薄膜、薄板共振吸声结构。

**空腔共振吸声结构**　空腔共振吸声结构是在结构中封闭有一定体积的空腔，并通过开口或小孔与外部声场空间连通，包括亥姆霍兹共振器，各种穿孔板（如穿孔石膏板、金属板、纤维水泥板、木板等）、狭缝板等背后设置空气层形成的吸声结构。

**亥姆霍兹共振吸声结构**　结构见图 1，其机械类比系统见图 2。在图 1 中，当孔深 $l$ 和孔径 $d$ 比声波波长小得多时，孔径中空气柱的作用类似质量块 $m$，而空腔比孔径大得多，其作用相当于空气弹簧 $K$，于是形成质量弹簧共振系统。当外界入射声波的频率和系统的固有频率相同时，孔径中的空气柱由于共振而剧烈振动并与孔壁摩擦，加上腔内壁不可避免的吸收作用，从而消耗声能。亥姆霍兹共振吸声结构的共振频率 $f_0$ 可用下式计算：

$$f_0=\frac{c}{2\pi}\sqrt{\frac{s}{V\ (l+\delta)}}$$

式中，$c$ 为声速，m/s；$s$ 为空腔颈口面积，m$^2$；$V$ 为空腔体积，m$^3$；$l$ 为孔径深度，m；$\delta$ 为开口末端修正量，m，对于直径为 $d$ 的圆孔，一般取 0.8$d$。

**穿孔板吸声结构**　可看作许多并联的亥姆霍兹共振吸声器，见图 3。穿孔板吸声结构在共振频率附近吸声系数最大，离共振频率越远，吸声系数越小。其吸声特性与穿孔率、板厚、板后空气层的厚度以及空气层内是否填充多孔材料有关，而穿孔率的大小取决于孔径与孔距之比。为了展宽穿孔板结构的吸声频率范围并提高其吸声系数，一种方法是在穿孔板后铺设多孔吸声材料，另一种方法是采用孔径小于 1 mm 的微穿孔板。微穿孔板常用金属薄板制作，其后一般不再铺设多孔材料，适用于高温、高湿、洁净和高速气流等环境中。当穿孔率超过 20% 时，穿孔板即成为多孔材料的护面层而不再属于空腔共振吸声构造。

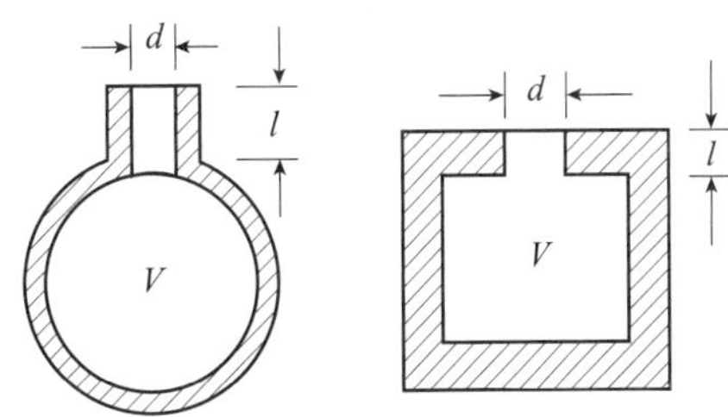


图 1　亥姆霍兹共振吸声器

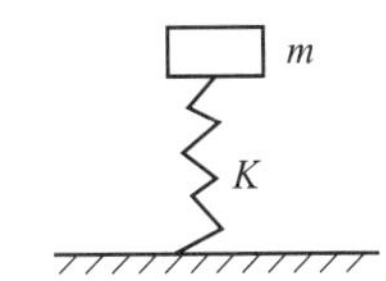


图 2　亥姆霍兹共振吸声器的机械类比系统

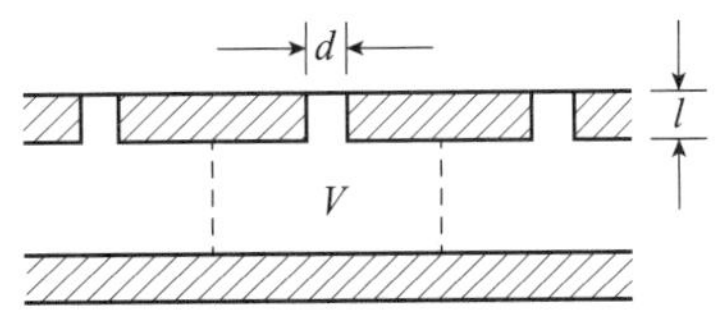


图 3　并联的亥姆霍兹共振器

**薄膜、薄板共振吸声结构**　薄膜共振吸声结构在皮革、人造革、塑料薄膜、不透气帆布等具有不透气、柔软、受拉时具有弹性等特征的材料后设置封闭的空气层形成共振系统。薄膜共振吸声结构的共振频率通常为200～1 000 Hz，最大的吸声系数为0.4，一般作为中频范围的吸声材料。胶合板、石膏板、纤维水泥板、金属板等结构的周边固定在龙骨上，连同板后留有的空气层，构成薄板共振吸声结构。薄板共振吸声结构的共振频率多为80～300 Hz，最大吸声系数为0.5，可作为低频吸声结构。板后腔内填充多孔材料可提高吸声能力。建筑中大面积的抹灰吊顶、架空木地板、玻璃窗等的作用均与薄板共振吸声结构相当。

（常道庆　刘耀光　陈翔）

Haimuhuozi gongzhen xishengqi

**亥姆霍兹共振吸声器**　（Helmholtz resonator）由亥姆霍兹共振吸声结构组合而成的吸声器，见共振吸声体。（常道庆　陈翔）

chuankongban xisheng jiegou

**穿孔板吸声结构**　（perforated panel sound absorber）　将穿孔薄板固定在刚性墙上，并在板与墙之间留有空气层或填充多孔材料的一种吸声结构。由于它是多个亥姆霍兹共振吸声器的组合，因此可以看作由质量和弹簧组成的一个共振系统。当入射声波的频率与结构的共振频率一致时，穿孔板中的空气就会激烈振动、摩擦，形成吸收峰，使共振频率附近的声能显著衰减。远离共振频率时，则吸声作用较小。如果在穿孔板后放置多孔材料增加声阻，会使结构的吸声频带加宽。

**吸声特性**　穿孔板吸声结构是噪声控制和室内音质设计经常采用的一种吸声结构。其共振频率 $f_0$ 由下式给出：

$$f_0=\frac{c_0}{2\pi}\sqrt{\frac{p}{D\left(L+\frac{\pi}{2}r\right)}}$$

式中，$p$ 为穿孔率（孔的面积总和与板的面积之比）；$D$ 为空气层厚度；$L$ 为穿孔板厚度；$r$ 为穿孔半径；$c_0$ 为空气中的声速。

考虑吸声效果和实用情况，一般取板厚1.5～10 mm，孔径2～8 mm，也有更大的孔径，板后空腔深度为100～250 mm，穿孔率为0.5%～5%。如果穿孔率超过20%，穿孔板将失去共振吸声的作用。穿孔板的声阻与孔径的平方成反比，由于穿孔板的声阻很小，这种结构的吸声频带较窄。穿孔板后填以多孔材料，有利于增加声阻尼，拓宽吸收频带。

**存在的问题**　穿孔板吸声结构在使用中最大的问题就是声阻尼过小，背后不添加多孔材料时吸声频带较窄。穿孔板结构的声阻尼要与大气的特性阻抗相匹配才能获得较高的吸声系数，声质量要尽量小才能加宽频带。普通穿孔板因为孔较大，本身达不到这种要求，只能另加多孔材料以补充声阻。（常道庆　寇毅伟）

weichuankongban xisheng jiegou

**微穿孔板吸声结构**　（micro-perforated panel absorber）　由板厚及孔径均小于1.0 mm、穿孔率在1%左右的薄板，与背后空气层组成的共振吸声结构。由于孔为丝米（1丝米＝0.1 mm）级微孔，微孔本身就具有足够大的声阻和足够小的声质量，因而不需要添加任何多孔性吸声材料，就可以形成宽带吸声结构。实用中有单层与多层不同的结构形式。

**特点**　该结构构造简单、吸声特性可以精确计算，可根据不同目的选用不同板材，如选用金属薄板，可防水、防潮、防火、耐高温、耐腐蚀、能承受高速气流冲击，适用于高速气流或者潮湿等场合，同时，也是一种无纤维绿色吸声结构，可用于有高清洁要求的场合。

**吸声机理与吸声特征**　该结构实质上仍属于共振吸声结构。因此，吸声机理与穿孔板吸声机理相同。利用空气在小孔中的摩擦消耗声能，用腔深来控制吸声峰值的共振频率，腔越深，共振频率越低。由于板薄、孔小，声阻比普通穿孔板大得多，因而在吸声系数和带宽方面都有很大的改善。

微穿孔板吸声结构的吸声系数较高，可达

0.9 以上；吸声频带宽，可达 4 ~ 5 个倍频程。另外，双层微穿孔板远优于单层。减小微穿孔板的孔径（一般选 0.5 ~ 1.0 mm），可增大其吸声系数、拓宽吸声带宽。穿孔率则以 1% ~ 3% 为好。微穿孔板结构吸声峰值的共振频率与多孔板共振结构类似，主要由腔深决定。如果以吸收低频声波为主，空腔宜深；如果以吸收中、高频声波为主，空腔宜浅。腔深一般可取 5 ~ 20 cm。

**应用与发展历史** 为克服穿孔板共振吸声结构吸声频带较窄的缺点。我国著名声学家马大猷院士在普通穿孔板结构的基础上，于 1964 年研究出一种新型的吸声结构——微穿孔板吸声结构。1975 年马大猷院士提出了微穿孔板吸声体的基本理论；1997 年又提出准确理论。准确理论可以对极限频带宽度和最大吸声系数之间的制约关系进行量化计算。

自微穿孔板提出以来，吸声结构在噪声治理和音质控制工程等众多领域得到了广泛应用，如飞机降噪、体育馆吸声、通风管道吸声等，以及体育馆、会议厅、电影院、演播室、听音室、血液病房的音质和噪声控制。

20 世纪 90 年代，德国新建的波恩政府议会大厅使用了透明玻璃圆形外壳，引发了严重的音质问题。后来采用有机玻璃透明微穿孔板，布置于大厅内表面，成功地克服了大厅的音质缺陷，同时保留了大厅原有的透明外形。这件事促进了微穿孔板在全世界的研究和应用。

此后，对微穿孔板在扩散场和高声强情况下的吸声特性从理论和实验方面都进行了探讨，得到了有意义的结果。微穿孔板吸声结构理论在不断发展的同时，从最初的单层结构到双层结构、三层结构，吸声性能也在大幅改善，而通过对微穿孔板进行不同形式的串联和并联的结构组合，也可以提升微穿孔板的吸声性能。为了在有限尺寸内进一步降低微穿孔板的吸声频带，研究者将管束和延长管结构与微穿孔板相结合，在后腔深度不变的条件下有效降低了微穿孔板的吸声频率。另外，研究者还将微穿孔板结构与各种共振单元、多孔材料等组合，大大拓宽了微穿孔板的吸声带宽。为了降低微穿孔板吸声结构的工程应用成本，各种加工方式和代替结构被提出，如机床钻孔、激光打孔、各种渗透化学方法、微缝结构、MIUs 结构（Microperforated Insertion Units，由一层纱网结构和普通穿孔板构成）等。

（常道庆　寇毅伟）

boban gongzhen xisheng jiegou

**薄板共振吸声结构** （thin panel resonator） 由一块不透气的薄板固定在刚性壁前一定距离处构成的共振吸声器。当入射声波的频率与该系统的共振频率一致时，就发生共振，由此引起的内部摩擦将声波吸收。该结构的吸声范围很窄，只能以共振频率邻近的频带为主要吸收范围。

共振频率 $f_0$ 取决于薄板的面密度和板后空气层的厚度，并且与框架结构及薄板的安装方法有关。其共振频率 $f_0$ 由下式计算：

$$f_0 = \frac{c_0}{2\pi}\sqrt{\frac{\rho}{mD_1}}$$

式中，$m$ 为薄板的面密度，kg/m$^2$；$c_0$ 为空气中声波的速度，m/s；$\rho$ 为空气密度，kg/m$^3$；$D_1$ 为空气层厚度，m。

建筑中，薄板结构共振频率多为 80 ~ 300 Hz，其吸声系数为 0.2 ~ 0.5，因而可以作为低频吸声结构。常用的薄板材料有胶合板、石膏板和水泥板等。

如果在板内侧填充多孔材料或涂刷阻尼材料，可增加板振动的阻尼损耗，提高吸声效果。在厅堂声学处理中，为了美观或者增加低频吸收，经常采用这种结构，如地板和护墙板等；大面积的抹灰吊顶天花板、架空木地板、玻璃窗、薄金属板灯罩等也相当于薄板共振吸声结构，对低频声有较大的吸收。

（常道庆　刘耀光）

kongjian xishengti

**空间吸声体** （space sound absorber） 一种分散悬挂于建筑空间上部，用以降低室内噪声或改善室内音质的吸声构件。空间吸声体具有用料少、重量轻、投资省、吸声效率高、布置灵活、施工方便的特点。

空间吸声体有板状、方块状、柱体状、圆锥状和球体状等多种形状，可以根据建筑物的使用性质、面积、层高、结构形式、装饰要求和声源特性进行选择。其中板状的结构安装简单，应用场所普遍。

**基本结构** 一般由骨架、护面层、吸声填料和吊件组成。

**骨架** 作为支承，可以用木筋、角钢或薄壁钢等。

**护面层** 常用穿孔率大于 20%、厚度为 0.1 ~ 1.0 mm 的穿孔或开缝薄铁皮、铝箔或塑料片，穿孔孔径取 4 ~ 8 mm。

**吸声填料** 一般用超细玻璃棉毡、矿棉毡、沥青玻璃棉毡等多孔材料，并以玻纤布等透气性能良好同时有一定强度的材料做蒙面层。在潮湿环境中，也可采用单层或双层穿孔板作吸声层取代多孔材料。

**吊件** 包括金属吊耳、吊钩、螺栓等。

**工作原理** 与室内表面上的吸声材料相比，在同样投影面积下，空间吸声体具有较高的吸声效率。这是由于空间吸声体具有更大的有效吸声面积（包括空间吸声体的上顶面、下底面和侧面）；另外，由于声波在吸声体的上顶面和建筑物顶面之间多次反射，从而被多次吸收，使吸声量增加，提高了吸声效率。通常中、高频段吸声效率的提高最为显著。

空间吸声体的吸声性能常用不同频率的单个吸声体的有效吸声量来表示。1946 年，Olson 利用声学类比电路对空间吸声体的吸声机理做了分析。他指出，当吸声体材料的声阻抗选择得当时，加上衍射的影响，会产生大于 1 的吸声系数，乃至达到一般贴墙安装时吸声量的两倍。它适用于吸声体的尺度比波长小得多的频率范围。空间吸声体吸声降噪（或降低混响时间）的效果不仅取决于吸声体本身的性质，而且与空间吸声体的数量、悬挂间距以及建筑空间内的声场条件有关。

**优化措施** 空间吸声体通常在低频段吸声性能较差，原因是在多孔性材料后面缺少空腔。为了提高吸声体对低频的声吸收，目前常采取以下几种措施：①增加吸声材料的厚度和密度。例如，采用半圆柱、球切面和球状吸声体，可提升对低频的声吸收。②把成品吸声板材（通常厚度为 15 ~ 25 mm）做成中空的双层板材吸声体，或再把双层板做成各种形状的吸声体。③与共振吸声结构相结合，在板材中设置空腔，即在多孔性材料的吸声体内配置共振吸声结构。④采用双层微穿孔结构、金属粉末烧结结构与多孔性材料相结合的方法，但需考虑造价和荷载的限值。

**微穿孔空间吸声体** 微穿孔板是一种吸声性能优异的吸声结构，并且具有防尘、防潮、易拆卸清洗的特点，参见微穿孔板吸声结构。利用微穿孔板制作的空间吸声体不仅在声学上有许多优点，而且在构造和造型上也增加了更多选择。微穿孔空间吸声体在中、低频吸声效果好，可以降低声学工程的造价。同时，可以采用不同材料、不同设计使其具有耐高温、防潮、防尘、易清洗、易安装的特点。因此，其被广泛应用在高温、高气流、高洁净度的工业厂房中和防火要求高或防潮要求高的厅堂中。另外，在野外或露天高架桥下的噪声治理和地下建筑的噪声控制领域中也有广泛的应用。

（杨玉真）

shengpingzhang

**声屏障** （sound barrier） 在噪声源与受声点之间插入一个设施，使声波在传播过程中受到障碍物影响而引起明显的衰减，这个障碍物就称为声屏障。

**声屏障的工作原理** 当声波遇到声屏障时，将沿着三条路径传播：一条是越过声屏障顶端绕射到达受声点；一条是穿透声屏障到达受声点；一条是在声屏障壁面上产生反射（见图 1）。声波通过声屏障后声能衰减的大小通常用插入损失来衡量，而插入损失主要取决于声源发出的声波沿这三条路径传播的声能分配情况。在声源和受声点之间插入一个声屏障，设屏障无限长，声波只能从屏障上方绕射过去，从而形成一个声影区。在这个声影区内，人们可以感到噪声明显减弱了，这就是声屏障降噪。

**声屏障设计中的声学知识运用** 包括绕射、透射和反射。

**绕射** 越过声屏障顶端绕射到达受声点的声能比没有屏障时的直达声能小。直达声与绕射声的声级之差，称为绕射声衰减，其值用符号 $\Delta L_d$ 表示，并随着 $\theta$ 角的增大而增大。

声屏障的绕射声衰减是声源、受声点与声屏障三者几何关系和频率的函数，是决定声屏障插入损失的主要物理量。

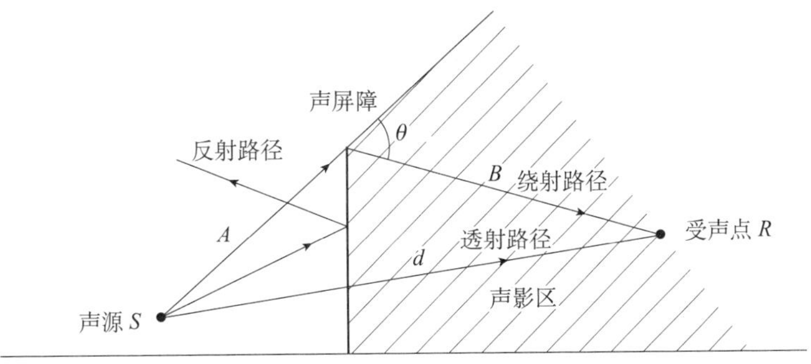


**图1 声波遇到声屏障的传播路径**

**透射** 是声源发出的声波透过声屏障传播到受声点的现象。穿透声屏障的声能量取决于声屏障的面密度、入射角及声波的频率。声屏障隔声的能力用传声损失 *TL* 来评价。*TL* 大，透射的声能小；*TL* 小，则透射的声能大。透射的声能可以减少声屏障的插入损失，透射引起的插入损失的降低量称为透射声修正量，用符号 $\Delta L_t$ 表示。通常在声学设计时，要求 $TL-\Delta L_t \geq 10$ dB，此时透射的声能可以忽略不计，即 $\Delta L_t \approx 0$。

**反射** 当道路两侧均建有声屏障，且声屏障平行时，声波将在声屏障间多次反射，越过声屏障顶端绕射到受声点，这将会降低声屏障的插入损失，由反射声波引起的插入损失的降低量称为反射声修正量，用符号 $\Delta L_r$ 表示。

为减小反射声，一般在声屏障靠道路一侧附加吸声结构。反射声能的大小取决于吸声结构的吸声系数 $\alpha$，它是频率的函数，为评价声屏障吸声结构的整体吸声效果，通常采用降噪系数 NRC。

**声屏障结构** 声屏障主要由钢结构立柱和吸声、隔声屏障板两部分组成，立柱式声屏障的主要受力构件通过高强弹簧卡子将其固定在“H”形立柱槽内，形成隔声屏障。

声屏障的组成包括四部分（见图 2），分别是声屏障路基、声屏障板、透明屏体、顶部吸声构造（图 2 中为半圆吸声体）。其中半圆吸声体随声屏障的不同类型而变化。屏体由声屏障板、吸声材料、支撑件和隔声板组合而成。其中，声屏障板通常由铝穿孔板制作而成，为了保证其具有一定的强度，其穿孔率通常小于 20%；吸声材料通常选用多孔吸声材料；支撑件通常选用轻钢龙骨；隔声板通常选用镀锌钢板。透明屏体通常由两部分组成，包括铝合金边框和夹膜玻璃。

**声屏障分类** 按使用场合一般分为三类，分别是交通隔声屏障、设备噪声衰减隔声屏障和工业厂房隔声屏障。按材质可分为金属声屏障（如金属百叶、金属筛网孔），混凝土声屏障（如轻质混凝土、高强混凝土），PC 声屏障，玻璃钢声屏障等。按用途不同又可分为铁路声屏障、公路声屏障、城市景观声屏障、居民区降噪声屏障等。

按类型不同可分为封闭式声屏障和开放式声屏障。其中，封闭式声屏障又可分为半封闭式声屏障和全封闭式声屏障。半封闭式声屏障

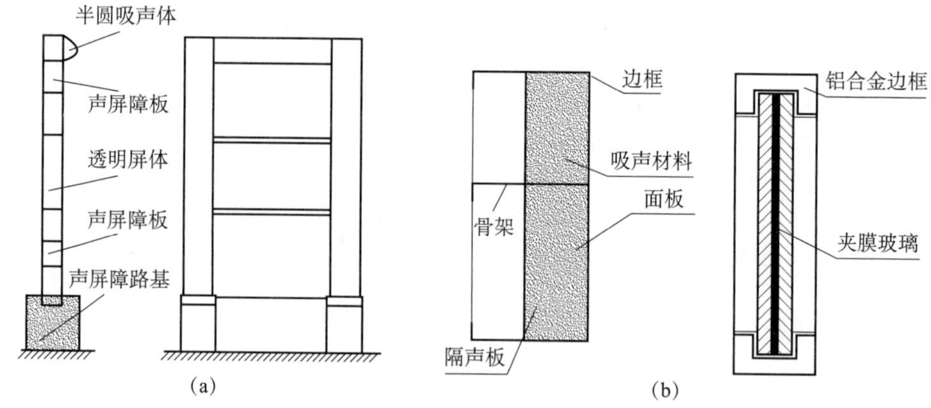


**图 2　声屏障的构造（a）和声屏障板的组成（b）**

一般上面敞开，可以改善声屏障内部通风、采光等，并降低声屏障的造价成本。全封闭式声屏障上部是封闭的，与道路结合形成一个贯通的隧道，其降噪能力远大于开放式声屏障。封闭式声屏障比较适用于人口密集、离声敏感点较近的区域，在高架上应用效果较好，其插入损失比开放式声屏障增加 2～5 dB，但造价要高得多。开放式声屏障造价成本相比封闭式声屏障低，但适用范围较为局限。开放式声屏障主要通过对声波进行反射和吸收的方式进行降噪，其主要适用于噪声源较为集中、噪声频率较高的情况。

按功能可分为吸声型声屏障、隔声型声屏障和吸声与隔声混合型声屏障。吸声型声屏障采用多孔吸声材料或吸声结构作面层，在降低路网两侧噪声量的同时，可显著改善路网上的声环境。在道路两旁同时设立吸声型声屏障降噪效果明显。隔声型声屏障的结构设计主要考虑了安全、耐久、易施工、自重轻以及周围景观协调等几个方面。其主要由立柱焊接“H”形钢、隔声屏障单元板块、连接件等组成。隔声型声屏障能有效隔绝噪声污染，但其成本较高，并且安装工艺要求较为严格，因此对噪声控制有严格要求的工程可应用隔声型声屏障。吸声和隔声混合型声屏障综合了吸声型声屏障和隔声型声屏障的优点，不仅能起到降低交通噪声的作用，还能开阔驾驶员的视野，减少对司机的压迫感，同时能减少旅途劳累，由此减少交通事故的发生。

声屏障的设计要充分考虑高架道路、城市轻轨、铁路的风载，交通车辆的撞击安全和全天候的露天防腐等问题。同时要求其外形美观大方、制作精致，运输、安装方便，且造价要低，使用寿命长。所以要根据道路噪声和周围环境的实际情况，选择合适类型的声屏障。

**声屏障相关标准**　声屏障应用中需要满足的相关标准有《声屏障声学设计与测量规范》（HJ/T 90—2004）、《铁路声屏障声学构件》（TB/T 3122—2019）、《公路声屏障　第 4 部分：声学材料技术要求及检测方法》（JT/T 646.4—2016）、《声学　可移动屏障声衰减的现场测量》（GB/T 19887—2005）、《声学　各种户外声屏障插入损失的现场测定》（GB/T 19884—2005）、《声学　办公室和车间内声屏障控制噪声的指南》（GB/T 21232—2007）以及 09MR603 国家建筑标准设计图集《城市道路—声屏障》。

**声子晶体型声屏障**　声子晶体作为一种新型人工周期性材料，具有显著的弹性波带隙特征，对特定频率范围内的声传播可以起到良好的抑制作用，这为交通噪声防治提供了新的思路，具有广阔的应用前景。研究人员将声子晶体与声屏障相结合，提出了声子晶体型声屏障。相较于传统声屏障，声子晶体型声屏障具有以下优势：①降噪具有针对性。不同的交通方式噪声特征频谱不同。例如，地铁噪声以低频为主，高速公路噪声则为中频。声子晶体型声屏障可以融合声学设计中不同的噪声控制机制（吸声、共振），使所有的机制单独或者共同工作。因此，可以根据每个机制的有效频率范围，为不同的应用场景自定义研发设计声子晶体型声屏障，具有带隙可以设计、效果好、针对性强的特点。②通风效果好，受风载荷影响小。声子晶体型声屏障通常为周期性分布的柱体，受风面积小，不易损坏。③可以通过声子晶体型声屏障实现废旧循环材料再利用。研究人员已经设计出了由改扩建拆除的废弃波形梁护栏立柱组成的声子晶体型声屏障，实现了废旧材料的绿色循环利用。（李楠　寇毅伟）

geshengliang

**隔声量**（sound transmission loss）　又称透射损失或传声损失，是表示材料、构件或者结构的隔声本领的单值量。材料一侧的入射声能与另一侧的透射声能相差的分贝数就是材料的隔声量，通常以符号 $R$ 表示，单位是 dB。

隔声量 $R$ 可表示为

$$R=10\ \lg\frac{E_{入}}{E_{透}}=10\ \lg\frac{1}{\tau}$$

式中，$E_{入}$ 为入射声能；$E_{透}$ 为透射声能；$\tau$ 为透射系数。

一种隔声材料或构件，因使用场合不同和测试方法不同，得到的隔声效果也不同。通常情况下，隔声量 $R$ 与传声损失 TL 通用。

**隔声量测试**　包括混响室法和阻抗管法。

**混响室法**　是最常用的测量材料隔声量方法，此方法相对较复杂。测试房间包括两间相邻的混响室，一间为声源室，另一间为接收室，两室之间设试件洞口，用以安装试件。根据相关隔声标准规范的要求通常设置试件洞口尺寸 4 000 mm × 2 500 mm，面积 10 $m^2$；测量门、窗、玻璃等面积小于 10 $m^2$ 的试件，可根据以上标准规定，在试件洞口内构筑符合试件尺寸的安装洞口。为了控制测试房间的背景噪声，抑制侧向传声，准确测量建筑材料及构件的空气声隔声性能，测试间采用“房中房”构造。声源室与接收室之间在结构上完全脱开；声源室、接收室与原基础间设置隔振材料；实验室的新增外墙，声源室、接收室的墙体、地面及顶选用高隔声性能的材料；测试房间的门均采用双道隔声门，做成“声闸”，进一步提高门的隔声能力。

**阻抗管法**　此方法相对简单，成本相对较低。在阻抗管中用四传感器法测试声学材料的隔声量，通过将测试样件安装在管中，激励源产生平面波，在前管中靠近样品的两个位置测试声压，求得两个传声器信号的声压传递函数；同样在后管中靠近样品的两个位置上测量声压，求得两个传声器信号的声压传递函数。由传递矩阵法计算试件的法向入射投射系数、传声损失等声学量，从而计算出隔声量。

**隔声量实用计算公式**

$$R=L_1-L_2+10\ \lg(S/A)$$

式中，$L_1$ 为发声室的平均声压级，dB；$L_2$ 为接收室的平均声压级，dB；$S$ 为发声室和接收室间构件的透声面积，$m^2$；$A$ 为接收室的平均总吸声量，$m^2$。构件的隔声量是频率的函数。

此式当隔声测试的两个房间都是扩散声场时成立，即为表观隔声量的表达公式。参见隔声效果评价。

根据《建筑隔声评价标准》（GB/T 50121—2005），对于构件的隔声特性采用计权隔声量 $R_w$ 进行评价。在对隔声构件空气隔声特性进行表述时，应同时给出单值评价量和两个频谱修正量。参见计权隔声量。

（姬培锋　卢铃）

**推荐书目**

杜功焕，朱哲民，龚秀芬．声学基础．3 版．南京：南京大学出版社，2012.

jiquan geshengliang

**计权隔声量**（weighted sound insulation index）国际标准化组织（ISO）规定的构件隔声特性的单值评价方法，是将测得构件隔声频率特性与规定的参考曲线簇进行比较而得到的隔声量值，由隔声指数发展而来。通常用 $R_w$ 表示，单位为 dB。与平均隔声量相比，计权隔声量能够反映个别频段的隔声缺陷，用以评价轻薄结构的隔声，比较接近主观感觉。

在对隔声构件空气隔声特性进行表述时，应同时给出单值评价量和两个频谱修正量，具体形式是在单值评价量后的括号中示明两个频谱修正量，用分号隔开，如 $R_w(C; C_{tr}) = 41(0; -5)$dB。

**计权隔声量的确定** 是通过一条标准曲线与构件的隔声频率特性曲线进行比较确定的。所采用的参考曲线一方面考虑人耳的听觉特性，即人耳对低频声音的感觉不如高频声音那么灵敏；另一方面考虑通常隔声构件低频的隔声量较低，而高频的隔声量较高。对于1/3倍频程，参考曲线是随频率而变化的一条折线，其中100～400 Hz的低频部分折线的斜率每倍频程增加9 dB，400～1 250 Hz的中频部分折线斜率每倍频程增加3 dB，1 250～3 150 Hz的高频部分保持水平直线，见图1。以倍频程表示的空气声隔声基准曲线见图2。这一标准曲线虽然各频率的隔声量不同，但主观感觉到的隔声效果是相同的，与等响曲线类似，实际上是一条等隔声效果曲线。

计权隔声量的确定方法分为可作图法和数值计算法，详见《建筑隔声评价标准》（GB/T 50121—2005）。

**作图法** 步骤如下：首先将隔声构件各频带的隔声量画在纵坐标为隔声量、横坐标为频率的坐标纸上，并连成隔声频率特性曲线。其次将评价计权隔声量的标准曲线画在具有相同坐标刻度的透明纸上（或将标准曲线复印在透明涤纶薄膜上），把透明的标准曲线图放在构件隔声频率特性曲线图的上面，对准两图的频率坐标，并沿垂直方向上下移动，直至满足以下两个条件。

对于1/3倍频程隔声频率特性曲线应满足：①各频带在标准曲线之下不利偏差的分贝数总和不大于32 dB。②隔声频率特性曲线任一频带的隔声量在标准曲线之下不利偏差的最大值不大于8 dB。

对于倍频程隔声频率特性曲线应满足：①各频带在标准曲线之下的分贝数总和不大于10 dB。②隔声频率特性曲线任一频带的隔声量在标准曲线之下不利偏差的最大值不大于5 dB。

然后，从500 Hz处向上作垂线与标准曲线相交，通过交点作水平线与隔声频率特性曲线图的纵坐标相交，则交点的分贝数即为所求的计权隔声量。

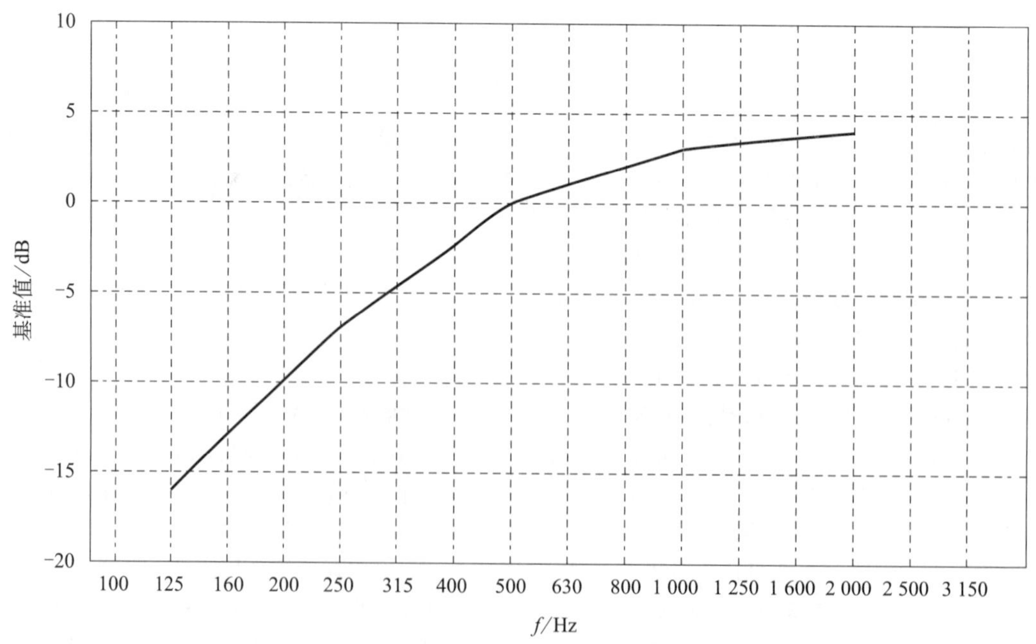


**图1 空气声隔声基准曲线（1/3倍频程）**

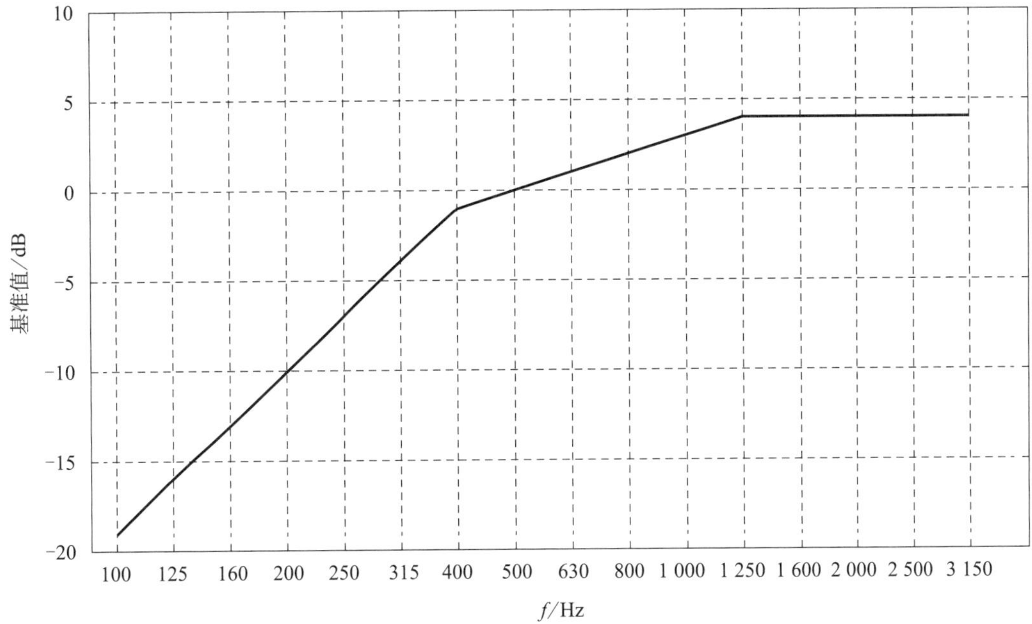


图2　空气声隔声基准曲线（倍频程）

**数值计算法**　和作图法完全等效，对于同一组测量量，得到的单值评价量应该是完全相同的。

在《建筑隔声评价标准》（GB/T 50121—2005）中规定用数值计算法计算单值评价量时，如果测量用1/3倍频程表示，可先选取一个较大的整数值（根据经验可取测量量的平均值加5 dB）作为$X_w$，计算16个1/3倍频程的不利偏差$P_i$之和，使之尽可能地大，但不超过32.0 dB为止。

如果测量量用倍频程表示，在用数值计算法计算单值评价量时，可先选取一个较大的整数值（根据经验可取测量量的平均值加5 dB）作为$X_w$，计算5个1/3倍频程的不利偏差$P_i$之和，使之尽可能地大，但不超过10.0 dB为止。

**频谱修正量**　在对隔声构件空气隔声特性进行表述时，应同时给出单值评价量和两个频谱修正量。两个频谱修正量分别指：$C$用于频谱1（A计权粉红噪声），$C_{tr}$用于频谱2（A计权交通噪声）。

频谱修正量$C_j$必须按下式计算：

$$C_j = -10\lg\sum 10^{(L_{ij}-X_i)/10} - X_w$$

式中，$j$为频谱序号，$j=1$或2，1为计算$C_{tr}$的频谱1，2为计算$C_{tr}$的频谱2；$X_w$为按照规定方法确定的单值评价量；$i$为100～3 150 Hz的1/3倍频程或125～2 000 Hz的倍频程序号；$L_{ij}$为下表中所给出的第$j$号频谱的第$i$个频带的声压级；$X_i$为第$i$个频带的测量量，精确到0.1 dB。

频谱修正量在计算时应精确到0.1 dB，得到的结果应修正为整数。

**计算频谱修正量的声压级频谱**

| 频率/Hz | 声压级 $L_{ij}$/dB | | | |
|---|---|---|---|---|
| | 用于计算$C$的频谱1 | | 用于计算$C_{tr}$的频谱2 | |
| | 1/3倍频程 | 倍频程 | 1/3倍频程 | 倍频程 |
| 100 | −29 | −21 | −20 | −14 |
| 125 | −26 | | −20 | |
| 160 | −23 | | −18 | |
| 200 | −21 | −14 | −16 | −10 |
| 250 | −19 | | −15 | |
| 315 | −17 | | −14 | |

续表

| 频率/Hz | 声压级 $L_{ij}$/dB | | | |
|---|---|---|---|---|
| | 用于计算 $C$ 的频谱 1 | | 用于计算 $C_{tr}$ 的频谱 2 | |
| | 1/3 倍频程 | 倍频程 | 1/3 倍频程 | 倍频程 |
| 400 | -15 | | -13 | |
| 500 | -13 | -8 | -12 | -7 |
| 630 | -12 | | -11 | |
| 800 | -11 | | -9 | |
| 1 000 | -10 | -5 | -8 | -4 |
| 1 250 | -9 | | -9 | |
| 1 600 | -9 | | -10 | |
| 2 000 | -9 | -4 | -11 | -6 |
| 2 500 | -9 | | -13 | |
| 3 150 | -9 | — | -15 | — |

（姬培锋　卢铃）

gesheng xiaoguo pingjia

**隔声效果评价** （evaluation of sound insulation） 评价隔声构件隔声效果的单值评价量。

构件的隔声性能是频率的函数，在实验室测试时会获得 16 个中心频率的隔声量，因而在不同的构件之间难以进行比较，需要有一个单值评价量。使用隔声效果评价，不但构件间隔声性能易于进行比较，对于单个构件也能简洁地以一个值表示其隔声性能。表示构件隔声性能的单值方法有多种，见下表。

$R_{500}$是以 500 Hz 的隔声量代表整个构件的隔声量，但不能真实地反映构件在整个频率范围内的特性，现已经很少使用。$L_A-L_A'$和 $L_C-L_A'$这两种单值评价量与声源的频率特性有密切的关系，因此，采用不同的声源测量构件隔声时可能会得到不同的结果，这显然是有问题的。因此，在使用上有很大的局限性。计权隔声量（$R_w$）是现今国际标准化组织（ISO）规定的单值评价量。

**空气声隔声量的单值评价指标**

| 名称 | 符号 | 定义 | 特点 |
|---|---|---|---|
| 平均隔声量 | $\bar{R}$ | 各频带隔声量的算术平均值（频率范围为 100～3 150 Hz） | 对于厚重的均质墙能基本反映构件的隔声性能 |
| 500 Hz 隔声量 | $R_{500}$ | 频率 500 Hz 时的隔声量 | 500 Hz 为频率范围 100～3 150 Hz 的中点，接近平均隔声量。现已经很少使用 |
| 计权隔声量（隔声指数） | $R_w$（$I_a$） | 将隔声频率特性曲线与标准曲线按一定方法进行比较而得到的数值 | 数据能反映个别频段的隔声缺陷，用以评价轻薄结构的隔声，比较接近主观感觉（被 ISO 和多个国家采用） |
| 传声等级 | STC | 同计权隔声量，但频率范围为 125～4 000 Hz | 同计权隔声量（在北美地区适用） |
| A-A 指数 | $L_A-L_A'$ | 发声室 A 声级与接收室 A 声级之差 | 测量比较方便，且 A 声级接近人的主观感觉（日本适用） |
| C-A 指数 | $L_C-L_A'$ | 发声室 C 声级与接收室 A 声级之差 | 测量比较方便，反映发声室的噪声状况与接收室对噪声的主观感受（尚未普及） |

（姬培锋　刘耀光）

**推荐书目**

马大猷．噪声与振动控制工程手册．北京：机械工业出版社，2002.

gesheng zhiliang dinglü

**隔声质量定律** （mass law of sound insulation） 隔墙隔声存在的普遍规律，即材料越重，面密度（或单位面积质量）越大，隔声效果越好。对于单层密致匀实墙，面密度或频率每增加 1 倍，隔声量在理论上增加 6 dB。

当声波垂直入射时，可以根据质量定律构造隔声量 $R_0$，计算公式为

$$R_0 = 20\ \lg m + 20\ \lg f - 43$$

式中，$m$ 为墙体的单位面积质量，kg/m$^2$；$f$ 为入射声波频率，Hz。

例如，单层纸面石膏板的隔声效果较差，12 mm 厚、面密度 10 kg/m 左右的纸面石膏板标准计权隔声量 $R_0 = 29$ dB。将四层上述纸面石膏板叠合在一起，隔声量 $R_0$ 理论上也只能达到 41 dB。轻型匀质墙体，如石膏砌块、加气混凝土板、膨胀珍珠岩板、轻质圆孔板等，面密度大多为 60 ~ 100 kg/m$^2$，受到质量定律的限制，隔声量 $R_0$ 一般为 35 ~ 40 dB。对于单层重墙，面密度大于 250 kg/m$^2$ 的 120 砖墙隔声量 $R_0$ 可达 45 dB；面密度超过 500 kg/m 的 240 砖墙的隔声量 $R_0$ 可达 50 ~ 55 dB。（姬培锋）

**推荐书目**

吕玉恒．噪声与振动控制技术手册．北京：化学工业出版社，2019.

gesheng wenhe xiaoying

**隔声吻合效应**（coincidence effect of sound insulation） 当入射声波以入射角 $\theta$ 入射于构造时，除产生整体运动的波外，还有使板产生弯曲运动的弯曲波。根据惠更斯原理，当入射声波以 $\theta$ 角入射到表面时，会使构造从 $A$ 点开始产生弯曲振动，经过一段时间弯曲波传至 $B$ 点；如果此时入射声波的波前也刚好到达 $B$ 点，相互叠加，就会使 $B$ 处的振动进一步加强，以此类推，随着弯曲波的传播，构造的振动会越来越剧烈，这种现象就叫作吻合效应，见下图。它是入射声波和弯曲波在同一位点上共同作用的结果。

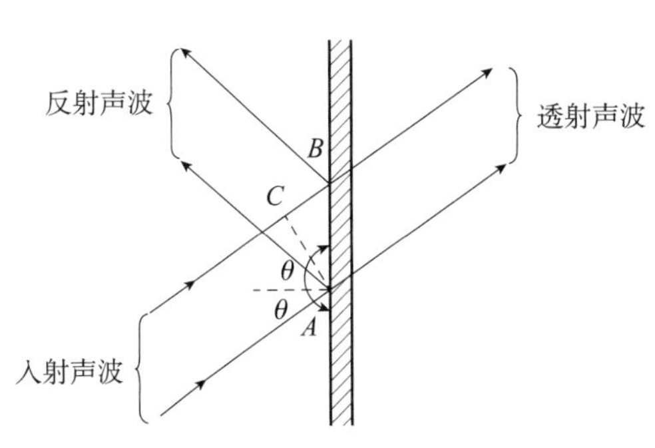

（a）惠更斯原理

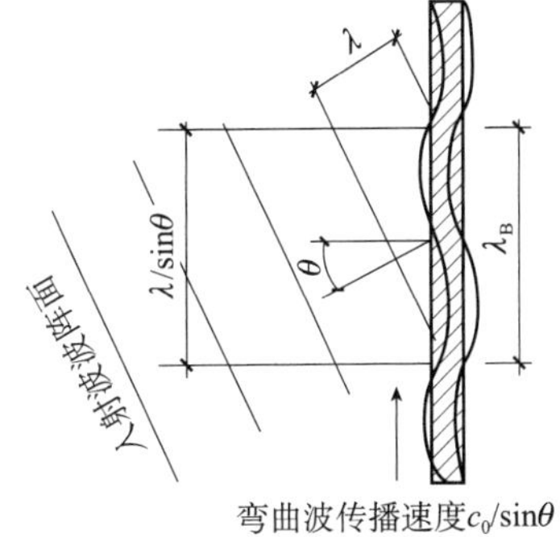

（b）斜入射时的弯曲波

吻合效应原理图

在大量的实际隔声测量中发现在某些频段内，测试数据和隔声质量定律计算数值之间存在较大的差值，并且隔声质量定律无法解释曲线上的隔声低谷问题。实际情况下任何构造都存在刚度，在隔声理论中，主要表现为整体运动和弯曲运动。当声波是正垂直入射时，声波的传播方向与构造振动方向相同会使其产生整体运动；当声波为斜向入射时，声波的传播方向并不与构造振动方向一致，声波会使隔声构造受到斜向的力，在自身刚度的限制下产生弯曲运动。由此产生吻合效应。（姬培锋）

**推荐书目**

吕玉恒．噪声与振动控制技术手册．北京：化学工业出版社，2019.

geshengzhao

**隔声罩**（acoustic shield） 用于阻隔设备向外辐射噪声的罩子。隔声罩作为降低噪声源噪声的有效外部措施之一，以其结构简单、制造

容易、造价低、降噪效果好等优点，在工业生产中得到广泛应用。常用的隔声罩隔声效果的评价指标主要有隔声量、插入损失、传声损失三种，其中插入损失是较接近人听力感觉的一种指标。

**隔声罩的结构** 隔声罩的罩壁是由罩板、阻尼涂料和吸声层构成的。它的隔声性能基本还是遵循隔声质量定律的，要取得较好的隔声效果，隔声材料同样应该选择厚、重、实的，厚度增加1倍，隔声量可增加4~6 dB。但在实际工程中，为了便于搬运、操作、检修和拆装，并考虑经济方面的因素，隔声罩通常使用薄金属板、木板、纤维板等轻质材料做成。这些材料质轻、共振频率高、隔声性能显著下降。因此，当隔声罩板采用薄金属板时，必须涂覆相当于罩板2~3倍厚度的阻尼层，以便改善共振区和吻合效应的隔声性能。

隔声罩一般分为全封闭、局部封闭和消声箱式隔声罩。全封闭隔声罩是不设开口的密封隔声罩，多用来隔绝体积小、散热问题要求不高的机械设备。局部封闭型隔声罩是设有开口或者局部无罩板的隔声罩，罩内仍存在混响声场，该形式隔声罩一般应用在大型设备的局部发声部件上，或者用来隔绝发热严重的机电设备。如果风机发热严重，常需要在隔声罩进、排气口安装消声器，这类装置属于消声隔声箱。

**隔声罩的实际隔声量计算** 在设计隔声罩时，对于某种材质本身有个隔声量，即隔声罩的理论隔声量，但它不等于实际隔声量。这是因为当声源未加隔声罩时，它辐射的噪声是向四面八方辐射扩散的，正是在这种条件下，得到了理论隔声量；当声源加装封闭隔声罩后，声源发出的噪声在罩内多次反射，这样就大大增加了罩内的声能密度，因此，罩体材料的隔声量再大，也会使隔声罩的实际隔声量下降。隔声罩的实际隔声量可由下式计算：

$$R_{实} = R + 10\ \lg\overline{\alpha}$$

式中，$R_{实}$为隔声罩的实际隔声量，dB；$R$为罩板材料（结构）的理论隔声量，dB；$\overline{\alpha}$为隔声罩内表面的平均吸声系数。

上式适用于封闭型隔声罩，也可近似计算局部封闭隔声罩及隔声箱的实际隔声量。由上式可知，隔声罩内壁的吸声系数大小，对隔声罩的实际隔声量影响极大。

**隔声罩的设计要点** 主要包括以下六点：①设计必须与生产工艺的要求相吻合。安装隔声罩后，不能影响机械设备的正常工作，也不能妨碍操作及维护。为了随时了解机器的工作情况，要设计观察窗（玻璃）；为了检修、维护方便，罩上需设置可开启的门或把罩设计成可拆装的拼装结构。②隔声罩要选择具有足够隔声量的材料制成，如铝板、铜板、砖、石和混凝土等。③防止隔声共振和吻合效应。措施包括：消除隔声罩薄金属板及其他轻质材料的共振和吻合效应是在板面涂一层阻尼材料，此外，可在罩板上加筋板，减少振动，减少噪声向外辐射；在声源与基础之间、隔声罩与基础之间、隔声罩与声源之间加防振胶垫，断开刚性连接，减少振动的传递；合理选择罩体的形状和尺寸，一般情况下，曲面形状刚度较大，罩体的对应壁面最好不相互平行。④罩壁内加衬吸声材料，吸声系数要大，否则，不能满足隔声罩所要求的隔声量。⑤隔声罩各连接件要密封，尽量避免孔隙。如有管道、电缆等其他部件在隔声罩上穿过，要采取必要的密封及减振措施。另外，对于拼装式隔声罩，在构件间的搭接部位应进行密封处理。⑥为了满足隔声墙的设计要求，做到经济合理，可设计几种隔声罩结构。对比它们的隔声性能及技术指标，根据实际情况及加工工艺要求，最后确定一种。考虑隔声罩工艺加工过程不可避免地会有孔隙漏声及固体隔绝不良等问题，设计隔声罩的实际隔声量稍大于要求的隔声量，一般以3~5 dB为宜。

**目前研究重点** 隔声罩在低频时往往不够有效。由于反射作用，隔声罩的使用会使隔声罩内部在声源直接辐射的声场上叠加反射声形成混响声场，反射声和声源直接辐射声都会驱动隔声罩壁面向外以及向内辐射声能量。通常用两种措施增强隔声罩的低频隔声性能。一种是使用传统或多孔吸声材料覆盖隔声罩壁面来吸收隔声罩内部的声能量，进而减少辐射声能；另一种是直接处理隔声罩壁面来减小壁面振动，如可通过覆盖阻尼材料来增加壁面的质量与阻尼，或者使用双层或者夹心板壁面等。这两种措施的低频隔声效果并不理想。传统的隔声罩可被动地对噪声进行削弱，这在传统噪声控制技术领域中属于无源噪声控制。无源噪声控制技术主要将削弱噪声的侧重点放在了声学控制方法上。消声器、噪声隔离、阻尼等，降噪机制是噪声声波与声学材料或声学结构的相互作用所消耗的噪声声波的能量，从而达到降低噪声的目的。该系统实现简单，稳定性好，对中高频噪声控制有效，但对低频（特别是200 Hz以下）噪声控制效果不明显。在这方面，噪声控制技术中的主动控制技术提供了良好的解决方案。根据传统隔声罩和有源噪声控制技术的优、缺点，人们提出有源隔声罩的概念，而且由于隔声罩本身近似封闭空间的结构特点，也使得有源噪声控制与隔声罩的结合成为可能。对低频噪声采用有源噪声控制，实现有效控制；而在中高频率范围，则利用隔声罩本身的特点达到较好的噪声降低效果。根据二次激励位置，有源噪声控制和隔声罩的组合方法可分为四种：盖壁型、端源型、外源型和消声器型。盖壁型是指将有源噪声控制的控制源放置在隔音声罩的壁板上，通过主动控制壁板的振动来降低辐射噪声。端源型是指二次激励在隔声罩内，首先去除噪声源中的一些低频信号，其次通过隔声罩降低中高频部分噪声。外源型是指二次激励在隔声罩外面，并且大部分噪声首先被隔声罩过滤，并且隔声罩对于降低低频噪声无效；辐射噪声主要在低频段，因此采用有源噪声控制来降低辐射噪声，以达到更好的效果。消声器型则是二次激励安装在消声器中以实现降噪。（姬培锋　刘耀光）

**推荐书目**

周新祥．噪声控制技术及其新进展．北京：冶金工业出版社，2007.

geshengjian

**隔声间**（sound insulation room）　也称隔声室，是为了防止外界噪声入侵，形成的局部空间安静的小室或房间。良好的隔声间，能使其中的工作人员免受听力损害，改善精神状态，得到舒适的工作条件，从而提高工作效率。隔声间的特点是声源在隔声间外面，隔声间外的声压比隔声间内的大，因此隔声原理和隔声罩不同。在设计隔声间时，除可以使用和隔声罩类似的原理外，还可以使用反射原理，将入射声场完全反射回去。

由于人在隔声间内活动，隔声间要有通风、采光、通行等方面的要求。隔声间设有门窗、穿墙管道等，它们使构造出现孔洞及缝隙。这些孔洞、缝隙等必须加以密封，否则会大大影响隔声间的隔声性能。

**组合墙体的隔声量**　隔声间一般由几面墙组成，而每一面墙板又由墙体、门窗等隔声构件组合。一面墙包括门、窗等，称为组合墙体。组合墙体的门、窗等构件由几种隔声能力不同的材料构成，其隔声性能主要取决于各个组合构件的透声系数和所占面积的大小。组合墙体的平均透声系数为

$$\bar{\tau} = \frac{\sum \tau_i S_i}{\sum S_i}$$

式中，$\bar{\tau}$为组合墙体的平均透声系数；$\tau_i$为组合墙体各构件的透声系数；$S_i$为组合墙体各构件的面积，$m^2$。

组合墙体的平均隔声量$\bar{R}$由下式计算：

$$\bar{R} = 10\ \lg \frac{1}{\bar{\tau}} = 10\ \lg \frac{\sum S_i}{\sum \tau_i S_i}$$

**孔洞和缝隙对隔声的影响**　组合墙体上的孔洞和缝隙对隔声性能影响很大。由于声波的衍射作用，即使孔洞和缝隙占墙体面积很小，也会大大降低构件的总隔声量。

通常情况下，由于低频声的声波较长，故透过小孔的声能比高频声要少一些，但做近似计算时，透声系数均取1。由于孔隙的存在，使隔声构件的隔声量ΔTL可用下式表示：

$$\Delta TL = 10\ lg\left(1 + n\frac{S_1}{S_2} \times 10^{0.1TL}\right)$$

式中，$n$ 为声波集中于孔隙处的系数，当声波频率 $f<1\ 000$ Hz 时，$n=4$；$f>1\ 000$ Hz 时，$n=6$；$S_1$ 为隔声构件的总面积，$m^2$；$S_2$ 为孔隙的总面积，$m^2$；TL 为原隔声构件的隔声量，dB。

孔隙能使隔声结构的隔声量明显下降，因此，在隔声结构中，必须对结构的孔洞或缝隙进行密封处理。在建筑施工中，还应注意砖缝和灰缝饱满，混凝砂浆捣实，防止出现孔洞和缝隙，提高隔声结构的隔声性能。

**隔声门的设计** 隔声门是隔声结构中的重要构件，它是隔声的薄弱环节，对隔声间和隔声罩的隔声效果起着控制作用，因此，合理设计隔声门是极其重要的。隔声门多采用轻质隔声结构，一般隔声门的门扇隔声性能是能够达到较理想的设计要求的，隔声门的隔声性能主要取决于门与门框的搭接缝处的密封程度。除安装时对门框与墙体之间进行密封处理以外，制作隔声门时应对门扇与门框进行很好的密封处理。一般可采取以下密封措施。①采用不易变形的材料。例如，采用木材制作门框及门扇龙骨时，应使用烘干的木材；采用金属材料制作时，应注意焊接温度不宜过高，以防门发生形变而降低隔声效果。②合理选用密封材料。门扇与门框结合处，采用橡胶条（管）、乳胶条（管）、“P”形软隔声材料、毛毡、海绵及其他弹性材料等进行密封。③改善框扇结合方式。将框扇普通结合方式改成斜面接触或梯形咬合，并进行适当的密封处理，如条件允许也可采用嵌入式结构。④为保证关闭严密，可设置压紧装置。⑤对地面部位有无框要求时，可设置弹性扫地刮板。

**隔声窗的设计** 同隔声门一样，隔声窗的隔声性能好坏，同样是控制隔声结构隔声量大小的主要构件。窗的隔声效果取决于玻璃的厚度、层数、层间空气层厚度以及窗扇玻璃与骨架、窗框与墙之间的密封程度。为了提高窗的隔声量，通常采用双层或三层玻璃窗。玻璃越厚，隔声效果越好。一般玻璃厚度取 3 ~ 10 mm。双层结构的玻璃窗，空气层厚度在 80 ~ 120 mm，隔声效果较好，玻璃厚度宜选用 3 mm 与 6 mm 或 5 mm 与 10 mm 进行组合，避免两层玻璃的临界频率接近，产生吻合效应造成窗的隔声量下降。安装时，各层玻璃最好不要相互平行，把朝向噪声源的一面玻璃做成上下倾斜，倾角为 85° 左右，以利于消除共振对隔声效果的影响。顶部与墙面均作吸声处理。玻璃与窗框接触处，用压紧的弹性垫密封。常用的弹性材料有细毛毡、多孔橡皮垫和“U”形橡皮垫。一般压紧一层玻璃，提高 4 ~ 6 dB 的隔声量；压紧两层玻璃能增加 6 ~ 9 dB 的隔声量。为保证窗扇达到其设计的隔声量，所用的木材必须干燥，窗扇之间、窗扇与窗框之间全部接触面必须严密，窗扇的刚度要好。用油灰涂抹窗扇上玻璃处的槽口及缺陷处时，必须沿着玻璃边缘抹成条状并挤压紧；用橡皮等压紧垫时，必须使其将玻璃靠紧，这样不仅能提高窗扇的严密性，而且有助于减少玻璃的共振。

**隔声间的实际隔声量计算** 由下式计算：

$$R_{实} = \overline{R} + 10\ lg\frac{A}{S_{墙}}$$

式中，$R_{实}$ 为隔声间的实际隔声量，dB；$\overline{R}$ 为各构件的平均隔声量，dB；$A$ 为隔声间的总吸声量，$m^2$；$S_{墙}$ 为隔声墙的透声面积，$m^2$。

可以看到，隔声间的实际隔声量不仅取决于各构件的平均隔声量，还取决于整个围护结构暴露在声场的面积大小及隔声间内的吸声情况，即取决于修正项 $10\ lg\frac{A}{S_{墙}}$。

（姬培锋　陈翔）

**推荐书目**

周新祥．噪声控制技术及其新进展．北京：冶金工业出版社，2007.

张弛．噪声污染控制技术．北京：中国环境科学出版社，2007.

geshengmu

**隔声幕** （acoustic curtain） 用附有一层薄

铅皮的玻璃纤维布或含铅塑料等材料制成的隔离噪声的幕布。隔声幕一方面要柔软，可以弯曲，以便开闭；另一方面要密实不透气，并且比较沉重，以满足隔声的要求。在幕的内侧覆被吸声材料，或将幕做成双层，隔声量可提高5～10 dB。

隔声幕一般在大车间内使用。如果车间内只有一两台高噪声的小型机器，可用隔声幕将这种机器封闭起来，以减弱对车间其他部分的干扰。这类小型的幕布隔声间，是用幕布从天花板到地板之间全部隔开，工人在其中操作应戴护耳器。另外，为了减少外部噪声的干扰，也可以在用隔声幕布隔成的一个小间里工作。隔声幕的优点是装置简易，开闭方便，能够冲洗，可以作为临时性的隔声设施。缺点是隔声效果欠佳，制作隔声幕的材料也有局限性，因此使用还不广泛。（姬培锋　寇毅伟）

xiaoshengqi

**消声器**（muffler）　使声音边传播边衰减而允许气流通过的一种器件，尤其适合消除空气动力性噪声。

**消声器的分类**　按照消声机理分为六种主要的类型，即阻性消声器、抗性消声器、微穿孔板消声器、阻抗复合式消声器、排气放空消声器和有源消声器。

**阻性消声器**　是利用多孔吸声材料来降低噪声的消声器。把吸声材料固定在气流通道的内壁上或按照一定方式在管道中排列，就构成了阻性消声器。当声波进入阻性消声器时，一部分声能在多孔材料的孔隙中因摩擦而转化成热能最后耗散掉，从而减弱了声音。阻性消声器类似电学上的纯电阻电路，吸声材料类似电阻。因此，被称为阻性消声器。阻性消声器对中高频消声效果好、对低频消声效果差。参见阻性消声。

**抗性消声器**　又称声学滤波器，是靠控制声抗，使某些频率的噪声反射回声源，而达到消声目的的消声器。抗性消声器适合消除低、中频噪声。常用的有扩张室式消声器和共振式消声器。参见抗性消声。

**微穿孔板消声器**　是建立在微穿孔板吸声结构基础上的既有阻又有抗的共振式消声器，已在许多领域得到了应用。微穿孔板消声器阻力损失小，再生噪声低，消声频带宽，可承受较高气流速度的冲击，耐高温，不怕水和潮湿，能耐一定的粉尘。因此，特别适用于医疗、卫生、食品、制药、电子、国防等行业；对于高速、高温排气防空和内燃机排气消声等也较适用。微穿孔板消声器的设计方法与阻性消声器基本相同，不同之处在于用微穿孔板吸声结构代替了阻性吸声材料。为了保证在较宽的频带范围内有较高的吸声，一般采用双层或多层微穿孔板吸声结构，前后空腔的厚度可以相同，也可以不相同，接触气流的第一层穿孔板的穿孔率可以适当高于后面一层。

**阻抗复合式消声器**　为了达到宽频带、高吸收的消声效果，往往把阻性消声器和抗性消声器组合在一起而构成阻抗复合式消声器。阻抗复合式消声器，既有阻性吸声材料，又有共振腔、扩张室、穿孔屏等声学滤波器件。一般将抗性部分放在气流的入口端，将阻性部分放在气流入口的后面。

**排气放空消声器**　是专门用于降低并控制排气放空噪声的一种有效的消声器，可用于降低化工、石油、冶金、电力等工业部门的高压、高温及高速排气放空所产生的高强度噪声。排气放空噪声一般是由高速气流流动的不稳定性产生的。排气放空消声器的主要形式有以下几种：

节流减压型排气消声器　又称扩容减压消声器，它是利用多层孔板分级扩容减压，使排气压力由直接排空的一次大压降，改为通过节流孔板，使排气压力分散到各层节流板成为若干个小压降，同时在保持总压降不变的情况下，把流速控制到临界流速以下，这样可以取得满意的降噪效果。

小孔喷注型排气消声器　又称变频式消声器，用来消除小口径高速喷注射流噪声。小孔喷注消声器的原理不是在声音发出后把它消除，而是从发生机理上使它的干扰噪声减小，喷注噪声峰值频率与喷口直径成反比。如果喷口直径变小，喷口辐射的噪声能量将从低频移向高频，高频噪声反而增高，当孔径小到一定值（达毫米级），喷注噪声将移到人耳不敏感的频率范围。根据这种机理，将一个大的喷口改用许多小孔来代替，在保持相同排气量的条件下，便能达到降低可听声的目的。

**多孔材料耗散型排气消声器** 是根据气流通过多孔装置扩散后，速度及驻点压力都会降低的原理设计制作的一种消声器。它利用粉末冶金、多孔网柱、多孔陶瓷、烧结塑料等材料代替小孔喷注，它的消声原理和小孔喷注型排气消声器基本相同。这些材料本身有大量的细小孔隙，当气流通过这些材料制成的消声器时，气体压力被降低，流速被扩散减小，相应地减弱了辐射噪声的强度。同时，这些材料往往还具有阻性材料的吸声作用，自身也可以吸收一部分声能。

**有源消声器** 在原来的声场中，利用电子设备产生一个与原来的声压大小相等、相位相反的声波，使其在一定范围内与原来的声场相抵消。这种消声器是一套仪器装置，主要由传声器、放大器、相移装置、功率放大器和扬声器等组成。

**消声器的性能评价** 包括消声性能、空气动力性能、结构性能和再生噪声四方面。①消声性能：通常用传声损失和插入损失来表示，在现场测量时，也可以用排气口或进气口安装消声器前后的末端声级差来表示。②空气动力性能：在某种情况下，空气动力设备可能会由于安装消声器而大大降低效能。例如，通风空调消声器因阻力过大，就会造成空调供风不足。③结构性能：具有同样的消声性能和空气动力性能的消声器，几何尺寸越小，价格越便宜，使用寿命越长越好。④再生噪声。气流通过消声器产生的再生噪声往往决定消声器末端的最低声级。《声学　管道消声器和风道末端单元的实验室测量方法　插入损失、气流噪声和全压损失》（GB/T 25516—2010）规定了声学管道消声器和风道末端单元的插入损失、气流噪声和全压损失实验室测量方法。

**气流对消声器消声性能的影响** 低速气流下消声性能很好的消声器，在高速气流通过时，其性能可能会变坏。消声器如果设计不当或制造不良，不仅不能消声，还会成为某些频率的噪声放大器。气流对消声器消声性能的影响主要是气流通过消声器时产生再生噪声。再生噪声的声功率与气流速度的 6 次方成正比。在低速时，再生噪声还不明显，到了高速时产生的再生噪声就不可忽视了。

对阻性消声器，气流再生噪声使消声器的消声量降低，当气流速度为 $v$ 时的消声量 $\Delta L$(dB) 可以表示为

$$\Delta L = \Delta L_0 / (1 + M)$$

式中，$\Delta L_0$ 为没有气流时的消声量，dB；$M$ 为马赫数。

在设计消声器时，必须考虑噪声源的强度、气流速度和使用地点的环境噪声等因素的影响。一般情况下，对于通风空调系统的消声器，由于噪声源强度不大，而使用地点要求噪声很低，对阻损等要求也比较严格，所以在消声器中的流速应控制在 10 m/s 以下。对于鼓风机、空压机、燃气轮机等的进气、排气消声器，由于噪声源强度较高，使用环境对噪声强度要求相对不严格，所以消声器中的流速可控制在 30 m/s 以下。对于内燃机、凿岩机等，由于噪声强度高，对消声器尺寸要求严格，周围环境噪声又较高，所以可以允许消声器中的流速在 50～60 m/s。对于高压大流量排气放空消声器，由于本身噪声强度很高，气量极大，周围又无人工作，所以可以根据具体情况（如距离居民区和工作场所远近等）将气流速度控制在 60～100 m/s。

**消声器的选用** 一般应考虑以下五个因素：①噪声源特性分析。在具体选用消声器时，必须首先弄清需要控制的噪声源的性质，包括机械噪声、电磁噪声、空气动力性噪声。消声器只适用于降低空气动力性噪声，对其他噪声源是不适用的。应按不同性质、不同类型的噪

声源，有针对性地选用不同类型的消声器。②噪声标准确定。在具体选用消声器时，还必须弄清应该将噪声控制在什么水平上，即安装所选用的消声器后，能满足何种噪声标准的要求。③消声量计算。按噪声源测量结果和噪声允许标准的要求来计算消声器的消声量。消声器的消声量要适中，过高或过低都不恰当。过高，可能做不到或提高成本或影响其他性能参数；过低，则可能达不到要求。④选型与适配。正确的选型是保证获得良好消声效果的关键。应按噪声源性质、频谱、使用环境的不同，选择不同类型的消声器。消声器一定要与噪声源相匹配。例如，风机安装消声器后既要保证设计要求的消声量，又要满足风量、流速、压力损失等性能要求。⑤综合治理、全面考虑。安装消声器是降低空气动力性噪声最有效的办法，但不是唯一的措施。在选用和安装消声器时应全面考虑，按噪声源分布、传播途径、污染程度以及降噪要求等，追加隔声、隔振、吸声、阻尼等综合治理措施，才能取得较理想的效果。

**消声器的安装** 一般应该注意以下几点：①消声器的接口要牢靠；②在消声器前后加装变径管；③应防止其他噪声传入消声器的后端；④消声器安装场所应采取防护措施。

（常道庆 陈翔）

**推荐书目**

吕玉恒．噪声控制与建筑声学设备和材料选用手册．北京：化学工业出版社，2011.

kuosan xiaosheng

**扩散消声** （diffuse noise elimination） 气流通过多个微孔后汇合成新的气流，其速度或驻点压力会降低，噪声也相应降低。基于此原理设计的消声器称作多孔扩散消声器，常用粉末冶金铜、多孔陶瓷、多层金属丝网等作为扩散材料，这些材料本身有大量的细小孔隙，当气流通过这些材料时，气体压力降低，流速被扩散且减小，这就减弱了气流噪声的强度。多孔扩散消声器一般适宜低压和小流量的排气条件下应用，其消声效果可达 20～40 dB。

（常道庆 寇毅伟）

xiaokong xiaosheng

**小孔消声** （micropore noise elimination） 保持放气喷口的总面积不变，而用很多小喷口来代替它，当气流经过小孔时，喷注噪声的频谱就会移向高频或超高频，从而使噪声的可听声成分明显降低，结果减少了对人的干扰和伤害。基于该原理设计的消声器称为小孔喷注消声器，其小孔的总面积一般应大于原排气管口面积，小孔的直径越小，降低排气噪声的效果越好。

小孔喷注消声器可能产生的插入损失为

$$L_1 = 10\lg\frac{2}{\pi}\left[\arctan(0.165D) - \frac{0.165D}{1+(0.165D)^2}\right]$$

式中，$D$ 为小孔的直径，mm；$L_1$ 为插入损失，dB。

在一般工业排气中，排气管的直径由几厘米到几十厘米，峰值频率较低，辐射的噪声主要在可听声范围内。小孔消声器的小孔直径约为 1 mm，峰值频率较排气管喷气噪声的峰值频率要高几十倍或几百倍。在排气管上安装小孔消声器，可把排气产生噪声的频率移向超声频范围。

消声器的形式可以是壁上钻小孔的末端封闭的管子，或填了金属丝网的开口的管子，或泡沫塑料柱、粉末冶金铜柱、多孔陶瓷柱等。

小孔喷注消声器主要适用于排气放空噪声，如压缩空气的排放、锅炉蒸汽的排放等。其消声量一般可达 20 dB，且具有体积小、重量轻、结构简单、经济耐用等特点。安装小孔喷注消声器后应不影响排气效率。一般要求小孔的总面积应比排气管口的截面积大 20%～60%，因此噪声降低量比计算值要低。小孔之间应有足够大的距离（如 1 cm）。

（常道庆 刘耀光）

zuxing xiaosheng

**阻性消声** （resistive noise elimination） 利用声波在多孔性吸声材料或吸声结构中传播时因摩擦将声能转化为热能，从而使噪声随距离而衰减。常用的吸声材料有玻璃纤维丝、低碳钢丝网、毛毡等。基于阻性消声原理制作的消声器称为阻性消声器。

**阻性消声器的分类** 按照气流通道几何形状的不同，阻性消声器可分为直管式、片式、折板式、迷宫式、蜂窝式、声流式、障板式、弯头式等。根据使用要求，可采取不同的吸声材料和结构形式。

**阻性消声器的设计要点** 包括以下八点：①正确合理选择阻性消声器的结构形式：管式、片式结构阻性消声器，消声效果好，阻力也小，但低频消声效果差一些。对大风量、大尺寸、消声量要求较高、风压余量较大的空调风管可选用折板式、声流式及多室式等消声器。对缺少安装空间位置的管路系统可选用弯头消声器、百叶式消声器等。②正确选择阻性消声器材料：选择阻性消声器内的多孔吸声材料除满足吸声性能要求外，还应注意防潮、耐温、耐气流冲刷及净化等工艺要求，通常采用离心玻璃棉作为吸声材料。③合理确定阻性消声器内吸声层的厚度及密度：对于一般阻性管式及片式消声器，吸声片厚度为5~10 cm；对于低频噪声成分较多的管道消声，则消声片厚度可取15~20 cm。消声器外壳的吸声层厚度一般可取消声片厚度的一半。为减小阻塞比，增加气流通道面积，也可以将片式消声器内的消声片设计成一半为厚片、一半为薄片。消声片内的离心玻璃棉板的密度通常选用24~48 $kg/m^3$，密度大一些对低频消声有利，而阻燃聚氨酯声学泡沫塑料的密度宜为30~40 $kg/m^3$。④合理确定阻性消声器内气流通道的断面尺寸：阻性消声器的断面尺寸对消声器的消声性能及空气动力性能影响较大，表1列出了不同形式阻性消声器的通道断面尺寸控制值。⑤合理确定阻性消声器内消声片的护面层材料：消声片护面层用料及做法应满足不影响消声性能及与消声器内的气流速度相适应两个前提条件。表2为不同护面层结构所适用的消声器内气流速度表。⑥合理确定消声器的有效长度：一般来说，消声器的消声量与消声器有效长度成正比，但由于消声器的实际消声效果受声源强度、气流再生噪声及末端背景噪声的影响，在一定条件下，消声器的有效长度并不同消声量成正比，因此必须合理确定消声器的有效总长度。一般可选择1~2 m，当消声要求较高时，可选择3~4 m，且以分段设置为好。⑦控制消声器内的气流通过速度：由前述可知，消声器的压力损失以及气流再生噪声都与气流速度有关，因此，必须合理控制通过消声器内的气流速度，否则既增加了气流再生噪声，影响消声器的消声效果，又提高了消声器的压力损失。表3为建议的消声器控制气流速度范围。⑧改善阻性消声器低频性能的措施：由于阻性消声器低频性能较中高频性能差，设计中可采用加大消声片厚度、提高多孔吸声材料密度、在吸声层后留一定深度的空气层、使吸声层厚度连续变化（如声流式消声器）以及采用阻抗复合式消声器等措施。

**表1 阻性消声器通道断面尺寸控制值**

| 阻性消声器形式 | 通道断面尺寸控制值/mm |
|---|---|
| 圆形直管式 | ≤$\phi$300 |
| 圆形列管式 | ≤$\phi$200 |
| 矩形蜂窝式 | 150~200 |
| 矩形片式 | 片间距100~200 |
| 矩形折板式 | 片间距150~250 |
| 百叶式 | 片间距50~100 |

**表2 不同护面层结构的适用风速**

| 护面层用料 | 适用风速/(m/s) | |
|---|---|---|
| | 平行方向 | 垂直方向 |
| 单玻璃纤维布护面 | ≤6 | ≤4 |
| 玻璃纤维布+金属丝网 | ≤10 | ≤7 |
| 玻璃纤维布+穿孔金属板 | ≤30 | ≤20 |
| 玻璃纤维布+金属丝网+穿孔金属板 | ≤60 | ≤40 |

**表3　消声器内建议气流速度范围**

| 条件 | 降噪要求/dB(A) | 控制流速范围/(m/s) |
|---|---|---|
| 特殊安静要求的空调消声 | ≤30 | 3～5 |
| 较高安静要求的空调消声 | ≤40 | 5～8 |
| 一般安静要求的空调消声 | ≤50 | 8～10 |
| 工业用通风消声 | ≤70 | 10～15 |

（常道庆　陈翔）

kangxing xiaosheng

**抗性消声**　(reactive noise elimination)　通过管道截面的突变或旁接共振腔等，使声波在传播过程中因阻抗的改变而产生声能的反射、干涉，从而降低由消声器向外辐射的声能，以达到消声目的。实现抗性消声的设备称为抗性消声器。它主要适用于降低低频及中低频段的噪声。抗性消声器实质上就是一组声学滤波器，它滤掉某些频率成分的噪声，使总噪声得以降低。它与阻性消声器最大的区别是没有多孔性吸声材料，因此更加耐高温、抗潮湿等。

**分类**　抗性消声器包括扩张式消声器和共振式消声器等。

**扩张式消声器**　又称膨胀式消声器。它的工作原理是，在管道截面突然扩大（或缩小）处，因阻抗不连续，声波将受到反射，从而往下游传播的噪声减少。

扩张式消声器的消声性能除同膨胀比 $m$ 有关外，还同扩张室的长度、插入管的形式及长度、扩张室的直径或当量直径及通过的气流速度等因素有关。其中，扩张室的长度及插入管的形式及长度将影响扩张式消声器的频率特性，扩张室的直径或当量直径将影响扩张式消声器有效消声性能的发挥。

由于扩张式消声器在低中频段有较好的消声性能，而高频消声性能相对较低，因此常被用于以低中频噪声为主的一些设备消声，更多的则是与阻性消声器相结合组成阻抗复合式消声器。

**共振式消声器**　是由一段开有一定数量小孔的管道，连接到管外一个密闭的空腔而构成的一类消声设备。在共振频率附近，管道连通处的声阻抗很低，当声波传播至此处时，因为阻抗不匹配，大部分声能向声源方向反射，还有一部分声能由于共振系统的摩擦阻尼作用转化为热能被吸收，仅剩下一小部分声能继续传播过去，因此就达到了共振消声的效果。

共振式消声器的消声特性是频率选择性较强，即仅在低频或中频的某一较窄的频率范围内具有较好的消声效果，其他频段则基本不起作用。

共振式消声器的消声性能主要取决于共振孔板的结构参数，包括孔径、孔数、板厚、共振腔的体积大小、管道的截面积及气流速度等因素。

共振式消声器更多地与阻性消声器相结合，构成阻性－共振复合式消声器而广泛应用于工程实践中。

**抗性消声器设计要点**　包括以下六方面：①抗性消声器主要适用于降低以低中频噪声为主的空气动力性设备噪声，如中低压离心风机噪声、空压机进气噪声、发动机排气噪声等。②合理确定抗性消声器的膨胀比 $m$ 值，以决定消声量的大小。对于较大风量的管道，$m$ 值可取3～5；中等风量大小的管道，$m$ 值可取6～8；较小风量的管道，则 $m$ 值可取8～15，最大不宜大于20。③合理确定抗性消声器的膨胀室及插入管的长度，以消除通过频率，提高低频消声性能，改善消声特性。④当 $m$ 值较大而使膨胀室截面积较大时，上限失效频率降低，有效消声频率范围变小，因此设计中应采取分割膨胀室的措施——使一个大截面的抗性消声器变为 $m$ 值相同的多个较小截面的抗性消声器并联的形式，以达到提高上限失效频率、改善消声频带的目的。⑤将抗性消声器内管不连续段用穿孔率大于25%（孔径可取4～10 mm）的穿孔管连接，既可保持原有抗性消声性能，又可大大减小管道截面不连续处的局部气流阻力。⑥改善抗性消声器消声频段宽度。设计措施包括：在膨胀室内壁做吸收层，错开内接插入管形成迷宫形式，将阻性消声同抗性消声结合在一个消声器中，即形成阻抗复合式消声

器等。（常道庆　寇毅伟）

**推荐书目**

马大猷．噪声与振动控制工程手册．北京：机械工业出版社，2002.

吕玉恒．噪声控制与建筑声学设备和材料选用手册．北京：化学工业出版社，2011.

zaoshengyuan celiang

**噪声源测量**（noise source measurement）主要是测量噪声源的辐射功率和指向性。测量方法主要有混响室法、消声室（或半消声室）法和比较法。

**混响室法**　只能测量噪声源的辐射声功率。将被测的噪声源放在混响室中，当噪声源辐射声功率 $W$ 随时间的改变量不大时，即

$$\frac{\mathrm{d}W}{\mathrm{d}t} \leqslant \frac{ac}{4V}W \tag{1}$$

在混响室的混响场中声压的均方根的平方：

$$p_{\mathrm{rms}}^2 \approx \frac{4\rho cW}{a} \tag{2}$$

或声源辐射的声功率级（dB）：

$$L_W = \overline{L}_p + 10\ \lg \overline{\alpha}S - 6 \tag{3}$$

式中，$\rho$ 为室内空气密度；$c$ 为室内声速；$V$ 为混响室的体积；$S$ 为混响室总面积；$\overline{\alpha}$ 为平均吸声系数；$a$ 为混响室总吸声量；$\overline{L}_p$ 为混响场中的平均声压级。其中，$\rho$、$c$ 是温度为 15℃时空气中的值，取 $\rho c = 415\ \mathrm{Pa \cdot s/m}$。

在混响室的混响场中取 $n$ 个点，在这些点上测声压级，取其平均值 $\overline{L}_P$ 代入式（3）。混响室的平均吸声系数可由混响时间的测量得到。

在实际测量时，声源应放在离开墙壁 $\lambda/4$ 的距离以外，测量点之间的距离不小于 $\lambda/2$，各测量点与墙壁之间的距离应大于 $\lambda/2$，$\lambda$ 是相应测量频率声波的波长。

**消声室（或半消声室）法**　在消声室内，可以同时测量噪声源的辐射声功率和指向性。在消声室的自由场区间内，声强与声压之间的关系为

$$I = p_{\mathrm{rms}}^2/\rho c \tag{4}$$

将被测的噪声源放在消声室内，以它为中心，在自由场的范围内作一球面，将球面等分为 $n$ 个面元，在每个面元的中心测量声压级 $L_{pj}$，取这些测量值的平均值 $\overline{L}_p$，按声强与声功率之间的关系计算声功率级 $L_W$。

$$L_W = \overline{L}_P + 10\ \lg r + 10.8 \tag{5}$$

式中，$r$ 为测量球面的半径，式（4）中的 $\rho$、$c$ 取温度为 15℃时空气中的值。再按

$$DI(\theta,\ \varphi) = L_{pj} - \overline{L}_P \tag{6}$$

计算指向性指数 $DI(\theta,\ \varphi)$，式中，$\theta$ 和 $\varphi$ 为以球心为中心的方位角。

在半消声室中的测量与在消声室中的测量相似。将被测的噪声源尽可能地按实际安装放置在半消声室的地面上，以声源为中心在自由场内作半球面，将半球面分成 $n$ 个相等面元，在每个面元中心测声压级 $L_{pj}$，取它们的平均值 $\overline{L}_p$，按下式计算辐射声功率级

$$L_W = \overline{L}_p + 10\ \lg r + 7.8 \tag{7}$$

**比较法**　是一种工程方法。测量环境要求足够安静，不能影响声压级测量数据，还需一个用以比较的标准声源。比较法可以在安装机器（设备）的现场，或在其他环境下进行。测量时，以机器或设备为中心，在地面上方自由场内作一半球面，将它分成 $n$ 个相等的面元，在每个面元的中心测量一个声压级，计算其平均声压级 $\overline{L}_p$。机器或设备如能移开，将标准声源放在它们原来的位置上，在同一半球面，用同样的方法测量平均声压级。机器或设备如不能移动，则将标准声源放在机器上方或其他合适的附近位置，在同一半球面上测平均声压级。设在现场按上述方法测得相应于标准声源的平均声压级为 $\overline{L}'_p$，则机器或设备的辐射声功率级为

$$L_W = L'_W + (\overline{L}_p - \overline{L}'_p) \tag{8}$$

式中，$L'_W$是标准声源的辐射噪声功率级。

由于机器和设备各式各样，安装和使用条件也各不相同，所以选用什么方法测量应视具体情况而定。为了使得方法能够统一，测试结果可以比较，国际标准化组织（ISO）已先后颁布了 8 个测量声功率级的方法标准，见下表。

关于声功率测量方法相关国际标准

| 国际标准编号 | 方法类别 | 测试环境 | 声源体积 | 噪声特性 | 测量的声功率级 | 供选用的数据 |
|---|---|---|---|---|---|---|
| ISO 3741 | 混响室精确测量 | 要求特殊的混响室 | 最好小于测试用房间体积的1% | 稳定，宽带 | 1/3 倍频带或倍频带 | A 计权声功率级 |
| ISO 3742 | | | | 稳定，离散或窄带 | | |
| ISO 3743 | 混响室工程测量 | 专门的混响室 | | 稳定，宽带，窄带或离散频率 | 倍频带 A 计权 | 其他计权声功率级 |
| ISO 3744 | 自由声场工程测量 | 户外或大房间内 | 最大尺寸小于 15 $m^3$ | 不限 | A 计权及 1/3 倍频带或倍频带 | 指向性的时间函数，声压级的时间函数，其他计权声功率级 |
| ISO 3745 | 自由声场精确测量 | 消声室或半消声室 | 最好小于测试间体积的 0.5% | | | |
| ISO 3746 | 一般普查 | 不需专门的测试环境 | 没有局限：仅受现有测试环境的限制 | 稳定，宽带，窄带或离散频率 | A 计权 | 声压级的时间函数，其他计权声功率级 |
| ISO 3747 | 标准声源比较普查 | 不需专门的测试环境，不移动被测声源 | 没有局限 | 稳定，宽带，窄带或离散频率 | A 计权 | 倍频带声功率级，在规定位置校正声压级的自由场 |
| ISO 3448 | 半消声室简化工程测量 | 半消声室或相近环境 | 小声源不大于 1 $m^3$ | 稳定，宽带，窄带或离散频率 | A 计权 | 频带声功率级 |

（常道庆　刘耀光）

zaosheng wuran zhibiao

**噪声污染指标** （noise pollution index） 根据噪声控制或者噪声治理的目的和要求，制定的需要达到的噪声级。有室内和室外环境噪声指标，以及产品或设备的辐射噪声指标。在实际工程中，可以有以下几种情况：依据现有的法律和标准，将噪声污染指标设定为噪声限值，参见*噪声控制标准*；依据技术能力，将噪声污染指标设定为噪声限值；针对没有标准要求的情况，根据现有的控制技术手段所能达到的降噪量，自行设定噪声污染指标。

（常道庆　寇毅伟）

zaosheng wuran zonghe fangzhi

**噪声污染综合防治** （noise pollution integrated control） 综合运用噪声控制技术措施以便经济有效地控制一个特定区域的噪声。大多数噪声污染综合防治问题是一个系统工程，往往需要针对声源及其传播特性采用综合控制的方法去解决。噪声污染防治应当坚持统筹规划、源头防控、分类管理、社会共治、损害担责的原则。

**噪声污染综合防治措施** 包括管理和工程技术两个方面。

**管理方面的主要措施** 包括合理制定城市规划和环境规划，加强土地使用管理，统筹进行城市生活居住、文化教育、工业发展、商业活动等使用功能分区布局。县级以上地方人民政府根据《声环境质量标准》（GB 3096—2008）和国土空间规划以及用地现状，划定本行政区域各类声环境质量标准的适用区域；将以用于居住、科学研究、医疗卫生、文化教育、机关团体办公、社会福利等的建筑物为主的区域，划定为噪声敏感建筑物集中区域，加强噪声污染防治。各级人民政府及其有关部门制定、修改国土空间规划和相关规划，应当依法进行环境影响评价，充分考虑城乡区域开发、改造和建设项目产生的噪声对周围生活环境的影响，统筹规划，合理安排土地用途和建设布局，防止、减轻噪声污染。有关环境影响篇章、说明或者报告书中应当包括噪声污染防治内容。通过建立必要的防噪隔离带，或使住宅区、文教卫生区等噪声敏感建筑远离声源等措施，缩小噪声的干扰范围，减小噪声的影响危害；强化对噪声源的管理，严格执行建设项目的环境影响评价和“三同时”制度（同时设计、同时施工、同时投产使用），以及对现有噪声污染设备、设施的申报登记与限期治理制度；建立噪声源数据库，控制新噪声源的产生，减小现有噪声源的影响，对噪声污染严重的落后设备装置实行淘汰制度，促进技术先进的低噪声产品的开发使用等。

**工程技术方面的主要措施** 包括声源控制、传声途径控制和接收者的防护。

*声源控制* 降低各类声源的噪声发射是应该首先考虑的基本措施，所有可能采用的噪声源降低措施都应尽量优先考虑，包括：采用低噪声的设备和加工工艺，降低声源的声强；改进运转设备和工具结构，提高部件的加工精度和装配质量及进行合理的声源布局等。参见*声源控制*。

*传声途径控制* 利用声音的吸收、反射、干涉等特性，采用吸声、隔声、消声器、隔振、阻尼等技术措施。参见*传声途径控制*。

*接收者的防护* 在有些情况下，当声源控制和传播途径控制措施仍达不到控制标准或不经济时，就需要考虑对接收者采取防护措施，包括建筑物围护结构隔声及个体防护措施等。

在实际中遇到的噪声问题多种多样，噪声源不同，传播途径不同，所采取的技术措施也不同。噪声控制的基本程序应从声源特性调查入手，通过传播途径的分析、降噪量确定等一系列步骤选定最佳方案，最后对噪声控制工程进行评价。 （常道庆　刘耀光）

shengyuan kongzhi

**声源控制** （sound source control） 采用工程技术在声源处控制噪声的辐射，以得到人们所要求的声学环境。

运转的机械设备和运输工具等是主要的噪声源，控制其噪声有两条途径：①改进结构，提高其中部件的加工精度和装配质量，采用合理的操作方法等，以降低声源的噪声发射功率；②利用声的吸收、反射、干涉等特性，采用吸声、隔声、消声、减振、隔振等技术，如安装消声器等，以控制声源的噪声辐射。

采用各种噪声控制方法，可以收到不同的降噪效果。例如，将机械传动部分的普通齿轮改为有弹性轴套的齿轮，可降低噪声 15 ~ 20 dB；把铆接改成焊接，把锻打改成摩擦压力加工等。几种常见的噪声源采取控制措施后，其降噪效果见下表。

**声源控制降噪效果**

| 声源 | 控制措施 | 降噪效果/dB |
|---|---|---|
| 敲打、撞击 | 加弹性垫等 | 10 ~ 30 |
| 机械传动部件动态不平衡 | 进行平衡调整 | 10 ~ 20 |
| 整机振动 | 加隔振机座（弹性耦合） | 10 ~ 25 |
| 机器部件振动 | 使用阻尼材料 | 3 ~ 10 |
| 机壳振动 | 包覆、安装隔声罩 | 3 ~ 20 |
| 管道振动 | 包覆、使用阻尼材料 | 3 ~ 20 |
| 电机 | 安装隔声罩 | 10 ~ 20 |
| 烧嘴 | 安装消声器 | 10 ~ 30 |
| 进气、排气 | 安装消声器 | 10 ~ 30 |
| 炉膛、风道共振 | 用隔板 | 10 ~ 30 |
| 摩擦 | 用润滑剂、提高光洁度、采用弹性耦合 | 5 ~ 10 |
| 齿轮啮齿 | 隔声罩 | 10 ~ 20 |

**消声技术** 是采用相应的消声设备使噪声减弱的技术，消声设备是一种允许气流通过而同时使噪声减弱的装置。消声技术是主要的噪声控制措施。参见消声器。

**吸声技术** 是最有效的降噪措施，因而在工程中被广泛应用。吸声材料主要用来降低反射产生的混响声，实验表明，吸声材料使用得当，可以降低混响声级 5 ~ 10 dB(A)，甚至更大些。参见吸声量、吸声系数、吸声测量、吸声降噪量。

**隔声技术** 是声波在媒质中传播时，使声能在传播途径中受到阻挡而不能直接通过的措施。隔声是声波传播途径中的一种降低噪声的方法，是噪声控制中最常用的技术之一，它的效果要比吸声降噪明显，所以隔声是获得安静建筑声环境的有效措施。隔声的具体形式有隔声墙、隔声罩、隔声间和声屏障等，参见隔声量、隔声罩、隔声幕、声屏障。根据声波传播方式的不同通常把隔声分成两类：一类是空气声隔声；另一类是撞击声隔声，又称固体面隔声。一般把通过空气传播的噪声称为空气声，如飞机噪声、汽车喇叭声以及歌声等。利用墙、门、窗或屏障等固体介质阻挡并减弱在空气中传播的声音叫作空气声隔声。建筑因机械振动通过结构产生和传播的噪声，如楼板上行走的脚步声、桌椅的拖动声、小孩蹦跳以及开关门窗时的碰撞声等，称为撞击声，又称结构声或固体声。利用弹性阻尼材料进行隔振或减振的方法来隔离在结构中传播的撞击噪声就叫作撞击声隔声。实践表明，厚度为 24 cm 的砖墙结构，在中频范围内能降低 50 dB 的噪声。

**隔振、减振技术** 振动是与噪声联系最为密切的要素之一，采用效果较好的隔振、减振技术能大幅减弱噪声强度。目前，国内大量使用的隔振元件可分为隔振器、隔振垫、管道柔性接口和其他隔振元件四大类，减振材料主要采用阻尼材料。

**综合消声技术** 是建立在多学科、多领域基础上，通过多种技术的合理配置，从而实现更高效的降噪结果的降噪技术。实践表明，综合消声技术的降噪效率比普通技术高 60% 以上。

（常道庆　陈翔）

chuansheng tujing kongzhi

**传声途径控制** （sound transmission pathway control） 采用工程技术在传声途径上控制噪声的传播，以得到人们所要求的声学环境。

主要措施包括：①声在传播中的能量是随着距离的增加而衰减的，因此使噪声源远离需要安静的地方，可以达到降噪的目的。②声的辐射一般有指向性，处在与声源距离相同而方向不同的地方，接收到的声强度也就不同。当多数声源以低频辐射噪声时，指向性很差；随着频率的增加，指向性会增强。因此，控制噪声的传播方向（包括改变声源的发射方向）是降低噪声尤其是高频噪声的有效措施。③建立隔声屏障，利用隔声材料和隔声结构，或利用天然屏障（土坡、山丘）来阻挡噪声的传播。④在气流通过的管道中或进气口、排气口上安装消声装置，有效地降低空气动力性噪声。⑤应用吸声材料和吸声结构，将传播中的噪声声能转变为热能等。⑥在城市建设中，采用合理的城市防噪声规划。⑦对振动体采取隔振措施，以减弱振动体的噪声发射和传播。

（常道庆　寇毅伟）

tingli baohu

**听力保护** （hearing conservation） 主要针对高噪声的环境采取的听力防护措施。长期处于高噪声环境下，如果不采取有效的防护措施，有可能导致永久性的听力损失，甚至职业性耳聋。国内外均将职业性耳聋列为重要的职业病之一。一般来说，采用工程控制措施或个人防护措施，将作业者实际接收的噪声控制在 85 dB(A) 以下（按接触噪声时间每工作日 8 h 计），噪声对听力所产生的影响就很小。因此，解决职业噪声危害往往与听力保护工作紧密联系在一起。

（桑晋秋　刘耀光）

**推荐书目**

方丹群，张斌，孙家麒，等．噪声控制工程学（下册）．北京：科学出版社，2013.

hutingqi

**护听器** (hearing protectors) 保护人的听觉免受强烈噪声损伤的个人防护用品。当采取降噪措施在技术上或经济上有困难时，使用护听器是最经济和有效的办法。常用的护听器有耳塞、耳罩，此外还有防噪声头盔、耳栓和近年来出现的有源降噪耳罩。

护听器一般具有方便、佩戴舒适、不刺激皮肤等基本性质，其对噪声的阻隔能力（隔声量）是一个重要特性。护听器的实际隔声能力，除与自身的材料成分、组成、形状等相关外，与声音传递至内耳的路径也密切相关。

**耳塞** 是插入外耳道，或置于外耳道口处的护听器。通常由软橡胶或软塑料制成，依使用次数分类，耳塞基本可分为丢弃型和重复使用型。耳塞具有体积小、重量轻、价格低廉、形式多样的特点。耳塞的高频衰减量较大，中频为 20～30 dB(A)，低频为 10～15 dB(A)。

**耳罩** 是由围住整个耳郭而紧贴在头部遮住耳道的壳体组成的一种护听器，与耳机戴法类似。耳罩通常由弓架连接的两个圆壳状体组成，壳内附有吸声材料和密封垫圈。一般来说，耳罩比耳塞的隔声效果好，噪声衰减量为 10～40 dB(A)，并且低频隔声效果更加显著。不同容积的耳罩壳体，在 2 kHz 的频率，容积越大的声衰减性能越好；在 2 kHz 以上，容积越大，其声衰减性能就越差。

**防噪声头盔** 头盔隔声量很大，而且可以减少声音通过颅面骨传导，防止对内耳的损伤，对头部还有防振和保护作用。但体积和重量较大，不方便携带。

**耳栓** 是一种不需插入耳道，只是封住听道入口的护听器。佩戴时要用头带固定。由于不深入耳道，所以不易感染。但佩戴时须加适当压力，舒适性较差。

**有源降噪耳罩** 在传统耳罩的基础上加装有源噪声控制装置，利用有源降噪的方法降低普通耳罩难以衰减的低频噪声，从而在很宽的频带上得到较好的综合降噪效果。

（桑晋秋　袁旻忞）

**推荐书目**

方丹群，张斌，孙家麒，等．噪声控制工程学（下册）．北京：科学出版社，2013.

jianzhu gesheng

**建筑隔声** (building sound insulation) 隔离建筑物内各个房间之间的声音干扰，以及隔离建筑物外交通运输、工商业活动等噪声传入所造成的干扰。建筑隔声包括空气传声隔离和结构传声隔离两个方面。空气传声是指经空气传至建筑室内的噪声。结构传声是指各类设施运作时造成的地基、墙壁、楼板等建筑构件振动向相邻房间辐射的噪声。结构声的隔离，主要指对脉冲式激发源的隔离，即对撞击声的隔离。

**隔声量的计算** 建筑隔声效果是由两方面因素决定的：①建筑物内部的噪声干扰；②建筑物外部的噪声传入建筑物内部造成的干扰。

建筑物外部的噪声透射到室内的总噪声级可用下式估算：

$$\text{N. L.} = 10\lg\sum_{i=1}^{n} S_i 10^{\frac{I_i - D_i}{10}} - 10\lg\sum_{i=1}^{n} S_i\alpha_i$$

式中，N. L. 为透射到室内的总噪声级，dB；$S_i$ 为围护结构第 $i$ 块构件的面积，$m^2$；$I_i$ 为第 $i$ 块构件外侧的噪声级，dB；$D_i$ 为第 $i$ 块构件的隔声量，dB；$\alpha_i$ 为第 $i$ 块构件室内一侧的平均吸声系数。

根据我国调查、实测的结果，相邻两室间的空气传声隔声量与人的主观感觉之间的对应关系见下表。

**空气传声隔声量与人的主观感觉之间的对应关系**

| 平均隔声量/dB | 一般谈话声 | 大声谈笑 | 较响的收音机声 |
|---|---|---|---|
| 35 | 听得到，但不注意听便听不懂 | 完全听懂 | 听得很清楚 |
| 40 | 不常听到，且听不懂 | 听得到，但不注意听便听不懂 | 听得到，且能辨别出曲调 |

续表

| 平均隔声量/dB | 一般谈话声 | 大声谈笑 | 较响的收音机声 |
|---|---|---|---|
| 45 | 很少听到 | 不常听到，且听不懂 | 经常听到 |
| 50 | 听不到 | 很少听到 | 偶尔听到 |
| 55 | 听不到 | 听不到 | 听不到 |

撞击传声具有间歇性和声级较高的特点，干扰程度在人的主观感觉上一般比空气传声严重。我国关于民用建筑隔声的评价标准有《建筑隔声评价标准》（GB/T 50121—2005）。

**建筑隔声的控制措施** 包括以下四方面：①选取合适的建筑构件。对特殊的建筑物（如音乐厅、录音室、测听室）的构件，可按其内部容许的噪声级来确定所需构件的隔声量。对普通住宅、办公室、学校等建筑，由于受材料、投资和使用条件等因素的限制，选取围护结构隔声量，就要综合各种因素，确定一个最佳数值。所确定的围护结构的隔声量是建筑设计时必须满足的隔声标准。②采取合理的布局。在进行隔声设计时，一般不采用特殊的隔声构造，而是利用一般的构件，布局合理以满足隔声要求。例如，在设计住宅时，厨房、厕所的位置要远离邻户的卧室、起居室。对于剧院、音乐厅等则可用休息厅、门厅等形成声锁，满足隔声的要求。为了减少隔声设计的复杂性和投资额，在建筑物内应该尽可能地将噪声源集中起来，使其远离需要安静的房间。③采用隔声结构和隔声材料。某些需要特别安静的房间，如录音棚、广播室、声学实验室等，可采用双层围护结构或其他特殊构造，保证室内的安静。对于楼板撞击声，通常采用弹性或阻尼材料来做面层或垫层，或在楼板下增设分离式吊顶灯，以减少干扰。④采取隔振措施。建筑物内如有电机等设备，除注意用周围墙板隔声外，还必须在其基础和管道与建筑物的联接处安设隔振措施。如有通风管道，要在管道的进风段和出风段内加设消声装置。我国关于民用建筑隔声设计见《民用建筑隔声设计规范》（GB 50118—2010）。

现代建筑物正在向轻质高强度发展，这给建筑隔声带来一系列比较难以解决的问题。因为建筑构件的隔声，一般来说，面密度越大越好。尤其是单层匀质的构件，其隔声量的高低完全由其面密度的大小决定。如果用轻质材料来做围护结构，为了满足隔声的要求，就要求把它的构造做得复杂。这样一来，施工难度和造价均会增加。就建筑材料来说，劲度大、硬度高的材料，一般易于传递结构声，而且其本身的共振现象和吻合效应也比较显著。如何解决这些矛盾，正是建筑隔声研究中需要探讨的重要课题。（姬培锋　刘耀光）

lühua jiangzao

**绿化降噪** （greening noise reduction） 采用栽植树木和草皮等绿化手段来降低噪声的方法。

一般来讲，树木或树木构成的绿化带不是有效的声屏障，对噪声的衰减作用很有限。由于地面土质松散，频率 1 000 Hz 以下的声音在传播过程中有超过球面波辐射损失的逾量衰减。在频率高时，树干只起散射作用，使声音向各方向分散；树叶的吸收作用，也只在树叶的周长接近或大于声波波长时，才有较大的效果。所以要想得到绿化降噪的良好效果，树要种得密，林带要相当宽，而且要栽植阔叶树。

绿化带的声衰减量实测数据因声波频率、树林密度和深度而异。在 2 000 Hz 以上的声衰减量的典型值是每 10 m 降低 1 dB，在100 m 以外可降低 10 dB。低于地面的干道和绿化带组合的方式是降低交通噪声的有效手段。在这种情况下，住宅前有 7 ~ 10 m 宽、2 m 高的树篱，可降低噪声 3 ~ 4 dB。

绿化带如不是很宽，降噪作用就不会明显。但心理作用也是很重要的，在街道两旁、办公室外、公共场所和庭院中用草木点缀，能给人以宁静的感觉。（姬培锋　寇毅伟）

zaosheng wuran fangzhifa

**噪声污染防治法** （law on prevention and control of environmental noise pollution） 一个国家或地区的权力机关为了保护环境，解决噪声污染问题而制定的限制、减弱、消除环境噪声污染及其对人体健康危害的法规（法令、条例、标准、命令等）。噪声污染防治立法是解决噪声污染问题的必要措施。噪声控制法规具有强制性，要求噪声污染者必须采取治理措施。噪声控制立法对于噪声控制技术的研究、应用和推广也起着促进作用。

2021年12月24日，第十三届全国人民代表大会常务委员会第三十二次会议通过了《中华人民共和国噪声污染防治法》（以下简称《噪声污染防治法》），于2022年6月5日起施行。该法共9章，包括总则、噪声污染防治标准和规划、噪声污染防治的监督管理、工业噪声污染防治、建筑施工噪声污染防治、交通运输噪声污染防治、社会生活噪声污染防治、法律责任和附则。主要内容包括：

**工业噪声污染防治** 《噪声污染防治法》第三十四条至第三十八条对防治工业噪声污染做了规定，概述如下：①工业企业选址应当符合国土空间规划以及相关规划要求，县级以上地方人民政府应当按照规划要求优化工业企业布局，防止工业噪声污染。在噪声敏感建筑物集中区域，禁止新建排放噪声的工业企业，改建、扩建工业企业的，应当采取有效措施防止工业噪声污染。②排放工业噪声的企业、事业单位和其他生产经营者，应当采取有效措施，减少振动、降低噪声，依法取得排污许可证或者填报排污登记表。③设区的市级以上地方人民政府生态环境主管部门应当按照国务院生态环境主管部门的规定，根据噪声排放、声环境质量改善要求等情况，制定本行政区域噪声重点排污单位名录，向社会公开并适时更新。④实行排污许可管理的单位应当按照规定，对工业噪声开展自行监测，保存原始监测记录，向社会公开监测结果，对监测数据的真实性和准确性负责。

**建筑施工噪声污染防治** 《噪声污染防治法》第三十九条至第四十三条对防治建筑施工噪声污染做了规定，概述如下：①建设单位应当按照规定将噪声污染防治费用列入工程造价，在施工合同中明确施工单位的噪声污染防治责任。施工单位应当按照规定制定噪声污染防治实施方案，采取有效措施，减少振动、降低噪声。建设单位应当监督施工单位落实噪声污染防治实施方案。②在噪声敏感建筑物集中区域施工作业，应当优先使用低噪声施工工艺和设备。③在噪声敏感建筑物集中区域施工作业，建设单位应当按照国家规定，设置噪声自动监测系统，与监督管理部门联网，保存原始监测记录，对监测数据的真实性和准确性负责。④在噪声敏感建筑物集中区域，禁止夜间进行产生噪声的建筑施工作业，但抢修、抢险施工作业，因生产工艺要求或者其他特殊需要必须连续施工作业的除外。

**交通运输噪声污染防治** 《噪声污染防治法》第四十四条至第五十八条对防治交通运输噪声污染做了规定，概述如下：①制定交通基础设施工程技术规范，应当明确噪声污染防治要求。新建、改建、扩建经过噪声敏感建筑物集中区域的高速公路、城市高架、铁路和城市轨道交通线路等的，建设单位应当在可能造成噪声污染的重点路段设置声屏障或者采取其他减少振动、降低噪声的措施，符合有关交通基础设施工程技术规范以及标准要求。建设单位违反前款规定的，由县级以上人民政府指定的部门责令制定、实施治理方案。②机动车的消声器和喇叭应当符合国家规定。禁止驾驶拆除或者损坏消声器、加装排气管等擅自改装的机动车以轰鸣、疾驶等方式造成噪声污染。③机动车、铁路机车车辆、城市轨道交通车辆、机动船舶等交通运输工具运行时，应当按照规定使用喇叭等声响装置。④地方人民政府生态环境主管部门会同公安机关根据声环境保护的需要，可以划定禁止机动车行驶和使用喇叭等声响装置的路段和时间，向社会公告，并由公安机关交通管理部门依法设置相关标志、标线。

⑤在车站、铁路站场、港口等地指挥作业时使用广播喇叭的，应当控制音量，减轻噪声污染。⑥公路养护管理单位、城市道路养护维修单位应当加强对公路、城市道路的维护和保养，保持减少振动、降低噪声设施正常运行。⑦民用机场所在地人民政府，应当根据环境影响评价以及监测结果确定的民用航空器噪声对机场周围生活环境产生影响的范围和程度，划定噪声敏感建筑物禁止建设区域和限制建设区域，并实施控制。⑧民用航空器应当符合国务院民用航空主管部门规定的适航标准中的有关噪声要求。⑨民用机场管理机构负责机场起降航空器噪声的管理，会同航空运输企业、通用航空企业、空中交通管理部门等单位，采取低噪声飞行程序、起降跑道优化、运行架次和时段控制、高噪声航空器运行限制或者周围噪声敏感建筑物隔声降噪等措施，防止、减轻民用航空器噪声污染。⑩因公路、城市道路和城市轨道交通运行排放噪声造成严重污染的，设区的市、县级人民政府应当组织有关部门和其他有关单位对噪声污染情况进行调查评估和责任认定，制定噪声污染综合治理方案。⑪因铁路运行排放噪声造成严重污染的，铁路运输企业和设区的市、县级人民政府应当对噪声污染情况进行调查，制定噪声污染综合治理方案。⑫因民用航空器起降排放噪声造成严重污染的，民用机场所在地人民政府应当组织有关部门和其他有关单位对噪声污染情况进行调查，综合考虑经济、技术和管理措施，制定噪声污染综合治理方案。

**社会生活噪声污染防治** 《噪声污染防治法》第五十九条至第七十条对防治社会生活噪声污染做了规定，概述如下：①文化娱乐、体育、餐饮等场所的经营管理者应当采取有效措施，防止、减轻噪声污染。②使用空调器、冷却塔、水泵、油烟净化器、风机、发电机、变压器、锅炉、装卸设备等可能产生社会生活噪声污染的设备、设施的企业、事业单位和其他经营管理者等，应当采取优化布局、集中排放等措施，防止、减轻噪声污染。③禁止在商业经营活动中使用高音广播喇叭或者采用其他持续反复发出高噪声的方法进行广告宣传。④禁止在噪声敏感建筑物集中区域使用高音广播喇叭，但紧急情况以及地方人民政府规定的特殊情形除外。⑤家庭及其成员应当培养形成减少噪声产生的良好习惯，乘坐公共交通工具、饲养宠物和其他日常活动尽量避免产生噪声对周围人员造成干扰，互谅互让解决噪声纠纷，共同维护声环境质量。⑥已竣工交付使用的住宅楼、商铺、办公楼等建筑物进行室内装修活动，应当按照规定限定作业时间，采取有效措施，防止、减轻噪声污染。

**法律责任** 《噪声污染防治法》对违反《噪声污染防治法》的各种行为所应承担的法律责任做了规定。

**噪声控制标准** 依据《噪声污染防治法》，噪声标准分为声环境质量标准、噪声排放标准和民用建筑隔声设计相关标准等。其中多项为强制性国家标准。参见*噪声控制标准*。

（李楠　刘耀光）

zaosheng kongzhi biaozhun

**噪声控制标准** （noise control standards） 在各种条件下，根据需要和可能、根据国情和法律及本国的技术、科技和经济条件，为各种目标规定而制定的容许噪声级的标准。噪声的标准是一门很复杂的科学，涉及声学、心理学、生理学、卫生学等知识，同时与国家的科学技术水平和经济发展情况相联系，科学、合理且可行。我国已颁布《声环境质量标准》（GB 3096—2008）和《汽车加速行驶车外噪声限值及测量方法》（GB 1495—2002），以及《工业企业设计卫生标准》（GBZ 1—2010）等一系列国家标准或行业标准。

**噪声控制标准国内外研究历程** 世界上针对环境噪声侵权行为的制裁法律早已出现，但是如何判定侵权以及如何划分侵权等级的方法直到1957年才面世。之后针对环境噪声标准的研究国外一直在进行，1960年，Leo Beranek总结性地对美国之前近20年的噪声控制工作做出了回顾，认为噪声控制已经逐渐科学化。另外，1960 年，英国政府召集组织了历史上较为成功的噪声委员会（威尔逊委员会），该委员会针对多种噪声源的本质和影响做出了研究，并于 1963 年发表报告，提出了噪声治理和噪声标准的基本思路。在此之后，各国逐步推出了环境噪声标准，其中较为先进的是美国和日本，连同欧洲地区较为先进的英国，共同形成了具有特色的三种标准体系。在此基础上，各国展开了后续的修订和补充，从限值的精确化到保护区的划定，从不同的出发点做出了研究。

从限值角度来看，各国在社会噪声状况调查研究和噪声危害研究两方面都进行了较多的努力。在社会噪声状况调查方面，通过 Schultz 曲线建立了环境噪声暴露量和烦恼度之间的关系，形成了用于衡量主观烦恼度的评价体系，同时作为制定环境噪声标准的参考数据。自此之后，各国在进行环境噪声标准修订时都会参考近期的社会噪声状况以及曲线所展示的数据。为了使这种方法适用于世界各个国家，噪声研究组织 ICBEN（International Commission on Biological Effects of Noise）第 6 小组（Community Response to Noise）于 1993 年提出了建构标准化噪声调查问题和反应尺度目标。之后，一些发展中国家也加入了环境噪声调查的行列，对本国的实际噪声状况做了研究。越南等东南亚国家通过与本国的生活习惯相结合，进行了噪声烦恼度的调研，为噪声标准的制定提供了基础数据。在噪声危害方面，美国等国家在初期研究了噪声对听力损伤等问题，并将研究成果用到了标准的制定中。1990 年前后，以世界卫生组织（WHO）为主的机构从睡眠、情绪等方面对噪声的影响做了研究，并且推出了《社区噪声指南》，从客观影响方面综述了环境噪声的危害，并提出了限值的建议。

近期，世界各国对噪声控制以及噪声标准的研究集中在新技术、新方法和环境噪声标准的结合上。在新技术方面，各国通过绘制噪声地图或搭建噪声自动识别检测平台来控制噪声问题。新方法则偏向多角度、多方位综合治理环境噪声。另外，各国通过实际治理噪声问题对标准的适用与否做出了分析，这也是环境噪声标准研究的内容之一。

我国针对环境噪声的治理开始时间较晚，中华人民共和国成立后一段时间内，我国力求经济发展，将生产生活中的噪声视为工业进步的标志。随着经济的发展，居民逐渐意识到安静的环境对于生活的重要性，所以从 20 世纪 70 年代开始正式开展环境噪声治理工作。在第一部环境噪声标准颁布后，我国部分城市的交通噪声问题有了较为明显的改善，但是也发现了许多实际操作的新问题。针对这些问题，我国学者在当时技术发展的基础上，对环境噪声标准涉及的指标、测量和未来发展等问题做出了进一步的研究。中国科学院声学研究所程明昆根据实际实施情况和指标研究，探讨了环境噪声标准的评价方法。南通市环境科学研究所单德贵对环境噪声标准的适用区域划分提出建议，从而能全面、精确地对环境噪声进行测量。另外，山东省环境监测中心站王文团针对环境噪声测量方法也提出了建议。中国科学院声学研究所马大猷对噪声和人的关系、噪声控制的进程等内容分别做了回顾性论述和前瞻性的研究。这些工作从不同方面给当时的环境噪声标准提供了参考依据，也是改善我国环境噪声现状的理论基础。

进入 21 世纪，我国积极改进环境噪声标准和噪声治理方法。中国科学院声学研究所程明昆对环境噪声治理的新方法、新手段进行了普及；天津市南开区环境保护监测站何静、天津市环境监测中心陈淼和张朋提出了环境噪声标准和其他噪声控制标准在标准限值上相配合的思路，旨在更加统一、高效、明晰地进行噪声治理工作。其他地区也在持续不断地进行着环境噪声标准实施评估，为定期完善标准做了实践准备。

另外，从声环境和声景观方向做出的研究也为治理噪声问题提供了帮助。康健将声景观的概念引入中国，为环境噪声治理提供了新的思路。诸多研究者从城市入手，研究城市的声景观，用于设计和布置，从而主动抵消环境噪声带来的问题。从国内外的研究来看，国际上对环境噪声标准的研究集中在社会烦恼度研究、噪声的危害研究和新噪声控制技术三个方面，国内的研究集中在实际实施过程中的问题发现和解决方面以及对他国标准的介绍上，一些学者只在自己的国家或者地区的范围内进行研究，也缺少不同国家地区的横向比较。而我国作为发展中国家，更需要借鉴国外的先进理论和方法，完善我国环境噪声排放标准，丰富环境噪声治理手段。

**我国噪声控制标准法规分类介绍** 我国针对噪声污染采取了多种防治措施，建立了一系列的法律法规。在整个体系中，《噪声污染防治法》作为最高级法律法规，统领一系列国家制定的标准、政策，再下一级为地方性办法、政策，三个层次同时构成了我国的噪声治理体系。从历年的治理情况来看，我国的噪声治理方案在法律层面形成的体系，能够较好地实现噪声的控制，基本能控制噪声问题。在我国的噪声治理法规中，《噪声污染防治法》作为统领性法律，作用至关重要，从法律角度对噪声及噪声污染、噪声扰民等问题做出规定，方便处理实际噪声污染问题。国家级的噪声相关标准、政策包括五个方面，分别为环境噪声暴露量标准、环境噪声排放量标准、环境噪声辐射标准、环境管理相关规范以及建筑隔声规范，这几项针对的目标有所区别。环境噪声暴露量标准针对的是噪声敏感目标所处环境的噪声级，主要包括改善城市声环境的《声环境质量标准》（GB 3096—2008）和改善机场周围声环境的《机场周围飞机噪声环境标准》（GB 9660—1988），其作用是控制噪声敏感地区周围的噪声暴露量，避免区域居民处于长期噪声暴露状态下。环境暴露量标准对整体环境进行区域划分，针对不同的区域给出相应的指标，从而达到控制目的。环境噪声排放量标准控制特殊厂界的噪声释放量，包括《工业企业厂界环境噪声排放标准》（GB 12348—2008）、《建筑施工场界环境噪声排放标准》（GB 12523—2011）等，针对目标一般为工业、企业、团体单位，意在从声源处控制噪声的排放量。环境噪声辐射标准则是针对噪声释放量大的产品制定，目前我国拥有的噪声辐射的规范主要针对车辆产品、农林机械产品、工业设备三个方面，包括《摩托车和轻便摩托车加速行驶噪声限值及测量方法》（GB 16169—2005）、《汽车定置噪声限值》（GB 16170—2004）等，我国噪声辐射量的相关标准数量少，种类较为局限，在后续的工作中需根据现实状况针对不同的工业产品制定相对应的辐射量标准。另外，还有起到辅助管理、测量的环境管理规范以及针对房屋建筑设计的隔声标准。辅助管理、测量的环境管理规范主要涉及的是生态环境部指导文件和环境噪声检测规范，分别从区域划分、技术规范、防噪声产品等方面给出要求。房屋建筑设计隔声标准有《民用建筑隔声设计规范》（GB 50118—2010）以及“声学　建筑和建筑构件隔声测量”系列标准等，在对建筑构配件隔声量和室内受声量两方面做出要求的同时，还规定了建筑各构件、房间的隔声量测量规范。我国噪声法律法规体系中的各法律、政策、标准有一定的体系，次序分明，分类明确。但在实施过程中相互独立，针对性较强，各项标准的关联性较弱。总体来看，我国环境噪声标准在规模上已形成体系，但在内容上需要一定充实，各标准还需要相应的沟通。

**噪声控制标准的评价指标** 在现有环境噪声标准中，常采用的指标为 $L_{Aeq}$、$L_{dn}$ 和 LN。其他指标还包括噪声冲击指数（NNI）和噪声评价曲线（NR）等。20 世纪 90 年代之前，有些国家采用 NNI 作为噪声评价量；1990 年以后，绝大多数国家开始采用 $L_{Aeq}$、$L_{dn}$ 和 LN 作为评价指标。考虑到 $L_{Aeq}$ 和 $L_{dn}$ 可以将噪声的持续影响包含在内，在评价环境噪声时多将其作为首要评价指标。然而，采取 $L_{Aeq}$、$L_{dn}$ 作为评价指标也存在一些问题。例如，脉冲噪声会对人耳听力造成损伤，单次噪声事件等情况用 $L_{Aeq}$、$L_{dn}$ 来评价也存在一定的缺陷。各国根据保护内容的不同，会采用不同的指标。例如，美国在保护内容上有两个分类，分别为保护听力健康和保证睡眠、语言交流正常，分别采用$L_{Aeq}$(24 h)和$L_{dn}$。在这两种指标中，$L_{Aeq}$用于评价导致听力损伤的噪声声压级，原因是$L_{Aeq}$(24 h) 可以计算出全天 24 h 的平均能量，用于在持续噪声暴露情况下稳定地评价造成听力损伤的噪声声压级；$L_{dn}$主要用于评价环境噪声，由于环境噪声在昼夜间对人烦恼度的影响有所区别，故而采取在 LN 的测得值上加入 10 dB 的修正因子，结合$L_{dn}$的数值共同对一整天的环境噪声进行评价。我国和英国、日本则将昼夜分为 2～3 个阶段，均采用$L_{Aeq}$作为评价指标，分段评价可以较为准确地描述在不同时间噪声对人的干扰程度，能够区分昼夜环境噪声声级所带来影响的差别。从环境噪声标准的评价指标来看，不同指标代表了不同的噪声控制理念。评价指标的选取也需要因地制宜，采取适合的指标作为评价。从我国现阶段的状况来看，采取国际上较为通用的$L_{Aeq}$更加有利于我国噪声标准的实施。首先，国际通用有利于我国和世界其他国家的交流，便于我国在新技术、新方法上与他国沟通，达到取长补短的目的。其次，我国采用$L_{Aeq}$作为评价的时间已久，贸然更换可能导致不必要的人力、物力的消耗，不利于我国噪声治理工作的有序进行。最后，采用昼夜$L_{Aeq}$的评价方式更有利于我国现阶段的国情，便于分段严格地控制环境噪声，保证整体区域的良好声品质。

**我国噪声控制标准目前存在的问题**　综合国内外环境噪声发展历史和环境噪声标准比较，我国环境噪声标准及其实施有以下四方面问题。①我国环境噪声标准限值缺少研究。从历史发展来看，国外环境噪声控制的基础性研究较为深入，对欧洲人种的噪声反应的研究成果可以支持其环境噪声标准的制定和修订，我国在这方面相对较弱，限制的适应性研究较少，没有结合我国居民生活习惯、文化传统的噪声反应研究，因此需要对我国居民的噪声标准限值进行研究。②我国环境噪声标准的修订和调查缺少连续性。从国外现阶段的环境噪声标准相关工作来看，其审核和修改工作较为严格，频率较高。根据我国的发展历史和现行环境噪声标准来看，我国的环境噪声标准修订间隔基本为 10 年，并已修订 3 次，但其间缺少环境噪声烦恼度的调查，没有形成连续的历史数据记录，不能为环境噪声标准的修订提供主要参考数据。③我国环境噪声治理活动缺少联合治理。从历史发展趋势来看，国际上更加趋向噪声联合治理，包括地区联合和法规标准联合。在地区联合治理方面，如欧洲等地已经形成较为完善的环境噪声联合治理规范，并在方法上有了新的突破。在标准法规联合方面，如英国等部分英联邦国家将规划与环境噪声控制相结合，同时考虑室内噪声控制和环境噪声暴露量，将环境噪声标准构筑成系统，打开噪声标准的覆盖面，形成本国独有的噪声治理法规体系。我国在地域联合方面缺失，在法规标准联合方面也存在一些问题。我国是否具有进行联合的必要和优先度需要进行研究。④我国环境噪声标准的实施缺少动力。从历史发展来看，国外民众通过主动或被动的方式加入了环境噪声标准的制定、执行和修订中，形成了国外环境噪声标准“以民为本”的治理思路。从规范横向比较来看，英国等欧洲国家已经采用了先进的噪声治理方式，通过噪声地图将政府、噪声治理机构、民众连成“三位一体”的循环反馈系统，充分发挥了民众的积极性，将噪声治理的工作全民化，节省了政府和噪声治理机构的人力和物力。我国在公众参与方面较差，推行环境噪声标准的动力不足，公众对环境噪声标准的实施没有起到应有的帮助作用。

（姬培锋　陈翔）

zaosheng wuran weisheng xianzhi

**噪声污染卫生限值**　（noise pollution health limit）　根据健康要求对噪声污染的卫生学容许限量值，以等效 A 声级为依据。

**国家职业卫生相关标准**　《工作场所有害因素职业接触限值　第 2 部分：物理因素》（GBZ 2. 2—2007）作了如下的相关规定：

**按额定 8 h 工作日规格化的等效连续 A 计权声压级（8 h 等效声级）**　将一天实际工作时间

内接触的噪声强度等效为工作 8 h 的等效声级。

**按额定每周工作 40 h 规格化的等效连续 A 计权声压级（每周 40 h 等效声级）** 非每周 5 d 工作制的特殊工作场所接触的噪声声级等效为每周工作 40 h 的等效声级。

**噪声职业接触限值** 包括以下四方面。

**稳态噪声工作场合** 每周工作 5 d，每天工作 8 h，稳态噪声限值为 85 dB(A)，非稳态噪声等效声级的限值为 85 dB(A)，见表 1。

**表 1 工作场所噪声职业接触限值**

| 接触时间 | 接触限值/dB(A) | 备注 |
|---|---|---|
| 5d/周，=8h/d | 85 | 非稳态噪声计算 8h 等效声级 |
| 5d/周，≠8h/d | 85 | 计算 8h 等效声级 |
| ≠5d/周 | 85 | 计算 40 h 等效声级 |

**脉冲噪声工作场合** 噪声声压级峰值和脉冲次数不应超过表 2 的规定。

**表 2 工作场所脉冲噪声职业接触限值**

| 工作日接触脉冲次数 | 声压级峰值/dB(A) |
|---|---|
| ≤100 | 140 |
| ≤1 000 | 130 |
| ≤10 000 | 120 |

**工业企业噪声卫生设计标准** 《工业企业设计卫生标准》（GBZ 1—2010）中相关规定如下：工业企业噪声控制应按《工业企业噪声控制设计规范》（GB/T 50087—2013）设计，对生产工艺、操作维修、降噪效果进行综合分析，采用行之有效的新技术、新材料、新工艺、新方法。对于生产过程和设备产生的噪声，应首先从声源上进行控制，使噪声作业工作者接触噪声声级符合 GBZ 2.2 的要求。采用工程控制技术措施仍达不到 GBZ 2.2 要求的，应根据实际情况合理设计工作作息时间，并采取适宜的个人防护措施。非噪声工作地点的噪声声级设计要求应符合表 3 的规定。

**表 3 非噪声工作地点的噪声声级设计要求**

| 地点名称 | 噪声声级/dB(A) | 工效限值/dB(A) |
|---|---|---|
| 噪声车间观察（值班）室 | ≤75 | ≤55 |
| 非噪声车间办公室、会议室 | ≤60 | |
| 主控室、精密加工室 | ≤70 | |

**工业企业卫生防护距离标准** 《以噪声污染为主的工业企业卫生防护距离标准》（GB/T 18083—2000）规定了以噪声污染为主的工业企业与居住区之间所需的卫生防护距离，即产生有害因素的部门（车间或工段）的边界至居住区边界的最小距离（见表 4）。

**表 4 以噪声污染为主的工业企业卫生防护距离标准值**

| 序号 | 行业 | 企业名称 | 规模 | 声源强度/dB(A) | 卫生防护距离/m | 备注 |
|---|---|---|---|---|---|---|
| 1 | 纺织 | | | | | |
| 1-1 | | 棉纺织厂 | ≥5 万锭 | 100~105 | 100 | |
| 1-2 | | 棉纺织厂 | ≥5 万锭 | 90~95 | 50 | 含 5 万锭以下的中、小型工厂，以及车间、空调机房的外墙与外门、窗具有 20 dB(A) 以上隔声量的大、中型棉纺厂；不设织布车间的棉纺厂 |
| 1-3 | | 织布厂 | | 96~105 | 100 | 车间及空调机房外墙与外门、窗具有 20 dB(A) 以上隔声量时，可缩小 50 m |
| 1-4 | | 毛巾厂 | | 95~100 | 100 | 车间及空调机房外墙与外门、窗具有 20 dB(A) 以上隔声量时，可缩小 50 m |

续表

| 序号 | 行业 | 企业名称 | 规模 | 声源强度/dB(A) | 卫生防护距离/m | 备注 |
|---|---|---|---|---|---|---|
| 2 | 机械 | | | | | |
| 2-1 | | 制钉厂 | | 100~105 | 100 | |
| 2-2 | | 标准件厂 | | 95~105 | 100 | |
| 2-3 | | 专用汽车改装厂 | 中型 | 95~110 | 200 | |
| 2-4 | | 拖拉机厂 | 中型 | 100~112 | 200 | |
| 2-5 | | 汽轮机厂 | 中型 | 100~118 | 300 | |
| 2-6 | | 机床制造厂 | | 95~105 | 100 | 小机床生产企业 |
| 2-7 | | 钢丝绳厂 | 中型 | 95~100 | 100 | |
| 2-8 | | 铁路机车车辆厂 | 大型 | 100~120 | 300 | |
| 2-9 | | 风机厂 | 100~118 | 300 | | |
| 2-10 | | 锻造厂 | 中型 | 95~110 | 200 | |
| | | | 小型 | 90~100 | 100 | 不装汽锤或只用0.5 t以下汽锤 |
| 2-11 | | 轧钢厂 | 中型 | 95~110 | 300 | 不设炼钢车间的轧钢厂 |
| 3 | 轻工 | | | | | |
| 3-1 | | 印刷厂 | | 85~90 | 50 | |
| 3-2 | | 大、中型面粉厂（多层厂房） | | 90~105 | 200 | 当设计为全密封空调厂房、围护结构及门、窗具有20 dB(A)以上隔声效果时，可降为100 m |
| | | 小型（单层厂房） | | 85~100 | 100 | |
| 3-3 | | 木器厂 | 中型 | 90~100 | 100 | |
| 3-4 | | 型煤加工厂 | | 80~90 | 50 | 不设原煤及黏土粉碎作业的型煤加工厂 |
| 3-5 | | 型煤加工厂 | | 80~100 | 200 | 设有原煤和黏土等添加剂的综合型煤加工厂 |

（姬培锋　寇毅伟）

chengshi fangzaosheng guihua

**城市防噪声规划**　(city noise control planning)　在一个区域内，为防止噪声污染而合理地配置各类建筑物和道路网，通过控制城市人口数量、合理使用土地与划分区域、道路设施和两侧建筑布局等方面考虑城市建设规划，来实现城市的噪声控制，落实防噪声距离。加强城市规划，必须从源头防控噪声。实践证明，噪声污染的产生往往是因为规划源头缺乏管控。治理城市噪声污染要有前瞻意识，应充分发挥城市规划、市政管理、生态环境等职能部门作用，通过严格规划建设项目的声环境影响评价，落实噪声防护的规划区域（距离）。合理设置交通干线、工业园区等的噪声防护隔离区域（距离），并提出相应的减振降噪设施的规划设计。

**城市人口的影响**　控制城市人口是十分重要的，根据欧洲国家的统计，人口的增长与城市噪声有如下关系：

$$L_0 = 27 + 10\lg P$$

式中，$L_0$为从早上7点到晚上11点的平均声级，dB(A)；$P$ 为人口密度，人/km$^2$。

用该式估计城市噪声，其准确度在 3 dB(A) 以内，这在我国也基本适用。因此，严格控制城市人口密度的增长对减少城市噪声效果很明显。为了解决城市人口过于集中，以及随之而来的工业、商业、交通的集中，许多国家正采用在大城市远郊区建立卫星城的办法。例如，美国只有纽约、旧金山等几个城市是集中建设，大部分城市是卫星城建设；洛杉矶有100多个卫星城。新城市的建设，比较容易实现防控噪声的城市规划。旧城市的改造，要进行严格的噪声分区是很困难的。在旧城市的郊区建立“卫星城”，可以减少旧城市的人口和交通量，避免商业网点过于集中，从而减少噪声污染。此外，在交通干道的交叉路口设置立体通道（减少汽车喇叭声），建立声屏障，也是减少噪声干扰的有效措施。

**合理使用土地与划分区域** 是城市建设规划中减少噪声对人的干扰的有效方法。根据不同的使用目的和建筑物的噪声标准，选择建筑场所和位置，从而决定建立学校、住宅区和工厂区的合适地址。在进行建筑施工以前，首先应该进行噪声环境的预测，看是否能符合该建筑的环境噪声标准。

对于兴建噪声较大的工矿企业，还应该先进行预测评价，估计其对周围环境的影响。在区域规划中，应该尽量使居民区不与吵闹的工业区和商业区混杂，也应该考虑噪声控制的措施。例如，日本东京，考虑到工厂噪声干扰，在规划中将工厂集中到机场附近，因为都属噪声区，所以将其集中在一个地区，而将需要安静条件的区域集中到另一地区。

城市建设要按照各类建筑物的使用对环境安静程度的要求，进行区域划分和道路网布置。合理安排住宅区、混合区、商业区和工业区，尽量使要求安静的住宅区远离产生较高噪声的繁华商业区和工业区，使交通流量大的街道和高速公路不穿过住宅区，是控制城市噪声的最根本措施。因为对于毗邻噪声强烈的工厂的住宅或其他需要安静的建筑物来说，用隔声方法控制噪声是困难的，也是不经济的。

《声环境质量标准》（GB 3096—2008）中按区域的使用功能特点和环境质量要求，将城市的声环境功能区分为以下五种类型：

**0 类声环境功能区** 康复疗养区等特别需要安静的区域。

**1 类声环境功能区** 以居住、医疗卫生、文化体育、科研设计、行政办公为主要功能，需要保持安静的区域。

**2 类声环境功能区** 以商业金融、集市贸易为主要功能，或者居住、商业、工业混杂，需要维护住宅安静的区域。

**3 类声环境功能区** 以工业生产、仓储物流为主要功能，需要防止工业噪声对周围环境产生严重影响的区域。

**4 类声环境功能区** 交通干线两侧一定区域之内，需要防止交通噪声对周围环境产生严重影响的区域，包括 4a 类和 4b 类两种类型。4a 类为高速公路、一级公路、二级公路、城市快速路、城市主干路、城市次干路、城市轨道交通（地面段）、内河航道两侧区域；4b 类为铁路干线两侧区域。

**道路设施和两侧建筑布局** 合理的布局对减少交通噪声具有很好的效果。目前一些国家在高速公路进入市区的路段，采用路旁屏障来降低交通噪声干扰。日本高架公路新干线穿过市区时，采用屏障来减少噪声。

在通过居住区地段，利用临街商亭手工艺工厂作为屏障，也是一种可行的办法。在沿道路快车线外沿，建筑商亭，使商亭背面作为广告墙面朝向道路一侧，而商亭营业门面朝向居住建筑物一侧，这样的设施不仅是理想的声障板，对美化市容、保证交通安全也有好处。

道路绿化降噪效果不显著，一般很厚的林带，每 100 m 有 10 dB(A) 左右的降噪效果。草皮每 100 m 有几分贝的降噪效果（参见绿化降噪）。但在城市中种植几十米甚至上百米的林带是不现实的。虽然绿化减噪本身的衰减量不大，但绿化对环境的净化有一定的心理效果。道路两侧建筑物布局方法，应考虑使噪声的影响降至最小，如利用地形或声屏障，使噪声不断降低。

此外，在住宅建筑物临街一侧，可设计有吸声墙面和吸声顶棚的走廊，这样，居住房间的噪声可以减少 10 dB(A) 以上。目前我国城市道路两侧住宅大多是 12 层以上的高层建筑，这对于背靠道路一侧的居住区来说是一个很好的声屏障。

（姬培锋　陈翔）

**推荐书目**

方丹群，张斌，孙家麒，等. 噪声控制工程学（上册）. 北京：科学出版社，2013.

# 振动污染控制

zhendong wuran kongzhi

**振动污染控制** （vibration pollution control） 借助控制振动的技术和方法抑制有害的环境振动污染，从而满足人们日常生产和生活的要求。一般包括振动污染与振动控制的研究。

**沿革** 随着现代工业的迅速发展、城市规模的日益扩大，振动对大都市生活环境和工作环境的影响引起了人们的普遍关注。国际上已把振动列为七大环境公害之一。振动污染控制工程的发展与噪声污染控制密切相关，国际上早已开始着手研究环境振动规律、振动产生的原因，传播路径与控制方法以及对人体的危害等问题。我国于1988年颁布了《城市区域环境振动标准》（GB 10070—88），对城市不同区域的环境振动标准限值作出了规定。

**振动的危害** 振动是工业生产和人们生活中极其常见的物理现象。在机械加工领域，振动会造成机械结构的磨损，降低加工精度；在交通运输领域，振动会降低安全度和舒适度；在航空航天领域，很多火箭发射失利是由于振动引发的故障；在土木工程领域，振动会导致桥梁断裂、楼房倒塌，甚至造成人员伤亡等。通常所说的振动控制是指振动抑制，也就是对系统的动态响应或不稳定性加以控制，把系统的振动水平限制在最小限度或最小允许程度以内。经典的振动控制主要采用阻尼、隔振和吸振的方法实施，其结构是被动装置，因此从控制角度属于被动控制。

**振动污染控制技术分类及发展** 主要分为被动阻尼减振、阻尼减振主动控制、振动隔离技术和方法、被动式非线性隔振器、主动隔振和动力吸振器。

**被动阻尼减振** 阻尼技术已经成功地应用于减小结构振动的响应、避免结构出现不稳定以及降低振动引起的噪声等方面。阻尼材料也称黏弹阻尼材料，或黏弹性高阻尼材料，包括塑料和橡胶两类。当其产生动态应力和应变时，黏弹材料使一部分能量转化为热能而耗散掉，而另一部分能量以位能的形式贮存起来。阻尼器的形式多种多样，包括金属阻尼器、摩擦阻尼器、黏滞阻尼器和液柱阻尼器等，可根据具体工程需要选择不同形式的阻尼器。

表面阻尼处理是提高结构阻尼、抑制共振、改善结构抗振降噪的有效方法之一，通常分为两大类：①自由阻尼处理。将一层一定厚度的黏弹阻尼材料敷贴于构件表面，由于黏弹阻尼外侧表面处于自由状态，称这一阻尼层为自由阻尼层。阻尼层随基本结构一起产生弯曲振动时，主要通过受拉变形而耗损振动能量。自由阻尼处理属于拉压耗能，工艺简单、施工方便。②约束阻尼处理。在自由阻尼处理的阻尼层外侧表面再粘贴一弹性层。当阻尼层随基本结构一起产生弯曲振动时，由于约束阻尼层的限制，主要承受剪切变形，从而产生阻尼耗能。约束阻尼属于剪切耗能，剪切耗能远大于拉压耗能，因此约束阻尼处理的效果要优于自由阻尼处理。使用被动约束阻尼机制的夹层结构在工程中得到了广泛的应用。早在1965年Kerwin就对一个无限长的简支夹层梁进行了研究，得到了梁截面弯曲刚度的表达式。Lu 等学者得到了一个带有夹层阻尼的复合材料板的振动模型，对其强迫振动进行了分析。传统的被动阻尼技术具有设计和实现简单、可靠等优点，是目前工程界普遍采用的减振措施之一。但其大幅提高了系统的重量，另外，黏弹阻尼材料的剪切模量和阻尼损耗因子随外部环境如温度和振动频率等变化很大，从而限制了被动阻尼结构的应用范围，因此，学者们开始寻求主动阻尼减振技术。

**阻尼减振主动控制** 利用主动控制策略，通过调节阻尼比可以使振动得到有效的衰减或抑制，同时保证系统的静、动态性能。主动阻尼控制技术，因系统附加质量小、可控频率宽、响应速度快、功率消耗小，成为振动控制的一个研究热点。常用的方法是在作动器使用智能材料（包括压电材料、电致伸缩材料、磁致伸缩材料、形状记忆合金和温控材料等）。

主动约束层阻尼振动控制技术产生于 20 世纪 90 年代，1993 年，Baz 和 Ro 利用主动约束层阻尼实现振动的主动控制，其思想是通过外力主动调整并耗散复合结构中主动约束层阻尼的剪切应变能，实现结构振动的衰减或抑制。

目前，在振动抑制中开始使用压电复合材料。大量的压电复合材料由压电材料和被动高分子相组成，因此其材料特性优于压电材料和高分子材料。研究表明，选择含有气体的橡胶高分子材料矩阵和在复合材料表面使用质量很轻的盖板能够提高系统的性能。

**振动隔离技术和方法** 隔振系统由被隔振物体、支承结构和放置在两者之间的隔振器组成。根据隔离激励的对象不同隔振问题可以分为两类：一类为隔力，又称积极隔振；另一类为隔幅，又称消极隔振。如果隔振器放置在振源和周围环境之间，即为积极隔振，目的在于阻止或减小动力传递，使周围环境或建筑结构不受这种机械振动的影响。如果隔振器放置在精密设备和周围环境之间，即为消极隔振，目的在于阻止或减小运动位移的传递，使精密仪表与设备不受这种基础振动的影响。积极隔振和消极隔振的主要方法都是在动力设备或精密设备与支承结构之间设置减振器或减振材料。根据隔振装置是否要求该振动系统以外的能源装置提供能量支持正常工作，隔振系统又可以分为被动隔振系统（无源隔振）和主动隔振系统（有源隔振）两种。经典的线性隔振器有严密的理论支撑体系，当外激励的频率大于结构等效固有频率的$\sqrt{2}$倍时，传递率小于 1，因此振动隔离是有效的。当振动结构为单自由度系统时，由于只有一个固有频率，因此对于简谐激励来说，只需要减小结构的固有频率就可以改进振动隔离效果。但是由于结构的弹簧和阻尼器等参数固定，因此不能根据外激励的变化进行结构优化设计，大刚度降低隔振频带，小刚度又会导致承载能力降低；阻尼一方面在无效隔振带可以抑制振动，另一方面在隔振带范围降低隔振效率，经典的隔振技术很难协调这样的矛盾。随着人们对非线性动力系统和时滞系统认识的深入，近年来开始利用非线性和时滞反馈构造新型隔振器，主要目标是实现高频段提高静荷载承载能力和减小低频响应，即所谓“高静低动”。研究发现，非线性刚度特性对于静态的隔振装置来说，能够有效地提高其稳定性以及静态承载能力，而非线性阻尼特性能够帮助隔振结构在高频范围内改进振动隔离效果。

**被动式非线性隔振器** 被动液压非线性阻尼器被广泛地应用于被动隔振系统中，如汽车的悬架装置、飞机的起落装置等。非线性刚度特性对于静态的隔振装置来说，能够有效地提高其稳定性以及静态承载能力；非线性阻尼特性能够帮助隔振结构改进其在高频范围内的振动隔离效果。被动式非线性隔振器主要包括气囊隔振器、空气弹簧悬架隔振器和准零刚度隔振结构。

气囊隔振器 具有承载力大、结构尺寸小、固有频率低等优点，能够显著降低结构噪声。

空气弹簧悬架隔振器 是以空气弹簧为弹性元件，利用气体的可压缩性实现其弹性作用的。由于空气弹簧具有非线性弹性特征，可将其特征曲线设计成理想形状，因此安装有空气弹簧悬架隔振器的汽车振动频率低、车轮动载荷小，可以获得良好的行驶平顺性、操纵稳定性和行驶安全性，减小高速行驶车辆对路面的破坏。

*准零刚度隔振结构* 是最常见的单自由度被动的非线性隔振器。具有较好的承载能力、较大的有效隔振频带等优点。但也存在不足之处。例如，当线性刚度被减小至小于零时，结构的静态平衡点不稳定；并且随着线性刚度的减小，非线性刚度增大引起较大频带上的多稳态现象；隔振结构的可调参数为水平弹簧的预压，但预压值并不能对阻尼特性产生影响，因此结构在共振峰值处的振动很难通过被动的方法抑制；由于水平弹簧只能改进准零刚度隔振结构竖直方向的隔振效果，水平方向还是等同于一个弹簧质量系统。因此，许多研究集中于如何改造准零刚度隔振结构。

**主动隔振** 由于其智能性并且能够在全频带上控制振动，主动隔振可以被应用在工业机床行业精密仪器的振动隔离、航天航空隔振平台、飞机飞行员座椅的悬挂系统以及一些对振动具有严格要求的控制系统。主动控制系统可以实现振动的干扰和补偿，通过调节控制参数，还可以对结构实现不同形式的控制。例如，利用机电结构，基于让振动有效衰减的概念将相反相位的激励输入隔振结构中的隔振对象上，以达到期望的完全抑制振动的效果。利用主动控制组件，可以有效地对多方向隔振平台的振动能量进行抑制。在主动控制的振动系统中，两种应用广泛的、有效的控制策略分别为前馈控制和反馈控制。前馈控制涉及与输入相关的信号，然后产生一个控制信号，驱动作动器以抑制结构的振动。前馈控制通常用于周期性扰动，将与输入相关的信号和干扰输入提供给控制器。反馈控制的原理是将来自结构响应的运动状态作为信号源传输到控制器，然后产生一个控制信号，驱动作动器控制结构的振动响应。反馈控制可以用在冲击激励、周期激励和随机激励等不同的振动背景中。对于基座上的随机激励，由于随机激励是宽带的信号并且时间历程上表现为不可预知的波形，因此通常采用反馈控制为隔离控制方法。对于隔振结构来说，主动控制信号可以使用位移、速度、加速度或力信号作为反馈控制信号，一般利用速度反馈控制的情况较多。利用速度反馈控制可以在保证结构稳定的条件下得到较理想的阻尼力，但是对于高频范围内的振动隔离来说，速度反馈控制并不是一个很好的选择。

**动力吸振器** 在受控对象上附加一个质量－刚度－阻尼子系统，用它产生的控制力来部分或完全抵消受控对象受到的简谐激振力。这时，子系统“吸收”了主系统的振动，故称子系统为动力吸振器。根据是否需要振动系统以外的能源来为吸振器提供能量，可将动力吸振器分为被动式动力吸振器、主动式动力吸振器。

*被动式动力吸振器* 动力吸振器最早于1909 年由 Frahm 提出。他设计了一个水箱来抑制船体的横摇，在设计过程中他忽略了阻尼并以抑制主系统的共振为目标。当动力吸振器的固有频率与主系统的固有频率相等时，由于共振作用主系统的振幅将衰减为零。李俊等将简谐激励下无阻尼单自由度动力吸振器的设计思想应用到多谐波激励无阻尼多自由度动力吸振器的设计中，通过合理的设计辅系统可以完全消除主系统中某质点的振动。然而，由于这种设计仅在主系统共振点及附近有效，为了拓宽吸振器的有效吸振频带，人们提出了阻尼动力吸振器、采用非线性弹簧的动力吸振器、离散分布式动力吸振器。与此同时，人们也针对不同的优化目标（如最大振幅最小、最大速度最小、位移方差最小、功率流最小等）研究了吸振器的优化效果以及对动力吸振器进行优化设计的方法。虽然被动式动力吸振器对主系统的窄带响应有较好的吸振效果，其有效吸振频带已得到拓宽，但它对结构在激励频带内具有多个共振峰以及旋转机械从静止开始加速的过程中由于质量偏心产生的振动等宽频带振动的吸

振效果依然不理想。

*主动式动力吸振器* 主动式动力吸振器引入了主动控制的方法，根据主系统的振动状态利用控制器调节吸振器的状态以实现减小结构动力响应的目的。一般可把主动式动力吸振器分为可调频式和非可调频式两种。可调频式动力吸振器的固有频率能够跟踪激励频率，使主系统始终处于反共振状态从而使振动达到最小，依控制力实现的方式主要有磁浮式、电动式、电磁弹簧等类型。非可调频式动力吸振器主要通过调节阻尼、刚度等吸振器参数来实现吸振，可分为主动变刚度、主动质量阻尼系统和采用智能材料（如磁流变弹性体）的结构智能控制等。

**展望** 非线性隔振结构是一种新型的利用结构本身特性实现较好的隔振效果的结构，其中准零刚度隔振结构由于其等效线性刚度较小，可以实现较好的隔振效果，但是由于准零刚度隔振结构容易出现不稳定、分岔以及强非线性等缺点，局限了其发展以及应用。而时滞主动控制方法是一种新的抑制振动技术，将其应用在非线性隔振结构中的理论分析和实验等是隔振技术的一个重要领域。基于时滞和非线性能够为振动抑制带来节省成本、方便应用、单方向/多方向振动隔离效果好等优点，需要对带有时滞主动控制的非线性隔振结构进行数学分析和设计，得到时滞对隔振效果的影响以及机理，并将其应用于更广泛的工程实际中。对动力吸振器技术的进一步研究主要是研制新型的主动式动力吸振器执行机构。采用新型智能材料作为执行机构具有广阔的前景，吸振器的元件材料也有待进一步研究；研究和建立自适应和智能化控制算法，提高控制精度，拓宽动力吸振技术的使用范围是一个发展趋势。

（孙陆阳　安锋岩）

**推荐书目**

马大猷．噪声与振动控制工程手册．北京：机械工业出版社，2002.

马大猷，沈嵘．声学手册（修订版）．北京：科学出版社，2004.

Ewins D J, Rao S, Braun S G. Encyclopedia of Vibration. San Diego: Academic Press, 2001.

zhendong wuran

**振动污染** （vibration pollution） 振动超过一定的界限，从而对人体的健康和设施产生损害，对人的生活和工作环境形成干扰，或使机器、设备和仪表不能正常工作。振动污染具有以下三个特点：①主观性。是一种危害人体健康的感觉公害。②局部性。仅涉及振动源邻近的地区。③瞬时性。在环境中无残余污染物，不积累，振源停止，污染即停止。

**振动污染源类别** 主要包括自然振源和人为振源两部分。

**自然振源** 指地震、火山爆发等自然现象。自然振动带来的灾害往往难以避免，只能加强预报减少损失。

**人为振源** 主要包括工厂振动源、工程振动源、道路交通振动源、低频空气振动源。

*工厂振动源* 主要指旋转机械、往复机械、传动轴系、管道振动等，如锻压、铸造、切削、风动、破碎、球磨以及动力等机械和各种输气、液、粉的管道。特征参数：常见工厂振源附近，面上加速度级：80～140 dB；振级：60～100 dB；峰值频率：10～125 Hz。

*工程振动源* 主要指工程施工现场的各种设备，如打桩机、打夯机、水泥搅拌机、碾压设备、爆破作业以及各种大型运输机车等。特征参数：常见工程振源附近，振级：60～100 dB。

*道路交通振动源* 包括公路振动、铁路振动等。①铁路振源。频率：一般为 20～80 Hz；离铁轨 30 m 处的振动加速度级为 85～100 dB，振动级为 75～90 dB。②公路振源。频率一般为 2～160 Hz，其中以 5～63 Hz 的频率成分较为集中；振级多为 65～90 dB。

*低频空气振动源* 指人耳可听见的 100 Hz 左右的低频振动，如玻璃窗、门产生的人耳难以听见的低频空气振动，这种振动多发生在工厂。

**振动污染源划分** 按形式可分为：①固定式单个振动源，如一台冲床或一台水泵等；②集合振动源，包括厂界环境振动、建筑施工场界环境振动。根据振动源的动态特征不同，振动源主要可以分为以下四类：①稳态振动源。稳态振动指观测时间内振级变化不大的振动，旋转或往复运动的机械多为稳态振动源，如往复运动机械空压机、柴油机等，旋转机械类如发电机、发动机、通风机等。②冲击振动源。冲击振动是有突发性振级变化的振动，打桩机、冲床、纺锤等即为冲击振动源。③无规则振动源。无规则振动是振级预先不能确定的振动，道路交通、房屋施工、室内运动等均为无规则振动源。④铁路振动源。铁路振动是列车行驶带来的轨道侧30 m外的环境振动，铁路机车的运行等是铁路振动源。

**振动对人体的影响** 人体对振动的反应与一个弹性体相当。人体全身垂直振动在4～8 Hz时有一个大的共振峰，主要由胸部共振产生，因此4～8 Hz的振动对胸腔内脏影响最大。在10 Hz附近还有一个由腹部共振导致的共振峰，故腹部内脏对10 Hz的振动反应最大。此外，头部共振频率为8～12 Hz。振动对人体的影响按振动的强度和暴露时间大致分为以下四种情况：①人体刚能感受到振动，即通常所说的“感觉阈”。人们对刚超过感觉阈的振动，一般并不觉得不舒适，即多数人对这种振动是可容忍的。②振动的振幅加大到一定程度，人就会感觉到不舒适，或者做出“讨厌”的反应，这就是“不舒适阈”。“不舒适”是一种心理反应，是大脑对振动信息的一种判断，并没有产生生理的影响。③振动振幅进一步增加，达到某种程度，人对振动的感觉就由“不舒适”进入“疲劳阈”。对超过疲劳阈的振动，不仅有心理的反应，也出现生理的反应。即振动的感受器官和神经系统的功能在振动的刺激下受到影响，并通过神经系统对人体的其他功能产生影响，如注意力的转移、工作效率的降低等。对于刚超过“疲劳阈”的振动来讲，振动停止以后，这些生理影响是可以消除的。④振动的强度继续增加，就进入“危险阈”（或“极限阈”）。当超过危险阈时，振动对人不仅有心理、生理的影响，还产生病理性的损伤。这样强的振动将使感受器官和神经系统产生永久性病变，即使振动停止也不能复原。

振动对人体的影响分为全身振动和局部振动。全身振动是由振动源（振动机械、车辆、活动的工作平台）通过身体的支持部分（足部和臀部），将振动沿下肢或躯干传布全身引起的；局部振动则以接触振动为主，如通过振动工具、振动机械或振动工件传向操作者手和臂的振动。主要从以下几个方面对人体产生影响：①振动对生理的影响。损伤人的机体，引起循环系统、呼吸系统、消化系统、神经系统、代谢系统、感官的各种病症，损伤脑、肺、心、消化器官、肝、肾、脊髓、关节等。②振动对睡眠的影响。睡眠深度1度（浅睡眠）：振动级60 dB无影响，69 dB以上则全部觉醒；深度2度（中度睡眠）：60～65 dB无影响，79 dB以上全部觉醒；因2度睡眠占8小时睡眠时间一半以上，故影响这种睡眠的振动级令人厌烦；睡眠深度3度（深睡眠）：74 dB以上方会觉醒，觉醒率很低；睡眠深度REM（异相睡眠，指睡眠多梦期）：振动影响介于深度2度和3度之间。③振动对心理的影响。人们在感受到振动时，心理上产生不愉快、烦躁、不可忍受等各种反应。除振动感受器官感受到振动外，有时也会看到电灯摇动或水面晃动，听到门、窗发出的声响，从而判断房屋在振动。人体对振动的感受很复杂，往往是包括若干其他感受在内的综合性感受。④振动对工作效率的影响：振动引起人体的生理和心理变化，导致工作效率降低。振动可使视力减退，用眼工作所花费的时间长。振动使人反应滞后，妨碍肌肉运动，影响语言交谈，导致复杂工作的错误率上升等。

**常见的振动作业** 全身振动的频率主要在1～20 Hz。局部振动作用的频率在20～1 000 Hz。上述划分是相对的，在一定频率范围（如100 Hz以下）既有局部振动作用又有全身振动作用。局部振动作业主要是使用振动工具的各工种进行的作业，如砂铆工、锻工、钻孔工、捣固工、研磨工及电锯、电刨的使用者等；全身振动作业主要是振动机械的操作工的作业，如震源车的震源工、车载钻机的操作工、钻井发电机房内的发电工及野外活动设备上的振动作业工人等。

**振动对人体的危害** 主要有全身振动和局部振动两种。全身振动可以通过支撑表面，如站着的脚、坐着的臀部或者斜躺着的躯体的支撑面，传递到整个人体上。长期承受过量的全身振动会引起视觉模糊、注意力不集中，头晕，脸色苍白，恶心、呕吐，甚至丧失活动能力等。某些振动级和频率可能对人体内脏造成永久的损害，以及周围神经和血管功能的改变，可造成各种类型的、组织的、生物化学的改变，导致组织营养不良，如足部疼痛、下肢疲劳、足背脉搏动减弱、皮肤温度降低，女工可发生子宫下垂、自然流产及异常分娩率增加。一般人可发生性机能下降、气体代谢增加。晕车、晕船即属全身振动性疾病。全身振动还可造成腰椎损伤等运动系统影响。局部接触强烈振动以手接触振动工具的方式为主，由于工作状态的不同，振动可传给一侧或双侧手臂，有时可传到肩部。长期持续使用振动工具能引起末梢循环、末梢神经和骨关节肌肉运动系统的障碍，严重时可引起国家法定职业病——局部振动病。局部振动病也称职业性雷诺现象、振动性血管神经病或振动性白手指病等，参见白手指。振动的频率、振幅和加速度是振动作用于人体的主要因素。另外，气温（尤其是寒冷）、噪声、接触时间、体位和姿势、个体差异、被加工部件的硬度、冲击力及紧张等因素等均可影响振动对人体的作用。

**振动对生产和环境的影响** 在工业生产中，机械设备运转发生的振动大多是有害的。振动使机械设备本身疲劳和磨损，从而缩短机械设备的使用寿命，甚至使机械设备中的构件发生刚度和强度破坏。对于机械加工机床，如振动过大，可使加工精度降低；飞机机翼的颤振、机轮的摆动和发动机的异常振动，都有可能造成飞行事故。各种机器设备、运输工具会引起附近地面的振动，并以波动形式传递到周围的建筑物，造成不同程度的噪声环境污染，从而使振动引起的环境公害日益受到人们的关注。振动引起的公害主要表现在以下几个方面。①由振动引起的对机器设备、仪表和建筑物的破坏，主要表现为：干扰机器设备、仪表的正常工作，对其工作精度造成影响，并由于对设备、仪表的刚度和强度的损伤造成其使用寿命的降低；振动能够减弱建筑物的结构强度，在较强振源的长期作用下，建筑物会出现墙壁裂缝、基础下沉，甚至发生振级超过 140 dB(A) 使建筑物倒塌的现象。②冲锻设备、加工机械、纺织设备（如打桩机、锻锤等）都可以引起强烈的支撑面振动，有时地面垂直向振级最高可达150 dB(A)。另外，为居民日常服务和维护服务的锅炉引风、水泵等都可以引起 75 ~ 130 dB(A) 的地面振动，当超过 75 dB(A) 时，便产生烦躁感，当 85 dB(A) 以上时，就会严重干扰人们正常的生活和工作，甚至损害人体健康。③机械设备运行时产生的振动传递到建筑物的基础、楼板或其相邻结构，可以引起它们的振动，这种振动可以以弹性波的形式沿着建筑结构进行传递，使相邻的建筑物空气发生振动，并产生辐射声波，引起结构噪声。由于固体声衰缓慢，可以传递到很远的地方，所以常常造成大面积的结构噪声污染。④强烈的地面振动源不但可以产生地面振动，还能产生很大的撞击噪声，有时可达 100 dB(A)，这种空气噪声可以以声波的形式进行传递，从而引起噪声环境污染，进而影响人们的正常生活。⑤振动施于建筑物，由于振动强度和频率的不同，将会使得某些建筑物的建筑结构受到破坏。常见的破坏现象表现为基础和墙壁龟裂、墙皮剥落、石块滑动、地基变形和下沉等，重者可使建筑物倒塌。⑥振动对精密仪器、设备的影响主要表现在以下三个方面：a. 振动会影响精密仪器仪表的正常运行，影响对仪器仪表刻度阅读的准确性和阅读速度，甚至根本无法读数。如果振动过大，会直接影响仪器、仪表的使用寿命，甚至破坏。b. 对某些灵敏的电器，如灵敏继电器，振动甚至会引起其误动作，从而可能造成一些重大事故。c. 振动会使精密机床的加工精度下降、粗糙度上升，使质量无法保证。当振动过大时，会直接造成精密机床的刀具、精密部件受到损坏。（孙陆阳 安锋岩）

**推荐书目**

马大猷．噪声与振动控制工程手册．北京：机械工业出版社，2002.

zhendong kongzhi

**振动控制** （vibration control） 采用一定的手段使作用于受控对象的振动级满足预定的要求。广义上，振动控制包括有利振动的利用和有害振动的抑制两方面的内容。但通常情况下，振动对系统本身及环境都是有害的，因此需要借助技术措施减轻物体振动并阻止其传播。振动控制是振动工程领域的一个重要分支，是振动研究的出发点和归宿。

**振动控制的手段** 主要有消振、隔振、吸振、阻振和结构修改五种。

**消振** 指消除或减弱振源，这是一种治本的方法。因为受控对象的响应是由振源引起的，外因消除或减弱，响应也将消除或减弱。例如，对不平衡的刚性或柔性转子，采用动平衡方法消除或减弱它们在转动时因质量不平衡出现的离心力及力矩；又如车刀的颤振，可通过加冷却剂的方法减小切削时车刀与工件之间的摩擦力，破坏出现颤振的条件等。

**隔振** 是利用振动元件间阻抗的不匹配，以降低振动传播的措施。隔振主要分为积极隔振和消极隔振两种。积极隔振是将隔振技术应用于振动源上，把振动能量限制在振动源，使之不向外界传递，以免激发其他构件的振动；消极隔振则是将隔振技术应用于受控对象上，把需要小振动的物体与振动环境进行隔离。采取隔振的主要措施是设计合适的隔振器。目前，几乎所有的旋转机械、精密仪器的支撑都要用到隔振技术。参见隔振。

**吸振** 又称动力吸振，是在受控对象上附加一动力吸振器，用它产生的吸振力抵消受控对象的振动。也可以认为是把受控对象的振动能量转移到动力吸振器上。吸振应用广泛，例如，为减小直升机在飞行中机体振动水平而采用的连于驾驶舱内的弹簧－质量块型吸振器、连于桨毂处的双线摆型吸振器及连于桨叶根部的摆式吸振器；又如高层建筑顶部安装的阻尼动力吸振器等，又称调谐质量阻尼器（TMD）。

**阻振** 又称阻尼减振，是通过黏滞效应或摩擦作用把振动能量转换为热能而耗散的措施。阻尼能抑制振动物体产生共振和降低振动物体在共振频率区的振幅，具体措施就是提高构件的阻尼或在构件上铺设阻尼材料和阻尼结构。例如，粘贴阻尼材料的汽车壁板能有效降低车辆在不平路面上行驶引起的随机振动；又如直升机增加桨叶减摆器的阻尼以防止出现动不稳定现象等。参见阻振。

**结构修改** 一般指通过修改受控对象的动力学特性参数使其振动满足预定的要求，这是一种不需附加任何子系统的振动控制方案。所谓动力学特性参数，是指影响受控对象质量、刚度与阻尼特性的参数，如惯性元件质量、转动惯量及其分布。对于实际存在的受控对象来说，这是结构修改问题；对于处于初始设计阶段的受控对象来说，则是动态设计问题。

**振动控制的分类** 按不同性质的振动区分，包括动力响应控制与动稳定性控制。按照是否需要外加能源，振动控制又可分为被动控制、主动控制以及半主动控制。

**动力响应控制** 对受控对象在外界扰动下产生的动力响应进行控制，从而使其满足预期目标。

**动稳定性控制** 对受控对象内部由正反馈引起的、随时间增长越来越大的自激振动进行控制，防止其造成破坏。

**被动控制** 又称无源控制，一般通过弹簧、阻尼等被动器件对振动进行抑制。由于结构简单、成本低、易于实现，该方法广泛应用于工程实际中，且在高频一般具有较好的表现。然而，传统被动方法往往受限于系统的物理性质，低频振动控制效果有限。

**主动控制** 又称有源控制，是指在振动控制过程中，根据传感器检测到的结构或系统振动，应用一定的控制策略，经过实时计算，驱动作动器对结构或系统施加一定的力或力矩，以抑制结构或系统的振动。与被动方法相反，主动控制往往在低频具有较好的表现，故一般将二者结合使用。由于能够弥补传统被动方法在低频段的缺陷，主动技术是振动控制领域一直以来的研究热点，并且有广泛的应用。随着信息技术、测控技术的发展，振动主动控制技术已成功应用在航空航天、土木建筑、精密机械、车辆工程以及船舶等诸多领域。目前，振动主动控制的研究工作主要集中于作动器/传感器研制、系统建模与模型简化、作动器/传感器的优化配置、控制器设计等方面。然而，主动控制必须依赖作动器、功放、控制器等系统，并且消耗外部能源，其成本较高。

**半主动控制** 介于被动控制和主动控制之间，一般通过参数可控的被动器件实现振动控制。由于被动器件的参数能够随工况变化而变化，其控制效果一般优于被动方法，但与主动方法仍有一定差距。另外，半主动控制的成本和能耗也介于被动控制和主动控制之间。

（孙陆阳　安锋岩）

**推荐书目**

陈怀海，贺旭东．振动及其控制．北京：国防工业出版社，2015.

zhendong fanghu

**振动防护** （protection against vibration） 为保护在强烈振动环境里工作的人免受危害所采取的预防、保护措施。具体包括：①改革工艺设备和方法，以达到减振的目的，从生产工艺上控制或消除振动源是振动防护的最根本措施。②采取自动化、半自动化控制装置，减少振动接触。③改进振动设备与工具，降低振动强度，或减少手持振动工具的重量，以减轻肌肉负荷和静力紧张等。④改进风动工具，改变排风口方向，工具固定。⑤改革工作制度，专人专机，及时保养和维修。⑥在地板及设备地基采取隔振措施（橡胶减振层、软木减振垫层、玻璃纤维毡减振垫层、复合式隔振装置）。⑦合理使用个人防护用品，如防振手套、防振鞋等。⑧控制车间及作业地点温度，保持在16℃以上。⑨建立合理劳动制度，坚持工间休息及定期轮换工作制度，以利于各器官系统功能的恢复。⑩加强技术训练，减少作业中的静力作业成分。⑪采取必要的保健措施：坚持就业前体检，凡患有就业禁忌证者，不能从事该作业；定期对工作人员进行体检，尽早发现受振动损伤的作业人员，采取适当预防措施及时治疗振动病患者。

（孙陆阳　安锋岩）

baishouzhi

**白手指** （Raynaud's disease） 又称雷诺现象，是一种由长期频繁剧烈振动触发血管痉挛而引起的手指、脚趾变色现象。雷诺现象又分为第一类雷诺现象和第二类雷诺现象。第一类雷诺现象是先天的，第二类雷诺现象是由某种诱因引起的。手指长期受到剧烈振动是这种现象的诱因之一。雷诺现象是由肢端血管神经功能紊乱引起周围血管极度收缩，因而导致组织低氧，会引起手指疼痛、变色，并产生冷进而感到麻木，还会降低手指触觉的灵敏性。雷诺现象的典型症状有：当手指遇冷时，由于血液供应不足，手指会变成苍白色并产生麻木感；当氧供应不足时，皮肤会变成蓝色；当皮肤受热时，皮肤会先变成红色，再回归正常，并伴有肿胀、刺痛感。长期操作手持式振动工具（如凿岩机、冲击钻等）的工人，手指会受到振动的损害，表现为手指感觉迟钝麻木，发白、发凉，严重时可能有外伤或病变，出现白手指。这类工人应注意此类手指疾病的防范。使用防振手套可减弱振动的传递，从而保护手部。

（孙陆阳　黄木泽）

**推荐书目**

马大猷．噪声与振动控制工程手册．北京：机械工业出版社，2002.

jianzhen jishu

**减振技术** （vibration reduction technology） 减少各类机械中不需要的机械振动的技术。

**减振措施** 一般的减振措施有减小激励作用、避开共振区、增加系统阻尼和使用减振器。

**减小激励作用** 减小激励能减小振动。电动机、高速旋转轴和往复运动的连杆、活塞等，在运动中由于不平衡而产生的周期性惯性力，常是产生受迫振动的主要根源。按要求对这些运动件进行动平衡即可减小振动。

**避开共振区** 若由于设计和制造不当，机械出现了共振，只有避开共振区才能有效地减小振动。为此，常在机械的适当部位增设筋条以提高系统固有频率，或增加质量块以降低系统固有频率，也可改变机械的激励频率而避开共振区。

**增加系统阻尼** 有些机械的振源不止一个，激励频率较多；或虽然只有一个振源，但激励频率经常改变，仅调整刚度或质量还可能产生新的共振。若增加系统的阻尼，便可在较宽的频率范围内减小振动。例如，箱体件经常产生频率范围很宽的受迫振动，其中有很多阶共振，同时产生强烈的噪声（见机械噪声）。在这类零部件表面粘上一层黏弹性材料如橡胶等，即可增加其阻尼，有效地抑制高频部分各阶共振。

**使用减振器** 在有些情况下可使用减振器。常用的减振器有：阻尼减振器，利用附加阻尼装置耗散振动能量；冲击减振器，利用附加质量反复冲击振动体减小振动；动力减振器（更多时候称为吸振器），在所要求的频率范围内，利用减振器中的辅助质量产生与作用于原系统的激励相反的力，使能量转移，减小振动；摆式减振器，利用摆体的动力对扭振系统做功以减小扭转振动。

**减振材料与装置** 常用的有以下几种：减振材料，如橡胶、软木、玻璃纤维、毛毡等；阻尼材料，如沥青、压层复合材料、阻尼合金、不锈钢丝网、阻尼陶瓷、阻尼玻璃等；减振装置，如钢弹簧隔振器、橡胶隔振器、空气弹簧等；复合结构，即各种减振结构的组合。

（孙陆阳　曹寅）

xizhenqi

**吸振器** （vibration absorber） 附加在振动体上的、转移振动体的振动能量到自身系统以减少振动体振动的设备，最常见的吸振器是动力吸振器。

**无阻尼动力吸振器** 是为了消除振动，在主质量上附加一个由辅助质量 $m_2$ 和弹性元件 $k_2$ 组成的动力吸振器（见图 1）。无阻尼动力吸振器结构简单，元件少，减振效果好。但减振频带窄，主要用于激振频率变化不大的情况。从图 1 中可以看到，主系统上增加了附加系统后，单自由度振动系统就变成了一个两自由度振动系统。

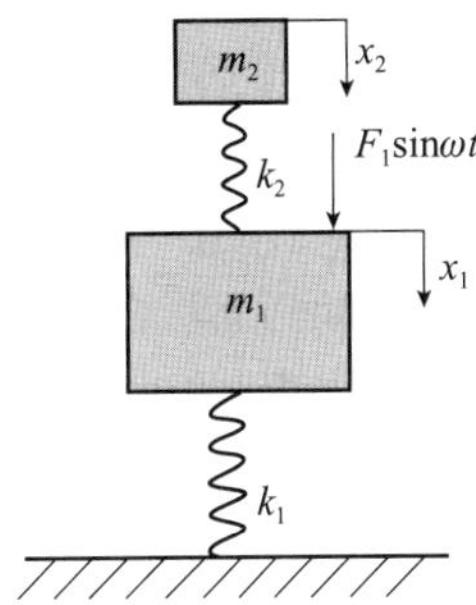


注：$F_1\sin\omega t$ 为系统受到的激励力；$m_1$ 为主质量；$k_1$ 为 $m_1$ 上弹性元件；$x_1$ 为 $m_1$ 受到激励的位移；$m_2$ 为辅助质量；$k_2$ 为 $m_2$ 上弹性元件；$x_2$ 为 $m_2$ 受到激励的位移。

**图 1　无阻尼动力吸振器动力学模型**

整个系统的运动方程为

$$\begin{pmatrix} m_1 & 0 \\ 0 & m_2 \end{pmatrix}\begin{Bmatrix} \ddot{x}_1 \\ \ddot{x}_2 \end{Bmatrix}+\begin{pmatrix} k_1+k_2 & -k_2 \\ -k_2 & k_2 \end{pmatrix}\begin{Bmatrix} x_1 \\ x_2 \end{Bmatrix}=\begin{Bmatrix} F_1\sin\omega t \\ 0 \end{Bmatrix}$$

设方程组的解为

$$\begin{Bmatrix} x_1 \\ x_2 \end{Bmatrix}=\begin{Bmatrix} A_1 \\ A_2 \end{Bmatrix}\sin\omega t$$

计算整理得到主质量和辅助质量的相对振幅分别为

$$
\begin{cases}
\dfrac{A_1}{\delta_{st}} = \dfrac{\alpha^2 - \lambda^2}{(1-\lambda^2)(\alpha^2-\lambda^2) - \mu\lambda^2\alpha^2} \\
\dfrac{A_2}{\delta_{st}} = \dfrac{\alpha^2}{(1-\lambda^2)(\alpha^2-\lambda^2) - \mu\lambda^2\alpha^2}
\end{cases}
$$

从上式可以看出，当 $\alpha=\lambda$ 时，$A_1=0$，即主系统振幅为 0，动力吸振器就是利用这一特性来消除主系统振动的。此时，其最大振幅为 $A_2=-F_1/k_2$。

在设计无阻尼吸振器时，应综合考虑以决定其参数。①为了消除系统的共振振幅，应使吸振器的固有频率等于主系统的固有频率，即 $\alpha=1$，则当 $\alpha=\lambda=1$ 时，可知主系统的共振振幅 $A_1=0$，即达到减振的目的。②注意扩大吸振器的吸振频带。由图 2 可以看到，所设计的吸振器，虽然消除了主系统原有的共振振幅，但在原共振点附近的 $\lambda_1$ 和 $\lambda_2$ 处，又出现了两个新的共振点，它们只与质量比有关。考虑外部激励频率往往有一定的变化范围，为了使主系统能够安全地运转在远离新共振点的范围内，要求这两个新共振点相距较远，一般要求质量比 >0.1。对于激励频率较稳定的振源，质量比可取小些。若主系统上还作用有其他不同频率的激振力，还须校核这些激励力是否在新的共振点处发生共振。

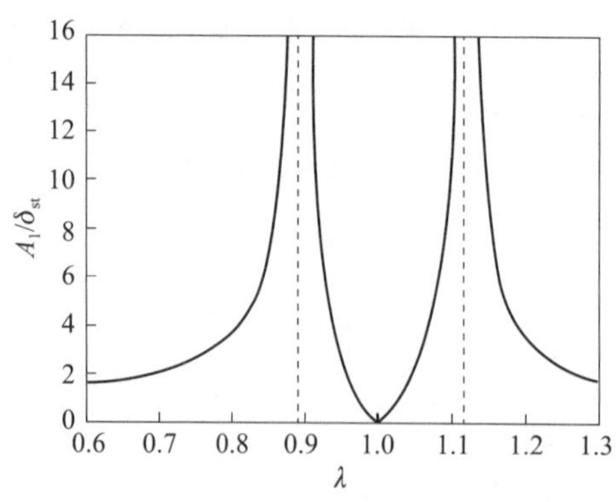


注：$\lambda$ 为归一化频率；$A_1/\delta_{st}$ 为归一化幅度。

**图 2　无阻尼动力吸振器幅频响应**

应考虑吸振器的振幅能否满足结构要求。当 $\alpha=1$ 时可能导致 $A_2$ 过大，辅助质量在吸振器内的活动空间不够。增大 $k_2$ 可使 $A_2$ 减小。因此适当调整 $m_2$ 与 $k_2$ 的比例，并相应地增加 $m_2$ 较为有利。

**有阻尼动力吸振器**　是在动力吸振器中，加入适当阻尼构成（见图 3）。有阻尼动力吸振器除动力吸振作用外，还利用阻尼消耗振动能量，使得减振效果更好，而且使减振频带加宽，具有更广泛的适用范围。

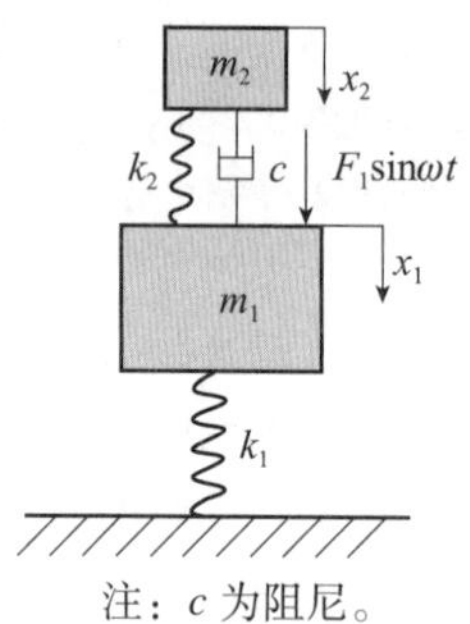


注：$c$ 为阻尼。

**图 3　有阻尼动力吸振器动力学模型**

相应的运动方程为

$$
\begin{pmatrix} m_1 & 0 \\ 0 & m_2 \end{pmatrix}\begin{Bmatrix} \ddot{x}_1 \\ \ddot{x}_2 \end{Bmatrix} + \begin{pmatrix} c & -c \\ -c & c \end{pmatrix}\begin{Bmatrix} \dot{x}_1 \\ \dot{x}_2 \end{Bmatrix} + \begin{pmatrix} k_1+k_2 & -k_2 \\ -k_2 & k_2 \end{pmatrix}\begin{Bmatrix} x_1 \\ x_2 \end{Bmatrix} = \begin{Bmatrix} F_1\sin\omega t \\ 0 \end{Bmatrix}
$$

易求得主质量和辅助质量的相对振幅分别为

$$
\begin{cases}
\left(\dfrac{A_1}{\delta_{st}}\right)^2 = \dfrac{(\alpha^2-\lambda^2)^2 + (2\zeta\alpha\lambda)^2}{[(1-\lambda^2)(\alpha^2-\lambda^2) - \mu\lambda^2\alpha^2]^2 + (2\zeta\alpha\lambda)^2(1-\lambda^2-\mu\lambda^2)^2} \\
\left(\dfrac{A_2}{\delta_{st}}\right)^2 = \dfrac{\alpha^4 + (2\zeta\alpha\lambda)^2}{[(1-\lambda^2)(\alpha^2-\lambda^2) - \mu\lambda^2\alpha^2]^2 + (2\zeta\alpha\lambda)^2(1-\lambda^2-\mu\lambda^2)^2}
\end{cases}
$$

图 4 为有阻尼动力吸振器的幅频响应曲线，可以看出，无论吸振器阻尼比 $\zeta$ 取何值，幅频响应曲线都经过 $P$ 和 $Q$ 两点。即在这两点所对应的频率比处，主系统的振幅与吸振器阻尼比无关。因此，在设计有阻尼动力吸振器时，应注意以下两个问题：

① 为保证吸振器在整个频率范围内都有较好的吸振效果，在设计吸振器参数时，应满足使 $P$、$Q$ 两点的纵坐标相等且成为曲线上的最高点的条件。为满足这一条件，最优的吸振器

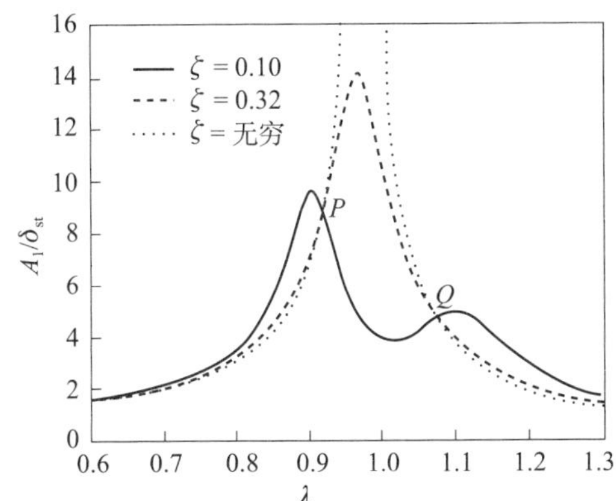


**图4 有阻尼动力吸振器幅频响应（$\alpha = 1$，0.05）**

参数如下：

$$\alpha_{opt} = \frac{1}{1+\mu},\ \zeta_{opt}^2 = \frac{3\mu}{8(1+\mu)}$$

② 为了保证吸振效果达到预定的要求，在满足上述最优参数情况下，还应使 $P$ 和 $Q$ 两点纵坐标所对应的振幅小于允许的振幅，即

$$A_{1,P} = A_{1,Q} = \delta_{st}\sqrt{1+\frac{2}{\mu}} < A_{允许}$$

根据以上公式，可得出有阻尼动力吸振器的设计步骤：①根据主系统所受激励力大小及减振后的振幅允许值，选取合适的质量比，从而得到吸振器质量；②求出最佳固有频率比，从而求出吸振器的弹簧刚度；③计算出最佳阻尼比及相应的阻尼系数；④根据吸振器弹性元件的最大位移验算其强度。

**摩擦吸振器** 是一种没有弹性元件的动力吸振器，它主要利用辅助质量与主质量之间相对产生的摩擦阻尼力实现吸振，两者之间的弹簧特性忽略不计。根据产生摩擦阻尼的介质不同，可分为液体摩擦吸振器和固体摩擦吸振器两类。液体摩擦吸振器是靠辅助质量和振动体之间相对运动产生的液体摩擦力减振，其次辅助质量的惯性力也起减振作用。固体摩擦吸振器是通过辅助质量与主质量的接合面之间相对运动时产生干摩擦或库仑阻尼而减振的。

（孙陆阳　曹寅）

jianzhenqi

**减振器** （vibration damper） 又称阻尼器，是连接设备和基础的弹性元件，用以减少和消除由设备传递到基础的振动力和由基础传递到设备的振动。

**减振器的分类** 从产生阻尼的材料划分主要有液压和充气两种，还有一种可变阻尼的减振器。现在使用的减振器有橡皮减振器、弹簧减振器、空气式减振器、油液空气式减振器以及全油液式减振器。减振器按其结构又可分为双筒式减振器、单筒式减振器和阻力可调减振器。

**双筒式减振器** 双筒式是指减振器有内外两个筒，活塞在内筒中运动，由于活塞杆的进入与抽出，内筒中油的体积随之增大与收缩，因此要通过与外筒进行交换来维持内筒中油的平衡。所以双筒减振器中要有四个阀，即除活塞上的两个节流阀外，还有装在内外筒之间的完成交换的流通阀和补偿阀。

**单筒式减振器** 与双筒式相比，单筒式减振器结构简单，减少了一套阀门系统。它在缸筒的下部装有一个浮动活塞（浮动指没有活塞杆控制其运动），在浮动活塞的下面形成一个密闭的气室，充有高压氮气。活塞杆进出油液造成的液面高度变化通过浮动活塞的浮动来自动适应。

**阻力可调减振器** 其可通过外部操作来改变节流孔的大小。汽车将电子控制式减振器作为标准装备，通过传感器检测行驶状态，由计算机计算出最佳阻尼力，使减振器上的阻尼力调整机构自动工作。

**减振器的结构** 将带有活塞的活塞杆插入筒内，在筒中充满油。活塞上有节流孔，使得被活塞分隔出来的两部分空间中的油可以互相流动。阻尼就是在具有黏性的油通过节流孔时产生的，节流孔越小，阻尼力越大，油的黏度越大，阻尼力越大。如果节流孔大小不变，当减振器工作速度快时，阻尼过大会影响对冲击的吸收。因此，在节流孔的出口处设置一个圆盘状的板簧阀门，当压力变大时，阀门被顶开，节流孔开度变大，阻尼变小。由于活塞是双向运动的，所以在活塞的两侧都装有板簧阀门，分别叫作压缩阀和伸张阀。（孙陆阳　曹寅）

zuzhen

**阻振** （vibration resistance） 采用阻尼来减振的方法，即用附加的子系统连接需要减振的结构或系统以消耗其振动能量，从而达到控制振动水平的目的。阻尼是结构损耗振动能量的能力，与惯性和弹性一起均属于结构的固有特性。它不但可以降低结构的共振振幅，避免结构因动应力达到极限所造成的破坏，提高结构的动态稳定性，而且有助于减少结构振动所产生的声辐射，降低结构噪声。因此，适当增加结构的固有阻尼是抑制工程结构，特别是薄板或薄壁类壳体结构振动的一种重要手段。目前，已发展成为一项专门的技术，通常称为阻尼减振技术。阻尼减振技术能降低结构或系统在共振频率附近的动响应和宽带随机激励下响应的均方根值，以及消除由于自激振动而出现的动不稳定现象。阻尼减振有两种方式：一种是非材料阻尼，如各种成型的阻尼器；另一种是材料阻尼，如各种黏弹性阻尼材料以及复合材料等。目前，粘贴在结构上的自由阻尼层和约束阻尼层应用很广泛。前者利用拉伸变形来消耗振动能量，后者则利用剪切变形来消耗振动能量。尤其是多层约束阻尼层，往往较自由阻尼层更为有效。例如，美国 F-4 战斗机武器发射装置的中央腹板由于宽带激励下的多模态共振而迅速破坏。粘贴了多层约束阻尼层后，由于在其工作温度条件下的多个模态上都提供了一定的损耗因子，解决了这种振动疲劳造成的破坏问题。

**耗能机理** 黏弹性阻尼材料是目前应用最为广泛的一种阻尼材料，可以在相当大的范围内调整材料的成分及结构，从而在特定温度及频率下，具有所需的弹性模量和损耗因子。黏弹性阻尼材料是一种高分子聚合物，主要分为橡胶类和塑料类，由小而简单的化学单元构成链分子，分子与分子之间依靠化学键或物理缠结相互连接起来，在三维方向上如树枝状联成三维分子网，成千上万个分子共聚或缩紧而形成。一方面，高分子聚合物的分子之间很容易产生相对运动，分子内部的化学单元也能自由旋转，因此受到外力时，曲折状的分子链产生拉伸、扭曲等变形。另一方面，分子间的链段会产生相对滑移、扭转。当外力去除后，变形的分子链要恢复原位，分子之间的相对运动也会部分复原，释放外力所做的功，这就是黏弹材料的弹性；但分子链段间的滑移、扭转不能全复原，产生永久性的变形，这就是黏弹材料的黏性。这一部分所做的功转变为热能，耗散到周围环境中，这就是黏弹材料产生阻尼的原因。

**性能指标及其影响因素** 材料损耗因子和材料的复剪切模量的实部是衡量阻尼材料的一般性能指标。当阻尼材料受到拉压应力而产生应变时，同理可用其杨氏模量实部和损耗因子作为它的性能指标。大多数阻尼材料的实剪切模量和损耗因子随环境条件变化很大，特别是受温度、频率和应变幅值的影响较大。但是，大多数阻尼结构设计中，应变的幅值比较小，所以，阻尼材料的性能主要受温度和频率的影响。

阻尼材料在特定温度范围内有较高的阻尼性能，存在三个温度区，第一区是玻璃态区，在此区，模量高而损耗因子较小；第三区是橡胶态区，在此区内，模量较低而损耗因子也不高；位于第一区和第二区之间的是所谓过渡区，在此区内，材料的模量急剧下降，而损耗因子达到最大值，即所谓阻尼峰值（见图 1）。

频率对阻尼材料性能的影响虽然重要，但与温度影响比起来通常只占次要地位，见图 2。频率的影响也有一定的规律，它取决于材料的使用温度区。在温度一定的条件下，阻尼材料的模量大多随频率的增高而增大，阻尼损耗因子则随频率变化很大，且在一定频率下存在最大值。

**使用方法** 阻尼材料一般以胶片的形式生产，使用时可用专用的黏结剂将阻尼胶片贴在需要减振的结构上。为了便于使用，还有一种自黏性阻尼胶片，即在阻尼胶片上预先涂好一层专用胶，然后覆盖一层隔离纸，使用时，只需撕去隔离纸，直接贴在结构上，加一定压力

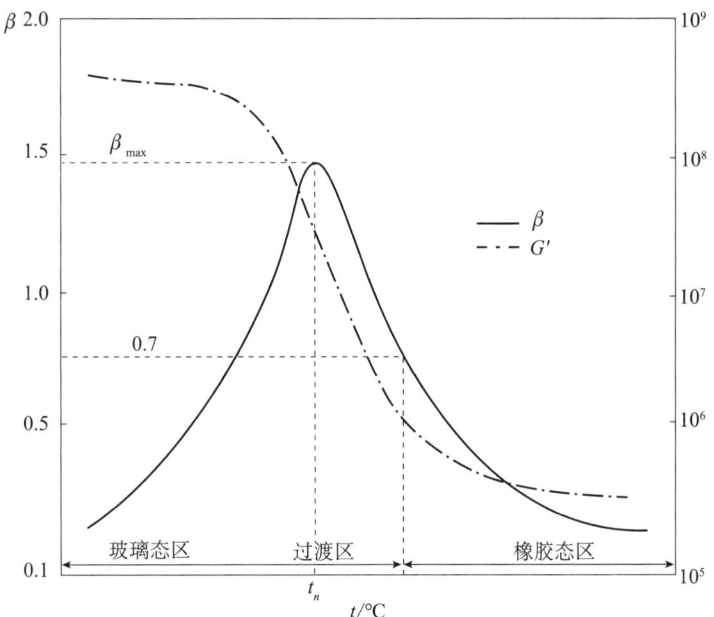


注：$G'$为杨氏模量实部，$\beta$为损耗因子，$t$为温度。

**图 1　杨氏模量实部和损耗因子随温度的变化**

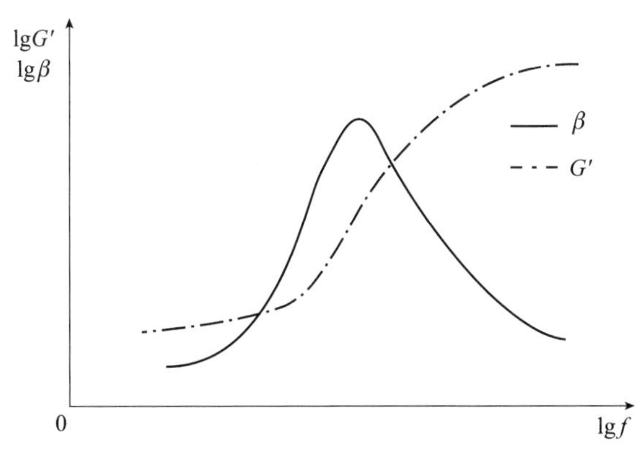


**图 2　杨氏模量实部和损耗因子随频率的变化**

即可粘牢。使用自黏性阻尼材料时，首先要求清除结构的锈蚀油剂，用一般溶剂（汽油、丙酮、工业酒精等）擦去油污，或用纱布抹去尘土，按粘贴面积大小，剪裁阻尼板材，待擦拭结构表面的溶剂挥发后，撕去自黏性阻尼板背面的防粘纸即可粘贴，如室温较低，可在电炉上稍加烘烤，以提高压敏黏合剂的活性。对于通用型的阻尼材料，一般可选用环氧黏结剂、825 黏结剂等。强振动（大位移、高加速度），如选矿用的振动筛等设备的减振降噪项目，可采用 401 强力胶或环氧黏结剂。选用黏结剂的原则是其模量要比阻尼材料的模量高 1 ~ 2 个数量级，同时要考虑施工方便、无毒、不污染环境。施工时要涂刷得薄而均匀，厚度以 0.05 ~ 0.1 mm 为佳。

**阻尼减振用复合材料**　复合材料由于具有重量轻、刚度大、强度高的优点已被广泛地应用于各个工业部门，尤其是在航空航天工业中得到了广泛的应用。基底材料的黏弹性可能对纤维增强的复合材料提供一定的内阻。对于较大的纤维阻尼，长纤维能够提供最佳的内阻，而对较小的纤维阻尼，一般短纤维能够提供最佳的内阻。另外，对于一些具有小阻尼的结构，当难以安装阻尼器时，利用连接处的干摩擦也可以有效减振。

**单冲体冲击阻尼减振技术** 是利用两物体相互碰撞后动能损失的原理，在振动体上安装一个起冲击作用的刚性冲击块，当系统振动时，冲击块将反复冲击振动体，消耗振动能量，达到减振的目的。关于单冲体冲击阻尼减振器的减振机理，存在几种不同的观点。最新的研究认为，其减振机理是基于冲击体作用于主系统的碰撞力对主系统做负功的结果，这种负功的效应相当于阻尼效应。单冲体冲击阻尼减振器因其结构简单、重量轻、体积小、实施方便、效果好等优点在很多工程减振问题中得到了成功应用，如雷达天线的减振、印刷线路板的减振保护，降低灯柱、烟囱及一些细高挠性建筑物因风激励引起的振动，抑制继电器、飞行器的振动等。尤其是在金属切削机床的自激颤振控制中，作用显著。单冲体冲击阻尼减振技术缺点包括：①在多模态耦合状态下的减振效果不好；②在减振的同时产生了高噪声以及大的接触应力。

**柔性约束颗粒阻尼减振技术** 是在传统的冲击减振技术上发展起来的一项新型冲击阻尼减振技术。柔性约束颗粒阻尼减振技术具有减振频带宽、效果好、系统运动稳定性好、冲击力小、无噪声、占用空间尺寸小、附加重量轻，适用于恶劣环境等一系列优点，已广泛应用到镗杆、纺织机械、雷达天线采样架柱、车床、核管道系统网络以及装甲运兵车等结构或设备的减振降噪中。减振机理：将一只装有金属微颗粒并具有一定弹性恢复力的软质包袋放入一个与振动结构相连接的空腔内，用以代替传统的单冲体减振器中的钢性质量块。冲击碰撞时，包袋层首先与腔壁接触，起到一种缓冲作用，继而由于柔性约束的效应，带动包袋内的金属颗粒先后不一地参与碰撞接触，不但大大延长了总体接触时间，而且起到了一种使冲击位移大大减小的非线性缓冲作用。包袋层的柔性约束作用加剧了颗粒间的相互碰撞、摩擦和剪切作用，消耗更多的能量。

**非阻塞性颗粒阻尼减振技术** 在结构体振动的传输路径上加工一定数量的孔洞，其中填充适当数量的金属或非金属微小颗粒，使之在孔中处于非阻塞状态，随着结构体的振动，颗粒相互之间以及颗粒与结构体之间不断地碰撞和摩擦，以此消耗结构体的振动能量，达到减振的目的。减振机理：由于主结构与内部微颗粒之间的耦合运动，导致微颗粒之间以及微颗粒与主结构之间的相对碰撞与摩擦运动，从而消耗主结构的振动能量。

**气体薄膜阻尼减振技术** 一种工程上非常实用的减振技术，特别适用于低温、高温、油、酸、盐污染的恶劣环境条件下的平整表面的振动控制，对薄板的减振效果更为有效。减振机理：在机器或设备中的振动平板表面，用螺钉连接或点焊等方法附加一辅助平板，并使两板之间的狭小空间保持一层薄的空气层（气隙），这种阻尼结构叫作气体薄膜阻尼结构。当结构受到外力激励时，基板就会以一定的频率发生振动，附加板由于附加在基板上，因此基板振动产生的能量就会通过两板之间的连接处传递给附加板，使之也产生振动。由于两板结构参数不同，因此两者的振动形态也不相同，处于两板之间的气隙产生强烈的泵动运动，由于空气的黏滞力作用而产生流体黏滞阻尼使得振动能量得以损耗，从而降低基板的振动。

（孙陆阳　曹寅）

gezhen

**隔振** （vibration isolation） 将工程结构与振源隔离以减少其受振动影响的方法和措施，即利用弹性支撑使系统降低对外加激励起响应的能力。存在两类性质的隔振，一类是用弹性支撑将振动着的机器与地基隔离，也称积极隔振；另一类是将需要保护的设备用弹性支撑与振动着的地基隔开，也称消极隔振（见下图）。图中，$m$ 为机械设备或者建筑结构的质量，kg；$C$ 为阻尼器黏性阻尼系数，N · s/m；$K$ 为弹簧刚性系数，N/m；$H$为振动源的激励力，N。两类隔振原理类似，均是将振动源与需要保护的对象之间的刚性联接改为弹性联接，能隔绝或减弱振动能量的传递，从而实现减振降噪的目的。

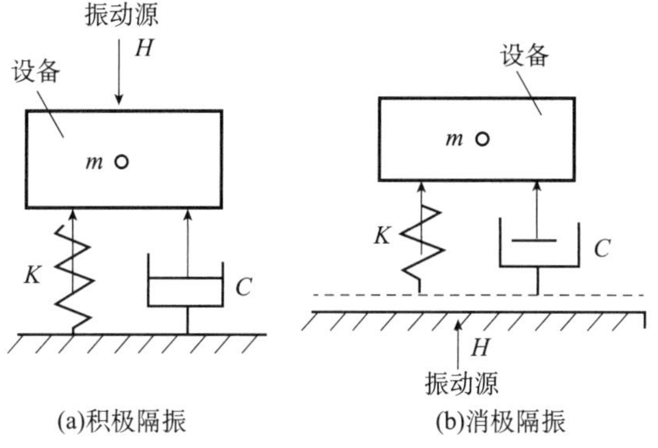


隔振系统

**隔振原理** 机械设备运转时，会存在一个周期性的力作用，从而使其产生振动。振动的机器通过基础、连接构件向四周传递。若在刚性联接之间安置弹簧或弹性衬垫组成弹性支座，由于支座可以发生弹性变形，起到缓冲的作用，便减弱了机器对基础的冲击力，使基础的振动减弱；同时由于支座材料的阻力耗能，也减弱了传给基础的振动，从而使声辐射降低。隔振时使用的弹性支座称作隔振器，相较于机械设备，其质量可以忽略不计，看作只由弹性装置和能量消耗装置组成。隔振分为主动与被动两种类型，即根据减小振动的传出或保护仪器设备免受外界振动的影响来划分。

**传振系数** 又称振动传递率、隔振效率，是表征隔振效果的常用物理量，通常记作$T$。传振系数是通过隔振元件传递过去的力与总干扰力之比，即$T=$传递力/干扰力。$T$越小通过隔振器传递过去的力越小，隔振效果越显著，隔振性能越好。如果设备与基础是刚性连接，则$T=1$，即干扰力通过隔振装置全部传给了基础，即隔振系统不起隔振作用；如果在设备与基础之间安装隔振装置，使$T=0.2$，即传递过去的力只是干扰力的20%。因此，传递系数的理论计算是隔振理论的关键所在。

**隔振系统中的三个要素** 隔振系统中控制振动及其传递的三个基本因素是刚度、质量以及阻力。

**刚度** 隔振器刚度越大，隔振效果越差，反之隔振效果越好。一个设计正确的隔振系统支撑刚度计算最为重要，但弹簧及隔振器的刚度对物体振幅的影响不大。

**质量** 被隔离物体的质量使支撑系统保持相对静止。在确定的振动力作用下，物体质量越大，物体振动越小。增大质量还包括增大隔振底座的面积，以增大物体的惯性矩，可减小物体振动，但质量的增加不能减小传递率。

**阻力** 隔振系统的支撑阻力有以下作用：在共振区，抑制共振振幅；减弱高频区物体的振动；在隔振区为系统提供了一个使弹簧短路的附加连接，从而提高了支撑的刚度，使传递率增大，因此阻力的作用有利也有弊，设计时应特别注意。

**冲击隔离** 分为积极冲击隔离与消极冲击隔离两类。积极冲击隔离是隔离锻压机、冲床及其他具有脉冲冲击力的机械，以减小其对环境的影响；消极冲击隔离是隔离基础的脉冲冲击，使安装在基础上的电子仪器及精密设备能正常工作，如在舰船上的设备为了防止因爆炸引起的强烈冲击而设计的隔离系统。积极和消极冲击隔离原理相同，传递率估算也基本相同。一般冲击传递与系统的固有频率成正比，系统固有频率越小，传递率越小；隔离支撑的阻力有一定的作用，阻力越大，传递率越小。冲击隔离与缓冲不同，缓冲是让缓冲材料介于相互碰撞的物体之间，使碰撞的冲击力比直接碰撞低，如汽车缓冲器、飞机着陆架等。

**隔振效果的表示** 在一般的隔振设计中，常用振动传递比$T$和隔振效率$\xi$（参见振动效率）或振动衰减量$\Delta L_N$（或称传递损失）来评价隔振效果。传递比$T$等于物体传递到底座的振动与物体振动之比，也等于底座传递到物体的振动与底座的振动之比。两个方向的传递比相等。一般由物体传递时常用力表示，由底座传递到物体时则用振动位移、速度或加速度表示。隔振效率与振动传递比的关系为$\xi=$

$(1-T)\times 100\%$。振动衰减量 $\Delta L_N$ 与振动传递比的关系为 $\Delta L_N = 20\ \log(1/T)$。隔振系数 $\eta$ 也用于表示隔振效果。积极隔振系数 $\eta_Z$ 和消极隔振系数 $\eta_b$ 概念不同，但计算公式相同。其值越小隔振的效果越好。

对于单自由度隔振系统，根据隔振系数曲线，可以获得以下规律：①无论阻尼大小，只有当频率比 $\lambda$($\lambda = f/f_0$，为作用力的频率与系统固有频率的比值）大于$\sqrt{2}$时才有隔振效果，而后随频率比的增加隔振效果逐渐增加，实用中取 $\lambda = 2 \sim 2.5$ 已经足够；②增大阻尼可减小机械在起动和停车过程中经过共振区时的振幅，但当频率比 $\lambda$ 大于$\sqrt{2}$时，增大阻尼反而减小隔振效果；③由于一般隔振材料阻尼系数不大，在 $\lambda = 2.5 \sim 5$ 计算隔振系数时，可按无阻尼情况考虑。

**隔振措施** 包括设置弹性支撑物和防振沟等。对于隔振效果要求很高的精密仪器，一般采用多层隔板；对于多向激励、多种响应的复杂隔振系统，则要考虑直线振动、扭转振动和它们之间的耦合，隔振系数须按多自由度模型进行计算。当频率比 $\lambda$ 变化较大时，如宽频带激励和重量变化大的机械，采用非线性隔振系统可以收到较好的隔振效果。在隔振设计中，根据振源振动量的大小、方向和频率，以及被隔振机械的尺寸、重量和隔振要求，确定隔振装置的参数和结构形式。 （孙陆阳　曹寅）

**推荐书目**

吕玉恒．噪声控制与建筑声学设备和材料选用手册．北京：化学工业出版社，2011.

杜功焕，朱哲民，龚秀芬．声学基础．3 版．南京：南京大学出版社，2012.

zhendong xiaolü

**振动效率** （vibration efficiency） 振动力被隔离掉的百分数，常表示为隔振效率。振动效率是评价隔振效果的常用量，以 $\eta$ 表示。振动效率 $\eta$ 越大，隔振效果越好。振动效率可以表示为

$$\eta = (1-T)\times 100\%$$

式中，$T$ 为传递比。 （孙陆阳）

chuandibi

**传递比** （transfer ratio） 又称传递率，是振动系统在稳态受迫振动中，响应幅值与激励幅值的量纲为一的比值，常用符号 $T$ 表示，可以是力、位移、速度或加速度之比，是衡量隔振器隔振效率的一个量。当振动源是扰动力时，隔振器的目的是减少传到基础上的力，在这种情况下，传递比定义为传递力的幅值对激励力的幅值的比。若振动源是基础位移激励，隔振器的目的是减少传递给装在机座上的机器的运动位移的振幅，此时传递比定义为传递运动的位移振幅对激励运动的位移振幅的比。

力传递比：

$$T_a = \frac{\text{隔振后传到基础的力}}{\text{机械的激励力}}$$

位移传递比：

$$T_b = \frac{\text{隔振后机械的位移振幅}}{\text{基础的位移振幅}}$$

$T_a$ 和 $T_b$ 概念不同，但计算公式相同。其值越小隔振的效果越好。对于单自由度隔振系统，传递比的数学表示式为

$$T_a = T_b = T = \left[\frac{1+4\zeta^2\ (f/f_0)^2}{(1-f^2/f_0^2)\ \ +4\zeta^2\ (f/f_0)^2}\right]^{\frac{1}{2}}$$

式中，$\zeta$ 为阻尼比；$f_0$ 为系统的固有频率；$f$ 为激励频率或基础振动频率。只有当传递比小于 1 时才有隔振效果。当 $f/f_0 < \sqrt{2}$时，$T>1$，系统有放大作用；当 $f/f_0 = 1$ 时，系统发生共振，传递比达极大值；当 $f/f_0 > \sqrt{2}$时，随着 $f/f_0$ 增大，系统的隔振能力增强。隔振设计中，常取 $f/f_0$ 为 2 ~ 2.5。 （孙陆阳）

jiji gezhen

**积极隔振** （positive vibration isolation） 在机器与基础之间安装弹性支撑即隔振器，减少机器振动激振力向基础的传递量，迫使机器的振动得以有效隔离的方法。积极隔振能够降低设备的扰动对周围环境的影响，同时使设备自身的振动降低，防止机器设备的振动对建筑结

构及环境的影响（见下图）。

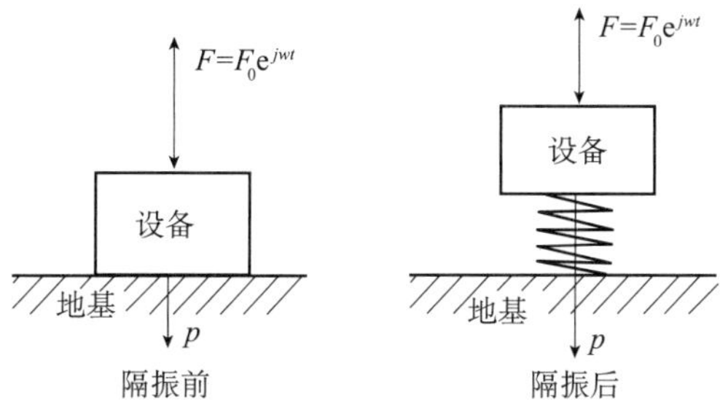


**积极隔振前后示意图**

积极隔振设计步骤包括：①首先要收集和掌握隔振设计资料。包括设备的型号、规格及轮廓尺寸图等；设备的质心位置、质量和质量惯性矩；设备底座外廓图、附属设备、管道位置和坑、沟、孔间尺寸，灌浆层厚度，地脚螺栓和预埋件的位置等；与设备和其基础连接的有关管线图。当隔振器支承在楼板或支架上时，需有支承结构的图纸。若隔振器设置在基础上时，则需有地质资料、地基动力参数和相邻基础的有关资料。动力设备为周期性扰力时，需有工作频率及设备启动和停止时频率增减情况的资料；若为冲击扰力时，需有冲击扰力的作用时间和两次冲击的间隔时间。对消极隔振，要掌握设备支承处的扰力频谱。对积极隔振，要掌握动力设备正常运转时所产生的扰力（矩）的大小及其作用的位置，若无扰力和扰力矩资料，则必须具有机器运动部件的质量、几何尺寸、传动方式，机器转动部分的质量偏心距、活塞冲程，动力设备、仪表等的容许振动值等资料，支承结构或地基的容许振动值，必要时还应具有附近建筑物和精密仪表或精密加工工艺的容许振动资料。所选用或设计的隔振器的特性（如承载力、压缩极限、刚度和阻尼比等）以及使用的环境条件。隔振器所处位置的空间大小、最低和最高温度及酸碱、油等侵蚀介质发生的可能性。②确定隔振台座的质量、几何大小、体系质心和质量惯性矩。③刚度计算和隔振器的初步选取。④隔振体系的固有频率计算。⑤台座振动验算。⑥工程实施措施：为了保证设备隔振台，其振动不从各种管道向外传播，管道与设备的连接应采取柔性连接，管道的支承也应采取弹性吊架或弹性支架等。隔振器与地坪（或标板）和台座的连接方法，可分三种情况，对于水平扰力较少的动力设备，隔振器与地坪和台座不必连接；对于水平扰力不太大的设备，只要将隔振器与台座连接，不必与地坪相连；对于水平扰力较大的设备，隔振器与地坪和台座都需要连接，连接方式有螺栓连接、限位板限制水平移动以及点焊等方法。根据实际情况，台座可以是钢筋混凝土或钢结构。采用钢筋混凝土台座，如体积过大时，混凝土中可掺铁砂子，将密度调配为 5 t/m$^3$；采用钢支架时，支架必须有足够的刚度，避免支架变形过大以及固有频率过低而与设备的扰动频率发生共振。当台座的标高在地面以下时，对埋入地下的部分需要做地坑，注意防水，同时要考虑便于设备和隔振器的安装、调试、维修和更换。对于大型设备隔振，尤其要考虑周到。当隔振体系在高温、高湿、水溅、腐蚀性气体以及油渍等不利工作环境下时，隔振器，尤其是橡胶隔振器，要注意防护措施。对于橡胶隔振器，尤其要避免日晒。

（孙陆阳　安锋岩）

**推荐书目**

马大猷．噪声与振动控制工程手册．北京：机械工业出版社，2002.

xiaoji gezhen

**消极隔振**　（negative vibration isolation）　在仪器设备与基础之间安装弹性支撑即隔振器，以减少基础振动对仪器设备的影响，使仪器设备能够正常工作或不受损害，防止建筑结构或基础的振动对机器设备的影响，见下图。

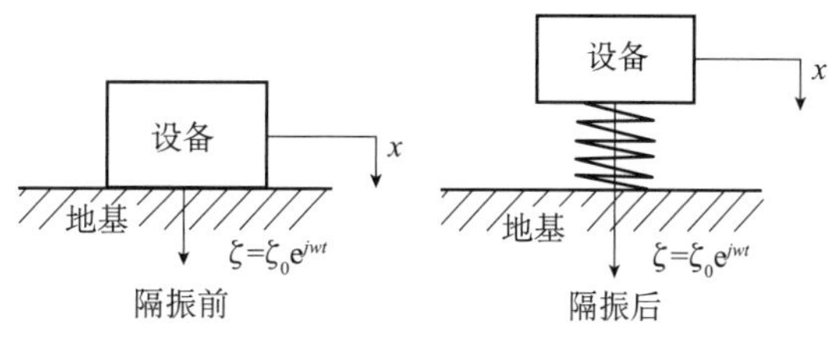


**消极隔振前后示意图**

**地面振动分类** 消极隔振要隔离的振源为地面，地面振动大致可分为以下四类：

**周期振动** 可分为简谐振动和非简谐振动。由风机、泵、压缩机、柴油机等旋转和旋转往复设备引起的地面振动大部分是简谐的，对于非简谐的周期振动，可通过傅里叶分解为若干简谐振动。

**非周期振动** 可分为可变幅度不变频率的振动（如锻锤基础在锤头的冲击下，压力机失落时引起的振动）、可变频率不变幅度的振动、可变频率可变幅度的振动（动力设备开机和关机过程中引起的）。

**冲击振动** 由一个单独的主要脉冲组成，持续时间很短，能量集中，对外影响较大。工程中常遇到的冲击振动有半正弦脉冲和矩形脉冲等。

**随机振动** 工程经常遇到的有地震、暴风、海浪和地面脉动等。火车、汽车在运行及行人走动过程中所产生的振动严格来说也是随机振动。

**消极隔振设计方案** 选择消极隔振方案的原则为：满足隔振效果；构造简单、实用、成本低。常用的消极隔振支撑方式分为两大类：支承式和悬挂式。消极隔振支承式体系与积极隔振支承式体系基本相似。

**精密仪器和设备隔振方案** 包括：①对于小型仪器，其自身无扰力和移动部件，质量轻，几何尺寸小，搬动方便，则可以采用乳胶海绵隔振。②对于某些质量较大、平面尺寸比较大的仪器，如光栅刻线机，可以做独立的隔振台座。③对于质量较大、平面尺寸也较大、质心较高的精密设备，如线纹比长仪，为了降低质心的高度，可采用降低质心的隔振台座。

**隔振材料及隔振器的选择** 包括：①钢弹簧隔振器能将隔振基础的固有频率设计得很低，因而隔振效果很好。但它的阻尼很小，会造成隔振基础以固有频率晃动，故应用时应加一定阻尼。②采用橡胶隔振器进行消极隔振，可做到垂向固有频率 4 Hz 左右，水平方向固有频率 3 Hz，阻尼比 0.1 以上。③泡沫海绵很适用于小型仪器设备隔振。④当要求隔振体系固有频率很低，并且必须有足够阻尼时，可选用空气弹簧，但成本较高。⑤悬挂式隔振方案通常由支承结构、拉簧和台座组成。支承结构可以做成刚度很大的钢架，也可以是刚度很大的横梁与柱子铰接而成的排架。悬挂式消极隔振体系的特点是能将固有频率做得很低，故隔振效果相当好，缺点为构造复杂，造价较高，需配加阻尼，还要防止弹簧的颤振。

**消极隔振的设计步骤** 包括九步：①掌握其相关资料，包括：精密仪器、设备的大体结构、工作机理及用途；仪器设备的外形几何尺寸、质心等。设备内部有振源的，需了解内扰力的性质、大小等。有移动部件的，需了解移动部件的位置等。周围环境振动情况。隔振的精密仪器、设备的允许振动值。支承结构的情况及工作环境。②根据相关资料和知识，确定隔振方案。③求隔振的振动传递率和垂向固有频率。④当设备内有振源，则考虑其影响。此时要确定分配给设备的内扰力引起的振动，再计算台座所需质量。⑤隔振台座的设计。取决于体系的固有频率与外界干扰频率之比以及隔振器的阻尼。⑥选择隔振器。⑦验算隔振体系的水平振动。⑧对精密设备，需要计算隔振体系在地面脉冲作用下的振动。⑨核算所有振动的叠加是否小于允许振动，如大于允许振动，需重新设计。 （孙陆阳 安锋岩）

**推荐书目**

马大猷．噪声与振动控制工程手册．北京：机械工业出版社，2002.

zhudong gezhen

## 主动隔振 （active vibration isolation）

在被动隔振的基础上，并联能满足一定要求的作动器或用作动器代替被动隔振装置的部分或全部元件。在振动控制中，根据检测到的振动信号，应用一定的控制策略，经过实时计算，进而驱动作动器对控制目标施加一定的影响，达到抑制或消除振动的目的。主动隔振系统从隔振台上板处开始测试振动，由控制执行器推力的反馈控制，以及从隔振台地板处开始测试振动并以此来控制执行器推力的前馈控制组成（见下图）。使用这一控制系统，不仅能够大幅改善被动隔振平台的动特性，还能有效改善低频段隔振性能，并且不会出现共振。

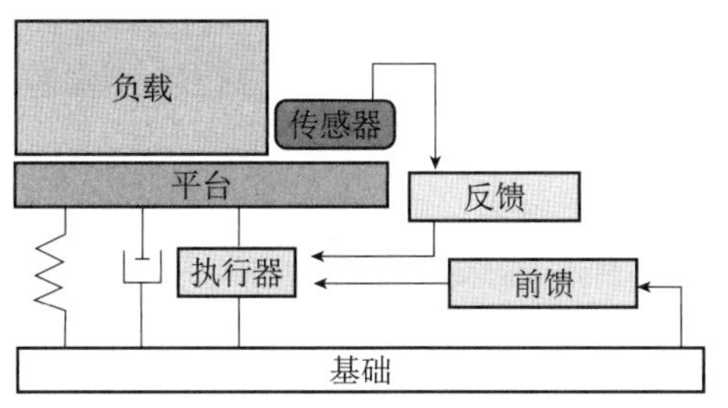


**主动隔振平台的组成**

主动隔振技术作为振动主动控制技术的一个重要分支，是发展最早也是最为成熟的一个领域，特别在美国，主动隔振技术取得了长足的进步。早在1955年美国科学家就提出了有关有源隔振技术的研究报告。1968年，Bender提出了车辆悬挂隔振器的设想。1965年，D Karnopp等开始把最优控制理论应用到车辆悬挂系统中。Abu－Akeel（1967）和Schubert（1969）先后开始了对电动吸振器和电液隔振系统的研究。Broder Sen（1974）开始把各种传感器和补偿控制回路应用于隔振系统的控制。1986年，美国推出的主动隔振系统EVIS作为商品得到推广使用。1990年，Avon在他所设计的电阻尼主动振动控制系统中开始使用检波器，此检波器能够产生与被隔离质量块的绝对速度成正比的信号。1992年，Schubert设计出由检波器、放大器、电动驱动器组成的隔振器，它运用电路扩展检波器的功能，即使在低于系统共振频率时，也可以测出被隔离质量块的速度。1993年Avon设计的隔振器可实现6个自由度的主动隔振。1994年，Beard、Schubert和Von Lotow设计出刚性支撑的主动隔振器。1997年，以Schubert等把压电元件应用于主动隔振器为开端，各种智能材料开始涌入主动隔振领域，在很大程度上促进了主动隔振技术的发展。

（孙陆阳　安锋岩）

beidong gezhen

**被动隔振**　（passive vibration isolation）　在振源与系统之间加入弹性元件、阻尼元件甚至惯性元件以及它们的组合所构成的子系统。被动隔振平台一般由质量－弹簧－阻尼系统组成，主要使用线圈弹簧、隔振橡胶垫、空气弹簧来隔离地基振动，或隔离振动源使其振动不致传递到地基，见下图。该系统的优点为简单的结构即可获得最大的隔振效果；缺点为在低频段的隔振性能低，需要很长的稳定时间，操作性也较差。

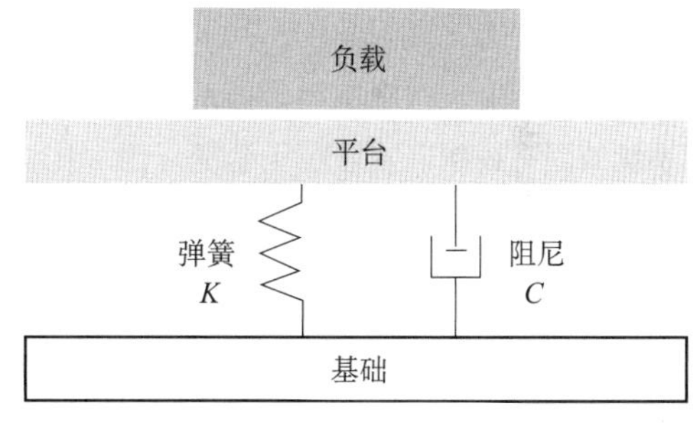


**被动隔振平台的组成**

（孙陆阳　黄木泽）

gezhenqi

**隔振器**　（vibration isolator）　经专门设计制造的具有单个形状的、使用时可作为机械零件来装配安装的弹性支撑元件。最常用的隔振器可分为弹簧隔振器（包括金属螺旋弹簧隔振器、金属蝶形弹簧隔振器、不锈钢丝绳弹簧隔振器），金属丝网隔振器，橡胶隔振器，橡胶复合隔振器以及空气弹簧隔振器等。

**隔振元件选择**　包括频率和载荷两方面。

**频率** $f_0/f \leq 1/\sqrt{2}$（1/2.5 ~ 1/4.5）。固有频率$f_0$为20 ~ 30 Hz，选毛毡、软木、橡胶垫或较硬的隔振器；$f_0$ = 2 ~ 10 Hz，选弹簧、橡胶或复合隔振器；$f_0$ = 0.5 ~ 2 Hz，选弹簧或空气弹簧隔振器。

**载荷** 静载荷应为允许载荷的90%，动、静载荷之和不超过允许载荷。对于隔振垫，载荷是指单位面积上的载荷。多隔振器应使载荷分布均匀，一般选用相同型号的隔振器。对隔振垫要求各部分的单位面积载荷基本一致。在任何情况下实际载荷不能超过最大允许载荷。在同一设备上选择的隔振器型号，不要超过两种。

**隔振设计** 包括：步骤，传振系数的确定，隔振元件承受的载荷、型号、大小和数量的确定，隔振系统的静态压缩比、固有频率、频率比的确定。

**步骤** ①首先测量和分析振源的振动强度，可根据转速或往复来确定干扰频率，并确定所需振动传递比（传振系数$T$）；②根据现场的隔振要求，由干扰频率和传振系数，计算隔振系统的固有频率以及静态压缩量（阻尼比按设备和减振类型估算）；③确定元件载荷、型号大小和数量，并根据设备总重和各支撑分担质量，选用和设计满足承重、频率要求的装置；④验算隔振是否满足设计要求，估计其降噪效果。

**传振系数的确定** 根据实测或估算得到的需隔振设备或地点的振动水平、机器设备的扰动频率、设备型号规格、使用工况以及环境要求等因素确定。简单隔振（质量弹簧）系统的传振系数由下式计算（无阻尼情况）：

$$T = \frac{1}{\left|1 - \left(\frac{f}{f_0}\right)^2\right|}$$

在隔振系统有阻尼的情况下，由下式计算：

$$T = \left\{\frac{1 + \left(2\zeta \frac{f}{f_0}\right)^2}{\left[1 - \left(\frac{f}{f_0}\right)^2\right]^2 + \left(2\zeta \frac{f}{f_0}\right)^2}\right\}^{\frac{1}{2}}$$

式中，$\zeta$为阻尼比。

**隔振元件承受的载荷、型号、大小和数量的确定** 隔振元件承受的载荷应根据设备的质量、动态力的影响以及安装时的过载情况确定。当隔振原件基于设备均匀分布时，每个隔振元件的载荷可由设备质量除以隔振元件数目得出，隔振元件的型号和大小可据此确定。当隔振元件上的设备质量均匀时，也可采用机座，并根据重心位置来调整各个隔振元件的支撑点。隔振元件的数量，一般宜取4 ~ 6个。

**隔振系统的静态压缩比、固有频率、频率比的确定** 包括静态压缩比、固有频率和频率比$f/f_0$。

静态压缩比　由传递系数、设备稳定性、操作条件等要求确定，也可由实验室直接测量。

固有频率　可根据隔振系统的传递系数、扰动频率以及频率比确定，也可按下式估算：

$$f_0 = \frac{1}{2\pi}\sqrt{\frac{K}{M}} = \frac{1}{2\pi}\sqrt{\frac{Mg/\delta}{M}} = \frac{1}{2\pi}\sqrt{\frac{g}{\delta}} \approx \frac{5}{\sqrt{\delta}}$$

式中，$\delta$为静态压缩量；$K$为隔振系统刚度；$g$为重力加速度；$M$为隔振系统质量。

频率比$f/f_0$　频率比中扰动频率通常可取设备的最低扰动频率。当$f/f_0 < 1$时，$T \geq 1$，无隔振作用；当$f/f_0 \approx 1$时，共振且放大扰动；当$f/f_0 > 2^{1/2}$时，$T < 1$，隔振。一般频率比取2.5 ~ 5。为获得大压缩量，$f_0$取2.5 ~ 3 Hz，阻尼系数取0.1 ~ 0.2。见下图。阻尼比与隔振的关系为：当$f/f_0 < 2^{1/2}$时，不起隔振作用，$\zeta$越大$T$越小，此时增大阻尼对振动控制有较好的作用；当$f/f_0 > 2^{1/2}$时，$T$随$\zeta$的减小而减小，这表明减小阻尼，振动也随之减小，反之增大阻尼对隔振有不良影响。$\zeta$为阻尼比，$T_f$为力传递率，$f/f_0$为频率比。

**隔振参量的验算** 包括力传递率$T$、静态压缩量$\delta$、动态系数以及隔振降噪量效果估算等。在实际工作中，由于大面积的振动速度值与板附近的声压值较接近，一般可认为板的振

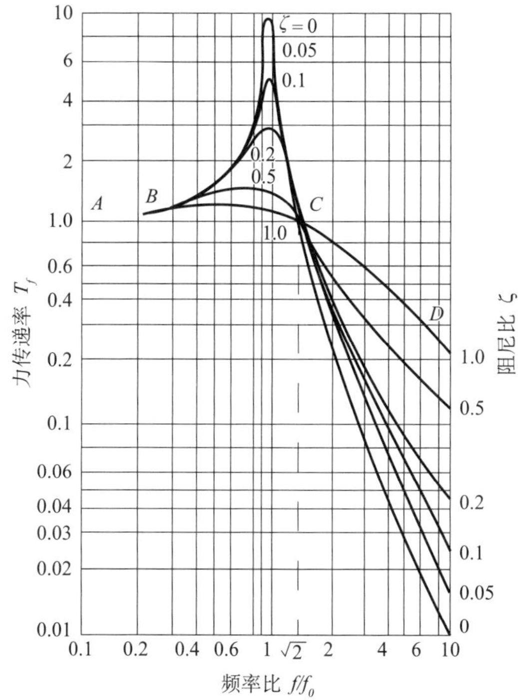


**力传递率和阻尼比与频率比的关系**

动速度级 $L_v$ 和附近的声压级 $L_p$ 相等。

$$L_p = 20\lg\frac{p}{p_0} = 20\lg\frac{v}{v_0} = L_v$$

**隔振元件类型** 包括金属弹簧隔振器、橡胶隔振器、橡胶空气弹簧隔振器、隔振垫等。

**金属弹簧隔振器** 是一种应用广泛的，适用频率为1.5～12 Hz的隔振器。其中螺旋弹簧隔振器应用最为广泛。金属弹簧隔振器主要由钢丝、钢板、钢条等制成，通常用在静态压缩量大于5 cm，或因温度和其他条件限制不允许采用橡胶等材料的地方。其主要优点是弹性好，耐高温、耐油、耐腐蚀，不老化，寿命长，固有频率低，阻尼性能好，承载能力高等。缺点是对于一些阻尼系数较小的隔振器，容易发生共振，很可能损坏机械设备，使用时应精心设计，并在弹簧两端加橡胶垫板或在钢丝上黏附橡胶以提高阻尼。另外，金属弹簧的水平刚度较竖直刚度小，容易产生晃动，因而常须附加一些阻尼材料。

**橡胶隔振器** 适合于中小设备和仪器的隔振，适用频率为4～15 Hz。橡胶隔振器不仅在轴向，而且在横向及回转方向上均具有很好的隔振性能。橡胶内部阻力比金属大得多，高频振动隔离性能好，隔声效果也很好，阻力比为0.05～0.23。由于橡胶成型容易，与金属也可牢固黏接，因此可以设计制造各种形状的隔振器，而且重量轻，体积小，价格低，安装方便，更换容易。其主要缺点是耐高温、耐低温性能差，普通橡胶隔振器使用的温度为0～70℃，易老化，不耐油污，承载能力较低。决定橡胶隔振器动、静刚度的因素为材料、硬度及形状。

决定橡胶隔振器性能的因素有橡胶的配方、硫化工艺。橡胶隔振器按形状分为压缩型、剪切型及复合型。

**橡胶空气弹簧隔振器** 依靠橡胶气囊中压缩的压力变化取得隔振效果，共振阻力性能好。缺点是价格高，承载能力有限，国内产品较少，目前在一些设备上安装的此类隔振器是阻力性能较好的国外产品。

**隔振垫** 由具有一定形状的软材料（橡胶垫、软木、毛毡、海绵、玻璃纤维、泡沫）构成。一般无一定形状尺寸，可拼装。包括橡胶隔振垫、毛毡、玻璃棉和泡沫塑料。

橡胶隔振垫 适用频率为10～15 Hz（多层 $<10$ Hz）。优点是高弹性、隔振冲噪性能好，吸收高频能量，易制造、安装，易黏接；缺点是易受温度、油污、溶剂影响，易老化，寿命5～8年。

毛毡 适用频率为30 Hz左右。其优点是经济、易装、易裁、易粘、防油、不易老化；缺点是防火、防水能力差。变形在25%内，载荷特性为线性，超过则为非线性。

玻璃棉 适用于机器、建筑基础隔振。耐火防腐蚀，稳定，但不防水。

泡沫塑料 发泡后可具有压缩性，软的支撑裁装方便，但载荷特性非线性，难以满足要求。

**其他隔振元件** 包括管道柔性接管、弹性吊架等。

管道柔性接管　在设备进出口管道上安装柔性接管是防止振动传递出去的必要措施，柔性接管在空压机、风机、水泵及柴油机上都有应用。有橡胶、金属两大类。温度低于100℃，压力2.0 MPa以下的液气体传输管道用橡胶或帆布类柔性接管；当高于上述值时，用金属波纹管。

弹性吊架　用于管道及隔声结构悬吊，可防止管道振动传给结构。弹性吊钩一般用金属弹簧或橡胶块作为弹性元件，前者工作时固有频率可小于10 Hz，后者为200 Hz。

其他　包括用于管道下部支撑的弹性支撑；代替刚性连接的高弹性联轴器；与隔振器并联以增加支撑阻力的油阻力器；吸收单一频率振动能量以降低设备振动的动力吸振器。常见隔振材料的性能比较见下表。

**常见隔振材料的性能比较**

| 性能 | 剪切橡胶 | 金属弹簧 | 软木 | 玻璃纤维板 | 气垫 |
|---|---|---|---|---|---|
| 最低自振动频率 | 3 Hz | 1 Hz | 10 Hz | 7 Hz | 0.2 Hz |
| 横向稳定性 | 好 | 差 | 好 | 好 | 好 |
| 抗腐蚀老化 | 较好 | 最好 | 较差 | 较好 | 较好 |
| 应用广泛程度 | 广泛应用 | 广泛应用 | 不够广泛 | 手工部门应用 | 极少应用 |
| 施工与安装 | 方便 | 较方便 | 方便 | 不方便 | 不方便 |
| 造价 | 一般 | 较高 | 一般 | 较高 | 高 |

（孙陆阳　卢铃）

jiegou zuni

**结构阻尼**　（structural damping）　结构在一个振动循环内消耗的能量和在这个循环内累积的最大能量的比值。结构阻尼由多种不同形式的耗能机制构成，其中最重要的两种是材料阻尼机制和界面摩擦阻尼机制。前者来自材料内部复杂的分子间的相互作用，后者则是结构的构件和构件、结构连接处的摩擦以及填充分割墙体等的作用。结构阻尼的机制复杂。在结构振动时，各种响应都是阻尼的函数。由于阻尼的存在，各种响应较无阻尼结构计算值为小，最小可至后者的几十分之一。因此阻尼的大小对结构动力响应分析尤为重要。相较于质量、刚度等具有明确物理背景的结构动力参数，结构阻尼特性描述的是结构整体的耗散能量的能力，因而会受到很多因素如建筑材料、结构形式和振动幅度等的影响。在工程应用中，结构体系的阻尼值仍然主要依靠经验来确定，而且（在模态组合分析法中）通常假定结构所有各阶振动模态的阻尼比相同，这与实际情况不同。根据实测信号识别已建成高层建筑的阻尼特性是为后续结构设计提供可靠参考值的最佳途径。（孙陆阳　卢铃）

**推荐书目**

马大猷．噪声与振动控制工程手册．北京：机械工业出版社，2002.

zuni cailiao

**阻尼材料**　（damping material）　能吸收振动机械能、声能并可将它们转化为热能、电能、磁能或其他形式能量而消耗掉的一种功能材料，应用于减振、吸声器件。大致可分为黏弹性阻尼材料、阻尼合金材料、复合阻尼材料和智能阻尼材料。

**黏弹性阻尼材料**　是应用较为广泛的一种高分子聚合物材料，它在一定受力状态下，既具有黏性液体消耗能量的特性，又具有弹性固体材料存贮能量的特性。当它产生动态应力或应变时，有一部分能量被转化为热能而耗散掉，另一部分能量以势能的形式储备起来，黏弹性阻尼材料通过将振动机械能转变为其他能量而达到衰减振动和降低噪声的目的。

**阻尼合金材料** 又称减振合金材料，是一种能将机械振动能转化为热能而耗散掉的新型金属功能材料。采用阻尼合金来设计制造的各类振动源构件可以从根本上有效地减轻振动的产生，大大降低振动和噪声所产生的危害。作为一类特殊的功能材料，阻尼合金最大的特征是在受到敲击时不像青铜、钢材那样发出洪亮的“金属声”，而只是像橡胶那样发出微弱的哑声。一般金属材料由于共振曲线的形状十分尖锐，振动衰减很慢，因此敲击时发出的声音响亮刺耳，而且持续时间很长，这是敲击时响声大的原因。而对于阻尼合金，其共振曲线趋于扁平，振动衰减快，共振振幅小，因此敲击时声音微弱。这跟合金内部吸收振动能量的能力有很大的关系。按照阻尼机制的不同，可将目前的阻尼合金分为五大类：复相型阻尼合金、孪晶型阻尼合金、位错型阻尼合金、铁磁型阻尼合金和 Fe-Mn 基阻尼合金。

**复合阻尼材料** 包括聚合物基阻尼复合材料和金属基阻尼复合材料。聚合物基阻尼复合材料是用纤维增强具有一定力学强度和较高损耗因子的聚合物而形成的复合材料；金属基阻尼复合材料包括在金属基体中添加第二相粒子形成的金属基复合材料、两种不同的金属板叠合在一起或由金属板和树脂黏合在一起而形成的复合阻尼金属板等。

**智能阻尼材料** 是将智能材料的自感知、自判断、自适应的特性应用于阻尼体系，与聚合物复合制备而成的阻尼材料，成为阻尼材料领域的一个新的研究方向。这类材料包括压电阻尼材料和电流变流体，其最大特点是损耗因子可控。压电阻尼材料是在高分子材料中填入压电粒子和导电粒子。当材料受到振动时，压电粒子能将振动能量转换成电荷，导电粒子再将其转换成热而散发出去，发挥减振的作用。压电阻尼材料产生的电荷量与材料所受力的大小成比例。这种阻尼材料只能用于兼作承力元件的离散阻尼处理。 （孙陆阳　卢铃）

zuni jiegou

## 阻尼结构 （damping construct）

将阻尼材料与构件结合成一体以消耗振动体振动能量的结构。阻尼结构是提高结构固有阻尼的主要结构形式之一，即在各种形状、用途的结构件上直接黏附一种包括黏弹性材料在内的结构层，增加结构件（主要是金属构件）的阻尼性能，以提高抗振性和稳定性。阻尼结构特别适用于梁、板、壳体的减振，在汽车外壳、飞机腔壁、舰船等薄壳结构的振动控制中被广泛采用。

**阻尼结构类型** 主要有自由阻尼结构、约束阻尼结构和复合阻尼结构。

**自由阻尼结构** 将黏弹性阻尼材料牢固地粘贴或涂抹在作为振动构件的金属薄板的一面或者两面。金属薄板为基层板，阻尼材料形成阻尼层。当基层板做弯曲振动时，板和阻尼层自由压缩和拉伸，阻尼层将损耗较大的振动能量，从而使振动减弱。自由阻尼层结构的损耗因子与阻尼层的厚度等因素的关系可用下式近似表示：

$$\eta = 14\left(\frac{\eta_2 E_1}{E_2}\right)\cdot\left(\frac{d_2}{d_1}\right)^2$$

式中，$\eta$ 为基层板与阻尼层组合构件的损耗因子；$\eta_2$ 为阻尼材料的损耗因子；$E_1$ 为基层板的弹性模量，Pa；$E_2$ 为阻尼材料的弹性模量，Pa；$d_1$ 为基层板的厚度，mm；$d_2$ 为阻尼材料层的厚度，mm。由上式可以看出，损耗因子与相对厚度$\frac{d_2}{d_1}$的平方成正比；$\frac{d_2}{d_1}$的比值一般取 2 ~ 4 为宜。比值过小，收不到应有的阻尼效果；比值过大，阻尼效果增加不明显。

为了进一步增加阻尼层的拉伸和压缩，可在基层板和阻尼层之间再增加一层能承受较大剪切力的间隔层。增加层通常设计成蜂窝结构，它可以是黏弹性材料，也可以是类似玻璃纤维那样依靠摩擦产生阻尼的纤维材料。

**约束阻尼结构** 是在自由阻尼层的外侧再黏附一种刚度较大的约束层（通常是金属薄

板），外侧薄层对阻尼层起约束作用。当基层板发生弯曲变形时，约束层相应弯曲与基层板保持平行，它的长度仍几乎保持不变。此时阻尼层下部将受压缩，而上部受到拉伸，阻尼层产生剪应变，不断往复变化，从而消耗机械振动能量。约束阻尼层结构与自由阻尼层结构不同，它们的运动形式不同，约束阻尼层结构可以提高机械振动能量的消耗。

**复合阻尼结构** 是用薄黏弹性材料将几层金属板黏结在一起的具有高阻尼特性，并保持金属板强度的约束阻尼层结构。阻尼层厚度约为0.1 mm，在常温和高温下具有良好的阻尼特性。其对振动能量的耗散是一种高弹性形变的做功损耗，相较于一般普通形变做功的损耗，使形变滞后应力的程度增加。此外，这种约束阻尼结构，在受激振时，其层间剪应力和剪应变所消耗的能量，远大于自由阻尼结构拉压变形所耗散的能量，损耗因子一般在0.3以上，最大峰值可达0.85，并且具有宽频带控制特性。

**阻尼结构设计** 包括阻尼结构形式的选择、阻尼层厚度、阻尼处理位置的优化和施工要求。

**阻尼结构形式的选择** 由于要求阻尼处理的结构形状、工作环境条件、激励状况、响应水平和控制要求等各不相同，因此选取附加阻尼结构形式应根据具体情况并结合理论原则综合考虑。一般适于拉压变形耗能的多采用自由阻尼结构、适于剪切耗能的多采用约束阻尼结构。同时，必须考虑处理工艺的简单和可靠性。

**阻尼层厚度** 对减振效果有很大的影响。在实际应用中，自由阻尼结构的阻尼层厚度通常取基本弹性层厚度的2～3倍。厚度太小，收不到应有的阻尼效果；厚度太大也不适宜，因为当厚度超过一定值后，阻尼效果的增加便不显著，还浪费材料。约束阻尼结构的阻尼层厚度与材料特性、基本弹性层厚度等很多因素有关，不可一概而论，厚度一般明显小于自由阻尼结构的阻尼层厚度。

**阻尼处理位置的优化** 当弹性体（如梁、板、壳等）的振动呈一定的模态时，在不同位置上设置附加阻尼层对耗散振动能量的能力是不同的，因此在结构的全面积上进行阻尼处理可能会造成浪费，实际工程结构中有时也只能进行局部阻尼处理。

**施工要求** 在施工中务必注意使阻尼层紧密地粘贴在需要减振的结构表面上，因为只有这样才能充分发挥阻尼材料的作用，收到应有的阻尼减振效果。（孙陆阳　卢铃）

**推荐书目**

周新祥．噪声控制及应用实例．北京：海洋出版社，1999.

zhendong pingjia biaozhun

## 振动评价标准 （criteria for vibration）

为保护人体、仪器设备等免受振动的危害与获得适宜的工作和生活环境所制定的振动级限值与法规。人类在社会活动中，会产生许多无益振动，这些振动反过来也会影响社会的正常运行。为抑制振动的不利影响，世界许多经济发达国家通过调查和研究制定了适用于不同环境或不同设备的振动容许标准。

**振动评价标准类别** 主要分为三类：第一类标准主要用于维护人类正常活动（休息、学习、生活、工作等）；第二类标准主要用于保护建筑物的安全；第三类标准主要用于保障机械设备和精密仪器正常工作。

**对人体振动允许值** 国际上一般划分为三个等级标准：第一级针对乘坐飞机、车辆和船只旅客等，要求保持舒适；第二级针对载货汽车、拖拉机驾驶员和机器操作者，要求能保持正常的工作效率；第三级针对能保持人体健康和人在生理上所能忍受的振动。

**评价方法** 可以采用比值法或计权法。

a. 比值法 将振动做频谱分析，给出每个倍频段的加速度值，用这些一一对应的数值来描绘或评价振动环境。当有任一组值超过有关标准时，即认为该振动环境超过有关人体的振动容许值。

b. 计权法　直接用仪器测得频率计权加速度级。

对建筑物内人体的振动标准　人在建筑物内从事的活动有睡眠、休息、学习、思考等，为保证这些活动免受干扰，ISO 2631—2：2003规定了三条曲线作为评价标准：建筑物内 $z$ 轴加速度基准曲线，建筑物内 $x$ 轴或 $y$ 轴加速度基准曲线，建筑物内混合轴加速度曲线。对于各种不同功能的建筑物或者不同性质的振动，以及白天和夜间的区别，应采用不同的容许值，根据不同情况，查找修正系数，得出不同功能和情况的允许振动值。同样，对人体承受建筑物内振动也可采用计权法，使标准执行起来简单、方便。

**对精密仪器、设备的允许振动标准**　精密仪器、设备台座的容许振动标准应由制造部门提供。当无资料时，可根据其振动特性按我国机械行业标准《隔振设计规范》（JBJ 22—1991）或冶金行业标准选用。

**对建筑物的允许振动标准**　与建筑物上部结构、地基的特性以及建筑物的重要性有关。德国2016年颁布的标准DIN 4150中规定了在短期振动作用下，使建筑物开始遭损坏，诸如粉刷开裂或原有裂缝扩大时，作用在建筑物基础上或楼层平面上的合成振动速度限值（见表1）。

**国际标准化组织振动标准**　ISO推荐了按加速度衡量的全身振动评价标准，其主要组成部分见表2。

**表1　德国DIN 4150规定的对建筑物的合成振动速度限值**

| | 结构形式 | 合成振动速度限值 $v_{i,\max}$/(mm/s) | | | | |
|---|---|---|---|---|---|---|
| | | 基础，所有方向 $i$，$i=x,\ y,\ z$ | | | 顶层，水平向，$i=x,\ y$ | 板楼，垂直，$i=z$ |
| | | 频率范围/Hz | | | 所有频率 | 所有频率 |
| | | 1～10 | 10～50 | 50～100[a] | | |
| | 1 | 2 | 3 | 4 | 5 | 6 |
| 1 | 商业或工业用的建筑物与类似设计的建筑物 | 20 | 20～40 | 40～50 | 40 | 20 |
| 2 | 居住建筑和类似设计的建筑物 | 5 | 5～15 | 15～20 | 15 | 20 |
| 3 | 不属于上述的对振动特别敏感的建筑物和具有纪念价值的建筑物 | 3 | 3～8 | 8～10 | 8 | 20[b] |

注：即使遵守第1行、第2至5列的限值，也不能排除轻微损害的可能性。

a. 100 Hz以上的频率范围，至少应采用100 Hz对应的限值，并且需要注意特定条款。

b. 对于第3行的建筑物类型，为了防止轻微损害，可能需要显著降低此参考值。

**表2　ISO 2631标准组成**

| 标准号 | 内容 | 发布时间 |
|---|---|---|
| ISO 2631-1—1997 | 一般要求 | 1997 |
| ISO 2631-2—2003 | 建筑物内的振动（1～80 Hz） | 2003 |
| ISO 2631-4—2001 | 在固定导轨运输系统中振动和转动对乘客和乘务员舒适度影响的评估导则 | 2001 |
| ISO 2631-5—2004 | 多次冲击振动评价方法 | 2004 |

振动对人的影响主要决定于振动的强度，振动的强度一般常用加速度振级（VL，单位dB）来衡量，其定义如下：

$$VL = 20\ \lg \frac{a_{rms}}{a_0}$$

式中，$a_0$为加速度参考值，一般取$10^{-6}$ $m/s^2$；$a_{rms}$为频率计权后的振动加速度有效值。由于不同方向的振动对人体的影响并不相同，故计算$a_{rms}$时应在不同方向上选取对应的频率计权因子。ISO 2631标准中定义了人体的三维坐标系：以心脏为原点，$x$轴为背－胸，$y$轴为右侧－左侧，$z$轴为脚－头部。同时标准中给出了三个方向上的频率计权因子。ISO 2631标准规定的建筑物内振动限值见表3。

**表3　ISO 2631标准关于建筑物内振动限值的建议**

| 地点 | 时间 | 振动级/dB | | | | | |
|---|---|---|---|---|---|---|---|
| | | 连续、间歇振动和重复性冲击 | | | 每天只发生数次的冲击振动 | | |
| | | $x(y)$ 轴 | $z$ 轴 | 混合轴 | $x(y)$ 轴 | $z$ 轴 | 混合轴 |
| 严格工作区（医院手术室、精密实验室） | 全天 | 71 | 74 | 71 | 71 | 74 | 71 |
| 住宅 | 白天 | 77～83 | 80～86 | 77～83 | 107～110 | 110～113 | 107～110 |
| | 夜间 | 74 | 77 | 74 | 74～97 | 77～100 | 74～97 |
| 办公室 | 全天 | 83 | 86 | 83 | 113 | 116 | 113 |
| 车间 | 全天 | 89 | 92 | 89 | 113 | 116 | 113 |

**我国振动标准**　《城市区域环境振动标准》（GB 10070—88）及其配套标准《城市区域环境振动测量方法》（GB 10071—88）给出了垂直振动的振动舒适度标准，采用ISO 2631给出的频率计权，以振级VAL(dB)作为评价标准，$VAL = 20\ \lg(a/a_0)$。式中，$a_0 = 10^{-6} m/s^2$为加速度参考值。GB 10070—88规定了垂向振动（$z$轴）的振动强度标准，见表4。

**表4　容许振动强度**

| 适用地带 | 容许振动强度/dB | |
|---|---|---|
| | 昼间 | 夜间 |
| 特殊住宅区 | 65 | 65 |
| 居民、文教区 | 70 | 67 |
| 混合区、商业中心区 | 75 | 72 |
| 工业集中区 | 75 | 72 |
| 交通干线道路两侧 | 75 | 72 |
| 铁路干线两侧 | 80 | 80 |

《住宅建筑室内振动限值及其测量方法标准》（GB/T 50355—2018）规定了住宅建筑室内的垂向振动加速度级限值，见表5。

**表5　住宅建筑室内振动限值**

| 1/3倍频程中心频率/Hz | | 1 | 1.25 | 1.6 | 2 | 2.5 | 3.15 | 4 | 5 | 6.3 | 8 |
|---|---|---|---|---|---|---|---|---|---|---|---|
| 1级限值/dB | 昼间 | 76 | 75 | 74 | 73 | 72 | 71 | 70 | 70 | 70 | 70 |
| | 夜间 | 73 | 72 | 71 | 70 | 69 | 68 | 67 | 67 | 67 | 67 |
| 2级限值/dB | 昼间 | 81 | 80 | 79 | 78 | 77 | 76 | 75 | 75 | 75 | 75 |
| | 夜间 | 78 | 77 | 76 | 75 | 74 | 73 | 72 | 72 | 72 | 72 |
| 1/3倍频程中心频率/Hz | | 10 | 12.5 | 16 | 20 | 25 | 31.5 | 40 | 50 | 63 | 80 |
| 1级限值/dB | 昼间 | 72 | 74 | 76 | 78 | 80 | 82 | 84 | 86 | 88 | 90 |
| | 夜间 | 69 | 71 | 73 | 75 | 77 | 79 | 81 | 83 | 85 | 87 |

续表

| 1/3 倍频程中心频率/Hz | | 10 | 12.5 | 16 | 20 | 25 | 31.5 | 40 | 50 | 63 | 80 |
|---|---|---|---|---|---|---|---|---|---|---|---|
| 2 级限值/dB | 昼间 | 77 | 79 | 81 | 83 | 85 | 87 | 89 | 91 | 93 | 95 |
| | 夜间 | 74 | 76 | 78 | 80 | 82 | 84 | 86 | 88 | 90 | 92 |

《机械振动与冲击　人体暴露于全身振动的评价　第 1 部分：一般要求》（GB/T 13441.1—2007）提供了振动对健康、舒适与感知、运动病的可能影响的指南。

**推荐书目**

马大猷. 噪声与振动控制工程手册. 北京：机械工业出版社，2002.

方丹群，张斌，孙家麒，等. 噪声控制工程学. 北京：科学出版社，2013.

吕玉桓，燕翔，魏志勇，等. 噪声与振动控制技术手册. 北京：化学工业出版社，2019.

高南沙. 环境振动噪声控制. 西安：西北工业大学出版社，2023.

# 电 磁 环 境

# 通用术语

huanjing diancixue

**环境电磁学** （environmental electromagnetics） 研究电磁环境对人类生存的直接影响，探讨电磁环境与电工电子学关系的学科。随着信息时代的到来，环境电磁学还涉及信息安全和生物电磁学方面的研究，从而发展成为包含医学、生物、环境、电子、电磁兼容及测量等的新兴交叉学科。就其当前研究的具体内容主要可以归纳为以下六个方面。

**电磁兼容预测** 为了保证多个电子电气设备（系统）在同一空间中同时工作时能各自正常工作，目前的电磁兼容预测一般在三个时序上进行：一是芯片的电磁兼容预测，必须在设计时即考虑高频工作时的影响；二是部件的电磁兼容预测，即部件与部件之间干扰影响的解决；三是系统的电磁兼容预测，达到多系统的正常工作。

**屏蔽测量技术** 其关键是必须准确、灵敏，基本要求是被测信号与外界干扰信号之间的有效隔离。最具有代表性的是微波暗室，除用于常规测量外，在各种电磁环境仿真技术中也得到了广泛应用。由于大型微波暗室造价昂贵，而小型系统测试又显不便，20 世纪 80 年代初期发展了屏蔽小室测量技术。

**人为电磁噪声研究** 这类噪声主要包括输电线电晕噪声和汽车点火系统、电牵引车辆受电弓离线、各种接触器离合、广播及通信辐射等设施（系统）所发生的电磁噪声，通过研究其发生的机理、所含的频谱特性及传播特性、防治措施，降低对环境的影响。

**频谱分配与管理** 无线电频谱资源既是一种有限的自然资源，又是一种独特而重要的资源，虽是有限的，但不是消耗性的，不利用它或不充分利用它均是对这一资源的浪费。对其既要进行科学的管理（研究、规划和制定有关电磁环境的法规和标准，并监督执行），又要达到最有效的应用［进行频谱分配的电磁兼容性研究，以保障无线电系统（设备）工作正常运行］。

**计算机中的电磁兼容** 计算机作为一种数据处理和存储系统，有可能受到外界电磁场干扰，而作为一种电子设备，它的寄生辐射和电磁泄漏也可能污染外界电磁环境或造成自身信息失密。相关研究针对信息设备的电磁辐射与信息泄露问题，从信息接收和防护两个方面展开关于信息接收、破译水平、防泄漏能力与技术、相关规范标准及管理手段等一系列工作。因上述问题事关重大，已受到普遍关注，该项技术研究得到迅速发展。

**电磁场的生物效应** 主要研究内容为低频电磁场（主要是工频，我国是 50 Hz）生物效应和射频场生物效应特性、生物效应反映的热效应和非热效应特性、生物效应的短期效应和长期效应特性以及生物效应的电场效应和磁场效应特性。此外，还应包括电磁场生物效应研究方法的研究、管理阈值的研究以及电磁环境控制限值标准的制定等。

除此之外，空间飞行器中，无线电通信技

术中的电磁兼容设计已成为必需的工艺流程。另外，电磁脉冲效应在军事上的应用及其特性是环境电磁学中一项重要的研究内容。近年来，地震电磁学也发展成为一门新的边缘尖端学科。（蒋忠湧）

feidianli fushe

**非电离辐射** （non-ionizing radiation，NIR）为了区别电离辐射而特指的电磁现象，包括热辐射、光辐射及电磁辐射等形式，它们在发生机理、应用及计量单位上与电离辐射有本质的区别。

电离是电离辐射与原子或分子碰撞释放一个或多个电子的过程，电离辐射是由在物质中能够产生电离的带电粒子和不带电粒子所组成的辐射，带电粒子有 α 粒子、质子、电子、正电子等，不带电粒子有光子和中子。因此，当电离辐射与物质作用传递能量时就会有电离现象发生。非电离辐射包括特定电磁波频谱中所有的放射线和电磁波，该频谱不具有在物质中产生电离所需的能量，这类射线的特点是每个光子的能量低于 12 eV，波长长于 100 nm，而且频谱低于 $3\times10^{15}$ Hz。

非电离辐射在涉及电磁环境上包含电磁辐射和电磁感应两大方面。《电磁环境控制限值》（GB 8702—2014）规定了电磁环境中控制公众曝露的电场、磁场、电磁场（1 Hz ~ 300 GHz）的场量限值、评价方法和相关设施（设备）的豁免范围。（王冠）

dianci pinpu

**电磁频谱** （electromagnetic spectrum） 产生于自然界和人为电磁源的电磁场。自然界产生的电磁场有地球自身产生的大地电场、大地磁场、雷电电磁场以及来自太阳和其他星球的电磁场。对于人为电磁源电磁场来说，由于人类对电磁现象的深入认识和积极利用，不同的人造电磁系统应用不同的频段。例如，我国广播电视发射频段为 48.5 ~ 960 MHz、中波广播频段为 531 ~ 1 602 kHz、短波广播与通信频段为3 ~ 30 MHz、移动通信频段可由数百兆赫至千兆赫、卫星通信频段高达数十千兆赫，而交流输变电传输频率仅为 50 Hz，直流输电则低至 0 Hz。

当前对电磁频谱的分析及其应用领域可以简述如下，其中频率和波长的对应关系由下列公式确定：

$$f\times\lambda=c$$

式中，$f$ 为频率，Hz；$\lambda$ 为波长，m；$c$ 为光速，$c=3\times10^{8}$ m/s。

**电磁波分类** 依据频率一般分为无线电波、微波、红外光、可见光、紫外光、X 射线和 γ 射线等。依据各个波段具有的能量特征，可得知在非常低温度下（当接近绝对零度时），物质内的原子仅能辐射出无线电波和微波；当在 0℃左右（水的冰点）时原子可辐射红外光；在表面温度为 5 000 ~ 6 000℃的物质（如太阳）表面，才会有可见光的辐射；在温度为 $100\times10^{4}$℃的物体表面，会有 X 射线；到了表面温度达 $100\times10^{8}$℃的物体表面，会有 γ 射线呈现。各波段的电磁波有各自的特征和用途。

**无线电波** 指在电磁频谱中，波长为 $1.5\times10$ ~ $2.0\times10^{5}$ cm 的电磁波。无线电波常被用于长距离的通信，例如，电视机、收音机等频道都是运用无线电波不易被阻挡、折射、变频等特性，现今也用无线电波来探索宇宙遥远处的奥秘。

**微波** 指在电磁频谱中，波长为 $1.0\times10^{-1}$ ~ $1.5\times10$ cm 的电磁波。微波常被用于短距离的通信或遥控，如电视机、冷气机、音响设备等的遥控器都是运用微波的原理。现今也已应用 2 450 MHz 的频率于厨房中烹煮食物。

**红外光** 指波长为 7 000 Å（1 Å = $10^{-10}$ m）~ 1 mm 的电磁波。红外光是 M. Herschel 于 1800 年发现的。红外光有显著的热效应，可用温差电偶、光敏电阻或光电管等仪器探测。按波长可分成 $7.5\times10^{-1}$ ~ $3.0\times10^{0}$ μm 的近红外区、$3.0\times10^{0}$ ~ $3.0\times10$ μm 的中红外区和 $3\times10$ ~ $1.0\times10^{3}$ μm 的远红外区三段。红外光谱在研究分子结构、固态物质的光学性质、夜视环境等方面，用途极大。

**可见光** 指波长范围为4 000～7 000 Å的电磁波。透过棱镜可得知可见光的组成颜色，通常界定波长为4 000～4 500 Å的光为紫光；波长为4 500～5 200 Å的光为蓝光；波长为5 200～5 600 Å的光为绿光；波长为5 600～6 000 Å的光为黄光；波长为6 000～6 250 Å的光为橘光；波长为6 250～7 000 Å的光为红光。

**紫外光** 指波长为100～4 000 Å的电磁波。这一范围开始于可见光的短波极限，而与长波X射线的波长相重叠。紫外光是J. W. Ritter于1801年发现的。可用于测定气体或液体中氯、二氧化硫、二氧化氮、二硫化碳、臭氧、汞等特定分子，以及各种未饱和化合物的紫外吸收光谱。

**X射线** 是一种穿透力很强的电磁波，在电磁波谱中，其波长范围为0.1～100 Å。X射线是伦琴（W. Röntgen）于1895年发现的，所以X射线又称伦琴射线。X射线通常是由高速电子与固体碰撞产生的，强光照射下所产生的荧光效应也会有少量的X射线呈现。因为它穿透力强且不会损伤周围组成物质，所以可用于非破坏性物品等材料检验，以及动物的身体内部骨骼等医学检查。

**γ射线** 其特征和X射线极为相似，是一种辐射能量高且穿透力极强的电磁波，在电磁频谱中，其波长小于0.1 Å。γ射线是维拉德（P. Villard）于1900年证实的。γ射线通常是由极高速电子与原子核碰撞产生的。

**我国当前无线电频谱的频率范围及相关频段使用** 根据国际电信联盟（International Telecommunication Union，ITU）的定义，无线电是对无线电波使用情况的通称，指不用人工波导而在空间传播的、频率在3 000 GHz以下的电磁波。我国主要的无线电频率划分从0 Hz到275 GHz，涵盖了地面、空间、射电天文等领域共计43种无线电业务，各频段主要应用为：

**甚低频**（3～30 kHz） 包括长距离无线电导航、标准频率和时间信号。

**低频**（30～300 kHz） 包括长距离无线电导航、战略通信。

**中频**（300～3 000 kHz） 包括中等距离无线电导航、水上移动通信、广播。

**高频**（3～30 MHz） 包括无线电定位、固定式无线通信、移动式无线通信、全球广播。

**甚高频**（30～300 MHz） 包括固定式无线通信、移动式无线通信、广播、卫星气象。

**特高频**（300～3 000 MHz） 包括固定式无线通信、移动式无线通信、卫星通信、卫星导航。

**超高频**（3～30 GHz） 包括固定式无线通信、移动式无线通信、卫星通信、空间科学、卫星地球探测。

**极高频**（30～300 GHz） 包括固定式无线通信、移动式无线通信、卫星通信、空间科学、卫星地球探测。 （王冠 翟国庆）

diancichang

**电磁场** （electromagnetic field） 变化的电场和变化的磁场相互激发，形成的相互依存、不可分割的电场和磁场统一体。

电磁场可以被视为电场和磁场的联结。随时间变化的电场产生磁场，随时间变化的磁场产生电场，两者互为因果，形成电磁场。电磁场可由变速运动的带电粒子引起，也可由强弱变化的电流引起，不论原因如何，电磁场总是以光速向四周传播，形成电磁波。电磁场是电磁作用的媒递物，具有能量和动量，是物质存在的一种形式。电磁场的性质、特征及其运动变化规律由麦克斯韦（Maxwell）方程组确定。

麦克斯韦方程共有四条，是一组偏微分方程，其未知量是电场强度（$\boldsymbol{E}$）、磁感应强度（$\boldsymbol{B}$）、电位移（$\boldsymbol{D}$）、磁场强度（$\boldsymbol{H}$），包括这些未知量对时间和空间的偏导数。给定了源（电荷与电流）和边界条件（电场与磁场在边界上的值），可以用数值方法求解麦克斯韦方程，从而得到电场和磁场在不同时刻和位置的值，这一过程称为电磁场数值计算，或者计算电磁学，在电子工程尤其是微波与天线工程中有重要地位。现有的电磁场数值方法包括有限元法、矩量法、时域有限差分，在计算的精度与速度方面已经取得很大进展，可以准确计算普通天线或者微波器件的电磁场。

电磁场根据随时间变化的情况不同可以分为恒定电磁场和时变电磁场。

**恒定电磁场** 指场量不随时间变化的电磁场，是时变电磁场的特殊形式。例如，静止电荷产生的静电场、静止磁偶极子产生的静磁场、稳恒电流产生的恒定磁场均属于恒定电磁场。

静电场是由电荷产生或者激发的一种物质，具有物质性，静电场对处于其中的其他电荷有作用力。根据静电场的高斯定理，静电场的电场线起始于正电荷或无穷远，终止于负电荷或无穷远，故静电场是有源场。从安培环路定理来说它是一个无旋场。根据环量定理，静电场中环量恒等于零，表明静电场中沿任意闭合路径移动电荷，电场力所做的功都为零，因此静电场是保守场。

电荷在导电媒质（导体）或不导电的空间中有规则的运动形成电流，二者分别称为传导电流和位移电流。一般来说，电流密度（$\boldsymbol{j}$）是随时间而变化的，既是空间坐标的函数又是时间的函数。在特殊情况下，$\boldsymbol{j}$ 也可以不随时间而变化，各点的 $\boldsymbol{j}$ 都不随时间而变化的电流叫作稳恒电流（恒定电流），相应的电流场称为稳恒电流场。要维持稳恒电流，空间各处的电荷分布不能随时间而变化，但电荷是稳定流动的。这是维持稳恒电流的一个必要条件，简称稳恒条件。

与稳恒电流场（$\boldsymbol{j}$ 场）相伴的电场 $\boldsymbol{E}$ 叫作恒定电场。恒定电场与静电场的 $\boldsymbol{E}$ 及电荷分布都不随时间而变化。两者的区别在于，激发静电场的电荷分布不随时间而改变且电荷不运动，而激发恒定电场的电荷分布虽然也不随时间而变化，但电荷是运动的。因为激发恒定电场的电荷分布不随时间而变化，所以恒定电场与静电场具有完全一样的性质，特别是静电场的高斯定理和环量定理对恒定电场也完全适用。

恒定磁场是指磁场强度和方向不随时间变化的磁场。它是恒定电流周围空间存在的一种特殊形态的物质，如通以直流电的电磁铁所产生的磁场。永久磁铁的磁场也是恒定磁场。这种磁场可以看作是由分子尺度上的等效电流引起的。

悬挂在蹄形磁铁间的载流直导线会发生平动现象，呈现静磁场特性。磁铁是由分子（原子）组成的，原子核外电子绕核运动和自旋运动形成的环形电流称为分子电流。在磁铁内部，这些分子电流若定性排列，则在宏观上呈现出磁性，即静磁场。

**时变电磁场** 指场量随时间变化的电磁场，包括时谐电磁场和含时电磁场。时谐电磁场随时间的变化是正弦函数，但在不同的空间位置可以有不同的幅度和相位，通常可以用复数来表示。含时电磁场在空间某点随时间的变化是普通函数，如果变化到频域，其频谱包含各种频率分量。根据频率范围来分类，时变电磁场可分为工频电磁场和射频电磁场。

**工频电磁场** 电力系统一般使用正弦交变电流来传输和使用电能，周围有工频电磁场。交变电流（简称交流）比稳恒电流（直流电）复杂得多，电流随时间的变化引起空间电场和磁场的变化，因此存在电磁感应和位移电流。就其本质而言，属于极低频率的时变电磁场。

我国以及大多数国家和地区都采用 50 Hz 作为电力标准频率，有些国家（如美国、日本）采用 60 Hz。这种频率在工业上应用广泛，称为工业标准频率，习惯上简称工频。

当交流电的频率 $f$ 满足 $f \ll c/l$ 或 $l \ll \lambda$（$c$ 为真空中的光速，$l$ 为电路的线度，$\lambda$ 为电磁波的波长）时，位移电流的效果可以忽略，这种情况叫作准稳，这种电路叫作准稳电路，条件 $f \ll c/l$ 或 $l \ll \lambda$ 叫作准稳条件。对于工频交流电（50 Hz），电磁波在真空中的波长 $\lambda = c/f =$ 6 000 km，电路的线度远小于电磁波的波长。

准稳态性质允许把电场和磁场分别讨论，它们不会相互影响，准静态电场的基本物理现象相当于静电场的情况。因此工频电磁场不是发射场，而是一种感应场，它对外界的影响主要是静电感应。它的一些效应可以用静电场的一般概念来分析。同样，对于工频磁场，也可以按照静磁场来进行分析。

**射频电磁场** 是由相互关联的交变电场和磁场组成的，就其本质而言，属于频率较高的时变电磁场，通常指频率在 100 kHz 以上的无线电波。常见的射频电磁源有广播电视发射设备，通信、雷达及导航发射设备，工业、科研、医疗射频设备等。对于频率较高的电磁场，如各种超短波等，当电磁场频率 $f \gg c/l$ 或 $l \gg \lambda$ 时，这时准稳条件已不能满足，必须使用麦克斯韦方程组来分析电磁场。

**近场区和远场区** 电磁辐射源产生的时变电磁场能量可分为性质不同的两部分：一部分能量仅在辐射源周围随源的周期性变化而变化，不形成对外辐射能量，由于接近源区，故称为近场区，也称感应场；另一部分电磁场能量则脱离辐射源，以电磁波的形式向外发射，称为远场区，也称辐射场。

远场区和近场区的界别可按远场条件来确定，由不同的考虑因素，该条件可表达为下列三种形式：

① 按照麦克斯韦电磁方程组的求解可知，场量含有$\frac{1}{r}$、$\frac{1}{r^2}$和$\frac{1}{r^3}$的分量项（$r$ 为传播距离），而在无线电通信系统中通信距离 $r \gg \lambda$（波长）。对于 $r \gg \lambda$ 的区域，上述$\frac{1}{r^2}$和$\frac{1}{r^3}$分量项将很快衰减，相对于$\frac{1}{r}$项可以忽略，因此远场区应是场量按$\frac{1}{r}$衰减的区域。图 1 给出了在归一化坐标系中，按麦克斯韦方程画出的一个短偶极子的辐射电场强度的 3 个分量项电平随距离的变化。由图 1 可知，只有当 $r > \frac{\lambda}{2\pi}$时才可以认为进入远场区。

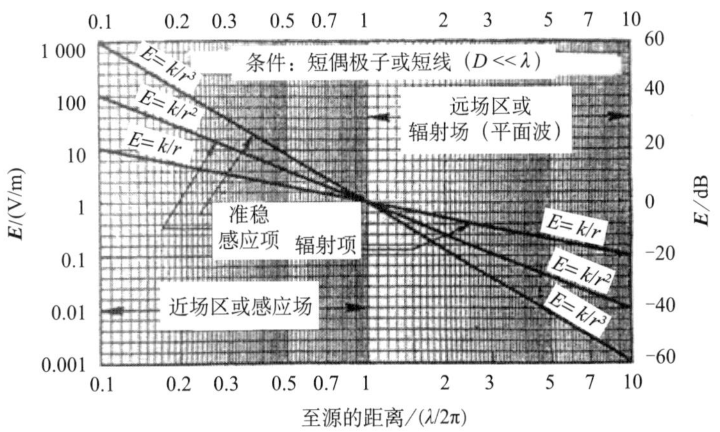


注：横坐标表示以（$\lambda/2\pi$）归一化的距离值；左侧纵坐标表示以［$Z_0 ID\pi(\sin\theta)/\lambda^2$］归一化的电场强度值，V/m；右侧纵坐标表示以［$Z_0 ID\pi(\sin\theta)/\lambda^2$］归一化的电场强度的分贝值，dB(V/m)。其中，$I$ 为短偶极子上的电流，A；$D$ 为短偶极子长度，m；$Z_0$为传播媒体的波阻抗，Ω；$\lambda$ 为波长，m；$\theta$ 为三维直角坐标系中电场矢量与 $z$ 轴间的夹角，(°)。

**图 1　短偶极子的辐射电场强度**

② 如分别考虑电场源（短偶极子）及磁场源（小电流环）所形成场的波阻抗 $Z_0$随距离变化的情况，则可画出图 2 中的曲线。横坐标表示以$\frac{\lambda}{2\pi}$归一化的传播距离，m；纵坐标表示波阻抗，Ω。当距离为$\frac{\lambda}{2\pi}$时，其 $Z_0$仅接近自由空间波阻抗（$120\pi\Omega \cong 377\Omega$），大约要到 $3\left(\frac{\lambda}{2\pi}\right)$或者更远，才能等于 $120\pi\Omega$，此时才是远场区。

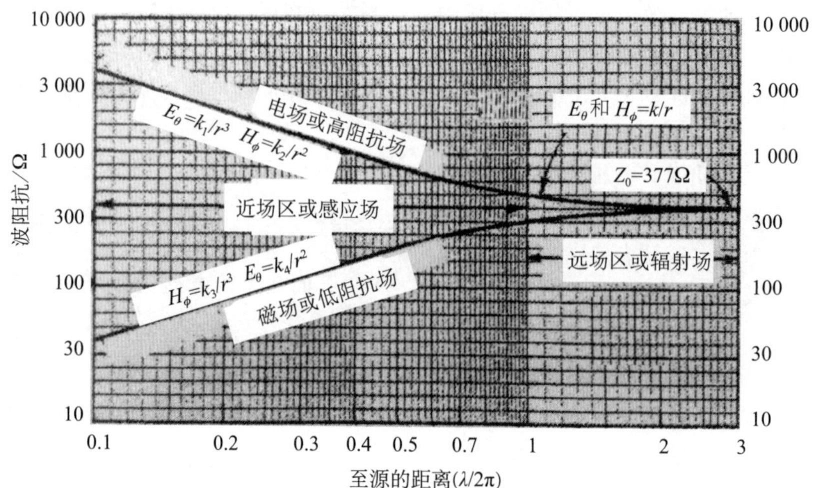


注：$E_\theta$ 为电场强度矢量在球坐标系中 $\theta$ 方向的分量，V/m；$H_\phi$ 为磁场强度矢量在球坐标系中 $\phi$ 方向的分量，A/m；$k_1$、$k_2$、$k_3$、$k_4$和 $k$ 为场量系数；$r$ 为距离，m。

**图 2　波阻抗与距离的关系**

③ 天线的远近场区划分点既不同于通信工程中常用的3λ，也不同于根据麦克斯韦方程划分的$\frac{\lambda}{2\pi}$。天线的远、近场区划分点应为

$$\frac{2D^2}{\lambda} \tag{1}$$

式中，$D$ 为天线的最大口径，m；$\lambda$ 为工作波长，m。

其物理意义是：从天线边缘辐射的电磁波与天线中心辐射的电磁波，当到达观测点时，两者的相位差为$\frac{\pi}{8}$rad = 22.5°。

由于不同因素的考虑，上述三种判别的远、近场区界别的距离是有差异的，这表征着应针对所研究的电磁场内容选择相应的界别方法。例如，在测量天线的方向性图、增益时应以③为宜。但在电波传播特性研究中，应同时满足上述各个远场区条件：既保证进入按$\frac{1}{r}$规律衰减、空间波阻抗为 120πΩ，又应满足天线辐射相位差 < $\frac{\pi}{8}$rad 的要求，取其中大者为界别点。

**电磁波**　电磁场场量的矢量为电场强度（$\boldsymbol{E}$）、电位移（$\boldsymbol{D}$）、磁场强度（$\boldsymbol{H}$）和磁感应强度（$\boldsymbol{B}$），并随场源的变化而变化。在自由空间的远区场（辐射场）中，它们之间的关系可由麦克斯韦方程组的微分形式表示：

$$\nabla\times\boldsymbol{H}=\frac{\partial\boldsymbol{D}}{\partial t} \tag{2}$$

$$\nabla\times\boldsymbol{E}=-\frac{\partial\boldsymbol{B}}{\partial t} \tag{3}$$

式（2）和式（3）可通俗解释为等式右边表示场源，即分别是随时间变化的电场和随时间变化的磁场；等式左边是由对应场源产生的场，分别为磁场和电场。综合上述概念，其物理意义是电场随时间的变化产生磁场，磁场随时间的变化产生电场。在交变电磁场内电场与磁场是不可分割的，只要有任何电或磁的扰动，就会产生一连串电与磁的交替变换，实质上这就是能量的交替变换，如此不断地变换下去。一个变动的电场产生一个变动的磁场，此磁场不仅存在于变动电场的原范围内，还存在于邻近的范围内，新的场又在更外围的空间产生场，于是能量就被传递到远处，这样不断的能量变换和传递就形成了电磁波。

场源辐射电磁波的机理参见*电磁辐射*。而电磁波的传播方式与频率、传播介质密切相关。无线通信中，电波经天线发射后，一般利用以

下传播方式到达接收点，分别为地波（表面波）传播、天波传播、空间波传播、散射传播、波导模传播、哨声传播（哨声是雷电激发的甚低频信号，这些信号可沿地球磁力线从一个半球传播到另一个半球，甚至更远处，哨声是研究磁层的重要手段之一）、地（水）下传播和宇航传播（见图3）。无线通信中常用的传播方式包括天波传播、地波传播和空间波传播。

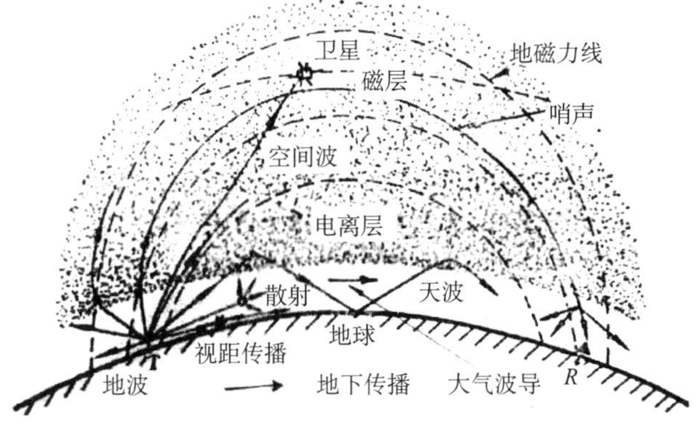


**图3 电波传播的方式**

**天波传播** 是电波通过电离层反射的传播方式。通常把距离地面80~700 km、自由电子密度较高的区域称为电离层，在此范围内气体受到太阳紫外线照射，电离分解为正离子和电子，同时气体的热运动又使正离子和电子发生中和现象，两者的中和又受到大气层温度随高度的变化和气体分层的影响，使大气中电子密度的最大值发生在几个不同的高度上，每一最大值所在的范围称为一个“层”。通常电离层划分为三层：D层、E层和F层，在夏季的白天，F层又可分为$F_1$和$F_2$两层。D层是最低层，离地高度为60~90 km，电离在日出后出现并在中午时达到最强，日落后由于强烈的中和作用而逐渐消失，白天经由D层传播的频率为2~5 MHz。E层的高度为90~160 km，其电子密度随太阳活动有规律性地变化，可反射几兆赫的电波，实现短距离的无线通信，经E层一次反射的地面通信最大距离可达2 000 km。F层是天波传播最重要的反射层，$F_1$层仅白天存在，高度为170~220 km，取决于季节和太阳的位置；$F_2$层白天和晚上都存在，其高度为225~450 km，取决于季节和昼夜变化，夏天达到最大，$F_2$层电子密度是各层中最大的，因而能反射的电波频率可达短波段的高端，经过$F_2$层一次反射的地面通信最大距离为4 000 km。所以在实现卫星通信以前，利用$F_2$层的一次或多次反射即可组织远距离无线通信，如洲际通信。

由于气体的折射率随着离地高度的增加而逐渐变小，因此电波以入射角$\theta_0$射入某电离层时，根据折射定律，电波传播路径将向下弯曲，当到达某一高度时，入射角$\theta_0$、入射频率$f$以及该高度的电子密度$N(z)$三者满足下列关系式：

$$\sin\theta_0 = \sqrt{1 - 80.8\frac{N(z)}{f}} \qquad (4)$$

此时电波将由该高度电离层处反射回地面，所以此式为电离层反射条件。由折射定律可知，电波返回的路径与入射轨迹是对称的。由式（4）可知，在相同的入射角$\theta_0$情况下，频率越高，要求反射的电子密度越大，即反射高度也越高，其中$f_4 > f_3 > f_2 > f_1$（见图4）。$f_3$为接近$F_2$层电子密度最大值的能反射的频率，电波将会缓慢传播且变缓弯曲，称此为$F_2$层中的慢行现象，利用此现象可以使反射电波到达较远的地面。$f_4$则高于$F_2$层在入射角$\theta_0$下的最大反射频率，其将穿透电离层，宇航传播必须采用此模式。

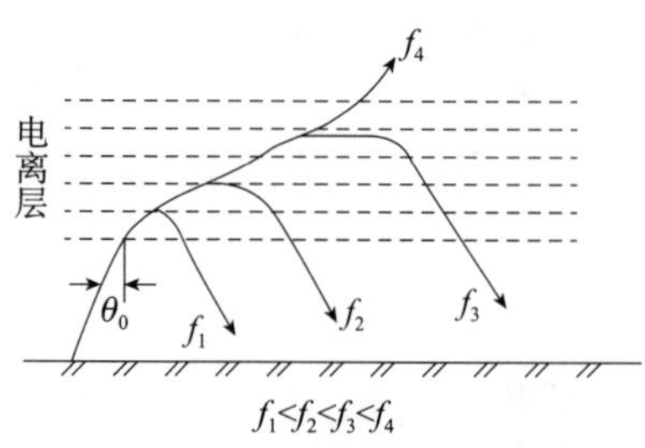


图4 相同 $\theta_0$ 时，不同频率的传播路径

天波传播适于短波段频率 3 ~ 30 MHz 的电波传播。在无线短波通信的电路设计中确定电波传播模式是很重要的一环，通常可在选择单层电离层反射或多层电离层反射的多种组合模式中因地制宜地确定电路的主导模式（见图5）。

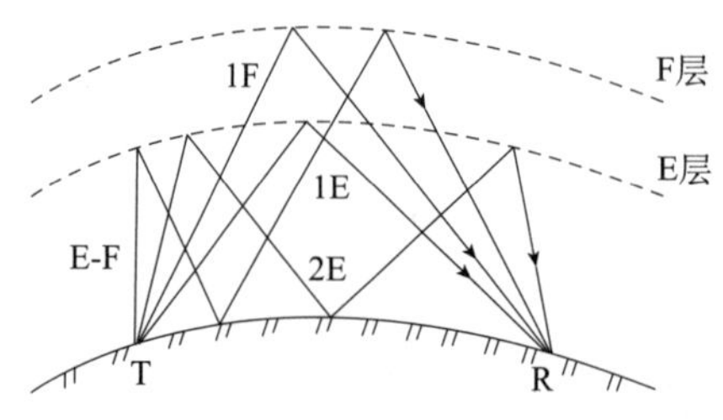


图5 传播模式举例

**地波传播** 指无线电波沿地球表面传播。当发送和接收设备的天线设置在紧靠地面上时，被天线辐射的电波是沿着半导电性质和起伏不平的地表进行传播的。由于地表面的半导电性质，一方面使电波的场结构不同于自由空间传播的情况并引起对电波的吸收；另一方面不同于各向同性媒质中沿着直线路径传播，而是由于地球表面呈现球形而使电波传播按绕射的方式进行，只有当波长与障碍物高度相当时，才具有绕射作用。由地球的曲率和 TR 间通信距离可以得出障碍高度 $h$（见图6），TR 间通信距离和障碍高度 $h$ 的关系见表1。

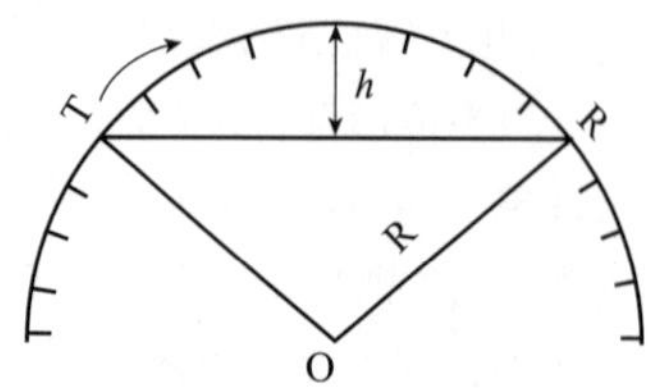


图6 地面障碍高度

表1 通信距离与障碍高度的关系

| 通信距离/km | 障碍高度/m | 通信距离/km | 障碍高度/m |
|---|---|---|---|
| 1 | 0.02 | 100 | 196.2 |
| 5 | 0.49 | 500 | 4 906 |
| 10 | 1.96 | 1 000 | 19 623 |
| 50 | 49.1 | 5 000 | $491\times10^3$ |

电波要实现对表1中障碍高度的绕射，必须是中、长波段，其波长才可以与此相当。因此，地波传播适合于长波段（频率为 30 ~ 300 kHz）和中波段（频率为 300 ~ 3 000 kHz），有时也用于短波段的低端频段。

如认为地表面土壤为理想导体，由电磁场理论可知，地表面电波的电场强度矢量应垂直地面，为取得天线发送或接收电波的最佳效果，天线与电场强度矢量必须平行设置，即天线垂直地面是长、中波天线的典型特点。但实际地面的半导电性质，使电场强度矢量倾斜于地面，导致部分电磁场能量被地面吸收（损耗），为减小这部分能量损耗，必须改善天线附近土壤的导电性，通常在天线根部铺设地网，以天线接地点为中心，由数十根（甚至更多）导线呈水平辐射状敷设于地面下浅层处。

**空间波传播** 从发射点经空间直线传播到接收点的无线电波称为空间波。空间波传播又称视距传播，是指在发射天线和接收天线间能相互“看见”的距离内，电波直接从发射点传播到接收点（包括地面的反射波）的一种传播方式。空间波传播大体上包括两方面：一方面是地面上中继站之间或电视广播、调频广播的传播；另一方面是地面与空中飞机、卫星等通信或雷达探测等的传播。空间波传播使用的频段属于米波至毫米波（频率为 30 ~ $3\times10^5$ MHz）。

当天线 T 和天线 R 架设在地面上一定高度时，它们和地面不存在耦合作用，即地面对天线的辐射无影响，这时天线 R 的接收场强将是一个干涉场（见图7），它由三部分矢量叠加而成：直射波（由天线 T 辐射的电波）直射到达接收点 R，地面反射波（由天线 T 辐射的电波）经地面反射到达接收点，以及天线 T 辐射的电波经由地表面传播到达接收点 R。如果天线架设高度 $h_1 \gg \lambda$，$h_2 \gg \lambda$（波长），地表面波衰减很快，接收点可以忽略其作用，这样 R 点的合成场强可以简化为直射波和反射波的干涉场。

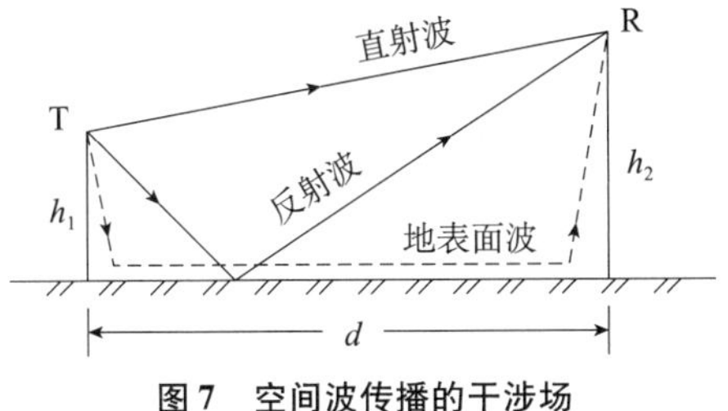


**图 7　空间波传播的干涉场**

直射波和反射波构成的干涉场在自由空间（电波在理想的、均匀的和各向同性的介质内传播时，不出现折射、绕射、反射、吸收和散射等现象，而仅考虑电波的扩散而引起的传播损耗）中传播和工程条件（$d \gg \lambda$）下接收天线 R 处的场强计算模式，通常称为“平面－大地”模式：

$$E = \frac{68.8\sqrt{P_{\Sigma}D}h_1h_2}{\lambda d^2} \tag{5}$$

式中，$E$ 为接收天线 R 处的电场强度，μV/m；$P_{\Sigma}$ 为发射天线 T 的输入功率，W；$D$ 为发射天线 T 的方向性系数（倍数）；$h_1$，$h_2$ 分别为发射天线 T 和接收天线 R 的架设高度，m；$\lambda$ 为工作波长，m；$d$ 为接收、发射天线间地面距离，km。（蒋忠湧　翟国庆）

dianci huanjing

**电磁环境**（electromagnetic environment）　存在于给定场所的所有电磁现象的总和。

按照《电磁环境控制限值》（GB 8702—2014），公众曝露控制限值在环境中电场、磁场、电磁场场量参数的方均根值应满足表 1 要求。

**表 1　公众曝露控制限值**

| 频率范围 | 电场强度 $E$/(V/m) | 磁场强度 $H$/(A/m) | 磁感应强度 $B$/μT | 等效平面波功率密度 $S_{eq}$/(W/m²) |
|---|---|---|---|---|
| 1 ~ 8 Hz | 8 000 | $32\ 000/f^2$ | $40\ 000/f^2$ | — |
| 8 ~ 25 Hz | 8 000 | $4\ 000/f$ | $5\ 000/f$ | — |
| 0.025 ~ 1.2 kHz | $200/f$ | $4/f$ | $5/f$ | — |
| 1.2 ~ 2.9 kHz | $200/f$ | 3.3 | 4.1 | — |
| 2.9 ~ 57 kHz | 70 | $10/f$ | $12/f$ | — |
| 57 ~ 100 kHz | $4\ 000/f$ | $10/f$ | $12/f$ | — |
| 0.1 ~ 3 MHz | 40 | 0.1 | 0.12 | 4 |
| 3 ~ 30 MHz | $67/f^{1/2}$ | $0.17/f^{1/2}$ | $0.21/f^{1/2}$ | $12/f$ |
| 30 ~ 3 000 MHz | 12 | 0.032 | 0.04 | 0.4 |
| 3 000 ~ 15 000 MHz | $0.22f^{1/2}$ | $0.000\ 59f^{1/2}$ | $0.000\ 74f^{1/2}$ | $f/7\ 500$ |
| 15 ~ 300 GHz | 27 | 0.073 | 0.092 | 2 |

注：1. 频率 $f$ 的单位为所在行中第一栏的单位。电场强度控制限值与频率变化关系见图 1，磁感应强度控制限值与频率变化关系见图 2。

2. 频率 0.1 MHz ~ 300 GHz，场量参数是任意连续 6 min 内的方均根值。

3. 频率 100 kHz 以下，需同时限制电场强度和磁感应强度。频率 100 kHz 以上，在远场区，可以只限制电场强度或磁场强度或等效平面波功率密度；在近场区，需同时限制电场强度和磁场强度。

4. 架空输电线路线下的耕地、园地、牧草地、畜禽饲养地、养殖水面、道路等场所，其频率 50 Hz 的电场强度控制限值为 10 kV/m，且应给出警示和防护指示标志。

对于脉冲电磁波，除满足上述要求外，其功率密度的瞬时峰值不得超过表1中所列限值的1 000倍，或场强的瞬时峰值不得超过表1中所列限值的32倍。

**电磁环境骚扰源分类** 划分为广播电视系统发射设备；通信、雷达及导航等无线电发射设备；工业、科学、医疗射频设备；交通系统电磁辐射设备；高压电力系统设备五大类。各类具体内容见表2。

**生物效应** 见电磁场生物效应。

**表2 电磁环境骚扰源**

| 项目分类 | 建设项目名称 | 骚扰源 | 电磁环境因子单位 |
|---|---|---|---|
| 一、广播电视系统发射设备 | （一）中波广播台站<br>(0.1～3.0 MHz) | 1. 机房：发射机、馈线；<br>2. 发射天线：中波塔，有单塔、双塔、四塔和八塔等 | 电场强度：V/m<br>磁场强度：A/m<br>功率密度：$W/m^2$ |
| | （二）短波广播台站<br>(3.0～30 MHz) | 1. 机房：发射机、馈线；<br>2. 发射天线：有同相水平、菱形天线等 | 电场强度：V/m<br>磁场强度：A/m<br>功率密度：$W/m^2$ |
| | （三）电视发射台（塔）<br>(48.5～960 MHz) | 1. 机房：发射机、馈线；<br>2. 发射塔：单偶极子板、双偶极子板、四偶极子板等不同层天线 | 电场强度：V/m<br>磁场强度：A/m<br>功率密度：$W/m^2$ |
| | （四）调频广播台（塔）<br>(87～108 MHz) | 1. 机房：发射机、馈线；<br>2. 发射塔：双偶极子板天线 | 电场强度：V/m<br>磁场强度：A/m<br>功率密度：$W/m^2$ |
| 二、通信、雷达及导航等无线电发射设备 | （一）短波发射台站<br>(3.0～30 MHz) | 1. 机房：发射机、馈线；<br>2. 天线：同相水平、菱形天线等形式 | 电场强度：V/m<br>磁场强度：A/m<br>功率密度：$W/m^2$ |
| | （二）卫星通信地球站<br>（目前：C波段4/6 GHz；Ku波段11/14 GHz） | 1. 机房：发射机、馈线；<br>2. 天线：抛物面天线 | 电场强度：V/m<br>功率密度：$W/m^2$ |
| | （三）微波通信站<br>(1～40 GHz) | 1. 机房：发射机、馈线；<br>2. 天线：发射塔、抛物面天线 | 电场强度：V/m<br>功率密度：$W/m^2$ |
| | （四）移动通信基站（0.15～2.0 GHz）<br>包括移动通信、集群通信、网络通信等 | 1. 机房：发射机、馈线；<br>2. 天线：全向或定向天线 | 电场强度：V/m<br>功率密度：$W/m^2$ |
| | （五）雷达与导航设备（包括中波、超短波和微波多种频率） | 1. 机房：发射机、馈线；<br>2. 天线：多种型式天线 | 电场强度：V/m<br>功率密度：$W/m^2$ |
| 三、工业、科学、医疗射频设备 | （一）工业和科学射频设备（多种频率泄漏） | 1. 高频感应加热设备：如高频熔炼炉、高频淬火设备等；<br>2. 高频介质加热设备：如塑料热合机、高频干燥设备等；<br>3. 微波加热设备：如微波炉等；<br>4. 其他高频加工设备：如高频电弧焊机、超声探头等 | 电场强度：V/m<br>磁场强度：A/m<br>功率密度：$W/m^2$ |

续表

| 项目分类 | 建设项目名称 | 骚扰源 | 电磁环境因子单位 |
|---|---|---|---|
| 三、工业、科学、医疗射频设备 | （二）医疗射频设备（多种频率泄漏） | 1. 超短波理疗仪（超短波频段）；<br>2. 微波治疗仪（微波频段）；<br>3. 其他类 | 电场强度：V/m<br>磁场强度：A/m<br>功率密度：W/m$^2$ |
| 四、交通系统电磁辐射设备 | （一）电牵引系统 | 1. 电气化铁道、磁悬浮列车；<br>2. 城市轨道交通（地铁、轻轨、无轨等） | 电场强度：V/m<br>磁场强度：A/m |
| | （二）城市道路 | 汽车发动机点火系统、电动喇叭、整流器、蓄电池等 | 电场强度：V/m<br>磁场强度：A/m |
| 五、高压电力设备 | （一）高压电力线 | 1. 110 kV 及以上电压等级的交流输电线路；<br>2. ±100 kV 及以上电压等级的直流输电线路 | 电磁感应<br>交流：工频电场（V/m），工频磁感应强度（μT）；<br>直流：合成电场强度（kV/m） |
| | （二）变电站、开关站、串补站、换流站、牵引变电所 | 1. 地面户外型站所；<br>2. 地面户内型站所；<br>3. 地下户内型站所 | |

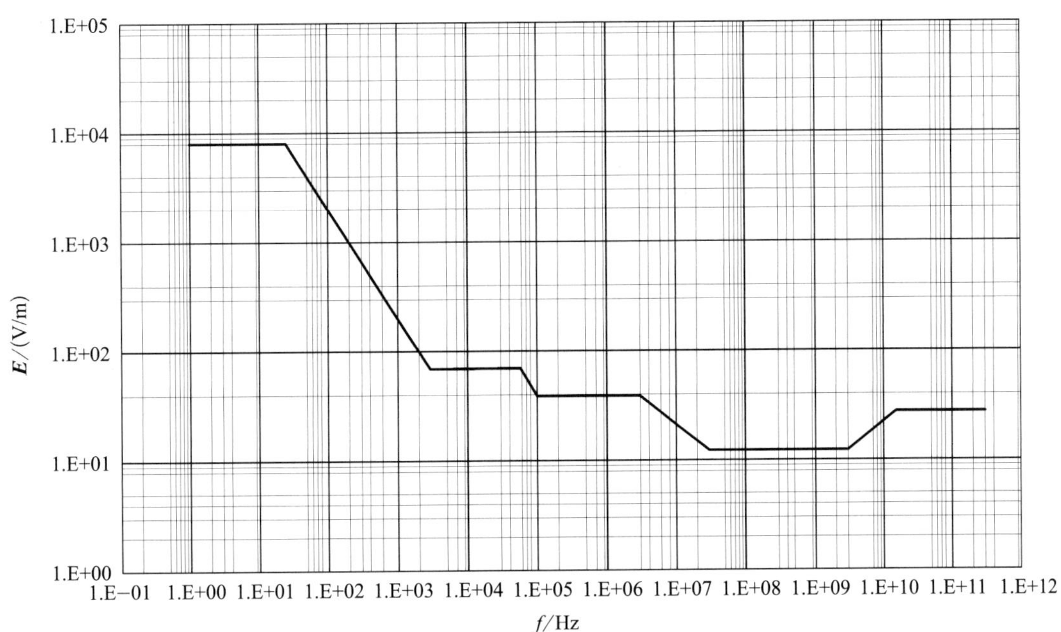


**图 1　公众曝露电场强度控制限值与频率关系**

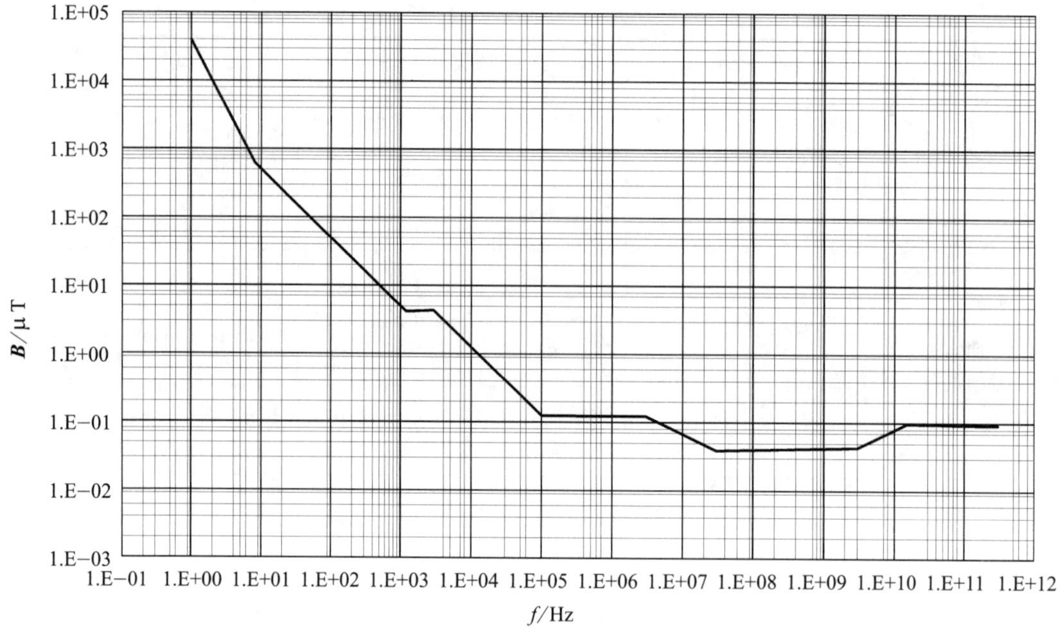


**图 2　公众曝露磁感应强度控制限值与频率关系**

（王冠）

dianci fushe

**电磁辐射**　(electromagnetic radiation)　能量以电磁波形式由源发射到空间的现象或能量以电磁波形式在空间传播。

**特点**　电磁辐射具有两重性效应，必须保证在环境安全的范围内充分利用。一方面，人为地通过电磁辐射产生空间电磁能，达到预期的功能要求。例如电视广播过程，视频信号通过发信天线辐射为电磁波，经空间传播后，被电视机天线接收，实现信息传递。另一方面，利用电磁辐射时伴生的电磁能量具有负效应。例如，塑料热合机工作时的电磁漏能辐射、无线通信中的谐波干扰等。对这类效应应加以抑制。

用“电磁辐射”描述输变电设施周围电磁环境健康影响混淆了极低频、高频电磁波与核辐射在环境健康风险上的本质区别，不利于公众正确理解实际风险，极易与高风险核辐射相混淆。为此，世界卫生组织（WHO）及相关国际权威组织相继采用更确切反映环境影响因子客观特性与生物作用机理的电场、磁场（对100 kHz以下频段）或电磁场（对100 kHz以上频段）等术语。在我国输变电设施电磁环境影响评价中，对应直流设施的电场和磁场分别为合成电场和直流磁场，对应交流设施的电场和磁场分别为工频电场和工频磁场，以示区别。

**电磁辐射必要条件**　根据电磁场理论，电磁辐射的必要条件有：

**具备位移电流**　位移电流即变化着的电场，表达式为 $\varepsilon\frac{\partial E}{\partial t}$，其中，$\varepsilon$ 为介电常数，如在低层大气空间中空气可看作均匀的理想媒质，则 $\varepsilon$ 等于真空中的介电常数 $(\varepsilon_0)$——$\frac{1}{36\pi}\times10^{-9}$F/m。位移电流是根据空间中传播的麦克斯韦方程组导出的：

$$\nabla\times\boldsymbol{H}=\varepsilon\frac{\partial\boldsymbol{E}}{\partial t}\qquad(1)$$

式中，$\boldsymbol{E}$ 和 $\boldsymbol{H}$ 分别表示电场和磁场矢量。式（1）的左侧表示形成的交变磁场，右侧表示产生的交变磁场的源，因为磁场是电流产生的，所以称为位移电流，它在实际空间电磁场中表现为闭合电力线。位移电流产生的磁场和传导电流（金属导体中电子定向流动形成的电流）产生的磁场作用是相同的。就传导性质而言，它在媒质和空间传播的性质类似于传导电流沿导体传播的性质。由于电磁辐射保持了传导电流和位移电流的连续性，实现了电磁能量在空间（媒质）不需导线传播的可能性。

**位移电流充分曝露于空间** 可从下列两种情况进行电磁辐射分析。

图 1 表示一对导线间距为 $d$、终端开路的平行双导线（$d \ll r_1$，$d \ll r_2$）。当其始端接入高频电源 $U$ 后，在导线上流有高频电流 $I$，此时，导线间形成位移电流，图 1 中以某一观察时间 $t$ 的电力线 $E$ 表示。由于电路的连续性特性，电力线主要集中在两导线间的空间。对于导线以外空间的辐射场可以通过空间任一观察点 $A$ 所受辐射强度来分析。在平行双导线上选取 1 与 2 对应段，由于 $d \ll r_1$、$d \ll r_2$，则 $r_1$ 与 $r_2$ 近似相等，而流过 1 与 2 线段的电流则等值、反相（流向相反），由此分别在 $A$ 点产生的辐射场的量值相等、相位相反，合成结果互为抵消。理想状态下，平行双导线周围空间不存在辐射场。由此可引申到架空电力线路应用平行双导线时，其电磁环境影响不适于电磁辐射机理分析。在高压电力线路三相架设时，由于各相间相位差为 120°，故任意二相辐射场的合成矢量与第三相矢量必为反相，如果负荷均匀、电流相等，也可得到理想情况下的零辐射。

图 2 是图 1 中平行双导线在距终端 $L$ 处，导线分别向上、向下弯折 90° 的情况。这时 $L$ 线段的电流流向由原来的反向变成同向（图 2 中均为向上流动），同时由 $L$ 线段所形成的电力线（位移电流）已曝露在空间。如此的变化使得 1 与 2 线段分别在 $A$ 点产生的辐射场成为等值同相位，合成的结果是两者的相加。同时，位移电流随着源 $U$ 的时间变化渐入空间，形成了电磁辐射。可知上述过程的完成关键是位移电流具有能够充分曝露于空间的开放性结构。

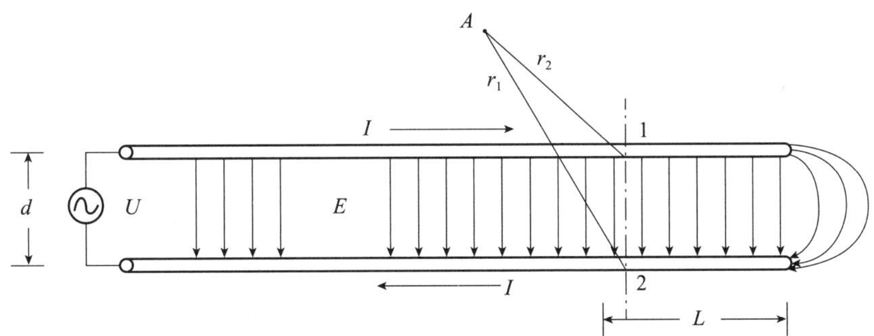


**图 1 终端开路的平行双导线**

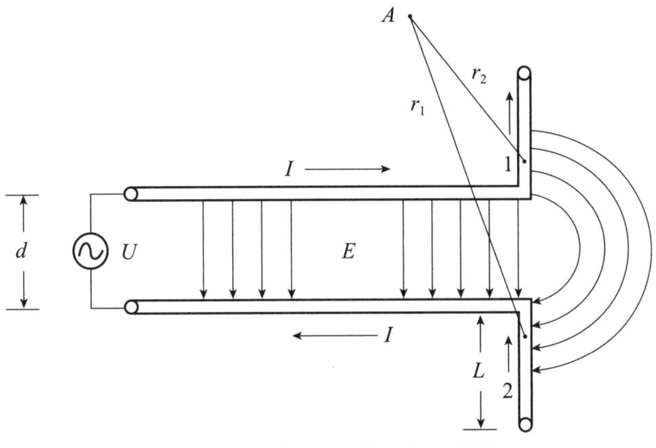


**图 2 终端弯折 90° 的平行双导线**

**工作原理**　磁场和电场的关系如式（2）所示：

$$\nabla \times \boldsymbol{E} = -\mu \frac{\partial H}{\partial t} \tag{2}$$

式中，$\mu$ 为介质的磁导率，在低层大气空间中等于真空中的磁导率（$\mu_0$）——$4\pi \times 10^{-7}$ H/m。式（2）表示随时间变化的磁场产生电场，而式（1）表示随时间变化的电场产生磁场。综合两者就形成了时变电场产生磁场、时变磁场又产生电场，在时变电磁场里电场和磁场是不可分割的，只要有任何电或磁的扰动发生，就会产生一连串电与磁的交替变换，如此不断地连续变换。变动的电场产生变动的磁场，此磁场不但存在于变动的电场的原范围内，还存在于邻近的介质内。在原范围内变动的场也在它附近的范围内产生新的场，于是能量便被传播到远处，上述过程即是电磁波的辐射。

图 3 表示电磁辐射原理图，给出了辐射体右侧空间电场的变化情况。辐射体中心馈以交变电流 $i(t)$，如图 3 下方所示的正弦周期信号。当 $t = t_1$ 时，$i(t)$ 由 0 逐渐增大，辐射体上、下臂间电场 $E$ 随之增强且渐传向空间；当 $t = t_2$ 时，电流增大到振幅值（最大值），臂间 $E$ 值达到最大值；当 $t = t_3$ 时，电流值减小，使 $E$ 由最大值随之变弱、电力线弯向馈电端；当 $t = t_4$ 时，电流值减小至 0，电场随之消失，电力线成为脱离辐射体传播的封闭形状；当 $t = t_5$ 时，电流达到反向振幅值，辐射体侧出现了类似 $t_2$

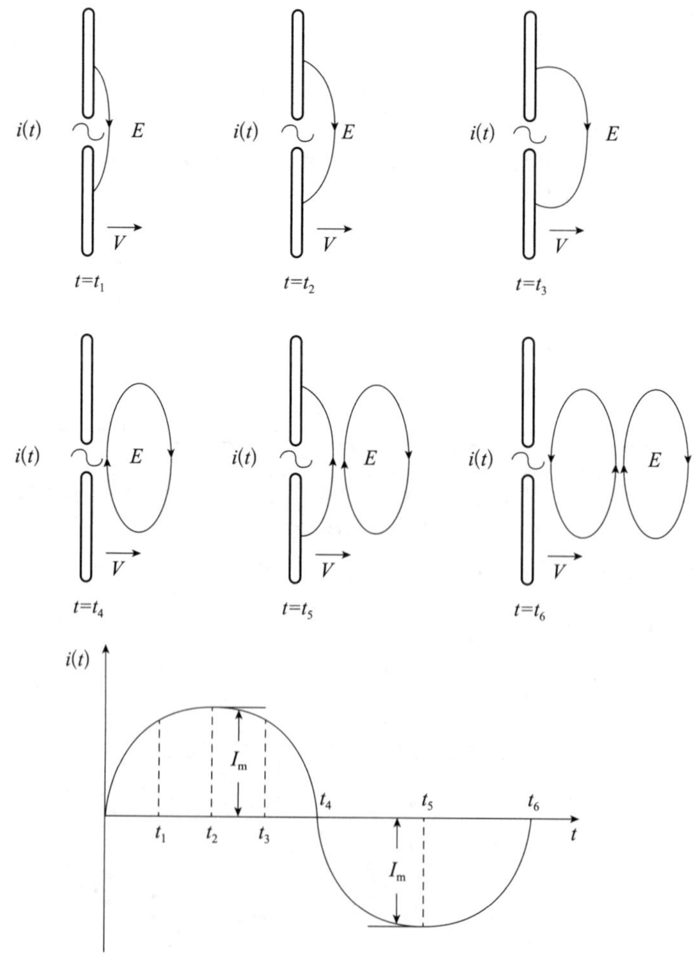


图 3　电磁辐射原理图

时的电场分布，但由于电流反相，电场方向也发生反向；当 $t=t_6$ 时，反向电流由最大值变为0，电场完成了由 $t_2$ 至 $t_4$ 时段的类似变化过程，但封闭电力线的转向是逆向的。随着 $i(t)$ 的周期性变化，其辐射体侧将不断产生变化着的封闭电力线，变化着的电场与变化着的磁场间的交联转换随时间连续传向远方，完成了电磁能量的传播。由于辐射的对称性，图3中辐射体的左侧也发生着相同的辐射过程，辐射的电磁能可达到辐射体周围的全部空间，实现全向性辐射。有时为了需要，可采取电气或结构上的改造，达到电磁能集中向某一方向或特定区域辐射，则为定向辐射。

**影响电磁环境的要素** 电磁辐射必定会向辐射体邻近空间辐射电磁能量，致使该区域电磁环境发生变化，其中导致其变化的因素主要有：

**频率** 由式（1）与式（2）可知，时变电磁场中变化的电场、磁场均与时间变化率 $\left(\frac{\partial}{\partial t}\right)$ 相关，变化速率高有利于转换能量的增强。时间变化率通常为每秒内周期性信号重复出现的周波数，定义为频率。在相同的电磁能量下，射频的电磁辐射效应优于低频，也就决定了电磁环境影响的差别。

**电磁辐射强度** 电磁辐射强度决定着电磁环境的增量，它与辐射体上的电流分布密切相关。由上述分析可知，终端开路的平行双导线将其终端导线相向分开后，当始端馈以交变电源后即可在分开的导线间产生电磁辐射现象。根据传输线理论，由于开路导线终端电流为零、导线上各点电流呈驻波分布情况，可画出不同弯折长度 $L$ 上的电流分布（见图4）。电磁辐射强度与电流分布密切相关，当馈入正弦信号电流：$L \ll \frac{\lambda}{4}$（$\lambda$ 为波长）时，上、下臂上电流为正弦信号零值点，量值很小，正弦分布近似为直线分布；$L<\frac{\lambda}{4}$ 时，臂上电流呈正弦规律增大；$L=\frac{\lambda}{4}$ 时，馈电电流达到振幅值（最大值），称为电流谐振状态，馈电的输入阻抗为纯电阻性，理论值为73.1 Ω，可以与特性阻抗为75 Ω的同轴电缆直接相接，实现阻抗匹配下最大能量的传输。由于上下臂对称，且 $2L=\frac{\lambda}{2}$，故称为半波对称振子，它可以单独应用，也可经过变形或组合成振子阵作为电磁辐射天线。$L>\frac{\lambda}{4}$ 后，输入端电流由于振幅值减小，输入阻抗呈现感性，因与馈源的阻抗失配引发传输能量的附加损耗；$L=\frac{\lambda}{2}$ 时，馈端电流为0，表示输入阻抗理论值为无穷大，无法实现与馈源间的阻抗匹配连接，馈源传送给振子的绝大部分电磁能量将被反射回馈源，不能形成有效辐射；$L>\frac{\lambda}{2}$ 时，振子臂上出现反向电流，其在空间产生的电磁场将抵消正向电流形成的电磁场，结果是降低了辐射场强度，在辐射场中应绝对避免。从振子臂上电流分布与辐射效能的关系可确定应用半波对称振子的必然性。

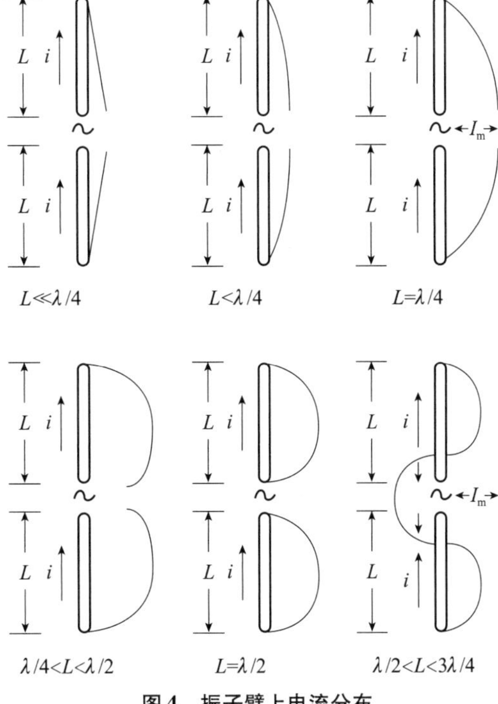


**图4 振子臂上电流分布**

对照高压架空输电线路电气特性可知，对于直流输电线路，由于电压恒定、位移电流为零，不能形成电磁辐射；交流（50 Hz）输电线路则因电压的时间变化率极低难以形成有效的位移电流和具有平行双导线不利电磁辐射的特点，以及 50 Hz 工频电流的波长为 6 000 km、电力线路长度与之相比类似 $L \ll \frac{\lambda}{4}$ 的情况，也不能形成有效辐射。

**电磁辐射防护规定** 为保护环境、保障公众健康，促进伴有电磁辐射的正当实践的发展，原国家环境保护总局制定了《电磁辐射防护规定》（GB 8702—88），该标准规定了频率范围为 100 kHz ~ 300 GHz 的电磁辐射防护限值。由每天 8 h 工作期间内，任意连续 6 min 全身平均的比吸收率（SAR）应小于0.1 W/kg 的要求制定职业照射基本限值，由一天 24 h 内任意连续 6 min 全身平均的比吸收率（SAR）应小于0.02 W/kg 的要求制定公众照射基本限值。根据基本限值相应条件下电磁辐射场的场强参数平均值作为职业照射和公众照射的导出限值，也提出了可免予管理的电磁辐射体设施。环境保护部于2008 年启动了对该标准的第一次修订，将原标准中关于公众曝露的限值单独提出，标准名称改为《电磁环境控制限值》（GB 8702—2014），纳入 1 Hz ~ 100 kHz 频率范围内的公众曝露限值，也不再应用“电磁辐射”这一名词。对于公众曝露控制限值可参见*电磁环境*。

（蒋忠湧　王冠）

dianci ganying

**电磁感应** （electromagnetic induction） 又称磁电感应现象，是指放在变化磁通量中的导体会产生电动势。此电动势称为感应电动势或感生电动势，若将此导体闭合成一回路，则该电动势会驱使电子流动，形成感应电流（感生电流）。

**电磁感应现象的发现** 1831 年 8 月，法拉第把两个线圈绕在一个铁环上，线圈 A 接直流电源，线圈 B 接电流表，他发现，当线圈 A 的电路接通或断开的瞬间，线圈 B 中产生瞬时电流。法拉第发现，铁环并不是必需的。拿走铁环，再做这个实验，上述现象仍然发生。1831 年 11 月 24 日，法拉第在向英国皇家学会提交的一个报告中，把这种现象定名为“电磁感应现象”，并概括了可以产生感应电流的五种类型：变化的电流、变化的磁场、运动的恒定电流、运动的磁铁、在磁场中运动的导体。这一发现进一步揭示了电与磁的内在联系，为建立完整的电磁理论奠定了坚实的基础。

**法拉第电磁感应定律** 是电磁学中的一条基本定律，它与变压器、电感元件及多种发电机的运作有密切关系。其描述为感应电动势的大小等于磁通量的时间变化率。本定律可用下式表达：

$$\varepsilon = -\frac{\mathrm{d}\Phi_B}{\mathrm{d}t}$$

式中，$\varepsilon$ 为电动势，V；$\Phi_B$ 为通过电路的磁通量，Wb。

其方向的确定方法为：任取一绕行回路的方向为感应电动势的正方向，并按右手螺旋法则规定磁力线的正方向。

感应电流的磁场总是阻碍引起感应电流的磁通量的变化。即要想获得感应电流（电能）必须克服感应电流产生的安培力做功，需外界做功，将其他形式的能转化为电能。法拉第电磁感应定律是反映外界做功的能力，磁通量的变化率越大，感应电动势越大，外界做功的能力也越大。

（闻映红）

dianci jianrong

**电磁兼容** （electromagnetic compatibility, EMC） 设备或系统在其电磁环境中能正常工作且不对该环境中任何事物构成不能承受的电磁骚扰的能力；或设备不会由于受到处于同一电磁环境中其他设备的电磁发射而导致或遭受不允许的降级，也不会使同一电磁环境中的其他设备（分系统、系统）因受其电磁发射而导致或遭受不允许的降级，即在共同的电磁环境中，任何设备、分系统、系统都应该不受干扰并且不应干扰其他设备。

**分类** 按所需解决电磁兼容问题的性质可分为：

**系统与其他系统间的电磁兼容性** 输电线路电晕产生的电磁噪声、电气化铁道机车运行时受电弓与接触网导线间火花引起的电磁噪声等电磁骚扰可能对邻近的机场导航、通信系统产生干扰影响，必须研究不同系统间达到电磁兼容的方法。

**系统内电气电子设备间的电磁兼容性** 当今电子产品越来越趋向于高速、宽带、高灵敏度，特别是其高密集度和小型化，使元件与元件、部件与部件紧密布设，相互间耦合加强，导致电磁兼容问题更为突出。研究系统内强电设备对弱电设备的干扰和各种设备之间干扰的机理，研究切断干扰传播途径、抑制干扰源和提高敏感设备抗干扰能力的方法已成为必然。

**研究内容** 可归纳为五个方面：

**电磁骚扰源特性研究** 包括电磁骚扰产生的机理，频域与时域特性，表征其特性的参数等。具体内容为电磁骚扰的时域波形、频域分析、电磁环境、电波传播与场强分布、干扰抑制技术等。

**敏感设备的抗干扰特性研究** 在电磁兼容领域中，被干扰的设备或可能受电磁骚扰影响的设备称为敏感设备，或在系统分析中称为骚扰接收器。提高敏感设备的抗干扰性能是电磁兼容研究的重要内容之一。它包括射频感应传导抗扰度、辐射抗扰度、静电放电、工频电场和磁场、脉冲磁场、快速瞬变脉冲群、浪涌、电压暂降/短时中断和电压变化等的测量与研究。

**电磁骚扰的传播特性** 电磁兼容领域中的传播特性（包括辐射特性和传导特性）与一般研究有用信号的天线和电波传播特性的最大区别在于骚扰源的非理想化（源的频域、时域特性的复杂性及源的几何参数的复杂性）以及极宽的频率范围。例如，频率从 10 kHz 至 1 000 MHz，包括近 17 个倍频程。从波长上看，10 kHz 的波长为 30 000 m，而 1 000 MHz 的波长仅为 0.3 m，对于同一距离（如 10 m 或 100 m），1 000 MHz 是远场区（辐射场），而对应 10 kHz 为近场区（主要为感应场）。这就使得电磁兼容领域中关于传播特性的研究往往需要同时考虑远场区和近场区，且辐射和传导并存，从而使传播研究更具复杂性。

**电磁兼容测量** 研究内容包括测量设备、测量方法、数据处理方法以及测量结果的评价等。由于电磁兼容问题的复杂性，理论上的结果与实际反映出现较大差异，因此，测量显得尤为重要。此外，为了各国间、各实验室间测量结果的可比性，针对电磁骚扰源在频域、时域上的复杂性，必须统一规定测量仪器的各项指标和严格测量方法。我国“无线电骚扰和抗扰度测量设备和测量方法规范”为电磁兼容基础标准。其中，“无线电骚扰和抗扰度测量设备”系列标准（包括 GB/T 6113.101—2021、GB/T 6113.102—2018、GB/T 6113.103—2021、GB/T 6113.104—2021、GB/T 6113.105—2018、GB/T 6113.106—2024）等同采用国际无线电干扰特别委员会（CISPR）的出版物《无线电干扰和抗扰度测量仪器和测量方法规范　第一部分：无线电干扰和抗扰度测量设备》（CISPR 16—1）系列标准的规定；“无线电骚扰和抗扰度测量方法”系列标准（包括 GB/T 6113.201—2018、GB/T 6113.202—2018、GB/T 6113.203—2020、GB/T 6113.204—2008）亦等同采用《无线电干扰和抗扰度测量仪器和测量方法规范　第二部分：无线电干扰和抗扰度测量方法》（CISPR 16—2）系列标准的规定，从而达到与国际标准接轨。除公共的标准外，还有针对不同产品的专门规定。

**系统内与系统间的电磁兼容性** 分别研究源、传播和敏感设备是不够的，在一个系统之内或者多个系统之间存在的干扰源可能同时是敏感设备、传播途径往往是多通道的、干扰源和敏感设备不止一个等情况，需要对系统内的或系统之间的电磁兼容问题进行分析和预测。

**时间性** 根据多年来电磁兼容技术与工业的发展，总结出解决电磁兼容与产品的开发、生产过程之间的关系（见下图）。

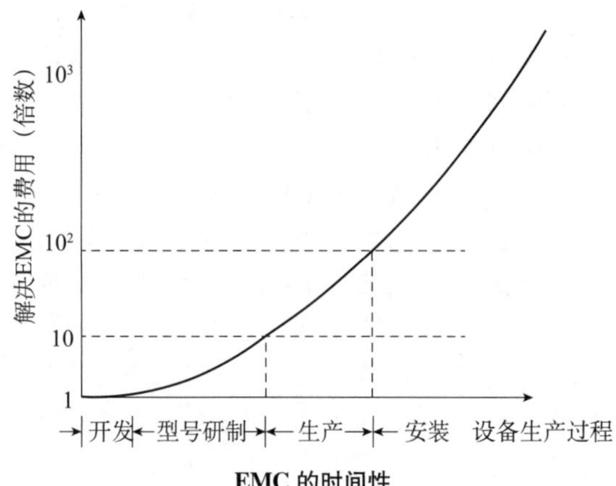


**EMC 的时间性**

该图横坐标为产品生产过程的各个阶段，纵坐标为该产品解决电磁兼容问题所需的费用，即所需的人力、物力。如果在产品开发阶段解决电磁兼容问题所需费用为1，则到型号研制阶段费用可能需要10，到批量生产再解决问题阶段的费用可能要达到100，因为这时模具及工艺流程等都需要改变，而如果在批量生产时尚未发现或未能解决，在现场安装调试阶段再解决，费用将可能高达千倍。由此可见，对于一个产品或一个系统，尽早重视与解决电磁兼容问题是十分必要的。（蒋忠湧）

dianci fanghu

**电磁防护** （electromagnetic protection） 对电磁干扰进行有效的控制。针对破坏干扰途径的目标，常用的抗干扰技术或电磁兼容技术有屏蔽、接地、滤波、隔离等。接地技术，即保护人身和设备安全，提供参考零电位，阻隔地环路；滤波技术，即根据频率选择性地抑制干扰信号；隔离技术，即阻断干扰信号传导通路，并抑制干扰信号强度。

**屏蔽技术** 是用金属材料制成容器，将需要防护的电路封闭在其中，达到防止电场或磁场耦合干扰目的的方法。可抑制电磁干扰在空间的传播，并切断辐射干扰的传播途径。可分为静电屏蔽、低频磁屏蔽和电磁屏蔽等几种。根据不同的对象，使用不同的屏蔽方式。屏蔽技术有以下三方面用途：

**建造屏蔽室** 出于对电磁环境或对保密等因素的特殊要求，需要建造屏蔽室作为试验场地或特殊工作场所。屏蔽室不仅能够防止外界的电磁波进入室内影响试验或影响设备的正常工作；而且可以避免室内的电磁信号泄漏造成对外界的电磁污染或造成泄密。

**制造屏蔽机箱** 现代电子设备广泛采用工程塑料做机箱，为了使其具备屏蔽作用，常在塑料中掺入高电导率的金属粉，使之成为导电塑料或者在其表面喷涂一层薄膜导电层，以起到屏蔽效果。

**对导线的屏蔽及对元器件的屏蔽** 屏蔽电缆是在绝缘导线外面再包覆一层金属导电材料构成屏蔽层。屏蔽层通常是金属编织网或者无缝金属箔。屏蔽电缆一般分为普通屏蔽线、双绞屏蔽线和同轴电缆。

**隔离技术** 通常包括以下四类：

**变压器隔离** 采用隔离变压器，隔离低频干扰信号（只能传输交流信号）；扼流圈隔离，抑制高频干扰（可传输交、直流信号）。

**光电耦合隔离** 光电耦合器（见图1）是一种电→光→电耦合器件，输入量、输出量都是电流，但两者之间从电气上看是绝缘的，可隔离两电路单元间的干扰信号；输入、输出回路的绝缘电阻可高达1 000 Ω、耐压超过1 kV，可较大地提高系统的抗共模干扰能力。光耦中的发光二极管一般采用砷化镓红外发光二极管，而光敏元件可以是光敏二极管、三极管、达林顿管，甚至可以是光敏双向晶闸管、光敏集成电路等。

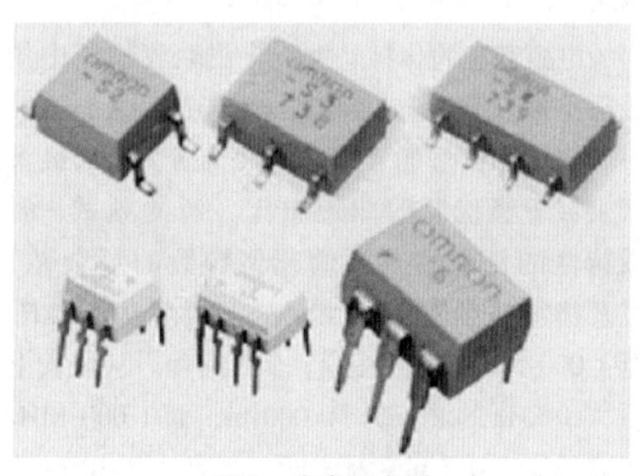

**图1 光电耦合器**

**继电器隔离** 实现强、弱电器件间的隔离，驱动大功率设备。但有触点，通断时会产生火花或电弧引起干扰。

**晶闸管隔离** 可代替继电器驱动负载，不会产生火花或电弧干扰。

**滤波技术** 单纯采用屏蔽通常不能提供完整的电磁干扰防护，因为设备或系统上的电缆是最有效的干扰接收与发射天线。加滤波器能够切断电磁干扰沿信号线或电源线传播的路径，抑制干扰源、消除耦合或提高接收电路的抗扰能力，与屏蔽共同构成完善的电磁干扰防护。

滤波器由电感和电容组成的低通滤波电路构成，其允许有用信号的电流通过，对频率较高的干扰信号则有较大的衰减。由于干扰信号有差模和共模两种，因此滤波器要对这两种干扰都具有衰减作用。其基本原理有三类：①利用电容通高频隔低频的特性，将火线、零线高频干扰电流导入地线（共模），或将火线高频干扰电流导入零线（差模）；②利用电感线圈的阻抗特性，将高频干扰电流反射回干扰源；③利用干扰抑制铁氧体可将一定频段的干扰信号吸收转化为热量的特性，针对某干扰信号的频段选择合适的干扰抑制铁氧体磁环、磁珠直接套在需要滤波的电缆上。

**滤波器的选择** 根据干扰源的特性、频率范围、电压和阻抗等参数及负载特性的要求，适当选择滤波器，一般考虑以下六方面要求：①电磁干扰滤波器在相应工作频段范围内，能满足负载要求的衰减特性，若一种滤波器衰减量不能满足要求，则可采用多级联，以获得比单级更高的衰减；不同的滤波器级联，可以获得在宽频带内良好衰减特性。②满足负载电路工作频率和需抑制频率的要求，如果要抑制的频率和有用信号频率非常接近，则需要频率特性非常陡峭的滤波器，才能满足把抑制的干扰频率滤掉、只允许通过有用频率信号的要求。③在所要求的频率上，滤波器的阻抗必须与和它连接的干扰源阻抗和负载阻抗相失配，如果负载是高阻抗，则滤波器的输出阻抗应为低阻；如果电源或干扰源阻抗是低阻抗，则滤波器的输入阻抗应为高阻；如果电源阻抗或干扰源阻抗是未知的或者是在一个很大的范围内变化，则很难得到稳定的滤波特性，这时为了获得良好的比较稳定的滤波特性，可以在滤波器的输入端和输出端，同时并接一个固定电阻。④滤波器必须具有一定的耐压能力，要根据电源和干扰源的额定电压来选择滤波器，使它具有足够高的额定电压，以保证在所有预期工作的条件下都能可靠地工作，能够经受输入瞬时高压的冲击。⑤滤波器允许通过应与电路中连续运行的额定电流一致。额定电流高了，会加大滤波器的体积和重量；额定电流低了，又会降低滤波器的可靠性。⑥滤波器应具有足够的机械强度，结构简单、重量轻、体积小、安装方便、安全可靠。

**滤波器的使用** 为了提高电源的品质、电路的线性、减少各种杂波和非线性失真干扰以及谐波干扰等均需要使用滤波器。对于系统来讲，使用滤波器的方面有：①除总配电系统和分配电系统上设置电源滤波器外，进入设备的电源均要安装滤波器，最好使用线至线滤波器，而不使用线至地滤波器。②对脉冲干扰和瞬变干扰敏感的设备，使用隔离变压器供电时，应在负端加装滤波器。③对含电爆装置的系统供电时，应加滤波器。必要时，电爆装置的引线也要加装滤波器。④在各分系统或设备之间的接口处，应有滤波器抑制干扰，确保兼容。⑤设备和分系统的控制信号，其输入端和输出端均应加滤波器或旁路电容器。

**接地技术** 传统意义上，接地是为电路（或系统）提供一个“零阻抗”的等电位点或等电位面。接地可以接实际的大地（导电性土壤），也可以接到一个充当大地的公共导体上。按接地的作用，下表列出了接地分类。

**接地类型**

| 分类原则 | 子分类 | 次子分类 |
| --- | --- | --- |
| 按接地作用 | 保护性接地 | 防电击接地 |
| | | 防雷接地 |

续表

| 分类原则 | 子分类 | 次子分类 |
|---|---|---|
| 按接地作用 | 保护性接地 | 防静电接地 |
| | | 防电蚀接地 |
| | 功能性接地 | 工作接地 |
| | | 逻辑接地 |
| | | 屏蔽接地 |
| | | 信号接地 |

**保护性接地** 为了保护人身和设备的安全，避免雷击、漏电、静电等危害而采取的接地措施被称为保护性接地。这类地线被称为“保护地”（PE）或者“安全地”，它们应与真正的大地相连。由于通常情况下保护性接地是和电气设备的机壳相连接的，所以也常被称为“机壳地”。

**功能性接地** 是指按照设备功能需要而采取的接地措施。具体可以分为工作接地、逻辑接地、屏蔽接地、信号接地等。其中，信号接地较典型，它为信号电流提供返回信号源的通道。信号接地是信号电流的返回路径，并不是电路图中的一个等电位点或等电位面。

（闻映红）

dianci pingbi

**电磁屏蔽** （electromagnetic shield） 用金属屏蔽材料将电磁干扰源封闭起来，使其外部电磁场强度低于允许值的一种措施；或用金属屏蔽材料将电磁敏感电路封闭起来，使其内部电磁场强度低于允许值的一种措施。电磁屏蔽是电磁兼容技术的主要措施之一。屏蔽是一种空间的电磁干扰控制方法，用来抑制电磁噪声沿着空间的传播，即切断辐射电磁噪声的传输途径。大部分电磁兼容问题可以通过电磁屏蔽来解决。用电磁屏蔽的方法来解决电磁干扰问题的最大好处是不会影响电路的正常工作，因此不需要对电路做任何修改。

**屏蔽体** 是一种局部或完整的包围体，利用它对电磁波产生的衰减作用，来降低外部（电场、磁场或电磁场）在其内部产生的场或降低其内部场在外部产生的场。其目的有两个方面：一是主动屏蔽，即控制内部辐射区的电磁场，不使其越出某一区域，目的是防止电磁噪声源向外辐射场；二是被动屏蔽，即防止外来的辐射进入被屏蔽区域，目的是防止敏感设备受到电磁噪声辐射场的干扰。通常采用金属导体作为屏蔽材料，但屏蔽体的材料及结构的选择主要取决于要屏蔽的电磁场性质。对于不同性质的电磁场有其不同的屏蔽机理。

**屏蔽效能** 一般采用分贝（dB）表示屏蔽效能，主要描述对屏蔽作用的评价。

对于电场屏蔽作用的评价可以用电场屏蔽效能来表示：

$$SE_E = 20\lg(E_2/E_1) \quad (1)$$

式中，$SE_E$ 为电场屏蔽效能，dB；$E_1$ 为加上屏蔽后观察点的电场强度，V/m；$E_2$ 为未加屏蔽前观察点的电场强度，V/m。

对于磁场屏蔽作用的评价可以用磁场屏蔽效能来表示：

$$SE_H = 20\lg(H_2/H_1) \quad (2)$$

式中，$SE_H$ 为磁场屏蔽效能，dB；$H_1$ 为加上屏蔽后观察点的磁场强度，A/m；$H_2$ 为未加屏蔽前观察点的磁场强度，A/m。

对于远场区而言，由于电磁场是统一的，所以 $SE_E = SE_H = SE$，即电场屏蔽效能和磁场屏蔽效能是一致的，统称电磁屏蔽效能。屏蔽效能也称屏蔽损耗。屏蔽效能越大，表示屏蔽效果越好。屏蔽效能 $SE$(dB) 与传输系数 $T$ 的关系为

$$SE = 20\lg(1/T) \quad (3)$$

**电屏蔽原理** 电屏蔽是为了防止两个回路（或两个元件、部件）之间的电容性耦合引起的干扰。电屏蔽体由良导体制成，并有良好的接地（一般要求屏蔽体的接地电阻小于 2 MΩ）。这样，电屏蔽体既可以防止屏蔽体内部干扰源产生的干扰泄漏到外部，也可以防止屏蔽体外部的干扰侵入内部。对于电场而言，采取屏蔽的两个必要条件是金属屏蔽体和接地。

**磁屏蔽原理** 磁屏蔽就是为了防止该磁场对邻近元器件、设备和系统的干扰，是用来隔

离磁场耦合的措施。在任何载流导线或线圈的周围都存在磁场，设一导线内有电流，则导线周围存在磁场；当线圈中通过电流时，线圈中及其周围也存在磁场。

低频屏蔽的作用原理和静磁屏蔽相同，主要是利用屏蔽材料对磁力线的磁集流作用。低频磁场是最难屏蔽的一种电磁波，这是其自身特性所决定的：首先，“低频”意味着趋肤深度很深，这就决定了吸收损耗很小；其次，“磁场”意味着电场波的波阻抗很低，这决定了反射损耗也很小。由于屏蔽材料的屏蔽效能是由吸收损耗和反射损耗两部分构成的，当这两部分都很小时，总的屏蔽效能也很低。另外，对于磁场，多次反射造成的泄漏也是不能忽略的。所以，为了改善对低频磁场的屏蔽效果，必须使用磁导率较高的材料，以增加吸收损耗。通常，采用高磁导率的铁磁性材料（如铁、镍铁合金和坡莫合金等）将敏感元件（或设备）包围起来，构成磁力线的低磁阻通路。铁磁性物质的磁导率比空气的磁导率大得多，从而使得磁力线聚集于屏蔽体内，起到磁隔离的作用，使敏感元件（设备）得到保障。

但是，用于屏蔽低频磁场的高磁导性材料通常导电性能不是很好，会降低反射损耗；而且铁磁性材料的磁导率会随频率的升高而下降，出现磁饱和现象。为了解决这一问题，通常对低频磁场采取双磁屏蔽的方法（见图 1），先用不容易发生饱和的磁导率较低的材料将磁场衰减到一定程度，然后用高磁导率材料将磁场衰减到满足要求。

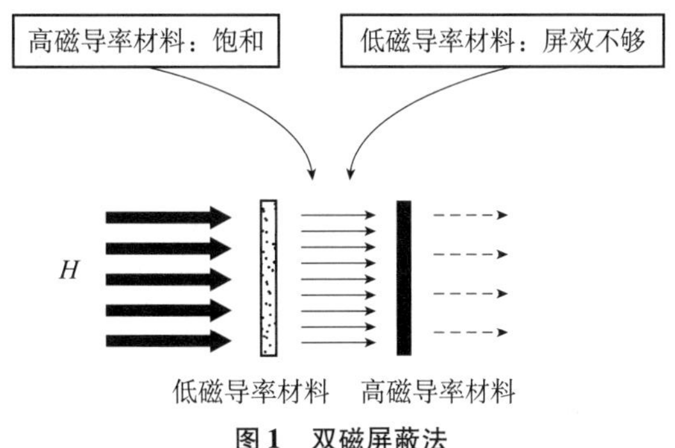


**图 1　双磁屏蔽法**

对频率较高的磁场进行屏蔽的主要作用原理是利用屏蔽体上的涡流所产生的反向磁场抵消被屏蔽的磁场，以实现对磁场的屏蔽。

**电磁屏蔽原理**　对电磁波进行屏蔽，必须同时屏蔽电场和磁场。通常采用电阻率小的良导体材料。空间电磁波在入射到金属体表面时会产生反射和吸收，电磁能量大大衰减，从而起到屏蔽作用，见图 2。

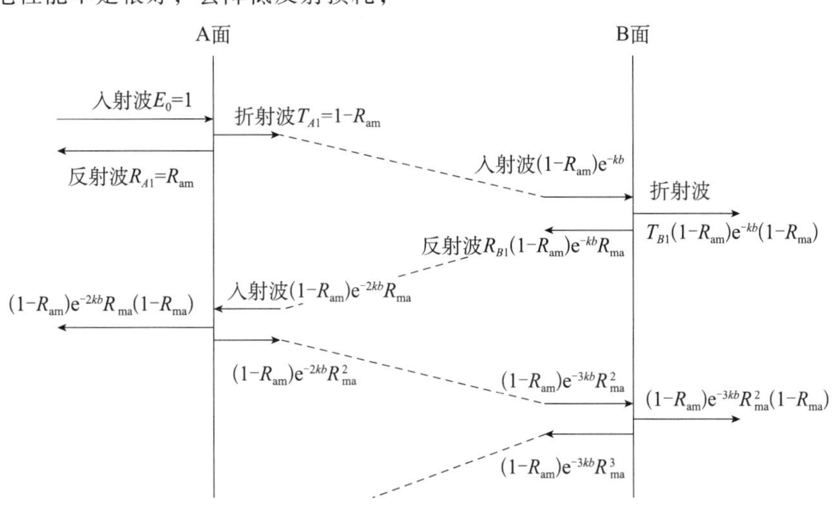


**图 2　电磁屏蔽原理**

第一，在空气中传播的入射电磁波到达屏蔽体 A 表面时，由于空气和金属交界面的阻抗不连续，在分界面上引起波的反射，一部分电磁能量被反射回空气介质。

第二，未被屏蔽体表面完全反射而透射入屏蔽体的部分电磁能量（折射波），继续在屏蔽体内传播时被屏蔽材料衰减。

第三，在屏蔽体内尚未衰减完的剩余电磁能量，传播到屏蔽体的另一个表面B时，又遇到金属和空气阻抗不连续的界面而再次产生反射和透射，一部分重新折回屏蔽体内，另一部分穿透界面进入空气介质。反射回金属屏蔽体的反射波到达A面时又将产生反射及透射，这种反射在屏蔽体内的两个界面之间可以重复多次，就像电磁波在金属内部来回反射一样。

穿透出金属屏蔽体B面的电磁波为折射波，折射波与入射波的场强比为传输系数$T$，其倒数取对数即为屏蔽体的屏蔽效能。所以，屏蔽体的屏蔽效能有3个组成部分，即吸收损耗$A$(dB)、反射损耗$R$(dB)以及多重反射损耗$B$(dB)。

$$SE = A + B + R \tag{4}$$

**屏蔽室** 出于对电磁环境或对保密等因素的特殊要求，需要建造屏蔽室作为试验场地或特殊工作场所。屏蔽室一般采用钢板、铜板或铝板等金属材料焊接或拼接而成。特殊用途的屏蔽室，如战地通信指挥所（屏蔽帐篷），也可以采用柔性便携材料如金属导电布来搭建。良好的屏蔽性能主要取决于屏蔽体的电连续性。所以焊接结构的屏蔽室的屏蔽效能一般会优于拼接结构。此外，屏蔽室的屏蔽门、通风波导窗和滤波器的性能也是影响屏蔽室屏蔽效能的重要因素。（闻映红）

jiedi jishu

**接地技术** (grounding technology) 系统的某些部分与大地连接，利用大地作为故障电流或部分工作电流的路径，使电流从一个接地点流入大地而从另外的接地点返回系统。可将大地视为整个系统的一个元件，元件的端子为各接地点。为了满足系统运行及各种保护要求，对该元件参数及接地点接地电阻具有一定要求。将设备接地处电位固定为所允许的接地电位，当大电流通过接地装置时不致产生很高电位，因此，对接地点接地电阻的要求均小于某特定值。例如，一般变电站接地网的接地电阻应小于0.5 Ω。

接地一般由接地体和接地线来实现。接地体是埋入地中直接与大地接触的金属导体，接地线是连接接地体与设备的导线。结构简单的接地体可称为接地极，复杂结构者可称为接地网。为了实现接地目的而埋设的接地体可称为人工接地体，为其他目的埋设的导体称为自然接地体，如建筑物内的钢筋等，在接地设计中应充分考虑和利用自然接地体。

**接地分类** 按接地的目的或用途可分为以下四类（参见电磁防护）。

**功能性接地** 指满足不同功能要求的接地。例如，在直流输电工程中，将大地作为回路，起到另一根传输导线的作用，即为典型的功能性接地。

**保护接地** 是为了防止故障电压危及人身安全而装设的接地。例如，设备的金属外壳接地，一旦设备的绝缘损坏使外壳带电时，可以利用该接地措施使其电压下降，保障接触该设备外壳人员的人身安全。

**雷电保护或过电压保护接地** 是为了降低加在设备上的过电压而采取的接地措施，如避雷器的接地措施。

**防静电接地** 对于易燃物储存罐、输送管道等易于产生静电且由静电引发事故的金属设备应予接地，以使静电电荷入地消除影响。

**接地电阻计算** 以工作（系统）接地为例，电力系统的入地电流由一个接地极流入大地，再从其他接地极返回系统，可以将两接地极之间定义为一个电阻元件，两接地极间的电阻值由接地线的电阻、接地极导体电阻与两极间的土壤电阻串联而成。由于土壤电阻率远大于接地极和接地导线的电阻率，故接地电阻可近似为两极间大地的电阻。在接地极形状一定或接地极与大地的交界面面积一定的情况下，接地极导体的材质选用钢或铜，对接地电阻几乎没有影响，不会有效降低接地电阻。但增加接地导体的半径可以增加电极与大地的交界面，接触电阻将会减小。

因为大地参数的测量、施工中接地极实际布设地点、接地极与土壤接触特性参数等因素变动所引起的测量误差在所难免，因此接地设计计算并不是一门精确的计算技术。在满足工程精度要求下，常用的简单接地极接地电阻的计算公式包括以下五方面。

**单根竖直接地极**　当接地极导体端部与大地表面共面时，接地电阻 $R$ 的计算式为

$$R=\frac{\rho}{2\pi L}\left(\ln\frac{8L}{d}-1\right) \tag{1}$$

式中，$\rho$ 为大地电阻率，$\Omega\cdot m$；$L$ 为接地极导体长度，m；$d$ 为接地极导体直径，m。

当电极埋于大地中，上端面距地面的距离为 $h$(m) 时，则

$$R=\frac{\rho}{2\pi L}\ln\frac{4L(L+2h)}{d(L+4h)} \tag{2}$$

**水平接地极**　当长为 $L$、直径为 $d$ 的圆柱形接地极水平埋设深度为 $h$ 时，接地电阻 $R$ 为

$$R=\frac{\rho}{2\pi L}\left(\ln\frac{4L^2}{dh}-2+\frac{2h}{L}-\frac{h^2}{L^2}+\frac{h^4}{2L^4}\right) \tag{3}$$

**圆柱状接地极**　当圆板直径为 $d$、埋深为 $h$，且 $h>\frac{d}{2}$时，接地电阻 $R$ 为

$$R=\frac{\rho}{8}\left(\frac{2}{d}+\frac{1}{\pi h}\right) \tag{4}$$

**多个竖直接地棒并联的接地极**　当接地棒间距 $S$ 足够大时，总的接地电阻可以近似为单根棒的接地电阻 $R$ 除以接地棒数 $n$。当间距不够大时，直线排列多个并联接地极电阻为

$$R_n=\frac{R}{n}+\frac{\rho}{2S}\left(\frac{1}{2}+\frac{1}{3}+\frac{1}{4}+\cdots+\frac{1}{n}\right) \tag{5}$$

**辐射状水平接地极**　当从一点向外水平埋设的每根导体长度为 $L$、导体数 $n>6$ 时，其：

$$R=\frac{\rho}{2\pi nL}\left[\ln\frac{4L^2}{dh}-2+2.576(n-1)-2\ln n\right] \tag{6}$$

**大地电阻率的测量**　通常应用四极法测量大地电阻率。在地面的一条直线上布设四个电极，电极 A 与电极 D 之间接入直流电源 $U$，则有电流 $I$ 从电极 D 流入大地，然后经电极 A 返回电源 $U$，构成电流回路，同时在大地表面及大地中产生电位升，内侧电极 B 和电极 C 间测得电位差 $V$，则 $V/I$ 的比值即为大地电阻率（见下图）。但随着电极间距 $a$ 的变化，入地电流在大地中的分布，将因大地深度土壤参数分布的变化而不同，当 $a$ 较小时，上述 $V/I$ 比值主要反映浅层土壤的电阻率；随着 $a$ 的增加，将逐渐受到深层电阻率的影响。因此，按不同 $a$ 值所测得的一系列结果可以确定大地的分层以及各层厚度和电阻率。四极法的原理是基于四个点电源的电位表达式，因此四个电极从理论上讲应采用底面与大地表面共面的半球形电极，但工程中往往采用竖直圆柱形电极，在此情况下，电极间距 $a$ 应远大于电极长度 $L$，按规定$a>20L$。

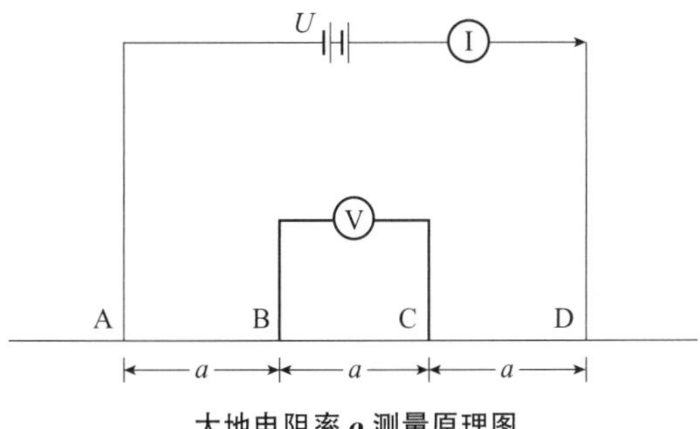


大地电阻率 $\rho$ 测量原理图

（蒋忠湧）

dianci saorao

**电磁骚扰**　(electromagnetic disturbance)　任何可能引起装置、设备、系统性能降低或者对生命、生命物质产生不良影响的电磁现象。电磁骚扰可能是电磁噪声、无用信号或传播媒介自身的变换，仅为电磁干扰中的一种电磁现象，不涉及对被干扰对象（接收器）的工作影响程度。

形成电磁骚扰的原理见图 1，电磁骚扰包含电磁骚扰源（电磁发射器）和电磁骚扰传播途径。

**电磁骚扰源**　包括自然骚扰源和人为骚扰

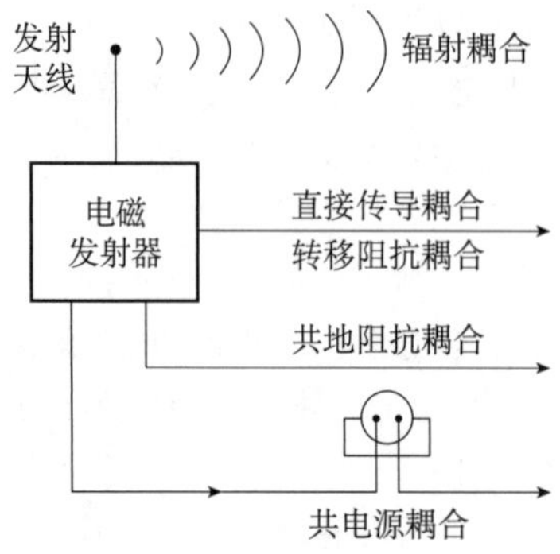


**图 1　电磁骚扰原理图**

源。前者是由自然界的电磁现象产生的电磁噪声，较典型的有静电放电、雷电、太阳噪声（太阳黑子活动时产生的磁暴）等。后者是由电器、电子设备和其他电气装置产生的电磁骚扰，参见电磁环境。

**传播途径**　从骚扰源把骚扰能量递送到骚扰对象的途径有两种方式：传导方式和辐射方式。因此，被干扰对象（接收器）接收电磁骚扰的耦合方式也可分为传导耦合和辐射耦合，如图 2 所示。

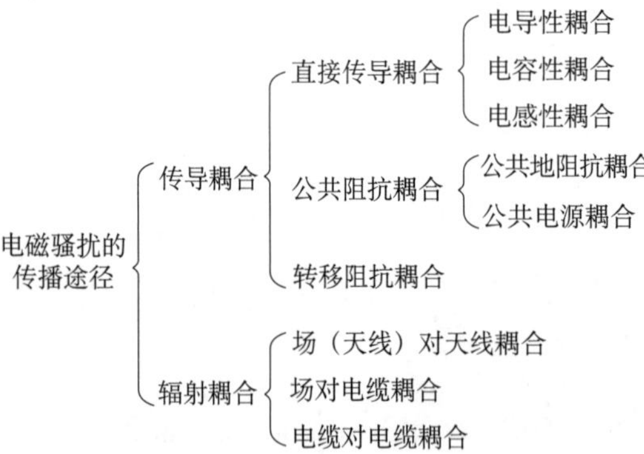


**图 2　电磁骚扰传播途径分类**

**传导耦合**　是指电磁能量以电压或电流的形式通过金属导线或集总元件（如电容器、变压器等）耦合至接收器，具体又可分为直接传导耦合、公共阻抗耦合及转移阻抗耦合。

直接传导耦合　是指骚扰直接通过导线、金属体、电阻或电感、电容等阻抗耦合到接收器的输入端，然后进入设备。导线传导耦合属于电导耦合，而两个元件或两根导线之间的欧姆接触也属于电导耦合。电容性耦合除直接通过电容器耦合之外，两根导线之间的杂散电容也可引起电容性耦合。电感性耦合除通过变压器耦合之外，两根导线之间的互感也可引起电感耦合。

公共阻抗耦合　是指骚扰主要通过电路印制板和机壳接地线、设备的公共安全接地线以及接地网络中的公共阻抗进行耦合或通过公共电源（包括电源线）中的公共阻抗进行耦合。即当发射器回路和接收器回路存在一个公共阻抗时，发射器发出的骚扰会通过这个公共阻抗耦合传送到接收器。

转移阻抗耦合　与直接传导耦合的区别在于骚扰源发出的骚扰不是直接传送到接收器，而是通过转移阻抗将骚扰电流变为接收器的输入电压加于接收器的输入端。加于接收器输入端的电压与发射器送出的骚扰电流之比称为转移阻抗。实际上，电导性的、电容性的（电的）或电感性的（磁的）直接传导耦合，也可以用转移阻抗耦合来描述，这主要看在不同情况下用何种方式表达更方便些。转移阻抗一般是四端网络，它既可以是上述三种耦合类型中的一种，也可以是三种耦合的组合。例如，在电缆屏蔽层上的骚扰电流对电缆芯线的骚扰电压之比，一般用转移阻抗耦合来表示最方便，因此这种骚扰传送方式一般用转移阻抗耦合来描述。

**辐射耦合**　指电磁骚扰能量通过空间以及电磁场的形式耦合到接收器。主要有空间电磁波到接收天线的耦合、空间电磁波对电缆的耦合、电缆对电缆的耦合等方式。任何一种辐射耦合，从发射器辐射电磁场到接收器接收电磁场都需要有各自的闭合回路以实现电磁场的耦合。在一般情况下，骚扰的辐射耦合，并非辐射到远区的辐射电磁场，而是“近场”或感应场的耦合。对于有大量元件（如继电器）封装在小体积范围内的系统，以及用长电缆进行设备间远距离传输回路的系统，电磁辐射耦合都是十分显著的。

在实际中，传导耦合和辐射耦合也不是截然不同的，它们可以相互转化。例如，在金属导线上传导的电流很大时，辐射也很严重。而长电缆经回路耦合电磁场后，长电缆外皮上的骚扰电流也可经过转移阻抗耦合到电缆芯线上。

（蒋忠湧）

dianci ganrao

**电磁干扰** （electromagnetic interference，EMI） 电磁骚扰引起的设备、传输通道或系统性能的下降。

**电磁干扰的三要素** 源（产生电磁能量的元件、设备、系统或自然现象）、耦合途径（电磁能量从源传输或耦合到敏感设备所经过的媒介）、敏感设备（由于接收了外界的电磁骚扰能量而产生性能降级或不正常动作的设备），只有同时具备了以上三个因素才可能发生电磁干扰。

**电磁干扰安全系数** 骚扰可以通过传导、辐射等各种途径传输到设备，但能否对设备产生干扰，影响设备的正常工作，则取决于骚扰强度和设备的抗干扰能力，即设备的电磁敏感性。其敏感性取决于设备的敏感度门限（使设备产生不希望有的响应或造成其性能降级的骚扰电平），敏感度门限越低说明设备的抗干扰能力越差。为了充分保证设备的安全运行，在电磁兼容标准中还规定了电磁干扰安全系数。其定义为敏感度门限与现存最大干扰之比，如用分贝表示则为

$$K = U_0 - U \tag{1}$$

式中，$K$ 为设备的电磁干扰安全系数，dB；$U_0$为设备敏感度门限，dB；$U$ 为设备所接收到的最大干扰，dB。

一般要求设备的电磁干扰安全系数不小于 6 dB，某些特殊设备如电爆装置等的电磁干扰安全系数应不小于 20 dB。

**电磁干扰的防止** 根据电磁干扰三要素，可以采用以下三种方式来防止干扰：抑制干扰源的发射、尽可能使耦合路径无效、使接收器对发射不敏感。通常使用的方式有接地、屏蔽及滤波。

（闻映红）

dianci zaosheng

**电磁噪声** （electromagnetic noise） 一种明显不传送信息的时变电磁现象，它可能与有用信号叠加或组合。

常见的人为电磁噪声产生原因有线圈和铁心间空隙大、线圈松动、载波频率设置不当、线圈磁饱和等。日常生活中，民用各型变压器、开关电源、电感、电机等均可能产生电磁噪声。工业中变频器、大型电动机和变压器是主要的电磁噪声来源。人为电磁噪声大致可以分为四类：元器件的固有噪声、电化学过程噪声、放电噪声、电磁辐射干扰噪声。

**元器件的固有噪声** 所有元器件均存在固有噪声。主要包括热噪声、散粒噪声、接触噪声、爆米花噪声。这些噪声造成的干扰，在以处理微弱信号为主以及以信号变换为主的通信、宇航、遥感遥测、图像信息处理、生物等工程应用中，具有较大的影响。但在以处理能量变换为主的电力电子应用中影响不太严重。

**电化学过程噪声** 指物理或化学原因形成的干扰源，在弱信号电路中，也是必须考虑的，主要包括原电池噪声、电解噪声、摩擦及导线移动造成的噪声。

**放电噪声** 在放电过程中，属于持续放电的有电晕放电（辉光放电）和弧光放电，属于瞬态放电的有静电放电和火花放电。伴随上述放电过程产生的放电噪声，通常会产生电磁干扰，有时甚至会对电路、装置造成危害。

**电磁辐射干扰噪声** 是指各种电磁波辐射装置，向空间发射电磁波所伴随的电磁骚扰。电磁波辐射装置泛指所有可能辐射电磁波的电子装置，如无线电电视广播、遥感、遥测、雷达等各种发射机，这些装置以向空间辐射电磁波为目的，但它同时会在相应的发射频率范围内对其他电子装置造成干扰。

（闻映红）

dianci maichong

**电磁脉冲** （electromagnetic pulse，EMP） 一种突发的、宽带电磁辐射的高强度脉冲。所在电磁波频段取决于 EMP 源。这种脉冲电磁场可

能会对用电设备或电子设备发生耦合，并产生具破坏性的电流和浪涌。

**脉冲干扰** 其强度很大，但持续时间较短，频带很宽。主要来源之一是各种工业设备产生的电脉冲，如电焊火花，汽车、飞机启动和行驶中的打火，各种医疗、电气设备产生的火花等。雷电也会引起脉冲的干扰。地球上平均每秒钟发生100次雷电，它所引起的强烈的电磁波能传播很远。

**浪涌** 主要指的是由于电路本身的非线性有可能高于电源本身的脉冲，或者由于电源或电路中其他部分受到本身或外来尖脉冲干扰，电源刚开通的那一瞬息产生的强力脉冲。供电系统浪涌的来源分为外部（雷电原因）和内部（电气设备启停和故障等）。浪涌很可能使电路在一瞬间烧坏，如PN结电容击穿、电阻烧断等。浪涌保护就是利用非线性元器件对高频（浪涌）的敏感设计的保护电路，简单而常用的是并联大小电容和串联电感。

**雷电电磁脉冲防护** 雷电是一种强大的电脉冲波，也会形成强脉冲磁场。雷电电磁脉冲防护是电磁脉冲安全防护的一部分，是针对高能电磁脉冲中由自然界雷电所引起的高能电磁脉冲的防护，是通过组成拦截、疏导最后泄放入地的一体化系统方式以防止由直击雷或雷电电磁脉冲对建筑物本身或其内部设备造成损害的防护技术。雷电电磁脉冲防护通常也称防雷或雷电防护。

**电磁脉冲武器** 主要分为核爆电磁脉冲武器与非核电磁脉冲武器两种。非核电磁脉冲弹，是利用炸药爆炸压缩磁通量的方法产生高功率微波的电磁脉冲武器。核电磁脉冲弹是一种以增强电磁脉冲效应为主要特征的新型核武器。电磁炮为典型的电磁脉冲武器，是利用电磁发射技术制成的一种先进的动能杀伤武器。与传统的大炮将火药燃气压力作用于弹丸不同，电磁炮是利用电磁系统中电磁场的作用力，其作用的时间要长得多，可大大提高弹丸的速度和射程。 （闻映红）

xiebo ganrao

**谐波干扰** （harmonic interference） 谐波对设备及系统的正常工作产生不良影响及危害的现象。谐波是一个周期量的傅里叶级数中次数高于1的分量，其频率为基波频率的整数倍。

**产生原因** 在理想的干净供电系统中，电流和电压都是正弦波的。在只含线性元件（电阻、电感及电容）的简单电路里，流过的电流与施加的电压成正比，流过的电流是正弦波。以电力系统为例，谐波产生的根本原因是非线性负载。当电流流经负载时，与所加的电压不呈线性关系，就形成非正弦电流，即电路中有谐波产生。所有的非线性负载都能产生谐波电流，产生谐波的设备类型有开关模式电源（SMPS）、电子荧光灯镇流器、调速传动装置、不间断电源（UPS）、磁性铁芯设备及某些家用电器如电视机等。

**危害** 谐波的危害十分严重。谐波使电能的生产、传输和利用的效率降低，使电气设备过热、产生振动和噪声，并使绝缘老化、使用寿命缩短，甚至发生故障或烧毁。谐波可引起电力系统局部并联谐振或串联谐振，使谐波含量放大，造成电容器等设备烧毁。谐波还会引起继电保护和自动装置误动作，使电能计量出现混乱。在电力系统周围空间，谐波会对通信设备和电子设备产生严重干扰。

**谐波干扰的抑制** 为解决电力电子装置和其他谐波源的谐波污染问题，基本思路有两条：一是装设谐波补偿装置来补偿谐波，这对各种谐波源是适用的；二是对电力电子装置本身进行改造，使其不产生谐波，且功率因数可控制为1，但只适用于作为主要谐波源的电力电子装置。目前，治理谐波的主要方法是在谐波源处安装滤波器，就近吸收谐波源产生的谐波电流，广泛采用的滤波器为无源滤波器。

（闻映红）

dianci ouhe

**电磁耦合** （electromagnetic coupling） 当一个网络（静态网络）的布线进入另一网络

（动态网络）的场作用区时，一旦动态网络上的信号电压和电流发生变化，将会引起该场的变化，场的变化又将在静态网络上感应出附加的电压或电流，这就是串扰产生的物理根源。两个网络之间通过场的相互作用称为电磁耦合，其中的动态网络即是主扰者，静态网络则是被扰者。

在不同的学科研究中关于电磁耦合的划分方式有所差别，但内容是互含的。在环境电磁研究中，电磁耦合的途径分为辐射耦合、传导耦合和感应耦合三大类。

**辐射耦合**　射频设备所形成的电磁场，在半径为一个波长范围之外是以空间辐射的方式将能量传播出去的，在半径为一个波长范围内则主要是以感应的方式将能量施加于附近的设备和人体上，前者为辐射耦合。射频设备视为发射天线（见图1）。

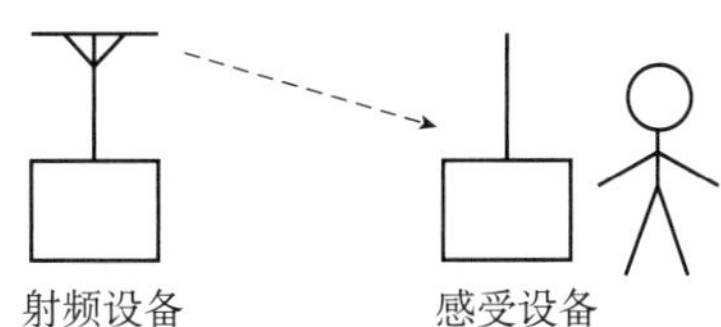


**图1　辐射耦合途径**

辐射电场强度是衡量辐射耦合强弱的主要指标。借助单元辐射的理论，分析射频电路所产生的辐射耦合影响，无论是小段电路单元还是小型回路，辐射电场强度均与 $1/r$ 成比例（$r$ 为电路中心至场点的距离）。

**传导耦合**　指通过电路回路间公共阻抗或互阻抗形成的耦合。借助电路理论可以直接计算传导耦合的影响。若回路 1 和回路 2 各自独立、互不影响，则回路 1 中有电流，回路 2 中无电流［见图2（a）］。若回路1 和回路2 有公共阻抗 $R_C$［见图 2（b）］，则回路 1 有电流，回路 2 也有电流，形成阻性耦合，其中 $I_2 = \frac{R_C}{R_B + R_C} I_1$，式中，$R_C$ 是公共阻抗或耦合阻抗。显然，$R_C$ 越小，耦合越弱。

典型的共阻抗耦合发生于接同一地网的两回路之间。如回路 1 为工频电力线路，接地网

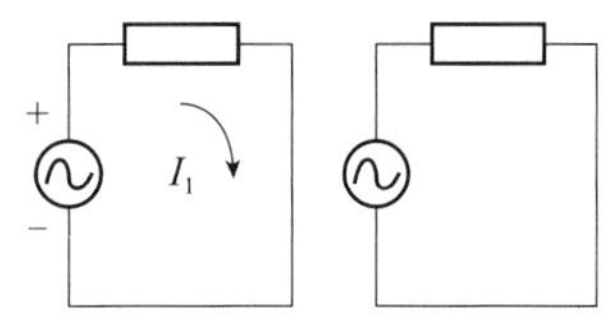


（a）无公共阻抗的两回路

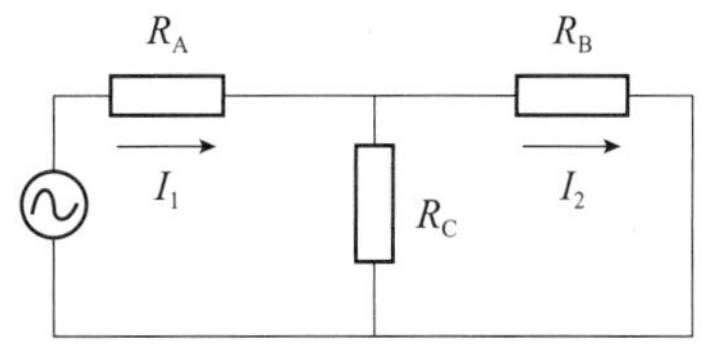


（b）有公共阻抗的两回路

**图2　阻性耦合电路模型**

阻抗可视为电阻，则共阻抗耦合成为电阻性耦合。这在研究电力线路对通信线路的影响时经常使用。

降低耦合有两种思路：短路和断路。电源和感受设备之间的相互作用可表述为一个双端口网络，其间经由阻抗 $Z_A$、$Z_B$、$Z_C$ 形成的 $T$ 型网络相连（见图3）。如果 $Z_C = 0$，即短路，则发送端向感受端输送的能量为零。如果 $Z_A$ 或 $Z_B$ 为无限大，即开路，发送端向感受端输送的能量也为零。实际应用中，根据短路的概念尽量降低接地电阻；根据开路的概念尽量隔开发送与感受的两端，距离越远越好，或者在其间加入屏蔽，减少耦合。

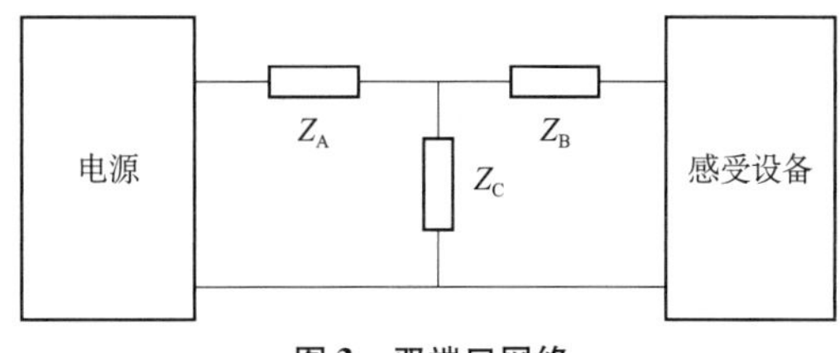


**图3　双端口网络**

**感应耦合**　分为电感应耦合和磁感应耦合两种。

**电感应耦合**　指通过库仑电场产生的耦合。以平行接近的架空电力线路与通信线路为例。高压架空线路对地电压 $U_1$ 很高，其导线上有电荷，并在周围建有强电场，处于该电场中的通信线路导线上将感应有对地电压 $U_2$，通信线路导线表面靠近电力线路一侧感应有异号电荷，

另一侧感应出同号电荷，通过库仑电场产生耦合，称为电感应耦合，其等效电路图见图4。若站在地上的人接触通信线路，则将有电流流过人体，电流过大，可能产生危险。

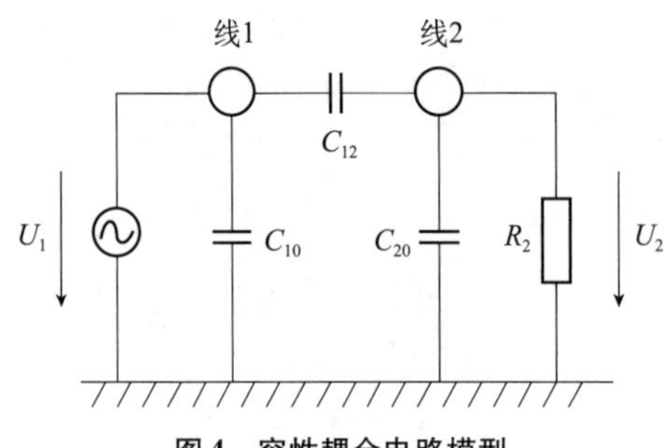


**图4　容性耦合电路模型**

**磁感应耦合**　指通过互感产生的耦合。两对短传输线平行并接近（见图5）。当回路1中有交流电流$I_1$时，由于两回路间互磁链的存在，在回路2中将产生互感电压。若回路2是通路，将产生电流。这就是磁感应耦合，其等效电路图见图6。磁感应耦合的强弱与互感量的大小相关；如果互感量为零，将无感性耦合。

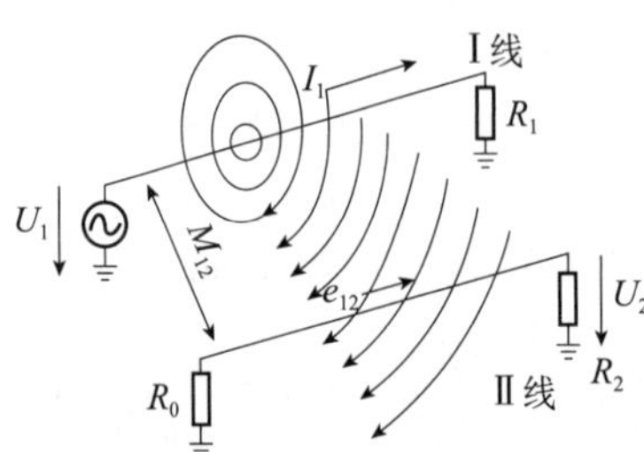


**图5　磁感应耦合途径**

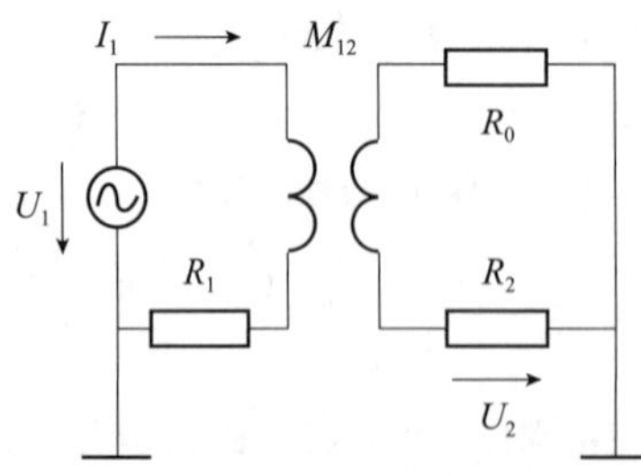


**图6　磁感应耦合电路模型**

在电力等学科研究中，电磁耦合可以分为感性耦合、容性耦合和阻性耦合。当两回路并行接近时，某一回路（主扰回路）上的电压或电流将通过感性耦合或容性耦合在另一回路（被扰回路）中产生感应电压或感应电流，产生的感应电压或感应电流将对被扰回路中的信号产生影响。串音便是并行回路间耦合影响的一个典型例子。研究搞清电磁耦合途径并抑制电磁场的传播是解决电磁污染问题的重要措施。

**感性耦合**　又称磁影响，当主扰回路中有电流通过时，由于主扰回路与被扰回路中有耦合电感（互感），被扰回路中一定会感生电动势，从而形成感性耦合。

**容性耦合**　又称电影响，当主扰回路上有一对地电压存在时，由于主扰回路与被扰回路间有耦合电容，因此必然有电流从主扰回路分流入被扰回路，从而形成容性耦合。

**阻性耦合**　在《输电线路对电信线路危险和干扰影响防护设计规程》（DL/T 5033—2006）中，定义阻性耦合影响为“流过输电线路杆塔接地装置的短路电流，在流入、流出大地的区域与远方大地之间产生电位差，使大地电压升高”，产生大地电阻耦合。

**其他**　在输电线路和管道建设过程中，如出现近距离交叉并行，将出现管道的防雷问题。输电线路对管道的影响主要有感性、容性和阻性三种耦合途径。容性耦合对管道的影响相对较小，并且只对地上的管道有影响；感性耦合无论是对地下的还是地上的管道都会有影响，但在正常情况下由于三相输电线的对称性，管道上感应电位几乎为零，只有在输电线路发生不对称故障或遭雷击时才会对管道造成不利影响；阻性耦合主要是管道附近有雷电流入地时，接地极及其周围的土壤的电位将会有显著的升高，若管道位于附近，就会有一个电压差作用于管道的绝缘层。（翟国庆）

wuxiandian（pinlü）ganrao

**无线电（频率）干扰**　[radio（frequency）interference]　无线电频率电磁骚扰引起的设备、传输通道或系统性能的下降。通常认为大于10 kHz的频率即为无线电频率。对于无线电频率干扰影响的分析和处理，关键在于测量。

**干扰形式**　在无线通信系统，特别是蜂窝式移动通信系统中，无线电频率干扰主要有同频干扰、邻频干扰和互调干扰。

**同频干扰** 是由其他信号源发送的与有用信号的频率相同、以同样的方式进入中频通带的干扰。在蜂窝式移动通信系统组网中，为提高频率使用率，同一频率可在多处蜂窝服务区内重复使用，则可能出现邻近基站信号进入本区接收系统的情况。由于同频干扰信号与有用信号同样地被放大及检波，因而其结果会由于两个调频电台的载频差而形成差拍干扰，或由于两个调频电台调制度不同，出现信号相位差而造成失真干扰等。

**邻频干扰** 是工作在（$K+1$）或（$K-1$）频道的移动台对工作在 $K$ 频道的基站构成的干扰。它主要取决于接收机中频滤波器的选择性和发信机在相邻频道通带的边带噪声。对于前者，由于对接收机的选择有严格规定可不予考虑，但对于多频道共用系统，这个因素就必须考虑。通常利用移动台接收基站信号强度的大小来对移动台发信功率进行自动控制，使移动台驶近基站时降低发信功率消除邻频干扰影响。

**互调干扰** 是移动通信系统中互调产物产生的干扰。在移动通信系统中，应用着大量工作在非线性状态的放大器及滤波单元。由通信理论可知，任何非线性单元的传递（转移）特性均可用幂级数传递函数表示，当输入信号多于两个时，由于非线性（传递函数中的高次项）作用，使它们彼此间产生相互调制而在输出信号中增生了原来输入信号中没有的新的不需要的组合频率，即互调产物。互调干扰以二信号三阶互调频率（$2A$-$B$）或（$2B$-$A$）的干扰为最大，其中 $A$、$B$ 分别为所述及的频率。为降低互调干扰的影响，在组网中对频率的配置应给予充分的重视。

**测量** 空间的辐射电磁场经天线接收，将电磁场转换为交变电压，输入一台具有特殊参数要求的电压测量仪表中进行测量，最后将测量结果由指示器显示或记录（见图 1）。电压测量仪测出其输入端电压 $U_i$(dB)（测试值为电压 $V$ 值，但电表指示值已换算成 dB 值）后，即可由下式求得天线所在处的骚扰电场强度 $E$(dB)：

$$E(\mathrm{dB}) = A(\mathrm{dB}) + U_i(\mathrm{dB}) \tag{1}$$

式中，$A$ 为测量天线的校正系数，由天线生产厂家提供，测试者可根据测量频率对应查得该系数值。

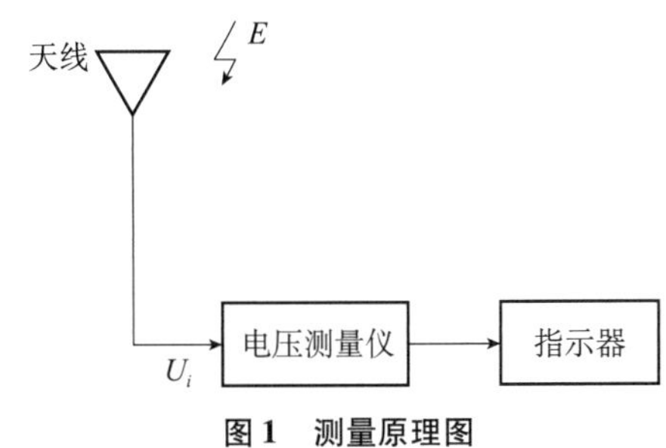


**图 1　测量原理图**

测量天线的频段覆盖必须满足测试频段需要，根据不同测试频段选择对应的测量天线，如框形天线、半波天线、对数周期天线、双锥天线等窄带或宽带天线。

由于电磁噪声不是一般的正弦电压而是包括脉冲噪声在内的各种不同形状（时域）、不同频谱（频域）的噪声电压，为了提高测量灵敏度，通常采用窄带测量仪表，内设非线性幅度检波器，将中频噪声电压的包络解调后，测量其包络有关参数。不同指标的测量仪，测出读数可能相差很大，这在无线电测量领域中是没有的。为此，国际无线电干扰特别委员会（CISPR）对测量仪表的一些指标作了统一规定。我国国家标准《无线电骚扰和抗扰度测量设备和测量方法规范　第 1-1 部分：无线电骚扰和抗扰度测量设备　测量设备》（GB/T 6113.101—2021）规定了准峰值测量接收机的基本特性（见表 1）。该标准等同采用 CISPR 16-1-1：2019。

**表 1　准峰值测量接收机的基本特性**

| 特性 | 频率范围 | | |
|---|---|---|---|
| | 9 ~ 150 kHz | 0.15 ~ 30 MHz | 30 ~ 1 000 MHz |
| 6 dB 带宽 | 0.2 kHz | 9 kHz | 120 kHz |
| 检波器充电时间常数 | 45 ms | 1 ms | 1 ms |

续表

| 特性 | 频率范围 | | |
|---|---|---|---|
| | 9 ~ 150 kHz | 0.15 ~ 30 MHz | 30 ~ 1 000 MHz |
| 检波器放电时间常数 | 500 ms | 160 ms | 550 ms |
| 临界阻尼指示器机械时间常数 | 160 ms | 160 ms | 100 ms |
| 检波器前电路的过载系数 | 24 dB | 30 dB | 43.5 dB |
| 检波器与指示器之间的过载系数 | 6 dB | 12 dB | 6 dB |

幅度检波器将中频噪声电压检波为直流或脉冲电流，推动指示器显示测量结果。

**示值** 在无线电骚扰测量接收机中，检波后指示电表的示值应该能反映无线电噪声对人耳形成的感觉。早期研究认为，有效值、平均值检波器的示值都与人耳的声频特性相差很大，而准峰值检波器示值不但接近人耳特性，而且很接近人耳对周期脉冲干扰的接受特性，所以多年来在无线电噪声测量中一直采用准峰值检波器，将当时对中、长波广播频段（150 ~1 650 kHz）制定的与人耳特性十分接近的准峰值检波（充电时间常数 1 ms、放电时间常数为 160 ms）的规定沿用下来，且扩展到 0.15 ~ 30 MHz 的整个中、短波波段。后来又进行微调，以便适应更低和更高的频段。这些规定已写入有关国际组织的文件和我国的相关标准中。随着周期脉冲干扰的大量出现，发现均方根值（rms）检波效应优于准峰值检波。但是，当考虑到当脉冲重复频率处于音频范围时，两者的示值相较于脉冲重复频率的变化非常接近。且由于多年来使用准峰值电压表已经积累了广泛的经验，以及现在已使用大量的准峰值检波的测量接收机等原因，当前国际上及各国的相关标准中仍然推荐准峰值检波作为测量电磁骚扰（包含无线电噪声）的首选检波方式。

准峰值检波是指检波器工作时，充电时间常数比峰值检波大，而放电时间常数又比峰值检波小的检波方式，因而在检波器输出端积累的直流电压就不能达到输入中频信号的峰值，故名“准峰值”检波。

**单位** 在无线电测量中示值的单位经常采用“分贝”（dB）表示，它是两个电压量比值的常用对数值，量纲一，即

$$K(\mathrm{dB}) = 20\ \lg \frac{U_2}{U_1} \tag{2}$$

在电磁兼容领域中，电压常用微伏（μV）为单位，令 $U_1 = 1\ \mu\mathrm{V}$，则式（2）可写成通用式

$$K[\mathrm{dB}(\mu\mathrm{V})] = 20\ \lg U(\mu\mathrm{V}) \tag{3}$$

式中，$U(\mu\mathrm{V})$ 为以 μV 为单位的电压值；$K[\mathrm{dB}(\mu\mathrm{V})]$ 为以 1 μV 为比较值的电压分贝值。可知，当 $U(\mu\mathrm{V}) = 1\ \mu\mathrm{V}$ 时，相应的 $K[\mathrm{dB}(\mu\mathrm{V})] = 0\ \mathrm{dB}$。

在实际应用中，经常还涉及功率、电场强度等物理量，则可类似为

$$P[\mathrm{dB}(\mathrm{mW})] = 10\ \lg \frac{P(\mathrm{mW})}{1\ \mathrm{mW}} = 10\ \lg P(\mathrm{mW}) \tag{4}$$

$$E[\mathrm{dB}(\mu\mathrm{V/m})] = 20\ \lg \frac{E(\mu\mathrm{V/m})}{1(\mu\mathrm{V/m})} = 20\ \lg E(\mu\mathrm{V/m}) \tag{5}$$

$$P(\mathrm{mW}) = 1\ \mathrm{mW},\ P[\mathrm{dB}(\mathrm{mW})] = 0\ \mathrm{dB} \tag{6}$$

$$E(\mu\mathrm{V/m}) = 1\ \mu\mathrm{V/m}\ 时,\ E[\mathrm{dB}(\mu\mathrm{V/m})] = 0\ \mathrm{dB} \tag{7}$$

对于纯阻负载，则有

$$P = U^2/R \tag{8}$$

相应地，$R = 50\ \Omega$ 的系统，可换算得

$$P[\mathrm{dB}(\mathrm{mW})] = U[\mathrm{dB}(\mu\mathrm{V})] - 107\ \mathrm{dB} \tag{9}$$

**数据处理** 现场实测记录是骚扰电平与时间随机起伏的曲线，纵坐标表示骚扰电平的分贝数，横坐标为记录时间（见图 2）。必须通过数据处理求得通常所需的在取样时间段内不同时间概率的不超过骚扰电平值。

在记录曲线上选取一时间段 $T$ 作为数据处理的取样区间，作某一电平 $E_1$ 的水平线与曲线相交，得出其中不超过 $E_1$ 的时间分别为 $t_1$，$t_2$，$t_3$，…，$t_n$。当取样数 $n$ 足够大时，则不超过电

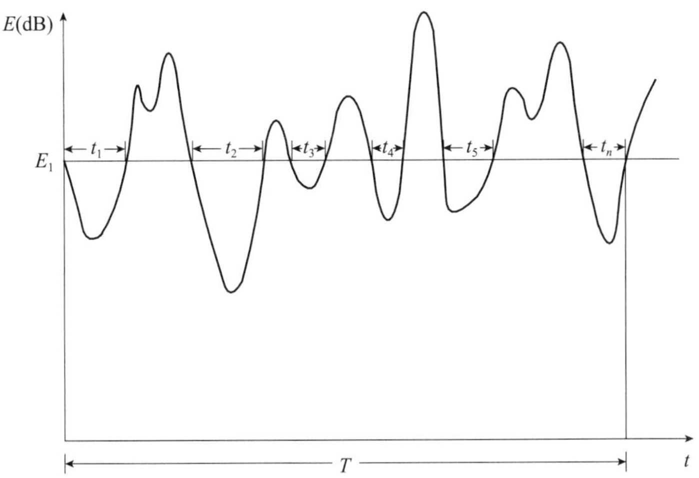


图 2　数据处理原理图

平 $E_1$ 的时间概率为

$$P_{(E_1)} = \frac{t_1 + t_2 + t_3 + \cdots + t_n}{T} \qquad (10)$$

如 $P_{(E_1)} = 50\%$，则称此 $E_1$ 为中值，即为测试结果值 $E_1$(dB)。据此可根据需要求得 $P_{(E_1)} = 80\%$、$95\%$，以及相应的 $P_{(E_1)} = 80\%$、$95\%$ 时间概率下的不超过骚扰电平值。

**抗扰度**　是装置、设备或系统面临电磁骚扰不降低运行性能的能力。为保障抗扰度，针对不同的系统提出对电磁骚扰不同的防护要求，通常可以用防护率或保护间距两种形式表示。防护率指设备正常工作接收点处信号场强与同频道电磁骚扰强度的最小比值，又称信噪比，常以分贝（dB）表示，即以分贝为单位的上述两场强的差值。《航空无线电导航台（站）电磁环境要求》（GB 6364—2013）中对中波导航台（0.150～0.535 MHz）的防护率规定为 9 dB，对航向信标台、下滑信标台（108～400 MHz）的防护率规定为 14 dB；保护间距为无线电干扰源与被保护设备天线前沿的最小距离。《短波无线电收信台（站）及测向台（站）电磁环境要求》（GB 13614—2012）中规定了不同电压等级的单回路架空送电线路与短波无线电测向台间的保护距离：500 kV 线路为 2 000 m、110 kV 线路为 1 000 m。　（蒋忠湧）

# 电磁源

dianciyuan

**电磁源** (electromagnetic source) 可产生电磁干扰的源。按其发射电磁波的强弱不同，可以分为两大类，一类是弱电磁源，其对电磁环境的影响主要是使抗扰度较差的电器与电子设备或系统的性能下降或损坏。这些弱电磁源的频谱往往很宽，频率范围往往跨越几个数量级。另一类是强电磁源，其对电磁环境的影响不仅使设备或系统降级，而且会对生物机体（包括人类）造成影响。相对来说，强电磁源辐射的频谱较窄。

根据电磁波生成的原因，又可将电磁源分为天然源和人工源。天然源是人类不能控制的，只能设法防护。而人工源有的是可以从源本身加以限制的，有的则由于工作任务的需要，是不能限制只能防护的。

**天然源** 是由自然现象引起的电磁源。地球上的电磁辐射形成的天然途径主要是雷电及地球表面的热辐射，此外，还有火山爆发、地震等自然现象；外层空间产生的电磁辐射主要是太阳及其他星球产生的，如太阳黑子活动引起的磁暴、银河系的射电星系等。天然电磁源通常对短波通信的干扰特别严重。

环境中与人类关系较大的两种天然源为雷电与静电放电。

雷电是云中积累的电荷放电的过程。只对航天器影响的放电是在带不同电荷的云之间进行的，称为“云闪”。对地面附近环境影响较大的是雷云对大地的放电，称为“地闪”。雷云对大地放电分为不同的阶段，破坏性最大的是其中的主放电。主放电的电流峰值可达100～200 kA，主放电时间为50～100 μs，其前沿只有几个微秒。

静电放电特指人体或环境中的绝缘物体上积累的电荷的放电。静电放电的能量远比雷电弱，但也有其特点。以人体为例，一个穿着化纤织物衣服和绝缘底鞋的人，在干燥环境中的绝缘地毯上走动，就会被充电。其充电电流为$10^{-7}\sim10^{-6}$C，人体对地的电容为（150～250）×$10^{-12}$F。人体对地的充电电压$V=Q/C$，以$Q=3\times10^{-6}$C计，则$V=(0.012\sim0.02)\times10^{6}$V。此时，人体如果对大地或其他物体放电，则在（0.5～20）×$10^{-9}$ s放电时间内，放电电流可达1～50 A。虽然放电时间很短（因而能量也不大），但对集成电路芯片仍是破坏性威胁。

**人工源** 主要由脉冲放电、工频交变电磁场和射频电磁辐射所组成。其中射频电磁辐射已成为电磁污染环境的主要因素。在地球上，由太阳和地球复合黑体产生的射频电磁辐射，较人工产生的射频辐射要小几个数量级，因此，目前环境中的实际射频本底只是人工产生的。环境中的射频电磁辐射，一方面是为传递信息而发射的射频电磁辐射，另一方面是在工业、科学、医疗中利用电磁辐射能时泄漏出的辐射。

在人工源中，按其对电磁能量的利用形式不同，可以分为三大类。

**第一类** 设备或系统的正常工作，需要将电磁波辐射出去。对本系统来说，电磁波的辐射是必要的，但对环境来说，则可能形成污染。主要包括声音、电视广播发射台，公共移动通信，雷达等。在电磁环境管理中，第一类电磁源是最容易引起关注的，有时也难以处理。

声音、电视广播发射台　广播的目的，是让人们通过无线电波接收到信号。为了保证接收信号的高信噪比，以获得高的接收质量；同时，为了防止过高地提高接收机电路的复杂程度（以维持较低的生产成本和售价），在全球的广播系统中均采取高发射功率、低接收灵敏度的方案。中波广播（0.1～3.0 MHz）的服务半径有数百千米，依靠地波传播，大多采用底部馈电的直立铁塔天线，发射功率数十千瓦至数百千瓦不等。短波广播（3.0～30 MHz）的服务距离可大于1 000 km，依靠天波传播，较多采用菱形天线，通信距离越远仰角越小，发射功率可高达数百千瓦。

我国调频声音广播的频段是87～108 MHz；电视广播频段是48.5～960 MHz。在这些频段，电磁波以空间波的形式呈直线传播，并要求免受高楼等建筑的遮挡或反射。虽然现在的调频声音广播与电视广播信号在城市主要依靠光缆传送，不再依靠直接接收电磁波，但城市中的广播电视发射塔仍然发射着上百千瓦的射频功率。

公共移动通信　当前，我国移动通信网络制式主要有GSM/CDMA（2G）、WCDMA/TD-SCDMA/CDMA2000（3G）、LTE-TDD/LTE-FDD（4G）、RIT（5G）。移动通信虽然从1G逐步发展至现在的5G，但基本结构是类似的，一般由机房、基站设备、传输设备、动力设备、馈线、天线和天线支架等设备组成。基站设备主要有射频子系统、基带子系统及其他辅助设备。无论是哪种移动通信制式，人们主要关注移动通信基站和移动通信手机电磁辐射问题。

移动通信基站是采用无线电通信技术连接交换系统和用户终端的设施。现代移动通信系统一般采用小区制（蜂窝）实现对服务区域的覆盖，每一个小区设有一个收发信基站，通过发射和接收一定频率的无线电信号，为所在小区的用户提供话音和数据等服务，若干个基站由一个基站控制器控制，并与业务交换中心连接。当移动通信基站正常运行时，天线将向周围发射既定频率范围内的电磁波，导致周围环境电磁辐射场强增高。

当前移动通信正以惊人的速度发展。据统计，2020年全国移动通信基站总数达931万个，全年净增90万个。其中，4G基站总数达到575万个，城镇地区实现深度覆盖。5G网络建设稳步推进，按照适度超前的原则，新建5G基站超60万个，全部已开通5G基站超过71.8万个，其中中国电信和中国联通共建共享5G基站超33万个，5G网络已覆盖全国地级以上城市及重点县市。

雷达　是一种利用电磁波探测目标的电子设备，通过发射电磁波对目标进行照射并接受其回波，由此获得目标至电磁波发射点的距离、距离变化率（径向速度）、方位、高度等信息。雷达种类很多，其具体用途和结构不尽相同，但基本形式是一致的，包括五个基本组成部分：发射机、发射天线、接收机、接收天线以及显示器。还有电源设备、数据录取设备、抗干扰设备等辅助设备。其工作原理是，发射机通过天线将电磁波能量射向空间某一方向，处在此方向上的物体反射碰到电磁波，雷达天线接收此反射波，送至接收设备进行处理，提取有关该物体的空间位置和运动参量等信息。

当雷达系统工作流程中的电磁辐射影响主要来自雷达运行时，发射机通过旋转抛物面天线向天空发射脉冲探测信号进行空间扫描，其峰值功率高达数百千瓦，使空中天线主视方向的电磁辐射场场强增高，从而产生电磁辐射影响。同时，当发射信号在空中碰到某种障碍物，如云、冰雹等，立即产生反射波，使高空环境电磁辐射场增强，反射波经介质吸收、距离衰减后传至地面时已十分微弱，其对环境的影响可以忽略。雷达发射机、功率放大器及馈线等设备在设计、制造时已采取屏蔽措施，并且设备放置在机房内，经过墙体和机房门的屏蔽，不会对周围环境产生电磁辐射影响。

**第二类** 人工电磁源主要是工业、科学、医疗（Industry Science Medical，ISM）射频设备（简称工科医设备）。其特点是，该类设备需要产生并在局部使用射频能量，但又不希望将其发射出去。由于需要利用其电磁能量，所以这类设备都具有较强的电磁振荡源。理论上，应有其固定频率。但为了简化设备、降低成本，其振荡源的频谱质量很差，会出现大量的谐波及宽频率的电磁辐射，可能会对环境造成影响。

工科医设备是按工业、科学、医疗、家用或类似用途的要求而设计，用以产生并在局部使用无线电频率能量的设备或装置。不包括通信领域的设备。这类设备主要包括：①高频感应加热设备。依靠高频感应在被加工场内产生的涡流加热。被加热物为导体或半导体，工作频率为数十千赫至数百千赫，如高频熔炼设备等。②高频介质加热设备。依靠高频电磁场在介质内的损耗加热。被加工物应为绝缘体。工作频率为数十兆赫，如塑料热合机，木材、纸张干燥设备等。③微波加热设备。依靠微波的辐射在介质内的损耗加热。被加工物应为绝缘体或导电不良的物品。工作频率为数吉赫。④工业超声设备。超声探头的工作频率很低（数十千赫）。加工依靠机械振动，所以探头系统不会出现电磁辐射。可能出现电磁辐射的是其振荡源。因频率很低，其传导影响远大于辐射。⑤其他高频加工设备，如高频电弧焊机等。⑥射频医疗设备。依靠不太强的电磁能量起到一定的治疗作用，如高频理疗机、微波理疗机等。其对电磁环境造成影响的主要原因是其频谱纯度不好。

为了保证工科医设备的正常运行，在国际上划出了一部分频段，称为工科医自由辐射频段。只要频率落入规定的频段中，其辐射强度不受限制。需注意的是，这只是从保护各种无线电业务出发制定的，至于因辐射强度过强导致附近人体健康受损，则应另加防护。参见工科医射频设备电磁环境。

**第三类** 设备本身的正常工作并不需要利用，也不希望出现电磁能量。此类设备对环境的污染，主要以电磁噪声的形式出现。一般只会对其他设备形成干扰，不会对人体产生电磁辐射的影响。涉及的范围十分广泛，包括高压输变电系统、电力牵引系统、内燃机点火系统、家用电器、电动工具、照明器材、信息技术设备等。与电磁环境关系较大的主要是前三种。

**高压输变电系统** 若不计由于事故产生的危险影响，其可能对周围事物产生干扰的主要因素有：①电晕放电。由于高压线表面的电位梯度过大，引起对导线周围空气放电而产生高频电磁噪声的现象。其频谱的主要分量在几兆赫以下。以 dB 表示强度，随电位梯度的升高而增加。而导体表面的电位梯度不仅取决于电压等级，还与导线的等效面积直接相关。②火花放电。主要是由于线路上局部的绝缘子损坏、绝缘子污秽、金具接触不良等而产生的火花放电。这种放电的频率可高达数百兆赫，幅度变化范围很大，可能远大于电晕放电。但对于正常运行的良好送电线路，这种放电不是主要成分。③工频电场。其表现形式主要存在于导线和大地之间。其强度与电压等级密切相关，但可以通过线路设计改变其电场强度。④工频磁场。由于工频频率很低，波长很长，因而距线路虽然较远但仍为近场区，磁场与电场必须分别考虑。其强度主要取决于导线的载流量，随距离衰减很快。⑤无源干扰。输电线路及其杆塔，即使在未送电的条件下，也会对电磁波的传播形成影响，称为无源干扰。⑥地电流。对于交流三相系统不平衡时的中线或直流输电线路以地作为回路的情况，地电流有时颇为可观。当处理不当时，会造成地电位升高或对地下管线腐蚀。当设计不当时，接地极附近的跨步电压可能过大。

**电力牵引系统** 一般专指从地面获取电能，而不由车辆自身携带电池的地面运载工具，包括电化铁道，城市轻轨电化铁道，城市有轨、无轨电车及其他依靠电力牵引的客、货运车辆。此类电磁源主要来自受流系统（车顶的受电弓与接触网或者接近地面的地刷与第三轨）。其表现形式包括：电平相对稳定的连续电磁噪声、一系列的脉冲序列以及突发的孤立脉冲。

我国现有的电牵引系统主要类型有以下几种：①直流电气化铁道，其供电 1.5 kV，直流轨距 1 435 mm，通过架空接触网与钢轨供电；②直流第三轨受电地下铁道，其供电 825 V，直流，通过对地绝缘的第三轨与地面钢轨供电；③直流架空接触网受电地下铁道，其供电 1.5 kV，直流，通过架空接触网与钢轨供电；④交流电气化铁道，其供电 25 kV，交流50 Hz，轨距 1 435 mm，通过架空接触网与钢轨供电；⑤城市无轨电车，其供电600 V，直流，无钢轨，通过两条架空接触网供电。

*内燃机点火系统*　用汽油发动的汽车是城市中最主要的电磁噪声源。这是由于汽车发动机需要高电压在火花塞上的打火点燃油气混合物而提供能量，高压打火形成的脉冲电流会沿火花塞导线等传导并辐射。大量汽车在城市交通干线上行驶，使环境中的电磁噪声水平提高。

（翟国庆）

shu-biandian gongcheng dianci huanjing

## 输变电工程电磁环境 (electromagnetic environment of transmission and distribution system)

输电线路、变电站、换流站等输变电设施运行时在其周围产生的电磁现象的总和。主要包括带电导体电荷产生的电场、带电导体电流产生的磁场以及带电导体电晕放电伴随产生的无线电干扰和可听噪声以及入地电流产生的跨步电压和接触电压等。按照输变电工程的工作频率，可分为交流输变电工程电磁环境和直流输电工程电磁环境。

**交流输变电工程电磁环境**　由三相交流输电线路与变电站组成，正常工作时会产生工频电场、工频磁场、可听噪声和无线电干扰等。

**交流输电线路电磁环境**　是交流输电线路运行时在其周围产生的电磁现象总和。主要包括带电导体电荷产生的工频电场、导体电流产生的工频磁场以及线路电晕放电伴随产生的可听噪声和无线电干扰。

*交流输电线路工频电场*　是在交流输电线路运行时导线上的电荷在空间产生的交变电场。可采用电场强度矢量来描述工频电场的方向和大小，电场强度的单位通常用伏/米（V/m）或千伏/米（kV/m）表示。除导线表面和地表面外，三相输电线路周围空间任一点的工频电场均是一随时间变化的旋转场。该旋转场可用一旋转矢量来表示。矢量的大小和方向随时间的不同而改变，它在某一方向有一最大值，垂直于最大值方向有一最小值。该矢量的旋转轨迹为一椭圆。

交流输电线路导线在挡距内的弧垂是按悬链线变化的，因此沿线路方向不同距离处导线对地高度是不同的，相应地，该处各个横向截面内的工频电场分布也不相同。由于整个挡距内，挡距中央导线弧垂最大，导线对地高度最小，线路下电场强度最大，故工程上常用挡距中央横向截面内的电场强度分布来表征交流输电线路的工频电场分布。典型的 500 kV 单回三相交流输电线路离地面 1.5 m 处工频电场的横向分布见图 1。

交流输电线路下方工频电场的大小主要取决于线路电压的高低、导线的架设高度、导线的排列方式以及导线之间的距离等。可以通过选择合理的导线布置方式和相序，确定合理的相间距离和导线架设高度等措施来控制线下工频电场水平。

交流输电线路工频电场分布计算，最常用的方法是等效电荷法。计算时，分裂导线用等效的单根导线代替，并假设电荷集中在该等效导线的中心位置，大地用一系列镜像电荷代替。根据线路电压和导线位置，先计算出单位长度导线的电荷量（用复数表示），再由此计算出空间各点工频电场的垂直分量、水平分量及合成值。计算时考虑架空地线和不考虑架空地线两种情况的线路下工频电场大小仅相差1%～2%。

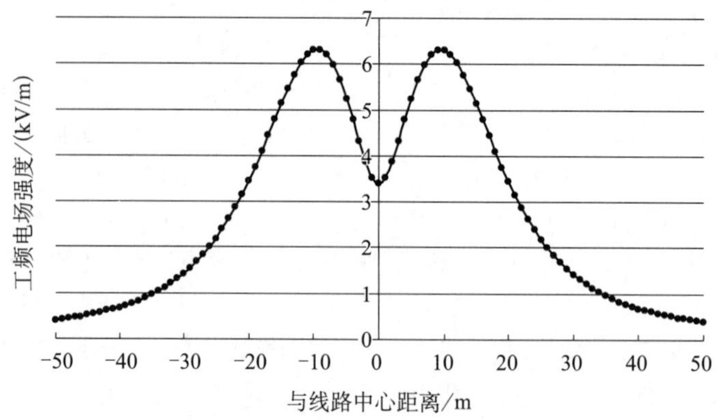


**图 1　工频电场的横向分布（导线对地最小高度 14 m）**

当测量交流输电线路下方的工频电场时，测量仪器一般离地面约 1.5 m，作业人员须在被测点 2 m 以外，避免作业人员使被测点的工频电场产生畸变。同时，空气的相对湿度不宜大于 80%，避免由于支持测量仪器的绝缘杆表面泄漏带来的测量误差。

不同国家对交流输电线路工频电场的限值规定不同，其范围为：线路下方工频电场的最大电场强度（或农业地区）为 10～15 kV/m；跨越公路的线路下方工频电场的最大电场强度为 7～10 kV/m；线路邻近民房处工频电场的最大电场强度小于 5 kV/m。我国在交流输电线路设计时，按以下限值控制工频电场：线路跨越农田时取 10 kV/m，线路跨越公路时取 7 kV/m，线路邻近民房时房屋所在位置离地 1.5 m 处的最大未畸变工频电场取 4 kV/m。

采用电缆输电时，高压电缆线路一般敷设于地下。由于电缆金属护套和大地对电场具有良好的屏蔽作用，高压电缆线路在地面上方产生的电场几乎为零。

*交流输电线路工频磁场*　是交流输电线路运行时导体中流动的负荷电流在空间产生的交变磁场。可采用磁场强度或磁感应强度矢量描述工频磁场的方向和大小，磁场强度的单位为安培/米（A/m），磁感应强度的单位为特斯拉（T）。在日常生活中遇到的磁场，通常是毫特斯拉（mT）级或微特斯拉（μT）级。在空气中，1 A/m 的磁场强度相当于 1.257 μT 的磁感应强度。

三相交流输电线路周围空间任一点的工频磁场与工频电场相似，也是随时间变化的旋转场。典型 500 kV 单回三相交流输电线路离地面 1.5 m 处的工频磁场横向分布见图 2、图 3。

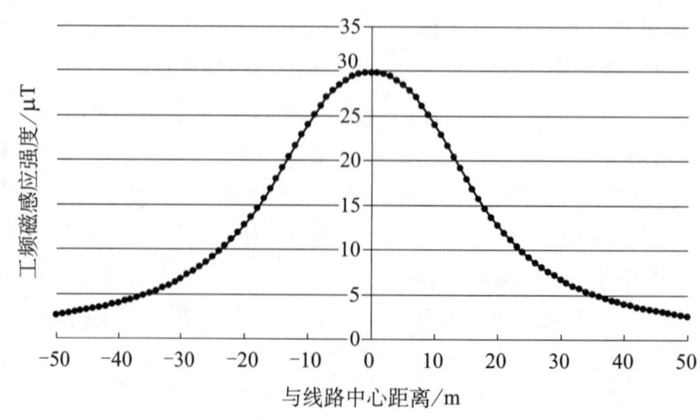


**图 2　交流架空输电线路工频磁场的横向分布（输送电流 2 020 A，导线对地最小高度 14 m）**

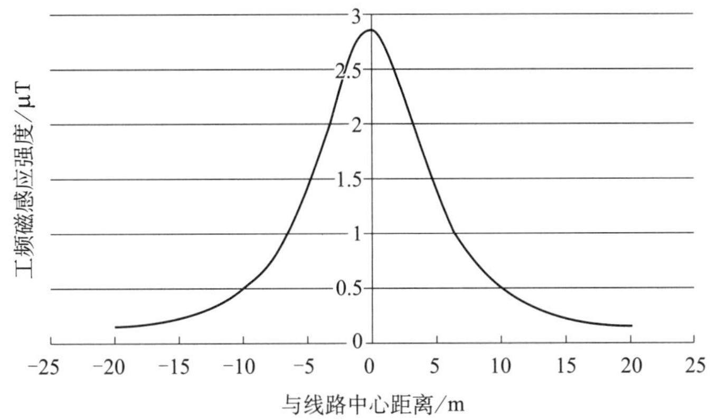


**图3　交流电缆线路地面工频磁场的横向分布（输送电流900 A，电缆埋深5 m）**

交流输电线路工频磁场的大小主要取决于线路电流的大小、导线的架设高度（埋深）、导线的排列方式以及导线之间的距离等。可以通过合理布置导线和相序、确定合理的相间距离和导线架设高度（埋深）等措施来控制线路附近工频磁场的水平。

屏蔽工频磁场要比屏蔽工频电场困难得多，原因是工频磁场很容易穿透大多数物体如建筑物等，而且一般物体对工频磁场几乎无畸变。

计算交流输电线路工频磁场和计算交流输电线路工频电场的方法类似，可用镜像电流来代替地中的分散电流，所不同的是镜像电流的位置一般距地面很深，其深度 $d$（m）由式（1）决定：

$$d = 660\sqrt{\frac{\rho}{f}} \tag{1}$$

式中，$\rho$ 为大地电阻率，Ω · m；$f$ 为交流输电线路的工作频率，Hz。

由于镜像电流很深，故在很多情况下可不考虑镜像电流的存在，只考虑空间导线电流的效应即可。计算时先按各相导线的电流，计算出空间某点磁感应强度的垂直分量和水平分量，然后进行合成求该点磁感应强度最大值。

我国采用世界卫生组织（WHO）推荐的国际非电离辐射防护委员会（ICNIRP）于1998年制定的《限制时变电场、磁场和电磁场（300 GHz以下）曝露的导则》给出的限制值0.1 mT作为交流输电线路工频磁场的磁感应强度限值，这与我国环境影响评价标准中对居民区的工频磁场的限值相同。

交流输电线路可听噪声　是交流输电线路运行时伴随电晕放电所发出的爆裂声和交流声的统称。电压等级较低的交流输电线路，噪声问题不突出。随着电压等级的提高，特别是在导线潮湿的条件下，交流输电线路可听噪声成为一种环境问题。对于特高压交流输电线路，其可听噪声成为线路设计的主要控制因素之一。

交流输电线路由电晕放电产生的可听噪声有宽频带噪声和线路工作频率倍频及其整数倍的交流声（又称纯音）两种。宽频带噪声为一种嘶嘶和啪啪的爆裂声响，由导线表面电晕放电产生的杂乱无章的电流脉冲造成，特别是在交流电压正半波时，正极性电晕电流脉冲流注阶段最为严重。交流声是导线周围正、负离子在一周波内往返运动造成的，这种运动使周围气流每周内变换两次方向，从而产生线路工作频率倍频及其整数倍的嗡嗡声。对于一般交流输电线路来说，引起人们烦恼的主要是宽频带噪声，其次是交流声。

天气条件对交流输电线路可听噪声的影响很大；好天气时噪声小，坏天气时（如雨天、雾天、下雪天）可听噪声增大。不同气象条件下，宽频带噪声和交流声的相对数值也不同；雨天时宽频带噪声大，而结冰时交流声大。高海拔下空气击穿场强低，电晕放电会加强，海拔每增加 300 m、交流输电线路可听噪声大约增加 1 dB(A)。

交流输电线路电晕放电伴随的可听噪声的产生过程十分复杂，随机因素多，分散性大，故很难从理论上推导出一种准确预测可听噪声的公式。美国、日本、意大利和加拿大等国家，通过在电晕笼内模拟或对在试验线路上长期实测数据的统计和分析，归纳提出了不同的计算交流输电线路可听噪声的经验公式。例如，美国邦维尔电力局（BPA）推荐的计算交流输电线路可听噪声经验公式，是根据不同电压等级、不同导线分裂方式的实际试验线路上的长期实测数据推导得出的，可得到雨天累计 50% 声级（$L_{50}$）交流输电线路可听噪声的计算值。

*交流输电线路无线电干扰* 是交流输电线路运行时因电晕放电产生的高频电磁场对无线电信号接收的干扰。由电晕放电形成的电流脉冲经电晕源注入导线，沿导线传播并向四周发射高频电磁波。导线在交流正、负半波时分别形成正、负极性电晕电流脉冲。正极性电流脉冲幅值较大，且各脉冲峰值参差不齐，波头和持续时间较长。负极性电流脉冲幅值较小且各脉冲峰值基本一样，波头和持续时间较正极性短。交流输电线路电晕对无线电的干扰主要来自正极性电晕电流脉冲。

交流输电线路无线电干扰有特定的频谱特性——频率为 100 kHz 附近的干扰场强最大，随着频率增加干扰场强很快衰减（频率为 10 MHz 的干扰场强比 1 MHz 的干扰场强低 30～40 dB）。通常，电晕放电产生的无线电干扰的频率上限 30 MHz 已足够。电晕放电主要对无线电频段产生干扰，对中波调幅广播的干扰最明显，对电视频段的干扰主要由火花放电产生。

交流输电线路无线电干扰的场强随着离开线路横向距离的增加而迅速衰减，并具有特定的衰减规律。一般在距离线路 100～200 m 时，干扰场强已衰减到背景干扰水平及以下。

通常按照统计 - 累积分布来表示无线电干扰测量结果，常用的是晴天 50%、雨天和全天候的分布曲线。线路的无线电干扰水平受天气条件和季节的影响很大，雨天时的干扰水平比晴天时大 17～24 dB。运行中灰尘、昆虫和植物等微粒附着在导线上，都会成为导线电晕放电源。季节不同，附着的沉积物种类和数量不同，相应的无线电干扰水平也会有明显的变化。

由于交流输电线路电晕产生的无线电干扰频段正好位于调幅广播频带（535～1 605 kHz）范围内，实际上是对调幅广播的干扰。评价交流输电线路电晕是否会对附近居民收听广播有干扰时，一般用信噪比来评价收听质量。信噪比是指用分贝（1 μV/m 的电场强度为 0 dB）表示的信号场强与背景干扰场强的差值。对于交流输电线路的无线电干扰，达到良好收听效果的信噪比为 26 dB。由于评定收听质量带有主观性，因此需要通过大量的统计资料才能确定。

交流架空输电线路无线电干扰水平可以通过计算得到，通用的计算方法有经验公式法和激发函数法两种。当导线分裂根数不大于 4 时，一般采用经验公式法来计算；对于导线分裂根数大于 4 的情况，通常采用激发函数法计算。

**变电站电磁环境** 当变电站运行时在其周围产生的电磁现象总和。主要包括变电站产生的工频电场、工频磁场、可听噪声和无线电干扰。

*变电站工频电场* 指变电站运行时各种带电导体上的电荷和在接地架构上感应的电荷在变电装置所在处广大空间产生的交变电场。由于变电站内带电导体纵横交错、带电设备和接地架构多种多样，变电站内的工频电场是一个复杂的三维场分布，它的表征、计算和测量比交流输电线路工频电场复杂。

可通过给出地面或离地不同高度的电场强度等值线、大于某一电场强度值的高场强区域或给出典型间隔和设备纵向或横向电场强度分布来表征变电站的工频电场分布。常用缩尺模拟法和数值计算法来预估新建变电站的工频电场分布。缩尺模拟法是将变电站按一定比例缩小，所加电压也按比例缩小，用模拟试验的方法来预测工频电场分布；数值计算法是采用电场数值计算的方法预测工频电场分布。目前数值计算法可以得出较为准确的计算结果。测量变电站工频电场应选用三维电场测量仪器，测量的重点区域包括：变电站内巡视走廊，各电压等级的进出线间隔，主要电气设备（如主变压器、电抗器、断路器和隔离开关等）附近，变电站围墙外附近。

对于 330 kV 及其以上电压等级的变电站，变电站工频电场的限值是设计时应考虑的主要条件之一。确定工频电场的电场强度限值除要考虑暂态电击和稳态电击外，还要考虑工频电场作用可能的生态效应。通常将变电站内工频电场的限值定为：一般区域 10 kV/m、个别区域 10 ~ 15 kV/m。

为满足变电站工频电场的限值要求，除适当提高带电体对地高度外，还可以从结构布置上减小工频电场。例如，采取合理安排带电体的排列以及并列或重叠回路的相序等措施。新建的超/特高压变电站投运后，一般会对变电站内外的工频电场进行全面测量。

变电站工频磁场　是变电站运行时带电导体中流动的工频负荷电流在周围广大空间产生的磁场。

同变电站工频电场一样，也是一个复杂的三维场。变电站工频磁场的分布和大小主要与载流导体分布以及导体内的电流大小有关。预估新建变电站工频磁场的水平和分布，通常有两种方法。一是将变电站按一定比例缩小，所加电流也按比例缩小，用模拟试验的方法来预测；二是采用数值计算。变电站工频磁场测量重点区域为变电站内巡视走廊、各电压等级的进出线间隔、低压电抗器和电容器附近和变电站围墙外附近。

变电站内大部分区域宜采用国际非电离辐射防护委员会（ICNIRP）1998 年导则推荐的工频磁场职业曝露限值 500 μT。变电站内低压电抗器和电容器，正常工作时附近磁场较大，可以增加围栏，按受控区对待。减小变电站工频磁场水平，主要采用合理安排带电体的排列以及并列或重叠回路的相序等措施，从结构布置上减小地面磁场强度，还可适当提高带电体对地高度。

变电站可听噪声　是变电站电气设备及其附属设备在运行中因电磁力、机械振动、气体动力和电晕放电产生的可听噪声。在超/特高压变电站内，变压器和高压并联电抗器等设备是主要噪声源。

变压器所发出的可听噪声是由铁芯的磁致伸缩变形和绕组、油箱及磁屏蔽内的电磁力所引起的。具体来说，变压器噪声源包括铁芯、绕组和冷却装置。铁芯产生噪声的原因是构成铁芯的硅钢片在交变磁场的作用下，会发生微小的变化即磁致伸缩，进而使铁芯随励磁频率的变化做周期性振动，由铁芯产生的噪声以 100 Hz 为基频。绕组产生振动的原因是电流在绕组中产生电磁力，漏磁场也能使结构件产生振动。电磁力（和振动幅值）与电流的平方成正比，而发射的声功率与振动幅值的平方成正比。因此，发射的声功率与负载电流有很明显的关系。冷却装置噪声包括风扇和油泵噪声。冷却风扇和变压器油泵在运行时产生振动，但后者产生的噪声通常可忽略。另外，变压器本体的振动有时也可能通过绝缘油、管接头及其装配零件等传递给冷却装置，使振动加剧，辐射的噪声加大。

变电站中并联电抗器可分为铁芯式电抗器与空心电抗器两类，电抗器种类不同，噪声频谱也会有所差异。铁芯式电抗器具有容量大、体积小等优点，被广泛应用在超高压输电工程中。铁芯式电抗器大量采用了变压器的技术，不过由于其功能的差异，与变压器也有很大的差异。铁芯柱的分段使分段铁芯之间存在磁吸引力。这些磁吸引力引起额外的振动和噪声，其噪声一般要比同容量变压器高出 10 dB(A) 左右。如果电抗器铁芯未采取很好的降噪措施，则由铁芯发出的噪声可能在整体噪声中所占比例更大。电抗器的噪声频谱中主要是低频分量，高频分量要比变压器略小，且 100 Hz 处的声级较为突出。空芯电抗器在结构上是将铁芯式电抗器中的高导磁率金属片取出，成为一个导线的绕组。由此失去了铁芯式电抗器所具有的优点，因此在工程上较少应用。

除主要噪声源外，变电站内低压电抗器和低压电容器在运行中也会产生噪声，但噪声水平较低。由站内带电导体电晕放电引起的电晕噪声水平相对也较低。断路器在正常运行中噪声很小，但操作时噪声很大，属偶发噪声。

变电站站界或噪声控制区边界噪声限值按照《工业企业厂界环境噪声排放标准》（GB 12348—2008）的规定执行。变电站周围民房处的噪声限值按照《声环境质量标准》（GB 3096—2008）的规定执行。

变电站的噪声水平与站内设备的噪声水平、布置方式密切相关。一方面，采用新工艺、新技术、新材料、新设备及密闭化措施，从声源上控制噪声，使噪声降低到目标值。例如，对主变压器和高压并联电抗器采取以下措施降低设备本体噪声：①采用高导磁硅钢片、改进叠装工艺；②严格控制铁芯尺寸；③在铁芯和油箱之间增加减振层；④采用低噪声散热器。另一方面，可利用建筑物、地形等资源，设置天然屏障，优化变电站布置；采用隔声屏、隔声罩/室等措施，把声源封闭在有限的空间内，使其与周围环境隔绝，但要考虑电气绝缘距离和散热等问题。此外，对于噪声大的室内设备，可设置双层墙体，两层墙体上设置进、排风口，风口交错布置，双层墙体之间为空气隔音层，排风口管道上贴消音材料等。

在变电站设计时，宜将主变压器布置在站区中间，以尽量减小噪声对站外的影响；为减小其噪声对站内运行人员的影响，在主控通信楼靠近主变压器侧设置针对低频噪声的隔声窗。

**变电站无线电干扰** 是变电站内导线、金具等带电导体和电气设备的电晕放电或火花放电产生的高频电磁场可能对无线电信号接收的干扰。变电站内产生无线电干扰的设施有母线、绝缘子、金具，以及变压器、隔离开关、断路器、电流互感器、避雷器等电气设备。

当变电站内母线、金具等高压带电导体或者湿润的污秽绝缘子周围表面的空气发生电晕游离时，形成许多相当于小无线电发射源的电晕脉冲，产生无线电干扰波，沿着变电站的导线（纵向）和空气（横向）向外传播。变压器、断路器、隔离开关等变电站内各种电气设备附带有套管装置，如果套管污秽湿润，在母线引入的高压部位的金具与瓷器表面附近可能会产生火花放电/电弧放电，也可成为无线电干扰。

变电站产生的无线电干扰会传播到与之相连的输电线路上，因此变电站产生的传播到输电线路上的无线电干扰水平必须不高于输电线路的无线电干扰水平。这是变电站干扰防护设计的基本出发点。

出于安装设备、加工技术的要求，变电站母线布置比输电线路更单一，采用分裂数较少的粗导线，要根据导线表面最大的电位梯度来选择子导线的直径。在各种电气设备以及电气设备与母线的连接中，在考虑避免金具表面电场增大的同时，还应在设计选材中采用长期使用不易腐蚀、松动的材料以及结构，这与输电线路的情况相同。另外，对于污秽严重的变电站，应设置套管表面污秽量监视和带电清洗装置，这也是有效防止无线电干扰的措施之一。

**直流输电工程电磁环境** 由直流输电线路、换流站和接地极组成，直流输电线路和换流站正常工作时会产生合成电场、离子流、直流磁场、无线电干扰和可听噪声，接地极正常工作时会产生跨步电压和接触电压等。

**直流输电线路电磁环境** 是直流输电线路运行时在其周围产生的电磁现象总和。主要包括合成电场，直流输电线路离子电流密度、直流输电线路磁场、直流输电线路可听噪声和直流输电线路无线电干扰。

**合成电场** 是直流输电线路导线所带电荷产生的静电场（标称电场）和导线电晕导致的空间电荷（离子）产生的电场的向量叠加的总电场，单位为 kV/m。

合成电场的大小与导线表面电场强度及电晕起始场强有关。导线表面电场强度与导线电压、导线分裂数、子导线直径、极导线间距和导线对地高度等有关。电晕起始场强与导线表面状况和天气等因素有关，表面粗糙导线的电晕起始场强比光滑导线的低，湿导线的电晕起始场强比干导线的低。当直流线路的几何尺寸确定之后，导线表面电场强度越高，电晕起始电场强度越小，则合成电场越大。因此，降低导线表面电场强度和提高电晕起始电场强度均可以减小合成电场。

直流输电线路的合成电场一般采用解析法或数值法计算。

极导线水平排列单回直流输电线路的地面合成电场横向分布见图4，其最大值一般出现在极导线对地投影外侧1～3 m处，最小值一般出现在两极导线对地投影的中心。受空间电荷随机变化的影响，直流输电线路合成电场会出现一定程度的波动，在无风条件下变化很慢，基本可视为不随时间变化的直流电场。

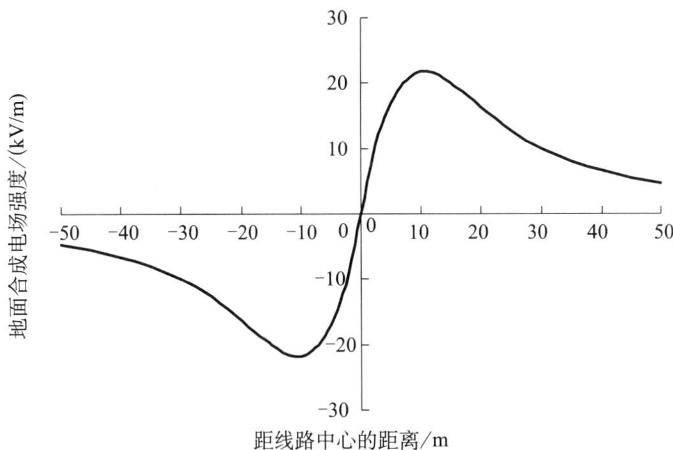


**图4　±500 kV直流输电线路地面合成电场横向分布**

世界卫生组织（WHO）2004年总结了直流电场对人体影响的研究，认为没有任何试验结果表明在日常生活中接触的直流电场对人体的健康有害，截至目前，也没有任何研究表明，曝露于直流电场中会对人的健康产生慢性的或迟发性的不利影响。直流电场对人的作用主要是使人体表面产生感应电荷，其生物效应主要是人体表面电荷与皮肤相互作用的直接感受和电荷放电给人带来的刺激感。在直流输电工程设计中已考虑将电场控制在使人体无明显直接感受和放电感知及以下程度。国际上，直流输电线路下的地面合成电场限值取25～40 kV/m，我国《高压直流架空送电线路技术导则》（DL/T 436—2021）和《±800 kV特高压直流线路电磁环境参数限值》（DL/T 1088—2020）中规定，±800 kV直流架空输电线路邻近民房时，民房处的地面合成场强限值为25 kV/m，80%的测量值不应超过15 kV/m；线路跨越农田、公路等人员容易到达区域的合成场强限值为30 kV/m；线路在高山大岭等人员不易到达地区的限值按电气安全距离校核，在国际上处于中等水平。我国《直流输电工程合成电场限值及其监测方法》（GB 39220—2020）规定，为控制合成电场所致公众曝露，环境中合成电场强度 $E_{95}$ 的限值为25 kV/m，且 $E_{80}$ 的限值为15 kV/m。直流架空输电线路线下的耕地、园地、牧草地、畜禽饲养地、养殖水面、道路等场所的合成电场强度 $E_{95}$ 的限值为30 kV/m，且应给出警示和防护指示标志。

直流输电线路的地面合成电场采用合成电场仪测量。合成电场仪应能同时测量出地面合成电场的大小和极性。合成电场仪主要包括测量探头和数据显示器。测量探头一般采用高度不大于100 mm的旋转伏特计（又称场磨），一方面要能准确测量合成电场，另一方面要能把截获的离子电流泄入大地。为了正确测量开阔平坦区域直流线路下方的地面合成电场，所选择摆放测量探头的通道及其周围应尽量平整、无杂草树木、无建筑物，且附近应没有其他输电线路。在测量时，所有工作人员及测量设备应离测量探头 3 m 以上。

*直流输电线路离子电流密度* 是直流输电线路导线电晕放电时电离形成的离子在电场力的作用下，向空间或地面运动，在单位面积截获的离子电流，单位为 $nA/m^2$。

由于直流电压极性固定，直流输电线路发生电晕时，在正、负极导线电晕产生的带电离子中，与导线极性相反的离子被拉向导线，而与导线极性相同的离子将背离导线，在两极导线之间和极导线与大地之间的整个空间充满带电离子。

离子电流密度的大小与导线表面电场强度和电晕起始场强有关，降低导线表面电场强度和提高电晕起始场强均可以减小离子电流密度。直流输电线路电晕放电电流频率和幅值存在极性差别，空气湿度对正、负极导线电晕放电的影响也存在差别。昆虫栖息正极或负极导线的喜好也不同，导致正、负极导线表面状况不一样，对电晕放电产生不同影响。这些因素都会使直流输电线路正、负极导线下的离子电流密度值出现明显差别。

在无风的理想条件下，双极单回极导线水平排列直流输电线路的地面离子电流密度最大值一般出现在极导线投影外侧 1 ~ 2 m 处，最小值一般出现在两极导线投影的中心。由于正、负离子在电场下的迁移速度和风速相比，属同一数量级，因此，即使是很小的风（如 1 m/s），也将使离子电流密度的分布发生畸变。

人在直流输电线路下会截获离子，被截获的离子通过人体入地。要得到同样的感受，流过人体的直流电流要比交流电流大 5 倍以上。而人在直流输电线路下截获的直流电流又比能感觉的临界值小 2 个数量级。因此，人在直流输电线路下截获离子电流一般不会有感觉。

有些国家对直流输电线路下地面的离子电流密度提出了相应的限值。我国《高压直流架空送电线路技术导则》（DL/T 436—2021）和《±800 kV 特高压直流线路电磁环境参数限值》（DL/T 1088—2020）中规定：±800 kV 直流架空输电线路下方地面的离子流密度限值为 100 $nA/m^2$，与国际上的限值一致。

通常采用离子流采集板来测量离子电流密度。离子电流采集板的尺寸一般为 1 m × 1 m。将离子电流采集板的全覆铜面向下，放在地面上，通过测量进入离子电流采集面的离子电流，计算得到离子电流密度。测量离子电流密度时，测量人员与离子电流采集板需保持足够远的距离（至少 2.5 m），以避免影响离子电流密度的分布。

*直流输电线路磁场* 是直流输电线路导线中直流电流产生的恒定磁场，一般采用磁感应强度进行描述，单位为微特斯拉（μT）。

直流输电线路的磁场主要与线路结构和电流有关，且随着与直流输电线路距离的增加而快速衰减。图 5 给出了 ±800 kV 直流线路地面磁场横向分布，当极导线取最小高度 18 m 时，线下地面最大磁感应强度小于 50 μT。

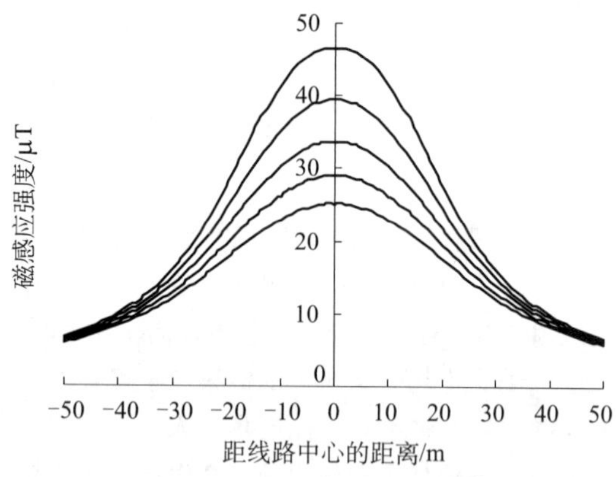


注：线路电流为 4 000 A，从上到下的曲线依次对应极导线高度 17 m、19 m、21 m、23 m 和 25 m。

**图 5　±800 kV 直流输电线路地面磁场的横向分布**

地球上大部分地区大地磁场的磁感应强度为 20 ~ 70 μT，因此，直流输电线路在额定电流下运行时，线下地面磁场与大地磁场处于同一水平，要通过测量将其分辨出来非常困难。而这一水平的恒定磁场不会对健康造成不利影响。

目前，仅有少数国家制定的标准对直流输电线路运行时产生的恒定磁场予以限制。我国《±800 kV 特高压直流线路电磁环境参数限值》

(DL/T 1088—2020)中规定：±800 kV 直流架空输电线路下方地面的磁感应强度限值为 10 mT。国际非电离辐射防护委员会（ICNIRP）建议恒定磁场的公众曝露限值取 400 mT。可见，恒定磁场的限值不会对直流输电线路的设计起到制约作用。

*直流输电线路可听噪声* 是直流输电线路运行时导线、绝缘子和金具发生电晕放电时产生的噪声，通常采用 A 声压级来度量，以 dB(A) 表示其大小。直流输电线路可听噪声主要源于正极性导线，其横向分布特性基本上关于正极性导线对称。与交流输电线路可听噪声不同，直流输电线路可听噪声不含纯音。

直流输电线路的可听噪声与导线状况密切相关，空中飘落物（如昆虫、灰尘、蜘蛛网、植物、鸟粪等）附着在直流输电线路导线上后，会使导线局部表面场强增大，可听噪声增加。这些飘落物会随季节变化，可听噪声也会随季节变化。雨天时直流输电线路导线的起晕场强比晴天时的低，导线周围的离子比晴天时的多。下雨初期，导线表面离子浓度不大时，电晕放电比晴天时的稍强。下雨延续一段时间后，导线起晕场强进一步降低，导线表面离子增加，使得导线不规则的面为较浓的电荷所包围，减小了电晕放电强度，使可听噪声较晴天有所减小。

直流输电线路电晕产生的可听噪声与环境噪声的频谱见图 6。可以看出，后者在 100 Hz 以后明显衰减，而前者在频率很高时才开始衰减。这样，在环境噪声较低的场合，电晕产生的噪声很容易分辨。

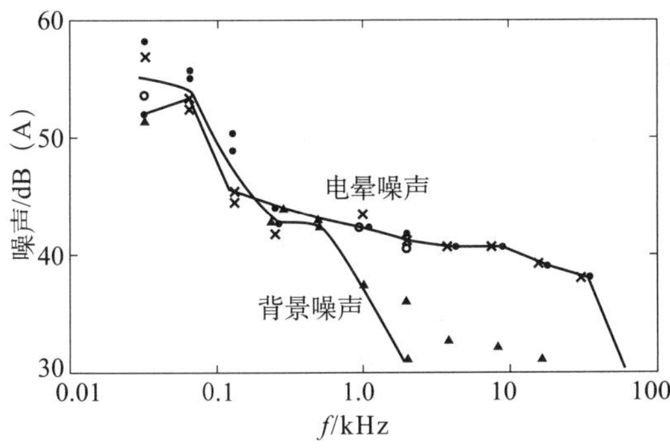


**图 6　直流输电线路电晕产生的可听噪声与环境噪声的频谱**

直流输电线路电晕产生的可听噪声一般采用试验研究得出的经验公式计算，并可以通过选择合理的导线分裂数和子导线直径加以控制。在设计直流输电线路时，一般将距正极性导线对地投影外 20 m 处由电晕产生的可听噪声 50% 值控制在不超过 45 dB(A)。

可依据《高压架空输电线路可听噪声测量方法》(DL/T 501—2017) 测量直流输电线路的可听噪声。测量噪声时，数据类型选择等效 A 声压级。传声器的取向垂直对准正极导线。当进行手持测量时，测量人员伸直手臂握住声级计，声级计与待测试验线段之间无障碍物遮挡。

*直流输电线路无线电干扰* 是直流输电线路的导线、绝缘子和金具发生电晕放电，向空间辐射电磁波，可能对附近无线电信号接收产生的干扰，通常用 dB(μV/m) 表示其大小。直流输电线路的无线电干扰水平容易受气候条件影响。不同风速、不同湿度下，无线电干扰水平会有变化。试验研究表明，直流输电线路的无线电干扰水平随着湿度的增加而减小，随着负极指向正极的风速增加而增大。雨天时的无线电干扰水平比晴天时的低。空气中的灰尘、昆虫和植物微粒等附着到导线上，会使无线电干扰水平升高。

直流输电线路的无线电干扰水平在低频段较高。随着频率增大，干扰场强衰减很快。当频率大于 10 MHz 时，干扰强度已很小，可忽略不计。通常电晕放电产生的干扰场强频率考虑到 30 MHz 已足够。

直流输电线路电晕产生的无线电干扰一般采用试验研究得出的经验公式计算，并可通过选择合理的导线分裂数和子导线直径加以控制。

依据《高压交流架空输电线路无线电干扰限值》(GB/T 15707—2017) 和《±800 kV 特高压直流线路电磁环境参数限值》(DL/T 1088—2020)，±500 kV 和 ±800 kV 直流输电线路的无线电干扰限值分别为 55 dB（μV/m）和58 dB（μV/m），±800 kV 直流输电线路无线电干扰场强在好天气条件下的测量值不应大于 55 dB（μV/m）。测量直流输电线路产生的无线电干扰，应选用符合国际无线电干扰特别委员会（CISPR）《无线电骚扰和抗扰度测量设备》（CISPR 16-1-1）要求的设备，用准峰值检波方式进行测量，测量带宽选作 9 kHz。对直流线路的无线电干扰水平进行评价时，测量参考点选在正极导线对地投影外 20 m 处，参考频率范围选为 0.5 MHz ± 50 kHz。

**换流站电磁环境**　是换流站运行时在其周围产生的电磁现象总和。换流站电磁环境参数主要包括换流站合成电场、换流站可听噪声和换流站无线电干扰。

换流站合成电场　是换流站直流侧直流母线、开关设备、金具、绝缘子等直流带电体上的电荷以及电晕产生的空间电荷共同产生的电场，单位为 kV/m。

直流母线是产生合成电场的主要设备，一般为直径较大的空心金属硬管，其对地高度一般要小于采用分裂金属绞线的直流输电线路的对地高度。通过合理的设计，在晴天时直流母线可以基本不起晕，此时直流母线下的电场主要为直流母线上的电荷产生的静电场（标称电场）。在潮湿和污秽情况下，直流母线的起晕电场强度变小，在直母线上有可能会产生电晕，此时直流母线下的电场为合成电场，由两部分叠加而成，一部分由直流母线上的电荷产生，另一部分由电晕产生的空间电荷产生。直流母线的起晕电场强度与直流母线表面状况、天气、海拔等因素有关。地面合成电场的限值是选择直流母线型号、确定直流母线对地高度的主要制约因素，增加直流母线的直径和对地高度可以显著减小地面合成电场。《±800 kV 特高压直流换流站电磁环境限值》（DL/T 275—2012）中规定好天气时的地面最大合成电场不超过 30 kV/m。

一般采用旋转伏特计来测量换流站合成电场。应当合理选定反映换流站实际情况的测量位置，摆放旋转伏特计的地面及其周围应尽量平整、无杂草，应当沿着直流母线走向划分不同测量区域。在测量时，应寻找不同测量区域地面合成电场的最大值，最终得出换流站地面合成电场的分布。另外，在换流站其他受关注的金属导体或带电设备附近，应当根据现场情况布置地面合成电场的测量点。

换流站可听噪声　是换流站内的电气设备在运行时因机械振动、电晕放电等而产生的可听噪声，通常采用 A 声压级来度量，以 dB(A) 表示其大小。换流变压器、平波电抗器、滤波电容器是换流站内的三种主要噪声源。换流站内管母线、分裂导线和金具发生电晕时产生的可听噪声较小，对换流站整体噪声环境贡献不大。

换流变压器产生的噪声主要分为换流变压器本体噪声和冷却风扇噪声，前者又分为铁芯材料因磁致伸缩产生的噪声、绕组受电动力振动产生的噪声以及油箱及其磁屏蔽材料因振动产生的噪声。典型换流变压器可听噪声频谱见图 7。

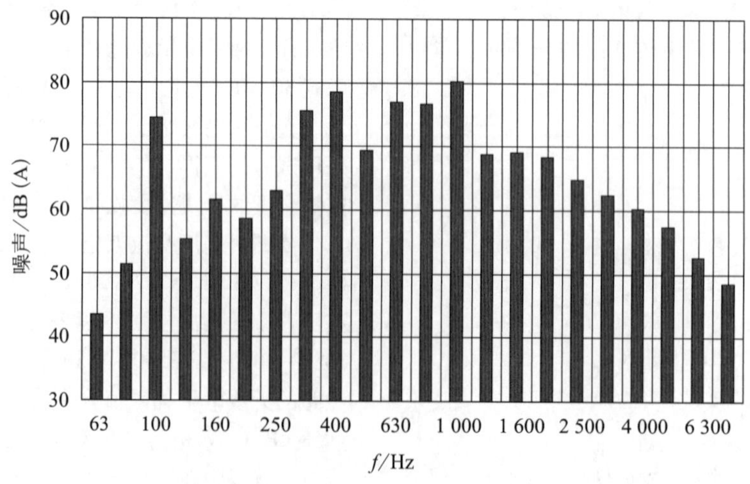


**图 7　换流变压器可听噪声频谱**

平波电抗器一般分为油式电抗器和干式电抗器。油式电抗器产生的噪声机理与换流变压器相似，干式电抗器的噪声主要因线圈受到电动力振动而产生。

滤波电容器分为交流和直流两种。在工频及谐波电压和电流产生的电场及磁场的作用下，电容器内部产生振动并传给电容器箱壁形成噪声。滤波电容器的噪声频谱与通过电容器的工频及谐波的频率有关，在工频（$f$）叠加谐波（$f_h$）的作用下，主要噪声频率为 $2f$、$2f_h$、$f_h+f$、$f_h-f$。

测量换流站的噪声时，主要采用声压测量法，需要使用声级计完成，同时应能分析被测声波的频谱。声压测量法易于操作，但对背景噪声和反射很敏感。有时也采用声强测量法，声强测量法可减小测量过程中始终存在的背景噪声的影响，可在不宜采用声压测量法的环境中使用。

为减小换流站噪声对环境的影响，需对换流站的噪声进行控制。换流站厂界或噪声控制区边界噪声限值按《工业企业厂界环境噪声排放标准》（GB 12348—2008）的规定执行，换流站周围民房处的噪声限值按《声环境质量标准》（GB 3096—2008）的规定执行。

在换流站噪声控制中，主要从减小噪声源、控制噪声传播途径两个方面来控制换流站可听噪声。

a. 减小噪声源：①对于换流变压器和油式电抗器，主要措施有：采用磁致伸缩小的高导磁材料，降低铁芯磁通密度，改善和缩小铁芯接缝，铁芯采用多级接缝，防止和减少硅钢片在加工和生产过程中受到的机械撞击，在铁芯端面上涂环氧胶或聚酯胶，选用低噪声的冷却装置等。②对于干式电抗器，主要措施有：调整结构尺寸，间隔棒和机械支撑远离临界频率，采用大导体以增加惯性来减小振幅，采用双层横截面使线圈重量加倍等。③对于滤波电容器，主要措施有：增加串联电容器元件的数目以减小电容器罐里的电介质应力和振动力，通过改进机械阻尼压紧堆栈式电容器元件提高电容器单元外壳的刚度，使滤波电容器的共振频率避开工频及谐波频率的倍频以及它们之间的和频与差频等。

b. 控制噪声传播途径：①在铁芯垫脚处和磁屏蔽与箱壁之间放置防振胶垫，使铁芯和磁屏蔽的振动传到油箱时，由刚性连接变为弹性连接等。②选用吸声建筑材料，如微孔吸声砖、矿渣膨胀珍珠岩吸声砖等，它们对 250 ~ 2 000 Hz 的噪声有很好的吸声效果。将换流变压器以及平波电抗器紧靠阀厅布置，可以在两侧防火墙以及阀厅的墙外侧安装复合吸声体。③换流变压器和油式平波电抗器的三面都有墙壁，对降噪量要求不高的地区，可以在防火墙前设置声屏障，屏障声影区的降噪量可以达到 10 ~ 15 dB(A)，但在远场区效果较差。如采用声屏障不能满足要求，还可以采用可拆卸和带通风散热消声器的隔声箱装置。与设置声屏障不同，隔声箱装置是把设备放置在一个完全封闭的空间内，其隔音效果比声屏障要好，降噪量可以达到 15 ~ 25 dB(A)，设计时要注意有效频率和共振频率的关系。④对换流站进行优化布置。例如，在站外敏感点与换流站主要声源之间布置高大建筑物，可显著减小站内噪声对站外敏感点的影响。

*换流站无线电干扰*　是换流站中的交、直流导线电晕放电产生的无线电干扰以及换流阀工作时伴生的高频电流沿交、直流线路传播并向空间辐射产生的无线电干扰的总称，以 dB（μV/m）表示其大小。一般前者要比后者小得多，后者沿换流站进线和出线传播并逐渐衰减，一般可传播数千米，影响附近无线电信号的接收。

换流站无线电干扰按以下要求进行限制：换流站以额定电压和额定功率运行时，由换流站产生的无线电干扰水平在 0.5 ~ 20 MHz 不超过 40 dB(μV/m)，如图 8 所示轮廓线处。该轮廓线为：①距离换流站围墙外 450 m 周边；②从450 m 周边距交、直流线路最近一相（极）导线 150 m 处（$P_1$ 点）至换流站 5 km 处距同一导线 40 m 的直线段处（$P_2$ 点）。

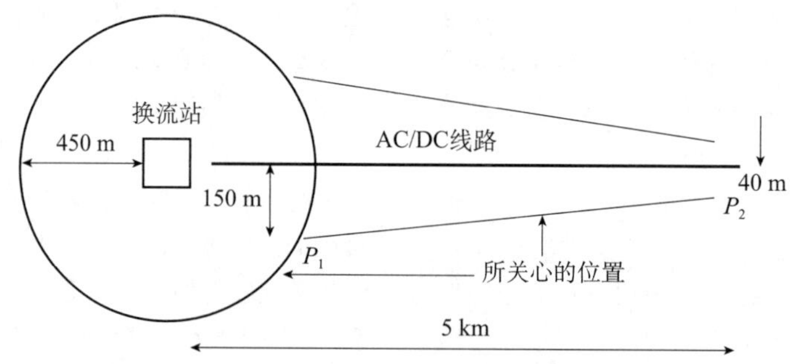


**图 8　换流站无线电干扰场强限值轮廓线示意图**

对于新建的换流站，在预测其无线电干扰水平时，一般以类似设计的某换流站的换流阀实测干扰源电压特性为基准，通过换算得出预测换流站的干扰源电压水平，将这一电压作为预测换流站高频模型中的干扰电压源，通过建模、仿真、计算，得到新建换流站无线电干扰水平。

换流站无线电干扰的测量，应选用符合国际无线电干扰特别委员会《无线电骚扰和抗扰度测量设备》（CISPR 16-1-1）要求的设备，用准峰值检波方式进行测量，测量带宽选作 9 kHz，天线选用环形天线。测量点应沿图 8 所示位置和轮廓线布置，测量频段覆盖 0.5～20 MHz，选取没有电台及其他无线电干扰的频点进行测试，并将测试结果与限值要求进行对比与评价。

抑制换流站无线电干扰的措施有：①对换流阀的阀厅采取电磁屏蔽，将换流阀工作时伴生的高频电流产生的电磁辐射限制在阀厅内部。②在换流站内的交、直流进线和出线的导线上加装无线电干扰滤波器，吸收导线上的高频电流，限制其沿交、直流进线和出线向换流站外的线路传播、向空间辐射，从而达到减小无线电干扰水平及影响范围的目的。

**接地极电磁环境**　是直流输电系统接地极运行时产生的电磁现象总和。当直流输电系统以单极大地返回状态运行或双极直流系统两极电流不平衡时，经过直流系统接地极流入大地的直流电流产生的跨步电压和接触电压，有可能对接地极附近的人员造成影响。在接地极设计中，需要通过计算、设计和采取措施，使这些参量满足相应的容许值。在接地极建成后，还要进行测量，以检验接地极对环境的影响是否满足要求。

跨步电压　是当电流经过接地极流入大地时，在接地极附近大地表面处，人体两脚接触地面且水平距离为 1 m 时的两脚间的电压。在垂直接地极极环方向上，地面电位随与接地极极环距离的增加而衰减，在接地极极环内外侧地表面附近会出现跨步电压极大值。受极环屏蔽效应的影响，在极环内侧的跨步电压极大值比外侧的略低，且极环内侧的跨步电压衰减较快。

a. 跨步电压容许值。由于我国人均耕地面积少，极址土地一般仍用于耕作以提高土地使用率。接地极地表面跨步电压容许值不是依据避免对人畜造成伤亡而制定，而是根据免除人对流过身体的直流电流有感觉来确定。从对人畜无影响的角度出发，可根据人体有轻微感觉的电流值、人体电阻以及人脚对地等效电阻推算出接地极地表面跨步电压的容许值。2008 年，我国根据大量人体感受试验结果，确定了直流接地极地表面跨步电压容许值 $E_s$（V）的计算式为

$$E_s = 7.42 + 0.0318\rho \qquad (2)$$

式中，$\rho$ 为接地极地表土壤电阻率，Ω · m。

b. 降低跨步电压措施。主要包括：①减小接地极的端部效应，尽可能地将接地极布置成圆环。对于不具备采用圆环形电极的极址，也应尽量避免出现“凸出”点。如果是直线形、

射线形或有断开部分的环形接地极，则应在端部增加屏蔽电极，以减小流过端部电极元件的电流。②采用多环结构，以在极址范围受限的情况下更好地利用极环内部的土壤进行散流。此时电流由集中在一个极环散流变为集中在多个极环散流，每个极环地表面的跨步电压都会比较低，以达到减小接地极最大跨步电压的目的。多环接地极一般用于土壤电阻率较高或面积较小的极址。③采用垂直接地极，依地形要求布置若干根垂直于地面、彼此相连、最大埋深一般为数十米甚至数百米的接地体（深井接地极）。垂直接地极一般适用于表层土壤电阻率较高的条件，如地下水位较深或表层冻土层较厚的地区。垂直接地极的最大优点是可直接将直流电流导入大地深层，因而对接地极附近地表面的环境影响较小。④新型接地极，紧凑型和分体式等新型接地极已在理论上得到认可，可望投入工程应用。

接触电压　当高压直流接地极运行时，地面上离金属物体水平距离为 1 m 处的人体触摸该物体上离地垂直距离为 1.8 m 处两点间的电压。若接地极导流系统采用架空线的方式，人体可能接触到的金属物体主要有终端塔、中心塔和分支塔；若采用埋地电缆导流方式，人体可能接触到的金属物体主要有终端塔、中心塔和电缆支架。另外，对于接地极线路中离接地极较近的几基杆塔，也应考虑接触电压。

a. 接触电压容许值。《高压直流接地极技术导则》（DL/T 437—2012）规定，直流接地极地表面人体接触电压 $V_t$（V）限值为

$$V_t \leqslant 7.42 + 0.0318\rho \qquad (3)$$

式中，$\rho$ 为接地极地表土壤电阻率，Ω · m。

b. 降低接触电压措施。《高压直流输电大地返回系统设计技术规程》（DL/T 5224—2014）规定，对靠近接地极约 2 km 以内的杆塔，基础对地、杆塔对基础应绝缘（在断开接地引下线的情况下，接地装置与杆塔的接触电阻宜大于 500 Ω）；此外，对靠近接地极 1 km 以内的杆塔，杆塔对基础螺栓还应绝缘；对靠近接地极 5 km 以内的线路，杆塔宜使用单点接地。（陆家榆　卢铁兵　吴桂芳　鞠勇　郭剑）

**推荐书目**

刘振亚．特高压直流输电工程电磁环境．北京：中国电力出版社，2009.

guangbo dianshi fashe xitong dianci huanjing

**广播电视发射系统电磁环境**　（broadcast television launching system electromagnetic environment）　广播电视发射系统的电磁现象。广播电视发射系统包括中波广播、短波广播、调频广播和地面电视（分米波段和米波段）。其特点是发射功率大，信号覆盖区域广，如电视发射塔常位于城市中心区，由此形成的电磁辐射对环境的影响必须加以关注。

**中波广播**　中波广播的频率范围为 526.5 ~ 1 606.5 kHz，频道间隔为 9 kHz。标称载频 531 ~ 1 602 kHz 范围内共有 120 个频道。

中波以地波传播为主，其高端频段也可利用天波传播。地波传播即为天线辐射的电磁波能量沿着地球表面传播，由于其频率较低，传播衰减较慢，信号场强可覆盖一个数十千米至百余千米稳定的服务区。天波传播原理是夜间地面对中波具有强烈吸收作用的电离层 D 层消失后，中波天线以其高仰角辐射的部分电波被电离层 E 层反射回地面，由此实现几百千米的中波传播。

由于垂直极化波的地波传播衰减远小于水平极化波，所以中波发射天线都采用垂直地面架设。单塔为全向天线，多塔可组成定向天线，如双塔为弱定向天线，四塔或八塔为强定向天线。

中波天线的特点是在天线底部铺设有地网。为了充分利用大地对中波段作为良导体的效应，提高中波天线的辐射效率，中波发射天线通常做成不对称桅杆状铁塔结构，固定于绝缘子上，作为对称振子的上臂。天线根部铺设有地网，其镜像效应起到了下臂的作用，从而将实际对地不对称的垂直天线变换为具有对称振子辐射效果的理想天线。

鉴于中波传播模式为地波传播，在中波天线附近的地面可能出现高值的中波辐射场强。

例如，常用的 10 kW 半波全向天线塔，以其为中心的 100 m 半径内地面场强有可能超过《电磁环境控制限值》（GB 8702—2014）规定的限值。为此，生态环境部制定了关于广播电视电磁环境监测方法、环境影响评价和建设项目竣工环境保护验收的标准［详见《中波广播发射台电磁辐射环境监测方法》（HJ 1136—2020）、《环境影响评价技术导则　广播电视》（HJ 1112—2020）和《建设项目竣工环境保护验收技术规范　广播电视》（HJ 1152—2020）］，以保证电磁环境的安全。

**短波广播**　其频率范围为 3～30 MHz。短波传播以天波为主，天线辐射的波束具有一定的仰角射向电离层，经其反射回地面可实现远距离无线电广播。短波天线主要形式有水平架设的偶极天线、同相水平天线、角形天线和菱形天线等。

中波、短波广播天线远场区电场强度预测可按式（1）～式（10）计算：

**理论计算公式**

$$E=\frac{245\sqrt{P\cdot\eta\cdot G}}{r}\cdot F(h)\cdot F(\theta,\ \varphi)\cdot A \tag{1}$$

式中，$E$ 为远场区电场强度，mV/m；$P$ 为发射机标称功率，kW；$\eta$ 为天线效率，%；$G$ 为相对于接地基本振子（点源天线 $G=1$）的天线增益（倍数）；$r$ 为预测位置与发射天线净空距离，km；$F(h)$ 为发射天线高度因子，$F(h)=1\sim1.43$；$F(\theta,\ \varphi)$ 为发射天线垂直面（仰角 $\theta$）、水平面（方位角 $\varphi$）的归一化方向性函数；$A$ 为衰减因子。

**中波广播天线远场区电场强度近似计算公式**　取 $\eta\approx1$、$F(h)\approx1.2$、$F(\theta,\ \varphi)=1$，即舒来依金－范德波尔公式。

$$E=\frac{300\sqrt{P\cdot G}}{r}\cdot A \tag{2}$$

**短波广播天线远场区电场强度近似计算公式**　取 $\eta\approx1$、$F(h)\approx1.2$。

$$E=\frac{300\sqrt{P\cdot G}}{r}\cdot F(\theta,\ \varphi)\cdot A \tag{3}$$

**衰减因子 $A$ 的取值**　衰减因子完全由土壤的电性能参数决定，而土壤的电性参数与频率有关。从物理意义上可知，$A$ 的模值是小于 1 的，而在理想导电的土壤中等于 1。

$$|A|\leqslant1 \tag{4}$$

地表面波垂直极化波时 $A$ 的取值　以实际土壤的电性能参数计算参量 $\zeta$。

$$\zeta=\frac{60\lambda\sigma}{\varepsilon'} \tag{5}$$

$$x=\frac{2\pi r}{\lambda}\,\frac{\sqrt{(\varepsilon'-1)^2+(60\lambda\sigma)^2}}{\varepsilon'^2+(60\lambda\sigma)^2} \tag{6}$$

式中，$\lambda$ 为波长，m；$\sigma$ 为大地的电导率，S/m；$\varepsilon'$ 为大地的相对介电常数，量纲一；$r$ 为预测位置与发射天线水平距离，km。

a. $\zeta\gg1$ 时，表示在波长足够长、土壤导电性足够好的条件下，衰减因子 $A$ 的模值 $|A|$ 接近于下式：

$$|A|=\frac{2+0.15x}{2+0.5x+0.15x^2} \tag{7}$$

b. $\zeta\ll1$ 时，它表示在波长较短、劣质传导性土壤条件下，衰减因子 $A$ 的模值 $|A|$ 接近于下式：

$$|A|=\frac{1}{x} \tag{8}$$

地表面波水平极化波时 $A$ 的取值

$$x=\frac{\pi r}{\lambda}\,\frac{1}{\sqrt{(\varepsilon'-1)^2+(60\lambda\sigma)^2}} \tag{9}$$

式中，$r$ 为预测位置与发射天线水平距离，km；$\lambda$ 为波长，m；$\varepsilon'$ 为大地的相对介电常数，量纲一；$\sigma$ 为大地的电导率，S/m。

这时衰减因子 $A$ 的模值 $|A|$ 接近于下式：

$$|A|=\frac{2+0.3x}{2+x+0.6x^2} \tag{10}$$

**调频广播与电视**　我国广播电视标准规定：调频广播的频率范围为 76～108 MHz，电视广播在甚高频（VHF）频段为 48.5～92 MHz、167～223 MHz，划分为 1～12 频道，在超高频（UHF）频段为 470～702 MHz，划分为 13～36 频道。各频道的频率范围和中心频率见下表。随着无线电波的广泛应用，上述原定的电视频道亦作了相应调整，除 1～36 频道仍保留电视广播外，37～48 频道频率已作为 5G 移动通信应用，49～61 频道频率已作为 GSM 移动通信应用，62～68 频道频率亦调整作他用。数字电视广播的实施，使发射频率延伸至 GHz 频段。

**我国电视频道、频率和中心波长**

| 频段 | 频道 | 频率范围/MHz | 中心波长/m | 中心频率/MHz | 频段 | 频道 | 频率范围/MHz | 中心波长/m | 中心频率/MHz |
|---|---|---|---|---|---|---|---|---|---|
| 甚高频（VHF） | 1 | 48.5～56.5 | 5.714 3 | 52.5 | 超高频（UHF） | 35 | 686～694 | 0.434 8 | 690 |
| | 2 | 56.5～64.5 | 4.958 6 | 60.5 | | 36 | 694～702 | 0.429 8 | 698 |
| | 3 | 64.5～72.5 | 4.379 6 | 68.5 | | 37 | 702～710 | 0.424 9 | 706 |
| | 4 | 76～84 | 3.750 0 | 80 | | 38 | 710～718 | 0.420 2 | 714 |
| | 5 | 84～92 | 3.409 1 | 88 | | 39 | 718～726 | 0.415 5 | 722 |
| | 6 | 167～175 | 1.754 4 | 171 | | 40 | 726～734 | 0.411 0 | 730 |
| | 7 | 175～183 | 1.676 0 | 179 | | 41 | 734～742 | 0.406 5 | 738 |
| | 8 | 183～191 | 1.604 2 | 187 | | 42 | 742～750 | 0.402 1 | 746 |
| | 9 | 191～199 | 1.538 5 | 195 | | 43 | 750～758 | 0.397 9 | 754 |
| | 10 | 199～207 | 1.477 8 | 203 | | 44 | 758～766 | 0.393 7 | 762 |
| | 11 | 207～215 | 1.421 8 | 211 | | 45 | 766～774 | 0.389 6 | 770 |
| | 12 | 215～223 | 1.369 9 | 219 | | 46 | 774～782 | 0.385 6 | 778 |
| 超高频（UHF） | 13 | 470～478 | 0.632 9 | 474 | | 47 | 782～790 | 0.381 7 | 786 |
| | 14 | 478～486 | 0.622 4 | 482 | | 48 | 790～798 | 0.377 8 | 794 |
| | 15 | 486～494 | 0.612 2 | 490 | | 49 | 798～806 | 0.374 0 | 802 |
| | 16 | 494～502 | 0.602 4 | 498 | | 50 | 806～814 | 0.370 4 | 810 |
| | 17 | 502～510 | 0.592 9 | 506 | | 51 | 814～822 | 0.366 7 | 818 |
| | 18 | 510～518 | 0.583 7 | 514 | | 52 | 822～830 | 0.363 2 | 826 |
| | 19 | 518～526 | 0.574 7 | 522 | | 53 | 830～838 | 0.359 7 | 834 |
| | 20 | 526～534 | 0.566 0 | 530 | | 54 | 838～846 | 0.356 3 | 842 |
| | 21 | 534～542 | 0.557 6 | 538 | | 55 | 846～854 | 0.352 9 | 850 |
| | 22 | 542～550 | 0.549 5 | 546 | | 56 | 854～862 | 0.349 7 | 858 |
| | 23 | 550～558 | 0.541 5 | 554 | | 57 | 862～870 | 0.346 4 | 866 |
| | 24 | 558～566 | 0.533 8 | 562 | | 58 | 870～878 | 0.343 2 | 874 |
| | 25 | 606～614 | 0.491 8 | 610 | | 59 | 878～886 | 0.340 1 | 882 |
| | 26 | 614～622 | 0.485 4 | 618 | | 60 | 886～894 | 0.337 1 | 890 |
| | 27 | 622～630 | 0.479 2 | 626 | | 61 | 894～902 | 0.334 1 | 898 |
| | 28 | 630～638 | 0.473 2 | 638 | | 62 | 902～910 | 0.331 1 | 906 |
| | 29 | 638～646 | 0.467 3 | 642 | | 63 | 910～918 | 0.328 2 | 914 |
| | 30 | 646～654 | 0.461 5 | 650 | | 64 | 918～926 | 0.325 4 | 922 |
| | 31 | 654～662 | 0.455 9 | 658 | | 65 | 926～934 | 0.322 6 | 930 |
| | 32 | 662～670 | 0.450 5 | 666 | | 66 | 934～942 | 0.319 8 | 938 |
| | 33 | 670～678 | 0.445 1 | 674 | | 67 | 942～950 | 0.317 1 | 946 |
| | 34 | 678～686 | 0.439 9 | 682 | | 68 | 950～958 | 0.314 5 | 954 |

在我国，通常将调频、电视广播发射设备同置于一个发射塔上，其发射天线分装于发射塔桅杆的不同高度。辐射的电磁波按空间波模式传播，但城市中各种建筑物的阻挡、反射或

屏蔽作用，容易影响用户对电视信号的接收，目前发展的有线电视网络能较好地解决此问题；根据我国相关规定，采用开放式天线直接接收电视发射塔信号，其电视信号场强标准为4.5 mV/m。农村地区地形相对开阔，电视发射塔或转播发射的信号能较好地传播至广大用户（除山区受高山峻岭阻挡外），我国规定其电视信号场强标准为VHF频段0.7 mV/m，UHF频段2.2 mV/m。

调频、电视广播天线远场区电场强度预测可按下式计算：

$$E=\frac{444\sqrt{P\cdot G}}{r}\cdot F(\theta,\ \varphi) \tag{11}$$

式中，$E$为远场区电场强度，mV/m；$P$为发射机标称功率，kW；$G$为相对于半波偶极子（$G_{0.5\lambda}=1.64$）的天线增益（倍数）；$r$为被测位置与发射天线中心距离，km；$F(\theta,\ \varphi)$为发射天线垂直面（仰角$\theta$）、水平面（方位角$\varphi$）归一化方向性函数。

**电磁环境影响** 电视广播天线塔采用单塔全向性辐射，常建于城市的中心区域，独立完成半径数十千米的空域内电视信号的全域覆盖，半径十数千米的空域内接收场强的达标标示着天线辐射功率的增加。要提高覆盖边缘的信号接收场强，须进一步增加天线的辐射功率，如此有可能形成近端（天线附近或某些高层建筑处）场强值超标。可见广播电视发射系统电磁环境影响具有利用和控制的双重特点。

短波广播、调频广播及电视的电波传播途径均已离开地面，因而对地面的电磁环境影响甚小。

（王冠　蒋忠湧）

yidong tongxin xitong dianci huanjing

**移动通信系统电磁环境** (the electromagnetic environment of mobile communication system) 现代移动通信系统借助无线电波在空间传播的机理来实现，在信息传输的同时会在相应的空间形成特殊的电磁环境，主要指陆地移动通信系统的电磁环境。移动通信是指通信的一方或者双方处于移动状态，或移动用户与固定用户之间的通信，实现任何人在任何时间、任何地点都能获得全时空的信息交换。

移动通信系统的发展经历了从第一代移动通信系统（1G）到第四代移动通信系统（4G），再到当前开发应用的第五代移动通信系统（5G）。全球5G网络频段主要分为中、低频段（小于6 GHz）和高频段（24.75～42.5 GHz）两大范围，具体使用频段各国不尽相同。目前我国主要采用的是中、低频段。现代移动通信系统采用小区制（蜂窝）实现对服务区域的覆盖，每一个小区设有一个收发信基站，通过发射和接收一定频率的无线电信号，为所在小区用户提供话音和数据传输服务，若干个基站由一个基站控制器控制，并与业务交换中心连接，构成系统网络（见图1）。

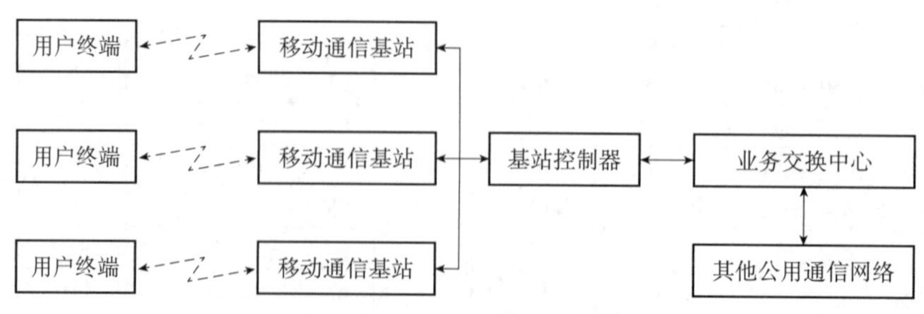


**图1　移动通信系统基本关系**

**移动通信基站** 是在移动通信系统中，采用无线电通信技术连接交换系统和用户终端的设施。移动通信基站机房内设有基站控制器、信号发生器、功率放大器、合路器、耦合器及双工器等电器部件，它们在设计、制造时已采用了严格的屏蔽措施，不会对周围环境造成电磁辐射影响。

**天线** 天线在移动通信系统中起着重要的作用，它将馈管中的高频电磁能转换为传播空间的电磁波，或反之将传播空间的电磁波转化为馈管中的高频电磁能。基站的天馈系统见图2。

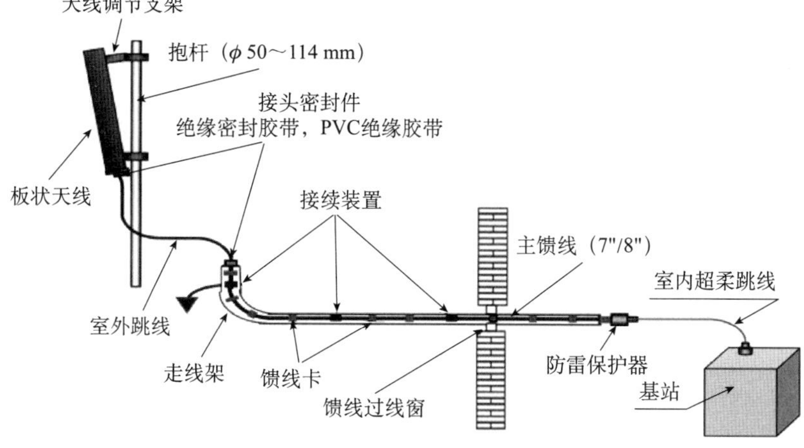


**图2 基站的天馈系统**

基站天线按照方向性的不同可分为全向天线和定向天线，全向天线在水平面方向图上表现为360°均匀辐射，在垂直面方向图上为有一定宽度的波束，一般应用于郊区的站型。定向天线在水平面方向图上呈现为某一角度范围的辐射，在垂直面方向图上表现为有一定宽度的波束，应用于城区的蜂窝状站型。

移动通信系统通过天线的电磁辐射作用实现组网，也使天线周围空间电磁环境强度升高，当达到某一“高值”时，可引发人体生物效应。由工程分析可知，基站发射机的功率和天线增益组成其电磁辐射的源强，决定了电磁环境影响的程度，天线辐射的方向决定了电磁环境影响的范围。天线架设形式也可直接影响电磁辐射的程度。例如，移动通信网络初期建设时较为广泛采用的楼顶抱杆架设方式，为了照顾地面的场强覆盖，对天线面采用较大的地面俯角，致使顶层用户室内空间场强超标，故现已很少采用。

为保证相邻基站具有最小的频率干扰影响，不同基站天线工作在相异的频率上。因此评价移动通信系统的电磁环境影响可以基站为单位进行。为此，生态环境部门制定了《移动通信基站电磁辐射环境监测方法》（HJ 972—2018）、《5G移动通信基站电磁辐射环境监测方法（试行）》（HJ 1151—2020）和《关于印发〈通信基站环境保护工作备忘录〉的通知》（环办辐射函中〔2017〕1990号），依此可求得正确的基站电磁环境影响量值。生态环境部门还修订了《电磁环境控制限值》（GB 8702—2014），正在修订《辐射环境保护管理导则 电磁辐射环境影响评价方法与标准》（HJ/T 10.3—1996）。法定了测量方法和限值，既能有效控制移动通信基站电磁环境的影响，又能保证移动通信系统的正常发展。

移动通信系统电磁环境影响具有双重性特点：一方面，为了保证移动通信的可靠性，要求各基站天线辐射足够强度的电磁场，使移动通信网络能覆盖整个服务范围；另一方面，过高的场强有可能引发生物效应，因此必须控制其辐射场强。 （翟国庆 王冠）

dianqianyin cheliang dianci huanjing

**电牵引车辆电磁环境** （electrical haulage

vehicle electromagnetic environment）　电牵引车辆正常运行中，在邻近空域内伴生的电磁现象。描述该现象的电特性为频谱特性和距离衰减特性。前者表征上述现象中所包含的频率成分及其对应频率的电强度，后者表征所含频率随距离变化衰减的规律。电牵引车辆系统包括电气化铁道（如高速铁道、城际列车）、地下铁道、无轨电车及其他依靠电力牵引的客货运输车辆，其型式多样，数量巨大，从电能利用的方式可分为交流供电制式、直流供电制式和磁悬浮制式。

**交流电气化铁道**　我国电气化铁道采用单相交流供电制式，其供电系统工作原理见图 1。铁路沿线设置有牵引变电所，接入专供铁路电气化应用的高压（通常为 110 kV 电压）电力线路，经变压器降压，将单相 27.5 kV 电压（额定电压为 25 kV）馈至接触网导线，另一端连接至钢轨（大地）。当电力机车进入该供电区段时，机车受电弓由接触网导线处输入电能，经车内变压器主侧卷接车体（车轮）通过钢轨返回牵引变电所变压器接地端，构成电力机车供电回路。机车内变压器次侧卷将交流（50 Hz）电能输入整流设备转换成直流电能，驱动直流电机 G 带动车轮滚动，实现列车运行。

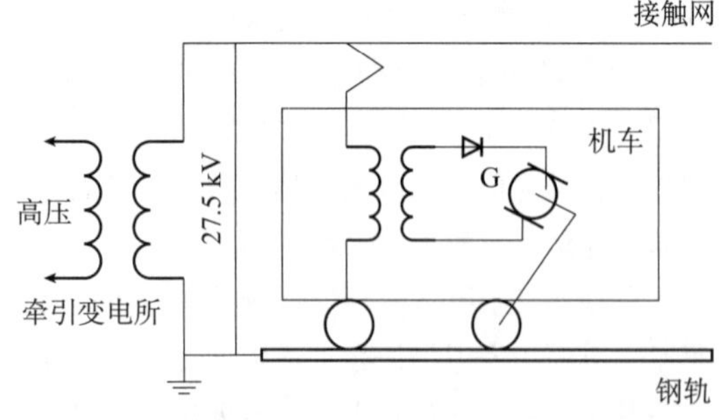


**图 1　交流电气化铁道供电系统工作原理图**

此种供电制式称为“单线 - 大地”方式，是对地不对称系统，因而会对邻近电气化铁道的通信等无线电接收设备造成严重的干扰影响，为此在实际电气化铁路工程中必须采取降低干扰影响的措施。例如，在接触网支柱上架设与接触网导线平行的回流线，一端连接于钢轨，另一端连接牵引变电所地线端，目的是使原流经钢轨（大地）的回流能转由回流线返回变电所接地端，从而使接触网导线和回流线两者成为类似架空双导线的对地平衡模式，为了使两者的电流尽量接近，在回流线中可再接入回流变压器，使钢轨和大地的回流能尽量经由回流线回归，这对降低干扰影响具有显著效果。

**电磁骚扰源**　分为固定骚扰源和流动骚扰源。

*固定骚扰源*　包括牵引变电所设备和线路放电（故障）。

a. 牵引变电所设备。应用 27.5 kV、50 Hz 交流供电。由于供电电压低，没有电晕噪声；又因采用交流供电，变电所内没有大型整流设备所形成的电磁噪声。

b. 线路放电（故障）。产生的原因部分是接触网导线或供电线路与接地金属构件之间的间距不够。可能性更大的是 2 万多伏的交流高电压在附近的导线或金属构件上感应的电压在一些接触不良点、空气隙或绝缘薄弱环节产生放电，并伴随发生电磁噪声。这些电磁噪声随着风、列车振动等因素出现，因而时常是断续的。但这些都属于线路故障，发现后即可排除。此外，有资料认为，悬挂着的绝缘子的绝缘件与连接金具之间由于污染、腐蚀而出现高电阻或绝缘层，从而使该接触点的电位梯度变大，也会形成电磁噪声。

*流动骚扰源*　包括受电弓与导线接触点和机车内部设备。

a. 受电弓与导线接触点。主要是受电弓在接触网的导线上滑动时短暂离线发生火花放电所形成的电磁噪声，这类噪声不仅是最严重的电气化铁道无线电干扰源，也是最影响其强弱的骚扰源。接触网导线悬挂质量的好坏、冬季与夏季垂度不同、供电方式、线路是否混合牵引、导线与受电弓滑板的磨耗程度、线路的上下坡和弯道等均可影响其骚扰强度。流动骚扰源可分为三部分：①电平相对稳定的连续噪声。

在低速运行与启动时表现比较明显。一般认为这是由受电弓滑板与接触网导线之间接触电阻的变化引起的。②由分离开的一系列脉冲产生的连续噪声。该脉冲系列的出现是随机的，其周期也有长有短。这类噪声是在一般正常运行速度下产生的，随速度的提高而增加。③喀呖声。其电平高于脉冲产生的连续噪声，动态范围也很宽。

b. 机车内部设备。电力机车本身所产生的骚扰一般可以不予考虑，甚至包括内装可控硅整流器件的情况。这主要是由于机车内部的电机、开关、继电器、整流设备等骚扰源，都受到机车金属壳体的屏蔽，因而向外辐射较少，而如果依靠传导方式传输到接触网导线上再通过导线向外辐射，则又被机车内部的电力配线及辅助电路上的部件呈现的阻抗衰减和旁路。

**电磁骚扰特性** 包括纵向衰减特性、频率特性和横向衰减特性。

纵向衰减特性 即流动骚扰源产生的电磁骚扰沿着接触网导线传输时衰减的规律。由于在理论分析时，将钢轨与大地共同组成的回路简化为无限大平面的大地，并假设接触网导线为无限长的情况与实际接触网导线参数的非均匀性（如接有牵引变电所、吸流变压器、车站分支等）差别很大，从而使得理论计算非常复杂，至今尚未很好地解决。1983 年瑞士曾给出了经验公式：

$$\beta = 4.3f + 1.2f^2 \qquad (1)$$

式中，$\beta$ 为纵向衰减，dB/km；$f$ 为工作频率，MHz。

但经过实际测试验证，实测值要比式（1）计算值小，且频率变化规律也不相同。

频率特性 能反映电气化铁道电磁骚扰场强随频率变化的关系。可以使用共用天线测试系统在天线对应频段内的多台场强测量仪同时测量（见图 2）。为了能接收到具有足够强度的电磁骚扰场强，测试场地可以选择在机车通过时受电弓易发生火花放电侧的平坦地面处。天线通频带应满足研究内容要求，天线设置于距离电气化铁道 20 m 处，场强测量仪分别调谐于 $f_1$，$f_2$，…，$f_A$，…，$f_n$ 等各频率点，同时测量受电弓打火时的电磁骚扰强度，由记录仪贮存测量结果。为判别各场强测量仪同一时间的量值，由时标发生器发出时间信标并同时记录。理论分析和实验证明，在纵坐标以骚扰场强的分贝值标注，横坐标以频率的对数标注，则骚扰频率特性（$E-f$）在该直角坐标系中为一条直线，图 3 为 20 世纪末石家庄—太原间电气化铁路电磁骚扰频率特性的实测数据处理结果。图 3 中 50%、80% 和 95% 对应表示中值、80% 和 95% 时间概率时不超过电平值。

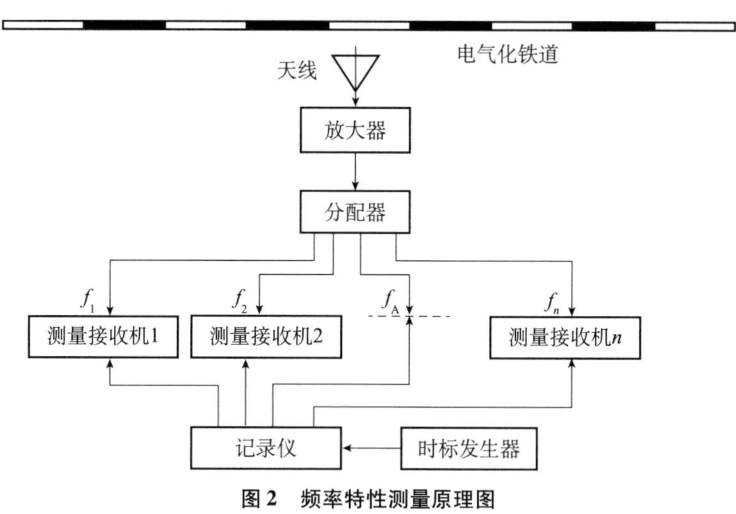


**图 2 频率特性测量原理图**

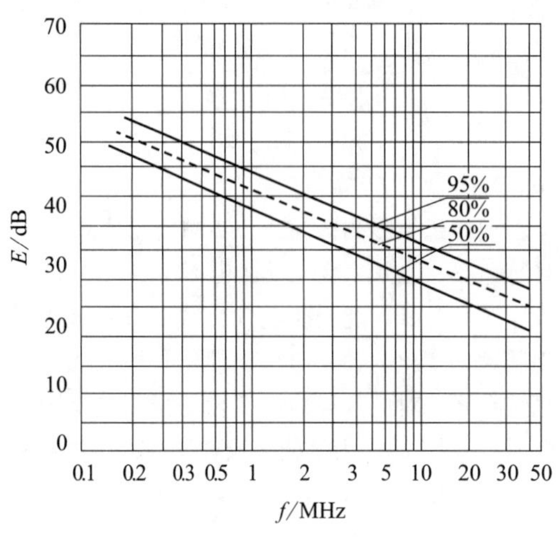


**图3　石太线频谱特性**

**横向衰减特性**　又称距离特性，反映电气化铁道电磁辐射骚扰沿着与铁路相垂直方向传播时的衰减规律。在研究电气化铁道对外界的干扰时，其具有重要的意义，直接涉及干扰对象可能接收到的骚扰电平。该特性的测量原理见图4。采用工作在不同距离下的场强测量仪，分别同时测量同一火花放电在同一骚扰频率下不同距离的电平。各台场强测量仪的天线可按照倍程关系（如20 m、40 m、80 m等）放置在与铁道垂直的一条直线上。各测量点同时在电力机车通过测点前方（由时标发生器的时标信号判别）的瞬间取值，比较其差值，即可得到骚扰场强横向距离倍程的衰减 $b$ 值。通过多个不同频率的测量，可以得到各个频率的倍程衰减值（$|\hat{b}|-f$）以及横向距离（$E-D$）特性，见图5和图6。

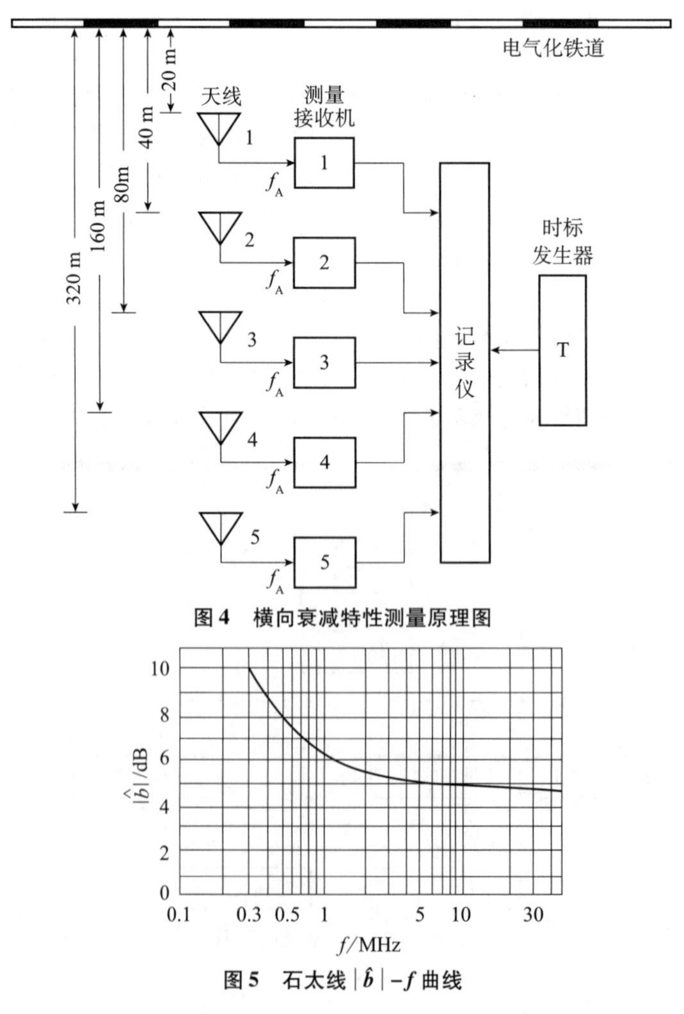


**图4　横向衰减特性测量原理图**

**图5　石太线 $|\hat{b}|-f$ 曲线**

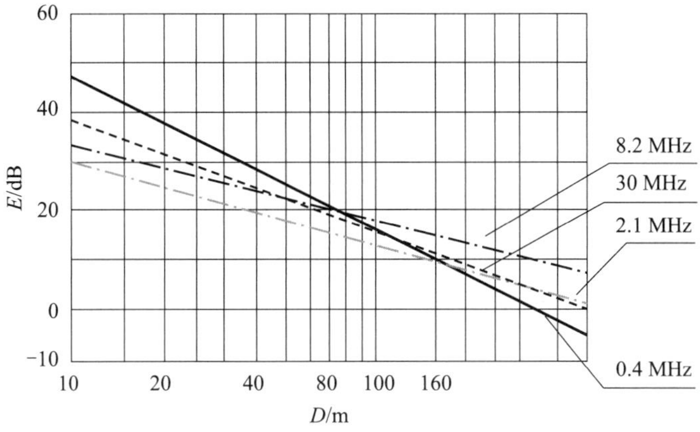


图6　石太线距离特性

**无线电辐射骚扰测量方法**　交流电气化铁道无线电辐射骚扰可分为两种情况：一是无电力机车运行时接触网的辐射骚扰；二是电力机车运行时产生的辐射骚扰。按照国家标准规定采取不同的测量方法。

《交流电气化铁道接触网无线电辐射干扰测量方法》（GB/T 15709—1995）适用于单项工频各种供电方式和悬挂方式的接触网。要求测量仪器应符合“无线电骚扰和抗扰度测量设备和测量方法规范”系列标准（包括 GB/T 6113. 201—2018、GB/T 6113. 202—2018、GB/T 6113. 203—2020、GB/T 6113. 204—2008），测量采用准峰值检波方式；测量天线应使用环形天线（或框型天线），天线平面垂直地面，架高 1 m，调整天线方位，使仪表读数最大；测量频率为 1. 0 MHz ± 10%，必要时可另选 0. 15 ~ 30 MHz内的其他频率；测量天线放置于距铁道中心线外 10 m ± 1 m 处，在双线铁路或站场时，以最近电气化铁路中心线为准，测量场地应平坦，测量点20 m 范围内应无输配电线路和建筑物，在正常供电条件下，测量点前后各 2 km 距离内无列车运行时即可测量，测量只在需要检查干扰的地段进行，不进行全线评价。

《交流电气化铁道电力机车运行产生的无线电辐射干扰的测量方法》（GB/T 15708—1995）规定，测量频率在 0. 15 ~ 30 MHz 频段为1. 0 MHz ± 10%，在 30 ~ 1 000 MHz 频段为 150 MHz ± 10%；低频段使用直立环（框）形天线，架高 1 m，高频段使用偶极天线或其他高增益宽带天线，架高 3 m，测量天线架设于单线电气化铁道中心线外或双线侧最近电气化铁道中心线外20 m；要求相同频率和距离条件下重复测量次数不少于 8 次。最后将测量数据统计处理后得到骚扰电平值。

**电视信号接收的干扰影响**　主要是调幅方式的电视图像信号所受的干扰影响。电气化铁道对电视接收的影响着眼于噪声对图像的损伤程度（图像质量的主观评价）而不是画面本身的质量，所以采用损伤制评定，按照国家标准《民用闭路监视电视系统工程技术规范》（GB 50198—2011）推荐的五级评分标准进行主观评价，评分与干扰结果的关系见表 1。在损伤制中，5 分和 4 分的界限是感觉极限，即看得出来还是发现不了；4 分和 3 分的界限是允许极限；3 分和 2 分的界限是实用极限。评价电气化铁道对电视信号接收影响的重点是实用极限。

表 1　损伤制评分标准

| 评分 | 干扰结果 |
|---|---|
| 5 | 不觉察 |
| 4 | 可觉察但不讨厌 |
| 3 | 有些讨厌 |
| 2 | 很讨厌 |
| 1 | 不能收看 |

可现场测试在额定电视信号场强下距电气化铁道不同距离的电视接收机受干扰的画面损

伤情况，测试系统原理图见图 7。该系统由三组设备组成：第Ⅰ组由被测电视机、录像机及接收天线组成，分别放在 $D=20$ m、$D=40$ m、$D=80$ m 和 $D=160$ m 处，同时接收来自电气化铁道的无线电噪声以及第Ⅱ组设备所发射的电视信号；信号与干扰的混合接收显示在电视机荧光屏上，用录像机予以录像储存，之后可以多次重复放像以对损伤情况进行评价。第Ⅱ组设备放置在远离电气化铁道的地方，以便在第Ⅰ组设备接收天线附近形成一个规定的固定的 70 dB ($\mu$V/m) 的电视信号场强。第Ⅲ组设备是场强干扰测量记录仪表，其天线位置尽量接近第Ⅰ组设备天线，以便监测电视接收天线的干扰场强。将第Ⅱ组设备发生的信号以及电气化铁道列车通过时的无线电噪声同时由被测电视机接收，形成图像被干扰的画面，进行实时录像并进行评价。试验在 1、2、6、11 四个频道上进行，在不同距离上共录制 189 组可用于干扰评价的图像。对这些图像进行损伤制五级分评价，其结果见表 2。

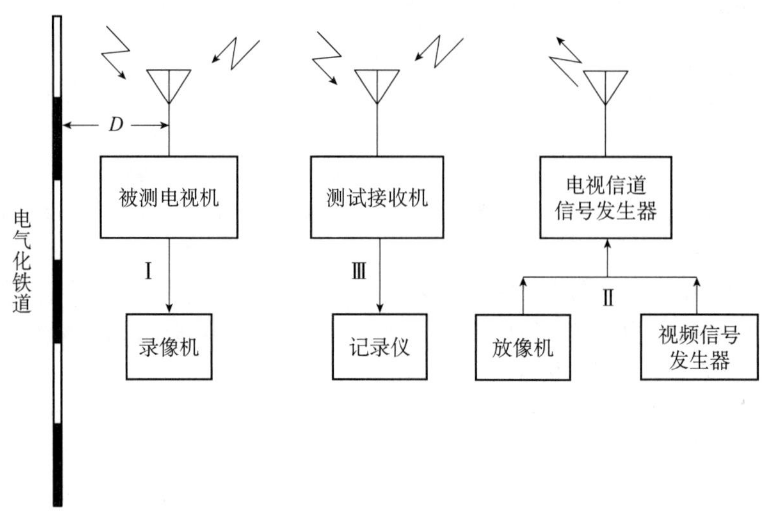


**图 7　测试系统原理图**

**表 2　损伤程度与距离的关系**

| 距离 \ 次数与百分比 \ 评分 | 5 | 4 | 3 | 2 | 1 | 小计 |
|---|---|---|---|---|---|---|
| 20 m | 17(42.5%) | 10(25%) | 2(5%) | 11(27.5%) | 0 | 40 |
| 40 m | 36(41.4%) | 25(28.7%) | 13(15%) | 13(14.9%) | 0 | 87 |
| 80 m | 21(58.3%) | 7(19.5%) | 4(11.1%) | 4(11.1%) | 0 | 36 |
| 160 m | 24(92.3%) | 2(7.7%) | 0 | 0 | 0 | 26 |

将损伤程度与电视信号强度、无线电噪声强度联系起来，可以得到更具体的数量关系，这比单纯用距离表征更能说明问题。为此，应用图 7 的测量系统，并采用电视接收机天线输入端的信号噪声比值 $S/N$（简称信噪比）这一参数。其定义为

$$S/N(\mathrm{dB}) = 20\log\frac{S(\mu\mathrm{V})}{N(\mu\mathrm{V})} = S(\mathrm{dB}) - N(\mathrm{dB}) \qquad (2)$$

式中，$S$(dB) 为图 7 的第Ⅰ组仪器的接收

天线馈给电视机的有用信号电压的分贝值。测量时接收机调谐在图像载频上，带宽 120 GHz，均值检波。对应 70 dB(μV/m) 的场强，实验的天线系统加到电视接收机输入端的信号电压 $S$(dB) = 55 dB。此值与《电视广播接收机测量方法　第 1 部分：一般考虑射频和视频电性能测量以及显示性能的测量》(GB/T 17309.1—1998) 规定值很接近。$N$(dB) 为电视接收天线馈给电视机的电气化铁道干扰电压。采用符合《无线电骚扰和抗扰度测量设备和测量方法规范　第 1-1 部分：无线电骚扰和抗扰度测量设备 测量设备》(GB/T 6113.101—2021/CISPR 16-1-1：2019) 的仪器测量，取 80% 时间不超过电平值。

实验方法同前，但不以距离为参数，而是在记录被干扰的图像时记录相应的干扰电压，并保持信号强度不变，从而可计算出信噪比，测试结果见表 3。

**表 3　损伤程度与信噪比的关系**

| 噪声电压 $N$(dB) | <15 | | | 15～20 | | | 20～25 | | | >25 | | |
|---|---|---|---|---|---|---|---|---|---|---|---|---|
| $S/N$(dB) | >40 | | | 40～35 | | | 35～30 | | | <30 | | |
| 评分 | 2 | 3 | 4/5 | 2 | 3 | 4/5 | 2 | 3 | 4/5 | 2 | 3 | 4/5 |
| 出现次数 | 0 | 0 | 10 | 5 | 5 | 24 | 12 | 22 | 7 | 10 | 1 | 0 |
| 相应百分比（%） | — | — | 100 | 14.7 | 14.7 | 70.6 | 29.3 | 53.7 | 17.0 | 91 | 9 | — |

**直流电牵引车辆**　直流供电制式适用于地铁、轻轨等城市轨道交通。变电所由城市电网取得交流电源，根据各城市电网的组成不同，可设置主变电所，由 110 kV 电网供电，或设置降压变电所，引入 35 kV（或 10 kV）电网供电，交流电源经整流后变为直流，根据我国标准规定，直流输电电压为 750 V 或 1 500 V，两电极分别连接供电轨（第三轨）、钢轨。车辆由受电刷在供电轨上滑动接触受电，并经由车体接触钢轨构成供电回路，驱动电机运转，牵引车辆运行（见图 8）。现在也有采用类似交流牵引供电的形式，将供电轨改为接触网导线悬挂于隧道顶部，车辆顶部装设受电弓，利用受电弓在导线上滑动接触而得到电源供给。

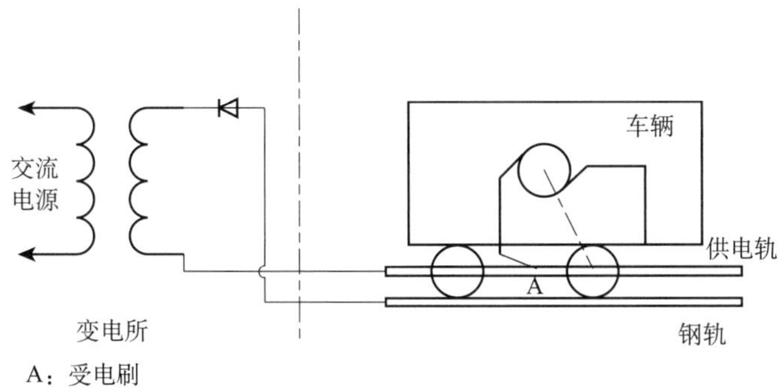


**图 8　直流电牵引供电原理图**

其供电回路的构成方式与交流电气化铁道类同，从形式上看是将铺设于地面的供电轨代替交流电气化铁道的架空接触网，供电电压由交流 27.5 kV 变为直流 750 V（或 1 500 V）。因此，直流电牵引车辆电磁骚扰的环境影响可类同交流电气化铁道分析。分析方法可以借鉴，但实际测试数据偏少，尚难以建立通用的数学模式。

鉴于当前尚无直流电牵引车辆正常运行时电磁环境的预测模式，在需要评价或预测其电磁影响时，应根据《环境影响评价技术导则　城市轨道交通》(HJ 453—2018) 的有关规定：

进行类比测量时，应选取与拟建工程相似的输变电设备、电压等级以及环境等工程类比条件。引用类比资料时，应说明引用数据的来源，且必须是公开发表的数据。根据表 1 的评分标准及相关研究可知，当信噪比大于 35 dB 时，电视画面可达 3 分或 3 分以上，即达到能正常收看电视的程度。

**磁悬浮列车** 是依靠电磁吸引力或电磁斥力将列车悬浮于空中并进行导向，实现列车与地面轨道间的无机械接触，再利用线性电机驱动列车运行。虽然仍属于陆上有轨交通运输系统，并保留了轨道、道岔和车辆转向架及悬挂系统等许多传统机车车辆的特点，但由于列车在牵引运行时与轨道之间无机械接触，因此从根本上克服了传统列车轮黏着限值、机械噪声和磨损等问题，是一种新型的载运工具。我国自行研发的中低速磁悬浮列车采用常导磁吸型方式。该系统中涉及电磁环境的设备包括三大部分：

**列车运行控制中心和环线收发设备** 均置于专用机柜内，固定于具有屏蔽网的地面设备室中，不会对外产生电磁辐射；

**车载控制中心设备** 安装在列车驾驶室内的专用电器设备控制柜中，外用金属机壳屏蔽，满足电磁兼容要求；

**线路设备** 主要有铺设在轨道中间的感应环线和安装在车辆底部的天线，尽管天线的定向性能很强且车体对电磁场有屏蔽作用，但对车体外部仍存有较弱的漏泄电磁场。

磁悬电磁铁的励磁绕组输入直流电流产生静磁场，除产生保障车辆磁浮力所需的气隙（通常为 8 ~ 10 mm）磁场之外，在电磁铁的侧面、上方及下方也会产生漏泄的直流磁场。另外，沿轨道侧铺设的直流供电轨，在其周围也会产生直流磁场。交流磁场源主要为直线电机绕组、悬浮控制器、牵引变流器、滤波电抗器等，在正常工作时，可产生数百赫的交变电磁场（例如，直线感应电机的电流频率为 0 ~ 100 Hz，牵引变流器和牵引控制器实际工作频率约为 500 Hz），但其向车体外漏泄的电磁场能量很弱。 （蒋忠湧）

gong-ke-yi shepin shebei dianci huanjing

**工科医射频设备电磁环境** （the electromagnetic environment of industry science medical radio frequency devices） 工业、科学、医疗设备（简称工科医设备，ISM）运行时向空间发射电磁波，可能影响周围电气设备的正常运行及无线电广播、通信以及导航等业务的电磁现象。工科医设备是指按工业、科学、医疗、家用或类似用途要求而设计，用以生产并在局部使用无线电频率能量的设备或装置，不包括通信领域的设备。工业感应加热设备、家用感应厨具、射频弧焊设备、塑料焊接设备和微波医疗设备等在发挥其功用的同时也是电磁辐射污染源。

工科医设备需要产生并在局部使用射频能量，同时不希望将其发射出去。由于其需要利用电磁能量，所以这类设备都具有较强的电磁振荡源。理论上，其应固定频率，但为简化并降低设备成本，振荡源的频谱中往往会出现大量的谐波及宽频率的电磁辐射。

**频率要求** 世界各国均保留了一些无线电频段，应用于工业、科学研究和微波医疗。应用这些频段无须许可证，只需遵守一定的发射功率（一般低于 1W），并且不对其他频段造成干扰即可。

世界卫生组织（WHO）将电磁波粗略地分为静频（0 Hz）、极低频（0 ~ 300 Hz）、中频（300 Hz ~ 10 MHz）和射频（10 MHz ~ 300 GHz）4 种类型，其中射频包括超高频（30 ~ 300 MHz）、微波（300 MHz ~ 300 GHz）及部分高频频段（0. 1 ~ 30 MHz）。根据《工业、科学和医疗设备 射频骚扰特性 限值和测量方法》（GB 4824—2019/CISPR 11：2016），我国指配给工科医设备作基波使用的频率见表 1。

**分类** 工科医设备可分成两组：1 组工科医设备（简称 1 组设备）和 2 组工科医设备（简称 2 组设备），见表 2；图 1、图 2 均为较常见的 2 组设备。

**表 1　工科医设备使用的基波频率[a]**

| 中心频率/MHz | 频率范围/MHz | 最大辐射限值[b] |
|---|---|---|
| 6.780 | 6.765～6.795 | 考虑中 |
| 13.560 | 13.553～13.567 | 不受限制 |
| 27.120 | 26.957～27.283 | 不受限制 |
| 40.680 | 40.66～40.70 | 不受限制 |
| 2 450 | 2 400～2 500 | 不受限制 |
| 5 800 | 5 725～5 875 | 不受限制 |
| 24 125 | 24 000～24 250 | 不受限制 |
| 61 250 | 61 000～61 500 | 考虑中 |
| 122 500 | 122 000～123 000 | 考虑中 |
| 245 000 | 244 000～246 000 | 考虑中 |

注：a. 本表采用国际电信联盟（ITU）无线电规则第63号决议。
b. “不受限制”适用于配频段内的基波和所有其他频率分量。

**表 2　工科医设备分组情况**

<table>
<tr><td rowspan="3">1组设备</td><td>定义</td><td colspan="3">为发挥其自身功能的需要而有意产生和（或）使用传导耦合射频能量的所有工科医设备</td></tr>
<tr><td>总目</td><td>实验室设备</td><td>医疗设备</td><td>科研设备</td></tr>
<tr><td>细目</td><td>信号发生器具<br>测量接收机<br>频率计<br>流量计<br>频谱分析仪</td><td colspan="2">称量计<br>化学分析仪<br>电子显微镜<br>开关电源（指非装入另一设备内的）</td></tr>
<tr><td rowspan="3">2组设备</td><td>定义</td><td colspan="3">包括放电加工（EDM）和弧焊设备，以及为材料处理而有意产生和（或）使用电磁辐射射频能量的所有工科医设备</td></tr>
<tr><td>总目</td><td>微波照明设备<br>工业感应加热设备<br>家用感应炊具<br>介质加热设备<br>工业微波加热设备<br>家用微波炉</td><td colspan="2">医用器具<br>弧焊设备<br>放电加工设备<br>可控硅控制器<br>电焊机<br>教育和培训用演示模型</td></tr>
<tr><td>细目</td><td>金属熔化设备<br>木材加热设备<br>部件加热设备<br>钎焊和铜焊设备<br>管子焊接设备<br>木材胶黏设备<br>塑料焊接设备<br>塑料预热设备<br>食品加工设备</td><td colspan="2">饼干烘焙设备<br>食品解冻设备<br>纸张干燥设备<br>纺织品处理设备<br>UV 胶固化设备<br>材料预热设备<br>短波治疗设备<br>微波治疗设备<br>高压特斯拉变换器演示模型、皮带发电机等</td></tr>
</table>

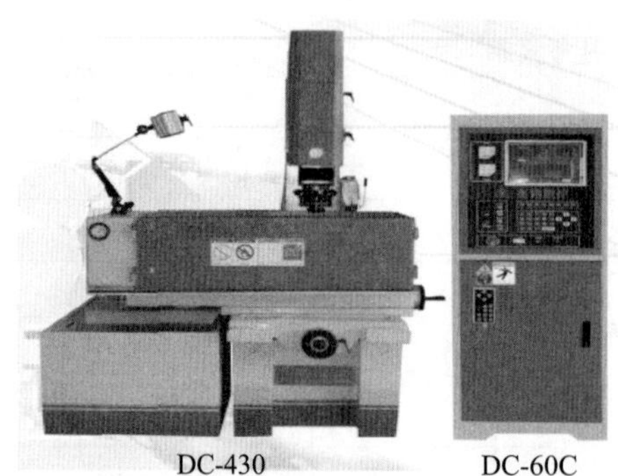

图1　电火花加工设备

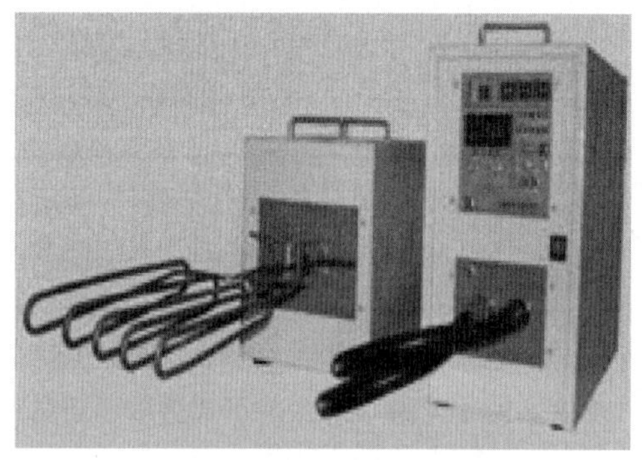
图2　高频炉

此外，工科医设备还可分为A和B两类，其中A类设备指非家用和不直接连接到住宅低压供电网设施中使用的设备；B类设备指家用设备和直接连接到住宅低压供电网设施中的设备。

**电磁骚扰限值**　A类工科医设备可由制造厂提出在试验场或现场测量。由于受试设备本身的大小、结构复杂程度和操作条件等因素限制，某些工科医设备只能通过现场测量来判定它是否符合GB 4824—2019/CISPR 11：2016规定的辐射骚扰限值。B类工科医设备应在试验场进行测量。螺柱弧焊设备以及用于引弧和稳弧的弧焊装置、放射设备、外科用射频透热设备骚扰限值在考虑中。

**防护措施**　工科医设备种类很多，其防护措施也各有差异。即使同一类型的设备，也可以采用不同的防护措施，概括起来有以下五种。

**远距离操作**　在理想条件下，其电场强度与场源的距离的立方成反比，磁场强度与场源的距离的平方成反比。因为近场区情况比较复杂，上述关系并不存在。但从实际测试结果来看，辐射场强随距离的加大而迅速衰减。如果条件允许，实行远距离操作或者开机后适当离工科医设备远些，能减少其受电磁波辐射的危害。

**采用屏蔽措施**　指运用低电阻率的金属材料（或非金属的导电材料），将产生有害的电磁感应的部位屏蔽起来。暂时无法屏蔽时，也可以在辐射较强的区域用铜丝或铜板加以阻挡。目前使用较为普遍。

**接地**　为了减少辐射的场强，除有良好的屏蔽外，还要以良好的高频接地，以提高屏蔽效能、减少辐射。屏蔽体接地的目的就是把积聚起来的感应电荷导入大地，从而降低该点的电场强度。目前工科医设备接地存在的问题相对较多，有的设备屏蔽体虽有高频接地，但接地电阻太大，有时高达20 Ω。这样，置于近场区中的屏蔽体上不但有电磁感应产生涡流，而且存在大量感应电荷，引起严重的二次辐射现象。

**滤波**　某些工科医设备电源馈线的传导电流量级会很大，其通过电源线向外辐射电磁波，造成空间场强增加，并可能对电视和通信造成干扰。为了减少这一有害辐射，可通过加高频滤波器滤波进行抑制。

**个人防护**　可考虑穿着用镀金属的导电布或微波、高频两用防护布料制作的屏蔽服并戴防护眼镜。使用时，需将屏蔽服的接地端用拖线接地，以确保屏蔽效果。　（翟国庆）

# 物理量与单位

dianchang qiangdu

**电场强度** （electric field strength） 简称场强，为单位正电荷所受到的电场力，为矢量，是用来表示电场强弱和方向的基本物理量。电场强度指作用于电场中静止带电粒子上的力 $\boldsymbol{F}$ 与该粒子所带电荷 $q$（数值足够小，不改变电荷所处电场）的比值，且规定其方向为该点处正电荷所受静电力的方向。电场强度通常用 $\boldsymbol{E}$ 表示，则 $\boldsymbol{E}=\boldsymbol{F}/q$。在国际单位制中，电场强度的单位是伏特每米（V/m），也可用牛顿每库仑（N/C）。

场强的空间分布可以用电场线形象地表示（见下图）。电场线是一种假想的集合曲线，又称 $\boldsymbol{E}$ 线。

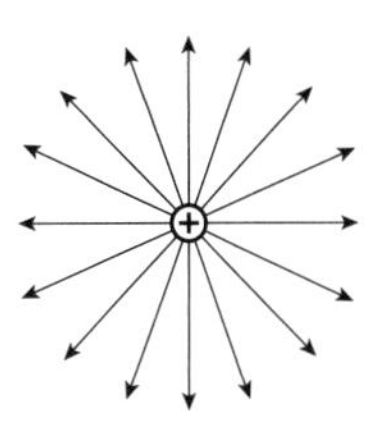

(a) 点电荷

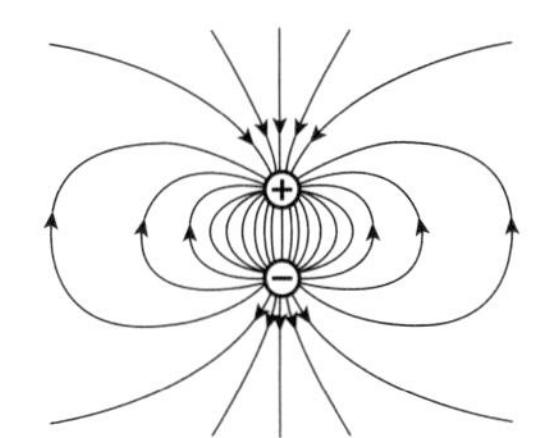

(b) 电偶极子

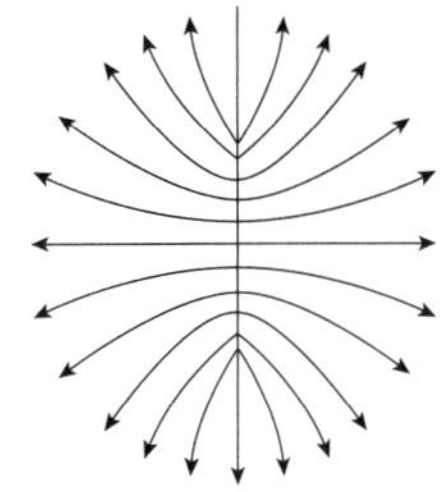

(c) 带电直线

**几种常见带电体产生的电场的电场线**

电场强度遵从场强叠加原理，即空间总的场强等于各电场单独存在时场强的矢量和，它表明各个电场独立作用，并不受其他电场影响。

电场强度的大小关系到电工设备中各处绝缘材料的承受能力、导电材料中出现的电流密度、端钮上的电压，以及是否产生电晕、闪络现象等问题，是设计中需要考虑的重要物理量之一（见下表）。

**一些电场强度的数值** 单位：N/C

| 电场 | 电场强度 |
|---|---|
| 铀核表面 | $2\times10^{21}$ |
| 中子星表面 | 约 $10^{14}$ |
| 氢原子电子内轨道处 | $6\times10^{11}$ |

续表

| 电场 | 电场强度 |
|---|---|
| X 射线管内 | $5\times10^{6}$ |
| 空气的电击穿强度 | $3\times10^{6}$ |
| 范德格拉夫静电加速器内 | $2\times10^{6}$ |
| 电视机的电子枪内 | $10^{5}$ |
| 电闪内 | $10^{4}$ |
| 雷达发射器近旁 | $7\times10^{3}$ |
| 太阳光内（平均） | $1\times10^{3}$ |
| 晴天大气中（地表面附近） | $1\times10^{2}$ |
| 小型激光器发射的激光束内（平均） | $1\times10^{2}$ |
| 日光灯内 | 10 |
| 无线电波内 | 约 $10^{-1}$ |

续表

| 电场 | 电场强度 |
|---|---|
| 家用电路线内 | 约 $3\times10^{-2}$ |
| 宇宙背景辐射内（平均） | $3\times10^{-6}$ |

（翟国庆）

cichang qiangdu

**磁场强度** （magnetic field intensity） 反映电流在空间某点产生的力。电路中有电流 $\boldsymbol{i}$ 时，电路的每一微小长度 d$s$（长度元）均可认为是一个电流元 d$\boldsymbol{i}$，会对邻近空间（距离为 $\vec{r}$）某一点 $P$ 产生非常小的磁力 d$\boldsymbol{H}$。该 $P$ 点的总磁力是电路中所有电流元作用的矢量和。分析可知，d$\boldsymbol{H}$ 具有垂直于电流 $\boldsymbol{i}$ 的方向，其幅值等于：

$$\mathrm{d}\boldsymbol{H}=\frac{i\mathrm{d}s\ \sin\theta}{r^2} \tag{1}$$

式中，$\theta$ 为长度元 d$s$ 与 $r$ 方向间的夹角。

在平面波空间传播中，电场强度 $\boldsymbol{E}$、磁场强度 $\boldsymbol{H}$ 与传送的功率密度 $\boldsymbol{S}$ 三者矢量的方向互相垂直，可写成下列方程：

$$\boldsymbol{S}=\boldsymbol{E}\times\boldsymbol{H} \tag{2}$$

和

$$\frac{E}{H}=Z \tag{3}$$

式中，$\boldsymbol{S}$ 为功率密度矢量，W/m$^2$；$\boldsymbol{E}$ 为电场强度矢量，V/m；$\boldsymbol{H}$ 为磁场强度矢量，A/m；$Z$ 为自由空间波阻抗，Ω；$E$ 为电场强度幅值，V/m；$H$ 为磁场强度幅值，A/m。

对于满足远场条件的平面波，则 $Z$ 为自由空间波阻抗 $Z_0$。

$$Z_0=120\pi\cong377\Omega \tag{4}$$

则上式可写为

$$H(\mathrm{A/m})=\frac{E(\mathrm{V/m})}{Z_0} \tag{5}$$

或

$$H(\mu\mathrm{A/m})=\frac{E(\mu\mathrm{V/m})}{Z_0} \tag{6}$$

磁场强度虽然在电磁兼容领域中经常使用，但它在国际单位制中并非具有专门名称的导出单位。实际工作中，经常使用的导出单位是磁通密度（磁感应强度）。 （蒋忠湧）

ciganying qiangdu

**磁感应强度** （magnetic induction strength） 又称磁通量密度或磁通密度，是描述磁场强弱和方向的基本物理量，为矢量，常用符号 $\boldsymbol{B}$ 来表示。作用于磁场中运动速度为 $\boldsymbol{v}$ 的带电粒子 $q$ 所受洛伦兹力 $\boldsymbol{F}$ 为 $\boldsymbol{v}\times\boldsymbol{B}$ 与粒子所带电荷 $q$ 之积，即 $\boldsymbol{F}=q\boldsymbol{v}\times\boldsymbol{B}$。

在国际单位制中，磁感应强度的单位是特斯拉（T）。磁感应强度 $\boldsymbol{B}$ 反映的是磁场本身的性质，与运动电荷无关。

当带电粒子沿磁场某一方向运动时，受力为 0 的方向，定义为磁感应强度的方向（见图 1）。

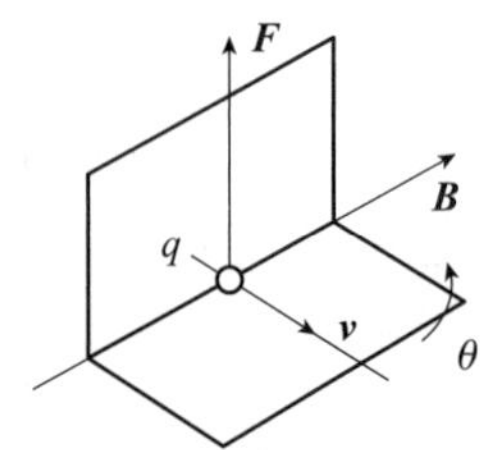


**图 1 磁感应强度 $\boldsymbol{B}$ 的定义**

以 $\theta$ 表示 $\boldsymbol{v}$ 的方向和 $\boldsymbol{B}$ 的方向之间的夹角，则有带电粒子 $q$ 所受洛伦兹力的大小 $\boldsymbol{F}$ 和 $qv\sin\theta$ 这一乘积成正比，即磁感应强度 $\boldsymbol{B}$ 的大小可以表示为 $\boldsymbol{B}=\boldsymbol{F}/qv\sin\theta$。当 $\theta=90°$ 时，粒子所受洛伦兹力最大，为 $\boldsymbol{F}_{\mathrm{m}}$，则 $\boldsymbol{B}=\boldsymbol{F}_{\mathrm{m}}/q\boldsymbol{v}$。部分磁感应强度的大小见下表。

**部分磁感应强度的大小** 单位：T

| 磁场 | 磁感应强度 |
|---|---|
| 原子核表面 | 约 $10^{12}$ |
| 中子星表面 | 约 $10^8$ |
| 目前实验室值：瞬时 | $1\times10^3$ |
| 恒定 | 37 |
| 大型气泡室内 | 2 |
| 太阳黑子中 | 约 0.3 |
| 电视机内偏转磁场 | 约 0.1 |
| 太阳表面 | 约 $10^{-2}$ |
| 小型条形磁铁近旁 | 约 $10^{-2}$ |
| 木星表面 | 约 $10^{-3}$ |

续表

| 磁场 | 磁感应强度 |
|---|---|
| 原子核表面 | 约 $10^{12}$ |
| 地球表面 | 约 $5\times10^{-5}$ |
| 太阳光内（地面上，均方根值） | $3\times10^{-6}$ |
| 蟹状星云内 | 约 $10^{-8}$ |
| 星际空间 | $10^{-10}$ |
| 人体表面（如头部） | $3\times10^{-10}$ |
| 磁屏蔽室内 | $3\times10^{-14}$ |

磁场的分布可以用磁感应线形象地描绘。磁感应线是一些有方向的曲线，它的画法规定与电场线类似，即磁感应线上任一点的切线方向表示该点磁感应强度的方向；磁感应线的密度，即通过磁场中某点处垂直于磁场方向的单位面积的磁感应线数目，等于该点磁感应强度的大小。因此，磁场较强的地方，磁感应线较密集，反之较稀疏（见图2）。

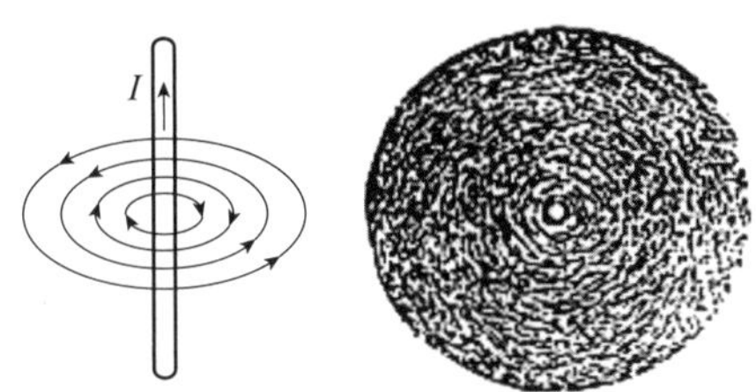


(a) 长直电流的磁感应线

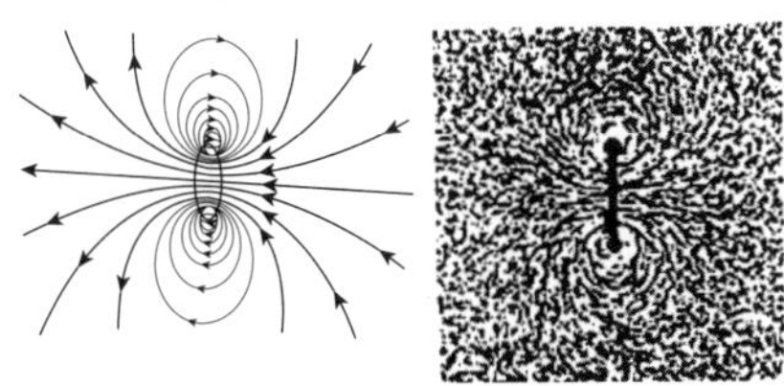

(b) 圆电流的磁感应线

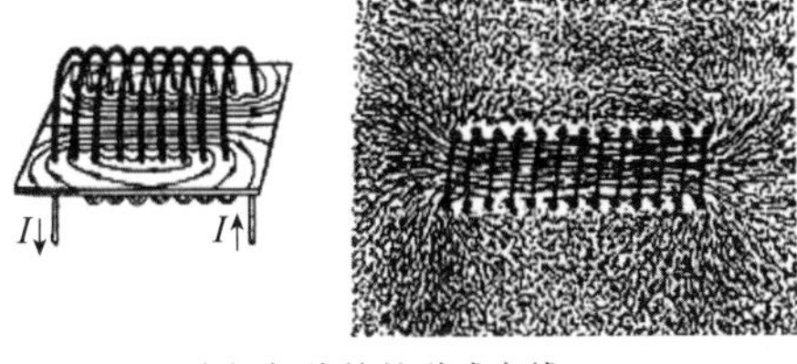


(c) 螺线管的磁感应线

**图2　几种电流产生的磁场的磁感应线**

（翟国庆）

gonglü midu

**功率密度**　(power density)　在空间某点上电磁波的量值，用单位面积上的功率表示，或在空间某点上坡印廷矢量的值。功率密度代表电磁场中的能流密度，即在单位时间内穿过垂直于传播方向的单位面积的能量。由电磁场理论可知，自由空间传播的平面波，其电场强度 $\boldsymbol{E}$、磁场强度 $\boldsymbol{H}$ 和功率密度 $\boldsymbol{S}$ 均为矢量，且成下列关系：

$$\boldsymbol{S}=\boldsymbol{E}\times\boldsymbol{H} \tag{1}$$

表示三者矢量的方向互成正交，按右手螺旋定则，由 $\boldsymbol{E}$ 转向 $\boldsymbol{H}$ 时，大拇指方向即为功率密度 $\boldsymbol{S}$ 的传播方向（电磁波能量传向远方，实现传播目的）；功率密度 $\boldsymbol{S}$ 由 $\boldsymbol{E}$ 和 $\boldsymbol{H}$ 两者辐射值的数量积求得。

在自由空间中：

$$\frac{E}{H}=Z_0 \tag{2}$$

式中，$Z_0$为自由空间波阻抗，$Z_0=120\pi\approx 377\ \Omega$。

因此，实际测量中，$\boldsymbol{E}$、$\boldsymbol{H}$ 中测得一者，即可推算出另一者。由此可得

$$S=\frac{E^2}{Z_0} \tag{3}$$

功率密度的基本单位为 $W/m^2$，常用单位为 $mW/cm^2$ 或 $\mu W/cm^2$。它们之间的换算关系为

$$1W/m^2=0.1mW/cm^2=100\mu W/cm^2 \tag{4}$$

实践中也常引用两个相同量比值的常用对数表示量程范围的宽度，以贝尔（B）为单位，对于功率密度则为

$$P_B=\lg\frac{P_2}{P_1} \tag{5}$$

但 $P_B$是个较大的值，为了使用方便，采用 $P_B$ 的1/10，即以分贝（dB）为单位：

$$P_{dB}=10\ \lg\frac{P_2}{P_1} \tag{6}$$

式中，$P_2$与 $P_1$应采用相同的单位，$P_{dB}$量纲为一。随着式（6）中 $P_1$的单位不同，$P_{dB}$在形式上也可带有某种量纲（表示出参考量），

如 $P_1$ 为 1 W/m$^2$，则 $P_2/P_1$ 是相对于 1 W/m$^2$ 的比值，即以 1 W/m$^2$ 为 0 dB。此时，可以用带有功率密度量纲的 $P_{dB}$ 表示 $P_2$，则

$$P_{dB(W/m^2)} = 10\ \lg \frac{P_{(W/m^2)}}{1_{(W/m^2)}} \quad (7)$$

由此，式（3）可写成：

$$10\ \lg S_{(W/m^2)} = 20\ \lg E_{(V/m)} - 10\ \lg 120\pi$$

$$S_{dB(W/m^2)} = E_{dB(V/m)} - 25.8\text{dB} \quad (8)$$

（蒋忠湧）

xin-zaobi

**信噪比** （signal-to-noise ratio） 规定条件下测得的某种设备或者电子系统中有用信号电平与电磁噪声电平之间的比值。信噪比（SNR）的计量单位是分贝（dB），其计算公式为

$$\text{SNR} = 10\ \lg \frac{P_s}{P_n} = 20\ \lg \frac{V_s}{V_n}$$

式中，$P_s$ 和 $P_n$ 分别为信号和噪声的有效功率，W；$V_s$ 和 $V_n$ 分别为信号和噪声的有效电压，V。

这里的信号指来自设备外部需要通过该设备进行处理的电子信号，噪声指经过该设备后产生的原信号中并不存在的无规则的额外信号（或信息），并且该种信号不随原信号的变化而变化。设备的信噪比越高说明其产生的杂音（干扰信号）越少，即混在有用信号中的噪声越小。（翟国庆）

bixishoulü

**比吸收率** （specific absorption rate，SAR） 又称吸收剂量率，指生物体每单位质量所吸收的电磁波功率，单位为瓦每千克（W/kg）。

比吸收率指的是生物体单位时间（d$t$）、单位质量（d$m$ 或 $\rho$d$V$）吸收的电磁波能量（d$W$）。所以，比吸收率可按式（1）、式（2）计算：

$$\text{SAR} = \frac{\text{d}}{\text{d}t}\left(\frac{\text{d}W}{\text{d}m}\right) = \frac{\text{d}}{\text{d}t}\left(\frac{\text{d}W}{\rho \text{d}V}\right) \quad (1)$$

$$\text{SAR} = \frac{\sigma E^2}{\rho} \quad (2)$$

式中，$E$ 为组织中电场强度的有效值，V/m；$\sigma$ 为机体组织的导电率，S/m；$\rho$ 为机体组织的密度，kg/m$^3$。

$$\text{SAR} = c_h \left.\frac{\text{d}T}{\text{d}t}\right|_{t=0} \quad (3)$$

式中，$c_h$ 为机体组织的热容量，J/(kg·K)；$\left.\frac{\text{d}T}{\text{d}t}\right|_{t=0}$ 为起始时刻机体组织内的温度变化率，K/s。

比吸收能（SA）指生物体单位质量所吸收的电磁波能量（J/kg）。SA 值越低，表明被生物体吸收的电磁波能量越少。（翟国庆）

jiechu dianliu

**接触电流** （touch current） 又称泄漏电流，是人体在电磁场中接触导电物体时产生的通过人体到地的电流，单位为安培（A）。《接触电流和保护导体电流的测量方法》（GB/T 12113—2023/IEC 60990：2016）则将接触电流定义为“当人体或动物接触一个装置或设备的一个或多个可触及零部件时，流过他们身体的电流”。

当电流经过人体时，按照不同人体呈现的反应略有差异，引起人体不同的生理反应的电流可分为 3 个等级：①感知电流，指人体能感觉到的最小电流，通常为 0.5～2 mA；②摆脱电流，指人体触电后能自主摆脱的最大电流，通常为 6～22 mA；③致命电流，指在很短的时间内危及人体生命的最小电流，一般在 50 mA 以上。电流对人体的效应主要有 4 种：感知、反应、摆脱和电灼伤。（翟国庆）

# 实验设施及监测仪器

jianbo

**检波**　(detection)　一种识别振荡、信号或者波本身及其变量是否存在的手段，通常用来提取所携带的信息。

广义的检波通常称为解调，是调制的逆过程，即从已调波提取调制信号的过程。对于调幅波来说，是从它的振幅变化提取调制信号的过程；对于调频波来说，是从它的频率变化提取调制信号的过程；对于调相波来说，是从它的相位变化提取调制信号的过程。

狭义的检波是指从调幅波的包络提取调制信号的过程。有时把这种检波称为包络检波或幅度检波。这种检波的原理是：先让调幅波经过检波器（通常是晶体二极管），从而得到依调幅波包络变化的脉动电流，再经过一个低通滤波器滤去高频成分，就得到反映调幅波包络的调制信号。

主要的检波方式包括峰值检波、准峰值检波、均方根值检波和平均值检波等。对应不同的检波方式组成了相应的检波器，设置在电磁环境的测量仪表中，供不同测量要求选用。

检波器是识别波、振荡或信号存在或变化的器件，通常用来提取所携带的信息。检波器主要包括：①峰值检波器：输出电压为施加信号峰值的检波器。②准峰值检波器：具有规定的电气时间常数的检波器。当施加规定的重复等幅脉冲时，其输出电压是脉冲峰值的分数，并且此分数随脉冲重复率增加趋向于1。③均方根值检波器：输出电压为所施加信号均方根值的检波器。④平均值检波器：输出电压为所施加信号平均值的检波器（平均值必须在规定的时间间隔内求取）。　（邵海江　范方辉）

dianbo anshi

**电波暗室**　(anechoic chamber)　又称电波消声室、电波无反射室、微波暗室、无回波室或吸波室，是进行辐射试验的一种测试场地，在这种测试场地中进行的辐射试验一般可以认为符合电磁波在自由空间中的传播规律。屏蔽室用作辐射测试时会带来很大的测试误差，而在开阔场进行辐射测试时又容易受到外界电磁环境及气候的影响。因此电波暗室是目前使用最为普遍的辐射测试场地。电波暗室是一个大体积的无反射的金属体，当电磁波入射到墙面、天棚、地面时，绝大部分电磁波被吸收，而透射、反射的极少，实质上是内壁挂有吸波材料的屏蔽室。其功能主要有两个：其一为具有完全屏蔽的金属外壳，用来屏蔽外面的电磁场，使得内部不存在各种电磁波的干扰；其二是在内部屏蔽体上全部安装能吸收电磁波的吸波材料，以便在壳体内部形成无反射的区域。

电波暗室的主要工作原理是根据电磁波在介质中从低磁导向高磁导方向传播的规律，利用高磁导率吸波材料引导电磁波，通过共振，大量吸收电磁波的辐射能量，再通过耦合把电磁波的能量转变成热能。电波暗室主要是模拟开阔场，主要用于辐射无线电骚扰（EMI）和辐射敏感度（EMS）测量，电波暗室的尺寸和射频吸波材料的选用主要根据受试设备（EUT）的尺寸和测试要求确定。

**分类** 按照内表面吸波材料的粘贴方式，可分为全电波暗室、半电波暗室和改进型半电波暗室。按照尺寸大小一般可分为最小实用尺寸电波暗室、小型电波暗室、3 m 法电波暗室、5 m 法电波暗室、10 m 法电波暗室。

**全电波暗室** 是一个经过屏蔽设计的六面盒体，在其内部的地板、墙壁和天花板上均覆盖有电磁波吸波材料，吸波材料一般为聚氨酯泡沫材料制成的锥形体，可有效吸收入射的电磁波能量并使其散射大幅衰减，通常同时使用铁氧体和锥形体吸波材料的方法来提高暗室的低频性能。全电波暗室减小了外界电磁波信号对测试信号的干扰，同时，电磁波吸波材料可以减小由于墙壁和天花板的反射对测试结果造成的多径效应影响，用来模拟自由空间传播环境，适用于发射、灵敏度和抗扰度实验。全电波暗室主要用作微波天线系统的参数测量。

**半电波暗室** 在电磁屏蔽室的四壁、天花板上安装吸收材料，地板采用金属导电平面，模拟理想的开阔场，即场地具有一个无限大的良好的导电地平面（见图 1）。在半电波暗室中，由于地面没有覆盖吸波材料，因此将产生反射路径，这样接收天线接收到的信号将是直射路径和反射路径信号的总和。主要用于电磁兼容测量，包括电磁辐射发射测量和电磁辐射抗扰度试验（后者需要在地板上增加额外的吸波材料）。半电波暗室的主要性能指标用归一化场地衰减（NSA）和测试面场均匀性（FU）来衡量。

**图 1　半电波暗室**

半电波暗室是《无线电干扰和抗扰度测量设备和方法规范》（CISPR 16）、《低压电子电气设备在 9 kHz ~ 40 GHz 的无线电噪声发射测量方法》（ANSI C63.4）等标准所允许的开阔场替代场地。目前广泛使用的有 3 m 法和 10 m 法暗室。当半电波暗室的测试结果与开阔场的测试结果有较大的偏差时，CISPR 16、ANSI C63.4 标准规定以开阔场的测试结果为准。

**改进型半电波暗室** 是在接地平板上装有附加吸波材料的半电波暗室。由于电波暗室不仅是辐射骚扰的测试场地，也是抗扰度测试场地。设备抗扰度（设备敏感度）测试时评估 EUT 对来自空间的辐射电磁场的抗扰性能，该测试应在电波暗室中进行，地面上应铺设吸波材料。因此，对于半电波暗室，测试时必须把吸波材料补上，使之没有反射，这就变成了改进型半电波暗室。

**电波暗室的构造** 早期的吸波材料主要为泡沫尖劈型介质材料，其尖端的波阻抗等于空气波阻抗，然后逐渐减小，至末端时波阻抗则接近金属壁的波阻抗。电磁波在从空气经吸波材料入射金属壁的过程中，由于不同传输媒质间的阻抗匹配而不会发生反射。在尖劈内壁渗有碳粉，可以把进入尖劈内部的电磁波能量转化为热能。通常要求尖劈的长度大于最低频率波长的 1/4。例如，对于 30 MHz 的信号，波长为 10 m，则尖劈的长度至少要 2.5 m。可见，在保持电波暗室有效空间不变的前提下，测试频率越低，电波暗室屏蔽外壳的尺寸就越大。

为了缩短尖劈的长度，提高暗室的空间利用率，现在的吸波材料多采用铁氧体和尖劈的复合体。铁氧体材料对低频电磁波具有良好的吸收性能，高频电磁波则依靠尖劈来吸收。在同样吸收性能下，这种组合式吸波材料的长度比单纯尖劈短得多。随着铁氧体技术的发展，目前很多 30 ~ 1 000 MHz 的电波暗室增强型吸波材料甚至只需铁氧体就可以满足测试要求。但是在 1 000 MHz 以上，仍需要组合式吸波材料或尖劈。

**半电波暗室的性能要求** 性能指标主要包括屏蔽效能、归一化场地衰减和场均匀性等。

**屏蔽效能** 主要用来表示电波暗室对外界信号的屏蔽能力，对于屏蔽效能好的电波暗室来说，外界的干扰信号不会进入暗室内影响测试结果。一般对电波暗室的屏蔽性能没有具体的标准。但是用于电磁辐射发射测试的半电波暗室，其屏蔽效能应该满足 CISPR 16 中关于测试场地电平的要求，即测试场地的环境电平至少应比标准规定的限值低 6dB。校验半电波暗室屏蔽性能应在加贴吸波材料前进行。

电磁屏蔽性能一般要求：频率范围为 14 kHz ~ 1 MHz，屏蔽效能 >60 dB；频率范围为 1 ~ 1 000 MHz，屏蔽效能 >90 dB；频率范围为 1 ~ 18 GHz（40 GHz），屏蔽效能 >80 dB。

**归一化场地衰减** 半电波暗室是用来代替开阔场进行辐射测试的，因此半电波暗室的场地衰减特性应当和开阔场相当。CISPR 16 要求半电波暗室的归一化场地衰减与理论值（开阔场）的误差应在 ±4 dB 以内。归一化场地衰减的测量值 $A_N$ 为

$$A_N = V_T - V_R - AF_T - AF_R - \Delta A_F$$

式中，$V_T$ 为发射天线输入电压，dB(μV)；$V_R$ 为接收天线输出电压，dB(μV)；$AF_T$ 为发射天线系数，dB；$AF_R$ 为接收天线系数，dB；$\Delta A_F$ 为互阻抗修正系数，dB。

$A_N$ 只反映了测试场地的性质，与天线和测量仪器没有关系。

归一化场地衰减是开阔场、半电波暗室最重要的性能指标之一。一般采用宽带天线进行场地衰减测量。根据场地的大小，测量距离为 3 m、10 m 或 30 m。测试时发射天线分别置于下述 5 个位置：转台正中心、面向接收天线，转台中心前 0.75 m 处（该点在转台中心与接收天线之间的连线上，即测量轴上）、面向接收天线，转台中心后 0.75 m 处，转台中心左、右各 0.75 m 处（测量轴为左、右侧两点连线的垂直平分线）。

对于发射天线的不同位置，接收天线在测量轴上移动，以保持发射天线与接收天线在测量轴上投影间的距离 $R$ 保持不变。接收天线同时在 1 ~ 4 m 的高度上扫描，以获得最大的输出电压，即 $V_R$。

测量要求在水平和垂直两个极化方向上进行。进行垂直极化测量时，发射天线的中心距地面 1 m。如果 EUT 的高度大于 1.5 m 但不超过 2 m，或者发射天线高度为 1 m 时，发射天线的顶端不超过 EUT 顶部高度的 90%，还应将发射天线放在距地面 1.5 m 处进行测量。进行水平极化测量时，发射天线放置在离地面 1 m 和 2 m 两个高度上进行。两种极化方向下，天线的位置分别见图 2 和图 3。

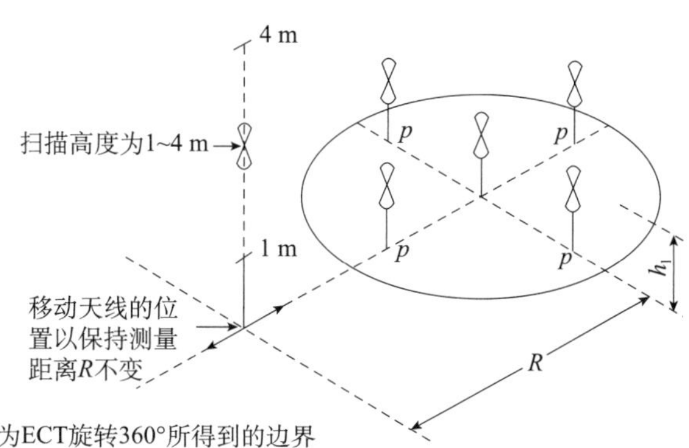


**图 2 垂直极化**

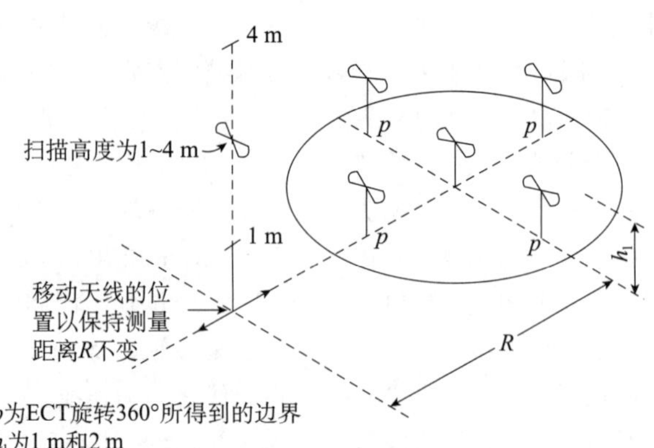


**图3　水平极化**

**场均匀性**　半电波暗室地面在铺设吸波材料后，可以进行电磁辐射抗扰度测试。为了使测试结果具有有效性和可比性，EUT 周围的辐射场强应该充分均匀。《电磁兼容　试验和测量技术第 3 部分：射频电磁场辐射抗扰度试验》（GB/T 17626. 3—2023/IEC 61000 -4 -3：2020）中规定了场均匀性的校准方法：在高于地面 0. 8 m 处的 1. 5 m×1. 5 m 的垂直平面内设 16 个点（见图 4），在每个点上用传感器测试场强，要求在该区域内 75% 的场强偏差应为 0 ~6 dB，即 16 个测试点中至少有 12 个测试点的场强相互之间的差值小于 6 dB。

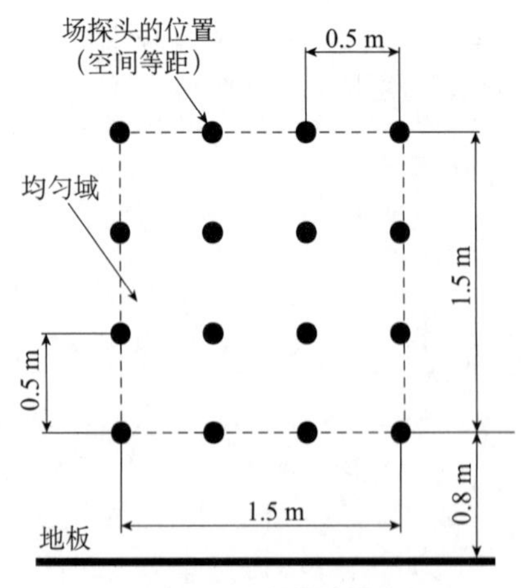


**图4　场均匀性的校准**

**全电波暗室的性能要求**　性能指标主要有静区、反射率电平、交叉极化度、多径损耗等。

**静区**　是室内受反射干扰最弱的区域。一般为圆柱体。例如，3 m 法测试距离的静区一般是一个直径为 2 m 的柱体区域。在静区内，直接到达的能量与从室内任一表面反射回来的能量之比一般要求超过 40 dB。静区的尺寸与暗室的形状、大小、结构、工作频率、所用吸波材料的电性能、静区所要求的形状等有关。一般暗室尺寸越大，其静区将越大。

**反射率电平**　等于反射场强与入射场强之比。

**交叉极化度**　为发射天线与接收天线的极化面分别正交与平行时所接收的辐射场强之比，是用于表示辐射波极化纯度的指标。造成传播的辐射波极化不纯的原因主要有暗室几何尺寸不能严格对称于纵轴，吸波材料铺设不够平直等。暗室的交叉极化度一般要求低于 -25 dB。

**多径损耗**　如果电磁波垂直极化分量和水平极化分量在暗室内传播过程中的损耗不一致，则电磁波的极化面在传播过程中会发生旋转。若发射天线与接收天线的天线极化面平行，并绕自身轴线做同步旋转，则接收天线输出场强的波动不应超过 ±0. 25 dB。

**改进型半电波暗室的性能要求**　与半电波暗室相同。　（闻映红　邵海江）

hengdiancibo anshi

**横电磁波暗室**　（TEM cell）　20 世纪 80 年代发展起来的一种新型的电磁兼容测量装置。它是一个封闭的变形的同轴线结构，即将同轴线的外导体扩展为矩形箱体，内导体渐变为扁平芯板，从而构成了与周围环境隔绝的屏蔽体，受试设备（EUT）置于其中，终端接入匹配负载，当始端激励功率信号时，传输室便建立起横电磁波和电磁场（见图1）。TEM cell 的发展很快，已研制出多种型式的小室，如非对称型、孪生型、吉赫型（GTEM cell）和线阵型等。其中吉赫型是目前应用最为广泛的一种。

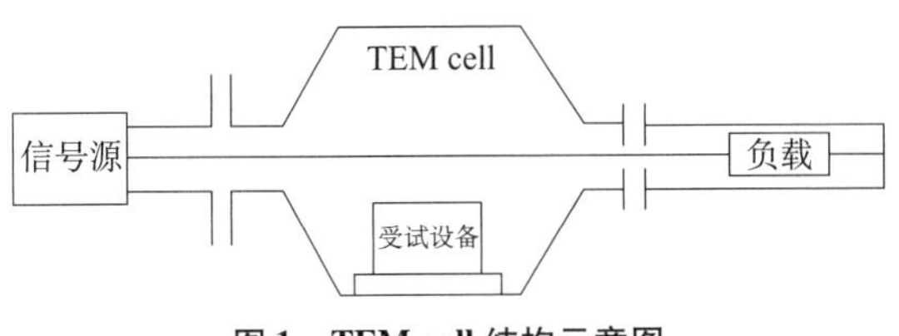


**图1　TEM cell 结构示意图**

**GTEM 小室**　外形类似一倒放的金字塔，其顶端连接一同轴接头，同轴接头的中心导体在小室内部扩展为一直达底部的扇形金属板，称为芯板。芯板的终端采用分布式电阻匹配网络，形成无反射终端。小室的底部还贴有吸波材料，用来对高频电磁波做进一步吸收（见图2）。

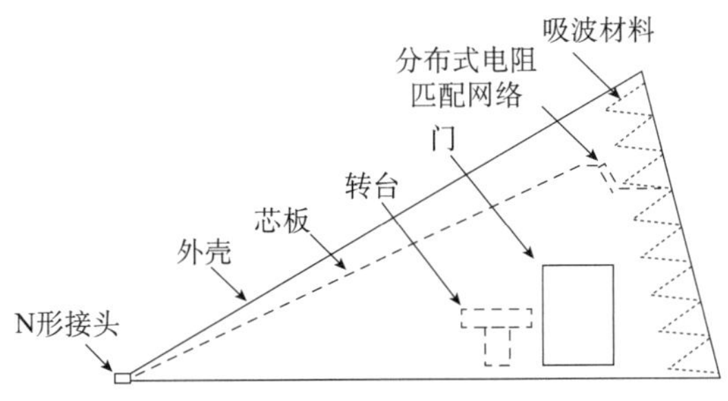


**图2　GTEM 小室示意图**

GTEM 小室本质上是一段扩大的、终端接匹配负载的同轴传输线，其芯板和外壳可分别看作同轴线的内外导体。根据传输线理论，电磁场在同轴线内传播时，其主模是 TEM（横电磁波），因此小室芯片和底板之间传播的波为球面波，由于小室的张角很小，该球面波近似平面波，GTEM 小室主要用作电磁辐射敏感度试验。由于 GTEM 小室采用渐变结构，其上限工作频率可以达到几个 GHz。

**GTEM 小室工作原理**　小室的时域阻抗为 50 Ω 左右，以达最小终端反射。基于传输线理论，当小室馈入端注入功率信号时，在小室内便会产生横电磁波，其波阻抗为 377 Ω，在芯板与底板之间所形成的电场，其方向与横电磁波传播的方向垂直。在阻抗匹配良好的情况下，小室内某段空间场的分布是均匀的，这些都与自由空间的远场电磁波特性相同，相当于模拟了开阔场的电磁环境。因此，可以作为开阔场的替代测试环境，对于测试小型 EUT 的电磁辐射敏感度是非常有效的，并已被纳入相关标准中。

GTEM 小室中的电场强度由下式决定：

$$E = U/h \tag{1}$$

式中，$U$ 为同轴接头输入信号电压，$h$ 为测试点处芯板至底板的垂直距离。在 50 Ω 匹配系统中，场强 $E$ 和输入功率 $P$ 之间的关系为

$$E = \sqrt{50P}/h \tag{2}$$

由式（2）可知，在输入功率不变的情况下，测试点距离同轴输入端越近（此时芯板至底板的垂直距离 $h$ 越小），则获得的场强就越大。在输入功率较小或要求测试场强较大的情况下，可以通过缩短 EUT 与同轴输入端间的距离来获得所需场强。为了尽量减少 EUT 对小室内场结果的影响，通常要求 EUT 的高度不能超过 $h/3$。

**GTEM 的技术性能指标**　主要包括电压驻波比（VSWR）、工作频率、尺寸及其特性阻抗四个方面。

**电压驻波比（VSWR）**　是衡量 GTEM 性能的主要指标之一。从理论上说，GTEM 作为高频传输线，常被看成无损耗传输线，其特性阻抗为纯电阻，其值与频率无关。如果 GTEM 设计成 50 Ω 特性阻抗，保证终端匹配良好，能量将全被吸收而无反射。实际上这是不可能的。电压驻波比就是描述传输线的负载与源之间失配的程度。一般要求 VSWR$<$1.5。

**工作频率**　同轴线属于宽带传输线，GTEM 小室的工作频率范围可从直流至 2 GHz 以上。

**尺寸**　GTEM 小室对 EUT 大小的限制与频

率无关。GTEM 小室的外形尺寸则受工作频率的限制。GTEM 小室的外形尺寸取决于 EUT 的尺寸，而且与小室的有效工作区尺寸有关。GTEM 小室有效工作区的确定根据理论和工程计算，在小室内的场强不均匀度< ±2 dB 的情况下，小室的有效工作区尺寸一般取小于小室外形尺寸的1/3。例如，对于外形尺寸为5.4 m×2.8 m×2.3 m 的5311 型小室在 ±2 dB 范围内的工作区尺寸为 0.5 m×0.5 m×0.36 m；在<4 dB 时，有效工作区尺寸为0.8 m×0.8 m×0.7 m（推荐的最大可用尺寸），但测量误差必定会大一些。国产的 NIM-8815 型 GTEM 小室，外形尺寸为6 m×3 m×2.5m($L\times W\times H$)，均匀场区的尺寸为 0.8 m×0.4 m($W\times H$)。由此可以看出，小室可用的尺寸是有限的。

**特性阻抗** GTEM 小室一般设计为（50 Ω ±5%）的特性阻抗。终端利用分布电阻作电流负载，并用吸波材料作电磁波的吸收负载。

**横电磁波暗室的优点** 因横电磁波暗室可以模拟自由空间的电磁环境，因此，测量精度高；横电磁波暗室的屏蔽性能好，室内能量不会散失。这不仅大大降低了对信号源的功率要求，还避免了在自由空间试验场的电磁污染。GTEM 小室作为电磁兼容（EMC）试验场地，占地空间小，投资少，配套仪器设备简单，测试效率高；GTEM 小室能在足够大的空间前提下，在较宽的频率范围内，快速完成 EMC 测试任务，很适宜小型电子设备的辐射敏感度全相容性测试。

**横电磁波暗室的缺点** 与开阔场和半电波暗室相比，横电磁波暗室的主要缺点是只能形成垂直极化的电场，而不能生成水平极化的电场。而 EMC 测量标准《电磁兼容 试验和测量技术第 3 部分：射频电磁场辐射抗扰度试验》（GB/T 17626.3—2023/IEC 61000－4－3：2020）规定，当对 EUT 进行辐射抗扰度测量时，要求对其分别加以三维电场。在实际应用中，为了弥补这一缺陷，只能在小室内设置非金属承载导轨或转台，对受试 EUT 取不同的方向进行测试。目前，国际上已在研究能产生不同极化电场的横电磁波小室。例如，在小室内再加一块垂直芯板，使之与侧板间形成水平极化电场。另外，横电磁波小室的有效工作区尺寸受场强均匀度的约束太大，因而限制了受试设备的尺寸。 （闻映红）

kuandai celiang yiqi

**宽带测量仪器** （wideband measuring instrument） 又称非选频式宽带测量仪器或综合场强仪，是专门用于测量环境中空间某点工作带宽内全部信号综合电场强度值的仪器。当宽带测量仪器测量电磁场时，仪表相对于工作频率工作在一个宽的频率范围。

**特征** 宽带测量仪具有两个方面的“综合”特征：一方面是宽频带接收，其测量值综合了频带内的所有信号；另一方面由于其是全向探头，其测量结果综合了空间所有方向的信号。现代的宽带测量仪，不仅可以测量空间的综合场强，而且具备可以分别测量 3 个场分量的功能。

宽带测量仪允许一个很宽的频率范围的信号同时进入仪表的各级电路且同时被测量。例如，常用的测量仪，其工作频率为 0 Hz～100 MHz，则它在测量任何一个被测信号时，均开通 0 Hz～100 MHz 的全部频段，这导致宽带测量仪的本机噪声大、灵敏度较低。而窄带测量仪由于采用选频方式，在测量时相对于工作频段工作在一个较窄的频率范围，只允许在这一较窄频率范围的信号进入仪表后级电路。所以窄带测试仪表的本机噪声低、灵敏度高，甚至可比宽带测试仪表灵敏度高 2～3 个数量级。参见选频测量仪器。

**设备结构** 基本结构由宽带天线（传感器）及宽带电压测量仪两部分组成。天线是能量转换的装置，其作用是将空间的场（电场或磁场）转换为其端口电压，该端口电压被电压测量表测量，当已知电场或磁场天线系数时，即可得到场强值。

宽带天线可以分为测量一维场和测量三维场两类。测量一维场的天线由一个振子组成，测量三维场的天线由三个互相正交的振子组成(全向探头)。而天线振子又分为接收电场的振子和接收磁场的振子。接收电场的振子为短的电偶极子，接收磁场的振子为磁偶极子，即小型环天线。

宽带电压测量仪借助计算技术的支持，可以显示、处理、贮存多个探头的信息，具有监测数据的瞬间最大值、指定周期的平均值、三位分量和数据通信等功能，组成一个完整的射频电场（磁场）监测系统，并且所有工作可按编制的程序自动进行。

**工作原理** 全向宽带探头是宽带测量仪器整个系统的关键部件，其技术性能直接决定整个仪器的主要技术指标。接收电场信号的全向宽带探头由三个相互正交的电偶极子、零偏压肖特基（Schottky）二极管、高阻传输线、塑料球形外壳和手柄组成。每个偶极子的长度都远小于波长，例如，长为 5 cm、宽为 2 mm，应严格保证 3 个偶极子相互正交和 3 个偶极子分别与手柄轴线构成的夹角相等，经计算可得每一维偶极子和手柄轴线构成的夹角为 54.74°，将它们均匀配置在中心轴的外缘。

空间某点上任何一个方向的电场可以分解为 3 个相互正交的电场分量。反之，当得知某点处 3 个相互正交的电场分量时，也可以将它们矢量相加，从而确定该点的合成场强（见下图)。

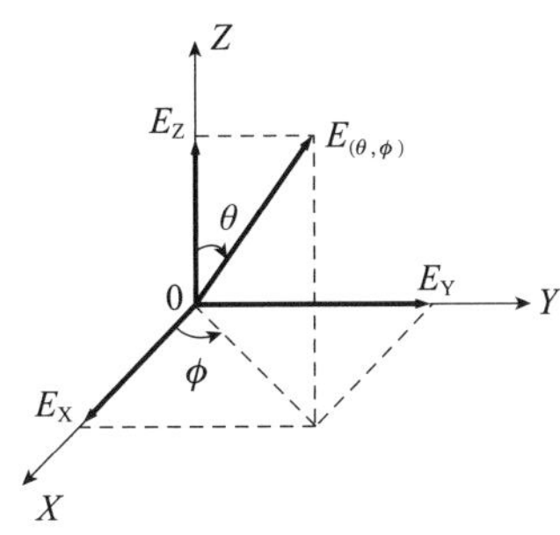


场强叠加原理图

测量时，偶极子只对与其平行的电场响应，每一维偶极子上的射频感应电压与其平行的电场分量成正比，可分别测得 $X$ 轴、$Y$ 轴、$Z$ 轴三维电偶极子感应的射频电压。由于在每一维偶极子上都接有一个呈平方律检波特性的二极管检波器，可得检波后的总输出电压，经过校正，即可表示为对应的场强值。

**对电性能的要求** 使用宽带辐射测量仪实施环境监测时，为了确保环境监测的质量，应对这类仪器的电性能提出基本要求：各向同性误差≤ ±1 dB；系统频率响应不均匀度≤ ±3 dB；灵敏度为 0.5 V/m；校准精度为 ±0.5 dB。

（邵海江　范方辉）

xuanpin celiang yiqi

**选频测量仪器** （frequency selection measuring instrument） 又称窄带测量仪器，是电磁环境测量中，专门用于测量空间某点特定频率范围电场强度量值的仪器。当选频测量仪器测量电磁场时，仪表只允许较窄的频率范围的信号进入仪表后级电路，滤除其余频率的信号。根据所测量信号频谱的不同，选频式射频辐射测量仪器也按检波方式分为两大类，一类采用峰值检波，测量广播电视及通信等较窄的辐射源；另一类采用准峰值检波，测量火花放电等频谱范围很宽的电磁脉冲源。

选频测量仪器通常包括场强仪（干扰场强仪)、频谱仪测量系统、微波测试接收机、干扰测量接收机和频谱测量仪。用于环境中低电平电场强度、电磁兼容、电磁干扰测量。除场强仪（或称干扰场强仪）外，可用接收天线和频谱仪或测试接收机组成的测量系统经校准后，测量环境电磁辐射。

**场强仪（干扰场强仪）** 待测场的场强值为

$$E_{\mathrm{dB}(\mu\mathrm{V/m})} = K_{(\mathrm{dB})} + V_{\mathrm{r\,dB}(\mu\mathrm{V})} + L_{(\mathrm{dB})} \quad (1)$$

式中，$K$ 是天线校正系数，它是频率的函数，可在场强仪的附表中查得。场强仪的读数 $V_r$ 必须加上对应 $K$ 值和电缆损耗 $L$ 才能得出场强值。但近期生产的场强仪所附天线校正系数曲线所示 $K$ 值已包括测量天线的电缆损耗 $L$ 值。

当被测场是脉冲信号时，不同带宽 $V_r$ 值不同。此时需要归一化于 1 MHz 带宽的场强

值，即

$$E_{\mathrm{dB}(\mu\mathrm{V/m})} = K_{(\mathrm{dB})} + V_{\mathrm{r\,dB}(\mu\mathrm{V})} + 20\lg\frac{1}{\mathrm{BW}} + L_{(\mathrm{dB})} \tag{2}$$

式中，BW 为选用带宽，MHz。测量宽带信号环境辐射峰值场强时，要选用尽量宽的带宽。相应的平均功率密度为

$$P_{\mathrm{d}(\mu\mathrm{W/cm^2})} = \frac{10^{\frac{E_{\mathrm{dB}(\mu\mathrm{V/m})} - 115.77}{10}}}{10q} \tag{3}$$

式中，$q$ 为脉冲信号占空比；$K$ 值、$L$ 值查表可得；$V_r$为场强仪读数。由此 $\boldsymbol{E}$ 和 $P_d$可以方便地计算出来。

**频谱仪测量系统** 工作原理和场强仪一致，只是用频谱仪作接收机。对50 Ω 系统，场强值为

$$E_{\mathrm{dB}(\mu\mathrm{V/m})} = K_{(\mathrm{dB})} + A_{\mathrm{dB(m)}} + 107_{\mathrm{dB}(\mu\mathrm{V})} + L_{(\mathrm{dB})} \tag{4}$$

式中，$A$ 为频谱仪读数，$K$ 为测量天线校正因子，$L$ 为馈线读数。

频谱仪的类型不受限制，频谱仪天线系统必须校准。

**微波测试接收机** 用微波接收机、接收天线也可以组成环境监测系统。扣除电缆损耗，功率密度 $P_d$（$\mathrm{mW/cm^2}$）按下式计算：

$$P_{\mathrm{d}} = \frac{4\pi}{G\lambda^2} \cdot 10^{\frac{A+B}{10}} \tag{5}$$

式中，$G$ 为天线增益（倍数）；$\lambda$ 为工作波长，cm；$A$ 为数字幅度计读数，dB；$B$ 为 0 dB 输入功率，dB。

式（1）~式（4）中的$E_{\mathrm{dB}(\mu\mathrm{V/m})}$表示为以 1 μV/m 为参考量（1 μV/m 对应为0 dB）的电场强度分贝数；同理，式（1）、式（2）中 $V_{\mathrm{r\,dB}(\mu\mathrm{V})}$表示以 1 μV 为参考量（1 μV 对应为 0 dB）的电压分贝数；式（4）中 $A$[dB(m)] 表示为以 1 mW 为参考量（1 mW 对应为 0 dB）的分贝数。参见*功率密度*。

由微波测试接收机组成的监测装置的灵敏度取决于接收机灵敏度。天线系统应校准。用于环境电磁辐射测量的仪器种类较多，凡是用于电磁兼容（EMC）、电磁干扰（EMI）目的的测试接收机都可用于环境电磁辐射监测。专用的环境电磁辐射监测仪器，也可用类似频谱仪测量系统组成测量装置实施环境监测。

**干扰测量接收机** 主要用于电磁骚扰（主要表现为电磁噪声）的测量，能够测量被测电压的准峰值、均方根值、平均值、峰值等，其工作频率可以调节，具有相对工作频率很窄的工作带宽。一般由一个线性放大器、一个具有一定放电时间常数的线性检波器和一个具有一定机械时间常数的指示器三部分组成。干扰测量接收机实际上是测量干扰信号通过各种不同的途径传至无线电设备的量值。传导性干扰大多用干扰电压来表示，辐射性干扰大多用干扰场强来表示。

**频谱测量仪** 又称频谱分析仪、频域示波器、跟踪示波器、分析示波器、谐波分析器、频率特性分析仪或傅里叶分析仪等，是研究电信号频谱结构的仪器，用于信号失真度、调制度、谱纯度、频率稳定度和交调失真等信号参数的测量，也可用于测量放大器和滤波器等电路系统的某些参数，是一种多用途的电子测量仪器。主要技术指标有频率范围、分辨率、分析谱宽、分析时间、扫频速度、灵敏度、显示方式和假响应。

现代频谱测量仪能以模拟方式或数字方式显示分析结果，能分析 1 Hz 以下的甚低频到亚毫米波段的全部无线电频段的电信号。仪器内部若采用数字电路和微处理器，则可具有存储和运算功能；若配置标准接口，就可组成自动测试系统。频谱测量仪分为扫频式和实时分析式两类。

**扫频式频谱测量仪** 是具有显示装置的扫频超外差接收机，主要用于连续信号和周期信号的频谱分析。工作于音频直至亚毫米波频段，只显示信号的幅度而不显示信号的相位。工作原理是：本地振荡器采用扫频振荡器，它的输出信号与被测信号中的各个频率分量在混频器内依次进行差频变换，所产生的中频信号通过窄带滤波器后再经放大和检波，加到视频放大

器作示波管的垂直偏转信号，使屏幕上的垂直显示正比于各频率分量的幅值。本地振荡器的扫频由锯齿波扫描发生器所产生的锯齿波电压控制，锯齿波电压同时用作示波管的水平扫描，从而使屏幕上的水平显示正比于频率。

**实时式频谱测量仪** 是在被测信号存在的有限时间内提取信号的全部频谱信息进行分析并显示其结果的仪器。主要用于分析持续时间很短的非重复性平稳随机过程和暂态过程，也能分析 40 Hz 以下的低频和极低频连续信号，能显示幅度和相位。（邵海江 范方辉）

gongpin dianchang celiangyi

**工频电场测量仪** （power frequency electric field measuring instrument） 电磁环境测量中，专门用于测量空间某点工频（我国频率为 50 Hz）电场强度量值的仪器。

**类型与原理** 工频（频率为 50 Hz）电场测量仪由传感器（探头）和检测器（包括信号处理回路及表头）两部分组成。探头的几何尺寸应较小，不能因其介入而使被测电场中各极板表面的电荷分布有明显的变化。工频电场测量仪一般有三种类型：悬浮体型、地参考型和光电型。

**悬浮体型** 探头是两个半球组成的偶极子，沿赤道平面相互绝缘，接在一个低阻抗的测量回路上。将偶极子放入被测工频电场中，就会感应出电流，通过事先经校准获得的电流和场强的对应关系，可以读出相应的场强测量值。

**地参考型** 主要用来测量地面处的场强。探头由一块平板和一个安装在薄绝缘层上的接地电极组成，或者由一薄绝缘层分开的两平行板（下极板接地）组成。在平坦的地面上，这种探头对界面上电荷分布的畸变通常是不大的。当探头用于非均匀场时，所测场强应为探头表面上的平均场强。

**光电型** 利用介质晶体探头中的波克尔氏效应确定电场强度，即在一个完全定向的介质晶体中，电场引发光的折射，它的大小正比于场强。

**工频电场测量仪的校准** 校准需要一个足够大的均匀电场，理想的产生均匀电场装置的特性主要有：①装置的尺寸足够大；②探头不会对产生动电场的电极表面上的电荷分布产生明显的影响；③电场均匀区域足够大，探头放置处场强值的不确定度减小到可接受的水平；④电场不因邻近物体、地面或进行校准的操作人员而产生明显的畸变。

只要两平行极板的距离与板的尺寸相比足够小，就可用平行极板产生校准电场测量探头的幅值和方向确定均匀场强区域。

校准时应将测量探头放在平行极板结构的中央，具体程序如下：①测量仪的每个量程 33% ~100% 范围内至少均匀地取三点，每一点对应一个计算场强；②改变测量仪的位置和方向，得到仪器的最大读数；③在 33% ~100% 量程范围内测得的场强值偏差在计算场强的 ±5% 以内，则认为仪器合格。

**工频电场测量方法** 监测点应选择在地势平坦，远离树木，没有其他电力线路、通信线路及广播线路的空地上。监测仪器的探头应架设在地面（或立足平面）上方 1.5 m 高度处。也可根据需要在其他高度监测，应在结果报告中注明。监测工频电场时，监测人员与监测仪器探头的距离应不小于 2.5 m。监测仪器探头与固定物体的距离应不小于 1 m。

**工频电场测量布点** 分别按照高压输电线路、变电站、地下输电电缆和建（构）筑物进行。

**高压输电线路** 断面监测路径应选择在以导线挡距中央弧垂最低位置的横截面方向上。单回输电线路应以弧垂最低位置处中相导线对地投影点为起点，同塔多回输电线路应以弧垂最低位置处对应两杆塔中央连线对地投影为起点，监测点应均匀地分布在边相导线两侧的横断面方向上。对于挂线方式以杆塔对称排列的输电线路，只需在杆塔一侧的横断面方向上布置监测点。监测点间距一般为 5 m，顺序测至距离边导线对地投影外 50 m 处为止。在测量最大值时，两相邻监测点的距离应不大于 1 m。除在线路横断面监测外，也可在线路其他位置监测，应记录监测点与线路的相对位置关系以及周围的环境情况。

**变电站** 监测点应选择在无进出线或远离进出线（距离边导线地面投影不少于 20 m）的围墙外且距离围墙 5 m 处布置。如在其他位置监测，应记录监测点与围墙的相对位置关系以及周围的环境情况。断面监测路径应以变电站围墙周围的工频电场监测最大值处为起点，在垂直于围墙的方向上布置，监测点间距为 5 m，顺序测至距离围墙 50 m 处为止。

**地下输电电缆** 断面监测路径以地下输电电缆线路中心正上方的地面为起点，沿垂直于线路方向进行，监测点间距为 1 m，顺序测至电缆管廊两侧边缘各外延 5 m 处为止。对于以电缆管廊中心对称排列的地下输电电缆，只需在管廊一侧的横断面方向上布置监测点。除在电缆横断面监测外，也可在线路其他位置监测，应记录监测点与电缆管廊的相对位置关系以及周围的环境情况。

**建（构）筑物** 在建（构）筑物外监测，应选择在建筑物靠近输变电工程的一侧，且距离建筑物不小于 1 m 处布点。在建（构）筑物内监测，应在距离墙壁或其他固定物体 1.5 m 外的区域处布点。如不能满足上述距离要求，则取房屋立足平面中心位置作为监测点，但监测点与周围固定物体（如墙壁）间的距离不小于 1 m。在建（构）筑物的阳台或平台监测，应在距离墙壁或其他固定物体（如护栏）1.5 m 外的区域布点。如不能满足上述距离要求，则取阳台或平台立足平面中心位置作为监测点。

**数据等记录与处理** 在输变电工程正常运行时间内进行监测，每个监测点连续测 5 次，每次监测时间不小于 15 s，并读取稳定状态的最大值。若仪器读数起伏较大，应适当延长监测时间，将每个监测位置的 5 次读数的算术平均值作为监测结果。

除监测数据外，还应记录监测时的温度、相对湿度等环境条件以及监测仪器、监测时间等；对于输电线路应记录导线排列情况、导线高度、相间距离、导线型号以及导线分裂数、线路电压、电流等；对于变电站应记录监测位置处的设备布置、设备名称以及母线电压和电流等。 （邵海江　范方辉）

gongpin cichang celiangyi

**工频磁场测量仪** （power frequency magnetic field measuring instrument） 电磁环境测量中，专门用于测量空间某点工频（我国频率为 50 Hz）磁场强度量值的仪器。

**类型与原理** 工频磁场测量仪主要有磁感应效应仪表和磁光效应仪表两种。磁感应效应仪表利用法拉第电磁感应定律来测量工频磁场，磁光效应仪表利用磁场对光和光磁的互相作用而产生的磁光效应来测量工频磁场。

测量原理是由在工频磁场中的探测线圈感应出电动势，由于感应电动势与待测磁场强度成正比，因此可以通过测量探测线圈中的感应电动势来测定待测磁场。相对电场而言，工频磁场测量仪引起磁场畸变或测量误差的可能性要小，电介质和弱、非磁性导体的邻近效应可以忽略，测量探头可以用一个小的电介质手柄支撑，并可以由测量人员手持。

**工频磁场测量仪的校准** 一般将工频磁场测量探头放入一个基本均匀的幅值和方向确定的磁场中进行校准。磁场可以用载流的圆环形或正方形线圈产生。校准磁场测量仪的磁场均匀区域既可以由单个多匝载流线圈产生，也可以由几个多匝载流线圈按一定的结构组合产生，且线圈形状可以是矩形/正方形或圆环形，只要能够产生足够的均匀场即可。

将磁场探头放在载流线圈产生的均匀磁场内，均匀磁场的区域应足够大，磁场探头放入其中时不会对均匀磁场产生大的影响。对于一个直径为 10 cm 的磁场探头，线圈尺寸应该至少是 1 m×1 m。对于三维磁场探头，应在每个方向上分别对其进行校准。校准磁场仪均匀区域的磁感应强度水平应在 $B$（0，0，0）±10%

内。为减小对校准场的干扰，校准线圈应远离闭合的铁磁物体。

校准的步骤：①校准点选择。对于模拟显示的磁场测量仪，在每个量程 30% ~90% 的范围内至少选取三个校准点。对于自动量程的场强仪，至少应选择三个等边形的校准点，这三个校准点要分布在所有量程的大部分区域。对于场强仪最灵敏的量程，其中的一个校准点应该是该量程最大值的 10%；对于最不灵敏的量程，其中的一个校准点应该是该量程最大值的 90%。②改变场强仪的位置和方位，得到仪器的最大读数。③各校准点的场强值偏差应在计算场强的 ±5% 以内。如果误差超过 10%，则仪器不符合要求。

**工频磁场测量方法** 监测点应选择在地势平坦，远离树木，没有其他电力线路、通信线路及广播线路的空地上。监测仪器的探头应架设在地面（或立足平面）上方 1.5 m 处。也可根据需要在其他高度监测，应在结果报告中注明。监测工频磁场时，监测探头可以用一个小的电介质手柄支撑，并可由监测人员手持。采用一维探头监测工频磁场时，应调整探头使其位置在监测最大值的方向。

**工频磁场测量布点** 分别按照高压输电线路、变电站、地下输电电缆和建（构）筑物进行。

**高压输电线路** 断面监测路径应选择在以导线挡距中央弧垂最低位置的横截面方向上。单回输电线路应以弧垂最低位置处中相导线对地投影点为起点，同塔多回输电线路应以弧垂最低位置处对应两杆塔中央连线对地投影为起点，监测点应均匀地分布在边相导线两侧的横断面方向上。对于挂线方式以杆塔对称排列的输电线路，只需在杆塔一侧的横断面方向上布置监测点。监测点间距一般为 5 m，顺序测至距离边导线对地投影外 50 m 处为止。在测量最大值时，两相邻监测点的距离应不大于 1 m。除在线路横断面监测外，也可在线路其他位置监测，应记录监测点与线路的相对位置关系以及周围的环境情况。

**变电站** 监测点应选择在无进出线或远离进出线（距离边导线地面投影不少于 20 m）的围墙外且距离围墙 5 m 处布置。如在其他位置监测，应记录监测点与围墙的相对位置关系以及周围的环境情况。断面监测路径应以变电站围墙周围的工频磁场监测最大值处为起点，在垂直于围墙的方向上布置，监测点间距为 5 m，顺序测至距离围墙 50 m 处为止。

**地下输电电缆** 断面监测路径以地下输电电缆线路中心正上方的地面为起点，沿垂直于线路方向进行，监测点间距为 1 m，顺序测至电缆管廊两侧边缘各外延 5 m 处为止。对于以电缆管廊中心对称排列的地下输电电缆，只需在管廊一侧的横断面方向上布置监测点。除在电缆横断面监测外，也可在线路其他位置监测，应记录监测点与电缆管廊的相对位置关系以及周围的环境情况。

**建（构）筑物** 在建（构）筑物外监测，应选择在建筑物靠近输变电工程的一侧，且距离建筑（构）物不小于 1 m 处布点。在建（构）筑物内监测，应在距离墙壁或其他固定物体 1.5 m 外的区域处布点。如不能满足上述距离要求，则取房屋立足平面中心位置作为监测点，但监测点与周围固定物体（如墙壁）间的距离不小于 1 m。在建（构）筑物的阳台或平台监测，应在距离墙壁或其他固定物体（如护栏）1.5 m 外的区域布点。如不能满足上述距离要求，则取阳台或平台立足平面中心位置作为监测点。

**数据等记录与处理** 在输变电工程正常运行时间内进行监测，每个监测点连续测 5 次，每次监测时间不小于 15 s，并读取稳定状态的最大值。若仪器读数起伏较大，应适当延长监测时间，将每个监测位置的 5 次读数的算术平均值作为监测结果。

除监测数据外，还应记录监测时的温度、相对湿度等环境条件以及监测仪器、监测时间等；对于输电线路应记录导线排列情况、导线高度、相间距离、导线型号以及导线分裂数、线路电压、电流等；对于变电站应记录监测位

置处的设备布置、设备名称以及母线电压和电流等。（邵海江　范方辉）

hecheng dianchang celiangyi

**合成电场测量仪**　（total electric field measuring device）　测量直流输电线路和换流站地面直流合成电场强度的仪器。主要包括测量探头和数据显示器。合成电场测量仪应能同时测量出地面直流合成电场强度的大小和极性。

**测量原理**　合成电场测量仪的测量探头一方面要能准确测量直流合成电场强度，另一方面要能把截获的离子泄流入地。目前使用的测量探头主要为旋转伏特计（又称场磨）。该测量探头是由每隔一定角度开有若干扇形孔的两个圆片组成。两个圆片同轴安置，两者间隔开一定距离并相互绝缘。上面圆片（动片）随轴转动并直接接地；下面圆片（定片）固定不动并通过一电阻接地（见下图）。

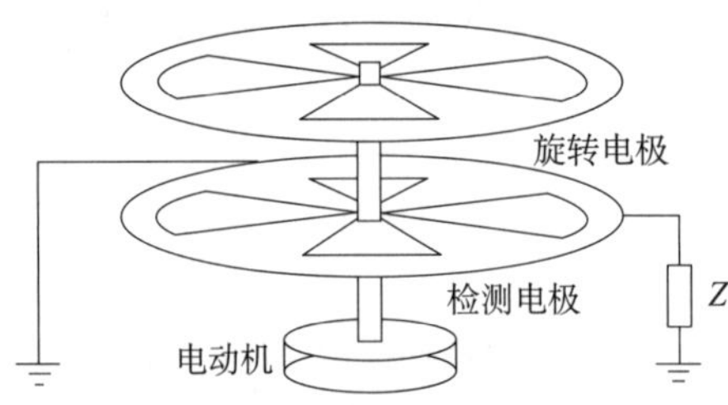


**旋转伏特计测量原理示意图**

当动片转动时，直流电场有时通过动片上的扇形孔作用在定片上，有时被屏蔽。这样在定片与地之间产生了一个交变电流信号。

假设圆片上共有 $n$ 个扇形孔，每个扇形孔面积为 $A_0$，上面动片的角速度为 $\omega$，则当上面动片转动时，下面定片暴露于直流电场的总面积 $A(t)$ 随时间 $t$ 变化，$A(t)$ 与 $t$ 之间的关系为

$$A(t) = nA_0[1 - \cos(n\omega t)] \quad (1)$$

若被测直流电场的场强为 $E$，空气的介电系数为 $\varepsilon$，则定片上感应的电荷 $Q(t)$ 为

$$Q(t) = \varepsilon EA(t) \quad (2)$$

由此可以求得，由直流电场感应的电流 $i_e(t)$ 为

$$i_e(t) = \frac{dQ(t)}{dt} = \varepsilon En^2 A_0 \omega \sin(n\omega t) \quad (3)$$

通过测量 $i_e(t)$ 可以得到直流合成电场强度 $E$。

**校准**　合成电场测量仪必须定期进行校准。在校准时，应将测量探头（旋转伏特计）放在具有均匀电场的平行极板校准装置中。当确信进行校准的合成电场测量仪具有将所截获的离子泄流入地的能力时，可以在施加直流电压的平行极板的直流电场中进行校准；当不能确认合成电场测量仪截获的离子是否能够泄流入地时，还应在平行极板内施加均匀的空间带电离子，在直流合成电场中进行校准。

在校准时，测量探头的放置有两种方式：一种是将测量探头直接放置在校准装置下极板上表面中央；另一种是在校准装置下极板中央开一个比测量探头外径略大的圆孔，将测量探头放置在圆孔内，使测量探头的上表面与下极板上表面处于同一平面。

**测量方法**　测量地面直流合成电场时，可以采用以下任何一种方式安放测量探头：①将测量探头直接放置在地面，且测量探头外壳良好接地。②在不高于地面 300 mm 的位置放置正方形金属板，金属板中间开有直径略大于测量探头外径的圆孔，将测量探头放置在金属板的圆孔内，使测量探头上表面与金属板上表面同高度。测量探头外壳和金属板应良好接地。测量地面直流合成电场时，测量探头的安放方式必须与校准时的安放方式一致。

在使用合成电场测量仪时，可以直接从数据显示器上读出电场数据，也可以通过电缆或无线传输系统将多台合成电场测量仪的数据输送到一台数据采集装置，实现测量数据的自动记录。

测量直流输电线路下方的直流合成电场强度时，所选择摆放合成电场测量探头的通道及其周围应尽量平整、无杂草树木、无建筑物，并且附近应当没有其他电力线路，以免对测量产生干扰。测量换流站的直流合成电场强度时，测量位置应当反映换流站实际情况，但所选择摆放合成电场测量探头的地面及其周围应尽量平整、无杂草。在测量时，工作人员及测量设备应远离测量探头，避免人体和设备等对被测

地面合成电场造成影响。

电晕放电具有随机性，地面直流合成电场会随机波动。因此，在测量地面直流合成电场强度时，需要一段连续的测量时间，以便获取足够数据。直流合成电场强度的大小和分布易受风影响。为了在相同条件下评价直流输电线路或换流站的直流合成电场强度，使测量有重复性，测量应在风速不大于 2 m/s 的条件下进行。

进行直流输电线路的地面合成电场强度测量时，在线路挡距中央导线弧垂最低位置下方地面，沿垂直线路方向，布置合成电场测量探头。当不需要得到地面直流合成电场强度的分布规律曲线，仅需获得最大值时，可仅在极导线下方附近区域呈现峰值处布置测量探头。

换流站直流开关场的管母线以及与管母线相连的跳线以及带电设备，是地面直流合成电场的主要产生源。在测量换流站的地面合成电场强度分布时，应当沿着管母线走向划分不同区域，测量并寻找不同区域地面合成电场强度的最大值，最终得出换流站地面直流合成电场强度的分布。另外，在换流站其他受关注的金属导体或带电设备附近，应当根据现场情况布置地面直流合成电场强度的测量点。

在地面直流合成电场强度的连续测量中，测量数据分散性较大，需要用累计概率的方法进行数据处理，并以统计电场强度 $E_n$ 表示。将监测点合成电场连续测量数据（等时间间隔采样值）按绝对值从小到大排序，第 $n\%$ 个数据称为累计百分合成电场值 $E_n$，其含义是测量时间内有 $n\%$ 的测量数据绝对值小于等于 $E_n$。例如，$E_{95}$、$E_{80}$ 分别表示测量时间内 95%、80% 的测量数据绝对值小于等于 $E_{95}$、$E_{80}$。

（陆家榆　薛辰东）

lizi dianliu midu celiangyi

**离子电流密度测量仪** （ion current density measuring device）　测量直流输电线路和换流站离子电流密度的仪器。离子电流密度测量仪主要包括离子电流采集板和电压测量仪表、电流测量仪表或自动数据采集装置。

**离子电流采集板**　用于截获空间离子，有两个不同程度覆铜的表面。上表面包括覆铜的离子电流采集面、绝缘带和覆铜的屏蔽环；其中离子电流采集面位于上表面的中间区域，外围为绝缘带，绝缘带外围为屏蔽环（见下图）。下表面为全覆铜面。上表面和下表面之间为绝缘板。上表面的屏蔽环与下表面的全覆铜面之间应具有良好的电气连接。离子电流采集面和屏蔽环之间的绝缘带的宽度在保证绝缘的条件下应尽可能小。屏蔽环每边的宽度应大于绝缘带宽度 10 ~ 30 倍。

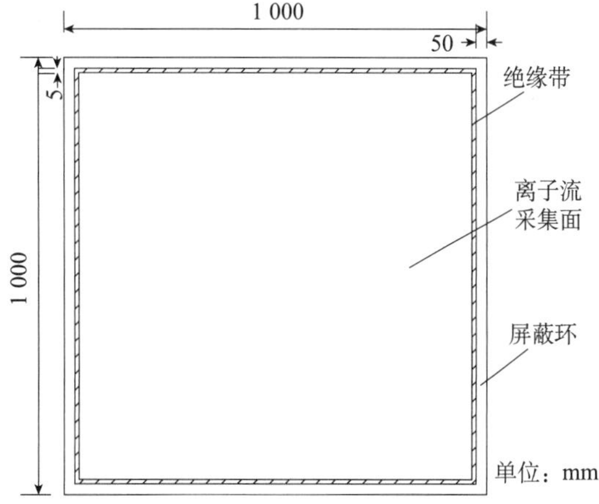

离子电流采集板示意图（上表面）

离子电流采集板的面积应足够大（一般为 1 $m^2$），使其截获的离子电流数值在所使用测量仪器的有效量程范围之内。

**测量方法和原理**　进行离子电流密度测量时，应将离子电流采集板的全覆铜面向下，放在地面上。离子电流采集板的全覆铜面须确保良好接地。通过测量进入离子电流采集面的离子电流，计算得到离子电流密度。

进入离子电流采集面的离子电流可用电压法或电流法测量。

电压法的测量原理为：在离子电流采集面和全覆铜面之间连接取样电阻 $R$，并用直流微伏表测量电阻 $R$ 两端的电压，通过下式计算得到离子电流密度。

$$J = \frac{U}{R \cdot S} \tag{1}$$

式中，$J$为离子电流密度，nA/m$^2$；$U$为取样电阻$R$两端电压，μV；$R$为取样电阻$R$的阻值，一般取1~10 kΩ；$S$为离子电流采集面的面积，m$^2$。

电流法的测量原理为：将直流毫微安表接到离子电流采集面与全覆铜面之间，进行电流测量，通过下式计算得到离子电流密度。直流毫微安表的内阻应小于1 kΩ。

$$J = \frac{I}{S} \tag{2}$$

式中，$J$为离子电流密度，nA/m$^2$；$I$为离子电流采集面输出电流，nA；$S$为离子电流采集面的面积，m$^2$。

可以利用离子电流密度测量仪的电压测量仪表或电流测量仪表，通过人工方式记录离子电流密度，也可以将多个离子电流采集板的输出信号输送到自动数据采集装置，自动记录离子电流密度。

进行直流输电线路的离子电流密度测量时，在线路挡距中央导线弧垂最低点下方，沿垂直线路方向布置离子电流采集板。为了正确测量直流输电线路下方的离子电流密度，所选择摆放离子电流采集板的通道及其周围应尽量平整、无杂草树木、无建筑物；并且附近应当没有其他电力线路，以免对测量产生干扰。

在换流站测量时，测量位置应当反映换流站实际情况，但所选择摆放离子电流采集板的地面及其周围应尽量平整、无杂草。换流站直流开关场的管母线、与管母线相连的跳线以及带电设备，是离子电流的主要产生源。在测量换流站离子电流密度的分布时，应当沿着管母线走向，划分不同区域，测量并寻找不同区域离子电流密度的最大值。最终得出换流站离子电流密度的分布。另外，在换流站其他受关注的金属导体或带电设备附近，应当根据现场情况布置离子电流密度的测量点。在测量时，所有工作人员及测量设备应远离离子电流采集板，以免对空间离子的正常漂移造成影响。离子电流密度的大小和分布易受风影响。为了在相同条件下评价直流输电线路或换流站的离子电流密度，测量应在风速不大于2 m/s的条件下进行。

电晕放电具有随机性，离子电流密度会随机波动。因此，在测量离子电流密度时，需要连续测量一段时间，以便获取足够数据。由于离子电流密度测量数据具有分散性，需要用累计概率的方法进行数据处理，并以统计离子电流密度$I_N$表示。$I_N$为测量时间的百分之$N$所超过的离子电流密度的绝对值。例如，$I_5 = -20$ nA/m$^2$，表示测量期间有5%的时间离子电流密度绝对值大于20 nA/m$^2$，负号表示离子电流为负极性。常以$I_5$、$I_{50}$和$I_{95}$分别表示离子电流密度的统计最大值、统计平均值和统计最小值。

（陆家榆　薛辰东）

# 电磁环境监测

dianci huanjing xianzhuang celiang

**电磁环境现状测量** （status measurement of the electromagnetic environment） 为了解环境中电磁能量分布现状而进行的测量工作。电磁环境现状的测量和研究是环境科学的一项基础工作，它为研究电磁能量分布规律、制定环境标准、预测评价环境质量提供了科学依据。

**测量原则** 包括三个方面：① 应依据环境保护法律法规、环境质量标准、污染物排放标准，以及国家、行业、地方的其他相关规定，遵循科学性、实用性的原则，全面规划、合理布局。② 测量前收集基础资料，收集的资料需保证其有效性，根据环境中现有电磁源种类、背景值、影响因素及地域环境特点，结合工作深度，确定电磁环境现状测量的范围，筛选测量参数。③ 对现状测量值相对较高的区域，应进行全面、详细的调查，摸清底数，通过测量进行定量分析，并给出分析结论。

**测量方案** 电磁环境现状测量主要应考虑测量点位的优化布设和测量方案的规范制定，测量方案至少应包括下述内容：

**现场调查与资料收集** 掌握拟测量区域环境质量标准、污染物排放标准等。

**筛选测量参数** 根据电磁环境相关标准，结合区域环境概况，确定测量参数。

**确定测量范围、点位和频次** 充分考虑拟测量区域的自然环境状况和电磁源分布现状，按照技术规范确定测量范围。结合电磁场时间、空间分布特征，优化布点，并确定测量频次。

**测量条件** 测量的气候条件应符合测量规范的要求，满足仪器标准中规定的使用条件，注明测量环境温度、相对湿度等参数。测量高度取离地面 1.7 ~ 2.0 m，也可根据不同目的选择测量高度。一般情况下测量时间为5:00—9:00、11:00—14:00、18:00—23:00 等城市环境电磁辐射的高峰时段，若 24 h 测量，昼夜测量点不应少于 10 个。测量间隔时间为 1 h，每次测量观察时间不应小于 15 s。

**优化布点** 根据测量目的、测量规范和区域自然环境特点优化布点。测量前需对实际测点进行考察。考虑地形及建筑物的影响，实际测点应避开高层建筑物、树木、高压线以及金属结构等，尽量选择空旷的地方测量。在高层建筑物内测量时，应在各层的阳台或室内选点。

**选取测量仪器** 所使用的仪器必须在频率、量程、响应时间等方面满足测量要求，以保证获得准确的测量结果。测量仪器和装置（包括天线或探头）必须进行定期校准。对于不同的测量应选用不同类型的仪器，以期获取最佳的测量结果。

测量仪器根据测量目的分为非选频式宽带辐射测量仪和选频式辐射测量仪。具有各向同性响应或有方向性探头的宽带辐射测量仪属于非选频式辐射测量仪。各种专门用于 EMI 测量的场强仪、干扰测试接收机，以及用频谱仪、接收机、天线自行组成的测量系统经标准场校准后可视作选频式辐射测量仪。

非选频式和选频式辐射测量仪电性能基本要求见表1和表2。

**表1　非选频式宽带辐射测量仪电性能基本要求**

| 项目 | 指标 | |
|---|---|---|
| 频率响应 | 800 MHz ~ 3 GHz | 探头的线性度应当优于 ±1.5 dB |
| | 在探头覆盖的其他频率上 | 探头的线性度应当优于 ±3 dB |
| 动态范围 | 探头的下检出限应当优于 0.125 W/m$^2$ (0.5 V/m)<br>上检出限应当优于 25 W/m$^2$ (100 V/m) | |
| 各向同性 | 必须对整套测量系统评估其各向同性，各向同性偏差必须小于 2 dB | |

**表2　选频式辐射测量仪电性能基本要求**

| 项目 | 指标 |
|---|---|
| 测量误差 | 小于 ±3 dB |
| 频率误差 | 小于被测量频率的 $10^{-3}$ 数量级 |
| 动态范围 | 探头的下检出限应当优于 0.125 W/m$^2$ (0.5 V/m)<br>上检出限应当优于 25 W/m$^2$ (100 V/m) |
| 各向同性 | 在其测量范围内，探头的各向同性应优于 ±2.5dB |

属于国家强制鉴定的仪器与设备，应依法送检，并在检定合格有效期内使用。属于非强制检定的仪器与设备应按照相关校准规程自行校准或核查，或送有资质的计量检定机构进行校准，校准合格并在有效期内使用。每年应对仪器与设备检定及校准情况进行核查，未按规定检定或校准的仪器与设备不得使用。

**测量人员**　应经过专业培训，考核合格后持证上岗。未取得合格证者，可在持证人员的指导下开展工作，测量质量由持证人员负责。现场测量须有2名以上测量人员才能进行。

**测量质量保证**　目的是确保测量数据（结果）的准确无误以及具备足够的精度。为达到这一预定目的所采取的措施和工作步骤都应全面规划，严格遵循测量技术规范的要求，并要求测量人员规范开展测量工作，由此使测量步骤处于受控状态。测量须委托有资质的单位进行，并在测量布点、仪器、人员、频次等环节进行质量控制。　（邵海江）

mianyu dianci huanjing celiang

**面域电磁环境测量**　(surface domain electromagnetic environment measurement)　为全面调查某区域电磁环境现状水平、分布规律、变化趋势等而开展的电磁环境调查和测量。

**测量原则**　依据环境保护法律法规、环境质量标准、污染物排放标准以及国家、行业和地方的其他相关规定，区域的划分和点位的布设应具备科学性、合理性和可操作性，并应优化测量位置和频次。根据区域电磁源种类和数量、电磁环境能量分布规律、区域地形地貌特点等因素，结合工作要求及深度，确定面域电磁环境的测量范围和参数。

**测量方案**　包括以下八个方面。

**现场调查与资料收集**　应掌握拟测量区域地形地貌、电磁环境本底情况、环境质量标准、污染物执行标准等，收集有足够清晰度的区域测绘地图、电磁源参数表等基础资料。

**测量参数**　根据电磁环境相关标准，结合工作深度及要求，确定测量参数。

**测量范围、点位和频次**　充分考虑拟测量区域的地理环境状况和电磁源分布现状，按照工作要求划定测量范围。充分考虑电磁场时间、空间分布特征，优化布点，明确测量频次。

**测量条件**　应符合测量规范，满足规定的仪器使用条件。建议在无雨、无雪的天气条件下测量。测量原始记录表上应记录环境温度、相对湿度、风速、气压等。

**布点方法**　对面域电磁环境进行测量时，可根据该测量区域的测绘地图，将全区划分为1 km×1 km或2 km×2 km的小方格，一般以方格中心为测量位置。待测区域为城市区域时，也可参考人口分布规律划分若干不等小区，并标明各小区居民的重心地理坐标，从中选择若干有代表性的小区作为测量对象。

按上述方法在地图上布点后，应在测量前

对实际测点进行考察。考虑地形地物影响，实际测点应避开高层建筑物、树木、明显电磁源等，尽量选择空旷地方测试。允许对规定测点进行调整，测点调整最大为方格边长的1/4，特殊地区方格允许不进行测量。需要对高层建筑进行测量时，应在各层平台或室内选点。若进行24 h昼夜测量，测量点不应少于10个。

测点取离地面1.7～2 m处。也可根据不同目的选择测量高度。一般情况下，测量时间可选取5：00—9：00、11：00—14：00、18：00—23：00等环境电磁辐射的高峰时段。测量间隔时间为1 h。

**测量仪器及种类** 测量仪器工作性能应满足待测场要求，主要有非选频测量仪器和选频测量仪器两种。

非选频测量仪器 具有各向同性响应或有方向性探头的宽带测量仪器属于非选频测量仪器。用有方向性探头时，应调整探头方向以测出最大辐射电平。见宽带测量仪器。

选频测量仪器 各种专门用于电磁干扰（EMI）测量的场强仪、干扰测试接收机，以及用频谱仪、接收机、天线自行组成的测量系统经标准场校准后可作为选频测量仪。测量误差应小于±3 dB，频率误差应小于被测频率的$10^{-3}$数量级。自动测试系统中，测量仪器可设置为平均值（适用于较平稳的辐射测量）或准峰值（适用于脉冲辐射测量）检波方式。每次测试时间一般为8～10 min，数据采集取样率为2次/s，进行连续取样。见选频测量仪器。

**测量人员** 测量人员应经专业培训，合格后持证上岗。未取得合格证者，可在持证人员的指导下开展工作，测量质量由持证人员负责。现场测量须有2名以上测量人员才能进行。

**绘制面域电磁环境污染图** 在有比例的测绘地图上标注等场强值线图，或根据需要在各区地图上绘制方格，用填色或各种形状图线表示不同颜色的场强值，并给出图例。

**质量保证** 目的是确保测量数据（结果）的准确无误以及具备足够的精度。为达到这一预定目的所采取的措施和工作步骤都应全面规划，严格遵循测量技术规范的要求，并要求测量人员规范开展测量工作，由此使测量步骤处于受控状态。测量需委托有资质的单位进行，并在测量布点、仪器、人员、频次等环节进行质量控制。

主要质量保证措施有：测量方案必须科学制定，尽量优化；充分考虑测量结果的代表性；测量结果准确可靠，有比对性；数据处理方法正确。 （邵海江）

dianciyuan huanjing celiang

**电磁源环境测量** （environmental measurements of the electromagnetic sources） 在适合的环境条件和工况下，使用专业仪器，由持证人员按照测量规范对环境中各类电磁源的电磁环境影响情况进行测量。

**分类** 按测量对象不同，可分为广播电视设施设备电磁环境测量，通信基站、雷达及卫星地球站电磁环境测量，输变电工程电磁环境测量，工业、科研、医疗设备电磁环境测量和交通运输系统电磁环境测量。

**作用** 准确表征不同电磁源在环境中的电磁辐射影响大小和范围，判断是否符合环境保护要求，为超标程度及超标范围的界定提供依据。

**广播电视设施设备测量方案** 分为四个方面。

**测量环境条件** 环境条件应符合测量规范，满足仪器标准中规定的使用条件，一般应在无雪、无雨、无雾、无冰雹的天气进行测量。环境温度一般为－10～＋40℃，相对湿度小于80%。

**测量场地** 分为固定测量和移动测量两种情况。

固定测量 周围场地应空旷平坦，半径400 m内无建筑物、大批树木等障碍物，要求没有反射杂波到达测量点。应尽量远离主要交通运输道路、高压输电线、变电站、工厂等，确保没有明显干扰。

移动测量 测量点周围应空旷平坦，最好

在前方 200 m 内、两侧及后方 100 m 内无建筑物、树木、高压线等障碍物。

**测量布点** 以辐射体为中心，以间隔 45°的 8 个方位为测量线，每条测量线上选取距电磁源 30 m、50 m、100 m 等不同距离布点，测量范围根据实际情况确定。同时对周围敏感目标及工作人员经常停留的位置进行测量，测点一般距地面或立足点 1.7～2.0 m，也可根据不同测量目的选择测量高度。

根据目前广播电视的播出特点，选择有代表性的工作时段进行测量。若 24 h 昼夜测量，则昼夜测点不应少于 10 个。

**测量方法** 测量电视图像信号场强时，应选用调幅工作状况并读取峰值。场强仪调谐到电视图像载波频率，测量用带宽不小于 120 kHz。测量电视伴音信号或调频广播信号时，选用调频工作状况并读取平均值场强，测量用带宽不小于 120 kHz，若带宽不够，以读取声音中断间隙时的读数为准。测量背景噪声时，可采用准峰值检波方式在各频道有用信号频带附近选一频点进行测量。

**通信基站、雷达及卫星地球站测量方案** 分为三个方面。

**测量环境条件** 应符合测量规范，满足仪器使用的环境条件，建议在无雨、无雪的天气条件下，在通信基站、雷达及卫星正常工作时间内进行测量。

**测量仪器** 根据监测目的分为非选频宽带测量仪器和选频测量仪器。进行电磁源综合环境测量时，采用非选频宽带测量仪器；需要了解多个电磁源中各个源的电磁辐射贡献量时，则采用选频测量仪器。测量仪器的工作性能应满足待测场要求，仪器应定期检定或校准。应尽量选用具有全向性探头（天线）的测量仪器。

**测量布点** 测量前应收集通信基站、雷达和卫星地球站的基本信息，包括名称、编号、建设地点、类型、工作频段、实际发射功率、天线形式等。测量参数一般为功率密度（或电场强度）。通信基站测量点位一般布设在以发射天线为中心、半径 50 m 内，重点布设在可能受到影响的环境保护目标处，根据现场环境情况可对点位进行适当调整。雷达和卫星地球站布点应以辐射体为中心，以间隔 45°的 8 个方位为测量线，每条测量线上选取距电磁源 30 m、50 m、100 m 等不同距离定点测量，测量范围根据实际情况确定。测点一般距离地面 1.7～2.0 m。

**输变电工程测量方案** 分为三个方面。

**测量环境条件** 测量工作应在无雨、无雪、无雾的天气条件下进行，环境相对湿度不宜超过 80%。

**测量仪器** 工频电场和磁场的测量必须使用专用的探头或工频电场和磁场测量仪器。工频电场测量仪器和工频磁场测量仪器可以是单独的探头，也可以是将两者合成的仪器。使用的仪器必须经计量部门检定，且在检定有效期内。

工频电场测量仪器由传感器（探头）和检测器（包括信号处理回路及表头）两部分组成。探头的几何尺寸应比较小，不能因其介入而使被测电场中各电极表面的电荷分布有明显改变。

测量工频磁场强度的仪器主要有磁感应效应仪表和磁光效应仪表两种。

直流输电线路地面合成电场采用直流场强仪测量。直流场强仪包括测量探头和数据显示器或数据自动采集装置，能同时测量合成电场的大小和极性。

**测量方案** 分为工频电场和工频磁场。

**工频电场** 在测量输电线路工频电场随距离变化的衰减规律时，断面监测路径应选择在导线挡距中央弧垂最低位置的横截面方向上。单回送电线路应以弧垂最低位置中相导线对地投影点为起点，同塔多回送电线路应以弧垂最低位置对应两铁塔中央连线对地投影点为起点，测量点应均匀地分布在边相导线两侧的横截面方向上。对于以铁塔对称排列的送电线路，测量点只需在铁塔一侧的横截面方向上布置。输电线路下工频电场一般测至距离边导线对地投影外50 m处即可。变电站围墙外的工频电场测量应在无进出线或远离进出线的围墙外，在距离围墙5 m的地方开始布置测量断面，测量工频电场强度的最大值或衰减变化规律。变电站围墙外工频电场一般测至50 m处即可。

*工频磁场* 测量及布点方法与工频电场相同。

**工业、科研、医疗设备测量方案** 应将测量源放在高度适当并提供额定电压电源的转台上，采用能分别测量辐射场的水平和垂直分量的小口径定向天线进行测量，天线中心离地高度和测量源近似辐射中心离地高度应相同。接收天线和测量源设备间的距离一般取3 m，或根据实际情况调整。测量应在自由空间条件下进行，即地面的反射不影响测量结果。

**交通运输系统测量方案** 分为三个方面。

**测量环境条件** 进行工频电磁场测量时，应在无雨、无雪、无雾的好天气条件下进行，环境相对湿度不宜超过80%。

**测量仪器** 工频电场和磁场的测量应使用专用的探头或工频电场和磁场测量仪器。工频电场测量仪器和工频磁场测量仪器可以是单独的探头，也可以是将两者合成的仪器，均须经计量部门检定，且在检定的有效期内。测量电磁信号场强的仪器应定期计量，并在每次使用时按操作规程进行校正，其频率范围、场强量程、测量精度、标准带宽、检波方式等性能指标应满足测量要求。

**测量布点** 电磁源为城市轨道交通以及电气化铁路时，测量参数为牵引站周围环境保护目标的工频电场强度和工频磁感应强度、沿线测量范围内开放式天线接收电视的电磁环境保护目标电视信号场强和背景无线电噪声场强。测量点位布设在地上线路外轨中心线两侧50 m内，或在牵引站四周边界外5 m处，测量仪器高度一般为1.5 m，也可根据需要调整。

电磁源为磁浮轨道交通系统时，测量因子为牵引站周围环境保护目标的工频电场强度和工频磁感应强度、沿线测量范围内开放式天线接收电视的电磁环境保护目标电视信号场强和背景无线电噪声场强、直流电磁铁产生的静磁场（0 Hz，列车运行）、直流电机的长定子绕组线圈及其供电电缆产生的交流磁场（5 Hz～5 kHz，列车运行）、无线电通信系统电磁波综合电场。测量范围为距地上线路外轨中心线两侧50 m、距牵引站边界外50 m内。

工频电场、磁感应强度、信号场强和无线电噪声场强在牵引站四周边界外5m处均匀布点进行测量，测量仪器高度一般为1.5 m，也可根据需要调整。

直流电磁铁产生的静磁场（0 Hz，列车运行）测点布设在列车运行时车内不同高度处（车内地面、座位处、站立头部处等）和导向轨附近不同距离处。

直线电机的长定子绕组线圈及其供电电缆产生的交流磁场（5 Hz～5 kHz，列车运行）测点布设在不同车速时列车内和导向轨附近不同距离处。无线电通信系统电磁波综合电场强度测点布设在磁浮列车驾驶室车门上方0.5 m处、轨道梁外距天线水平距离10 m、20 m、30 m处。（邵海江）

dianci huanjing leibi celiang

**电磁环境类比测量**（analog measurement of the electromagnetic environment） 通过测量已有的某一电磁设施周围电磁场分布，来了解拟分析的电磁设施产生的电磁场，两者应为同一类电磁设施，有相同或相近的功率、频率等影响电磁场分布的主要参数。已有的电磁设施一般称为类比测量对象。

电磁环境类比测量前应选择关键属性相似的类比对象，在充分论证类比可行性的基础上，通过对类比对象电磁环境的测量，对尚未确定的拟分析对象的电磁环境提前做出预测、分析和评估，为分析能量分布规律、确定超标程度和范围、制定环境保护措施提供科学依据，是电磁环境科学测量、分析和评价工作中常用的分析方法之一。

**类比条件** 不同电磁源种类类比条件如下：

**广播电视设施设备** 分为中波广播、短波广播和调频广播与电视。类比测量对象与拟分析对象应属于同一种类，具有相同或相近的工作频率、发射功率、天线形式和增益倍数。类比测量时应选择空旷平坦的场地，周围无建筑物、树林、高压线等干扰物，在与拟分析对象相同的工作时间段进行测量。

**通信基站、雷达及卫星地球站** 通信基站类比测量对象应与拟分析对象属于同一工作频段，具有相同的天线形式和支架类型，俯仰角、天线高度、载频数、发射功率和增益倍数等参数相同或相近，测点至天线面板的直线距离和净空距离应基本相同。雷达及卫星地球站要求类比测量对象与拟分析对象有相同或相近的输出功率、天线直径和工作波长。

**输变电工程** 类比测量对象与拟分析对象有相同的电压等级。变电站、换流站布置形式相同，建设规模、总平面布置、主变和无功补偿装置容量相同或相近；测量时充分考虑测点至围墙的距离和进出线方位。输电线路类比测量对象及拟分析对象二者之间应具有相同的电压等级、回路数、相序和杆塔架设形式，其他参数如导线型号、截面积、分裂数、载流量相同或相近，测量时充分考虑下相导线离地距离、测点至边相导线投影线的水平距离等。

**工业、科研、医疗设备** 类比测量对象与拟分析对象应为同一种设备，工作频段、输出功率等技术参数相同或相近，测量时有相似或相同的周边环境，工作负荷应尽量相同。

**交通运输系统** 类比测量对象与拟分析对象应为同一类型的轨道交通系统（城市轨道交通、电气化铁路或磁浮轨道交通系统），类比测量对象已投运的牵引站和供电系统与拟分析对象电压等级、建设规模和主变容量相同，布置形式相同或相似。

**类比测量布点** 不同电磁源的布点方式如下：

**广播电视设施设备** 类比测点应离主要交通运输道路、高压输电、变电站、工厂等较远，不受明显干扰，距地面或立足点 1.7～2.0 m。根据目前广播电视的播出特点，选择有代表性的工作时段进行测量，若 24 h 测量，则昼夜测点不应少于 10 点。以类比测量对象为中心，间隔 45°的 8 个方位为测量线，每条线上选取距场源 30 m、50 m、100 m 等不同距离定点测量，或根据实际情况确定测点。

**通信基站、雷达及卫星地球站** 类比测量对象为通信基站时，点位一般布设在以发射天线为中心的半径 50 m 内，探头距地面（立足点）1.7 m，根据不同测量目的，可调整测量高度。类比测量对象为雷达及卫星地球站时，在正常工作时间内进行测量，测量高度取离地面 1.7～2.0 m，布点时以辐射体为中心，按间隔 45°的 8 个方位布设测量线，每条测量线上选取距场源分别为 30 m、50 m、100 m 等不同距离进行测量，测量范围根据实际情况确定。

**输变电工程** 类比测量对象为变电站、换流站和输电线路等电力设备时，变电站和换流站的工频电磁场测量一般选在无进出线或远离进出线的围墙外，在距离围墙 5 m 的地方布点，一般测至距围墙 50 m 处即可。交流输电线路工频电磁场测量的测点应选在地势平坦，远离树木，无其他电力线路、通信线路及广播线路的空地上，探头离地 1～2 m，一般选取 1.5 m。测量直流输电线路合成电场时，在线路挡距中央导线最低位置下方地面，沿垂直线路方向布置测量点。相邻测点之间的距离选择应考虑地面合成电场变化趋势。在地面合成电场正负最大值附近，测点间距可取 1～2 m，在其他位置可取 3～10 m。

**工业、科研、医疗射频设备** 类比测量对象为工业、科研、医疗射频设备时，应将设备放在高度适当并提供额定电压电源的转台上，采用能分别测量辐射场水平和垂直分量的小口径定向天线进行测量，天线中心离地高度和拟类比测量设备的近似辐射中心离地高度相同。接收天线和拟类比测量设备间的距离一般取 3 m。类比测量应在自由空间条件下进行，即地面的反射不影响测量结果。

**交通运输系统** 类比测量对象为城市轨道

交通和电气化铁路配套建设的牵引供电系统时，在变电站或牵引站四周边界外5 m处，以及距地上线路外轨中心线两侧50 m内布点测量，探头离地高度为1～2 m，一般选取1.5 m，测量因子为工频电场和磁感应强度。类比测量对象为磁浮轨道交通系统时，列车内工频电磁场的类比测量应在不同的车速下（加速或减速）、不同车厢座位之间，测量距地面1.5 m处的工频电磁场强度。直流电磁铁产生的静磁场（0 Hz，列车运行）应测量列车运行时车内不同高度处（车内地面、座位处、站立头部处）静磁场强度和导向轨附近不同距离处直流磁场。直线电机的长定子绕组线圈及其供电电缆产生的交流磁场（5 Hz～5 kHz，列车运行）应测量不同车速时列车内和导向轨附近不同距离处、离地1 m高处的低频磁场频率分布情况和该相应频段的磁感应强度峰值。无线电通信系统电磁波综合电场强度应在磁浮列车驾驶室车门上方0.5 m处、轨道梁外距天线水平距离10 m、20 m、30 m处测量。

（邵海江）

# 环境评价

huanjing diancichang gongzhong pulu

**环境电磁场公众曝露** （public electromagnetic field exposure in the environment） 公众成员在生活与工作环境下经受到的所有电磁场曝露（不包括本人职业曝露和医疗过程中的曝露）。按世界卫生组织（WHO）的严格定义，“曝露”是指达到某目标系统（通常指人）处（或摄入体内），某特定物剂（通常为物理、化学等物质或作用因子）的浓度、量或强度。在描述人体与特定物剂的相互关系时，“曝露”作为术语在国内各界经常被译为“暴露”“接触”“照射”等同义词。“公众”是指全部人口，既包括所有年龄和不同健康状况的人，也包括特定的脆弱群体或个人，如体弱者、老人、孕妇、婴儿和幼童。

不同人群承受电磁场曝露的能力可能有所不同。因此，在制定标准限值时，通常对普通公众和曝露于已知职业曝露环境中的成年工作人群规定不同的曝露限值，对公众曝露赋予更大的安全因子。这样的区分是承认工人能更好地控制其职业曝露的水平和时间，并能对工作人员提供指导和培训。另外，工作人员通常是处在医学监控下的健康的成年人群。而普通公众是由具有不同健康敏感度、不同年龄和不同疾病的人们组成的。他们无须具备关于电磁场曝露或如何减少曝露的知识。因此在公众曝露限值中加入一个附加的安全因子是合理的（参见*电磁环境标准*）。

环境中广泛存在各种具有不同频率的电场、磁场和电磁场。从环境健康及人体作用机制角度，大致可划分为“电离辐射”与“非电离辐射”两大区段。非电离辐射电磁场的共同点是，与处在电磁频谱图高端的电离辐射（如放射性材料发出的γ射线、X射线等）不同，其光子能量非常微弱，以致无法断开细胞分子间的联系，因此不会产生电离作用。但是，即使在同一非电离辐射频段内，不同频率电场、磁场和电磁场的存在形式、人体作用机制、生物效应及健康后果也有诸多不同（参见*电磁场生物效应*）。因此，针对不同频率，用于衡量或限制公众曝露的物理量（电场、磁场及电磁场）是不同的；对不同电磁源，因其在周围产生的电场、磁场和电磁场频率不同，允许的曝露限值也是不同的。对某些产生多种频率成分电磁场的电磁源，在进行标准相符性评价时，有必要按照相应评估与测量标准的规定，通过频谱分解进行频率加权或采用时域加权的方法进行评估，不能与某一基准频率的限值作简单对照（参见*电磁环境标准*）。 （杨新村）

dianci huanjing biaozhun

**电磁环境标准** （electromagnetic field standards for limits of human exposure in the environment） 以保护人类健康为目标，限制环境中人体电磁场曝露的电磁场标准。国际上通常把电磁场标准分为三类：曝露标准，排放标准以及测量与评价标准。所有这些标准互相呼应与协调，构成完整的电磁场标准体系。就属性而言，电磁环境标准是国家权威部门制定的电磁场曝露标准。

**曝露标准** 是保护个人电磁场曝露的基本标准，它是针对生活和工作环境中产生电磁场的所有装置形成的人体总曝露的限制，通常是全身或部分人体曝露于任何数量的产生电磁场（EMF）的装置时的最大允许水平。这类标准通常已含有足够的安全因子，以保护人体不致受到有害的健康影响。就对各国的法律效力而言，曝露标准通常可分为国际曝露标准和国家权威部门结合国情制定的电磁场环境标准两类。

**国际曝露标准** 通常又称国际曝露导则。世界卫生组织（WHO）向各成员国推荐的国际曝露标准是国际非电离辐射防护委员会（ICNIRP）以及电气与电子工程师学会/国际电磁安全委员会（IEEE/ICES）发布的自愿性、指导性标准。它们秉承以科学证据为依据的原则，以对电磁场健康风险全面评估为基础，对不同人群赋予了不同的安全因子后给出保护限值。2020年，在全球已开展的健康风险评估基础上，《限制电磁场曝露导则（100 kHz ~ 300 GHz）（2020）》已正式发布，ICNIRP针对非电离辐射全频段的曝露标准体系已完成新一轮更新（参见国际非电离辐射防护委员会）。2019年，IEEE完成了针对100 kHz以上高频电磁场曝露标准的修改并将其与100 kHz以下低频段标准合并，形成了非电离辐射全频段曝露标准。

国际曝露标准为国家机构提供了指导，并有利于全球标准的协调化。国际曝露标准也是制定各类环境控制标准、产品排放标准以及测量与评价标准的依据和基础标准，是电磁场标准体系中的基础标准与核心标准。但只有在一国政府把国际曝露标准纳入自己的法规体系中时，它才对该国具有法律约束力。

**国家电磁环境标准** 是国家权威部门通过法定程序发布的保护个人电磁场曝露的强制性标准。世界卫生组织要求各国政府采纳并尊重国际电磁场曝露标准，并以国际电磁场曝露标准为基础，制定各国自己的强制性标准。《电磁环境控制限值》（GB 8702—2014）是我国现行的强制性电磁环境标准。

**排放（发射）标准** 排放标准为电气装置设置了各种限制规定，通常是基于工程方面的考虑。例如，使其与其他电气设备间的电磁干扰最小化，但也必须满足人体曝露标准的要求。一系列的“排放标准”已由IEEE、国际电工委员会（IEC）、欧洲电工标准化委员会（CENELEC）及其他国家标准化权威机构制定。通常，设定排放标准的目标是确保由不同装置发出的集合曝露足够低，以使实际应用中，即使附近有产生电磁场（EMF）的其他装置，也不会导致超过曝露限值。

**测量与评价标准** 测量标准规定了如何检验是否符合曝露与排放标准。它们提供了如何测量装置或产品的电磁场曝露的方法，包括如何对多频率源进行测量、评价，以及移动电话比吸收率（SAR）值的虚拟测量等。一系列测量与评价标准已由IEC、IEEE、CENELEC、国际电信联盟（ITU）以及其他标准化机构制定。

**设定电磁场曝露标准限值的关键因素** 制定曝露限值的目的是防止来自不同频率电场、磁场和电磁场的有害健康影响。其中涉及危害阈值、安全因子、基本限值和参照水平、不同人群的防护以及多频率电磁源的频率叠加等关键因素。

**危害阈值** 针对不同频段电磁场的不同生物效应，国际曝露标准在确定曝露限值时的首要任务是确定曝露产生有害影响的阈值水平。将科学证据表明低于该水平的曝露没有发现健康危害的最低曝露水平判定为阈值。考虑对生物学影响的认知不够充分，以及在确定阈值时存在的一些不确定因素，通常会引入一个与不确定程度成比例的安全因子值，将两者充分结合从而得到最终的曝露限值（见下图）。这个方法是国际主流标准制定的基础，尤其是ICNIRP国际导则（ICNIRP，1998，2010）和IEEE/ICES标准（IEEE，2004，2005）制定的基础。采用该方法的前提是对所涉及的作用机制有足够的了解，并且确认存在确实的阈值。

同时，采用该方法还以缺乏长期、低水平曝露累积危害的证据为依据（见电磁场健康风险评估和电磁场致癌性评估）。

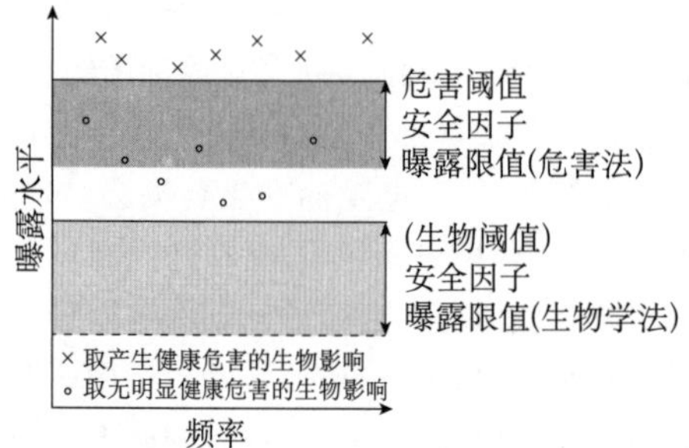


**采用危害阈值和生物学法的曝露限值确定方法**

目前国内存在另一种采用“生物学法”确定曝露限值的提议（见上图）。该建议设想将曝露阈值确定到低于可观察到生物影响的水平。这个方法否定健康风险评估的必要性，也不需要对作用机理有彻底的了解。世界卫生组织认为，这种方法将产生过分保守的标准，不仅限制了技术进步，而且从损失技术发展带来利益的角度来看，也是不可接受的，因为这种方法所防护的只是存疑的风险；同时，生物效应不能等同于健康危害，参见电磁场生物效应。

**安全因子** 健康保护标准中采用安全因子的意图是弥补现有的科学知识中未知的或未确定的部分。其中，阈值水平的不确定性来源于很多方面，如从动物实验数据推断对人类健康的影响、不同类别和个体的敏感性差异、剂量－反应作用统计学上的不确定性、剂量的评估以及不同频率曝露和其他环境因素的综合影响等。

一般情况下，急性的生物影响能被精确地量化。因而，防止这些影响的曝露限值不需要较大的安全因子。当曝露和有害后果的关系不确定性较大时，则需要有较大的安全因子。

**基本限值和参照水平** 基本限值是直接建立在健康影响以及生物考虑的基础之上反映“剂量”概念的物理量限值。故在新发布的IEEE C95.1—2019中，将“基本限值”直接改称“剂量参照限值”（缩写为DRL）。在低频范围（1 Hz～100 kHz），基本限值是体内电场（$E$，V/m）或体内电流密度（$J$，A/$m^2$），它是为了防止在易兴奋组织（如神经和肌肉细胞）中的有害影响；在高频范围（10 MHz～10 GHz），基本限值是比吸收率（SAR，W/kg），它是为了保护全身热应力和局部发热的。在中频范围（100 kHz～10 MHz），其限值是体内电场、电流和SAR三者。而在更高的频率范围（10～300 GHz）下，基本限值是入射的功率密度（$S$，W/$m^2$），它是为了防止邻近或表皮上的组织过热。只要不超出这些基本限值，就可确认不会发生已知的急性有害健康影响。

由于基本限值通常是体内一个难以测量的量，于是在实际曝露评估中引入其他一些量，以便制定可测、可控的限值指标，用于确定基本限值是否可能超出。这些可测量的限值在国际曝露标准中被ICNIRP称为“参照水平”；被IEEE称为“曝露参照水平”（ERL）或“最大允许曝露水平”（MPE）。它们对应于在最不利曝露条件下的基本限值。参照水平的物理量是电场强度（$E$）、磁场强度（$H$）、磁感应强度（$B$）、功率密度（$S$）、肢体电流（$I_L$）、接触电流（$I_C$）以及脉冲场的比能量吸收（SA）。国际曝露标准指出，超过参照水平并不表示就一定超出了基本限值。但在这样的情况下，必须检测与相关基本限值的相符性并且确定是否需要附加保护措施。

**不同人群的防护** 世界卫生组织指出，不同人群承受电磁场曝露的能力可能不同：人群中可能存在对曝露敏感的个体；某些药物可能对曝露承受力产生不利影响；患病的人可能对附加的压力特别敏感。因此，对不同的人群制定不同的导则水平是很有必要的。在制定导则限值时，对电磁场曝露更敏感的人群采用了更大的安全因子。国际曝露标准中的公众曝露限值对保护包括老人、儿童、孕妇在内都是安全的（参见环境电磁场公众曝露）。ICNIRP在其2010年的标准中明确，术语“公众”是指全部人口。既包括所有年龄和不同健康状况的人，也包括特定的脆弱群体或个人，如体弱者、老人、怀孕女工、婴儿和幼童。ICNIRP明示了公众曝露限值对特殊人群的适用性。

**多频率电磁源的频率叠加** 不同频率电场、磁场和电磁场的生物效应及健康后果不同（参见*电磁场生物效应*）。因此，针对不同频率，限制公众曝露的电场、磁场及电磁场的物理量是不同的；对不同电磁源，因其在周围产生的电场、磁场和电磁场频率不同，允许的曝露限值也不同。

对某些产生多种频率成分电磁场的电磁源（特别是家用电器及一些用电设备），由于它在周围产生的电磁场不是以单一50 Hz频率为主的。因此，在对某种包含多种频率的电磁源进行标准相符性评价时，不能与某一基准频率的限值做简单对照。除选择能覆盖其工作频率的测量仪器外，有必要按照相应的测量与评价标准的规定，通过频谱分解进行频率加权或采用时域加权的专用仪器或方法进行评估，由此才能得出是否超标的判断。（杨新村）

guoji diancichang jihua

**国际电磁场计划** （International Electromagnetic Field Project） 世界卫生组织（World Health Organization，WHO）于1996年发起的，针对电磁场健康风险进行全面风险评估的一项国际协同计划项目。

针对全球普遍关切的曝露于各类电磁场是否可能造成有害健康影响的问题，以及由此引起的争议或冲突已在一些国家产生明显的经济后果这一事实，WHO于1996年5月设立了“国际电磁场计划”国际协同项目，旨在对电磁场的健康风险进行全面的评估。项目集中了近期全球在此问题上所取得的知识和主要国际机构、国家机构与研究院所的可利用资源，组织了独立的科学同行评审团队，分别针对静态场、极低频场和射频场，按健康风险评估的科学程序，针对各种潜在健康后果，对已有的科学证据进行深度的全面复核。最终结论均反映在全面风险评估官方文件——《环境健康准则》（EHC）中。

“国际电磁场计划”项目由WHO日内瓦总部管理，该组织是唯一获得明确授权，评估非电离辐射人体曝露有害健康影响的联合国机构。60多个成员国家及多个国际组织参加了该项工作，中国已于1998年以成员国的名义正式加入该计划。其中，针对0～300 Hz静态及低频电场和磁场的健康风险评估已于2006年完成；针对移动通信频率（射频）的全面健康风险评估（包括致癌性证据评估及通过国际调查识别潜在健康后果）的任务也已完成。反映射频场健康风险评估最终结论的EHC草案也已拟就，进入专家咨询阶段，准备提交项目任务组讨论后发布。

该计划的目标是为各国电磁环境管理机构提供新的全面健康风险评估结论与保护建议，并提供关于风险感知、交流和管理的社会公共信息。

WHO“国际电磁场计划”的组织框架包括“国际电磁场计划”秘书处协调下的三个委员会：国际顾问委员会（IAC）、研究协调委员会及标准协调委员会。支持并参与此计划的国际组织包括欧洲委员会（EC）、国际癌症研究机构（IARC）、国际非电离辐射防护委员会（ICNIRP）、国际电工委员会（IEC）、国际劳工组织（ILO）、国际电信联盟（ITU）、北大西洋公约组织（NATO）、联合国环境规划署（UNEP）等。英国国家辐射防护局（NRPB）、美国国家环境卫生科学研究所（NIEHS）、美国国家职业安全卫生研究所（NIOSH）、日本国家环境研究所（NIES）等独立的WHO科研合作机构承担了项目研究工作。

WHO“国际电磁场计划”的工作框架见下图。“国际电磁场计划”评估过程中发布的多个官方文件是经WHO国际顾问委员会逐篇审查后批准发布的。它们代表了WHO“国际电磁场计划”研究形成的正式意见，对各国政府与公众了解问题真相起到了很好的效果。该文件在一些国家被引用为法庭证据文件。

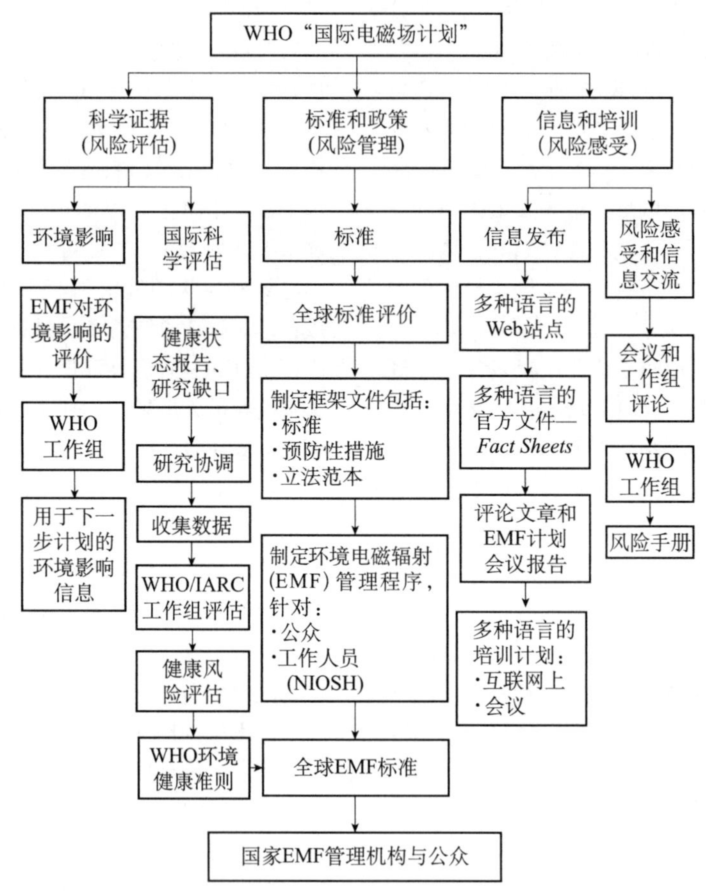


**WHO“国际电磁场计划”的工作框架**

（杨新村）

diancichang shengwu xiaoying

**电磁场生物效应** （biological effect of electromagnetic field exposure） 电磁场曝露引起生物系统内某种可注意到或可检测到的生理变化。当生物效应超出生物体正常的补偿范围时，就可能产生健康后果，并对健康或良好的身体状态造成损害。生物效应可通过人体直接感受、动物实验、实验室细胞研究、临床研究以及流行病学研究等渠道反映出来。

在识别任何实际的健康危害之前，对生物效应和有害健康影响（健康危害）做清晰的区分是很重要的。一些生物效应可能对健康没有影响，有些可能会产生有益的结果，而另一些可能导致病理状态，即产生不良的健康影响。例如，日光产生热量可使皮肤中血流加快；阳光曝露可御寒，或帮助躯体活化维生素D等，就是有益健康的生物效应。但日光灼伤或可致皮肤癌等属于有害健康影响。

限制电磁场曝露的标准及其限值不应以避免生物效应为目标来制定，标准及其限值是为防止所有已确定的有害健康影响提供保护。

根据世界卫生组织（WHO）的章程，健康指的是生理、心理和社会的完好状态，而不仅是没有疾病或虚弱。由低频电场中接触电流或火花放电引起的烦恼本身可能不是病理性的，但如果发生，可能对人的生理和心理的良好状态造成影响，可能会被看作不良健康影响，应采取工程和管理的措施予以防止。

**不同频率电磁场的生物效应** 电磁场曝露对生物系统产生何种影响，取决于电磁源的频率（波长）及其能量的大小。0～100 kHz 低频电场与磁场（通常统称为电磁场）已确认的主要生物效应是体内感应电场与电流对神经与肌肉组织的刺激；家庭低水平磁场曝露与儿童期白血病之间的关联性并未得到证实。电磁场频率超过 100 kHz，需要考虑电磁场的能量在体内被吸收及热效应。其中，在 100 kHz～10 MHz 频率范围内，需要同时考虑电磁场的体内发热效应及体内感应电场对神经与肌肉组织的刺激。在 10 MHz 及以上频率范围，电磁场的生物效应是由体内（10 GHz 以下频率）或体表浅层组织内（10 GHz 以上频率）的温升来决定的。生活环境中射频（RF）场曝露非热效应的长期健康危害并未得到证实。

因为不同频率电磁场具有不同的生物效应，所以针对低频电磁场和不同频率的射频场，监测与评价的环境影响因子物理量与标准限值都不同。

**类型** 在电磁场环境健康领域，从不同角度经常会提及的生物效应类型包括长期效应与短期效应、直接效应与间接效应、热效应与非热效应。

**长期效应与短期效应** 长期效应是指电磁场曝露后长时间才能显现的生物效应。短期效应是指曝露中或曝露后短期内即出现的生物效应。在电磁场国际导则（ICNIRP 2010）中，还使用了与长期效应有关但有所区别的术语——长期曝露，指在所涉及的生物系统寿命期大部分时间内的曝露，持续期可能从几星期到许多年。而短期效应所产生的影响又被称为急性影响，指短期、即刻产生的结果。

国际曝露标准制定机构均遵循以“已确定的证据”作为制定限值基础的原则。全球生物电磁学术界长期寻求、证实电磁场是否确实存在长期效应，主要着眼于在标准限值以下的低水平、长期电磁场曝露是否存在不利的健康后果。目前国际上已完成的大规模的电磁场健康风险全面评估均未能证实低频电场、磁场和射频电磁场的低水平、长期曝露的有害健康影响。因此，只有已被确认的短期效应成为制定国际曝露限值的依据。

**直接效应与间接效应** 直接效应是指由电磁场与生物体结构之间的直接相互作用产生的生物效应。间接效应来自人与带有不同电位的物体（如场中的金属）发生物理接触时发生的电荷转移，从而产生流过人体的接触电流。接触电流超过限值，会导致肌肉和/或末梢神经刺激。随着电流的增强，这种现象可以从产生感觉、导致疼痛到无法松开物体。当人与物体间的电位差足够大时，在实际接触物体前的瞬间会产生具有痛感的火花放电现象。这些效应的阈值与频率有关，最低阈值出现在 10～100 Hz 的频率范围内（电力标准频率即在此区间）。末梢神经反应的阈值较低，频率范围可以延伸至数千赫。接触电流的上限频率约为110 MHz（110 MHz 是调频广播 FM 频段的高频上限）。符合曝露标准中规定的接触电流限值或采取适当的工程和管理控制措施，可以防止此类效应的发生。

人体佩戴的或者植入人体内的医疗装置与电磁场的耦合及产生干扰的可能性也是一种间接效应。该问题应由医疗装置制造单位负责按相关标准实施控制与保证。

**热效应与非热效应** 热效应是指由电磁场在体内发热产生的生物效应。非热效应是指电磁场对人体产生的任何与热无关的效应。

针对电磁场的非热效应研究涵盖了各种与电磁场曝露可能存在关联的疾病，包括儿童和成人癌症（包括基因毒性、免疫系统变异）、神经行为反应异常（包括脑电活动异常、识别能力障碍、失眠、抑郁症、自杀）、神经内分泌系统功能失调（包括激素水平紊乱）、神经变性疾病、心血管紊乱、血液病、生育功能障碍、发育障碍等。但是支持电磁场和任何这些疾病关联的科学证据都是弱的，电磁场的各种非热效应不能形成制定曝露限值的依据。

热效应与非热效应的概念出现在电磁场频率超过 100 kHz 的高频电磁场领域。在该频段，已经被良好确认了的生物效应是电磁场的能量在体内被吸收及热效应。生活环境中高频电磁场曝露与非热效应有关的长期健康危害并未得到证实。国际非电离防护委员会（ICNIRP）在发布《限制电磁场曝露导则（100 kHz～300 GHz）(2020)》时明确指出：本导则制定限值时，考虑了所有潜在的有害影响（包括非热效应在内）。导则的最低曝露水平是基于热机制设定的，但也确保了不会出现非热效应引起的有害健康影响。

**争议** 限制电磁场曝露的标准及其限值究竟应以防止已确定的健康危害还是以避免生物效应为目标来制定，一直存在两种彼此对立的意见。WHO 向成员国提出的制定曝露限值的官方意见是：曝露限值应以防止已确定的健康危害为目标，以对科学数据的健康风险评估为基础，由“危害阈值”与安全因子结合制定。“阈值”是一种最低的曝露水平，低于该水平的曝露不存在健康危害。考虑到对生物学影响的认知不够充分，导致确定阈值时存在一定的不确定性，故施加一定的安全因子，两者结合得到最终的曝露限值。该方法是国际普遍认同的 ICNIRP 导则和电气与电子工程师学会/国际电磁安全委员会（IEEE/ICES）曝露标准的制定基础，也已成为我国制定电磁环境公众曝露控制标准的基础。

反对 ICNIRP 标准的国际行动组织（ICEMS）的观点则为“无论是极低频电磁场还是射频电磁辐射均具有一定的生物学效应”，他们要求“制定生物学标准”以及“不必设置具体曝露限值”（不承认任何限值的安全性）。其目标是“把曝露阈值确定到低于可观察到‘生物效应’的水平”。对此，WHO 指出，曝露限值不应该以“生物效应”为基础，因为这将产生过分保守的标准，不仅限制了技术进步，从损失技术进步带来的利益来看，也是不可接受的（参见*电磁场环境标准*）。（*杨新村*）

**推荐书目**

世界卫生组织．制定以健康为基础的电磁场标准的框架．杨新村，李毅，吕斌，译．北京：中国电力出版社，2008.

diancichang jiankang fengxian pinggu

**电磁场健康风险评估** （health risk assessment of electromagnetic field exposure） 针对电磁场曝露潜在的不确定性健康风险，依据国际通用的风险评估框架，汇集有关电磁场生物效应及可能健康后果迄今已有的研究成果信息，对与不同频率电场、磁场和电磁场有关的人体健康风险的结构性复核。电磁场健康风险评估的结果可作为制定电磁场曝露标准及各国政府实施电磁场环境风险管理、制定决策的依据。

**健康风险评估的作用与地位** 健康风险评估是风险处理三要素（风险评估、风险管理和风险交流）的第一环节。风险管理应从健康风险评估入手，它包括：做出是否要针对曝露采取任何专门行动的决断；哪些行动是合适的；这些行动的实施。

开展电磁场健康风险评估需要拥有对电磁场健康相关影响进行科学评价的资源，并依据正式的健康风险评估原则与程序进行。世界卫生组织（WHO）认为“只使用本国的研究数据，在采纳或评价单项研究时所采取准则的差异，对科学数据存在不同的解读以及管理者决策理念的差异”都会造成对风险判断的偏差。因此，对缺乏足够评估资源的国家，参加国际协同的权威评估或借鉴国际权威评估的结果，结合国情，确定本国电磁场风险管理政策方向，应是一种合理的选择。

**电磁场健康风险评估框架** 风险评估是一个国际通用的框架，它提供了一种结构性复核机制。用于对与来自任何物理、化学或生物物剂曝露有关的健康或环境影响的已有科学信息进行复核性评估。风险评估程序可分为 4 个步骤：危害识别、曝露评估、曝露－反应评估和风险特性描述。

**危害识别** 目的是对（显示可能有害的）科学研究证据的权重进行定性评价，该评价以不同学科领域（包括毒理学和作用模式等方面）所有可提供的数据为依据，识别某种物剂是否可能对人体构成健康危害以及在什么情况下一种确定的危害可能发生。危害识别是建立在从人群观察、实验室研究直至可能的作用机制等研究所获得的大量数据分析基础上的。对每一研究数据可信程度的筛选及鉴别需要遵循若干公认的基本原则（参见希尔准则）。

根据WHO的章程，健康指的是生理、心理和社会的完好状态，而不仅是没有疾病或虚弱。在识别任何实际的健康危害时，对生物效应和不良健康影响做清晰的区分是很重要的（参见电磁场生物效应）。

**曝露评估** 目的是确定人群在不同条件（包括居住环境和职业环境）下受电磁场曝露影响的性质和程度。有多种办法可用来进行曝露评估，包括直接技术（如测量周边和个人曝露）、间接方法（如问卷调查和计算估计）。

**曝露-反应评估** 是描述个人受到的曝露和产生的效应之间关系特征的过程。迄今已完成的国际大规模电磁场健康风险评估，对大多数的可疑不良影响类型（如神经行为反应异常、神经内分泌系统功能失调、神经变性疾病、心血管紊乱、免疫学和血液系统疾病、生殖和生长发育影响以及癌症等）均逐一予以分析、评估。

大多数短期效应的曝露-反应评估可采用阈值方法，确定这些阈值时的不确定性程度越高，得出曝露限值时所采用的安全系数值就需越大。慢性影响通常难以确定阈值，流行病学研究中描述曝露-反应关系的最常用的方法是通过对不同曝露种类的相对危险度（RR）或比值比（OR）估计来推断。

**风险特性描述** 是风险评估过程的最后一步，是对可获得科学证据的评价和整合，用来估计风险的性质、重要性以及风险中人群的数量，包括对不确定性的识别和定性。对不确定性的定性可以用来合理地估计特定条件下电磁场曝露的结果。其目的是提出决策所需的关于风险的必要科学证据和原理性论证，用来支持风险管理。

针对流行病学调查提示的与某种慢性疾病可能关联的曝露，通常在因果关系成立的假设条件下，根据已确定的曝露-疾病关系，进行归因分析，即用可归因分数来估计该曝露因子对这种慢性疾病病例数量的社会影响，进而为风险管理提供决策依据。

**WHO针对低频电磁场健康风险评估的结论** 2006年，WHO“国际电磁场计划”针对0～100 kHz低频场的环境健康风险评估已经完成，其结论如下：

对曝露于低频电场与磁场可能产生不良健康后果的急性生物学效应已经得到确定。因此，需要制定曝露限值。目前相关的ICNIRP国际导则包括《用于限制由人体在静磁场中运动和低于1Hz时变磁场引起的电场曝露（2014）》（*For Limiting Exposure to Electric Fields Induced by Movement of the Human Body in a Static Magnetic Field and by Time-Varying Magnetic Fields Below 1 Hz*，2014）、《用于限制1Hz～100kHz时变电场和磁场的曝露（2010）》（*For Limiting Exposure to Time-Varying Electric and Magnetic Fields (1 Hz-100 kHz)*，*2010*）、《用于限制100 kHz～300 GHz电磁场的曝露（2020）》[*For Limiting Exposure to Electromagnetic Fields* (100 *kHz to* 300 *GHz*)，2020]，遵守这些导则就能提供足够的保护。

流行病学证据显示了慢性、低强度极低频磁场曝露与儿童期白血病风险增加的一致但有限的关联。但是，流行病学的证据存在选择性偏倚的可能性，也没有可接受的生物物理机制可供解释；此外，动物研究结果大多是阴性的。因此，总体权衡，与儿童期白血病有关的证据不足以认定二者存在因果关系。对儿童期白血病风险的有限证据进行的归因分析表明，即使磁场曝露确实增加了这种风险，从全球来看对公众健康的影响也是有限的。WHO不建议依据流行病学证据武断地降低曝露限值，但认为采取一些预防性措施是有理由的（参见电磁场健康保护）。

**WHO针对射频电磁场健康风险评估的结**

**论** 反映WHO“国际电磁场计划”针对射频电磁场全面健康风险评估结论的官方文件《环境健康准则》（EHC）草案已拟就，并进入最终专家咨询阶段，准备交WHO“国际电磁场计划”项目任务组讨论后正式发布。其中最受关注的，针对射频电磁场与使用移动电话相关的潜在癌症风险评估，WHO已于2014年发布了官方文件《电磁场与公众健康：移动电话》。其结论是，迄今为止，没有证实移动电话的使用会造成任何有害的健康后果（参见电磁场致癌性评估）。（杨新村）

**推荐书目**

世界卫生组织. 制定以健康为基础的电磁场标准的框架. 杨新村，李毅，吕斌，译. 北京：中国电力出版社，2008.

世界卫生组织. WHO关于电磁场风险沟通的建议——建立有关电磁场风险的对话. 杨新村，苏磊，李毅，等，译. 北京：中国电力出版社，2009.

diancichang zhiaixing pinggu

**电磁场致癌性评估**（carcinogenicity assessment of electromagnetic field） 运用权衡人类、动物和实验室证据的标准分类方法，汇集电磁场生物效应的现有证据，对电磁场曝露致癌性的证据强度进行科学评估与分类。该类评估通常由国际组织或政府授权专业机构实施。

为响应公众和政府对电磁场潜在健康风险的关切，世界卫生组织（WHO）于1996年设立了“国际电磁场计划”项目，对有关电磁场潜在健康影响作出评估。国际癌症研究机构（IARC）对静态场、极低频场和射频电磁场潜在致癌性的评估是国际电磁场计划项目的一个重要的阶段性任务，也是“国际电磁场计划”针对电磁场长期潜在健康影响评估的一项重要内容与依据（参见国际电磁场计划）。

**IARC对物剂致癌性证据强度的四组类别** 在IARC对物剂（包括混合物）致癌性评估分类工作中，第1步把从人类研究和动物实验研究获取的各种致癌性证据分别作出强度等级评定，证据强度由强至弱分别定义为足够的、有限的、不足的和提示缺乏致癌性证据。第2步是综合人类研究和动物实验研究提供的各种致癌性证据，对物剂的致癌性证据强度划分组别。四组类别的具体定义如下：

**对人类是致癌的**（组1） 指在人类研究中存在足够的致癌性证据。如在人类研究中的致癌性证据少于足够，但在动物实验中有足够的致癌性证据以及在曝露人群中有强证据表明该物剂是通过一种有关的致癌性机理发生作用，则某种物剂也可被分在此组中。

**对人类可能或或许致癌的**（组2） 根据流行病学和致癌性实验数据和机理以及其他相关数据所提供的证据强度不同，物剂可划分为对人类可能（probably）致癌的（组2A），或对人类或许（possibly）致癌的（组2B）。IARC指出，“可能致癌”意味着比“或许致癌”有较高的证据水平。

组2A 是指在人类研究中存在有限的致癌性证据和在实验动物方面的足够证据。如出于机理考虑，假定它是清楚地属于已被分类到组1或组2A的一个或以上同类物剂之一，那么仅根据人类研究中有限的致癌性证据，这种物剂也可被分在此类中。

组2B 适用于在人类研究中存在有限的致癌性证据和在实验动物方面的证据少于足够，也可适用于在人类研究中存在不足的致癌性证据和在实验动物方面存在足够的致癌性证据的情况。在一些案例中，人类研究中存在不足的致癌性证据，而在动物实验中存在少于足够的致癌性证据，连同来自机理和其他相关数据的支持，物剂也可被分在此组中。仅根据机理研究和其他有关数据的强证据，一种物剂也可被分在此类中。

**不能分类为对人类具致癌性的**（组3） 通常是指人体研究的致癌性证据不足，而实验动物研究的证据不足或有限的物剂。如人体致癌性证据不足，但实验动物的证据足够，当有强证据显示实验动物致癌性机理不能适用于人类时，物剂也可归入此类。当某物剂不能归入任何其他组别时，也分入本类别。

**可能对人类是非致癌的（组 4）** 是指在人类和实验动物研究中存在提示缺乏致癌性证据。在一些案例中，人类研究中存在不足的致癌性证据，但在动物实验中存在提示缺乏致癌性证据，又有大范围机理研究和其他有关数据的一致性强支持，也被分类在这个组。

IARC 强调指出，上述等级分类是对某物剂"致癌性证据强度"（对该物剂是否具有致癌性的确定性程度或迄今证据充足水平）的等级分类，而非"致癌性强度"（可理解为该物剂致癌能力）的分类。

**静态和极低频电场、磁场致癌性评估结论** 2001 年，IARC 工作组复核了关于静态和极低频电场、磁场致癌性的相关研究，并于 2002 年发布了静态和极低频电场、磁场人类致癌性评估报告。根据儿童期白血病流行病学研究的有限证据和在实验动物方面不足的致癌性证据，极低频磁场被归类为该物剂对人类或许是致癌的（组 2B）。对所有其他各类儿童和成人癌症以及其他各类曝露（如静态场和极低频电场）由于证据不足或科学信息不一致而被评定为不能分类为对人类具致癌性的（组 3）。

**射频（RF）电磁场致癌性评估结论** 2011 年，IARC 工作组完成了对射频电磁场的致癌性评估。该项评估针对以下曝露种类：①雷达与微波职业曝露；②与广播、电视及无线通信信号传输相关的环境曝露；③与使用无线电话有关的个人曝露。IARC 根据神经胶质瘤与无线电话使用者（上述第 3 种曝露种类）间风险增加关联的有限证据，以及对其他类型癌症及上述职业与环境曝露（上述第 1、第 2 种曝露种类）所获得不足的证据，将射频电磁场分类为对人类或许致癌类（组 2B）。

**WHO 对电磁场致癌性分类结果的解读** 分别针对低频磁场和射频电磁场进行了解读。

**针对低频磁场** 针对 IARC 把低频磁场归入组 2B 的分类结果，WHO 强调指出，分类只是根据科学证据的强弱，而不是根据物剂致癌性的强弱或癌症风险的强弱。尽管极低频磁场被 IARC 归类为对人类或许是致癌的（组 2B），但是极低频磁场曝露和儿童白血病之间所观察到的关联仍存在有其他解释的可能。WHO"国际电磁场计划"经全面风险评估后的综合结论是与儿童白血病有关的证据不足以认定二者之间存在因果关系。考虑长期影响存在的不确定性，WHO 认为采取一些预防措施是有道理的。但是，不建议以预防的名义将曝露导则中的限值降低到某任意的水平。考虑低频磁场曝露和儿童白血病之间所观察到的关联证据是弱的，以及即使存在这种关联，其对公众健康的影响也是有限的，减少曝露给健康带来的利益是不明确的。因此，WHO 认为预防措施的成本应该是非常低的（参见*电磁场健康防护*）。

**针对射频电磁场** 在 IARC 发布将射频电磁场分类为对人类或许致癌类（组 2B）的结果后，WHO 再次强调，迄今为止，未能证实移动电话的使用存在任何有害的健康影响。针对流行病学研究显示的脑癌与移动电话使用之间相关性的有限证据，WHO 指出，偏倚和错误限制了结论的确定性；而且动物研究结果一致显示长期射频场曝露不会增加罹患癌症风险，因此无法作出具有确定因果关系的判断。鉴于移动电话使用增加以及缺乏使用移动电话 15 年以上长期数据的现状，WHO 认为有必要进一步促进移动电话的使用与肿瘤风险关系的研究，特别是对潜在曝露生命期将会更长的青少年人群研究。2014 年，WHO 发布《电磁场与公众健康：移动电话》，介绍了包括 IARC 协调下迄今最大规模的回顾性成人病例对照研究（INTEPHONE 项目）在内的最新研究结果。结论仍是：迄今为止，没有证实移动电话的使用会造成任何有害的健康后果。WHO 正在对与射频场曝露有关的所有健康后果的研究结果进行正式的风险评估。

（杨新村）

diancichang jiankang baohu

**电磁场健康保护** （protection on health effect of electromagnetic fields） 以安全、可持续发展

且有助增进健康为目标，制定电磁场曝露限值及其他控制措施。包括对电磁场已确定健康危害的防护以及对电磁场不确定健康风险的预防。

**世界卫生组织（WHO）对电磁场健康保护的政策立场** 必须对不确定的“健康风险”和已证实的“健康危害”予以区分。在考虑“预防”问题时，首先要判断该风险是否已知。假若某风险是已知的，那么采取的保护措施应是“防护”，相应的风险管理措施包括制定标准、核查与标准的相符性等；假若某风险是未知的、未确定的，那么应采取的措施在本质上应是“预防性的”，即基于政府判断，通过利益－代价分析，谨慎采取的适当措施。

**针对已确定健康危害的防护** 执行曝露限值以预防极低频电场和磁场曝露已确定的有害影响，是最重要的。这些曝露限值应在对所有相关科学证据进行彻底检查的基础上制定。至今已确定了的只是急性影响，有两个国际曝露限值导则（ICNIRP、IEEE）可用于防护这类影响。

**针对不确定的健康风险** 由于极低频磁场曝露与儿童期白血病之间只存在有限证据，有关长期影响的存在也有不确定性。因此，采取一些预防措施是有道理的。但是，不建议以预防的名义将曝露导则中的限值降低到某任意的水平。这种做法破坏了限值所依据的科学基础，很可能是一种昂贵的、不能提供必然有效的保护的方法。

采取其他一些适当的预防措施来减少曝露是合理和正当的。但是，电力带来了显著的健康、社会和经济利益，预防措施不应损害这些利益。另外，考虑极低频磁场曝露和儿童期白血病之间的关联证据是弱的，以及即使存在这种关联，其对公众健康的影响也是有限的，减少曝露给健康带来的利益是不明确的。因此，预防措施的成本应该是非常低的。实施曝露减少所需的成本会因国家而不同，因此很难给出在成本和电磁场潜在风险之间获得平衡的一般建议。

**WHO 对电磁场健康保护的政策建议** 至2006年，WHO“国际电磁场计划”针对极低频电场和磁场（0～100 kHz）的健康风险评估已经全面完成。在其发布的官方文件《电磁场和公共健康：曝露于极低频场》（Fact Sheet No. 322：2007）及《极低频场环境健康准则》（EHC No. 238：2007）中，WHO 就电磁场健康保护政策向各成员国提出了具体建议：①政策制定者应为一般公众和工人制定极低频磁场曝露导则，曝露水平和科学评估原则最好的指南是国际导则。②政策制定者应制订极低频电磁场防护计划，其中包括所有场源的测量，以确保不超过一般公众或工人的曝露限值。③在保证电力产生的健康、社会和经济利益不受损害的条件下，采取低成本的预防措施来减少曝露是合理和正当的。④政策制定者、社区规划者和制造商在建造新设施和设计新设备（包括用电设施）时，应采取非常低成本的措施。⑤如果改变工程实践可同时获得其他额外效益，如更加安全或很少或无成本时，应考虑改变工程实践以减少来自设备或装置的极低频曝露。⑥当打算改变现有极低频源时，减少极低频磁场应与安全、可靠性和经济方面一起考虑。⑦建造新设施或对现有设施重新布线时，当地责任部门应在保证安全的同时加强布线管理，以减少不经意中产生的接地电流。验证布线不规范或存在问题的事后补救是昂贵而且不太可能证明为有效的。⑧国家政府机构应采取有效和公开的沟通策略，使所有利益相关人能够实现知情决断。这包括个人如何减少他们自身曝露的信息。⑨当地政府应改进产生极低频电磁场的设备的规划，包括在为极低频电磁场源定点时，加强企业、当地政府和市民之间的沟通。⑩政府和企业应促进极低频电磁场曝露健康影响方面的研究项目，以减少科学证据的不确定性。

**电磁场预防原则** 按 WHO 的定义，“预防原则”是指甚至在尚不能完全确定该行为或该曝露是否会构成健康危害时，采取措施限制某种行为或曝露的原则。“预防原则”是一种风险管理决策，通常应用于科学不确定性较高，需要针对潜在的严重风险采取措施，而不等待更多科学研究的结果。WHO 指出，当与某种风险相关联的危害小而且不确定是否会发生时，采取行动（如果说一定要采取的话）是无意义的。相反，当潜在危害大并且产生危害的不确定性很小时，就需要采取重要的行动，如颁发禁令。因此，风险评估是制定适当公共政策的关键。

“谨慎回避”作为预防原则在电磁场领域的一种政策选项，最初是针对低频磁场提出的。按 WHO 的定义，谨慎回避是指采用简单、易于实现、低成本或适度（谨慎的）成本的措施，甚至在尚不能确定所采取的措施能否减少风险的情况下，减少个人或公众的电磁场曝露。WHO 强调，谨慎指的是耗费。

在美国，针对低频磁场的不确定健康风险，提出了被称为“被动监管行为”的预防政策，其内容是提倡教育公众减少个人曝露的方法，而不是制定某些实际措施来降低曝露。

针对极个别国家管理当局在已有以科学为基础的曝露限值之外，再引入“预防性曝露限值”来应对公众压力的尝试，WHO 强调指出，他们应当注意，这种做法既无可预见的健康利益，更破坏了科学和曝露限值的可信性。

**欧共体委员会对“预防原则”的指导意见** 2000 年，欧共体（欧盟的前身）委员会（EC）发布了《有关预防原则的意见》（布鲁塞尔，2000. 2. 2）对预防原则做出了重要的解释性说明；并对该原则的应用规定了一些重要准则。

**“预防原则” 的地位** 预防原则应体现在由风险分析三要素（风险评估、风险管理和风险交流）组成的整个结构化程序之中。而在风险管理阶段，预防原则显得尤为关键。预防原则包括两个不同方面的内容：①在真正意义上，预防原则是采取行动或不采取行动的政治决定（是否需要援引预防原则的科学决策）；②在决定选择采取行动时，如何行动（确定运用预防原则产生的措施）。

**援引预防原则前的决策评估** 在任何情况下，预防原则不得用于证明采取武断决策是适宜的。在援用预防原则之前，必须首先进行风险评估，包括危害识别、危害表征、曝露评价和风险表征，得出的结论应表达发生危害的可能性和影响环境或给定人群健康的危害严重性。

**采取预防措施必须遵循的普遍原则。** 包括：①相称性。基于预防原则的措施不得与希望达到的保护水平不相称，不得以几乎不存在的零风险为目标。②无区别对待。指的是不应当以区别方式对待可比情况，不应当以相同方式对待不同情况。按预防原则采取的措施希望达到的保护水平，不得以地理起源或生产过程的性质为理由，以武断方式做出不同的处理。③一致性。措施应当与已在相似情形下采取的或采用相似方法的措施一致。采取的措施应当在性质和范围上与同等领域已采取的措施具有可比性。④采取行动或不采取行动的利益和代价检验。必须对设想行动和不行动的最可能的正面或负面后果，以长期和短期付出的总代价进行比较，包含非经济考虑。⑤科学进展检验。在新的科学发现出现时，可能需要对基于预防原则的现有措施进行复核，根据复核结果修改或废除措施。

**电力线路工频电场防护** 按照 WHO 的评估结论，对于公众通常遇到的低频电场水平，不存在实际健康问题。但是，在邻近超高压电力线路弧垂最低局部地点的电场效应是公众能直接感受到的，并在一定条件下引起居民担忧与烦恼。WHO 推荐的国际曝露标准（参见电磁环境标准）针对工频电场公众长期曝露的限值为 5 kV/m。该限值从保护公众免受体内有害健康影响（神经系统有害刺激）出发，已包含了足够的安全裕度。

在超高压输电线路下方弧垂最低处无居民住宅的区域，国际、国内地面最大电场强度通常按 10 kV/m 设计。此时，约 50% 对地良好绝缘（穿绝缘鞋）直立的成人（身高 1.8 m），在同时碰触到接地导体的瞬间，接触部位将感受到放电痛感。在实际生活中，这种痛感刺激发生的概率很小。只有当人体碰触带有大量感应电荷的金属物体（如与超高压电力线路平行的未接地长金属电线、大型汽车、集装箱卡车等）且这些金属物体对地是绝缘时，金属物体上的感应电荷通过人体流入地面，才会形成导致不自主肌肉收缩的接触电流或痛感的火花放电。但这些电荷通过人体瞬时释放一般不会给人体带来危险，其作用时间为几微秒至几十微秒，通常只会给人带来不舒服的感觉。

国际 IEEE 标准指出，即使在 5kV/m 的公众允许电场曝露限值下，当人碰摸到大型导电物体，而该大型导电物体对地是良好绝缘的情况下，不愉快的火花放电总是可能发生的。在不采取措施来减少物体上的感应电荷的条件下，要想在高压输电线路等强电场源下方，绝对防止上述不良电刺激是不可能的。应采取技术或管理的措施来防止上述现象，如适当地将物体（按其他安全法规阐述的方法）进行接地，来限制电刺激，而不是将电场强度限制到不可实现的很低水平。电网企业有责任和义务采取工程和管理的措施，有效防止和缓解高压输电线路局部电场效应对邻近居民生活的影响。

**电力线路电磁环境优化** 就电磁环境而言，电力线路（也包括各类变电站）环境优化的着眼点主要是两个方面：①在严格执行国家公众曝露控制限值的前提下，主动采取工程与管理的措施，避免在邻近居民住宅的局部地点，居民触摸电场中不接地导体时可能感受的电场非直接刺激影响；②主动响应 WHO 针对低频磁场健康风险的政策建议，在利益–代价合理的前提下，采取低成本的预防措施，降低邻近电力线路居民的磁场曝露水平。电力线路电磁环境优化大致有以下措施：①优化线路规划及选址，线路走向避让居住密集地点；加强选址时企业、政府及居民间的沟通；②采取并推广行之有效的工程优化设计方案，在安全不受影响、成本增加很少的前提下减少公众曝露（如采取同塔多回路架设并优化相序，抬高邻近敏感目标处线路对地高度，采用紧凑型设备及布置等）；③在超高压电力线路工程建设时，主动采取局部措施，消除与电力线路平行走向的大型金属物体感应电荷对人体可能产生的非直接刺激；④在超高压电力线路跨越大型商业/工业停车场、仓库、高速公路等处，适当提高导线对地高度，以将电场控制在较低水平；⑤优化配电线路及楼宇供电系统的设计，优先采用紧凑型设计及设备，以较低成本减少居民住户的磁场曝露水平。 （杨新村）

**推荐书目**

世界卫生组织. WHO 关于电磁场风险沟通的建议——建立有关电磁场风险的对话．杨新村，苏磊，李毅，等，译．北京：中国电力出版社，2009.

Xi'er zhunze

**希尔准则** （Bradford Hill Criteria） 用于对与人体健康风险有关的实验室研究和流行病学研究所提供的证据进行总体评估时，检验是否确实存在因果关联的、已被国际广泛接受的一套判断准则。它与国际癌症研究机构（IARC）的致癌性证据强度评估分类法是一致的（参见电磁场致癌性评估）。希尔准则是包含五条检验内容的一整套判断原则（准则），在运用时应视为一个整体，在作出某种物剂曝露和疾病间是否存在因果关联的结论时，其中任何单条准则都不能认为是足够的。而且每条准则的判别不是一个简单的是–非问题，对每条准则的支持程度判断都可分为强、中等、弱乃至不存在。在存在不确定性和不一致性的情况下，希尔准则要求对每项提示可能存在因果关联的证据，必须检验以下 5 个方面：

**关联的强度** 指在风险与曝露之间是否存在清晰的关联。强的关联是指危险度比（RR）为 5 或以上。

**一致性** 是否大多数研究（同行复核）对同样的疾病显示了同样的风险。尽管有些研究在某种类型癌症和某种曝露类型间显示出“统计学上的关联”，但同行复核研究报道存在不一致性。这就要求验证本研究在研究设计能力上是否存在导致出现偏倚和混淆的可能。

**是否存在剂量–反应关系** 需要关注曝露与健康后果间是否存在剂量–反应关系。

**有没有实验证据** 假如健康危害可以被动物实验而不是只有体外细胞或组织实验证据来验证，那么证据可认为是更强的。准则给予整体动物研究的权重大于给予分离组织与细胞研究的权重，这是因为细胞与组织缺少人体系统调节控制机制。除非已获得动物研究的验证，否则细胞研究中获得的显著生物学反应不应该被采纳。

**有没有可使人信服的生物机制** 特别是在判断某物剂与癌症是否存在因果关联时，如果已获得某物剂的致癌机制，那么，因果关系就有更高的可信度。 （杨新村）

**推荐书目**

世界卫生组织. 制定以健康为基础的电磁场标准的框架. 杨新村，李毅，吕斌，译. 北京：中国电力出版社，2008.

Guoji Feidianli Fushe Fanghu Weiyuanhui

**国际非电离辐射防护委员会** （International Commission on Non-ionizing Radiation Protection，ICNIRP） 一个独立的科学组织，其职责是评价非电离辐射对人类健康及生存环境影响的状况，提出以科学为依据的建议，提出防止有害影响的指南（包括制定限制曝露的标准）。该组织是世界卫生组织（WHO）、国际劳工组织（ILO）和欧盟委员会（EU）正式认可的非电离辐射防护领域非营利组织；是 WHO“国际电磁场计划”的主要合作伙伴。

ICNIRP 在评价非电离辐射有害影响、制定限值以及提出防护建议时，遵循了与国际放射性防护委员会（ICRP）防护电离辐射相同的原则，以形成全电磁频谱防护的一致性体系。ICNIRP 在 2020 年阐明了以下基本防护原则：①合理性。作出的防护决定应可有效降低损害。②最佳化。考虑经济、社会因素和避免个体曝露不公平。③有限性。区分职业、公众及医疗等不同曝露人群。

上述防护原则的基本目标是防止有害的健康影响，确定“可接受风险水平”。

迄今为止，ICNIRP 制定或更新的导则已覆盖非电离辐射领域全频段。它们分别是：限制静态磁场曝露的 ICNIRP 导则（2009）；限制时变电场和磁场（1Hz ~ 100 kHz）曝露的 ICNIRP 导则（2010）；限制电磁场（100 kHz ~ 300 GHz）曝露的 ICNIRP 导则（2020）。其中，针对射频场（100 kHz ~ 300 GHz）的 ICNIRP 导则（2020），覆盖了与 5G 通信技术相关的 6 GHz 以上频段。

此外，ICNIRP 还针对非电离辐射领域某些特定频段曝露源（或曝露类型）制定了（或正在制定）若干必要的防护导则。包括限制人体在静磁场和时变磁场中运动时感应电场曝露的 ICNIRP 导则（2014）；激光导则（2013）；可视和红外辐射（3 000 nm 及以下）导则等。针对发光二极管（LED）应用安全、激光美容以及紫外（UV）波段、毫米波段的一些工作组报告也已陆续发布。 （杨新村）

# 我国电磁环境标准

woguo dianci huanjing biaozhun

**我国电磁环境标准** （electromagnetic environment standards in China） 近期我国已发布的电磁环境国家标准、环境保护标准及管理文件。主要包括：

**《电磁环境控制限值》**（GB 8702—2014） 该标准规定了电磁环境中控制公众曝露的电场、磁场、电磁场（1 Hz～300 GHz）的场量限值、评价方法和相关设施（设备）的豁免范围。适用于电磁环境中控制公众曝露的评价和管理。

**《直流输电工程合成电场限值及其监测方法》**（GB 39220—2020） 该标准规定了直流输电工程合成电场强度限值及其监测方法等技术要求。适用于直流输电工程合成电场的监测、评价和管理。

**《辐射环境保护管理导则 电磁辐射监测仪器和方法》**（HJ/T 10.2—1996） 该标准规定了电磁辐射测量仪器、电磁辐射污染源监测方法、一般环境电磁辐射监测方法及环境质量预测的场强计算。适用于电磁环境的测量及预评价。

**《辐射环境保护管理导则 电磁辐射环境影响评价方法与标准》**（HJ/T 10.3—1996） 该标准规定了电磁辐射环境影响报告书编制的主要章节和内容、评价范围和方法以及评价标准。用于指导、规范电磁环境影响报告书的编制。

**《交流输变电工程电磁环境监测方法（试行）》**（HJ 681—2013） 该标准规定了交流输变电工程产生的工频电场、工频磁场的监测方法。适用于 110 kV 及以上电压等级的交流输变电工程。其他电压等级的交流输变电工程电磁环境监测可参照执行。

**《环境影响评价技术导则 输变电》**（HJ 24—2020） 该标准规定了输变电建设项目环境影响评价的内容、方法等技术要求。适用于 110 kV 及以上电压等级的交流输变电建设项目、±100 kV 及以上电压等级的直流输电建设项目环境影响评价工作。

**《建设项目竣工环境保护验收技术规范 输变电》**（HJ 705—2020） 该标准规定了输变电建设项目竣工环境保护验收调查的内容、方法等技术要求。适用于 110 kV 及以上电压等级的交流输变电建设项目、±100 kV 及以上电压等级的直流输电建设项目竣工环境保护验收调查工作。

**《输变电建设项目重大变动清单（试行）》**（**环办辐射** [2016] 84 号） 为进一步规范输变电建设项目环境管理，环境保护部制定了该清单。输变电建设项目发生清单中一项或一项以上，且可能导致不利环境影响显著加重的，界定为重大变动，应当在实施前对变动内容进行环境影响评价并重新报批。

**《输变电建设项目环境保护技术要求》**（HJ 1113—2020） 该标准规定了输变电建设项目环境保护的技术要求。适用于 110 kV 及以上电压等级交流输变电建设项目和 ±100 kV 及以上电压等级直流输电建设项目的环境保护工作。

**《中波广播发射台电磁辐射环境监测方法》**（HJ 1136—2020） 该标准规定了中波广播发射台电磁辐射环境监测的内容、方法等技术要求。适用于中波广播发射台的电磁辐射环境监测。

**《环境影响评价技术导则 广播电视》**（HJ 1112—2020） 该标准规定了广播电视建设项目环境影响评价工作的基本原则、内容、方法和技术要求。适用于广播电视建设项目环境影响评价工作。

**《建设项目竣工环境保护验收技术规范 广播电视》**（HJ 1152—2020） 该标准规定了广播电视建设项目竣工环境保护验收的内容、方法和技术要求。适用于广播电视建设项目竣工环境保护验收工作。

**《环境影响评价技术导则 卫星地球上行站》**（HJ 1135—2020） 该标准规定了卫星地球上行站建设项目环境影响评价的格式、内容、方法和技术要求。适用于卫星地球上行站建设项目环境影响评价工作。

**《移动通信基站电磁辐射环境监测方法》**（HJ 972—2018） 该标准规定了移动通信基站电磁辐射环境监测的内容、方法等技术要求。适用于GB 8702—2014规定豁免范围以外的移动通信基站的电磁辐射环境监测。可豁免管理的移动通信基站的电磁辐射环境监测可参照该标准执行。

**《5G移动通信基站电磁辐射环境监测方法（试行）》**（HJ 1151—2020） 该标准规定了工作频率小于6 GHz的5G移动通信基站电磁辐射环境监测的内容、方法等技术要求。适用于5G移动通信基站电磁辐射环境监测。对同一站址存在5G及其他网络制式的移动通信基站，电磁辐射环境监测按照该标准规定执行。

**《通信基站环境保护工作备忘录》（环办辐射函［2017］1990号）** 该文件是由环境保护部、工业和信息化部与中国电信集团有限公司、中国移动通信集团公司、中国联合网络通信集团有限公司、中国铁塔股份有限公司共同签署，旨在切实做好通信基站各项环境保护工作。

（王冠 蒋忠湧）

# 条目音序索引

说　明

一、本索引供读者按条目标题的汉语拼音字母顺序查检条目。

二、首字同音时，按阴平、阳平、上声、去声的声调顺序排列；同音同调字按笔画由少到多排列。笔画数相同时，按首字的起笔笔形一（横）、丨（竖）、丿（撇）、丶（点）、乛（折，包括フㄥく等）的顺序排列。首字相同时，按第二字的音、调、笔画、起笔笔形的顺序排列，余类推。

F



G

H



J



K



L



M



P

X



Y



Z

## 其他

# 条目汉字笔画索引

说　明

一、本索引供读者按条目标题的汉字笔画查检条目。

二、条目标题按第一字笔画数由少到多的顺序排列，同画数的按笔顺横（一）、竖（丨）、撇（丿）、点（丶）、折（乛，包括フ乚く等）的顺序排列，笔画数和笔顺都相同的按下一个字的笔画数和笔顺排列。第一字相同的，依次按后面各字的笔画数和笔顺排列。

三、以阿拉伯数字、拉丁字母开头的条目标题，排在汉字条目标题的后面。

## 二画



## 三画



## 四画



## 五画

## 六画

## 七画



## 八画

## 九画



## 十画



## 十一画



## 十二画

## 十三画



## 十四画



## 十五画



## 十六画



## 十七画



## 其他

# 条目外文索引

说　明

本索引按照条目外文标题的逐词排列法顺序排列。

A



B



C

D



E



F



G

O



P



R

## W



## X



## Z



## Others

# 本书主要编辑、出版人员

董 事 长：王付瑜
总 编 辑：何家振
首席编辑：季苏园
主任编辑：张维娣
文字编辑：李卫民
责任编辑：谷妍妍 张 娣
装帧设计：彭 杉 宋 瑞
责任印制：满 好